Werkstoffe und Bauelemente
der Elektrotechnik

H. Schaumburg
Werkstoffe

# Werkstoffe und Bauelemente der Elektrotechnik

Herausgegeben von
Prof. Dr. Hanno Schaumburg, Hamburg-Harburg

Die Realisierung neuer Funktionen in der Elektrotechnik ist in der Regel verbunden mit dem Einsatz hochentwickelter elektronischer Bauelemente, deren Herstellung abhängig ist von neuen Erkenntnissen auf dem Gebiet der Werkstoff- und Fertigungstechnologie. Darauf basiert das Grundkonzept dieser Buchreihe: die Darstellung der für die Elektrotechnik bedeutsamen Werkstoffe und deren Anwendung auf neue Bauelementkonzepte.

Die Buchreihe „Werkstoffe und Bauelemente der Elektrotechnik" ist in ihrem Umfang nicht eingeschränkt: Sie ist offen für neue Entwicklungen, die schnell eine technische und wirtschaftliche Bedeutung gewinnen können. Sie setzt sich zum Ziel, dem Leser – sowohl an den Universitäten als auch in der Industrie – die neuesten Entwicklungen aufzuzeigen und ihn umfassend zu informieren. Gleichzeitig soll die Reihe aber auch die Funktion eines Nachschlagewerkes haben für die Vielzahl der konventionelleren Techniken, die in der Praxis weitverbreitet sind und auch bleiben werden.

# Werkstoffe

Von Dr. Hanno Schaumburg
Professor an der Technischen Universität
Hamburg-Harburg

Mit 293 Bildern und 54 Tabellen

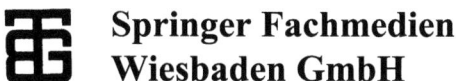 Springer Fachmedien
Wiesbaden GmbH

CIP-Titelaufnahme der Deutschen Bibliothek
**Schaumburg, Hanno:**
Werkstoffe / Hanno Schaumburg. – Stuttgart : Teubner, 1990
 (Werkstoffe und Bauelemente der Elektrotechnik ; 1)
 ISBN 978-3-322-84848-2      ISBN 978-3-322-84847-5 (eBook)
 DOI 10.1007/978-3-322-84847-5

Das Werk einschließlich aller seiner Teile ist urheberrechtlich geschützt. Jede Verwertung außerhalb der engen Grenzen des Urheberrechtsgesetzes ist ohne Zustimmung des Verlages unzulässig und strafbar. Das gilt besonders für Vervielfältigungen, Übersetzungen, Mikroverfilmungen und die Einspeicherung und Verarbeitung in elektronischen Systemen.

© Springer Fachmedien Wiesbaden 1990

Ursprünglich erschienen bei B. G. Teubner Stuttgart 1990

Softcover reprint of the hardcover 1st edition 1990
Satz: Ch. von Stebut, S. Utcke, Hamburg
Bilder: Art Type Kommunikation, Seevetal 2
Druck und Binden: Präzis-Druck GmbH, Karlsruhe
Einband: P.P.K, S – Konzepte T. Koch, Ostfildern/Stuttgart

# Vorwort

Dieses ist der erste Band einer Reihe "Werkstoffe und Bauelemente" mit den Folgebänden "Halbleiter", "Sensoren" und "Quanten", in denen die Grundlagen der Werkstoffwissenschaften und Festkörperphysik und deren Anwendung auf die Herstellung und Funktionsweise elektronischer Bauelemente dargestellt werden.

Dabei wird angestrebt, die theoretischen Grundlagen der Werkstoffseite (überwiegend Eigenschaften von Atomen und Festkörpern) mit denen der Bauelementseite (Eigenschaften von Elektronen und Dipolen) weitgehend zu vereinheitlichen. Es wird ausgegangen von bekannten Prinzipien der Thermodynamik, die in vereinfachter Form eingeführt und weiterentwickelt werden. Eine zentrale Rolle spielt dabei das chemische Potential (in der Halbleiterphysik Fermi-Energie genannt), dieses ist bestimmend für das Transportverhalten, sowie die thermischen und galvanischen Eigenschaften der Systeme.

Im Vordergrund steht das Ziel, ein auf Anschauung begründetes und trotzdem theoretisch fundiertes Verständnis für den Aufbau und das Verhalten der elektronischen Bauelemente zu vermitteln. Die physikalischen und mathematischen Grundlagen werden in möglichst einfacher Form dargestellt, so daß nur Grundkenntnisse der Mathematik (Differential- und Integralrechnung, Vektor- und Matrizenrechnung) vorausgesetzt werden müssen. Die Buchreihe ist daher besonders geeignet für Studenten der Technischen Universitäten und Fachhochschulen. Sie ist aber auch ausgelegt zum Selbststudium, zur fachlichen Weiterbildung von Studenten anderer Fachrichtungen und für den Anwender in der industriellen Praxis.

Für eine Vielzahl von Diskussionen und Anregungen bin ich den Kollegen, Mitarbeitern und Studenten der Technischen Universität Hamburg-Harburg sehr dankbar, insbesondere für eine kritische Durchsicht von Abschnitten dieses Buches den Professoren Dr. J. Estrin (plastische Verformung), Dr. A. Gysler (Rißbildung und Bruch), Dr. J. Petermann (Kunststoffe), Dr. W. Tolksdorf (Philips Forschungslaboratorium Hamburg, magnetische Eigenschaften) und Dr. K. Wilmanski (Thermodynamik) sowie den Herren Dr. L. Wagner (Ermüdung), W. Daum und O. Daus (Endkorrektur). Weiterhin danke ich für eine Durchsicht des Manuskriptes und eine gelegentliche Aufmunterung den Herren U. Burkat, H.J. Malende und U. Mandelkow.

Die Umsetzung des Manuskriptes in eine druckreife Vorlage wurde durch die Herren Christian von Stebut und Sven Utcke (TUHH, Text) sowie Gerd Krümmel (Art Service, Bilder) durchgeführt. Auch ihnen bin ich für ihren enthusiastischen und sachkundigen Einsatz sehr dankbar.

Die zügige Fertigstellung des Buches wäre nicht möglich gewesen ohne den unermüdlichen Einsatz von Herrn Dr. J. Schlembach vom Teubner Verlag, dem ich an dieser Stelle für die tatkräftige Hilfe bei der Überwindung einiger Klippen und eine Vielzahl anregender Gespräche besonders herzlich danken möchte.

Hamburg, Juli 1990

H.S.

# Inhalt

| | | |
|---|---|---|
| **1** | **Atome und Festkörper** | **1** |
| 1.1 | Atomaufbau und Periodensystem | 1 |
| 1.2 | Größen von Atomen und Ionen | 9 |
| 1.3 | Atombindung und Kristallstruktur | 14 |
| | 1.3.1 Atombindung und Aggregatzustand | 14 |
| | 1.3.2 Ionische Bindung | 17 |
| | 1.3.3 Kovalente Bindung | 26 |
| | 1.3.4 Metallische Bindung | 39 |
| | 1.3.5 Andere Bindungsarten | 45 |
| 1.4 | Raumgitter und reziproke Gitter | 46 |
| | 1.4.1 Kristallgitter und Kristallrichtungen | 46 |
| | 1.4.2 Kristallebenen und Millersche Indizes | 52 |
| 1.5 | Bragg-Reflexion | 57 |
| **2** | **Einführung in die Gibbs'sche Thermodynamik** | **65** |
| 2.1 | Entropie | 65 |
| 2.2 | Chemisches Potential | 72 |
| 2.3 | Kristallenergie | 77 |
| 2.4 | Freie Energie von Legierungen | 80 |
| 2.5 | Zustandsdiagramme | 88 |
| 2.6 | Ternäre Legierungen | 102 |
| 2.7 | Punktfehler und Diffusion | 104 |
| | 2.7.1 Löslichkeit und Leerstellendichte | 104 |
| | 2.7.2 Diffusion | 111 |
| | 2.7.3 Stromdichtegleichung und Ionenleitung | 124 |
| 2.8 | Übergang in das thermische Gleichgewicht | 128 |
| | 2.8.1 Phasenmischung | 128 |
| | 2.8.2 Ausscheidung und Entmischung | 132 |
| | 2.8.3 Dipolschichten | 138 |

# INHALT

## 3 Mechanische Formgebung und Stabilität — 143
- 3.1 Elastizität .................... 143
- 3.2 Plastizität und Härte ............. 154
  - 3.2.1 Metalle und Keramiken ......... 154
  - 3.2.2 Kunststoffe ................ 182
- 3.3 Pulvertechniken ................ 189
- 3.4 Mikromechanik ................. 194
- 3.5 Rißbildung und Bruch ............ 198
- 3.6 Übersicht über die Verbundwerkstoffe ... 204
- 3.7 Verfahren der Werkstoffprüfung ...... 209

## 4 Leiter und Widerstände — 216
- 4.1 Elektronenleitung ............... 216
  - 4.1.1 Ohmsches Gesetz ............ 216
  - 4.1.2 Gebundene Elektronen ......... 219
  - 4.1.3 Elektronengas ............... 222
- 4.2 Leiter und Verbindungen .......... 232
  - 4.2.1 Leiterwerkstoffe ............. 232
  - 4.2.2 Verbindungstechnik .......... 249
- 4.3 Widerstände .................... 257
  - 4.3.1 Joulesche Wärme ............ 257
  - 4.3.2 Widerstandswerkstoffe ........ 260
  - 4.3.3 Heizleiter .................. 266

## 5 Wärme in Festkörpern — 269
- 5.1 Wärmekapazität ................ 269
- 5.2 Wärmeleitfähigkeit .............. 274
- 5.3 Thermische Ausdehnung .......... 278

## 6 Isolatoren und Kondensatoren — 281
- 6.1 Isolatoren ..................... 281
- 6.2 Dielektrische Polarisation ......... 286
- 6.3 Kondensatoren ................. 294
  - 6.3.1 Bauformen ................. 294
  - 6.3.2 Folienkondensatoren und Papierkondensatoren ..... 296
  - 6.3.3 Keramische Kondensatoren ..... 298
  - 6.3.4 Elektrolytkondensatoren ....... 302
- 6.4 Optische Werkstoffe ............. 304

## 7 Magnete — 312
- 7.1 Magnetische Felder und Momente .... 312
  - 7.1.1 Magnetfeld und Induktion ..... 312
  - 7.1.2 Magnetische Polarisation ...... 315

|       |       |                                                      |     |
|-------|-------|------------------------------------------------------|-----|
|       | 7.1.3 | Diamagnetismus und Paramagnetismus                   | 317 |
|       | 7.1.4 | Ferro–, Ferri– und Antiferromagnetismus              | 323 |
|       | 7.1.5 | Magnetische Domänen                                  | 332 |
| 7.2   | Weichmagnete                                                 | 337 |
|       | 7.2.1 | Induktivität                                         | 337 |
|       | 7.2.2 | Metallische Weichmagnete                             | 339 |
|       | 7.2.3 | Keramische Weichmagnete                              | 349 |
| 7.3   | Permanentmagnete                                             | 356 |
|       | 7.3.1 | Metallische Permanentmagnete                         | 356 |
|       | 7.3.2 | Keramische Permanentmagnete                          | 361 |
|       | 7.3.3 | Magnetische Datenspeicherung                         | 362 |
|       | 7.3.4 | Magneto–optische Dielektrika                         | 365 |

**A FORMELZEICHEN UND DIMENSIONEN**    369

**B Naturkonstanten**    375

**C Teilchenbewegung und Teilchenstrom**    376

**Literatur**    384

**INDEX**    389

# 1 Atome und Festkörper

## 1.1 Atomaufbau und Periodensystem

Atome bestehen aus positiven Teilchen, den Protonen, die zusammen mit Neutronen und anderen Elementarteilchen in einem Atomkern fest verbunden sind, und Elektronen, welche durch das elektrostatische Feld des Atomkerns gebunden werden. Die Anziehungskraft wird durch die Coulombkraft beschrieben (System wie in Bild 1.1–1):

$$F = +\frac{1}{4\pi\varepsilon_0} \cdot \frac{q_1 q_2}{x^2} \tag{1.1}$$

Darin sind $q_1$ und $q_2$ die Ladungen, welche in Wechselwirkung treten und $x$ der Abstand der Ladungen voneinander. Im Falle des Atoms besteht die negative Ladung aus der Elektronenladung $-|q|$ und die Kernladung aus einem Vielfachen $N$ der Ladung $+|q|$.

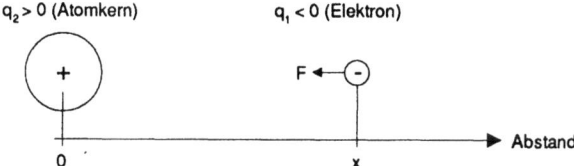

*Bild 1.1–1:* Elektrostatische Anziehung

Die Coulombkraft hängt mit der potentiellen Energie $W_{\text{pot}}$ des Elektrons zusammen über (s. Anhang C1):

$$F = -\frac{1}{4\pi\varepsilon_0}\frac{N|q|^2}{x^2} = -\frac{\partial W_{\text{pot}}}{\partial x}$$

$$\Longrightarrow W_{\text{pot}} = -\frac{N|q|^2}{4\pi\varepsilon_0 x} \tag{1.2}$$

Die Ortsabhängigkeit von $W_{\text{pot}}$ ist in Bild 1.1–2 dargestellt.

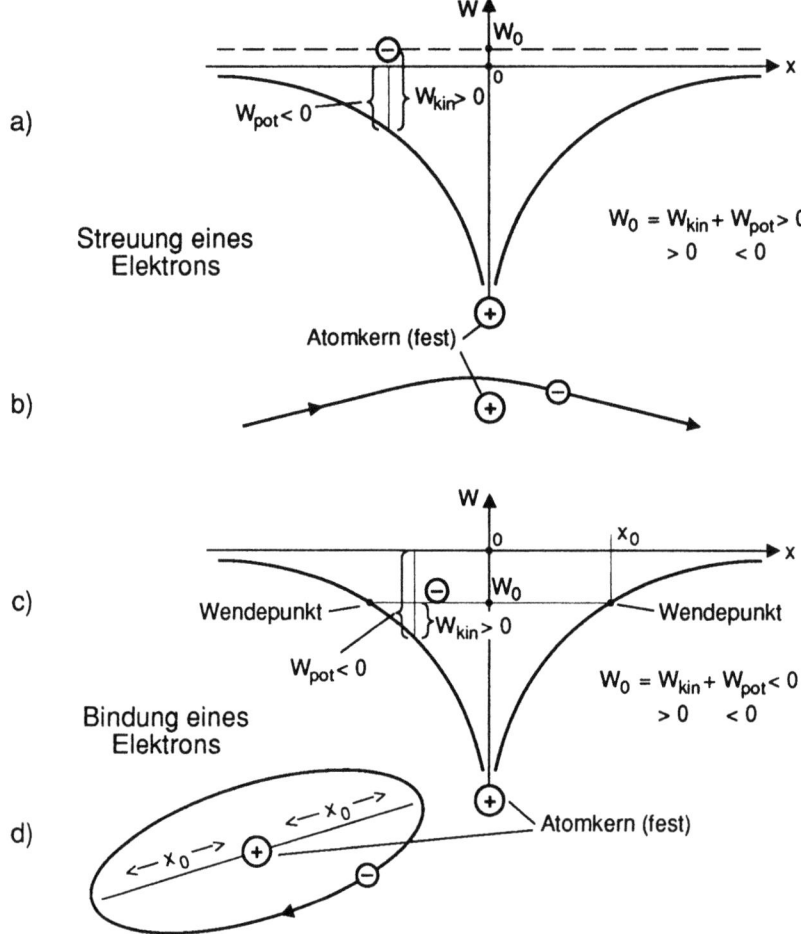

*Bild 1.1–2*: Verhalten von Elektronen bei elektrostatischer Wechselwirkung mit einem Atomkern.

- a) Gesamtenergie des Elektrons $W_0$ größer Null: Das Elektron hat auch ohne Wechselwirkung mit dem Atomkern bereits eine kinetische Energie. Es wird durch den Atomkern nur abgelenkt (**gestreut**), aber nicht eingefangen

- b) dreidimensionale Darstellung der Bahn eines gestreuten Elektrons: Ablenkung

- c) Gesamtenergie des Elektrons $W_0$ kleiner Null: Das Elektron kann sich nur im Einflußbereich des Atomkerns zwischen den Wendepunkten bewegen (außerhalb der Wendepunkte würde sich eine negative kinetische Energie ergeben)

- d) dreidimensionale Darstellung der Bahn eines **gebundenen** Elektrons: Bewegung auf einer geschlossenen Bahn

## 1.1. Atomaufbau und Periodensystem

Nach den Gesetzen der klassischen Physik kann ein gebundenes Elektron jede Energie $W_0 < 0$ annehmen. Seit vielen Jahrzehnten gehört es aber zu den gesicherten Erkenntnissen der Physik, daß im Bereich der atomaren Dimensionen die Gesetze der klassischen Physik nicht gültig sind, es gelten vielmehr die Gesetze der **Quantenphysik**. Diese besagen, daß nur solche Energiewerte $W_n$ eingenommen werden können, welche sich als Lösung der folgenden Differentialgleichung (**Schrödingergleichung**) ergeben:

$$\left[-\frac{\hbar^2}{2m}\left(\frac{\partial^2}{\partial x^2} + \frac{\partial^2}{\partial y^2} + \frac{\partial^2}{\partial z^2}\right) + W_{\text{pot}}(\mathbf{r})\right]\psi_n(\mathbf{r}) = W_n \cdot \psi_n(\mathbf{r}) \qquad (1.3)$$

$$\mathbf{r} = \begin{pmatrix} x \\ y \\ z \end{pmatrix}$$

Dabei ist $m$ die Masse des Elektrons, $\hbar$ ist das Planck'sche Wirkungsquantum, eine Naturkonstante, geteilt durch $2\pi$. Die Funktion $\psi$ ist die **Wellenfunktion** des Teilchens. Diese beschreibt die Eigenschaften des Teilchens zwar nicht unmittelbar, aus ihr lassen sich aber anschaulich interpretierbare Teilcheneigenschaften ableiten. Zum Beispiel ist die Wahrscheinlichkeit dafür, daß sich das Teilchen in einem Volumenelement dV befindet, gleich $|\psi^2|\,dV$.

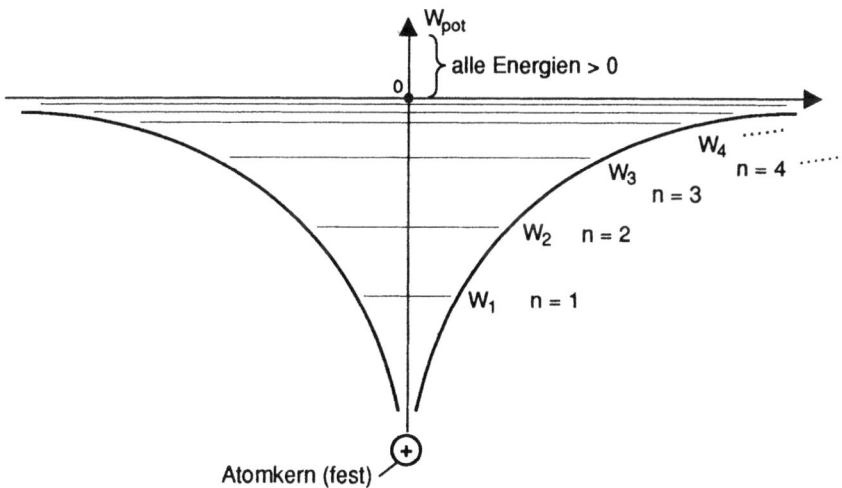

*Bild 1.1-3*: Verlauf der potentiellen Energie eines Elektrons im elektrostatischen Feld eines Atomkerns. Eingetragen sind die quantentheoretisch erlaubten Energieeigenwerte (**Energieniveaus**) $W_n$. Die Indizes n heißen in diesem Beispiel **Hauptquantenzahlen**.

Die Schrödingergleichung ist eine **Eigenwertgleichung**, d.h. nur für bestimmte **Energieeigenwerte** $W_n$ ergeben sich dazugehörige Lösungsfunktionen $\psi_n$. Die Konsequenz ist, daß nicht alle Energiewerte $W_0$ (d.h. ein **kontinuierliches** Energiespektrum) angenommen werden können, sondern nur bestimmte Werte $W_n$(d.h. ein **diskretes** Energiespektrum). Dieser Sachverhalt ist in Bild 1.1–3 veranschaulicht.

Bei einem isolierten Wasserstoffatom ergeben sich die diskreten Energiewerte (**Energieeigenwerte** oder **Energieniveaus**) zu:

$$W_n = -\frac{m_o|q|^4}{8\varepsilon_0^2 h^2 n^2} = -\frac{13.6\text{eV}}{n^2} \tag{1.4}$$

Dabei wird als Einheit der Energie die Größe Elektronenvolt eV verwendet, d.h. diejenige Energie, welche ein Elektron verliert, wenn es durch einen Plattenkondensator mit der Plattenspannung 1 Volt (s. Anhang C1) durchläuft. Dieses ist eine anschaulich gut zu interpretierende Einheit, die sich sowohl in der Werkstoff- wie in der Bauelementphysik zunehmend durchgesetzt hat.

Die Frage ist nun, wie sich die Elektronen eines Atoms auf die Energiewerte verteilen. Nach den Gesetzen der Thermodynamik werden die energetisch am niedrigsten liegenden Energieniveaus zuerst besetzt. Das **Pauli'sche Prinzip** besagt aber, daß pro Energieniveau nur zwei Elektronen zugelassen sind, die ein unterschiedliches magnetisches Moment (**Elektronenspin**) besitzen müssen.

Die Anzahl der erlaubten Energieeigenwerte wird dadurch vergrößert, daß sich Elektronen mit gleichem Energieeigenwert in einer anderen physikalischen Eigenschaft, dem Bahndrehimpuls, unterscheiden können. Auf diese Weise spalten die zu einer Hauptquantenzahl gehörenden Energieniveaus jeweils in Gruppen auf (**Drehimpuls-Entartung**). Die Charakterisierung dieser "Unterniveaus" erfolgt jetzt durch eine weitere charakteristische Größe, die **Drehimpulsquantenzahl**. Alle diese neugeschaffenen Niveaus können wieder mit jeweils zwei Elektronen unterschiedlichem Spins besetzt werden.

Die für die Drehimpulsentartung maßgeblichen Drehimpulsquantenzahlen können durch eine Lösung der entsprechenden Schrödingergleichung berechnet werden. Es ergeben sich die folgenden Regeln, die in den Standardbüchern über die Quantentheorie bewiesen werden:

1. Die erste Drehimpulsquantenzahl ist der Betrag des Bahndrehimpulses $l$, der hierfür zugelassene Wertebereich steigt mit der Hauptquantenzahl n an. Die Rechnung zeigt, daß $l$ die Werte

$$l = 0, 1, 2, \ldots (n-1) \tag{1.5}$$

annehmen kann.

2. Zusätzlich hat die Elektronenbahn aber einen weiteren Freiheitsgrad:

## 1.1. Atomaufbau und Periodensystem

Sie kann unterschiedliche Orientierungen im Raum annehmen. Dieses wird durch die zweite Drehimpulsquantenzahl, die Bahnprojektions-Quantenzahl $l_z$ beschrieben, welche die Werte

$$l_z = -l, -l+1, \ldots, 0, 1, 2, \ldots, +l \qquad (1.6)$$

zuläßt.

Mit diesen Regeln und der Tatsache, daß jedes der so entstandenen Niveaus mit zwei Elektronen unterschiedlichen Spins besetzt werden kann, ist die Aufstellung eines Niveauschemas für die erlaubten Energieniveaus von Elektronen im Feld eines Atomkerns möglich. Dabei wird die Tatsache berücksichtigt, daß die zu den niedrigsten Drehimpulsquantenzahlen gehörenden Niveaus im allgemeinen auch den niedrigsten Energiewert haben. Bild 1.1–4 zeigt das nach diesen Regeln entstehende Schema der Energieniveaus eines Atoms (**Termschema**).

Als maximal mögliche Anzahl von Elektronen auf einer Schale mit der Hauptquantenzahl n ergibt sich:

$$2 \cdot \sum_{l=0}^{n-1}(2l+1) = 2n^2 \qquad (1.7)$$

Typisch für die Anordnung der Elektronenniveaus in Bild 1.1–4 ist eine Periodizität bestimmter Eigenschaften: z.B. treten in jeder Hauptschale Unterschalen mit denselben Drehimpulsquantenzahlen (sofern nach (1.5) und (1.6) erlaubt) auf. Dieses ist die Ursache für eine gewisse Periodizität in den chemischen Eigenschaften der Elemente.

Die **Elemente des Periodensystems** lassen sich charakterisieren durch die Anzahl $N$ der positiven Ladungen im Atomkern, bis zu Werten über $N = 100$ sind die Elemente in der Natur gefunden oder künstlich hergestellt worden. Eine Zusammenstellung mit den dazugehörigen Besetzungen der Elektronenzuständen ist in der Tabelle 1.1–1 wiedergegeben.

Beim Element 19 (Kalium) erkennen wir eine wichtige Unregelmäßigkeit: Die 4s-Schale wird eher besetzt als die 3d-Schale. Das bedeutet, daß die Darstellung in Bild 1.1–4 in diesem Fall die Energieverhältnisse nicht richtig wiedergibt: Offensichtlich haben die niedrigsten Energieniveaus der 4. Hauptschale (oder N-Schale) eine kleinere Energie als die größten Energien der 3. (oder M-)Hauptschale. Solche überlappenden Schalen treten bei den Elementen immer wieder auf. Auch diese Tatsache kann quantentheoretisch begründet werden.

Wenn sich Atome mehrerer gleicher oder verschiedener Elemente räumlich sehr nahe kommen, können sie in eine chemische Wechselwirkung eintreten, d.h. es kann energetisch günstig sein, wenn sich beide aneinanderlagern.

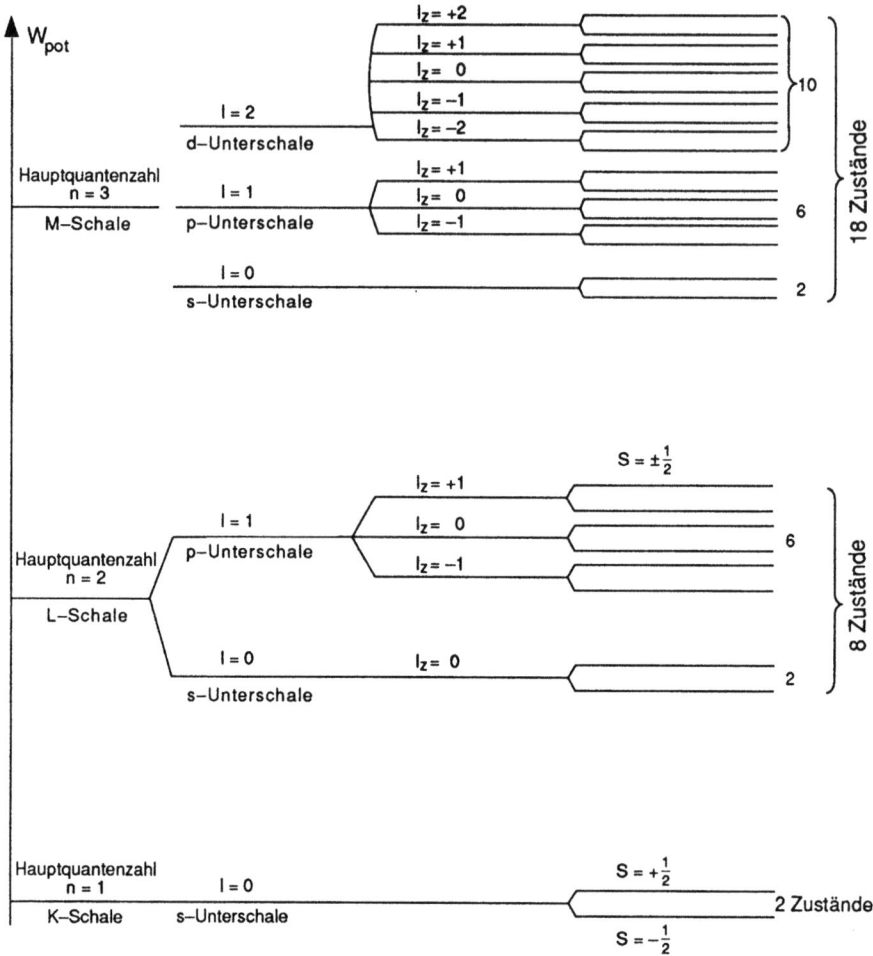

*Bild 1.1-4:* Schema der quantentheoretisch erlaubten Energieniveaus im elektrostatischen Feld eines Atomkerns mit Aufspaltung nach den Drehimpulsquantenzahlen. Die Energieniveaus, welche zu einer gemeinsamen Hauptquantenzahl gehören, bezeichnet man als K-, L-und M...-Schalen, diejenigen mit gleicher Drehimpulsbetrags-Quantenzahl als s-, p-, d-...Schalen.

Das dadurch gebildete stabile Aggregat bezeichnet man als **Molekül**. Wegen der — gemessen an der Energieskala in Bild 1.1-4 — relativ geringen Wechselwirkungsenergien sind bei chemischen Verbindungen im wesentlichen die äußersten Elektronen beteiligt, also die Elektronen mit der höchsten Ener-

## 1.1. Atomaufbau und Periodensystem

*Tab. 1.1-1*: Elektronenkonfiguration der Elemente (Namen der Elemente in Bild 1.1-6). In den eckigen Klammern sind jeweils die Elemente (Edelgase) aufgeführt, deren Termschema die inneren Schalen beschreibt.

| | | | | | | | | | | |
|---|---|---|---|---|---|---|---|---|---|---|
| 1 | H | | $1s^1$ | | | 47 | Ag | [Kr] | $4d^{10}$ | $5s^1$ | |
| 2 | He | | $1s^2$ | | | 48 | Cd | [Kr] | $4d^{10}$ | $5s^2$ | |
| 3 | Li | [He] | $2s^1$ | | | 49 | In | [Kr] | $4d^{10}$ | $5s^2$ $5p^1$ | |
| 4 | Be | [He] | $2s^2$ | | | 50 | Sn | [Kr] | $4d^{10}$ | $5s^2$ $5p^2$ | |
| 5 | B | [He] | $2s^2$ | $2p^1$ | | 51 | Sb | [Kr] | $4d^{10}$ | $5s^2$ $5p^3$ | |
| 6 | C | [He] | $2s^2$ | $2p^2$ | | 52 | Te | [Kr] | $4d^{10}$ | $5s^2$ $5p^4$ | |
| 7 | N | [He] | $2s^2$ | $2p^3$ | | 53 | I | [Kr] | $4d^{10}$ | $5s^2$ $5p^5$ | |
| 8 | O | [He] | $2s^2$ | $2p^4$ | | 54 | Xe | [Kr] | $4d^{10}$ | $5s^2$ $5p^6$ | |
| 9 | F | [He] | $2s^2$ | $2p^5$ | | 55 | Cs | [Xe] | $6s^1$ | | |
| 10 | Ne | [He] | $2s^2$ | $2p^6$ | | 56 | Ba | [Xe] | $6s^2$ | | |
| 11 | Na | [Ne] | $3s^1$ | | | 57 | La | [Xe] | $5d^1$ | $6s^2$ | |
| 12 | Mg | [Ne] | $3s^2$ | | | 58 | Ce | [Xe] | $4f^1$ | $5d^1$ | $6s^2$ |
| 13 | Al | [Ne] | $3s^2$ | $3p^1$ | | 59 | Pr | [Xe] | $4f^3$ | $6s^2$ | |
| 14 | Si | [Ne] | $3s^2$ | $3p^2$ | | 60 | Nd | [Xe] | $4f^4$ | $6s^2$ | |
| 15 | P | [Ne] | $3s^2$ | $3p^3$ | | 61 | Pm | [Xe] | $4f^5$ | $6s^2$ | |
| 16 | S | [Ne] | $3s^2$ | $3p^4$ | | 62 | Sm | [Xe] | $4f^6$ | $6s^2$ | |
| 17 | Cl | [Ne] | $3s^2$ | $3p^5$ | | 63 | Eu | [Xe] | $4f^7$ | $6s^2$ | |
| 18 | Ar | [Ne] | $3s^2$ | $3p^6$ | | 64 | Gd | [Xe] | $4f^7$ | $5d^1$ | $6s^2$ |
| 19 | K | [Ar] | $4s^1$ | | | 65 | Tb | [Xe] | $4f^9$ | $6s^2$ | |
| 20 | Ca | [Ar] | $4s^2$ | | | 66 | Dy | [Xe] | $4f^{10}$ | $6s^2$ | |
| 21 | Sc | [Ar] | $3d^1$ | $4s^2$ | | 67 | Ho | [Xe] | $4f^{11}$ | $6s^2$ | |
| 22 | Ti | [Ar] | $3d^2$ | $4s^2$ | | 68 | Er | [Xe] | $4f^{12}$ | $6s^2$ | |
| 23 | V | [Ar] | $3d^3$ | $4s^2$ | | 69 | Tm | [Xe] | $4f^{13}$ | $6s^2$ | |
| 24 | Cr | [Ar] | $3d^5$ | $4s^1$ | | 70 | Yb | [Xe] | $4f^{14}$ | $6s^2$ | |
| 25 | Mn | [Ar] | $3d^5$ | $4s^2$ | | 71 | Lu | [Xe] | $4f^{14}$ | $5d^1$ | $6s^2$ |
| 26 | Fe | [Ar] | $3d^6$ | $4s^2$ | | 72 | Hf | [Xe] | $4f^{14}$ | $5d^2$ | $6s^2$ |
| 27 | Co | [Ar] | $3d^7$ | $4s^2$ | | 73 | Ta | [Xe] | $4f^{14}$ | $5d^3$ | $6s^2$ |
| 28 | Ni | [Ar] | $3d^8$ | $4s^2$ | | 74 | W | [Xe] | $4f^{14}$ | $5d^4$ | $6s^2$ |
| 29 | Cu | [Ar] | $3d^{10}$ | $4s^1$ | | 75 | Re | [Xe] | $4f^{14}$ | $5d^5$ | $6s^2$ |
| 30 | Zn | [Ar] | $3d^{10}$ | $4s^2$ | | 76 | Os | [Xe] | $4f^{14}$ | $5d^6$ | $6s^2$ |
| 31 | Ga | [Ar] | $3d^{10}$ | $4s^2$ $4p^1$ | | 77 | Ir | [Xe] | $4f^{14}$ | $5d^7$ | $6s^2$ |
| 32 | Ge | [Ar] | $3d^{10}$ | $4s^2$ $4p^2$ | | 78 | Pt | [Xe] | $4f^{14}$ | $5d^9$ | $6s^1$ |
| 33 | As | [Ar] | $3d^{10}$ | $4s^2$ $4p^3$ | | 79 | Au | [Xe] | $4f^{14}$ | $5d^{10}$ | $6s^1$ |
| 34 | Se | [Ar] | $3d^{10}$ | $4s^2$ $4p^4$ | | 80 | Hg | [Xe] | $4f^{14}$ | $5d^{10}$ | $6s^2$ |
| 35 | Br | [Ar] | $3d^{10}$ | $4s^2$ $4p^5$ | | 81 | Tl | [Xe] | $4f^{14}$ | $5d^{10}$ | $6s^2$ $6d^1$ |
| 36 | Kr | [Ar] | $3d^{10}$ | $4s^2$ $4p^6$ | | 82 | Pb | [Xe] | $4f^{14}$ | $5d^{10}$ | $6s^2$ $6d^2$ |
| 37 | Rb | [Kr] | $5s^1$ | | | 83 | Bi | [Xe] | $4f^{14}$ | $5d^{10}$ | $6s^2$ $6d^3$ |
| 38 | Sr | [Kr] | $5s^2$ | | | 84 | Po | [Xe] | $4f^{14}$ | $5d^{10}$ | $6s^2$ $6d^4$ |
| 39 | Y | [Kr] | $4d^1$ | $5s^2$ | | 85 | At | [Xe] | $4f^{14}$ | $5d^{10}$ | $6s^2$ $6d^5$ |
| 40 | Zr | [Kr] | $4d^2$ | $5s^2$ | | 86 | Rn | [Xe] | $4f^{14}$ | $5d^{10}$ | $6s^2$ $6d^6$ |
| 41 | Nb | [Kr] | $4d^4$ | $5s^1$ | | 87 | Fr | [Rn] | $7s^1$ | | |
| 42 | Mo | [Kr] | $4d^5$ | $5s^1$ | | 88 | Ra | [Rn] | $7s^2$ | | |
| 43 | Tc | [Kr] | $4d^6$ | $5s^1$ | | 89 | Ac | [Rn] | $6d^1$ | $7s^2$ | |
| 44 | Ru | [Kr] | $4d^7$ | $5s^1$ | | 90 | Th | [Rn] | $6d^2$ | $7s^2$ | |
| 45 | Rh | [Kr] | $4d^8$ | $5s^1$ | | 91 | Pa | [Rn] | $6d^3$ | $7s^2$ | |
| 46 | Pd | [Kr] | $4d^{10}$ | | | | | oder | ($5f^2$ | $6d^1$ | $7s^2$) |

**Tab. 1.1-1**: (Fortsetzung)

| | | | | | | | | | | |
|---|---|---|---|---|---|---|---|---|---|---|
| 92 | U | [Rn] | $6d^4$ | $7s^2$ | | 99 | Es | [Rn] | $5f^{11}$ | $7s^2$ |
| | | oder | $(5f^3$ | $6d^1$ | $7s^2)$ | | | oder | $(5f^{10}$ | $6d^1$ $7s^2)$ |
| 93 | Np | [Rn] | $5f^4$ | $6d^1$ | $7s^2$ | 100 | Fm | [Rn] | $5f^{12}$ | $7s^2$ |
| 94 | Pu | [Rn] | $5f^6$ | $7s^2$ | | | | oder | $5f^{11}$ | $6d^1$ $7s^2)$ |
| | | oder | $(5f^5$ | $6d^1$ | $7s^2)$ | 101 | Md | [Rn] | $5f^{13}$ | $7s^2$ |
| 95 | Am | [Rn] | $5f^7$ | $7s^2$ | | | | oder | $(5f^{12}$ | $6d^1$ $7s^2)$ |
| 96 | Cm | [Rn] | $5f^7$ | $6d^1$ | $7s^2$ | 102 | No | [Rn] | $5f^{14}$ | $7s^2$ |
| 97 | Bk | [Rn] | $5f^9$ | $7s^2$ | | 103 | Lr | [Rn] | $5f^{14}$ | $6d^1$ $7s^2$ |
| | | oder | $(5f^8$ | $6d^1$ | $7s^2)$ | 104 | Ku | [Rn] | $5f^{14}$ | $6d^2$ $7s^2$ |
| 98 | Cf | [Rn] | $5f^{10}$ | $7s^2$ | | 105 | Ha | [Rn] | $5f^{14}$ | $6d^3$ $7s^2$ |
| | | oder | $(5f^9$ | $6d^1$ | $7s^2)$ | | | | | |

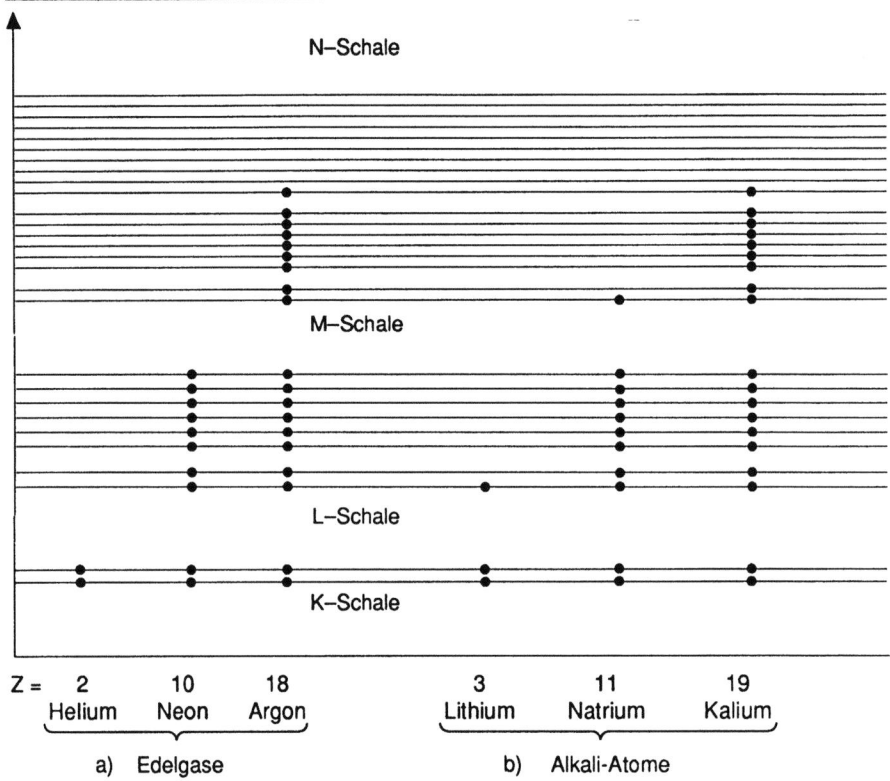

**Bild 1.1-5**: Elektronenstruktur von Elementen mit chemisch ähnlichen Eigenschaften.

   a) Merkmal: vollständig gefüllte Schalen (Edelgase)

   b) Merkmal: Nur das unterste Energieniveau der jeweils höchsten Schale ist besetzt (Alkaligruppe)

gie, d.h. der Aufbau der äußersten Elektronenschale ist entscheidend für das chemische Verhalten. Bild 1.1-5 zeigt, daß es dabei periodisch wiederkehrende Regelmäßigkeiten gibt, wie z.B. die vollständige Besetzung von Hauptschalen oder die jeweilige Besetzung der obersten Schale nur mit einem s-Atom. Wegen der Periodizität der in Bild 1.1-5 auftretenden oder anderer Merkmale ist es sinnvoll, die Elemente in einer zweidimensionalen Darstellung so anzuordnen, daß Elemente mit ähnlichen chemischen Eigenschaften in einer Gruppe (Spalte) untereinanderliegen (siehe Tabelle im Anhang des Buches).

## 1.2 Größen von Atomen und Ionen

Die räumliche Größe der Atome wird bestimmt durch die Abmessungen der Elektronenhülle. Mit zunehmender Ordnungszahl nimmt die Anzahl der Elektronen zu, gleichzeitig werden Elektronenzustände mit höheren Energien besetzt. Nach Bild 1.1-3 nimmt dann auch der Abstand der Wendepunkte, d.h. der Durchmesser der Elektronenbahn zu, die Größe des Atoms sollte daher mit der Ordnungszahl zunehmen. Dem wirkt aber entgegen, daß mit steigender Kernladungszahl ebenfalls die Bindungsenergie der Elektronen an den Kern zunimmt, d.h. "die Elektronen werden stärker vom Kern angezogen", so daß dieser Effekt den Atomradius verkleinert. Bild 1.2-1 zeigt die theoretisch und experimentell bestimmte Abhängigkeit des Atomradius von der Ordnungszahl.

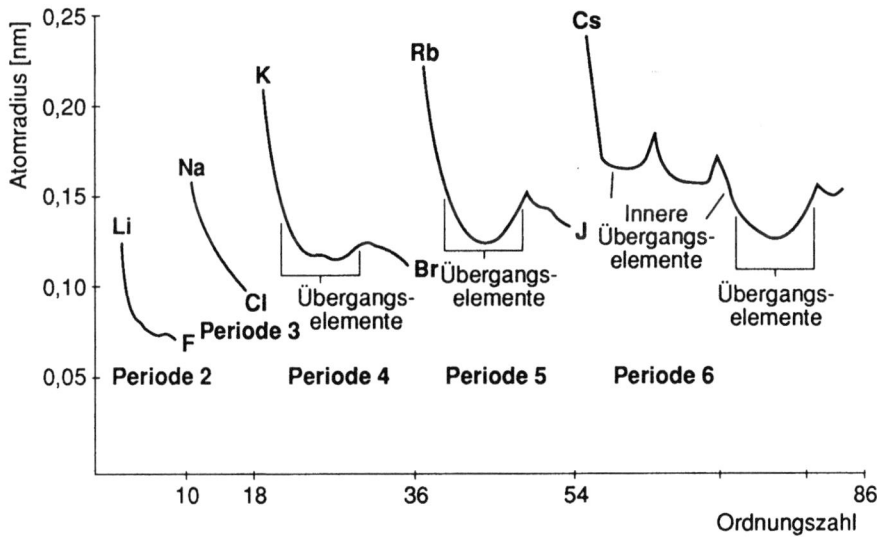

*Bild 1.2-1*: Abhängigkeit der Atomradien von der Ordnungszahl (nach [1])

Durch Entfernung von Elektronen aus der Elektronenhülle kann das Atom elektrisch positiv aufgeladen werden, man bezeichnet dieses als **positiv geladenes Ion** oder **Kation**. Genauso ist eine negative Aufladung durch An-

*Tab. 1.2-1*: Oxidationszahlen der wichtigsten Elemente des Periodensystems (nach [2]).

| | 1A | 2A | 3B | 4B | 5B | 6B | 7B | 8B | | | 1B | 2B | 3A | 4A | 5A | 6A | 7A | 8A |
|---|---|---|---|---|---|---|---|---|---|---|---|---|---|---|---|---|---|---|
| | 1 H +1, −1 | | | | | | | | | | | | | | | | | 2 He |
| | 3 Li +1 | 4 Be +2 | | | | | | | | | | | 5 B +3 | 6 C +4, +2, −4 | 7 N +5, +4, +3, +2, +1, −3 | 8 O −1, −2 | 9 F −1 | 10 Ne |
| | 11 Na +1 | 12 Mg +2 | | | | | | | | | | | 13 Al +3 | 14 Si +4, −4 | 15 P +5, +3, −3 | 16 S +6, +4, +2, −2 | 17 Cl +7, +5, +3, +1, −1 | 18 Ar |
| | 19 K +1 | 20 Ca +2 | 21 Sc +3 | 22 Ti +4, +3, +2 | 23 V +5, +4, +3, +2 | 24 Cr +6, +3, +2 | 25 Mn +7, +6, +4, +3, +2 | 26 Fe +3, +2 | 27 Co +3, +2 | 28 Ni +2 | 29 Cu +2, +1 | 30 Zn +2 | 31 Ga +3 | 32 Ge +4, −4 | 33 As +5, +3, −3 | 34 Se +6, +4, −2 | 35 Br +5, +3, +1, −1 | 36 Kr +4, +2 |
| | 37 Rb +1 | 38 Sr +2 | 39 Y +3 | 40 Zr +4 | 41 Nb +5, +4 | 42 Mo +6, +4, +3 | 43 Tc +7, +6, +4 | 44 Ru +8, +6, +4, +3 | 45 Rh +4, +3, +2 | 46 Pd +4, +2 | 47 Ag +1 | 48 Cd +2 | 49 In +3 | 50 Sn +4, +2 | 51 Sb +5, +3, −3 | 52 Te +6, +4, −2 | 53 I +7, +5, +3, +1, −1 | 54 Xe +6, +4, +2 |
| | 55 Cs +1 | 56 Ba +2 | 57 La +3 | 58 Ce → 71 Lu +3 | 72 Hf +4 | 73 Ta +5 | 74 W +6, +4 | 75 Re +7, +6, +4 | 76 Os +8, +6, +4 | 77 Ir +4, +3 | 78 Pt +4, +3, +1 | 79 Au +3, +1 | 80 Hg +2, +1 | 81 Tl +3, +1 | 82 Pb +4, +2 | 83 Bi +5, +3 | 84 Po +2 | 85 At −1 | 86 Rn |

## 1.2. Größen von Atomen und Ionen

lagerung von zusätzlichen Elektronen an die Hülle möglich, dadurch werden **Anionen** erzeugt. In beiden Fällen ist auch eine mehrfache Ionisation möglich. Die bei chemischen Verbindungen häufig vorkommenden Ionisationszustände (auch Oxidationszahlen genannt) der Elemente sind in Tab. 1.2–1 zusammengefaßt.

Die Eigenschaft vieler Elemente, mehrere Oxidationsstufen annehmen zu können, läßt in der Regel einen größeren Spielraum für die Bildung chemischer Verbindungen zu. Eine charakteristische Größe für die Fähigkeit eines Atoms, über eine chemische Verbindung Elektronen an sich zu ziehen, bezeichnet man als **Elektronegativität**, sie wird in einer Skala gemessen, die von 0 bis 4.1 reicht: Die Elemente der 7. Gruppe — z.B. Chlor — haben eine starke Tendenz, sich negativ aufzuladen und daher eine hohe Elektronegativität. Dagegen können die Elemente der 1. Gruppe — die Alkalimetalle — leicht positiv ionisiert werden, sie haben daher nur eine geringe Elektronegativität von 1 oder darunter. Tabelle 1.2–2 zeigt die Elektronegativitäten der Elemente.

*Tab. 1.2-2*: Elektronegativitäten der Elemente (nach [3])

| | | | | | | | | | | | | | | H 2,1 | | | |
|---|---|---|---|---|---|---|---|---|---|---|---|---|---|---|---|---|---|
| Li 1,0 | Be 1,5 | | | | | | | | | | | B 2,0 | C 2,5 | N 3,1 | O 3,5 | F 4,1 |
| Na 1,0 | Mg 1,3 | | | | | | | | | | | Al 1,5 | Si 1,8 | P 2,1 | S 2,4 | Cl 2,9 |
| K 0,9 | Ca 1,1 | Sc 1,2 | Ti 1,3 | V 1,5 | Cr 1,6 | Mn 1,6 | Fe 1,7 | Co 1,7 | Ni 1,8 | Cu 1,8 | Zn 1,7 | Ga 1,8 | Ge 2,0 | As 2,2 | Se 2,5 | Br 2,8 |
| Rb 0,9 | Sr 1,0 | Y 1,1 | Zr 1,2 | Nb 1,3 | Mo 1,3 | Tc 1,4 | Ru 1,4 | Rh 1,5 | Pd 1,4 | Ag 1,4 | Cd 1,5 | In 1,5 | Sn 1,7 | Sb 1,8 | Te 2,0 | I 2,2 |
| Cs 0,9 | Ba 0,9 | La 1,1 | Hf 1,2 | Ta 1,4 | W 1,4 | Re 1,5 | Os 1,5 | Ir 1,6 | Pt 1,5 | Au 1,4 | Hg 1,5 | Tl 1,5 | Pb 1,6 | Bi 1,7 | Po 1,8 | At 2,0 |
| Fr 0,9 | Ra 0,9 | Ac 1,0 | Lanthaniden: 1,0-1,2 | | | | | | | | | | | | | |
| | | | Actiniden: 1,0-1,2 | | | | | | | | | | | | | |

Durch eine positive Ionisation nimmt der Atomradius ab, bei negativer Ionisation dagegen zu. Tab. 1.2–3 zeigt, daß dieser Effekt recht erheblich sein kann.

Eine Zusammenstellung wichtiger Ionenradien der Elemente ist in Tab. 1.2–4 wiedergegeben. Dabei muß allerdings berücksichtigt werden, daß die Ionenradien in Abhängigkeit von der chemischen Bindung zu den Nachbarionen variieren können, d.h. die angegebenen Werte sind mit einer gewissen Unsicherheit behaftet.

*Tab. 1.2-3*: Relative Größen einiger Atome und Ionen. Zahlenangaben (Radius für metallische Bindungen) in Nanometern (nach [3])

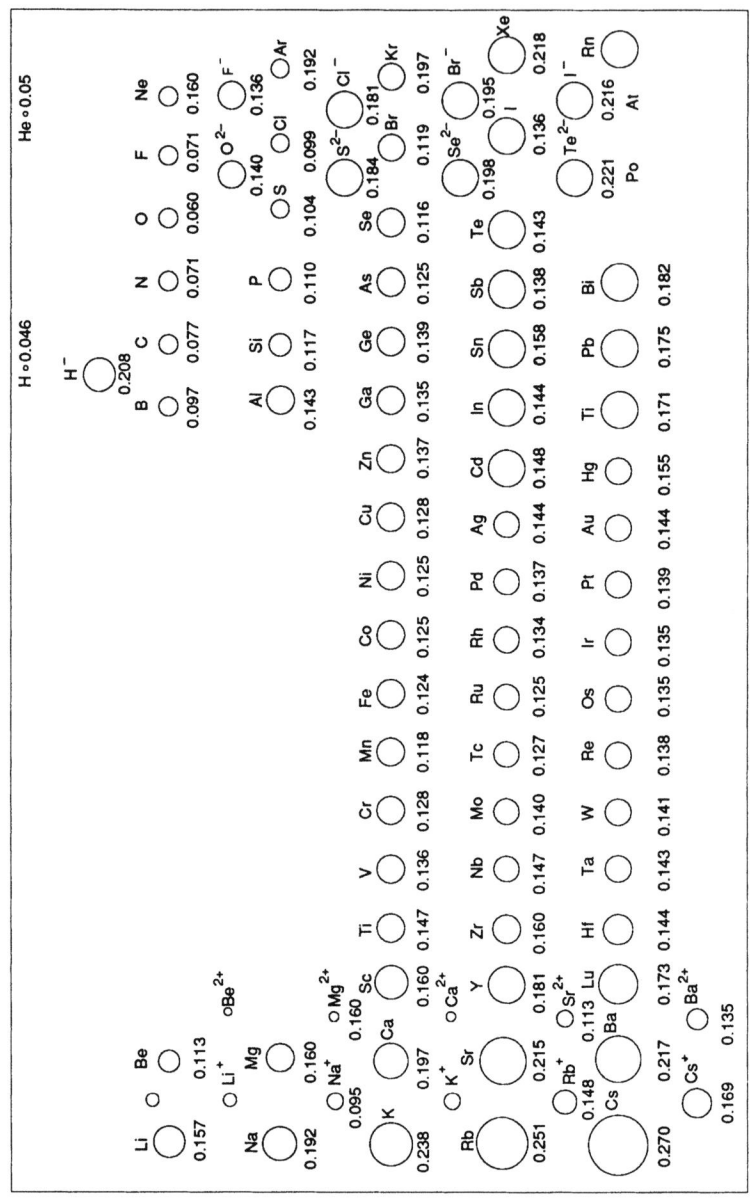

## 1.2. Größen von Atomen und Ionen

*Tab. 1.2-4*: Ionenradien der Elemente (nach [4])

| Atomnummer | Elemente | Ionen | Ionenradius, nm | Atomnummer | Elemente | Ionen | Ionenradius, nm |
|---|---|---|---|---|---|---|---|
| 1 | H | H$^-$ | 0.15 | 39 | Y | Y$^{3+}$ | 0.106 |
| 2 | He | | | 40 | Zr | Zr$^{4+}$ | 0.087 |
| 3 | Li | Li$^+$ | 0.078 | 41 | Nb | Nb$^{4+}$ | 0.069 |
| 4 | Be | Be$^{2+}$ | 0.034 | | | Nb$^{5+}$ | 0.069 |
| 5 | B | B$^{3+}$ | 0.02 | 42 | Mo | Mo$^{4+}$ | 0.068 |
| 6 | C | C$^{3+}$ | <0.02 | | | Mo$^{6+}$ | 0.068 |
| 7 | N | N$^{5+}$ | 0.01-0.02 | 44 | Ru | Ru$^{4+}$ | 0.065 |
| 8 | O | O$^{2-}$ | 0.132 | 45 | Rh | Rh$^{3+}$ | 0.068 |
| 9 | F | F$^-$ | 0.133 | | | Rh$^{4+}$ | 0.065 |
| 10 | Ne | | | 46 | Pd | Pd$^{2+}$ | 0.050 |
| 11 | Na | Na$^+$ | 0.098 | 47 | Ag | Ag$^+$ | 0.113 |
| 12 | Mg | Mg$^{2+}$ | 0.078 | 48 | Cd | Cd$^{2+}$ | 0.103 |
| 13 | Al | Al$^{3+}$ | 0.057 | 49 | In | In$^{3+}$ | 0.092 |
| 14 | Si | Si$^{4-}$ | 0.198 | 50 | Sn | Sn$^{4-}$ | 0.215 |
| | | Si$^{4+}$ | 0.039 | | | Sn$^{4+}$ | 0.074 |
| 15 | P | P$^{5+}$ | 0.03-0.04 | 51 | Sb | Sb$^{3+}$ | 0.090 |
| 16 | S | S$^{2-}$ | 0.174 | 52 | Te | Te$^{2-}$ | 0.211 |
| | | S$^{6+}$ | 0.034 | | | Te$^{4+}$ | 0.089 |
| 17 | Cl | Cl$^-$ | 0.181 | 53 | I | I$^-$ | 0.220 |
| 18 | Ar | | | | | I$^{5+}$ | 0.094 |
| 19 | K | K$^+$ | 0.133 | 54 | Xe | | |
| 20 | Ca | Ca$^{2+}$ | 0.106 | 55 | Cs | Cs$^+$ | 0.165 |
| 21 | Sc | Sc$^{2+}$ | 0.083 | 56 | Ba | Ba$^{2+}$ | 0.143 |
| 22 | Ti | Ti$^{2+}$ | 0.076 | 57 | La | La$^{3+}$ | 0.122 |
| 23 | V | V$^{3+}$ | 0.069 | 58 | Ce | Ce$^{3+}$ | 0.118 |
| | | V$^{4+}$ | 0.061 | | | Ce$^{4+}$ | 0.102 |
| | | V$^{5+}$ | ~0.04 | 59 | Pr | Pr$^{3+}$ | 0.116 |
| 24 | Cr | Cr$^{3+}$ | 0.064 | | | Pr$^{4+}$ | 0.100 |
| | | Cr$^{6+}$ | 0.03-0.04 | 60 | Nd | Nd$^{3+}$ | 0.115 |
| 25 | Mn | Mn$^{2+}$ | 0.091 | 61 | Pm | Pm$^{3+}$ | 0.106 |
| | | Mn$^{3+}$ | 0.070 | 62 | Sm | Sm$^{3+}$ | 0.113 |
| 26 | Fe | Fe$^{2+}$ | 0.087 | 63 | Eu | Eu$^{3+}$ | 0.113 |
| | | Fe$^{3+}$ | 0.067 | 64 | Gd | Gd$^{3+}$ | 0.111 |
| 27 | Co | Co$^{2+}$ | 0.082 | 65 | Tb | Tb$^{3+}$ | 0.109 |
| | | Co$^{3+}$ | 0.065 | | | Tb$^{4+}$ | 0.089 |
| 28 | Ni | Ni$^{2+}$ | 0.078 | 66 | Dy | Dy$^{3+}$ | 0.107 |
| 29 | Cu | Cu$^+$ | 0.096 | 67 | Ho | Ho$^{3+}$ | 0.105 |
| 30 | Zn | Zn$^{2+}$ | 0.083 | 68 | Er | Er$^{3+}$ | 0.104 |
| 31 | Ga | Ga$^{3+}$ | 0.062 | 69 | Tm | Tm$^{3+}$ | 0.104 |
| 32 | Ge | Ge$^{4+}$ | 0.044 | 70 | Yb | Yb$^{3+}$ | 0.100 |
| 33 | As | As$^{3+}$ | 0.069 | 71 | Lu | Lu$^{3+}$ | 0.099 |
| | | As$^{5+}$ | ~0.04 | 72 | Hf | Hf$^{4+}$ | 0.084 |
| 34 | Se | Se$^{2-}$ | 0.191 | 73 | Ta | Ta$^{5+}$ | 0.068 |
| | | Se$^{6+}$ | 0.03-0.04 | 74 | W | W$^{4+}$ | 0.068 |
| 35 | Br | Br$^-$ | 0.196 | | | W$^{6+}$ | 0.065 |
| 36 | Kr | | | 75 | Re | Re$^{4+}$ | 0.072 |
| 37 | Rb | Rb$^+$ | 0.149 | 76 | Os | Os$^{4+}$ | 0.067 |
| 38 | Sr | Sr$^{2+}$ | 0.127 | 77 | Ir | Ir$^{4+}$ | 0.066 |

*Tab. 1.2-4*: (Fortsetzung)

| Atom-nummer | Elemente | Ionen | Ionen-radius, nm | Atom-nummer | Elemente | Ionen | Ionen-radius, nm |
|---|---|---|---|---|---|---|---|
| 78 | Pt | Pt$^{2+}$ | 0.052 | 84 | Po | | |
|    |    | Pt$^{4+}$ | 0.055 | 85 | At | | |
| 79 | Au | Au$^{+}$ | 0.137 | 86 | Rn | | |
| 80 | Hg | Hd$^{2+}$ | 0.112 | 87 | Fr | | |
| 81 | Ti | Ti$^{+}$ | 0.149 | 88 | Ra | Ra$^{+}$ | 0.152 |
|    |    | Ti$^{3+}$ | 0.106 | 89 | Ac | | |
| 82 | Pb | Pb$^{4-}$ | 0.215 | 90 | Th | Th$^{4+}$ | 0.152 |
|    |    | Pb$^{2+}$ | 0.132 | 91 | Pa | | |
|    |    | Pb$^{4+}$ | 0.084 | 92 | U | U$^{4+}$ | 0.105 |
| 83 | Bi | Bi$^{+}$ | 0.120 | | | | |

## 1.3 Atombindung und Kristallstruktur

### 1.3.1 Atombindung und Aggregatzustand

Jede Form der Atombindung führt dazu, daß Atome im gebundenen Zustand, also bei einem relativ kleinen Abstand voneinander, eine geringere potentielle Energie besitzen als im Ausgangszustand, bei dem sie völlig voneinander getrennt sind. Nach Anhang C entsteht hierdurch eine anziehende Kraft $F$ zwischen den Atomen. Wird der Abstand zwischen den Atomen aber so klein, daß sich die Elektronenhüllen berühren, dann entsteht eine entgegengesetzt gerichtete abstoßende Kraft, welche eine weitere Annäherung der Atome verhindert. Die empirische Erfahrung und Rechnungen weisen darauf hin, daß häufig eine gegenseitige Verformung der Elektronenhüllen durch benachbarte Atome mit einem sehr hohen Energieaufwand verbunden ist. In guter Näherung verhalten sich viele Atome sogar wie "harte Kugeln", d.h. bei Unterschreiten eines Mindestabstandes der Atome nimmt die Abstoßungskraft schlagartig zu (Bild 1.3–1).

Typisch für eine Konfiguration gebundener Atome ist daher ein stabiler Zustand in einem Gleichgewichtsabstand a. Um die Verbindung der Atome wieder zu lösen, muß der Betrag der (negativen) Bindungsenergie $W_B$ aufgebracht werden. Einen solchen Vorgang nennt man **Dissoziation**, er kann durch Einbringen von mechanischer, optischer, thermischer oder anderer Energie initiiert werden. Die thermische Dissoziation ist von besonderer Bedeu-

## 1.3. Atombindung und Kristallstruktur

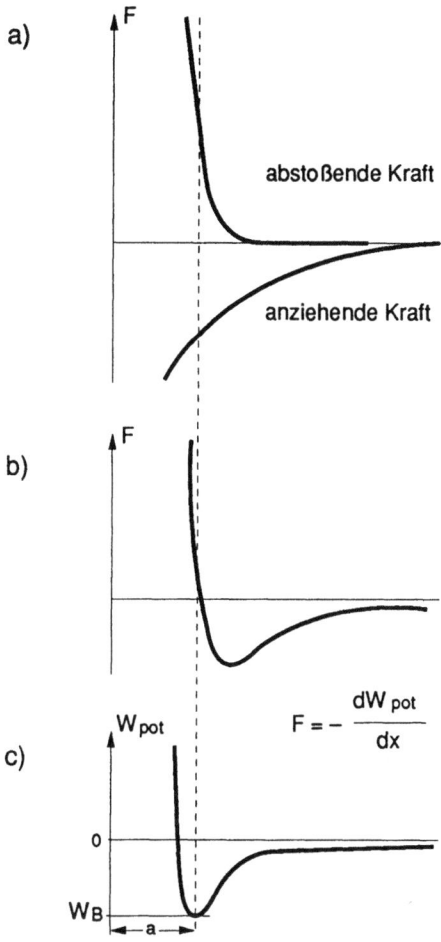

*Bild 1.3.1-1*: Wechselwirkungen zwischen Atomen:

a) Das Atom 1 möge bei x = 0 ortsfest sein, wir betrachten die Kräfte auf ein Atom 2 in Abhängigkeit vom Abstand zum Atom 1. In dieser Darstellung ist die Anziehungskraft negativ, sie möge mit kleiner werdendem x im Betrag zunehmen. Die abstoßende Kraft wirkt auf Atom 2 mit einem positiven Vorzeichen.

b) Die Summe der wirkenden Kräfte ergibt einen Nulldurchgang (abstoßende gleich anziehende Kraft).

c) Die Umrechnung in die dazugehörige potentielle Energie (Anhang C) ergibt ein Minimum. Diesem entspricht der Gleichgewichtsabstand a zwischen den Atomen.

tung, weil sie—die entsprechende Temperatur und damit thermische Energie vorausgesetzt—von selbst abläuft (Bild 1.3.1-2).

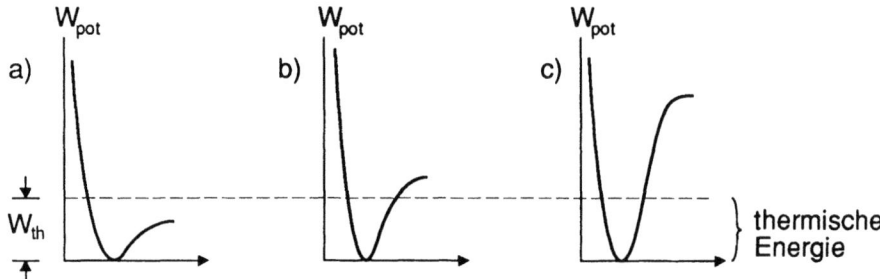

*Bild 1.3.1-2*: Verschiedene Energiekurven nach Bild 1.3-1c im Vergleich zu einer thermischen Energie $W_{th}$. Die Kurve a) führt zu einer (fast) vollständigen thermischen Dissoziation der Verbindung: **gasförmiger Aggregatzustand**, die Kurve b) zu einer teilweisen Dissoziation: **flüssiger Aggregatzustand**, die Kurve c) zu einem fest gebundenen Zustand: **fester Aggregatzustand**. Anmerkung: Diese Darstellung ist stark vereinfacht und hat nur orientierenden Charakter. Bei einer exakten Darstellung muß die Entropie (Abschnitt 2) berücksichtigt werden.

Für Anwendungen in der Elektronik sind mit großem Abstand am wichtigsten die Festkörperwerkstoffe. Gase und Flüssigkeiten haben Bedeutung z.B. als Isolatoren. Spezielle Anwendungen wie Gasentladungsröhren und Flüssigkristallanzeigen werden in dieser Darstellung nur peripher behandelt. Für diese Materialien wird auf die umfangreiche Spezialliteratur verwiesen, z.B. [5].

Typisch für den Festkörperzustand ist also eine feste Bindung zwischen den Atomen, die in der Regel nicht leicht durch äußere Einwirkung aufgebrochen werden kann. Dabei ist kennzeichnend, daß die in Bild 1.3.1-1 dargestellte Wechselwirkung nicht nur zwischen zwei Atomen stattfindet, sondern jedes Atom eine gewisse Anzahl von Nachbarn, z.B. 4, 8 oder 12 hat, mit denen es jeweils eine Wechselwirkung eingeht. In einem solchen Fall ergibt die Minimierung der Energie häufig streng symmetrische Konfigurationen, bei denen eine bestimmte geometrische Anordnung der Atome in einem Kristall immer wieder aufs neue wiederholt wird, d.h. man erhält eine periodische Struktur. Die Ortsabhängigkeit der potentiellen Energie wie in Bild 1.3.1-1c muß diese Periodizität wiederspiegeln. Man erhält dann Darstellungen wie in Bild 1.3.1-3.

Für viele Eigenschaften des Festkörpers ist es von Bedeutung, über welche Art der Wechselwirkung die Bindung zwischen den Atomen zustande kommt.

## 1.3. Atombindung und Kristallstruktur

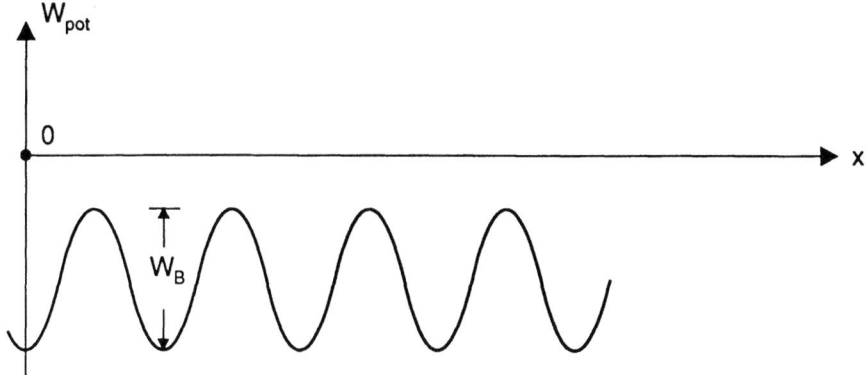

*Bild 1.3.1-3*: Ortsverlauf der potentiellen Energie in einem periodisch angeordneten Kristall. Die Periodizitätskonstante a wird auch als **Gitterkonstante** bezeichnet. In jedem Minimum der Kurve befindet sich in der Regel ein Atom des Kristalls und nur ausnahmsweise kein Atom, d.h. eine Kristall-Leerstelle (s. Abschnitt 2.7.1).

Aus diesem Grund werden im folgenden die verschiedenen Wechselwirkungsarten mit den dazu gehörenden Festkörperstrukturen ausführlich beschrieben.

### 1.3.2 Ionische Bindung

Eine wichtige Wechselwirkung ist die ionische Anziehung: Ist ein stark elektronegatives Atom von weniger elektronegativen Nachbarn umgeben, dann wird das Atom negative Ladung von seinen Nachbarn heranziehen und diese entsprechend positiv aufladen. In diesem Fall besteht die Wechselwirkung aus einer elektrostatischen Anziehung zwischen den entgegengesetzt geladenen Nachbaratomen.

Materialien, deren Bindung rein oder vorwiegend ionisch ist, gibt es in sehr großer Zahl. Eine Vielzahl der anorganisch-chemischen Verbindungen entsteht durch diese Wechselwirkung, wodurch sich die große praktische Bedeutung der Oxidationszahlen in der Chemie erklärt. Das Element Sauerstoff ist stark elektronegativ, deshalb hat eine Vielzahl der Sauerstoffverbindungen (Oxide) ionischen Charakter. Damit fällt ein sehr großer Teil der keramischen Werkstoffe, die in der Elektronik zunehmend angewendet werden, in die Gruppe der Ionenverbindungen (häufig Ionenkristalle). Typisch für viele dieser stark polaren (d.h. positive und negative Ladung enthaltende) Stoffe ist die Tatsache, daß sie Elektronen schlecht leiten, weil die negativ geladenen Teilchen allzu leicht von positiven Ladungen im Ionenkristall eingefangen werden. Legt man äußere elektrische Felder an, dann werden die Atome aus ihren Gleichgewichtspositionen herausgezogen und bilden dann ihrerseits elementare elektrische Dipole, d.h. Ionenverbindungen sind leicht polarisierbar und haben oft eine große Dielektrizitätskonstante. Darüber hinaus sind sie—in hinreichend ungestörter Form—häufig optisch transparent und damit bedeutend für viele Anwendungen der Optoelektronik. Schließlich haben sie nach Einbau von magnetisch aktiven Atomen— wie Eisen—praktisch sehr gut anzuwendende magnetische Eigenschaften. Beispiele dafür sind die Ferrite und Granate.

Zwei grundlegende Forderungen an eine periodische Anordnung von Ionen in einem Ionenkristall sind:

1. Der Kristall muß gleich viele positive Ladungen (der Kationen) wie negative (der Anionen) enthalten, anderenfalls wäre er elektrostatisch geladen und würde schnell aus der Umgebung Ladungen umgekehrten Vorzeichens anziehen.

2. Im Kristall dürfen nicht gleichartig geladene Teilchen auf benachbarten Plätzen sitzen. In diesem Fall würde die wegen des relativ kleinen Gitterabstandes besonders starke elektrostatische Abstoßung sicherlich zu unstabilen Verhältnissen führen. Ein Kristallgitter, das diese beiden Forderungen erfüllt, ist das NaCl-Gitter (Bild 1.3.2–1b), so benannt, weil der Ionenkristall Kochsalz (NaCl) diese Struktur besitzt.

Es gibt aber auch eine Vielzahl von anderen Gittertypen, welche die obengenannten Bedingungen erfüllen (weitere Gitter in Bild 1.3.2–2). Die gleiche Anzahl von Anionen und Kationen ist in den Gittermodellen häufig nicht un-

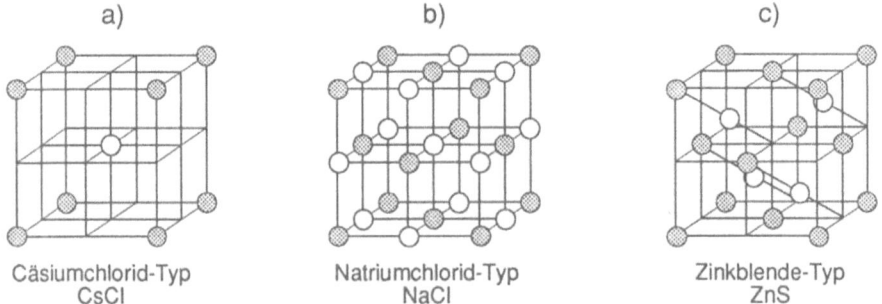

*Bild 1.3.2–1*: Ionengitter: Die Kationen sind jeweils als leere Kreise dargestellt (nach [1]).

## 1.3. Atombindung und Kristallstruktur

mittelbar ersichtlich, da auch einzelne Ionen aus den benachbarten Gitterzellen eingezeichnet sind (s. Abschnitt 1.4). Wodurch wird nun die von einer ionischen Verbindung angenommene Gitterstruktur bestimmt? Eine wichtige Rolle spielen dabei die Atomgrößen: Das sehr große Cäsium-Kation (Tab. 1.2-4, Ordnungszahl 55) findet in der Mitte eines Würfels (Bild 1.3.2-1a) mehr Raum als in den Würfelkantenmitten der NaCl-Struktur. Dadurch wird Energie eingespart: Das Cäsium-Atom braucht seine Nachbarn weniger auseinanderzudrücken. Es gilt allgemein die Regel (von der es allerdings aus anderen Gründen auch viele Ausnahmen gibt) [1]: Große Kationen mit einem Verhältnis von Kationen- zu Anionenradius $r^+/r^-$ größer als 0,73 bevorzugen die Cäsiumchloridstruktur, mittelgroße Kationen mit einem Radienverhältnis größer als 0,414 die Natriumchloridstruktur und kleine Kationen mit einem Radienverhältnis von mehr als 0,225 die Zinkblendestruktur.

Technisch wichtige Werkstoffe mit der NaCl-Struktur sind ionenleitende Verbindungen wie Alkalihalogenide: Bei diesen Materialien erfolgt der Leitungstransport nicht über die Bewegung von Elektronen, sondern von Ionen jeweils einer Sorte. Anwendungen für diese Effekte befinden sich zum Teil noch im Forschungsstadium. Eine andere wichtige Gruppe sind halbleitende Bleisalze wie PbTe, PbSe und PbS, aus denen sich optische Bauelemente für den Infrarotbereich herstellen lassen.

Sehr viele wichtige Halbleitermaterialien kristallisieren in der Zinkblende-Struktur wie Galliumarsenid, Indiumantimonid u.a. Dabei ist aber häufig nicht die Ionenbindung allein ausschlaggebend, sondern die Tatsache, daß auch die kovalente Bindung (Abschnitt 1.3.3) zu einer ähnlichen Kristallstruktur führen kann.

Die bisher beschriebenen Ionenkristalle zeichnen sich durch ein stöchiometrisches Verhältnis von Kationen zu Anionen von 1 : 1 aus. Ändert sich dieses Verhältnis, dann werden weitere, häufig kompliziertere Kristallstrukturen angenommen. Bild 1.3.2-2 zeigt die Kristallstrukturen für Stöchiometrieverhältnisse von 2 : 1 und 1 : 2 .

Der zum Antifluoritgitter inverse Gittertyp (Plätze von Kationen und Anionen vertauscht) ist das Fluoritgitter. In diesem Gitter kristallisiert bei hohen Temperaturen ein für die Anwendung wichtiger Sauerstoff-Ionenleiter: $ZrO_2$, das Grundmaterial für die Lambda-Sonde. Diese regelt die Verbrennung in Kfz-Motoren, so daß eine optimale Katalyse umweltschädlicher Auspuffgase erfolgen kann.

Zwei Materialien mit dem Rutilgitter finden Anwendung als gasempfindliche Festkörpersensoren: Titan-und Zinndioxid.

Verbindungen mit zwei Atomsorten bezeichnet man als **binäre**, solche mit drei als **ternäre** usw. **Legierungen**, wobei das stöchiometrische Verhältnis keine Rolle spielt. Auch ternäre Verbindungen können eine typische Struktur

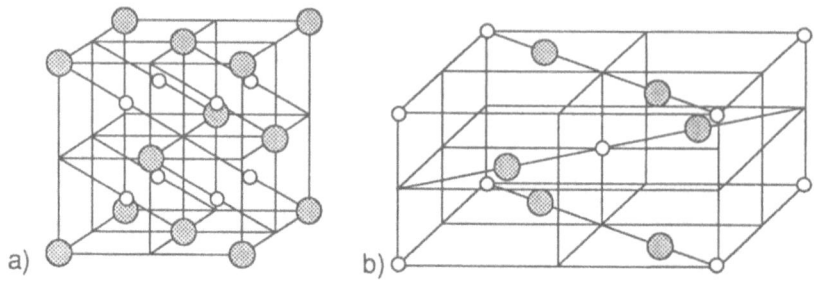

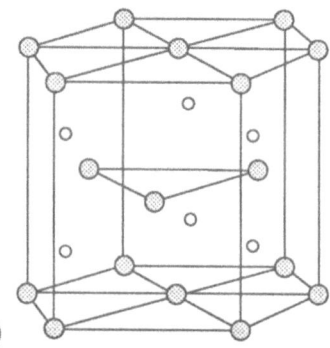

*Bild 1.3.2-2*: Ionengitter mit unterschiedlichen Stöchiometrieverhältnissen:

a) Antifluoritgitter (Na$_2$O, beim Fluoritgitter CaF$_2$ sind Kationen und Anionen vertauscht)
b) Rutilgitter ( TiO$_2$ )
c) Korundstruktur (Saphir Al$_2$O$_3$, mit Chromdotierung Rubin).
Die Kationen sind jeweils als leere Kreise dargestellt.

von binären, wie die NaCl-Struktur annehmen. In diesem Fall kann der Gitterplatz einer Ionensorte von zwei unterschiedlichen ladungsäquivalenten Ionen besetzt werden.

Eine wichtige Struktur für ternäre und quaternäre Ionenkristalle ist die **Perovskitstruktur** mit der Zusammensetzung ABX$_3$ (Bild 1.3.2-3):

Die Perovskitstruktur gilt als besonders variabel. In dieser Struktur lassen sich Verbindungen der verschiedensten Elemente und Stöchiometrien energetisch günstig kristallisieren. Deshalb gelten die Perovskite auch als die am häufigsten vorkommenden Minerale der Erde. Die Eigenschaften der Perovskite überspannen einen sehr weiten Bereich. Vielfältige Anwendungen in der

## 1.3. Atombindung und Kristallstruktur

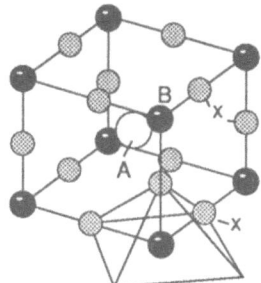

*Bild 1.3.2-3*: Perovskitstruktur: A ist ein großes metallisches Kation, B ein kleineres. Die X-Atome sind Anionen, häufig Sauerstoffionen.

Elektronik sind schon vorhanden, weitere noch im Forschungsstadium. Hierzu einige Beispiele:

Bariumtitanat ($BaTiO_3$, Bild 1.3.2–4): Das kleine $Ti^{4+}$-Ion in der Würfelmitte ist außerordentlich beweglich. Bei Einwirkung eines elektrischen Feldes erfolgt die große Auslenkung eines hochgeladenen Ions, d.h. es wird ein großes Dipolmoment induziert. Dem entspricht eine große Dielektrizitätskonstante. Tatsächlich haben Bariumtitanat-Keramikkondensatoren relative Dielektrizitätskonstanten von mehreren Tausend. Dieser Effekt wird ausführlich im Abschnitt 6.3.3 behandelt.

Aufgrund einer kleinen—in den abgebildeten Kristallstrukturen nicht sichtbaren—Gitterverzerrung besitzt Bariumtitanat (wie viele andere Perovskite auch) ein permanentes elektrisches Dipolmoment: es ist **ferroelektrisch**. Die Aufhebung der Ferroelektrizität oberhalb einer bestimmten Temperatur (Curie-Temperatur) führt zu einem Anstieg des Widerstandes um mehrere Größenordnungen: Dieser Effekt wird bei Kaltleitern ausgenutzt.

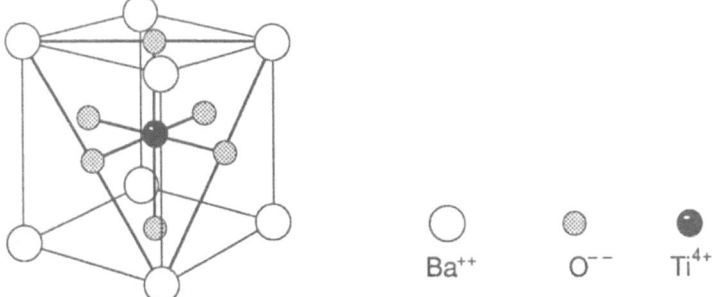

*Bild 1.3.2-4*: Bariumtitanat: Die Struktur ist genauso perovskitisch wie die in Bild 1.3.2–3, jedoch ist hier das kleinere Metallkation in die Würfelmitte gelegt.

Läßt man eine mechanische Spannung einwirken auf einen ferroelektrischen (und einige nicht-ferroelektrische, wie Quarz) Kristall, dann verändert sich das permanente Dipolmoment: auf die Oberfläche des Kristalls wird eine Flächenladung induziert. Auch die Umkehrung dieses Prozesses gilt: Durch Induzieren einer Flächenladung (Anlegen einer Spannung an zwei kontaktierte

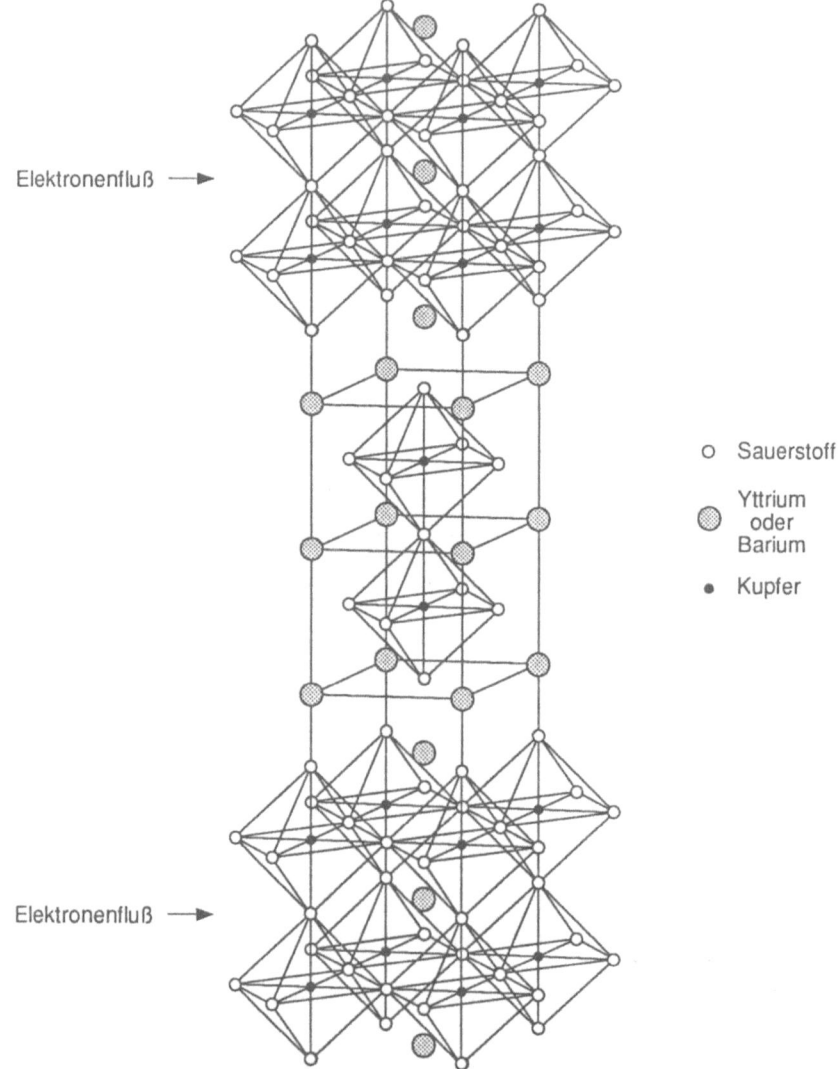

*Bild 1.3.2-5*: Perovskitische Struktur des Hochtemperatursupraleiters Y-Ba-Cu-O [55]

## 1.3. Atombindung und Kristallstruktur

Oberflächen) wird eine mechanische Verzerrung erzeugt. Diesen Effekt bezeichnet man als **Piezoelektrizität**, er ist besonders ausgeprägt, wenn man in der Bariumtitanatstruktur das Barium durch Blei und das Titan teilweise durch Zirkon ersetzt: Bleizirkonat-Titanat (PZT). Die elektromechanische Umwandlung findet vielfältige Anwendungen bei Schwingquarzen, keramischen Mikrofonen, Schallgeneratoren, Drucksensoren und mechanischen Aktuatoren, bei denen ein elektrisches Signal direkt in eine mechanische Bewegung umgesetzt wird.

Auch die neuartigen Hochtemperatursupraleiter, deren Widerstand auf außerordentlich kleine Werte abnimmt bei Abkühlung auf Temperaturen bei ca. minus 150 Grad Celsius, haben eine perovskitische Struktur (Bild 1.3.2-5).

Sehr wichtige Anwendungen finden die Perovskite und andere verwandte Strukturen in der Optoelektronik und integrierten Optik (s. Abschnitt 6.4). Das hängt damit zusammen, daß z.B. der optisch transparente Ilmenit (perovskitähnlich) Lithiumniobat ($LiNbO_3$) aufgrund seiner Kristallstruktur optisch doppelbrechend ist, d.h. der Brechungsindex des Materials hängt ab von der Polarisationsrichtung des Lichtstrahls. Die Größe dieses Effekts läßt sich durch Anlegen von elektrischen Feldern variieren: Man bezeichnet dieses als den linearen optischen oder **Pockels-Effekt**. Da man in Lithiumniobat Leiter für optische Strahlung (Streifenleiter) gezielt einführen kann, läßt sich der Pockelseffekt zum Aufbau eines Umschalters für Lichtstrahlen einsetzen (Bild 1.3.2-6). Hierfür gibt es in der optischen Datenübertragung und Nachrichtentechnik vielfältige Anwendungen.

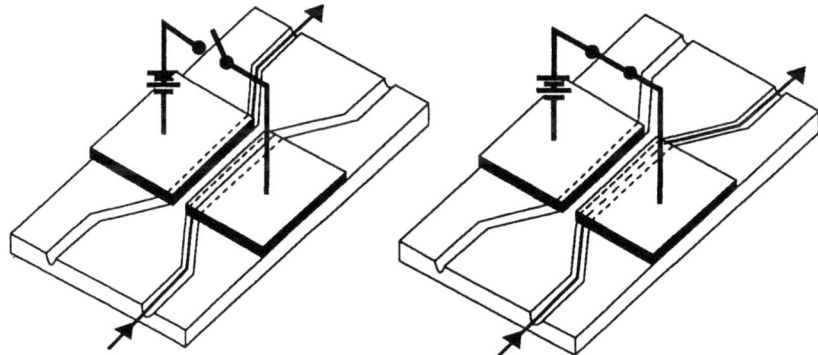

*Bild 1.3.2-6*: Elektrooptischer Schalter in einer Platte aus Lithiumniobat. Ohne Spannung wird der Lichtstrahl auf eine benachbarte Lichtleitung übergekoppelt. Dieser Effekt läßt sich durch Anlegen einer äußeren Spannung verhindern (nach [7]). Derselbe Effekt läßt sich zum Aufbau von optischen Modulatoren bis in den GHz-Bereich verwenden.

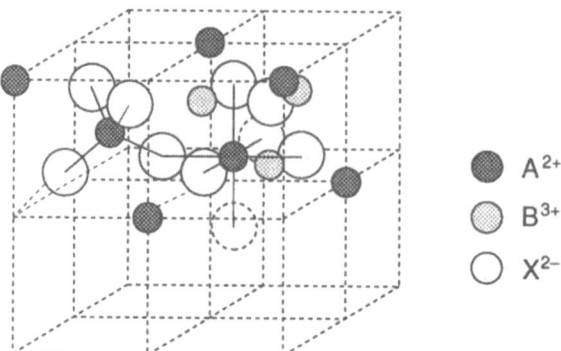

*Bild 1.3.2-7*: Charakteristische Merkmale der kubischen Spinellstruktur: Die kleinste periodisch angeordnete Zelle mit der Kantenlänge von ca. 1nm besteht aus 8 kubischen Unterzellen mit der Zusammensetzung von jeweils $AB_2X_4$. Die tetraedrische und oktaedrische Umgebung mit Sauerstoffionen ist hervorgehoben.

Durch die Kopplung von elektrischen und Schallwellen lassen sich weitere wichtige Bauelemente der Elektronik realisieren: Elektronische Ablenkung von Laserstrahlen über den akusto-optischen Effekt und zeitliche Verzögerung elektrischen Signale über Oberflächen-Schallwellen (SAW —surface acoustic waves).

Komplizierter aufgebaut als die Perovskite sind die **Spinelle** mit der Zusammensetzung $AB_2X_4$. Das Spinellgitter wird im wesentlichen festgelegt durch die großen Anionen X, die in der Regel aus Sauerstoffatomen bestehen. In dieses Anionengitter sind die Kationen eingebaut: Die kleineren Kationen des Typs A werden auf Zwischengitterplätzen mit tetraedrischer Umgebung, die größeren des Typs B auf solche mit oktaedrischer Umgebung (dort ist mehr Raum vorhanden) eingebaut. Von den insgesamt 64 vorhandenen tetraedrischen Zwischengitterplätzen sind jedoch nur 8 besetzt, von den 32 oktaedrischen nur 16.

Das Sauerstoffgitter selbst kann auf zweierlei Weise aufgebaut werden: in kubischer Symmetrie mit weitgehend isotropen (d.h. von der Kristallrichtung unabhängigen) Eigenschaften oder in hexagonaler Symmetrie mit anisotropen Eigenschaften, bei denen die Eigenschaften in Richtung einer vorgegebenen Kristallachse markant abweichen (s. Abschnitt 1.3.4).

Die Isotropie kubischer Spinelle macht man sich bei den kubischen **Ferriten** zunutze mit einer Zusammensetzung von z.B. $Ni_{1-x}Zn_xFe_{1-y}O_4$ (Nickel-Zink-Ferrit, x-variiert je nach Zusammensetzung, y ist ein "Unterschuß" an

## 1.3. Atombindung und Kristallstruktur

Eisen, d.h. eine Abweichung vom stöchiometrischen Gleichgewicht). Damit können Eigenschaften wie die magnetische Permeabilität beeinflußt werden: Diese Ferrite besitzen ein großes magnetisches Moment (Gesamtheit aller Elektronenspins) pro Volumen, das durch äußere Magnetfelder leicht in beliebige Richtungen gedreht werden kann (Weichmagnet). Relative Permeabilitäten von einigen Tausend können ohne weiteres erreicht werden, d.h. diese Werkstoffe eignen sich zur Verstärkung der Selbstinduktion von Spulen und Transformatoren (Ferritkerne, Abschnitt 7.2.3).

Bei den anisotropen hexagonalen Ferriten (z.B. Bariumferrit $BaFe_{12}O_{19}$) richten sich die Elektronenspins häufig in Richtung einer kristallographischen Achse aus und lassen sich von dort aus nur schwer durch äußere Magnetfelder auslenken (Hartmagnete, Abschnitt 7.3.2). Aus diesen Werkstoffen lassen sich daher Permanentmagnete herstellen. Eine besondere Anwendung für sehr kleine Kristalle mit permanentmagnetischen Eigenschaften ist die magnetische Datenaufzeichnung (Datenbänder, floppy disks usw., Abschnitt 7.3.3): Über das starke Magnetfeld eines Aufnahmekopfes werden diese Teilchen in gewünschter Weise magnetisiert, die Magnetisierung kann durch kleinere Magnetfelder nicht mehr verändert werden. Für diese Anwendung kommen aber auch weichmagnetische Materialien ($Fe_2O_3$ oder $CrO_2$) in Frage, denen man über eine spezielle Formgebung der magnetisierbaren Teilchen, z.B. eine Nadelform, hartmagnetische Eigenschaften eingeprägt hat.

Eine weitere wichtige Gruppe von Ionenkristallen bilden die **Granate**, z.B. die Eisengranate mit der Zusammensetzung $M_3Fe_5O_{12}$ (M = Metallion). Die kubische Einheitszelle der Granate umfaßt 160 Ionen, d.h. aus 8 Einheiten der oben angegebenen Zusammensetzung, mit einer Kantenlänge von ca. 1,2 nm (Bild 1.3.2–8).

Granate sind beliebte Materialien für die Stäbe von Feststofflasern. Am häufigsten angewendet wird Neodym-dotiertes Yttrium-Aluminium-Granat (Nd:YAG), wobei der Neodymgehalt bis zu einer stöchiometrischen Konzentration gesteigert werden kann [10].

Weitere Anwendungen sind mit den magnetischen Eigenschaften der Eisengranate, z.B. Yttrium-Eisengranat (YIG) verbunden. Diese ferrimagnetischen Materialien (die Magnetisierungsrichtungen zweier magnetischer Untergitter wirken gegeneinander, nach außen ist die Differenz beider meßbar) lassen sich gut in dünnen Schichten auf einer nichtmagnetischen Unterlage herstellen, wobei nur zwei Magnetisierungsrichtungen senkrecht zur Schicht energetisch günstig sind (Abschnitt 7.3.4). Magnetisiert man die Schicht zunächst in einer Richtung, dann lassen sich durch auf einen kleinen Ort begrenzte Magnetfelder (oder örtliche Temperaturhöhungen) Bereiche mit der entgegengesetzt gerichteten Magnetisierung erzeugen. Diese magnetischen "Blasen" (magnetic bubbles) lassen sich gezielt über die Fläche der Granatschicht ablenken. Über

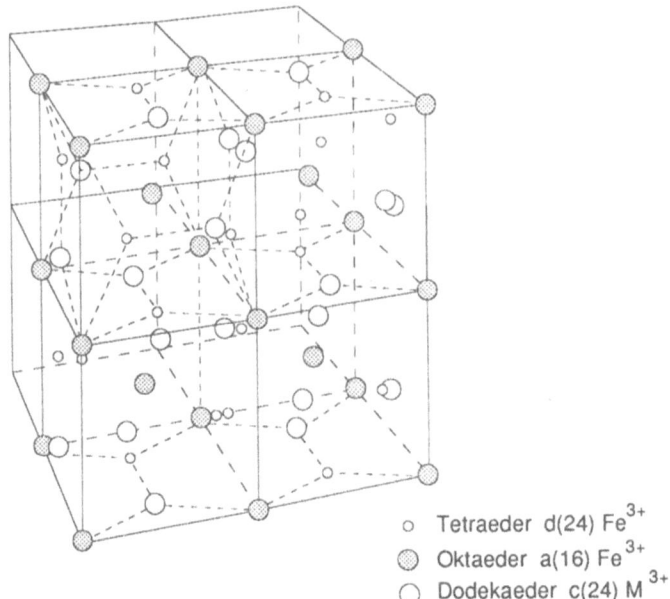

○ Tetraeder d(24) $Fe^{3+}$
◉ Oktaeder a(16) $Fe^{3+}$
○ Dodekaeder c(24) $M^{3+}$

*Bild 1.3.2-8*: Anordnung der Kationen eines Granatkristalls (nach [9]).

Anwesenheit oder Abwesenheit solcher Blasen kann eine digitale Information gespeichert und verarbeitet werden, dieses ist das Prinzip der magnetischen Blasenspeicher und von Logikschaltungen nach demselben Prinzip.

Schließlich kann beim YIG und anderen magnetischen Granaten noch die Eigenschaft der Elektronenspins ausgenutzt werden, daß sie bei Einwirken eines Magnetfeldes eine periodische Bewegung (Präzession) ausführen, deren Frequenz im GHz-Bereich liegt und durch Variation der Magnetfeldstärke bis 30 GHz und darüber abgestimmt werden kann. Bei einer Ankopplung von Mikrowellen ergeben sich technisch gut verwendbare Resonanzeigenschaften (Anwendung als Filter, Frequenz-Scanner etc., s. Abschnitt 7.3.4).

### 1.3.3 Kovalente Bindung

Die elektrostatische Anziehung als Ursache für die Ionenbindung ist leicht zu erklären. Schwieriger liegen die Verhältnisse bei der als sehr fest bekannten Bindung des Kohlenstoffs im Diamantkristall, sowie bei der ebenfalls starken Bindung der Atome der Halbleiterelemente Germanium und Silizium in chemisch reinen Einkristallen. Nach Tab. 1.2-1 können diese Atome die Wertigkeiten +4 und -4 annehmen, d.h. theoretisch wäre denkbar, daß zwischen

## 1.3. Atombindung und Kristallstruktur

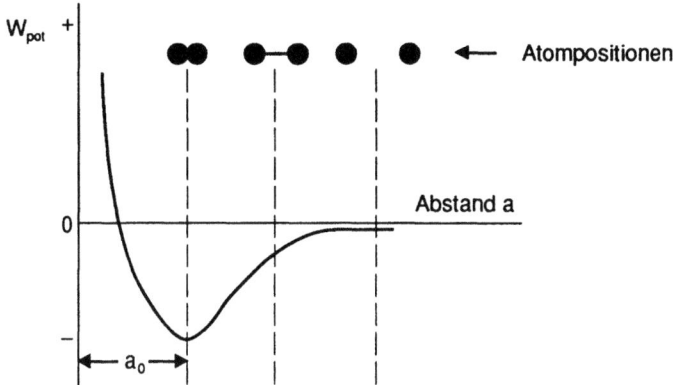

*Bild 1.3.3-1*: Abhängigkeit der potentiellen Energie zweier Atome mit kovalenter Bindung. Qualitativ ergibt sich der in Bild 1.3.1-1 dargestellte Verlauf

benachbarten Atomen im Kristallgitter Ladungen hin und her wandern und damit im zeitlichen Mittel eine elektrostatische Anziehung ermöglichen. Die quantentheoretisch erfaßbare Ursache für die Bindung von C, Si, Ge und vielen anderen liegt aber an einem anderen Effekt: der Austauschwechselwirkung. Diese besagt, daß die Energie der Elektronen abgesenkt werden kann, wenn sich zwei benachbarte Atome in einem bestimmten, kurzen Abstand voneinander befinden (Bild 1.3.3-1), dadurch, daß sich dann die Elektronenbahnen überlappen. In diesem Fall müssen Wellenfunktionen (Abschnitt 1.1) angesetzt werden, die zu beiden benachbarten Atomen gleichzeitig gehören, während sie bei getrennten Atomen nur jeweils an ein Atom gebunden sind. Voraussetzung für einen gebundenen Zustand ist, daß die Elektronen Spins entgegengesetzten Vorzeichens (antiparallele Spins) besitzen. Die beschriebene Bindungsart wird als **kovalente** Bindung bezeichnet.

Die Größe der Bindungsenergie und der Gleichgewichtsabstand der beteiligten Atome ist in Tab. 1.3.3-1 zusammengefaßt.

Die Bindungsenergie zwischen den Si- und Ge-Atomen in den entsprechenden Einkristallen beträgt 1,8 und 1,6 eV. Nach Tab. 1.1-1 sind bei Silizium (Ordnungszahl 12) an der Bindung als vier äußere Elektronen zwei s- und zwei p-Elektronen beteiligt. Daraus müßte folgen, daß jeweils zwei Bindungen unterschiedliche Eigenschaften haben. Das wird aber in der Natur nicht beobachtet: Alle vier Bindungen haben die gleichen Eigenschaften. Dieses erklärt man sich durch den Vorgang der **Hybridisierung**: Durch eine Überlagerung der vier Grundzustände entstehen vier gleichwertige gemischte Zustände, die

*Tab. 1.3.3-1*: Bindungsenergie und Gleichgewichtsabstand bei kovalenter Bindung für verschiedene Bindungspartner [11].

| Bindung | Bindungsenergie [eV] | [kJ/mol] | Bindungslänge [nm] |
|---|---|---|---|
| $C-C$ | 3.8 | 370 | 0.154 |
| $C=C$ | 7.1 | 680 | 0.13 |
| $C\equiv C$ | 9.3 | 890 | 0.12 |
| $C-H$ | 4.5 | 435 | 0.11 |
| $C-N$ | 3.2 | 305 | 0.15 |
| $C-O$ | 3.8 | 360 | 0.14 |
| $C=O$ | 5.5 | 535 | 0.12 |
| $C-F$ | 4.7 | 450 | 0.14 |
| $C-Cl$ | 3.5 | 340 | 0.18 |
| $O-H$ | 5.2 | 500 | 0.10 |
| $O-O$ | 2.3 | 220 | 0.15 |
| $O-Si$ | 3.9 | 375 | 0.16 |
| $N-O$ | 2.6 | 250 | 0.12 |
| $N-H$ | 4.5 | 430 | 0.10 |
| $F-F$ | 1.7 | 160 | 0.14 |
| $H-H$ | 4.5 | 435 | 0.074 |

als sp³ Hybridzustände bezeichnet werden. Die räumliche Verteilung der Gebiete mit hoher Elektronenaufenthaltwahrscheinlichkeit (Abschnitt 1.1) ergibt Bindungsarme (Hybridorbitale), die sich in die Ecken eines Tetraeders erstrekken, wenn sich das Atom in der Mitte befindet (Bild 1.3.3-2).

Auch für andere Valenzelektronen-Konfigurationen gibt es gerichtete Hybridorbitale mit bestimmten Symmetrieeigenschaften (Bild 1.3.3-3)

Bei einem Kristallgitter müssen sich die Hybridorbitale so ausrichten, daß eine periodische Struktur entsteht. Für sp³-Hybridorbitale entsteht so das Diamantgitter, das in seiner Struktur übereinstimmt mit dem Zinkblendegitter in Bild 1.3.2-1. Der Unterschied ist, daß das Zinkblendegitter mit zwei entgegengesetzt geladenen Ionen alternierend besetzt ist, das Diamantgitter aber nur mit Atomen einer Sorte wie C, Si oder Ge.

Die Diamantstruktur ist relativ offen, sie hat nur eine Raumausfüllung von 65%. Die Ähnlichkeit zwischen Diamantgitter und dem ionischen Zinkblendegitter ist nicht zufällig: Viele Verbindungen haben nämlich weder eine rein kovalente, noch eine rein ionische Bindung, sondern Anteile aus beiden Bin-

## 1.3. Atombindung und Kristallstruktur

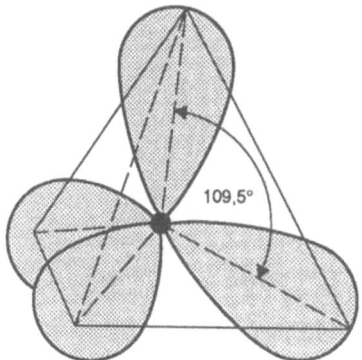

*Bild 1.3.3-2:* sp³-Hybridorbitale

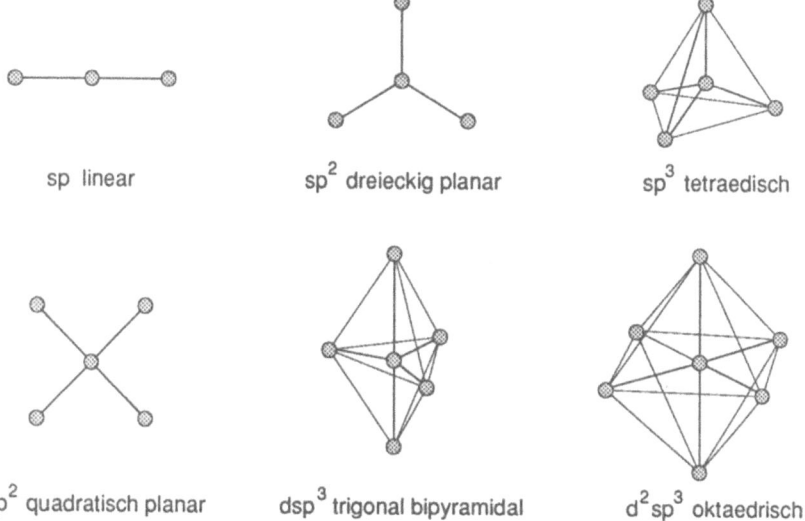

*Bild 1.3.3-3:* Hybridorbitale verschiedener Konfigurationen von Valenzelektronen: Das Atom befindet sich jeweils im Zentrum, die Hybridorbitale zeigen zu den Eckpunkten der Figur [1].

dungsarten. Das gilt für eine Vielzahl von halbleitenden Verbindungen (Tab. 1.3.3-2).

Eine dem Zinkblendegitter sehr ähnliche Kristallstruktur hat das Wurtzitgitter: Auch dieses Gitter entsteht durch eine tetraedrische Bindung der

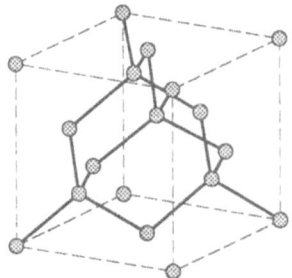

*Bild 1.3.3-4*: Aufbau des Diamantgitters aus sp³-Hybridorbitalen

*Tab. 1.3.3-2* Anteil des ionischen Charakters der Bindung bei verschiedenen binären Legierungen [12,32].

| Kristall | Grad des ionischen Charakters | Kristall | Grad des ionischen Charakters |
|---|---|---|---|
| Si   | 0.00 |       |      |
| SiC  | 0.18 | CuCl  | 0.75 |
| Ge   | 0.00 | CuBr  | 0.74 |
|      |      |       |      |
| ZnO  | 0.62 | AgCl  | 0.86 |
| ZnS  | 0.62 | AgBr  | 0.85 |
| ZnSe | 0.63 | AgI   | 0.77 |
| ZnTe | 0.61 |       |      |
|      |      | MgO   | 0.84 |
| CdO  | 0.79 | MgS   | 0.79 |
| CdS  | 0.69 | MgSe  | 0.79 |
| CdSe | 0.70 |       |      |
| CdTe | 0.67 | LiF   | 0.92 |
|      |      | NaCl  | 0.94 |
| InP  | 0.42 | RbF   | 0.96 |
| InAs | 0.36 | $Al_2O_3$ | 0.63 |
| InSb | 0.32 | $SiO_2$ | 0.51 |
|      |      | $Si_3N_4$ | 0.30 |
| GaAs | 0.31 |       |      |
| GaSb | 0.26 |       |      |

Atome, jedoch sind die Atomlagen aufeinander verschieden gestapelt (s. Abschnitt 1.3.4 und Bild 1.3.3-5).

Die tetraedrisch gebundenen Halbleiter kristallisieren in beiden Strukturen (Tab. 1.3.3-3)

## 1.3. Atombindung und Kristallstruktur

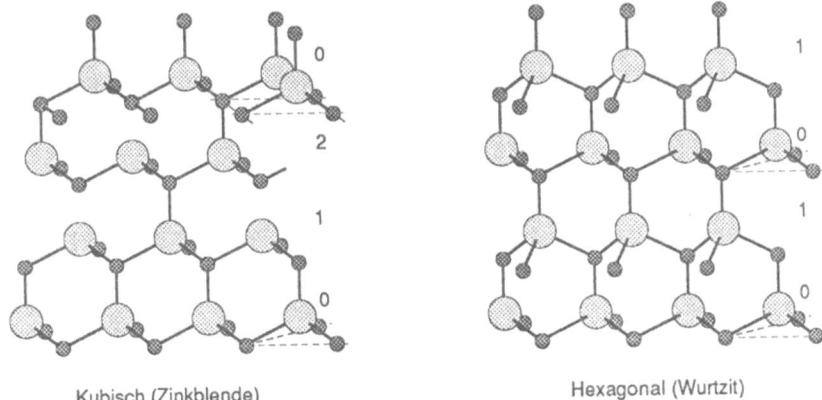

Kubisch (Zinkblende)    Hexagonal (Wurtzit)

*Bild 1.3.3-5*: Kristallstrukturen mit tetraedrisch gebundenen Atomen: Betrachten wir die senkrecht orientierten Bindungsarme, dann liegen diese bei der Wurtzitstruktur in benachbarten Ebenen übereinander. Bei der Zinkblendestruktur sind sie gegeneinander verschoben. Dieses hängt mit der "Stapelung" der Ebenen (Abschnitt 1.3.4) zusammen (nach [14])

*Tab. 1.3.3-3*: Kristallstrukturen einiger Verbindungshalbleiter

a) Wurtzitstruktur (Hexagonal; nach [14]).

| Kristall | $a$[nm] | Kristall | $a$[nm] |
|---|---|---|---|
| CuF  | 0.426 | CdS  | 0.582 |
| CuCl | 0.541 | InAs | 0.604 |
| AgI  | 0.647 | InSb | 0.646 |
| ZnS  | 0.541 | SiC  | 0.435 |
| SnSe | 0.565 | AlP  | 0.452 |
| Ge   | 0.564 | GaAs | 0.563 |
| Si   | 0.543 | InP  | 0.586 |

b) Zinkblende-Struktur (Kubisch)

| Kristall | $a$[nm] | $c$[nm] | Kristall | $a$[nm] | $c$[nm] |
|---|---|---|---|---|---|
| ZnO  | 0.325 | 0.521 | SiC         | 0.325 | 0.521 |
| ZnS  | 0.381 | 0.623 | Hex. Diamant| 0.252 | 0.412 |
| ZnSe | 0.398 | 0.653 | CdS         | 0.413 | 0.675 |
| ZnTe | 0.427 | 0.699 | CdSe        | 0.430 | 0.702 |

Die rein kovalent gebundenen Elementhalbleiter Silizium und Germanium haben eine überragende Bedeutung in der Elektronik: Diese sind die mit Abstand wichtigsten Materialien für die Herstellung von Halbleiterbauelementen.

Das gilt für das gesamte Spektrum der Bauelemente: von kleinsten Leistungen bis zu Kilowattbauelementen, von Gleichstrom-bis zu Mikrowellenbauelementen. Während in der Frühzeit der Halbleitertechnik die Germaniumbauelemente noch überwogen, hat heute Silizium das Germanium fast verdrängt, eine Entwicklung, die parallel zum Übergang von diskreten auf integrierte Bauelemente verlief.

Die überwiegend kovalent, aber auch signifikant ionisch gebundenen Verbindungshalbleiter mit jeweils einem Element aus der 3. und der 5. oder der 2. und der 6. Gruppe des Periodensystems (genannt III-V-oder II-VI-Halbleiter) gewinnen zunehmend an Bedeutung. Das hängt vielfach mit den optischen Eigenschaften der Halbleiter zusammen: Der Bereich des Lichtspektrums, in dem diese Materialien optische Strahlung aussenden oder empfindlich detektieren können, ist stark materialabhängig (Bild 1.3.3-6). Ein wichtiger Parameter dabei ist der Energie–Bandabstand $W_g$. Diese Energie muß aufgebracht wer-

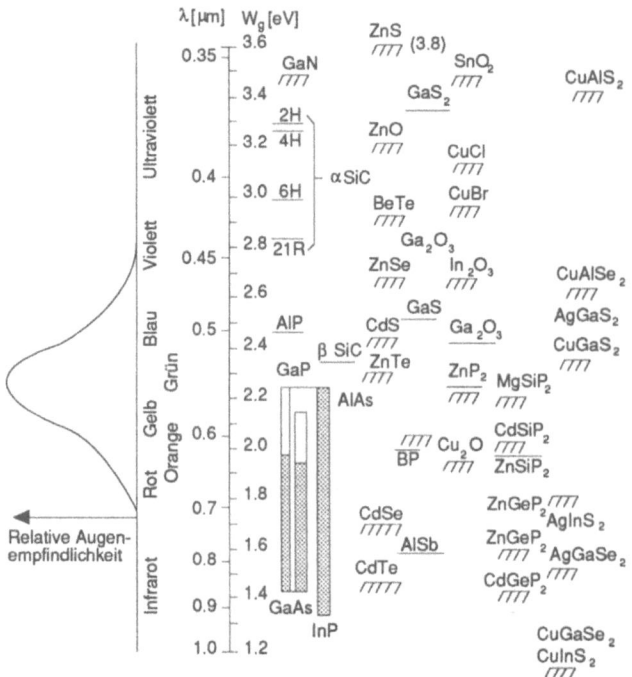

*Bild 1.3.3-6*: Spektrum des sichtbaren Lichts, zusammen mit der relativen spektralen Empfindlichkeit des menschlichen Auges. Auf der rechten Seite sind diejenigen Halbleiterwerkstoffe eingezeichnet, die in dem entsprechenden Spektralbereich Lichtstrahlung aussenden oder mit großer Empfindlichkeit detektieren können (nach [13])

## 1.3. Atombindung und Kristallstruktur

den zur Aktivierung eines Valenzbandelektrons in das Leitungsband, dort kann es zur Leitfähigkeit beitragen (siehe Abschnitt 4.1.3).

Die Bindungsenergie zwischen Silizium und Sauerstoff ist recht groß (Tab. 1.3.3-1), deshalb kommen Siliziumverbindungen in der Natur häufig vor, z.B. als Quarz ($SiO_2$). Bei den **Silikaten** ist die Grundstruktur eine vierfach negativ geladene $SiO_4$-Zelle: Dabei ist das Si-Atom tetraedrisch von 4 O-Atomen umgeben. Die Verbindung zu benachbarten Tetraedern erfolgt über das Sauerstoffatom. Ketten von solchen Tetraedern können sich zu Ringen, Bändern und Blättern zusammenlagern (Bild 1.3.3-7). Zu den bänderförmigen Silikaten gehören die Asbestminerale, zu den blattförmigen das Gleitmittel Talkum.

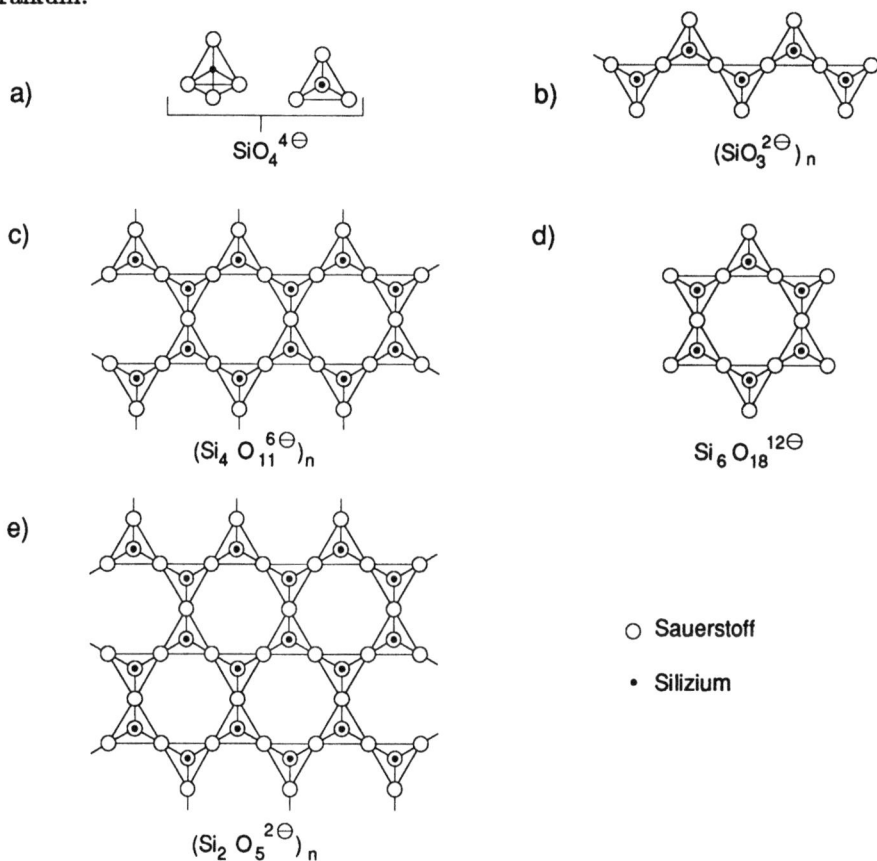

*Bild 1.3.3-7*: Strukturen von Silikationen (nach [1]). a) $SiO_4^{4-}$-Tetraeder, b) Kettenstruktur, c) Doppelketten (Beispiel: Asbest), d) Ringstruktur (Beispiel: Beryll), e) Blattstruktur (Beispiele: Talkum, Ton [Kaolinit], Glimmer)

34                                                                    Kapitel 1. Atome und Festkörper

Bild 1.3.3–8a zeigt die Struktur des Quarzkristalls. Häufig wird aber diese kristalline Form nicht angenommen, sondern eher die des **Quarzglases**. Dabei findet eine kristallographisch exakte Orientierung benachbarter Tetraeder nur in einzelnen Bereichen statt. Dazwischen wird nur eine eher regellose Verbindung angenommen. Die Ursache dafür liegt darin, daß zwar der kristalline Zustand die geringste Energie besitzt, andererseits aber auch ein erheblicher

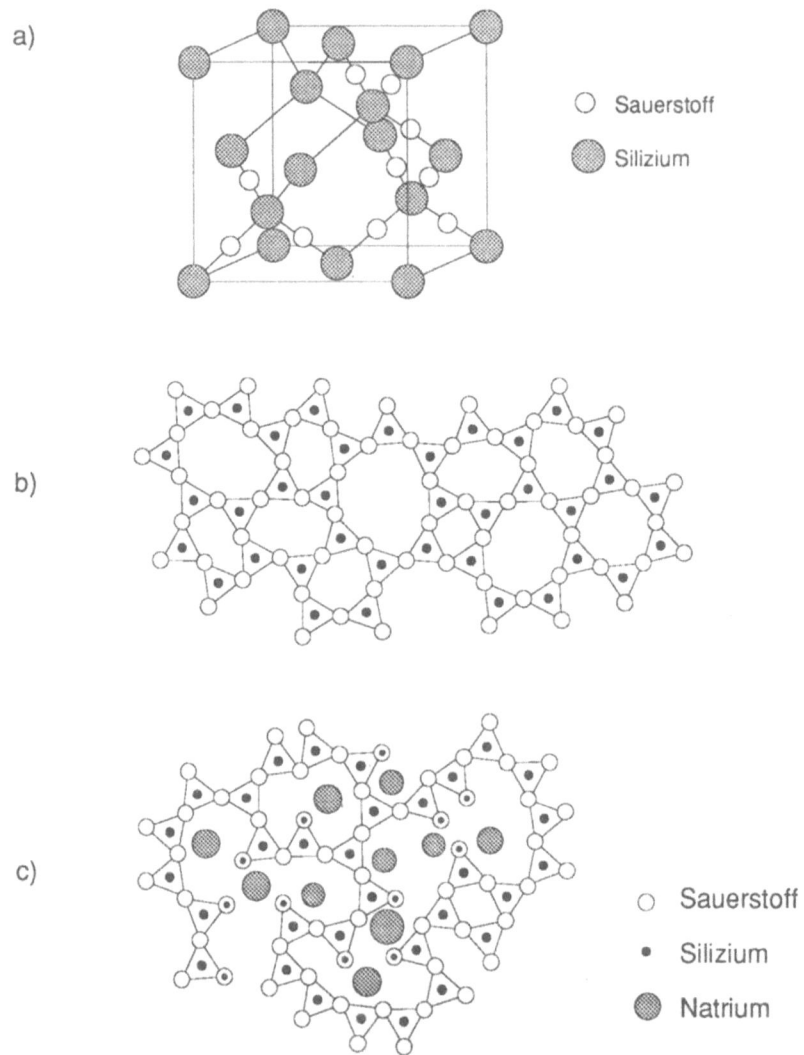

*Bild 1.3.3–8*: Struktur des Quarzkristalls (a), des Quarzglases (b) und von Silikatgläsern (c) (Zellen wie in Bild 1.3.3–7, nach [15,32])

## 1.3. Atombindung und Kristallstruktur

Energieaufwand erforderlich ist, um die einzelnen Tetraeder so zu positionieren, daß sie eine regelmäßige Struktur annehmen. Eine solche glasartige Struktur ist nicht stabil, sie würde aber erst nach einer langdauernden Temperaturbehandlung bei sehr hohen Temperaturen in den kristallinen Zustand übergehen.

Durch Einlagerung von Verunreinigungen läßt sich eine örtliche Kristallisation weitgehend verhindern. Man erhält dann eine völlig regellose (**amorphe**) Struktur. Typisch ist eine Verunreinigung mit Natrium, das so hergestellte Soda-Kalk-Glas wird als Fensterglas eingesetzt. In diesen Fällen neutralisieren die positiv geladenen Alkali-Ionen die negativen Ladungen der ungebundenen Sauerstoffatome.

Nach Tab. 1.3.3–1 ist die kovalente Bindung zweier Kohlenstoffatome ebenfalls sehr stark, darin liegt eine der Ursachen für die große Härte des Diamants. Auch Graphit bildet Schichten von stark kovalent gebundenen Kohlenstoffatomen (Bild 1.3.3–9).

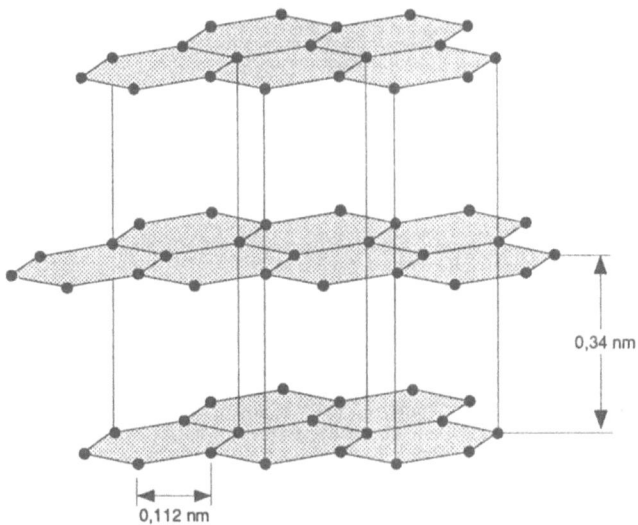

*Bild 1.3.3–9:* Graphit: Kohlenstoffatome bildet eine Schichtstruktur mit starker kovalenter Bindung. Die Bindungen der Schichten untereinander sind relativ schwach

Wichtig sind auch die Kohlenstoffverbindungen zusammen mit Wasserstoff: Die **Kohlenwasserstoffe** (organische chemische Verbindungen). Einfache Kohlenwasserstoffe sind Methan, Äthylen und Azetylen (Bild 1.3.3–10). Diese niedermolekularen Verbindungen (Monomere) lassen sich über eine **Polymerisation** (z.B. unter Einfluß von Wärme, Druck oder eines Katalysa-

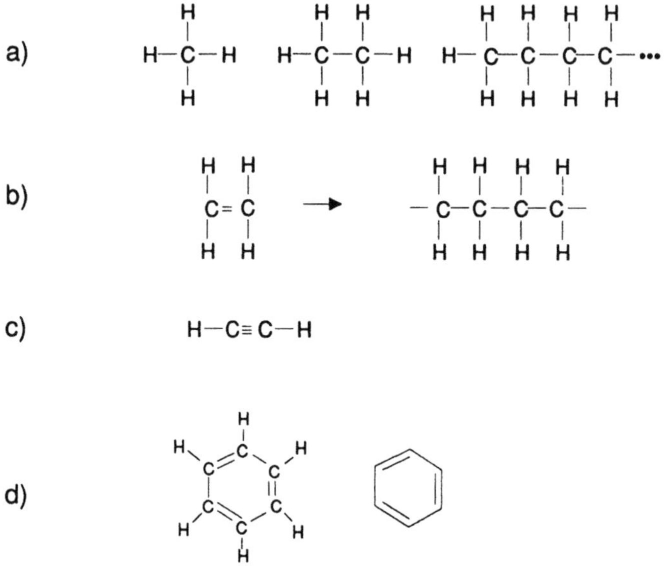

**Bild 1.3.3-10**: Monomere Kohlenwasserstoffe:

a) Methan, Polymerisation zu Äthan und n-Butan,

b) Äthylen, Polymerisation zu Polyäthylen,

c) Acetylen,

d) Benzol: **konjugiertes System**, d.h. Einfach- und Doppelbindung wechseln einander ab. Die Bindungen sind nicht lokalisiert (**Resonanzhybrid**), so daß der Benzolring insgesamt symmetrisch ist.

tors) zu hochmolekularen Ketten (Polymere) zusammenschließen (Beispiele in Bild 1.3.3-10).

Die Eigenschaften der Polymere hängen stark ab von der durchschnittlichen Kettenlänge, der Bindung zwischen den Polymerketten (schwache van der Waals-Bindung [Abschnitt 1.3.5] oder chemische Bindung unterschiedlicher Stärke), der Regelmäßigkeit der Anordnung der Ketten untereinander und der Steifigkeit der Ketten.

Bei vielen Polymeren lassen sich am Kohlenstoffatom oder an anderen Atomen der Ketten Seitenketten mit unterschiedlicher Symmetrie anlagern (Bild 1.3.3-11). In Tab. 1.3.3-4 sind der Aufbau und die Eigenschaften wichtiger Polymere zusammengefaßt.

## 1.3. Atombindung und Kristallstruktur

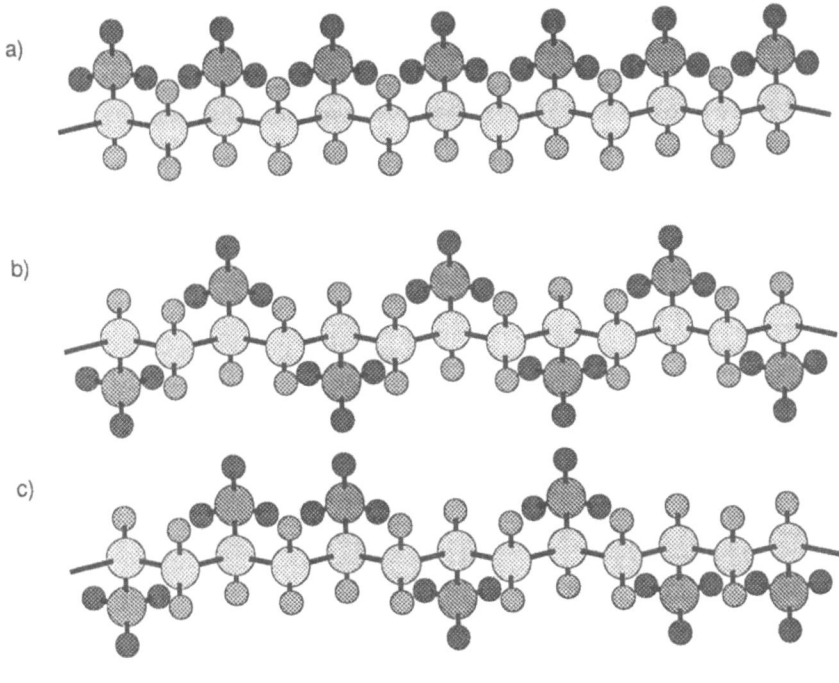

*Bild 1.3.3-11:* Anlagerung von $CH_3$ (Methyl)-Gruppen an eine Polyäthylenkette (Polypropylen): Die Anordnung der Seitengruppen kann regelmäßig (**taktisch**, Abbildung a) und b)) und unregelmäßig (**ataktisch**, Abbildung c) erfolgen. Taktisch aufgebaute Ketten lassen sich häufig kristallisieren, ataktische bevorzugen dagegen eine amorphe Zusammenlagerung der Ketten. Die Darstellung ist vereinfacht: In Wirklichkeit bilden die Ketten Helizes (nach [68])

Organische Materialien finden in der Elektronik vielfältige Anwendungen als isolierende Träger, z. B. Plastikgehäuse und Kabelschläuche, aber auch als Dielektrika (Folienkondensator). Wachsende Bedeutung erlangen auch elektrisch leitfähige Polymere.

*Tab. 1.3.3-4*: Aufbau und Eigenschaften wichtiger Polymere (nach [68]): Angegeben sind zwei charakteristische Temperaturen: Bei der **Glastemperatur** gehen amorph aufgebaute Polymere von einem mechanisch steifen in einen hochviskosen (Abschnitt 3.2.2) Zustand über. Bei der (höheren) **Schmelztemperatur** werden kristalline oder teilkristalline Polymere flüssig.

| Polymer | Grundeinheit | Schmelztemperatur $T_m$ | Glastemperatur $T_g$ |
|---|---|---|---|
| Polyvinylchlorid | –CH$_2$–CH(Cl)– | – | 82 |
| Polystyrol, ataktisch | –CH$_2$–CH(C$_6$H$_5$)– | – | 100 |
| Polymethylacrylat, ataktisch | –CH$_2$–C(CH$_3$)(COOCH$_3$)– | – | 105 |
| Poly(2,2´-dimethyl-phenylenoxid) | –O–C$_6$H$_2$(CH$_3$)$_2$– | – | 135 |
| Polyäthylen, linear | –CH$_2$–CH$_2$– | 138 | –110 |
| Polypropylen, isotaktisch | –CH$_2$–CH(CH$_3$)– | 165 | –10 |
| Polyoximethylen | –CH$_2$–O– | 180 | –85 |
| Polybutylenterephthalat | –O–CH$_2$–CH$_2$–CH$_2$–CH$_2$–O–CO–C$_6$H$_4$–CO– | 240 | 17 |
| Polyhexamethylenadipamid | –N(H)–CH$_2$–CH$_2$–CH$_2$–CH$_2$–CH$_2$–CH$_2$–N(H)–CO–CH$_2$–CH$_2$–CH$_2$–CH$_2$–CO– | 265 | 50 |
| Polyäthylenterephthalat | –O–CH$_2$–CH$_2$–O–CO–C$_6$H$_4$–CO– | 265 | 70 |
| Polytetrafluoräthylen | –CF$_2$–CF$_2$– | 327 | –150 |
| Poly(4,4´-isopropyliden-diphenylencarbonat) | –O–C$_6$H$_4$–C(CH$_3$)$_2$–C$_6$H$_4$–O–CO– | – | 149 |
| Polyäthersulfon | –C$_6$H$_4$–C(CH$_3$)$_2$–C$_6$H$_4$–O–SO$_2$–C$_6$H$_4$–O– | – | 190 |
| Polyacrylat | –O–C$_6$H$_4$–C(CH$_3$)$_2$–C$_6$H$_4$–O–CO–C$_6$H$_4$–CO– | – | 190 |

## 1.3. Atombindung und Kristallstruktur

*Tab. 1.3.3-4*: (Fortsetzung)

| Polymer | Grundeinheit | Schmelz-temperatur $T_m$ | Glas-temperatur $T_g$ |
|---|---|---|---|
| Polyphenylensulfid | | 285 | 185 |
| Polyamidimid | | – | über 290 |
| Polyätherätherketon | | 334 | 143 |
| aromatische Copolyester aus 6,2-Hydroxynaphtoesäure und 1,4-Hydroxybenzoesäure | | \multicolumn{2}{c}{großer Bereich} |
| Poly(para-phenylen-benzo-bis-imidazol) | | \multicolumn{2}{c}{über 400 (Zersetzungstemperatur)} |
| Poly(para-phenylen-benzo-bis-oxazol) | | \multicolumn{2}{c}{über 400 (Zersetzungstemperatur)} |
| Poly(para-phenylen-benzo-bis-thiazol) | | \multicolumn{2}{c}{über 400 (Zersetzungstemperatur)} |
| Polyimid | | \multicolumn{2}{c}{über 400 (Zersetzungstemperatur)} |
| Polyphenyl | | \multicolumn{2}{c}{über 530 (Zersetzungstemperatur)} |

### 1.3.4 Metallische Bindung

Metalle zeichnen sich dadurch aus, daß jedes Atom eine relativ große Anzahl freier Valenzelektronen besitzt. Im Kristallgitter sind diese nur schwach lokalisiert, so daß die quantentheoretisch erlaubten Energieniveaus durch die potentielle Energie im Feld aller Atomrümpfe (Atomkern und innere Elektronen) bestimmt werden. Die Valenzelektronen verhalten sich wie ein "Elektronengas", das gleichmäßig um die positiv geladenen Rümpfe (Bild 1.3.4–1) verteilt ist.

Typisch für eine metallische Bindung ist die Tatsache, daß die Atomrümpfe einen möglichst geringen Abstand voneinander annehmen, weil auf diese Weise

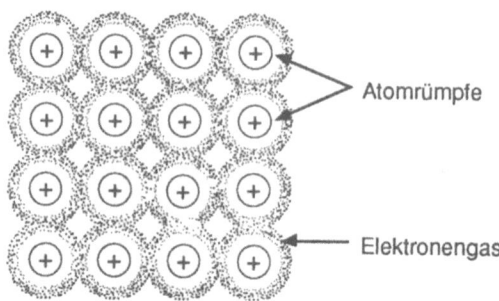

*Bild 1.3.4-1*: Metallisch gebundene Atome: Die Valenzelektronen bilden ein Elektronengas um die Atomrümpfe

der Gewinn an elektrostatischer Energie durch die Valenzelektronen am grössten ist. Die Atome werden sich also in einer **dichtesten Packung** anordnen. Weiterhin ist kennzeichnend, daß die Atome sich isotrop verhalten, also wie geladene Kugeln, ohne jede Präferenz in einer Raumrichtung. Das vereinfacht eine Verschiebung von Atomreihen gegeneinander, Metalle lassen sich leicht plastisch verformen (Beispiel: Biegung eines Metalldrahtes). Diese Plastizität, die bei ionisch oder kovalent gebundenen Kristallen in weitaus geringerem Maß auftritt, ist sehr typisch für Metalle und eine der Ursachen dafür, daß Metalle der Menschheit seit Jahrtausenden als gut zu bearbeitende (formbare), darüber hinaus aber auch härtbare Werkstoffe dienen.

Die Elektronen des Elektronengases sind mehr oder weniger frei beweglich im Kristall, sie können daher Ladungen oder Wärme durch das Metall transportieren. Metalle sind daher immer gute Strom- und Wärmeleiter. Eine Einschränkung entsteht dabei durch die Quantentheorie: Bei einem Transportvorgang nehmen die Elektronen immer kinetische Energie auf und gehen damit auf einen höheren Energieeigenwert über. Die Quantentheorie fordert dann aber, daß dieser Energieeigenwert nicht bereits mit zwei Elektronen besetzt sein darf, denn sonst würde das Pauli-Prinzip verletzt werden. Das ist eine Einschränkung für diejenigen Valenzelektronen, die nicht genau die höchsten besetzten Energieeigenwerte einnehmen, denn ein energetisch tiefer liegendes Elektron wird mit großer Wahrscheinlichkeit ein darüber liegendes Energieniveau vollständig besetzt vorfinden. Das ist der Grund dafür, daß nur die Elektronen auf den höchsten besetzten Energieeigenwerten am Strom- und Wärmetransport teilnehmen. Aber auch mit dieser Einschränkung stehen im Metall sehr viel mehr Elektronen zur Verfügung als in den meist isolierenden Ionenkristallen und den nur mäßig leitfähigen Halbleitern.

## 1.3. Atombindung und Kristallstruktur

Die Bindungsenergien für die metallische Bindung sind in Tab. 1.3.4–1 zusammengestellt. Mit der Bindungsenergie steigt im allgemeinen auch der Schmelzpunkt.

Tab. 1.3.4–1: Bindungsenergien und Schmelzpunkte einiger Metalle [32]

| Element | Elektronen-konfiguration | Bindungsenergie kJ/mol | Schmelz-punkt, °C |
|---------|--------------------------|------------------------|-------------------|
| K  | $4s^1$       | 89.6 | 63.5 |
| Ca | $4s^2$       | 177  | 851  |
| Sc | $3d^1 4s^2$  | 342  | 1397 |
| Ti | $3d^2 4s^2$  | 473  | 1812 |
| V  | $3d^3 4s^2$  | 515  | 1730 |
| Cr | $3d^5 4s^1$  | 398  | 1903 |
| Mn | $3d^5 4s^2$  | 279  | 1244 |
| Fe | $3d^6 4s^2$  | 418  | 1535 |
| Co | $3d^7 4s^2$  | 383  | 1490 |
| Ni | $3d^8 4s^2$  | 423  | 1455 |
| Cu | $3d^{10} 4s^1$ | 339 | 1083 |
| Zn | $4s^2$       | 131  | 419  |
| Ga | $4s^2 4p^1$  | 272  | 29.8 |
| Ge | $4s^2 4p^2$  | 377  | 960  |

Wie sieht nun eine dichteste Packung von kugelförmigen Atomen aus? In Abschnitt 1.3.1 wurde darauf hingewiesen, daß Atome sich bei starker Annäherung häufig wie harte Kugeln verhalten, d.h. die Fragestellung reduziert sich auf das Problem, wie eine Anzahl von harten Kugeln (Billardbälle) möglichst dicht gepackt werden kann. In einer Ebene ist die Lösung klar: Die Kugeln werden— sich berührend—nebeneinandergelegt und in der nächsten Reihe so plaziert, daß die Kugel jeweils in der Mitte zwischen zwei vorhandene Kugeln zu liegen kommt. Man erhält dann die in Bild 1.3.4–2 dargestellte Packung— ein System mit dreizähliger oder hexagonaler Symmetrie. Die nächstfolgende Ebene kann auf die bereits vorhandene dichtgepackte Ebene so gelegt werden, daß die obere Kugel in die Mitte von drei sich einander berührenden vorhandenen Kugeln der unteren Schicht gelegt wird (Kreise in Bild 1.3.4–2). Bei der dritten Ebene tritt aber ein signifikanter Unterschied auf: Die dritte Ebene könnte in einer dichtesten Kugelpackung so gelegt werden wie die 1. Ebene, sie könnte aber auch auf Plätze kommen, die in Bild 1.3.4–2 mit $x$ bezeichnet sind. In diesem Fall würde die dritte Ebene weder über der ersten, noch über

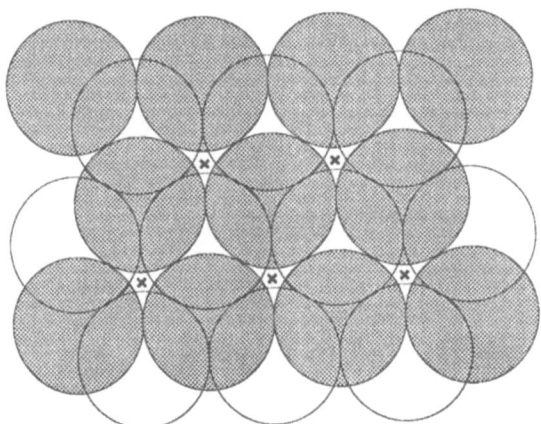

*Bild 1.3.4-2*: Stapelung dichtgepackter Ebenen

der zweiten Ebene liegen. Tatsächlich treten in der Natur beide Arten von Ebenenstapelung systematisch auf.

Bild 1.3.4–3 verdeutlicht die verschiedenen Stapelfolgen. Bezeichnen wir die Positionen der untersten Ebene in Bild 1.3.4-2 mit a, die der daraufliegenden Ebene mit b und die Ebene, die gebildet wird, wenn die Kugeln in den

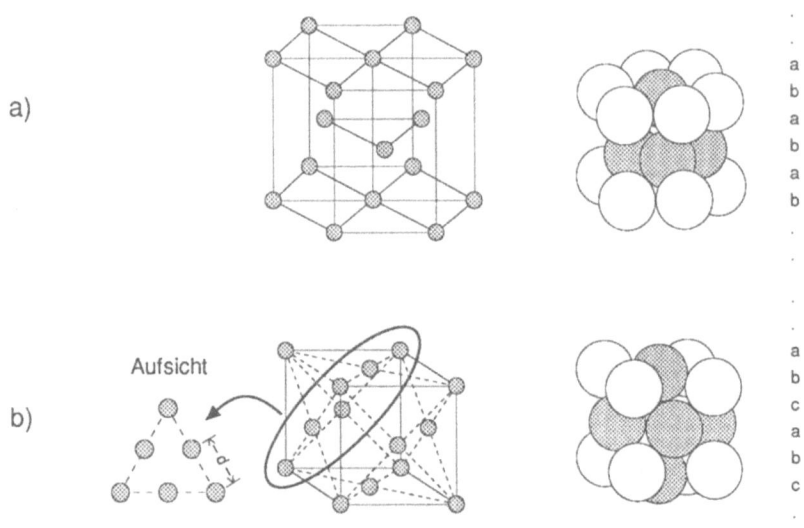

*Bild 1.3.4-3*: Hexagonale (a) und kubische (b) dichteste Kugelpackung

## 1.3. Atombindung und Kristallstruktur

Positionen x liegen, mit c, dann läßt sich eine dichteste Kugelpackung erreichen mit der Stapelung ababa... (nicht aber mit aaa!), d.h. die dritte Ebene liegt exakt über der ersten Ebene. In einer Darstellung, in der nur die Positionen der Kugelmitten (Gitterpunkte) eingetragen sind (Bild 1.3.4-3a), erkennt man die hexagonale Symmetrie dieser Struktur, sie heißt deshalb **hexagonal dichteste Kugelpackung**. Deutlich wird die Anisotropie dieser Struktur: In der Richtung senkrecht zu den dichtgepackten Ebenen (Richtung der c-Achse) ist die Gitterkonstante c größer als innerhalb einer dichtgepackten Ebene (dort hat sie den Wert a).

Anders liegen die Verhältnisse bei einer Stapelung abcabcabc... (Bild 1.3.4-3b): Dieses ist eine—wenn auch nicht leicht interpretierbare—**kubische** Struktur. Man erkennt die dichtgepackten Ebenen in der Darstellung der Kugelmitten wieder in der Ebene, die senkrecht auf einer der Raumdiagonalen steht. Die Gitterpunkte dieser Ebene sind besonders herausgezeichnet, man sieht darin die typische Symmetrie dichtgepackter Ebenen. Die auf diese Ebene folgende ist ebenfalls in der Gitterpunktdarstellung zu erkennen. Die kubische dichteste Kugelpackung hat eine viel höhere Isotropie als die hexagonale: In diesem Fall sind die Gitterkonstanten in den drei Raumrichtungen gleich, es sind jeweils die Kanten des Würfels.

In der kubischen Struktur kann man die Positionen der Gitteratome beschreiben durch die Kanten des Würfels und jeweils die Mitte der Würfelflächen—deshalb heißt diese Struktur **kubisch flächenzentriert** (face centered cubic, fcc), Abkürzung kfz (fcc). Die hexagonale Struktur heißt hexagonal dicht gepackt (hexagonal closely packed), Abkürzung hdp (hcp). Jede dichteste Kugelpackung enthält nur 26% leeren Raum. Die Anzahl der nächsten Nachbaratome (**Koordinationszahl**) ist stets 12.

Neben der dichtesten Kugelpackung kommt bei Metallen häufig noch eine andere nicht dichteste Packung vor: die **kubisch raumzentrierte Struktur** (Bild 1.3.4-4), Abkürzung krz. Dabei ist neben den Würfelkanten auch die Volumenmitte des Würfels (Hälfte der Raumdiagonalen) mit einem Atom besetzt. Die krz-Struktur enthält 32% leeren Raum, sie hat eine Koordinationszahl 8.

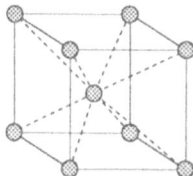
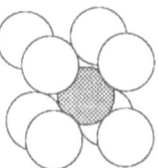

*Bild 1.3.4-4*: Kubisch raumzentrierte Struktur

*Tab. 1.3.4-2*: Metalle mit a) kubisch flächenzentrierter, b) kubisch raumzentrierter und c) hexagonal dichtgepackter Struktur (jeweils Raumtemperatur, nach [32])

a)

| Metall | Gitterkonstante [nm] | Atomradius [nm] |
|---|---|---|
| Aluminium | 0.405 | 0.143 |
| Kupfer | 0.3615 | 0.128 |
| Gold | 0.408 | 0.144 |
| Blei | 0.495 | 0.175 |
| Nickel | 0.352 | 0.125 |
| Platin | 0.393 | 0.139 |
| Silber | 0.409 | 0.145 |

b)

| Metall | Gitterkonstante [nm] | Atomradius [nm] |
|---|---|---|
| Chrom | 0.289 | 0.125 |
| Eisen | 0.287 | 0.124 |
| Molybdän | 0.315 | 0.136 |
| Kalium | 0.533 | 0.231 |
| Natrium | 0.429 | 0.186 |
| Tantal | 0.330 | 0.143 |
| Wolfram | 0.316 | 0.137 |
| Vanadium | 0.304 | 0.132 |

c)

| Metall | Gitterkonstanten, nm a | c | Atomradius [nm] | c/a Verhältnis | % Abweichung vom Ideal |
|---|---|---|---|---|---|
| Cadmium | 0.2973 | 0.5618 | 0.149 | 1.890 | +15.7 |
| Zink | 0.2665 | 0.4947 | 0.133 | 1.856 | +13.6 |
| Ideal hdp | | | | 1.633 | 0 |
| Magnesium | 0.3209 | 0.5209 | 0.160 | 1.623 | -0.66 |
| Kobalt | 0.2507 | 0.4069 | 0.125 | 1.623 | -0.66 |
| Zirkonium | 0.3231 | 0.5148 | 0.160 | 1.593 | -2.45 |
| Titan | 0.2950 | 0.4683 | 0.147 | 1.587 | -2.81 |
| Beryllium | 0.2286 | 0.3584 | 0.113 | 1.568 | -3.98 |

In der Natur kommen bei den Metallen die drei Kristallstrukturen kfz, hdp und krz etwa gleich häufig vor (Tab. 1.3.4–2). Nicht selten ändert sich die Kristallstruktur (gekennzeichnet z.B. durch griechische Buchstaben) eines Metalls in Abhängigkeit von der Temperatur (**allotrope Umwandlung**, Bild 1.3.4–5).

Metalle finden in der Elektronik vielfältige Anwendungen als leitfähige Träger (z.B. Metallchassis) und Leiter (z.B. Kupferdrähte und Leiterbahnen in integrierten Schaltungen). Besonders wichtig sind die magnetisch aktiven Metalle: Permalloy-oder Mumetall-Schichten haben eine relative Permeabilität von über 10 000, auch metallische Hartmagneten (z.B. Hufeisen-oder Stabmagnete) sind wegen ihrer Preisgünstigkeit weit verbreitet. Von großem Interesse sind seit einiger Zeit auch die amorphen Metalle.

*1.3. Atombindung und Kristallstruktur*

| Hexagonal | Kubisch flächenzentriert | Kubisch raumzentriert |
|---|---|---|
| Be, Mg, Zn, Cd | Cu, Ag, Au, Al, Ni, Pb, Pt | Li, Na, K, Cr, Mo, Ta, W |

$\alpha$-Co $\xrightarrow{1120°C}$ $\beta$-Co      $\gamma$-Fe $\xrightarrow{910°C}$ $\alpha$-Fe

$\beta$-Ca $\xleftarrow{440°C}$ $\alpha$-Ca      $\gamma$-Fe $\xleftarrow{1390°C}$ $\alpha$-Fe

$\alpha$-Ti $\xrightarrow{882°C}$ $\beta$-Ti

$\alpha$-Zr $\xrightarrow{885°C}$ $\beta$-Zr

*Bild 1.3.4-5*: Kristallstrukturen und allotrope Umwandlungen von Metallen

## 1.3.5 Andere Bindungsarten

Bei sehr niedrigen Temperaturen bilden sogar die elektrisch neutralen Edelgasatome ein Kristallgitter. Die Anziehung kommt dadurch zustande, daß die Edelgasatome zwar im zeitlichen Mittelwert neutral sind, zeitaufgelöst aber aufgrund von Fluktuationen in der Elektronenhülle Dipole unterschiedlichen Vorzeichens bilden. Durch elektrostatische Wechselwirkung solcher zeitlich fluktuierender Dipole entsteht eine sehr schwache Anziehungskraft, die bei höheren Temperaturen allein durch die thermische Energie aufgebrochen werden kann (van der Waals-Bindung).

Ähnliche Wechselwirkungen treten auch in unpolaren Molekülen auf und bewirken eine Kondensation in Kristallen. Auch diese sind weich und haben niedrige Schmelzpunkte.

Eine andere Bindungsart ist die über Wasserstoffbrücken: Unter bestimmten Voraussetzungen kann das kleine $H^+$-Ion (Proton) eine Brückenverbindung zwischen zwei Anionen (z.B. negativ geladenen Sauerstoffatomen) bilden und diese dadurch binden.

## 1.4 Raumgitter und reziproke Gitter

### 1.4.1 Kristallgitter und Kristallrichtungen

Der Abschnitt 1.3 hat gezeigt, daß Festkörperverbindungen—je nach Atomgröße und Bindungsart—eine Vielzahl von Strukturen annehmen können. Es stellt sich jetzt die Aufgabe, eine Systematik für die Beschreibung der verschiedenen Erscheinungsformen aufzustellen. Aus der Kristallographie ist bekannt,

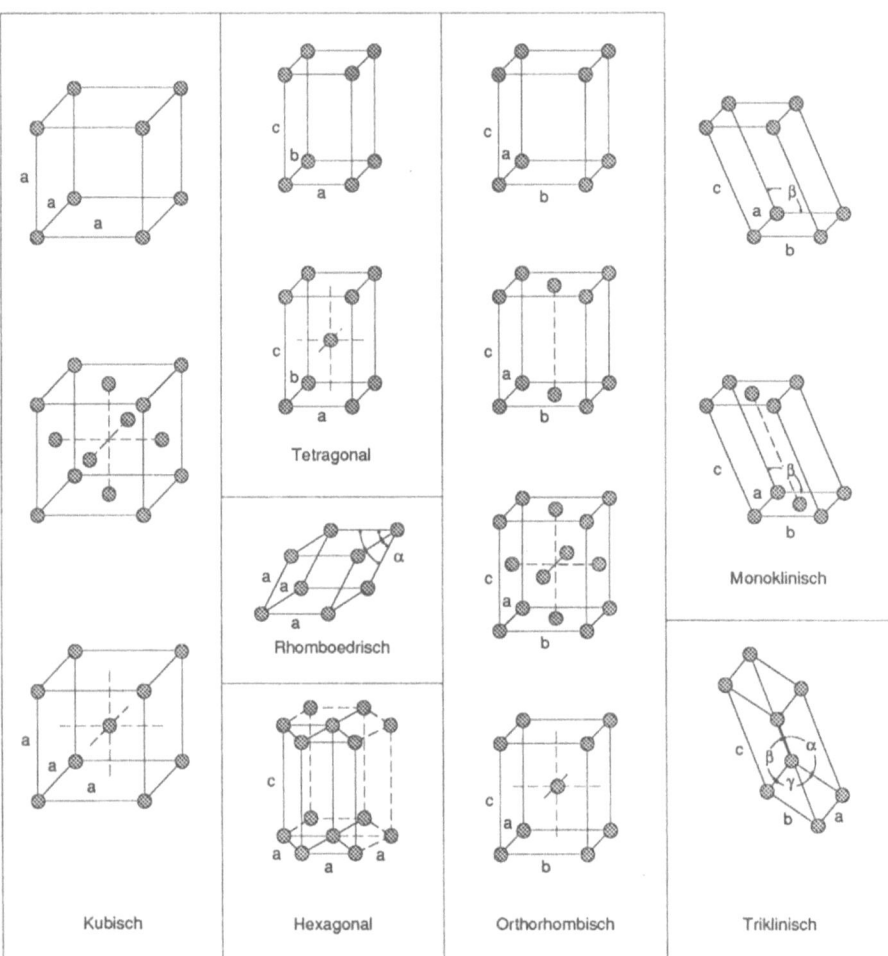

*Bild 1.4.1-1*: Die 7 Typen von Raumgittern mit 14 möglichen Einheitszellen (nach [16]).

## 1.4. Raumgitter und reziproke Gitter

daß sich alle Raumgitter aus sieben verschiedenen Gittertypen mit insgesamt 14 Zellen aufbauen lassen (Bravais-Zellen, Bild 1.4.1–1).

Grundsätzlich sind die Raumgitter zurückzuführen auf vier Strukturen:

1. primitive Strukturen, bei denen die Bravaiszelle aus einem Parallelepiped mit beliebigen Winkeln aufgebaut ist

2. Strukturen wie 1., aber mit einem Gitterpunkt in der Mitte der Struktur (raumzentriert)

3. Strukturen wie 1., aber mit Gitterpunkten in der Mitte der Seitenflächen (flächenzentriert)

4. Strukturen wie 1., aber mit Gitterpunkten in der Mitte der Basisflächen (basiszentriert)

Drei der Bravaiszellen sind bereits bei den Metallen aufgetreten: die dichtgepackten Strukturen kubisch flächenzentriert und hexagonal dichtgepackt, sowie die weniger dichtgepackte Struktur kubisch raumzentriert. Die Ionenkristalle in Bild 1.3.2–1 lassen sich durch zusammengesetzte Strukturen beschreiben: Das NaCl-Gitter z.B. besteht aus zwei kubisch flächenzentrierten Gittern, jeweils besetzt mit der Atomsorte Na und Cl, die um eine halbe Würfelkantenlänge gegeneinander verschoben sind, d.h. zwei Bravaiszellen sind ineinander verschachtelt. Auch das Diamant- und Zinkblendegitter läßt sich aus zwei kubisch flächenzentrierten zusammensetzen (Bild 1.4.1–2), wenn auch dieser Zusammenhang in einer zweidimensionalen Darstellung nicht einfach zu ersehen ist (hilfreich ist hier ein dreidimensionales Modell). In diesem Fall sind die beiden kfz-Gitter (beim Zinkblendegitter mit unterschiedlichen Ionen besetzt) in Richtung der Raumdiagonalen um ein Viertel der Länge der Raumdiagonalen verschoben.

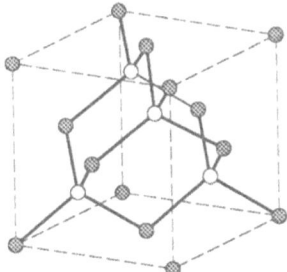

*Bild 1.4.1–2*: Aufbau des Diamant- und Zinkblendegitters aus zwei ineinander verschachtelten kubisch flächenzentrierten Gittern (jeweils mit dunklen oder hellen Gitterpunkten besetzt).

In entsprechender Weise können alle in der Natur auftretenden Gitter durch ineinander verschachtelte und evtl. mit verschiedenen Atomen besetzte Bravaisgitter konstruiert werden.

Die mathematische Beschreibung der Gitterpositionen erfolgt über Vektoren. Bei den kubischen Gittern fallen die drei orthogonalen Raumrichtungen mit den Würfelrichtungen zusammen (Bild 1.4.1-3)

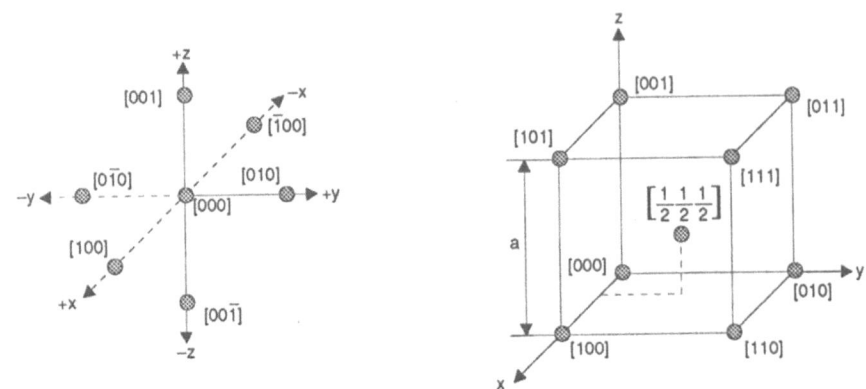

*Bild 1.4.1-3*: Kennzeichnung von Gitterrichtungen und -punkten durch Vektoren:

a) Raumrichtungen in einem kubischen Gitter

b) Gitterpunkte eines krz-Gitters

Es ist in der Kristallographie üblich, die Komponenten der Raumrichtungsvektoren nebeneinander zu setzen und mit eckigen Klammern zu kennzeichnen (s. Bild 1.4.1-3). Weiterhin wird ein negatives Vorzeichen nicht vor die Komponente, sondern darüber gesetzt. Beim Auftreten von Brüchen in den Komponenten werden alle Komponenten mit dem Hauptnenner multipliziert, so daß nur ganze Zahlen auftreten (Beispiele in Bild 1.4.1-4)

Die Eigenschaften von kubischen Kristallen sind unabhängig davon, in welcher Kristallrichtung die $x$-, $y$- und $z$-Achsen gelegt werden, d.h. diese drei Achsen sind kristallographisch völlig äquivalent. Kennzeichnend ist die Symmetrie im Kristall. Es ist sinnvoll, alle äquivalenten kristallographischen Richtungen zu einer Familie zusammenzufassen, diese wird durch die Komponenten, gesetzt in spitze Klammern, charakterisiert. In der Mengenschreibweise gilt dann:

## 1.4. Raumgitter und reziproke Gitter

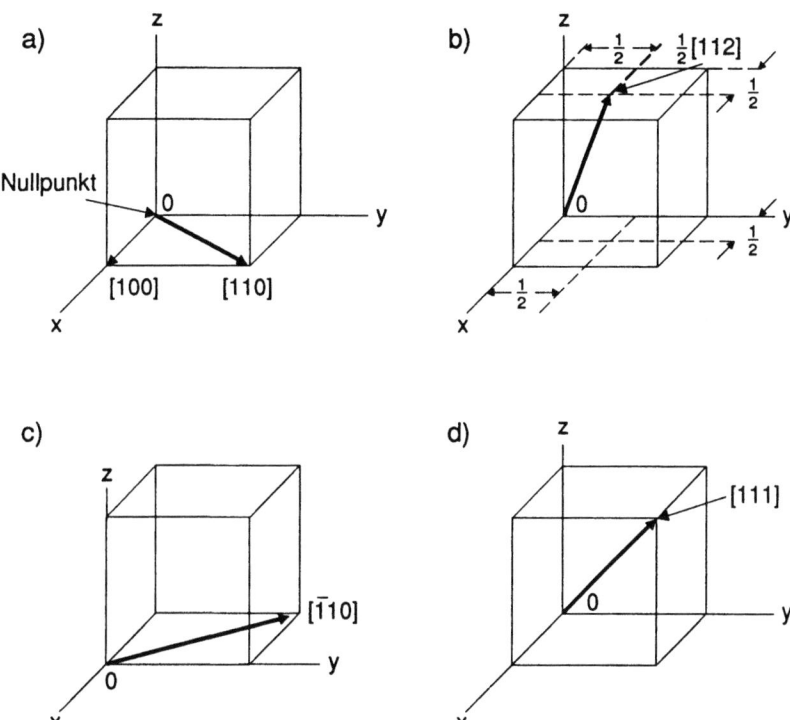

*Bild 1.4.1-4*: Einige Kristallrichtungen in kubischen Kristallen

$$< 100 > \ = \ \{\pm[100], \pm[010], \pm[001]\}$$
$$< 110 > \ = \ \{\pm[110], \pm[\bar{1}10], \pm[101], \pm[10\bar{1}], \pm[011], \pm[01\bar{1}]\} \quad (1.8)$$

Durch Anwendung der Operationen der Vektorrechnung, wie Skalar- und Vektorprodukt, können die geometrischen Beziehungen zwischen den Raumrichtungen leicht ermittelt werden. Insbesondere ist ein wichtiges Kriterium für die Orthogonalität (die Richtungen stehen dann senkrecht aufeinander), daß das Skalarprodukt der beiden Raumrichtungen verschwindet (Null wird).

Wenn wir die Positionen von allen Atomen des ausgedehnten Gitters beschreiben wollen, dann brauchen wir nur den Aufbau der Einheitszelle und die Position aller Eckpunkte derselben zu kennen. Letztere ist darstellbar über die Linearkombination:

$$\vec{r} = l_x \vec{a}_x + l_y \vec{a}_y + l_z \vec{a}_z \quad (1.9)$$

wobei die $l_i$ irgendwelche ganze Zahlen (einschließlich Null) sind. Die $\vec{a}_i$ bezeichnet man als **Basisvektoren** des Gitters, sie fallen zusammen mit den drei Vektoren, welche die Parallelepipeds (in einfacheren Fällen Quader oder Würfel) der Einheitszellen (Bild 1.4.1-1) aufspannen.

Für das krz-Gitter sind die Vektoren der Einheitszelle

$$\vec{r}_1 = [000], \vec{r}_2 = \frac{a}{2}[111] \tag{1.10}$$

d.h. jeder Basispunkt ist mit einem Atom besetzt, außerdem eine Position, die um den Vektor $\vec{r}_2$ gegenüber jedem Basispunkt verschoben ist.

Beim kfz-Gitter sind die Vektoren der Einheitszelle

$$\begin{aligned} \vec{r}_1 &= [000]; & \vec{r}_3 &= \frac{a}{2}[110] \\ \vec{r}_2 &= \frac{a}{2}[011]; & \vec{r}_4 &= \frac{a}{2}[101] \end{aligned} \tag{1.11}$$

Die Vektoren der Einheitszelle liefern auch die richtige Stöchiometrie: Sind die Würfelkanten und Würfelmitten einer krz–Struktur mit jeweils einer von zwei verschiedenen Atomsorten besetzt (Cäsiumchlorid-Struktur), dann entspricht dieses einem stöchiometrischen Verhältnis von 1:1. Die Abbildung der Einheitzellen in Bild 1.4.1–1 täuscht eine andere Stöchiometrie vor, weil die Basisvektoren (nicht aber die anderen Vektoren der Einheitszelle) der benachbarten Zellen ebenfalls eingetragen sind.

Befinden sich verschiedene Gitteratome jeweils auf einem genau definierten Gitterplatz der Elementarzelle, dann läßt die krz-Struktur nur das Stöchiometrieverhältnis 1:1 zu, die kfz-Struktur mit 4 Atomen in der Einheitszelle hingegen auch 2:2 und 1:3. Diese typischen Stöchiometrieverhältnisse findet man bei den geordneten Legierungen wieder.

Die Beschreibung von hexagonalen Gittern ist etwas umständlicher, weil die Basisvektoren nicht orthogonal zueinander liegen. Will man die kristallographischen Richtungen als Basisvektoren beibehalten, dann müssen in der dichtgepackten Ebene drei Richtungen x, y, und I definiert werden, die alle einen Winkel von 120° zueinander bilden. Die Beschreibung einer Kristallrichtung in dieser Ebene kann durch Angabe der Achsenabschnitte entlang der x-und y-Achse (Millersche Notation) oder entlang der x-, y-und I-Achse (Miller-Bravais-Notation) erfolgen. In der zuletzt genannten Notation ist der Achsenabschnitt entlang der I-Achse redundant, er kann aus den anderen Abschnitten $l_x$ und $l_y$ berechnet werden über $l_I = -(l_x + l_y)$. Bild 1.4.1–5 demonstriert diese Beschreibungsweisen am Beipiel einer Kristallrichtung, Bild 1.4.1–6 gibt weitere Beispiele.

## 1.4. Raumgitter und reziproke Gitter

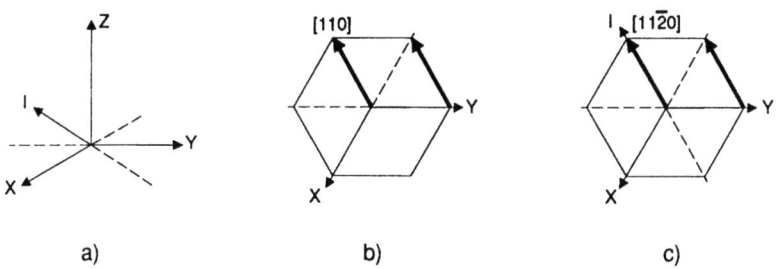

a)   b)   c)

*Bild 1.4.1-5:* a) Kristallachsen im hdp-Gitter, Beschreibung einer Richtung in der Millerschen (b) und Miller-Bravais-Notation (c)

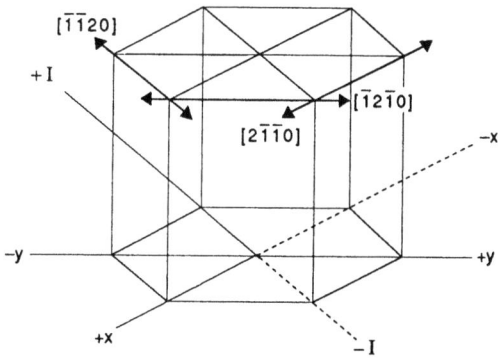

*Bild 1.4.1-6:* Beispiele für die Miller-Bravais-Notation

Bild 1.4.1-7 zeigt eine mögliche Beschreibung der Einheitszelle in Millerscher Notation. Die Vektoren dieser (primitiv genannten) hexagonalen Einheitszelle sind

$$\vec{r}_1 = [000]$$
$$\vec{r}_2 = \left[\frac{2}{3}\frac{1}{3}\frac{1}{2}\right] \quad (1.12)$$

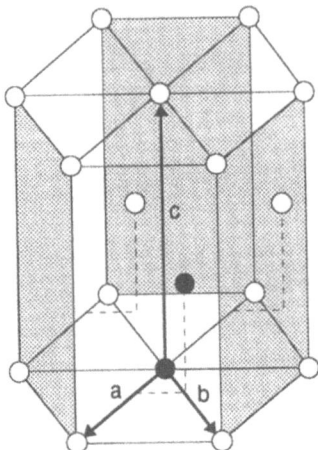

*Bild 1.4.1-7*: Primitive Einheitszelle des hexagonalen Gitters [14]

## 1.4.2 Kristallebenen und Millersche Indizes

Orientiert man in einem Raumgitter eine Ebene so, daß Gitterpunkte darauf liegen, dann spricht man von einer **Kristallebene**. Je nach Lage ist sie mehr oder weniger dicht mit Gitterpunkten belegt. Durch Konstruktion von parallelen Ebenen mit einem definierten Abstand erreicht man, daß sämtliche Gitterpunkte auf Ebenen dieser Schar liegen (Bild 1.4.2-1).

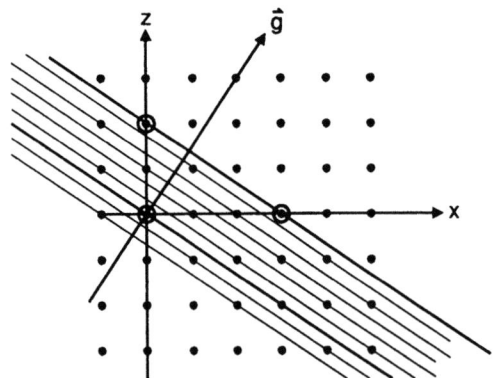

*Bild 1.4.2-1*: Schar von Gitterebenen in einem kubischen (z.B. kfz- oder krz- ) Gitter

## 1.4. Raumgitter und reziproke Gitter

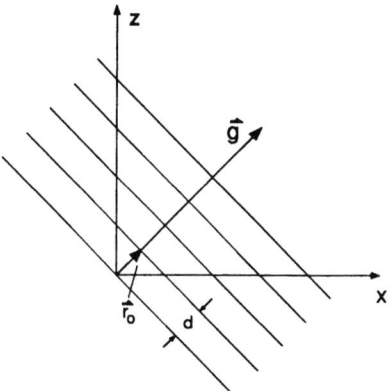

*Bild 1.4.2-2*: Beschreibung einer ebenen Welle durch einen Wellenzahlvektor $\vec{g}$

Eine solche Gitterebenenschar hat das Aussehen einer ebenen Welle, wobei im Nullpunkt eine bestimmte Phase festgelegt ist. Wählen wir dort für die Phase den Wert Null, dann entspricht der benachbarten Ebene die Phase $2\pi$, der $n$-ten Nachbarebene die Phase $2\pi n$, usw.

Formal läßt sich eine ebene Welle (Bild 1.4.2-2) beschreiben durch eine Funktion

$$\exp(j\vec{g}\vec{r}) = \cos(\vec{g}\vec{r}) + j\sin(\vec{g}\vec{r}) \qquad (1.13)$$

wobei $\vec{r}$ ein Ortsvektor und $\vec{g}$ der Normalenvektor (senkrecht zur Ebenenschar) ist mit einer Länge (Betrag des Vektors), die durch die folgende Überlegung bestimmt wird: Gemäß unserer Phasenbedingung (Phase Null bei $\vec{r}=0$) gilt für jede Wellenfront

$$\vec{g} \cdot \vec{r} = 2\pi n \qquad (1.14)$$

mit einer für die Wellenfront charakteristischen ganzen Zahl $n$. Wir wählen $\vec{r}_0$ in Richtung von $\vec{g}$ und geben ihm als Länge den Ebenenabstand $d$. Dann folgt aus (1.14):

$$\vec{g} \cdot \vec{r}_0 = 2\pi \quad ,\text{d.h.} \quad |g| = \frac{2\pi}{d} \qquad (1.15)$$

Damit ist der **Wellenzahlvektor** $\vec{g}$ gekennzeichnet: Er hat die Richtung der Ebenennormalen und eine Länge, die umgekehrt proportional zum Ebenenabstand ist, d.h. die Dimension des Wellenzahlvektors entspricht der reziproken

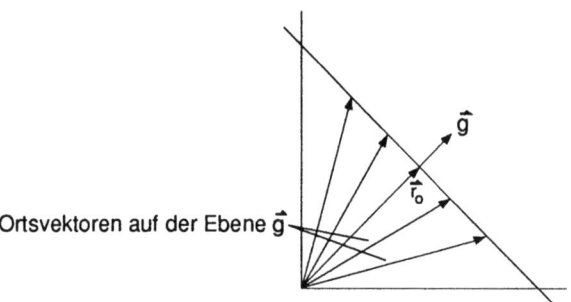

*Bild 1.4.2-3*: Vektordefinition einer Ebene

Länge. Wir suchen jetzt den Wellenzahlvektor, der unsere Ebenenschar in Bild 1.4.2-1) beschreibt.

Eine Ebene ist nach den Gesetzen der analytischen Geometrie durch die Bedingung definiert, daß die Projektion jedes Vektors auf der Ebene auf die Normale $\vec{g}$ denselben Wert hat (Bild 1.4.2-3). Die erste Ebene, die nicht durch den Nullpunkt geht, läßt sich daher durch Gleichung (1.15) analytisch beschreiben.

Da das Kristallgitter aus diskreten Punkten aufgebaut ist, braucht (1.13) nur für die Ortsvektoren der Gitterpunkte

$$\vec{r} = l_x \vec{a}_x + l_y \vec{a}_y + l_z \vec{a}_z \qquad (1.16)$$

erfüllt zu sein (die $\vec{a}_i$ sind die Basisvektoren des Gitters).

Zerlegen wir den Wellenzahlvektor in eine Linearkombination mit den Basisvektoren $\vec{g}_i$, dann lautet die Bedingung (1.14) für die Gitterpunkte (1.16):

$$(h\vec{g}_x + k\vec{g}_y + l\vec{g}_z)(l_x \vec{a}_x + l_y \vec{a}_y + l_z \vec{a}_z) = 2\pi n \qquad (1.17)$$

Wie man durch Einsetzen leicht nachprüfen kann, wird (1.17) für alle ganzzahligen h, k, l erfüllt, wenn die $\vec{g}_i$ die Form haben:

$$\vec{g}_x = \frac{2\pi \vec{a}_y \times \vec{a}_z}{(\vec{a}_x \vec{a}_y \vec{a}_z)}; \quad \vec{g}_y = \frac{2\pi \vec{a}_z \times \vec{a}_x}{(\vec{a}_x \vec{a}_y \vec{a}_z)}; \quad \vec{g}_z = \frac{2\pi \vec{a}_x \times \vec{a}_y}{(\vec{a}_x \vec{a}_y \vec{a}_z)}; \qquad (1.18)$$

Spatprodukt: $\quad (\vec{a}_x \vec{a}_y \vec{a}_z) = \vec{a}_x \cdot [\vec{a}_y \times \vec{a}_z]$

Die drei Vektoren (1.18) bilden die Basisvektoren des **reziproken Gitterraums** mit der reziproken Länge als Dimension.

Die Aussage der Gleichungen (1.17) und (1.18) ist damit: Jeder Gitterpunkt des reziproken Gitters (d.h. jede Linearkombination der Basisvektoren (1.18) mit ganzzahligen h, k, l) entspricht dem Wellenzahlvektor einer Ebenenschar. Die Komponenten (hkl) bezeichnet man als die **Millerschen Indizes**.

## 1.4. Raumgitter und reziproke Gitter

Aus der Beziehung (1.17) folgt unmittelbar, daß jeder Gitterpunkt genau auf einer Ebene der Ebenenschar liegt. Für den Abstand einer Ebenenschar mit dem Wellenvektor $\vec{g}$ gilt Gleichung (1.15).

Speziell bei kubischen Systemen (Gitterkonstante $a$) lassen sich die Vektoren des reziproken Gitters besonders einfach ausdrücken:

$$\vec{g}_x = \frac{2\pi \vec{a}_x}{a^2}; \quad \vec{g}_y = \frac{2\pi \vec{a}_y}{a^2}; \quad \vec{g}_z = \frac{2\pi \vec{a}_z}{a^2}; \tag{1.19}$$

d.h. die reziproken Gittervektoren haben dieselbe Richtung wie die Basisvektoren des Raumgitters (aber eine andere Dimension!). Der Wellenzahlvektor, gebildet aus den Millerschen Indizes, zeigt also auch im Raumgitter in die Richtung der Ebenennormalen, aus seinem Betrag kann man unmittelbar den Ebenenabstand ablesen:

$$|\vec{g}| = \frac{2\pi}{a}\sqrt{h^2 + k^2 + l^2} \underset{(1.15)}{=} \frac{2\pi}{d}$$

$$\Longrightarrow d = \frac{a}{\sqrt{h^2 + k^2 + l^2}} \tag{1.20}$$

Bei kubischen Gittern geben die Millerschen Indizes also unmittelbar die Normalenrichtung und den Ebenenabstand an, sie erweisen sich daher als außerordentlich zweckmäßig.

Häufig steht man in der Praxis vor dem umgekehrten Problem: Es liegt ein Gittermodell vor und man möchte durch Vorgabe von drei — nicht auf einer Geraden liegenden—Gitterpunkten eine Ebene festlegen, für die man die Millerschen Indizes sucht, z.B. um auf einfache Weise den Ebenenabstand zu berechnen. Wir suchen—ausgehend vom Koordinatenursprung—auf jeder Achse den ersten Gitterpunkt, durch den die Ebene verläuft und bestimmen damit die Achsenabschnitte $l_i$ (Bild 1.4.2-4)

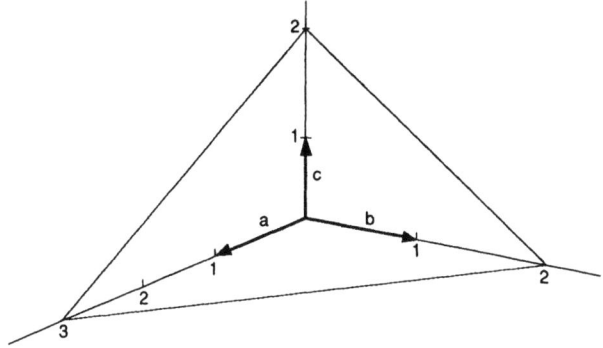

*Bild 1.4.2-4*: Gitterebene, bestimmt durch die Achsenabschnitte $l_x = 3$, $l_y = 2$, $l_z = 2$, Millersche Indizes (233)

Wir wenden jetzt in den drei Basisrichtungen die Formel (1.14) an und wissen, da alle Achsenabschnitte auf derselben Ebene liegen, daß die Zahl n für alle gleich ist.

$$\left.\begin{array}{l}2\pi h \cdot l_x = 2\pi n \\ 2\pi k \cdot l_y = 2\pi n \\ 2\pi l \cdot l_z = 2\pi n\end{array}\right\} \implies \begin{pmatrix} h \\ k \\ l \end{pmatrix} = n \begin{pmatrix} 1/l_1 \\ 1/l_2 \\ 1/l_3 \end{pmatrix} \quad (1.21)$$

Um auf die Millerschen Indizes zu kommen, müssen wir also die reziproken Werte der Achsenabschnitte bestimmen und diese mit der Zahl n multiplizieren. Aus geometrischen Überlegungen— nachvollziehbar in Bild 1.4.2-1—erkennt man, daß $n$ gerade dem kleinsten gemeinschaftlichen Vielfachen (Hauptnenner) der Brüche $1/l_i$ entspricht.

Die Vorschrift zur Ermittlung der Millerschen Indizes ist also:

1. Bestimme die Achsenabschnitte der Atome, durch welche die erste Ebene—gerechnet vom Nullpunkt aus—geht.

2. Bilde die reziproken Werte der Achsenabschnitte.

3. Multipliziere die reziproken Werte mit dem Hauptnenner.

Bild 1.4.2-5 zeigt einige Ebenen einer kubischen Struktur zusammen mit den Millerschen Indizes, diese werden in runde Klammern gesetzt. Zur Kenn-

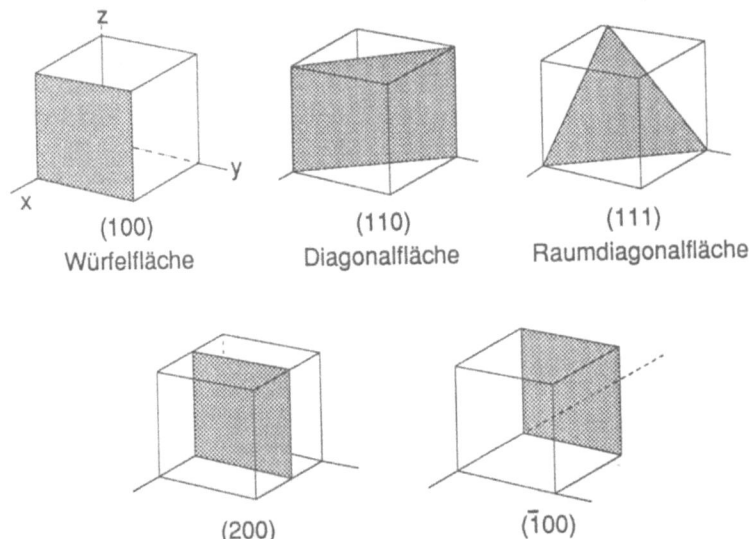

*Bild 1.4.2-5*: Verschiedene Gitterebenen eines kubischen Kristalls mit den dazugehörigen Millerschen Indizes.

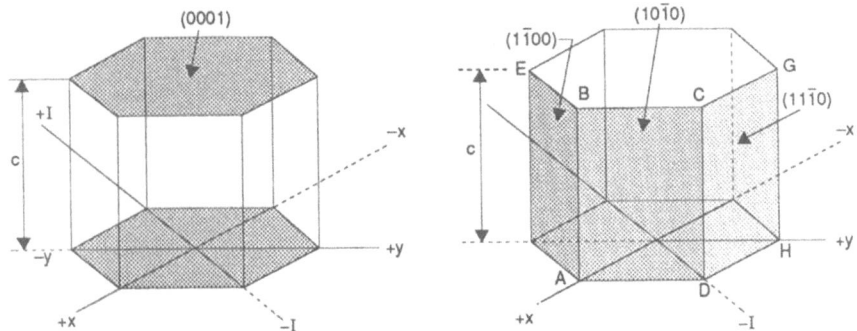

*Bild 1.4.2-6*: Gitterebenen in der hexagonal dicht gepackten Struktur

zeichnung einer Familie von äquivalenten Gitterebenen analog Abschnitt 1.4.1 verwendet man geschweifte Klammern (kleiner als das Mengenzeichen):

$$\{100\} = \{\pm(100), \pm(010), \pm(001)\}$$
$$\{111\} = \{\pm(111), \pm(1\bar{1}1), \pm(11\bar{1}), \pm(\bar{1}11)\}$$

In der hexagonal dicht gepackten Struktur werden die Gitterebenen nach einem entsprechenden Schema beschrieben (Bild 1.4.2-6).

## 1.5 Bragg-Reflexion

Die gegenseitige Beeinflussung (**Streuung**) von Wellen läßt sich durch das Huygens'schen Prinzip erfassen: Trifft eine ankommende Welle auf ein punktförmiges Hindernis, dann geht von dort eine Kugelwelle derselben Wellenlänge und Phase aus (Bild 1.5–1)

Ist das Hindernis nicht punktförmig, sondern eine Fläche, dann geht von jedem Punkt der Fläche eine Kugelwelle aus. Die Kugelwellen überlagern sich so, daß die Umhüllenden wieder die Wellenfronten einer ebenen Welle bilden. Bei der Reflexion von Lichtstrahlen an einem Spiegel (totalreflektierende Ebene) führt dieses Prinzip zu dem Reflexionsgesetz (Einfallswinkel = Ausfallswinkel, Bild 1.5–2).

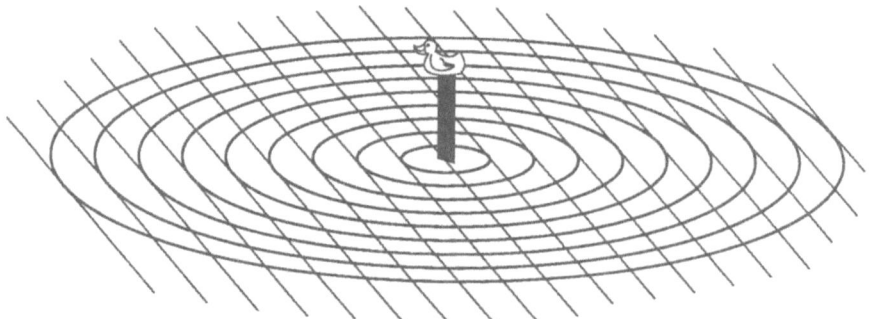

*Bild 1.5-1*: Huygens'sches Prinzip, demonstriert an Wasserwellen

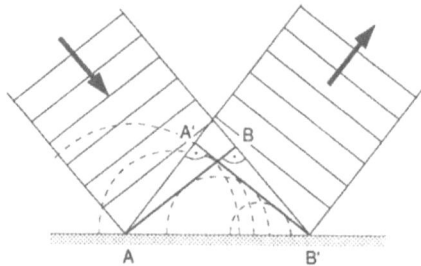

*Bild 1.5-2*: Reflexion an einer totalreflektierenden Ebene

Anders sehen die Verhältnisse aus, wenn die Ebene nicht totalreflektierend, sondern teilweise durchlässig ist und mehrere Ebenen mit dem Abstand d hintereinander angeordnet sind (Bild 1.5-3). Dieses entspricht dem Problem der Streuung einer ebenen Welle an einer anderen.

Die Voraussetzung dafür, daß die reflektierten Wellen sich wieder zu einer ebenen Welle zusammensetzen, ist, daß die Phasen der reflektierten Welle in ebenen Wellenfronten übereinstimmen (Bild 1.5-3b), d.h. sich phasenrichtig überlagern. Die Bedingung dafür ist, daß die zusätzlichen Laufwege der reflektierten Welle gerade einem ganzzahligen Vielfachen der Wellenlänge entsprechen (Bild 1.5-3c, Bragg'sche Reflexionsbedingung):

$$\begin{aligned}\overline{MP} + \overline{PN} &= n \cdot \lambda \\ d \cdot \sin\theta + d \cdot \sin\theta &= 2d\sin\theta = n \cdot \lambda\end{aligned} \qquad (1.22)$$

Wir wollen diese Beziehung jetzt durch die Wellenvektoren der ankommenden Welle $(k)$, der gestreuten Welle $(k')$ und der Ebenenschar $(g)$ ausdrücken.

## 1.5. Bragg-Reflexion

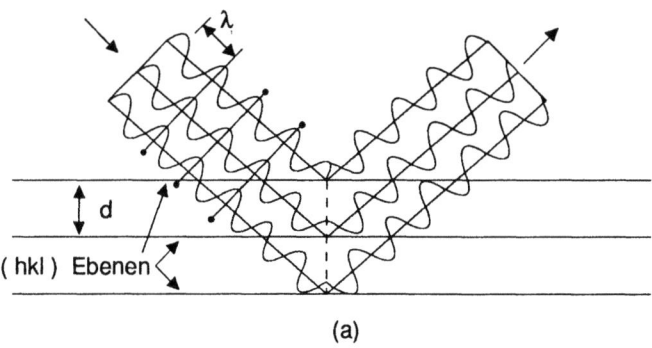

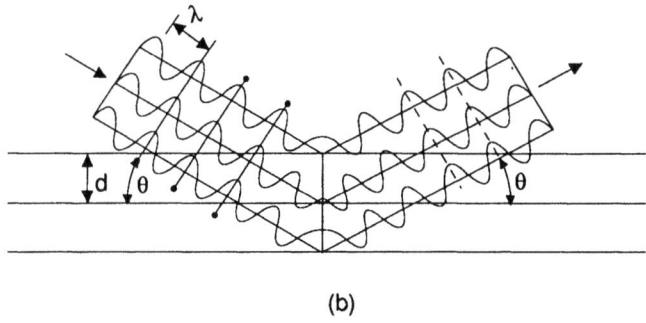

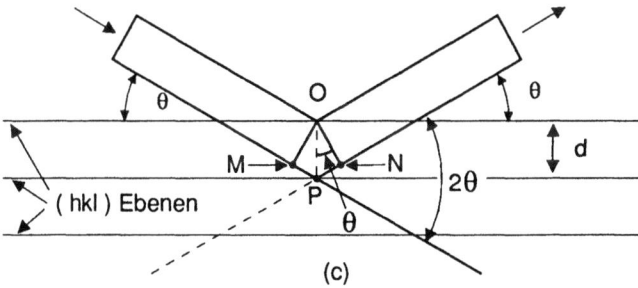

*Bild 1.5-3*: Reflexion an einer Schar von teildurchlässigen Ebenen

a) keine Reflexion, da die Phasen der reflektierten Welle auf der Wellenfront nicht übereinstimmen

b) Reflexion, da die Phasen der reflektierten Wellen auf der Wellenfront übereinstimmen

c) Winkelbeziehungen zur Berechnung des Bragg'schen Gesetzes

Die ankommende und gestreute Welle haben jeweils die Wellenlänge $\lambda$. Mit Gleichung (1.15) gilt:

$$|\vec{g}| = \frac{2\pi}{d}; \quad |\vec{k}| = \frac{2\pi}{\lambda} \qquad (1.23)$$

$$\stackrel{(1.22)}{\Longrightarrow} \quad 2\sin\theta \cdot \frac{2\pi}{|\vec{g}|} = n \cdot \frac{2\pi}{|\vec{k}|}$$

$$\stackrel{n=1}{\Longrightarrow} \quad |\vec{g}| = 2|\vec{k}|\sin\theta \qquad (1.24)$$

Diese Beziehung ist für $|\vec{k}| = |\vec{k}'|$ äquivalent zu der Vektorbeziehung (Bild 1.5-4):

$$\vec{k} + \vec{g} = \vec{k}' \qquad (1.25)$$

$$\Longrightarrow (\vec{k} + \vec{g})^2 = (\vec{k}')^2$$
$$\stackrel{|k|=|k'|}{\Longrightarrow} 2\vec{k}\vec{g} + (\vec{g})^2 = 0 \qquad (1.26)$$

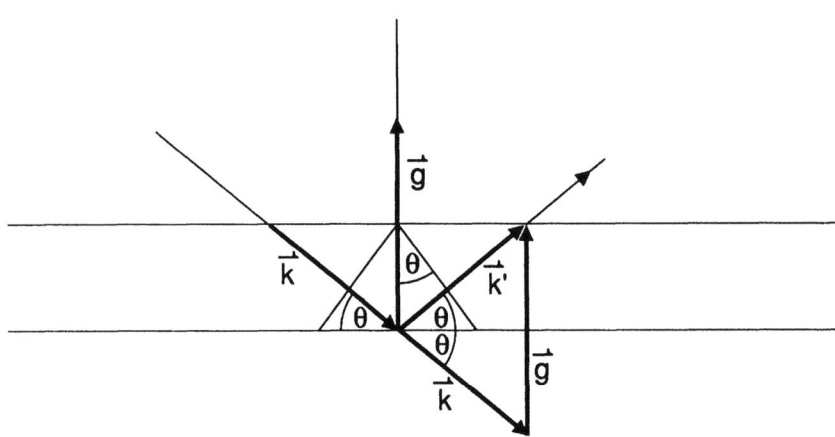

*Bild 1.5-4*: Vektordarstellung der Bragg'schen Reflexionsbedingung

Die Bragg-Bedingung (1.25) gilt sehr allgemein für die Streuung von Wellen an Wellen. Voraussetzung ist nur, daß die streuende Welle (im obigen Beispiel die Ebenenschar) ein Hindernis darstellt, von dem eine Streuung ausgehen kann.

Eine Voraussetzung für starke Effekte, d.h. große Reflexionswinkel $0^0 \ll \theta \ll 90^0$ ist:

## 1.5. Bragg-Reflexion

$$0 \ll \sin\theta = \frac{1}{2}\frac{|\vec{g}|}{|\vec{k}|} < 1 \tag{1.27}$$

d.h. die Wellenlänge der streuenden Welle muß in derselben Größenordnung liegen wie die der gestreuten Welle. Dafür gibt es in der Natur mehrere Beispiele: Ausführlich diskutiert wird im folgenden die Streuung von Teilchen an Gitterebenen. Ein ganz anderer Effekt, der aber nach demselben Prinzip abläuft, ist der akusto-optische Effekt: Durch Anregung von Schallwellen höchster Frequenz werden in einem piezoelektrischen Medium Streuzentren geschaffen, an denen eine Lichtwelle gestreut wird. Die Beugung des Lichts

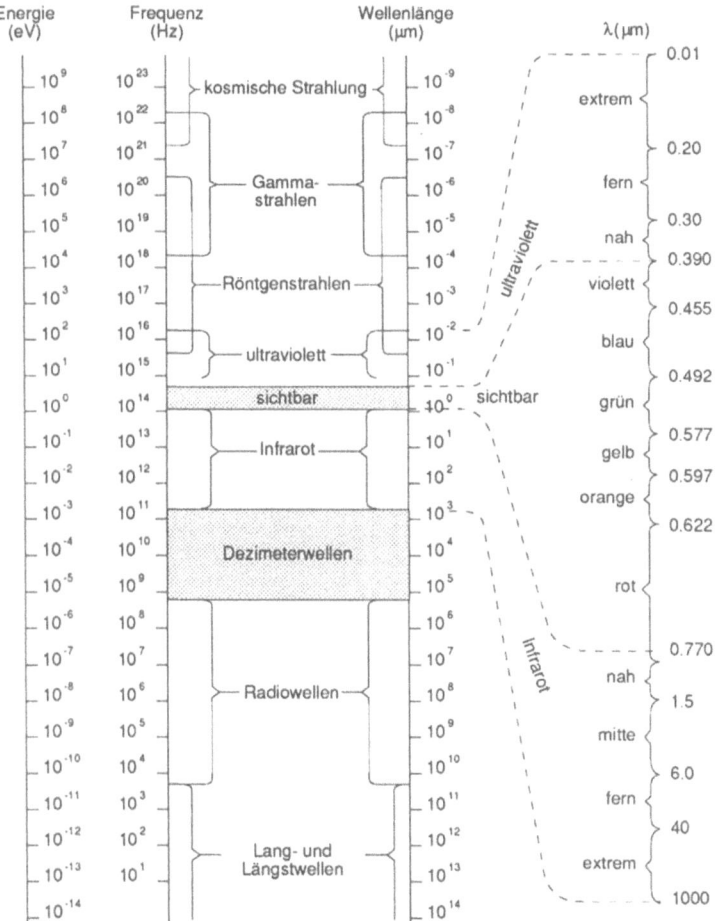

*Bild 1.5-5*: Spektrum der elektromagnetischen Wellen

erfolgt wiederum nach dem Gesetz (1.22), wobei λ die Wellenlänge der Schallwelle ist.

Ein typischer Gitterebenenabstand liegt nach Gleichung (1.20) in der Grössenordnung des kubischen Gitterparameters $a$, also nach Tab. 1.3.3-3 bei einigen Zehntel nm oder darunter. Welche Strahlen haben Wellenlängen in diesem Bereich? Unter den elektromagnetischen Wellen (Photonen) sind es die Röntgenstrahlen (Bild 1.5-5)

In Frage kommen aber auch Teilchenstrahlen, weil sie nach den Aussagen der Quantentheorie auch Wellencharakter haben. Bild 1.5-6 zeigt die Wellenlängen von Teilchenstrahlen, zusammen mit einem Ausschnitt aus dem Photonenspektrum.

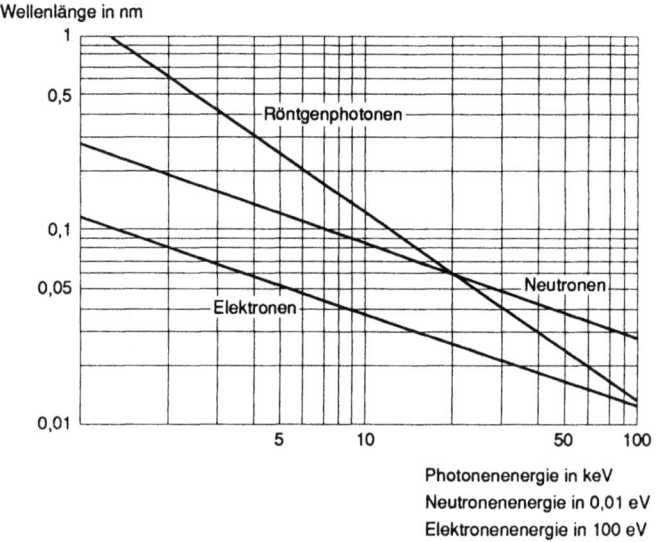

*Bild 1.5-6*: Wellenlängen von Photonen, Elektronen- und Neutronenwellen (nach [14]).

Die Streuung von Elektronen höherer Energie und Röntgenstrahlen wird umfassend zur Analyse von Kristallen eingesetzt. Berücksichtigt werden muß dabei, daß die Streuung genau genommen nicht an einer Ebene, sondern an einzelnen Gitterpunkten einer Ebene erfolgt (Bild 1.5-7).

Diese Gitterpunkte können jeweils Eckpunkte einer Einheitszelle sein. Deshalb kommen zusätzliche Effekte und Auswahlregeln hinzu (Strukturfaktor, Überstrukturreflexe u.a. [14,17])

## 1.5. Bragg-Reflexion

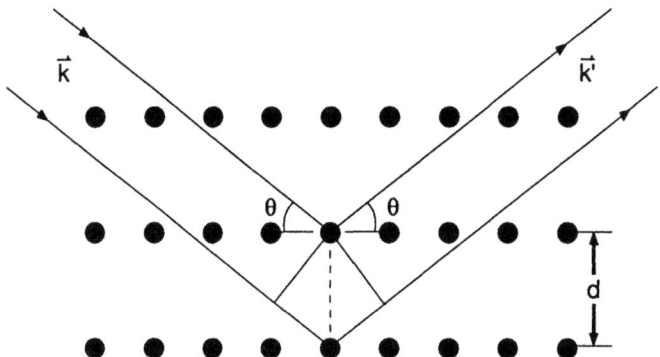

*Bild 1.5-7*: Streuung an Gitterpunkten einer Ebene

Die Bragg-Bedingung ist in der Praxis nicht einfach zu erfüllen: Bei festliegendem $\vec{k}$ (monochromatische Strahlung) muß ein Kristall sehr genau orientiert werden, um einen Bragg-Reflex zu ergeben. Geringe Abweichungen von der idealen Orientierung, z.B. durch eine Gitterverzerrung, lassen die Intensität der gestreuten Welle stark absinken und auf diese Weise die Gitterverzerrung sichtbar werden (Bild 1.5-8). Diese Effekte werden in der Röntgentopographie und Elektronenmikroskopie umfassend ausgenutzt.

Bei der Kristallstruktur und -orientierungsbestimmung läßt man meistens einen der beiden Parameter $\lambda$ und $\theta$ in einem bestimmten Bereich variieren:

$\lambda$ fest, $\theta$ variabel:

- Debye-Scherrer-Verfahren (Strukturbestimmung): das untersuchte Material wird, zu einem Pulver vermahlen, durchstrahlt. Einige der Körner erfüllen dann immer genau die Braggbedingung

- Drehkristallmethode (Orientierungsbestimmung): $\theta$ wird durch Rotation eines Einkristallstabes um die eigene Achse variiert

$\theta$ fest, $\lambda$ variabel:

- Laue-Verfahren (Orientierungsbestimmung): der Kristall wird mit polychromatischem Licht (kontinuierliche Röntgenbremsstrahlung) bestrahlt.

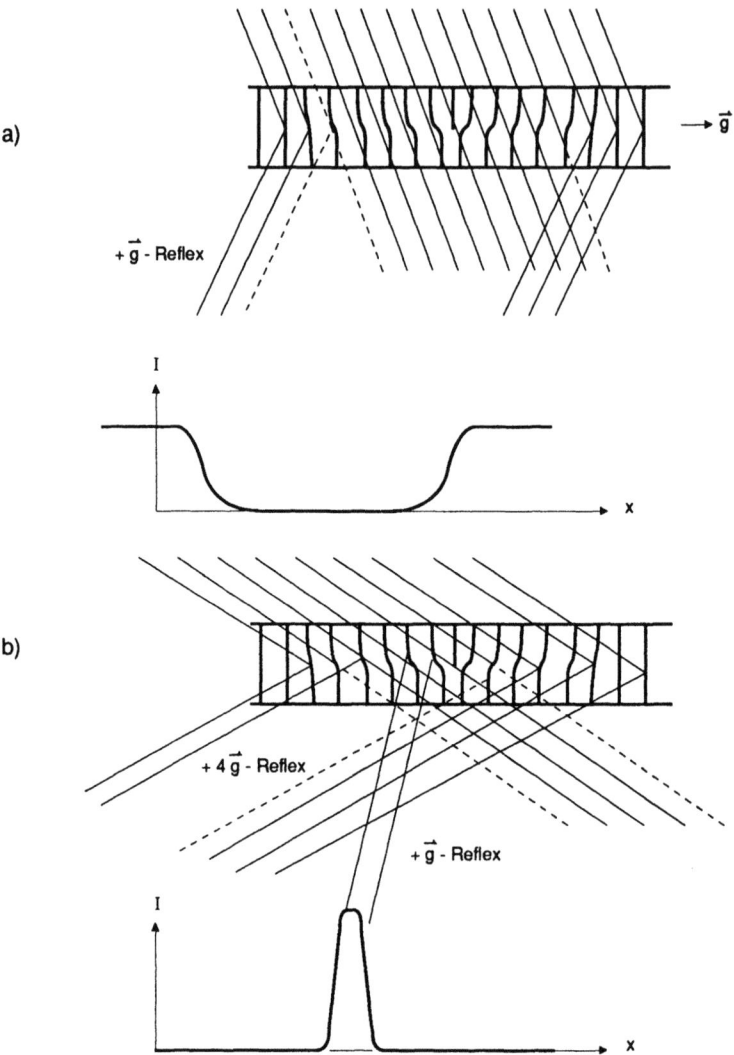

*Bild 1.5-8*: Abbildung von Gitterverzerrungen über Bragg-Reflexion

   a) am Ort der Gitterverzerrung wird die Gitterebene aus der idealen Bragg-Orientierung herausgedreht, d.h. die Gitterverzerrung erscheint als Gebiet mit abgeschwächter Intensität I des gebeugten Strahls

   b) nur am Ort der Gitterverzerrung gibt es Bereiche, wo die Bragg-Bedingung erfüllt ist, d.h. die Gitterverzerrung erscheint als Gebiet mit maximaler Intensität I des gebeugten Strahls

# 2 Einführung in die Gibbs'sche Thermodynamik

## 2.1 Entropie

Die Eigenschaften der Werkstoffe werden in entscheidendem Maße durch die Gesetze der Thermodynamik bestimmt. Eine wichtige Größe dabei ist die Entropie. Dazu das folgende Gedankenexperiment:

Wir stellen uns einen Eimer vor, der mit weißen Kugeln gefüllt ist. Zuoberst möge eine weitere Schicht mit roten Kugeln liegen. Diesen Zustand wollen wir als geordnet bezeichnen. Decken wir jetzt den Eimer ab und schütteln ihn kräftig, dann sagt unsere Erfahrung, daß sich die weißen und roten Kugeln durchmischen werden, im Endzustand werden die roten Kugeln völlig regellos unter den weißen Kugeln verteilt sein, d.h. einen völlig ungeordneten Zustand annehmen. Auch wenn wir jetzt den Eimer weiterschütteln, wird der ungeordnete Zustand beibehalten werden. Es ist sehr unwahrscheinlich, daß nach einigen (oder Hunderten) Schüttelversuchen zu irgendeinem Zeitpunkt der geordnete Zustand wieder eintritt.

Wenn wir also (durch Schütteln) dem System der Kugeln die Gelegenheit dazu geben, wird — ohne weitere Einflüsse — der Zustand der Kugeln von einem geordneten in einen ungeordneten übergehen. Das gilt ganz generell: Jedes System in der Natur geht selbständig von einem geordneten in einen ungeordneten, bzw. von einem Zustand höherer Ordnung in einen Zustand niedrigerer Ordnung über, wenn das nicht zuviel an zusätzlicher Energie bedeutet. Würden sich nämlich die roten Kugeln gegenseitig stark anziehen (z.B. durch eingebaute Permanentmagnete), dann würde auch ein nachhaltiges Schütteln nicht zu einem Abweichen aus einem geordneten Zustand führen.

Die Ursache dafür, daß die Kugeln in dem Eimer von einem geordneten in einen ungeordneten Zustand übergehen, hat eine einfache Erklärung: Es gibt viel mehr Anordnungsmöglichkeiten der Kugeln untereinander im ungeordneten Zustand. Vorausgesetzt, daß sämtliche Zustände energetisch nahezu gleichwertig sind, sind sie alle auch etwa gleich wahrscheinlich. Damit ist das Annehmen eines geordneten Zustandeseinfach unwahrscheinlich. Diesen

Sachverhalt kann man nach den Gesetzen der Permutatorik auch quantitativ berechnen.

Wir nehmen an, die Anzahl der Kugeln im Eimer wäre $N$, die Anzahl der roten Kugeln wäre $n$. Im ungeordneten Zustand können alle Kugeln miteinander vertauscht werden, unabhängig von der Farbe. Damit ist die Anzahl der Anordnungsmöglichkeiten $w^{\text{un}}$ gleich der Anzahl der Permutationen:

$$w^{\text{un}} = N! = N(N-1)(N-2)\ldots 2\cdot 1 \qquad (2.1)$$

Das Zustandekommen dieser Formel kann man sich leicht erklären: Wenn wir $N$ Kugeln auf $N$ dafür vorgesehene Plätze verteilen und dieses sukzessiv durchführen, dann haben wir für die erste Kugeln $N$ Möglichkeiten, für die zweite $N-1$, weil jeweils ein Platz schon besetzt ist, für die nächste $N-2$, usw. Für jede Wahl können alle anderen Platzverteilungen permutiert werden, d.h. insgesamt geht das Produkt der Möglichkeiten ein.

Die Anzahl der Anordnungsmöglichkeiten im geordneten Zustand, wenn die Lage der roten Kugeln in der obersten Schicht festliegt, ergibt sich durch die Permutationsmöglichkeiten der roten und weißen Kugeln untereinander, also

$$w^{\text{ord}} = n!(N-n)! \qquad (2.2)$$

In der Thermodynamik wird als Bezugsgröße für den Ordnungszustand die **Entropie** $S$ definiert. Für den vorliegenden Fall ergibt sich (s. Band II dieser Reihe oder Standardliteratur zur Thermodynamik):

$$S = k \ln w \qquad (2.3)$$

mit der **Boltzmannkonstanten** $k$. Das setzt aber voraus, daß die Energie der verschiedenen Anordnungsmöglichkeiten (Mikrozuständen) etwa gleich ist (im Maßstab der thermischen Energie kT), was in praktischen Beispielen durchaus nicht immer erfüllt ist. Für den wichtigen Grenzfall kleiner Konzentrationen (**verdünnter Lösungen**) gilt aber (2.3) recht genau. Eine ausführlichere Diskussion dieser Problematik erfolgt im Folgeband "Halbleiter".

Speziell für unser Eimermodell sind die Entropien für den ungeordneten und geordneten Zustand:

$$\begin{aligned} S^{\text{un}} &= k \cdot \ln N! \\ S^{\text{ord}} &= k \cdot \ln[n!(N-n)!] \end{aligned} \qquad (2.4)$$

Der quantitative Vergleich von (2.1) und (2.2) zeigt, daß bei hinreichend großem $N$ im ungeordneten Zustand die Anzahl der Anordnungsmöglichkeiten, und damit die Entropie, ungleich viel größer ist als im geordneten Zustand. Hat jede dieser Konfigurationen dieselbe Energie, dann wird aufgrund der größeren Anordnungsmöglichkeiten jedes System von sich aus vom geordneten Zustand

## 2.1. Entropie

in den ungeordneten Zustand übergehen, d.h. seine Entropie erhöhen. Dieses ist eine der fundamentalen Aussagen der Thermodynamik: Ein geschlossenes System mit konstanter Gesamtenergie wird sich von selbst (d.h. spontan) so verändern, daß seine Entropie dabei zunimmt. Erst wenn die Entropie einen maximal möglichen Wert angenommen hat, befindet sich das System im Gleichgewicht und wird sich nicht weiter verändern.

Der Zuwachs an Entropie beim Übergang vom geordneten in den ungeordneten Zustand ist die **Mischentropie** $S^M$ (s. Folgeband "Halbleiter"):

$$S^{un} - S^{ord} = k \ln \frac{N!}{n!(N-n)!} =: S^M \quad (2.5)$$

Diese Formel kann mathematisch leichter behandelt werden, wenn man sie mit Hilfe der Stirling'schen Formel umwandelt

$$\ln x! \stackrel{x \geq 10}{=} x \ln x - x \quad (2.6)$$

Dieses ist eine gute Näherung für Zahlen x, die viel größer sind als 10, d.h. die Näherung ist in unserem Fall gut anwendbar. Nach einigem Umrechnen bekommt (2.5) dann die Form [17,18]

$$S^M = +k \{N \ln N - n \ln n - (N-n) \ln(N-n)\} \quad (2.7)$$

Es ist zweckmäßig, an dieser Stelle eine Teilchenkonzentration (gemessen in Atomprozent) $c$ einzuführen durch

$$c = \frac{n}{N} \iff 1 - c = \frac{N-n}{N} \quad (2.8)$$

Dann läßt sich (2.7) überführen in

$$S^M = -k \cdot N \{c \ln c + (1-c) \ln(1-c)\} \quad (2.9)$$

Nach dem Gesetz von Bernoulli-l'Hospital geht diese Funktion gegen Null bei $c = 0$ und $c = 1$. Dazwischen steigt sie auf ein Maximum an bei $c = 0,5$ (Bild 2.1-1).

Bezogen auf ein Teilchen des Systems ist die Mischentropie (Bild 2.1-1)

$$\frac{S^M}{N} = -k \{c \ln c + (1-c) \ln(1-c)\} \quad (2.10)$$

$$\implies \left. \frac{S^M}{N} \right|_{\substack{\max \\ c=0.5}} = -\frac{8,62 \cdot 10^{-5} \, \text{eV}}{\text{K}} \cdot (-0,693) \cong +\frac{60 \, \mu\text{eV}}{\text{K}} \quad (2.11)$$

Die Zunahme der Entropie ist besonders stark bei $c \approx 0$ und $c \approx 1$, da dort die $S^M(c)$-Kurve eine unendlich große Steigung besitzt. Im folgenden soll dieser

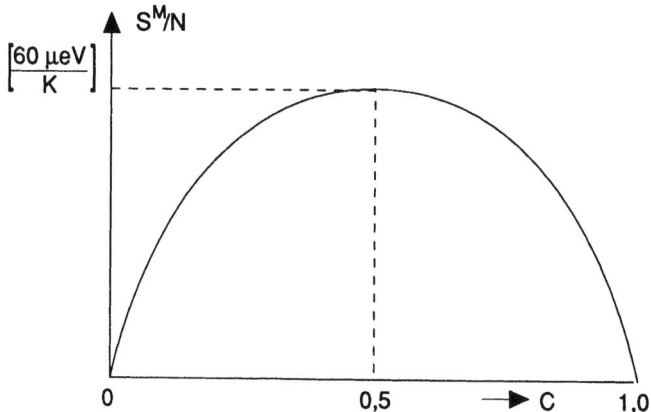

*Bild 2.1-1*: Abhängigkeit der Mischentropie pro Teilchen einer Legierung (nach [18])

Bereich näher betrachtete werden. Dabei beschränken wir uns auf den Fall $c \approx 0$ (**verdünnte Lösung**), da sich der Fall $c \approx 1$ dazu symmetrisch verhält.

Anstelle eines Eimers betrachten wir jetzt einen Kristall, in welchem sich $N - n$ Atome einer Sorte (Matrix-oder Wirtskristall) befinden. Eingelagert seien $n$ Fremdatome einer anderen Sorte, die Gesamtzahl der Atome des Kristalls ist damit $N$. $c$ wird dann als Fremdatomkonzentration bezeichnet, wir setzen $c$ als klein voraus. Wie ändert sich jetzt die Entropie des Kristalls, wenn wir ein Fremdatom daraus entfernen (dabei ändert sich auch $N$ um 1)? Es gilt:

$$dS^M = \frac{\partial S^M}{\partial N} dN + \frac{\partial S^M}{\partial c} \frac{\partial c}{\partial n} dn \stackrel{dn=dN}{\Longrightarrow} \frac{\partial S^M}{\partial n} = \frac{\partial S^M}{\partial N} + \frac{\partial S^M}{\partial c} \frac{\partial c}{\partial n} \quad (2.12)$$

$$c = \frac{n}{n + \text{restl. Atome}} \Rightarrow \frac{dc}{dn} = \frac{1}{N} - \frac{n}{N^2} \approx \frac{1}{N} \quad (2.13)$$

$$(2.9) \Rightarrow \frac{\partial S^M}{\partial c} = -kN \frac{\partial}{\partial c} \{c \ln c\} = -kN\{1 + \ln c\} \quad (2.14)$$

$$(2.12) \Longrightarrow \frac{\partial S^M}{\partial n} = -kc \ln c - k\{1 + \ln c\} \quad (2.15)$$

$$= -k\{1 + (1+c) \ln c\} =: S_n^M \quad (2.16)$$

d.h. die (differentielle) Entropie pro Fremdatom nimmt mit abnehmender Konzentration stark zu (Bild 2.1-2).

## 2.1. Entropie

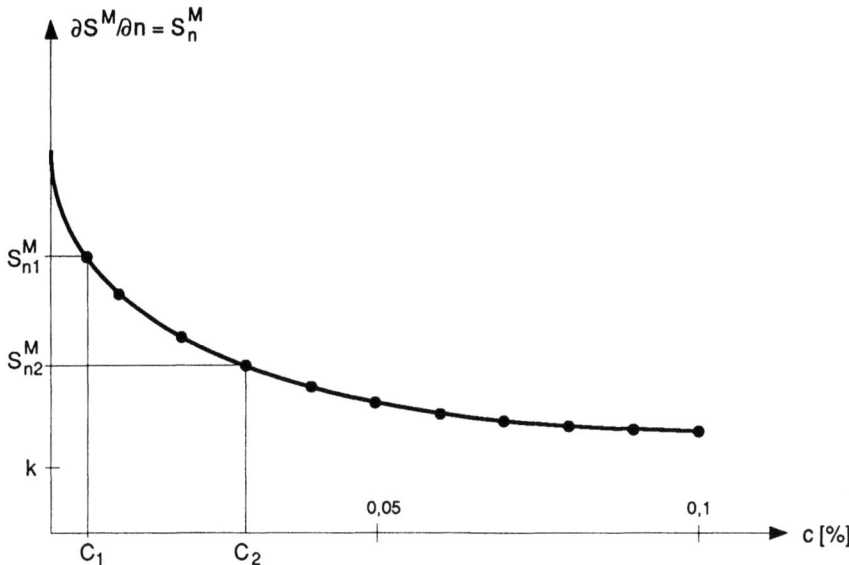

*Bild 2.1-2*: Differentielle Mischentropie pro Fremdatom in Abhängigkeit von der Konzentration.

Jetzt mögen zwei Kristalle 1 und 2 nebeneinander angeordnet sein, die sich nur in der Fremdatomkonzentration ($c_1 < c_2$) unterscheiden. Was passiert, wenn wir ein Fremdatom aus dem einen in den anderen überführen? Die Entfernung des Fremdatoms aus dem Kristall mit $c_2$ verringert zwar die Entropie um $S_{n2}^M$, beim Einbringen desselben Fremdatoms in den Kristall mit $c_1$ wird aber die Entropie $S_{n1}^M$ gewonnen. Die Entropieveränderung ist also insgesamt:

$$S_{n1}^M - S_{n2}^M > 0 \tag{2.17}$$

Das Überwechseln des Fremdatoms aus dem Kristall 2 (mit $c_2$) in den Kristall 1 (mit $c_1$) ist also mit einer Vergrößerung der Entropie des Gesamtsystems verbunden, das aus den Kristallen 1 und 2 besteht. Nach dem oben entwickelten Kriterium ist das Überwechseln damit ein Prozeß, welcher von selbst abläuft, d.h. ohne äußere Einwirkung stattfindet.

Auch dieses Beispiel läßt sich mit dem anfangs beschriebenen Eimermodell erfassen: Sind nämlich in dem Eimer zwei Bereiche mit unterschiedlichen Konzentrationen roter Kugeln übereinander angeordnet, dann führt ein Schütteln des Eimers zu einer Durchmischung beider Bereiche, die erfahrungsgemäß zu einer gleichmäßigen Konzentration im gesamten Eimer führt. Die roten Kugeln haben also eine Tendenz, aus dem Bereich hoher Konzentration in einen mit niedriger überzuwechseln.

Uns ist die Vorstellung vertraut, daß sich ein Körper (bzw. Teilchen), in Bewegung versetzt, wenn eine Kraft auf ihn wirkt. Im obigen Beispiel wurde gezeigt, daß sich Fremdatome aus einem Bereich hoher Konzentration in einen Nachbarbereich mit einer niedrigeren Konzentration bewegen, ohne daß eine von außen wirkende Kraft auf sie Einfluß hat. Die treibende Kraft für diesen Prozeß ist allein die Entropiezunahme, ein nicht durch die bekannten äußeren Felder zu beschreibender Prozeß.

Die klassische Definition für die Kraft $F$ auf ein Teilchen ist nach Anhang $C1$ die Abnahme der potentiellen Energie des Teilchens mit dem Ort, d.h. wenn wir den jeweiligen Anfangs- und Endzustand des Teilchens mit den Indizes $a$ und $e$ bezeichnen, gilt mit $W_{n\,\text{pot}} = \frac{\partial W_{n\,\text{pot}}}{\partial n}$:

$$F = -\lim_{x^e \to x^a} \frac{W_{n\,\text{pot}}^e - W_{n\,\text{pot}}^a}{x^e - x^a} = -\frac{\partial W_{n\,\text{pot}}}{\partial x} \qquad (2.18)$$

wobei $x$ jeweils den Ort des Teilchens beschreibt. Die Dimension der Kraft ist Energie/Länge. Um eine ähnliche Beschreibung für die durch Entropiezunahme wirkende Kraft zu finden, müssen wir die Entropie mit einer Temperatur multiplizieren, wir wählen hierfür die Umgebungstemperatur der Kristalle, gemessen in Kelvin. Damit kommen wir zur Definition der **Entropie-, oder Diffusionskraft** auf ein Teilchen:

$$F_{\text{chem}} = \lim_{x^e \to x^a} \frac{T \cdot (S_{ne}^M - S_{na}^M)}{x^e - x^a} = +T\frac{\partial S_n^M}{\partial x} \qquad (2.19)$$

$$F_{\text{chem}} = T\frac{\partial S_n^M}{\partial c}\frac{\partial c}{\partial x} \stackrel{(2.16)}{=} -kT\left\{\frac{(1+c)}{c} + \ln c\right\}\frac{\partial c}{\partial x}$$
$$\stackrel{c \ll 1}{\approx} -\frac{kT}{c}\frac{\partial c}{\partial x} \qquad (2.20)$$

da der $\ln c$-Term langsamer gegen Unendlich geht als $1/c$.

Die Größe kT kommt in der Werkstoff- und Bauelementphysik außerordentlich häufig vor, sie wird als **thermische Energie** bezeichnet und hat bei Raumtemperatur einen Wert von ca. 26 meV.

(2.20) zeigt, daß die Diffusionskraft entgegengesetzt zum Konzentrationsgradienten zeigt: Teilchen diffundieren (unter den bisher gültigen Voraussetzungen, d.h. bei der energetischen Gleichwertigkeit aller Konfigurationen) vom Gebiet hoher in das Gebiet niedriger Konzentration. Dadurch werden Konzentrationsunterschiede abgebaut, der Gleichgewichtszustand, bei dem keine Kräfte mehr wirken, ist:

$$F_{\text{chem}} = 0 \quad \stackrel{T \neq 0}{\Longleftrightarrow} \quad \frac{\partial c}{\partial x} = 0 \qquad (2.21)$$

also ein vollständiger Ausgleich der Konzentrationen.

## 2.1. Entropie

Bisher wurde nur die Anordnungsvielfalt behandelt, die durch unterschiedliche Verteilungen von Fremdatomen in einem Wirtsgitter (Matrix) entsteht. Es muß aber auch eine Zahl $w^{at}$ von Anordnungen berücksichtigt werden, die jedes Atom in und um einen Gitterplatz herum einnehmen kann. Entsprechend (2.3) tritt zur Mischungsentropie (2.5) eine **Konfigurationsentropie** pro Atom

$$\frac{\partial S^{at}}{\partial n} =: S_n^{at} = k \frac{\partial}{\partial n} \ln w^{at} \qquad (2.22)$$

Diese hängt ab von der unmittelbaren Umgebung jedes Atoms, d.h. der Kristallstruktur (in amorphen Materialien dem Netzwerk), der Art von Nachbaratomen und anderen Faktoren, die meistens nur mit Schwierigkeiten quantitativ

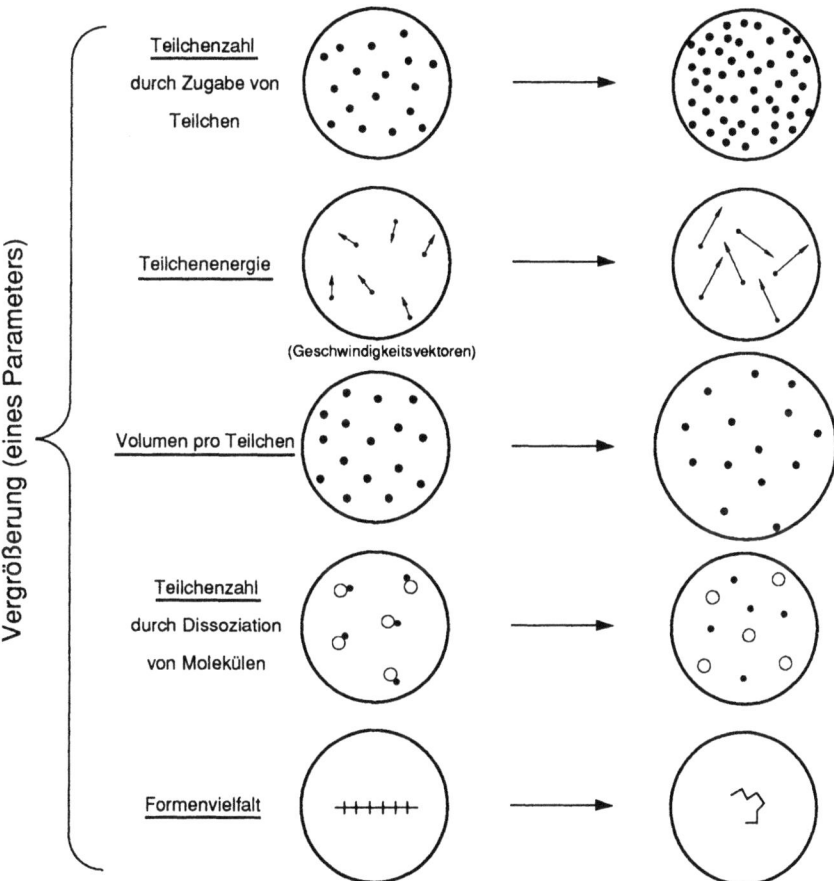

*Bild 2.1-3*: Methoden zur Vergrößerung der Entropie (nach [19])

erfaßt werden können. Die Konfigurationsentropie kann dazu führen, daß es auch in Kristallen mit konstanter Konzentration Bereiche geben kann, wo sich Fremdatome anhäufen oder ihre Zahl abnimmt, wie z.B. an der Oberfläche des Kristalls oder an Fehlern im Kristallaufbau.

Die Konfigurationsentropie steigt im allgemeinen mit der Energie an, was über Bild 1.1-2 plausibel gemacht werden kann: Mit steigendem Energieeigenwert liegen die Wendepunkte der Teilchenbahn weiter auseinander. Damit kommen — relativ zu den Eigenwerten niedrigerer Energie — zusätzliche Möglichkeiten einer räumlichen Anordnung hinzu.

Schließlich entstehen in Kristallen zusätzliche Anordnungsmöglichkeiten durch Erregung von Gitterschwingungen, d.h. kollektiver Bewegungen vieler Gitteratome in Form von longitudinalen und transversalen Wellen. Auch dieser Freiheitsgrad führt zu einer Vergrößerung der Entropie, in der folgenden — stark vereinfachenden — Darstellung wird er mit der Konfigurationsentropie zusammengefaßt.

Bild 2.1-3 gibt einen Überblick über verschiedene Formen der Entropievergrößerung.

## 2.2 Chemisches Potential

Bisher wurde vereinfachend angenommen, daß die Atome der im Abschnitt 2.1 betrachteten benachbarten Kristalle dieselbe Energie besitzen, d.h. in kinetischer (z.B. bei Schwingungen um die Gleichgewichtslage im Gitter) und potentieller Energie übereinstimmen. Im allgemeinen ist das aber nicht der Fall. Beim Übergang eines Fremdatoms aus dem Kristall 2 in den Kristall 1 (Beispiel in Abschnitt 2.1) muß auch berücksichtigt werden, daß im Kristall 2 die (differentielle) Energie

$$W_{n2} = \frac{\partial W_2}{\partial n} \qquad (2.23)$$

abgezogen und dem Kristall 1 zugeführt wird. Unabhängig davon möge sich die Energie im Kristall 1 um den Wert

$$W_{n1} = \frac{\partial W_1}{\partial n} \qquad (2.24)$$

erhöhen, wenn die Anzahl der Fremdatome um 1 erhöht wird. Beide Energien brauchen keineswegs übereinzustimmen. Im Gegenteil ist es gerade eine typische Annahme in der Mechanik, daß eine Teilchenbewegung erst dann einsetzt, wenn der Endzustand eine geringere Energie hat als der Anfangszustand, siehe

## 2.2. Chemisches Potential

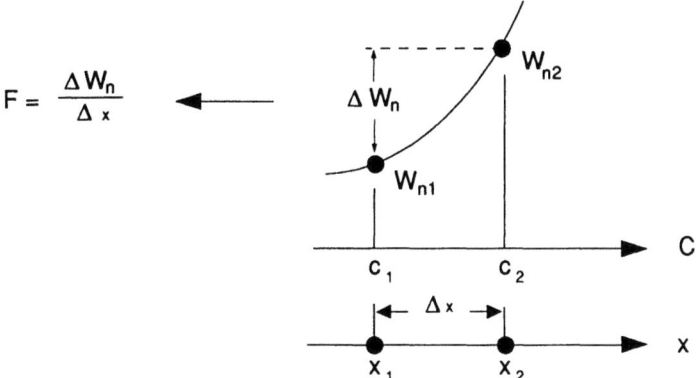

*Bild 2.2-1*: Energieverlauf bei einer Bewegung nach den Gesetzen der Mechanik

auch Definition der Kraft in Anhang C (Bild 2.2-1). Was mit der Energiedifferenz $\Delta W_n$ geschieht, wird in der Mechanik nicht spezifiziert.

In der Thermodynamik wird genauer argumentiert: Ausgehend davon, daß keine Energie verloren gehen kann (Energieerhaltung), definiert man

$$W_{n2} - W_{n1} =: \Delta W_n = \Delta Q_n - p\Delta V_n \qquad (2.25)$$

d.h. die bei dem Teilchenübergang freiwerdende Energie setzt sich zusammen aus der nach außen geleisteten Arbeit $p\Delta V_n$ und einer **Wärme** pro übergehendem Teilchen $\Delta Q_n$. $\Delta V_n$ entspricht dem von dem übergehenden Teilchen eingenommenen Volumen, $p$ dem von außen wirkenden Druck. Bei kondensierten Systemen wie Festkörpern und Flüssigkeiten ist das Volumen $\Delta V_n$ so gering, daß sich in Verbindung mit "üblichen" Drücken p für die nach außen geleistete Arbeit vernachlässigbare Werte ergeben.

Die der Wärme entsprechende Energie verteilt sich in im einzelnen nicht mehr nachvollziehbaren Weise auf eine große Anzahl von Atomen in der Umgebung des Teilchenübergangs, d.h. diese Teilchen nehmen (meist geringfügig) angehobene Energieeigenwerte ein. Nach der am Schluß von Abschnitt 2.1 angeführten Argumentation wird dadurch die Entropie erhöht. Der quantitative Zusammenhang zwischen Wärme und Entropieerhöhung wird durch den zweiten Hauptsatz der Thermodynamik (s. Folgeband "Halbleiter" oder Standardwerke über Thermodynamik) festgelegt:

$$\Delta S = \frac{\Delta Q}{T} \qquad (2.26)$$

Die Summe aller Beiträge zur Entropie bei Übergang eines Fremdatoms aus dem Kristall 2 in den Kristall 1 ist jetzt mit den Gleichungen (2.17), dem entsprechenden Ausdruck für (2.22) und (2.26) mit (2.25):

$$\Delta S_{ges} = S^M_{n1} - S^M_{n2} + S^{at}_{n1} - S^{at}_{n2} + \frac{W_{n2} - W_{n1}}{T_1} \qquad (2.27)$$

$$S_{ni} =: S^M_{ni} + S^{at}_{ni}, \qquad i = 1, 2 \qquad (2.28)$$

$$\begin{aligned}\Longrightarrow T_1 \Delta S_{ges} &= T_1(S_{n1} - S_{n2}) + W_{n2} - W_{n1} & (2.29)\\ &= [W_{n2} - T_1 S_{n2}] - [W_{n1} - T_1 S_{n1}] & (2.30)\end{aligned}$$

Wir addieren und subtrahieren den Term $T_2 \cdot S_{n2}$ und erhalten nach Umstellung

$$T_1 \Delta S_{ges} = [W_{n2} - T_2 S_{n2}] - [W_{n1} - T_1 S_{n1}] + (T_2 - T_1) S_{n2} \qquad (2.31)$$

Wir definieren eine **freie Energie** $F$ durch

$$F := W - TS \qquad (2.32)$$

und erhalten als differentielle Änderung der freien Energie mit der Fremdatomzahl $n$ das **chemische Potential** der Fremdatome

$$\mu^n = \frac{\partial F}{\partial n} = \frac{\partial W}{\partial n} - T\frac{\partial S}{\partial n} = W_n - TS_n \qquad (2.33)$$

Damit läßt sich (2.31) vereinfachen zu:

$$T_1 \Delta S_{ges} = \mu^n_2(T_2) - \mu^n_1(T_1) + (T_2 - T_1) S_{n2} \qquad (2.34)$$

Wie in (2.19) definieren wir eine chemische Kraft über die Entropiezunahme des Systems bei einer Teilchenbewegung. Da (2.34) für eine Teilchenbewegung von $x_2$ nach $x_1$ berechnet war (s. Bild 2.2-1), gilt:

$$F_{\text{chem}} = \frac{T \Delta S_{ges}}{x_1 - x_2} = \frac{\mu^n_2 - \mu^n_1}{x_1 - x_2} + \frac{T_2 - T_1}{x_1 - x_2} S_{n2} \qquad (2.35)$$

$$\stackrel{\lim_{x_1 \to x_2}}{\Longrightarrow} \quad F_{\text{chem}} = -\frac{d\mu^n}{dx} - \frac{dT}{dx} \cdot S_n \qquad (2.36)$$

Wir betrachten zunächst den Fall konstanter Temperatur ($dT/dx = 0$). Dann gilt

$$F_{\text{chem}} = -\frac{d\mu^n}{dx} \stackrel{(2.33)}{=} -\frac{dW_n}{dx} + T\frac{dS_n}{dx} \qquad (2.37)$$

d.h. zu der Diffusionskraft (2.19) tritt eine **Feldkraft** ($-\partial W_n/\partial x$).

## 2.2. Chemisches Potential

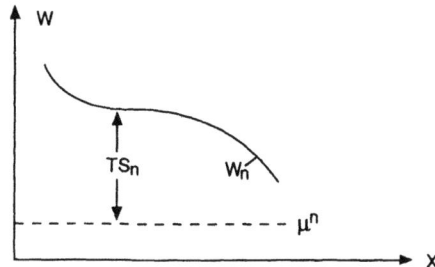

*Bild 2.2-2*: Zusammenhang von Energie, Entropie und chemischem Potential im thermischen Gleichgewicht

Im thermischen Gleichgewicht wirkt keinerlei Kraft mehr auf die Teilchen, d.h. es gilt für $T = $ const:

$$F_{\text{chem}} = 0 \iff \mu^n = \text{const}(x) \iff -\frac{dW_n}{dx} = -T\frac{dS_n}{dx} \quad (2.38)$$

In diesem Fall brauchen die Feld- und Diffusionskräfte nicht Null zu sein, sie müssen sich nur gegenseitig exakt kompensieren. Bild 2.2-2 veranschaulicht diesen Sachverhalt für eine ortsabhängige Energie. Bei bekanntem $W_n$ und $\mu^n$ kann nach (2.33) $S_n$ graphisch konstruiert werden.

Bei Anwesenheit eines Temperaturgradienten gilt im Gleichgewichtsfall mit $T \neq$ const:

$$F_{\text{chem}} = 0 \implies \frac{d\mu^n}{dx} = -S_n \frac{dT}{dx} \quad (2.39)$$

Diese Beziehung ist die Ursache für eine Reihe thermischer Effekte (Seebeck-Effekt, Thermodiffusion u.a.), die im Rahmen des Folgebandes "Sensoren" ausführlich behandelt werden.

Für den isothermen Fall ist die Beziehung (2.38) von sehr großer Bedeutung. Ein thermisches Gleichgewicht stellt sich erst dann ein, wenn die chemischen Potentiale der beteiligten Teilchen alle gleich sind. Ist das chemische Potential in einem Bereich 2 größer als in einem benachbarten Bereich 1, dann wird durch den Übergang eines Teilchens von 2 nach 1 die Entropie vergrößert, d.h. das System ist noch nicht im Gleichgewicht. Wir betrachten jetzt die freien Energien in den Bereichen 1 und 2. Durch den Übergang eines Teilchens von 2 nach 1 verändern sich die freien Energien $F_1$ und $F_2$ der Bereiche um den Betrag

$$\begin{aligned}\Delta F &= \left(-\frac{\partial F_2}{\partial n} + \frac{\partial F_1}{\partial n}\right)\Delta n \\ &= -(\mu_2^n - \mu_1^n)\Delta n \\ &= -T\Delta S_{ges}\Delta n\end{aligned} \quad (2.40)$$

Einer **Maximierung** der Entropie entspricht also eine **Minimierung** der freien Energie. Beide Bedingungen sind gleichwertig, je nach Problemstellung wird eine von beiden herangezogen.

Nehmen wir an, in den beiden Bereichen gäbe es mehrere Teilchensorten $A$, $B$, $C$ usw. Dann entspricht der Bedingung einer minimalen freien Energie des Gesamtsystems

$$dF = d(F_1 + F_2) = 0$$
$$\stackrel{(2.40)}{\Longrightarrow} -(\mu_2^A - \mu_1^A)dn_A - (\mu_2^B - \mu_1^B)dn_B \ldots = 0 \quad (2.41)$$

d.h. alle chemischen Potentiale müssen übereinstimmen. Zu demselben Ergebnis kommt natürlich auch die Herleitung zu (2.38) wenn sie nacheinander für alle Teilchen durchgeführt wird.

Die Tatsache des thermischen Gleichgewichts sagt noch nichts über dessen Stabilität aus: Ein Gleichgewicht kann stabil oder labil sein. Unter einem **stabilen** Gleichgewicht verstehen wir einen Zustand, der im Fall einer Abweichung rücktreibende Kräfte derart entstehen läßt, daß der ursprüngliche Zustand wiederhergestellt wird. Dazu das folgende Beispiel: Zwei identische Systeme seien miteinander im Gleichgewicht und mögen überall das konstante chemische Potential $\mu^I(n_0) > \mu^{II}(n_0)$ haben. Geht ein Teilchen über vom System I in das System II, dann gilt

$$\begin{aligned}\mu^I(n_0) &\mapsto \mu^I(n_0 - 1) \\ \mu^{II}(n_0) &\mapsto \mu^{II}(n_0 + 1)\end{aligned} \quad (2.42)$$

Gilt jetzt
$$\mu^{II}(n_0 + 1) > \mu^I(n_0 - 1) \quad (2.43)$$

dann wird das Teilchen aus dem System II wieder in das System I zurückkehren, da es in II ein größeres chemisches Potential besitzt, d.h. dieses thermische Gleichgewicht ist stabil. Das Kriterium ist deshalb

$$\begin{aligned}\text{stabiles thermisches Gleichgewicht:} &\quad \mu^{II}(n_0 + 1) > \mu^I(n_0 - 1) \\ \text{labiles thermisches Gleichgewicht:} &\quad \mu^{II}(n_0 + 1) < \mu^I(n_0 - 1)\end{aligned} \quad (2.44)$$

Die Taylor-Entwicklung ergibt:

## 2.3. Kristallenergie

$$\mu(n_0 \pm 1) = \mu(n_0) \pm \left.\frac{\partial \mu}{\partial n}\right|_{n_0} \tag{2.45}$$

d.h. (2.44) läßt sich umformen zu:

$$\begin{aligned}\text{stabiles thermisches Gleichgewicht:} \quad & \left.\frac{\partial \mu}{\partial n}\right|_{n_0} > 0 \\ \text{labiles thermisches Gleichgewicht:} \quad & \left.\frac{\partial \mu}{\partial n}\right|_{n_0} < 0\end{aligned} \tag{2.46}$$

## 2.3 Kristallenergie

In den folgenden Abschnitten wird das Kriterium der minimalen freien Energie bzw. der gleichen chemischen Potentiale immer wieder zur Bestimmung des thermischen Gleichgewichtszustandes herangezogen. Im Falle des Nichtgleichgewichts können über die chemischen Kräfte die Teilchenströme berechnet werden, die notwendig sind, um das Gleichgewicht herzustellen.

In jedem Fall muß die freie Energie oder das chemische Potential eines Systems explizit bekannt sein. Die Mischungsentropie $S^M$ ist bereits im Abschnitt 2.1 berechnet worden. Unbekannt ist bisher noch die Energie $W$ des Kristalls, die sich aus der gesamten potentiellen und kinetischen Energie zusammensetzt.

Die potentielle Energie eines Kristalls setzt sich (bei Abwesenheit äußerer Felder, die eine Wechselwirkung mit den Kristallatomen haben) zusammen aus der Summe der Bindungsenergien $W_B$ aller Atome miteinander. Dabei muß berücksichtigt werden, daß jedes Atom mehrere Nachbarn hat; deren Anzahl entspricht der Koordinationszahl $z$. Die potentielle Energie eines einzelnen Atoms aufgrund einer Wechselwirkung mit seinen Nachbarn ist dann $zW_B$. Wir müssen jetzt die Anzahl der Paarwechselwirkungen, die in einem Kristall auftreten, berechnen (eine Wechselwirkung übernächster Nachbarn wird vernachlässigt).

Wir gehen von einem Kristall aus mit $N$ Atomen der Sorten $A$ und $B$, die Konzentration der $A$-Atome in Atomprozent sei $c$. Zunächst betrachten wir ein reines $A$-Material, d.h. $c = 100\% = 1$. Jedes Atom hat $z$ nächste Nachbarn, d.h. die Anzahl der Paarbindungen ist

$$c = 1: \quad N_{AA} = \frac{1}{2} N \cdot z \tag{2.47}$$

Der Faktor 1/2 entsteht dadurch, daß jede Bindung bei der Durchführung der obigen Vorschrift zweimal gezählt wird.

Im folgenden wird angenommen, daß $c \ll 1$. Wir betrachten zunächst den Fall der **Phasentrennung**: Der Kristall teilt sich in zwei oder mehrere Bereiche auf, in denen entweder nur $A$-oder nur $B$-Atome enthalten sind. Die Wechselwirkungen an den Grenzflächen vernachlässigen wir. Dann wird die Anzahl $N_{AA}$ von Bindungen zwischen $A$-Atomen und $N_{BB}$ zwischen $B$-Atomen bestimmt durch

$$\begin{aligned} N_{AA} &= \frac{1}{2} N \cdot c \cdot z \\ N_{BB} &= \frac{1}{2} N (1-c) \cdot z, \end{aligned} \qquad (2.48)$$

wobei $c$ beliebig ist.

Im Falle der **Phasenmischung** muß berücksichtigt werden, daß nicht jeder nächste Nachbar eines $A$ Atoms auch ein $A$-Atom ist, sondern nur ein Bruchteil davon, der durch $c$ bestimmt wird. Die Anzahl der $A$-Nachbarn eines $A$-Atoms ist damit $c \cdot z$, d.h. es gilt

$$\begin{aligned} N_{AA} &= \frac{1}{2} Nc \cdot zc = \frac{1}{2} Nzc^2 \\ N_{BB} &= \frac{1}{2} N(1-c) \cdot z(1-c) = \frac{1}{2} Nz(1-c)^2 \end{aligned} \qquad (2.49)$$

Die Anzahl der $B$-Atome von $A$-Nachbarn ist schließlich

$$N_{AB} = Nc \cdot z(1-c) = Nzc(1-c) \qquad (2.50)$$

In diesem Fall fehlt der Faktor 1/2, da eine Doppelzählung nicht vorliegt (es wird immer nur von $A$-oder von $B$-Atomen ausgegangen).

Die sich durch die Atombindungen ergebende potentielle Energie ist damit insgesamt (die $W_{ik}$ sind die Bindungsenergien zwischen den entsprechenden Atomen)

$$W := N_{AA} W_{AA} + N_{BB} W_{BB} + N_{AB} W_{AB} \qquad (2.51)$$

Durch Einsetzen der Formeln (2.48) bis (2.50) und eine Umrechnung erhält man:

$$\begin{aligned} W^{kr}(c) &= \frac{1}{2} Nz [c^2 W_{AA} + (1-c)^2 W_{BB} + 2c(1-c) W_{AB}] \qquad (2.52) \\ &= \frac{1}{2} Nz [c W_{AA} + (1-c) W_{BB} + \\ &\quad + c(1-c) \{2 W_{AB} - W_{AA} - W_{BB}\}] \qquad (2.53) \end{aligned}$$

Der Verlauf der Funktion $W^{kr}(c)$ hängt entscheidend ab von der Größe und dem Vorzeichen des Terms in der geschweiften Klammer. Dabei können prinzipiell drei unterschiedliche Fälle eintreten (Bild 2.3–1).

## 2.3. Kristallenergie

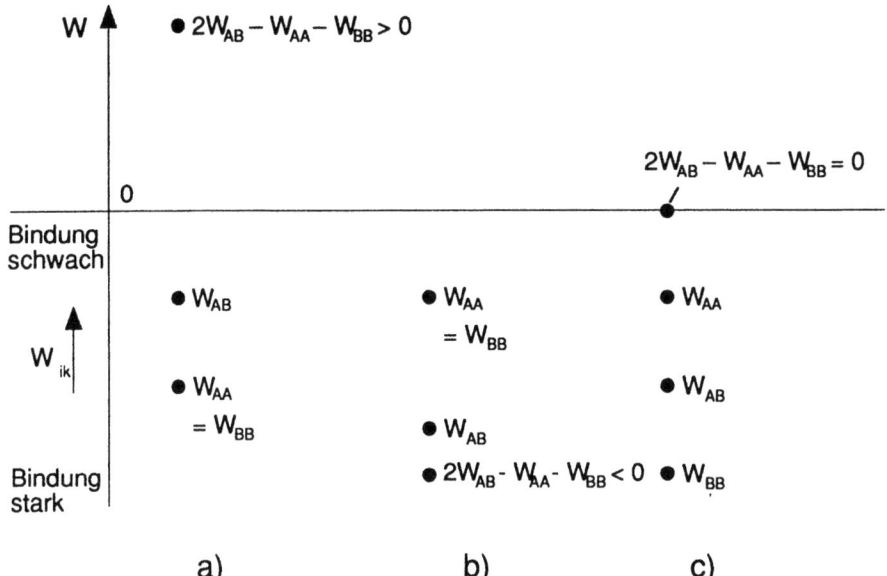

**Bild 2.3-1**: Abhängigkeit der des Terms $2W_{AB} - W_{AA} - W_{BB}$ von den Bindungsverhältnissen:

a) gemischte Bindung $W_{AB}$ schwächer als gleichnamige,

b) gemischte Bindung stärker als gleichnamige,

c) gleichnamige Bindungen unterschiedlich, gemischte Bindung liegt dazwischen.

Die Interpretation der drei Fälle in Bild 2.3–1 ist wie folgt:

a) Bindungen zwischen gleichen Partnern sind energetisch günstig, d.h. der Kristall wird eine Konfiguration bevorzugen, bei der es nebeneinander Bereiche mit großen oder kleinen Konzentrationen c der A-Atome gibt.

b) Bindungen zwischen unterschiedlichen Partnern sind stärker als zwischen gleichnamigen, d.h. der Kristall wird sich möglichst gut durchmischen.

c) Die Bindung zwischen verschiedenen Partnern hat keine Auswirkung.

Die Beziehung (2.53) stellt eine Parabel dar, deren Form stark abhängt von den drei Fällen in Bild 2.3–1: [1]

a) die Parabel ist negativ (konvex),

b) die Parabel ist positiv (konkav),

c) die Parabel artet in eine Gerade aus.

---

[1] In der Literatur werden die Begriffe "Konvex" und "Konkav" auch in der jeweils umgekehrten Bedeutung verwendet

## 2.4 Freie Energie von Legierungen

Ein Kristall aus $N$ Atomen verschiedener Elemente wird als **Legierung** bezeichnet. Eine überwiegende Atomsorte bezeichnet man als **Matrix**. Mit Hilfe der Ergebnisse aus den Abschnitten 2.1 bis 2.3 kann man die freie Energie (und damit die chemischen Potentiale der Atome) einer Legierung überschlagsmäßig berechnen, insbesondere ergeben sich in vielen Fällen qualitativ richtige Voraussagen über das Gleichgewichtsverhalten, das in einem Zustandsdiagramm beschrieben werden kann. Dabei müssen die im Abschnitt 2.1 bezüglich der Anwendung von (2.1 bis 2.3) gemachten Einschränkungen berücksichtigt werden. Für schlüssige quantitative Aussagen muß daher die Theorie wesentlich erweitert werden, so daß sie über den Rahmen dieses Buches hinausgeht. Eine ausführliche Diskussion ist in [17,71] zu finden.

Weiterhin muß bei realen Legierungen häufig die Fremdatomkonzentration durch eine **Fremdatomaktivität** ersetzt werden gemäß

$$a = \gamma \cdot c \tag{2.54}$$

mit dem Aktivitätskoeffizienten $\gamma$, der vielfach nur experimentell bestimmt werden kann.

Unter den in den vorangegangenen Abschnitten stark vereinfachenden Voraussetzungen können wir die freie Energie gemäß Definition (2.32) bestimmen, wenn wir $W$ durch die Formel (2.53) und $S(c)$ durch die Formel (2.9) ausdrücken.

In Bild 2.4–1 wird die freie Energie in Abhängigkeit von der Konzentration c durch graphische Addition gewonnen. Gemäß

$$F(c) \approx W^{\text{kr}}(c) - TS(c) \tag{2.55}$$

tragen wir die Funktion $W^{\text{kr}}(c)$ direkt und $S(c)$ in der Form $-TS(c)$ über der c-Skala auf und addieren die Werte beider Kurven.

Bei den resultierenden $F(c)$-Kurven können zwei typische Fälle unterschieden werden: Bei relativ starker und neutraler Bindung zwischen $A$-und $B$-Atomen ist die Kurve konkav, bei relativ schwacher Bindung dagegen hat sie zwei Minima (Bild 2.4–1)

Durch eine Tangentenkonstruktion können aus $F(c)$-Kurven allgemein (d.h. auch ohne die hier zugrundegelegten vereinfachenden Voraussetzungen) die chemischen Potentiale direkt ermittelt werden, wie die folgende Rechnung zeigt. Wir gehen aus von den Anzahlen $n_A$ und $n_B$ von $A$-und $B$-Atomen, mit

$$n_A + n_B = N \tag{2.56}$$

## 2.4. Freie Energie von Legierungen

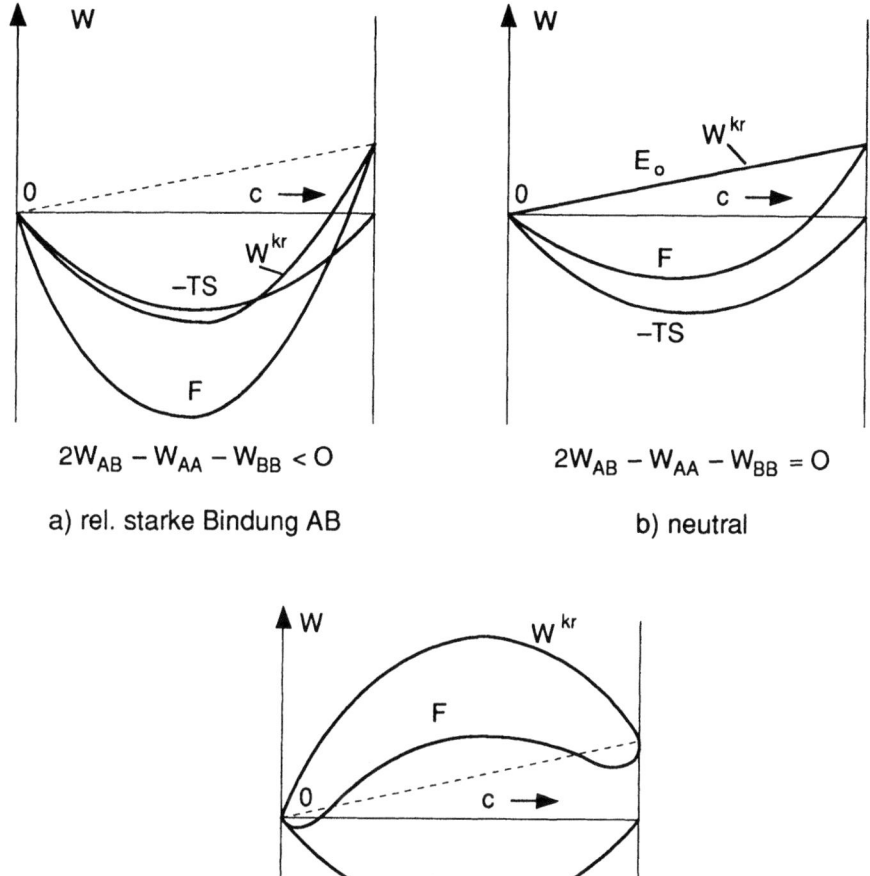

**Bild 2.4-1:** Bestimmung der $F(c)$-Kurve einer Legierung durch graphische Addition von $W^{kr}(c)$ und $-TS(c)$ für die drei in Bild 2.3-1 dargestellten Fälle.

Als Konzentration $c$ wird definiert

$$c = \frac{n_A}{n_A + n_B} \quad : \quad \Longrightarrow \frac{\partial c}{\partial n_A} = \left(\frac{1}{N} - \frac{n_A}{N^2}\right) = \frac{1}{N}(1-c) \qquad (2.57)$$

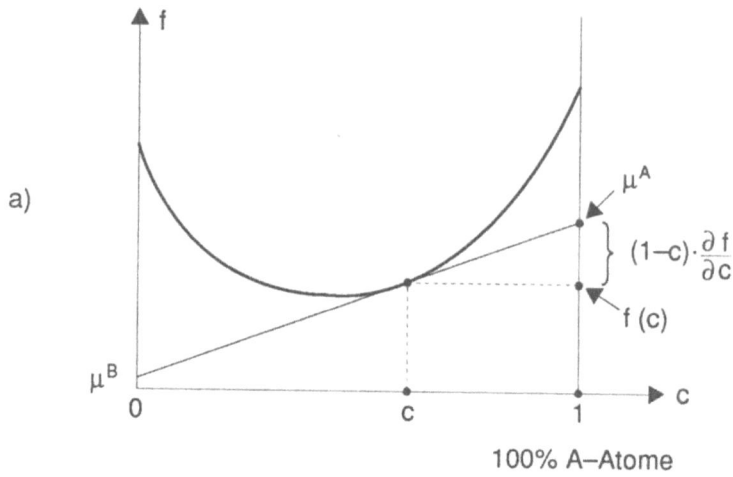

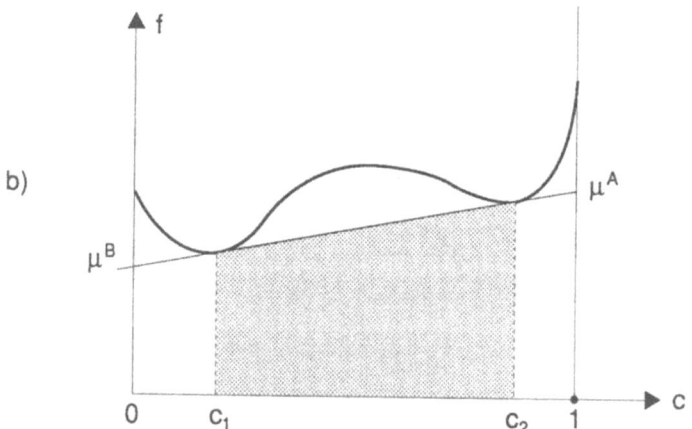

*Bild 2.4-2*: $f(c)$-Kurve für relativ starke und neutrale $AB$-Bindung (a) und für relativ schwache $AB$-Bindung (b), jeweils qualitativer Verlauf

Dann ist das chemische Potential

$$\mu_A = \frac{\partial F}{\partial n_A} = \frac{\partial F}{\partial c}\frac{\partial c}{\partial n_A} + \frac{\partial F}{\partial N}\frac{\partial N}{\partial n_A}$$
$$= \frac{\partial F}{N \partial c}(1-c) + \frac{\partial F}{\partial N} \qquad (2.58)$$

## 2.4. Freie Energie von Legierungen

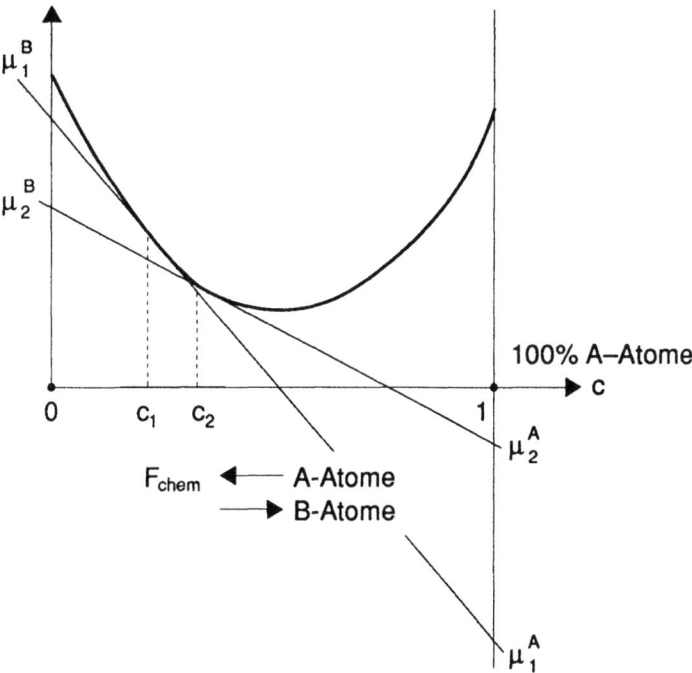

*Bild 2.4-3*: Relative Lage der chemischen Potentiale zweier Legierungen mit unterschiedlicher Konzentration bei konkaver Krümmung der $f(c)$-Kurve (entspricht dem Fall in Bild 2.4-2a). Das chemische Potential für A-Atome ist kleiner in $c_1$, das für B-Atome in $c_2$, d.h. es stellt sich eine mittlere Konzentration zwischen $c_1$ und $c_2$ ein

Wir führen durch $f = F/N$ eine **freie Energie pro Atom** ein und erhalten

$$\mu_A = (1 - c)\frac{\partial f}{\partial c} + f(c) \tag{2.59}$$

d.h. das chemische Potential ergibt sich durch den Achsenabschnitt der $f$-Achse, wenn man die Tangente entlang der $f(c)$-Kurve im Punkt $c$ legt (Bilder 2.4-2 und 3). Entsprechend läßt sich das chemische Potential für B-Atome konstruieren nach der Formel

$$\mu_B = -c \cdot \frac{\partial f}{\partial c} + f(c) \tag{2.60}$$

Diese einfache Auswertemöglichkeit ist sehr hilfreich. Gehen wir wieder von dem in Abschnitt 2.1 diskutierten Fall aus, daß nebeneinander zwei Kristalle mit den Konzentrationen $c_1$ und $c_2$ liegen, dann kann man bei bekannter $f(c)$-

Kurve entscheiden, in welcher Weise beide Kristalle miteinander reagieren. Wir brauchen nur die chemischen Potentiale zu ermitteln (Beispiel in Bild 2.4-3) und festzustellen, welches größer oder kleiner ist. Die chemische Kraft wirkt immer von dem Gebiet mit dem höheren chemischen Potential in das mit dem niedrigeren.

Bei einem Kurvenverlauf wie in Bild 2.4-2b können die Verhältnisse anders liegen als in dem Beispiel in Bild 2.4-3. Wie dort eingezeichnet, gibt es zwei verschiedene Konzentrationen, die jeweils dasselbe chemische Potential ihrer Atome besitzen, weil beide Konzentrationen eine gemeinsame Tangente besitzen. Trotz des Konzentrationsunterschiedes ist die chemische Kraft Null, d.h. es diffundieren keine Atome, um den Konzentrationsunterschied auszugleichen. An diesem Beispiel erkennt man, daß für eine Vorhersage des Diffusionsverhaltens eine Kenntnis der $f(c)$-Kurve (oder eines daraus abgeleiteten Zustandsdiagramms) notwendig ist.

Diese Aussage gilt ebenfalls, wenn sich die Konzentration der Legierung in einem Bereich befindet, in dem die $f(c)$-Kurve konvex gekrümmt ist (mittlerer Konzentrationsbereich in Bild 2.4-2b). Wir betrachten daher in Bild 2.4-4 die Konzentration $c$.

Aufgrund der Tangentenkonstruktion ergibt sich ein chemisches Potential $\mu_0^A$. Nehmen wir an, die Legierung sei nicht vollständig homogen, sondern durch Dichteschwankungen um den Mittelwert ergeben sich auch lokal Bereiche mit den Konzentrationen $c_1$ und $c_2$ (in der Praxis durchaus realistischer Effekt, wenn auch nicht immer so stark wie in Bild 2.4-4). In diesem Fall unterscheiden sich die dazugehörigen chemischen Potentiale erheblich, die resultierende chemische Kraft bewirkt eine Diffusion von $A$-Atomen aus dem Gebiet mit $c_1$ in das Gebiet mit $c_2$, also aus einem Gebiet niedrigerer $A$-Konzentration in ein Gebiet mit höherer $A$-Konzentration und damit entgegengesetzt zur Diffusionsrichtung in Bild 2.4-3!

Dieses ist der Fall des in Abschnitt 2.2 betrachteten labilen (instabilen) Gleichgewichts: Bei einem konvexen Verlauf der $f(c)$-Kurve zerfällt die ursprünglich (mehr oder weniger) homogene Legierung mit $c$ in zwei **Phasen**, eine davon hat eine geringere, die andere eine höhere Konzentrationen von $A$-Atomen. Auch die Konzentrationen $c_1$ und $c_2$ in Bild 2.4-4 sind nicht stabil, aufgrund einer anhaltenden $A$-Diffusion entlang (nicht entgegen!) des Konzentrationsgradienten stellen sich letztlich die Konzentrationen $c_1$ und $c_2$ aus dem Bild 2.4-2b ein. Erst dann stimmen die chemischen Potentiale der beiden Phasen wieder überein, d.h. die Diffusion kommt zu einem Stillstand.

## 2.4. Freie Energie von Legierungen

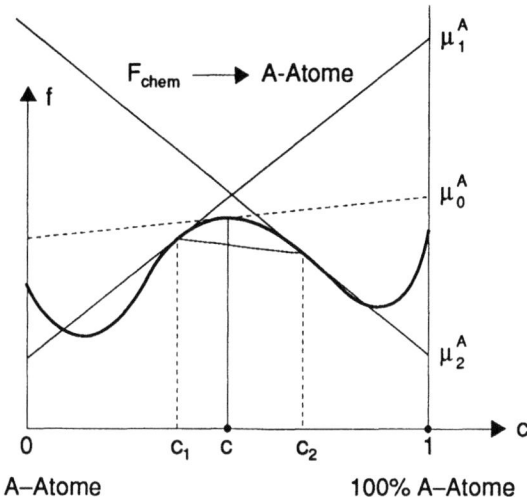

**Bild 2.4-4**: Verhalten einer Legierung in einem Konzentrationsbereich mit konvexer Krümmung der $f(c)$-Kurve

Dieses Ergebnis läßt sich in einer praktischen **gemeinsamen-Tangenten-Regel** zusammenfassen: In einem Konzentrationsbereich mit **konvexer** Krümmung der $f(c)$-Kurve lassen sich die stabilen Legierungen dadurch ermitteln, daß man eine gemeinsame Tangente an die Minima der $f(c)$-Kurve legt. Die Schnittpunkte der Tangente mit der $f(c)$-Kurve geben dann die stabilen Konzentrationen an.

In einem Bereich mit **konkaver** Krümmung der $f(c)$-Kurve führt die lokale Schwankung der Konzentration um einen Mittelwert zu dem umgekehrten Effekt: In diesem Fall sind die chemischen Potentiale so verteilt, daß sie eine Rückdiffusion verursachen, welche die Konzentrationsschwankungen ausgleicht und die ursprüngliche homogene Konzentration wiederherstellt.

Zu demselben Ergebnis kommt man bei Anwendung des Stabilitätskriteriums (2.46): Aus (2.59) folgt nämlich für $A$-Atome:

$$\frac{\partial \mu_A}{\partial n_A} \stackrel{(2.59)}{=} \frac{\partial \mu_A}{\partial c}\frac{\partial c}{\partial n_A} = \frac{(1-c)^2}{N}\frac{\partial c}{\partial n_A}\frac{\partial^2 f}{\partial c^2} \gtrless 0 \qquad (2.61)$$
$$\stackrel{(c \neq 1)}{\Longleftrightarrow} \frac{\partial^2 f}{\partial c^2} \gtrless 0$$

Der Fall positiver zweiter Ableitung entspricht dann dem konkaven, der Fall negativer zweiter Ableitung dem konvexen Verlauf der $f(c)$-Kurve.

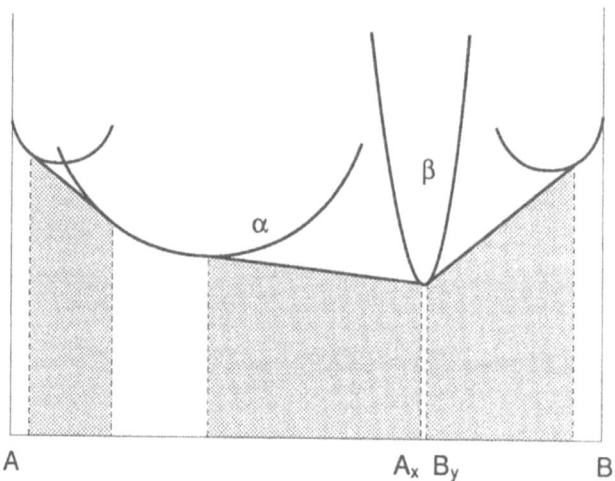

*Bild 2.4-5*: Zusätzliche Minima in der $f(c)$-Kurve: $A_xB_y$ ist eine energetisch besonders günstige, stöchiometrisch zusammengesetzte Zwischenphase (**intermediäre Verbindung**). Die Bereiche mit Phasentrennung (**Mischungslücken**) sind schraffiert gezeichnet (nach [18]).

Die oben hergeleiteten Beziehungen können wir jetzt verallgemeinern: Die Phasentrennung ist typisch für $f(c)$-Kurven mit konvexen Abschnitten, diese entstehen nach Bild 2.4–1c dadurch, daß gleichartige Bindungspartner eine stärkere Bindung haben als verschiedenartige. Nun kann es durchaus vorkommen, daß aufgrund übergeordneter Gesichtspunkte eine Konzentration im mittleren Bereich der Konzentrationsskala energetisch besonders günstig ist, z.B. weil ein bestimmtes stöchiometrisches Verhältnis der beteiligten Atome eingehalten wird. Dann ist die Atombindung bei dieser Konzentration stärker, als in einem benachbarten Konzentrationsbereich. In diesem Fall treten zusätzlich zu den in Bild 2.4–1c auftretenden Minima weitere dazwischenliegende auf (Bild 2.4–5). Die Bestimmung der Bereiche, in denen die Konzentrationen stabil sind (**Mischkristallbereiche**), und derjenigen, wo eine Phasentrennung in zwei Phasen verschiedener Konzentrationen (**Mischungslücken**) erfolgt mit der "gemeinsamen-Tangenten-Regel" genauso einfach wie bei $f(c)$-Kurven mit zwei Minima. Die Bezeichnung der Phasen erfolgt wie in Bild 2.4–6 dargestellt.

Die physikalischen Ursachen für das Auftreten von Mischkristallbereichen für mittlere Konzentrationen können sehr vielgestaltig sein, teilweise sind sie auch noch nicht vollständig verstanden. Eine Diskussion dieses Problemkreises bei Metallen ist bei Haasen [17] zu finden.

## 2.4. Freie Energie von Legierungen

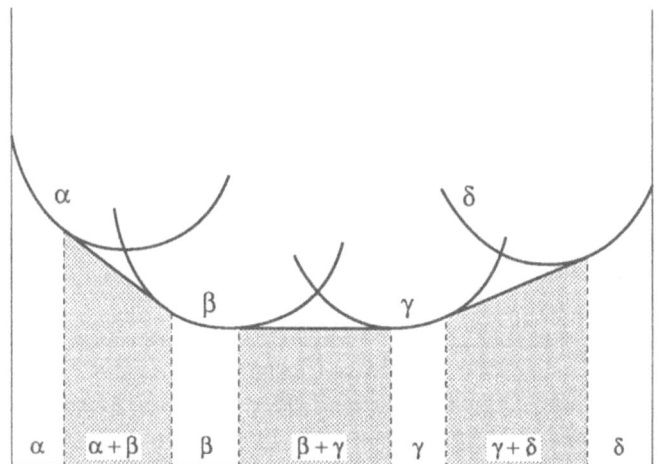

*Bild 2.4-6*: Bezeichnung der Phasen bei einem Legierungssystem mit mehreren Mischkristallbereichen und Mischungslücken, bestimmt wie in Bild 2.4-5 nach der "gemeinsamen-Tangenten-Regel". Die Mischphasen werden häufig von links nach rechts fortlaufend mit griechischen Buchstaben gekennzeichnet (nach [18]).

Wenn eine Phase mit der Konzentration $c$ in der Mischungslücke aufspaltet in zwei Phasen mit $c_1$ und $c_2$, dann hängt die Menge der beiden Phasen nach der Trennung ab von der Größe der beteiligten Konzentrationen. Die quantitative Bestimmung erfolgt nach dem **Hebelgesetz**:

Wir gehen aus von $N$ Atomen einer Legierung mit der Konzentration $c$ von $A$-Atomen. $x$ sei der Anteil (in Atomprozent) der $N$ Atome, der sich in der Phase mit $c_1$ befindet, $(1-x)$ der Anteil in der Phase mit $c_2$. Dann gilt:

$$\text{Anzahl:} \quad \underbrace{Nc}_{A\text{-Atome insgesamt}} = \underbrace{Nc_1 \cdot x}_{A\text{-Atome in Phase 1}} + \underbrace{Nc_2 \cdot (1-x)}_{A\text{-Atome in Phase 2}} \tag{2.62}$$

$$\Rightarrow x = \frac{c - c_2}{c_1 - c_2} =: \frac{m}{l}$$
$$1 - x = 1 - \frac{m}{l} = \frac{l - m}{l} =: \frac{n}{l} \tag{2.63}$$

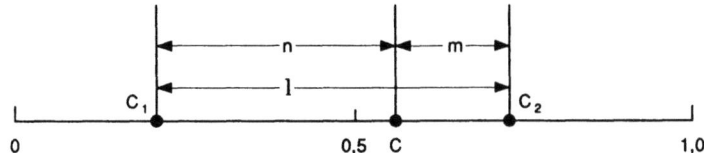

*Bild 2.4–7*: Schema zur graphischen Ermittlung von Konzentrationsunterschieden (nach [18])

Die Buchstaben $l$, $m$ und $n$ beziehen sich auf Konzentrationsdifferenzen, welche durch Bild 2.4–7 definiert werden. Wie erwartet, nimmt der Anteil von $c_1$ zu, je näher $c_1$ an $c$ liegt.

Die graphische Ermittlung von Konzentrationsdifferenzen ist deshalb von besonderer Bedeutung, weil diese Längen unmittelbar in einer $f(c)$-Darstellung oder einem Zustandsdiagramm (s.u.) abgelesen werden können, ohne daß die Konzentration selbst zahlenmäßig erfaßt zu werden brauchen.

Bei den Herleitungen der vorangegangenen Abschnitte wurde immer von kristallinen Legierungen ausgegangen, bei denen Fremdatome in einer Matrix verteilt werden. In Wirklichkeit gelten die Beziehungen viel allgemeiner: Anstelle der Atome können auch Atomgruppen oder Moleküle treten, die Bindungsenergien müssen dann durch die entsprechenden der Gruppen oder Moleküle ersetzt werden. Auch für die Koordinationszahl muß ein entsprechender Wert gefunden werden.

Bei Ionenkristallen sind die Minima der freien Energie von intermetallischen Verbindungen besonders scharf ausgeprägt (in der Regel zu einem Strich reduziert), weil jede Abweichung von der exakten Stöchiometrie zu hohen elektrostatischen Energien führt. Kann man den Ionenkristall aber zusammensetzen aus elektrisch neutralen Molekülen, wie $SiO_2$, $FeO$ oder $Fe_2O_3$, dann wird die starke elektrostatische Wechselwirkung abgeschwächt und man erhält wieder Voraussetzungen, die mit denen der vorangegangenen Abschnitte vergleichbar sind.

## 2.5 Zustandsdiagramme

Die im Abschnitt 2.4 entwickelten Verfahren der Analyse von $f(c)$-Kurven lassen sich auch zur Bestimmung des Legierungsverhaltens am Schmelzpunkt heranziehen. Dabei muß zunächst die $f(c)$-Kurve der Schmelze bestimmt werden. Man geht davon aus, daß sich die Atome der Schmelze mischen lassen, d.h. man bekommt einen konkaven Verlauf von $W^{kr}(c)$ wie in Bild 2.4–1a oder b). Auf der anderen Seite bietet eine Schmelze für die einzelnen Atome sehr viel mehr Anordnungsmöglichkeiten als ein Kristall, d.h. zumindest der Betrag der Konfigurationsentropie (2.22) ist viel höher als in einem Kristall.

## 2.5. Zustandsdiagramme

Damit wird die Temperaturabhängigkeit der freien Energie einer Schmelze viel größer als die im festen Zustand: Bei hohen Temperaturen wird sie mit Sicherheit weit unter der $f(c)$-Kurve des festen Zustands liegen. Umgekehrt liegen die Verhältnisse bei niedrigen Temperaturen. In einem mittleren Temperaturbereich konkurrieren die $f(c)$-Kurven der Schmelze und des festen Zustandes miteinander wie die Minima in den $f(c)$-Kurven in den Bildern 2.4–5 und 6, d.h. die zulässigen Konzentrationsbereiche von homogenen Phasen und Mischungslücken werden nach der Regel der gemeinsamen Tangente bestimmt.

Im folgenden werden verschiedene Typen von $f(c)$-Kurven nach diesem Verfahren analysiert. Dabei nimmt man für eine qualitative Abschätzung an, daß sich die Form der $f(c)$-Kurven nicht allzu sehr mit der Temperatur ändert, diese Annahme kann in einer genaueren Rechnung leicht fallen gelassen werden.

Entscheidend ist bei der Analyse die relative Lage der $f(c)$-Kurven der festen und flüssigen Phase zueinander, diese ist — wie oben gezeigt — stark temperaturabhängig.

Zunächst betrachten wir eine Legierung des Typs in Bild 2.4–2a: d.h. die Legierungsatome verhalten sich neutral zueinander, bzw. verschiedene Atome haben eine stärkere Bindung zueinander als gleichartige. Bild 2.5–1 zeigt die $f(c)$-Kurven für den festen und flüssigen Zustand für verschiedene Temperaturen.

Die relevantesten Informationen dieser Analyse können in einem **Zustandsdiagramm** zusammengefaßt werden. Über der $c$-Skala wird als Ordinate die Temperatur aufgetragen und für jeden Temperaturwert angezeigt, ob die Legierung in flüssiger oder fester Form oder als Phasenmischung mit welchen Konzentrationen der beteiligten Phasen vorliegt. Bei hohen Temperaturen liegen alle Konzentrationen in einer flüssigen Phase vor, d.h., zieht man eine Gerade parallel zur Abszisse ($c$-Koordinate) durch die Temperatur $T_1$, dann liegen alle Punkte dieser Geraden in einem Gebiet (Flächenbereich), das mit "flüssig" gekennzeichnet ist. Bei $T_2$ berührt die entsprechende Gerade bei $c = 0$ die Verbindung von **Solidus**- und **Liquidus**-Linie, d.h. die Legierung kann dort beide Aggregatzustände annehmen. Bei $T_3$ durchstößt die zur $c$-Koordinate parallele Gerade von links kommend bei $c_1$ die Soliduslinie, d.h. für $c$ kleiner als $c_1$ befindet sich die Legierung im festen Zustand. Zwischen $c_1$ und $c_2$ befindet sich die Gerade in einem Zweiphasengebiet (gekennzeichnet durch L+S), d.h. die Legierung existiert in fester und flüssiger Form mit den angegebenen Konzentrationen. Für $c$ größer als $c_2$ schließlich ist die Gerade in dem der flüssigen Phase entsprechenden Gebiet. Man erkennt also, daß das Zustandsdiagramm in Bild 2.5–1 genau die Verhältnisse wiedergibt, die sich aus den temperaturabhängigen $f(c)$-Kurven über die Anwendung der gemeinsamen-Tangenten-Regel ergeben, es ist eine Darstellung mit einer stark komprimierten Information.

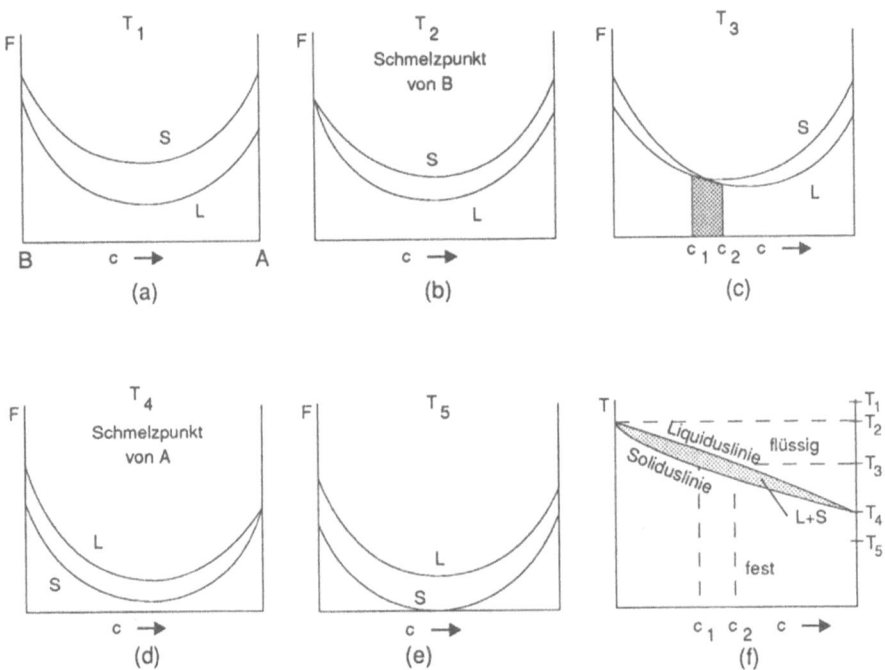

**Bild 2.5-1:** Vollständig mischbares Legierungssystem: $f(c)$-Kurven für den flüssigen (L) und den festen (S) Zustand für verschiedene Temperaturen und Auswertung nach der gemeinsamen-Tangenten-Regel. Phasenmischungen sind schraffiert gezeichnet.

- a) im gesamten Konzentrationsbereich ist L kleiner als S, d.h. die Legierung existiert nur in flüssiger Form

- b) bei $c = 0$ ist $L = S$, sonst ist L stets kleiner als S: d.h. für $c = 0$ können flüssige und feste Phase koexistieren, sonst existiert die Legierung nur in flüssiger Form.

- c) für $c$ kleiner als $c_1$ ist die Legierung fest, für $c$ größer als $c_2$ flüssig. Im Zwischenbereich zerfällt die Legierung in eine flüssige Phase mit $c_2$ und eine feste Phase mit $c_1$.

- d) e) im gesamten Konzentrationsbereich ist S kleiner als L, d.h. die Legierung existiert als Mischkristall (in fester Phase).

- f) Zustandsdiagramm mit Soliduslinie (unterhalb der die Legierung nur in fester Form vorkommt) und Liquiduslinie (oberhalb der die Legierung nur in flüssiger Form vorkommt). Der eingeschlossene Bereich kennzeichnet eine Koexistenz von flüssiger und fester Phase

## 2.5. Zustandsdiagramme

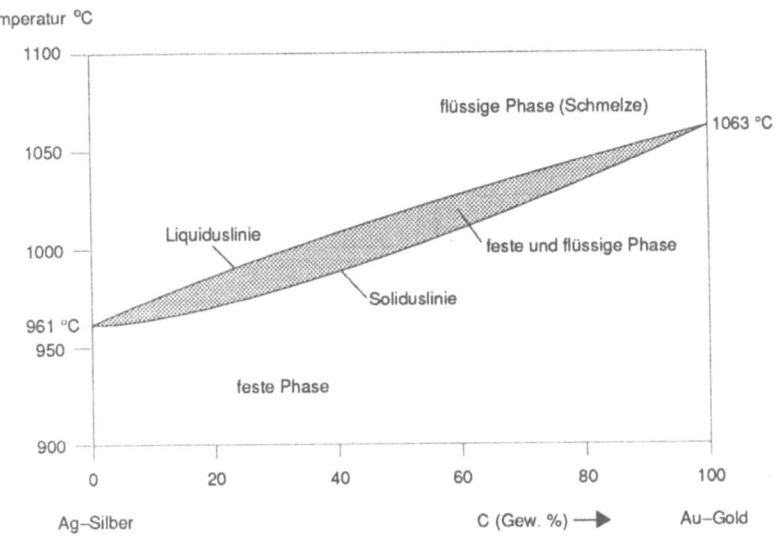

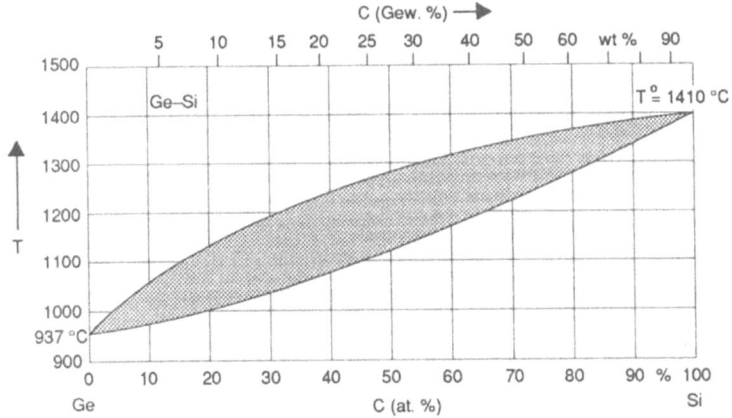

*Bild 2.5-2*: Zustandsdiagramme vollständig mischbarer Systeme: (a) Silber-Gold, (b) Germanium-Silizium

Zustandsdiagramme mit der in Bild 2.5–1f erkennbaren Linsenform sind typisch für gut mischbare Legierungen. Praktische Beispiele dafür sind Silber-Gold-Legierungen (Bild 2.5–2a) und Germanium-Silizium-Legierungen (Bild 2.5–2b). Letztere zeichnen sich durch eine besonders niedrige Wärmeleitfähigkeit aus, die bei thermoelektrischen Bauelementen (z.B. Thermogeneratoren) wünschenswert sein kann.

92   Kapitel 2. Einführung in die Gibbs'sche Thermodynamik

Nach demselben Verfahren werden jetzt verschiedene Typen von $f(c)$- Kurven nacheinander ausgewertet. Dabei ergibt sich eine erstaunliche Vielfalt an Verhaltensweisen der Werkstoffen, die jeweils in komprimierter Form durch das Zustandsdiagramm charakterisiert werden kann. Als nächstes Beispiel betrachten wir eine Legierung mit relativ schwacher $AB$-Bindung wie in Bild 2.4–1c. Die entsprechende Auswertung über die gemeinsamen-Tangenten-Regel in Bild 2.5–3 erfolgt wie in Bild 2.5–1, sie wird im folgenden nicht mehr beschrieben. Die sich jeweils ergebenden Mischungslücken werden schraffiert gekennzeichnet.

Legierungssysteme mit einem eutektischen Zustandsdiagramm verhalten sich völlig anders als die vollständig mischbaren. Kennzeichnend ist das Verhalten bei der Temperatur $T_4$ in Bild 2.5–3, der **eutektischen Temperatur**: dazu betrachten wir die gemeinsame Tangente an die $S$-Kurve ($f(c)$-Kurve des festen Zustands). Diese legt die Grenzkonzentration für Mischkristalle fest. Ob noch eine flüssige Phase auftritt, wird dadurch bestimmt, ob die $L$-Kurve ($f(c)$-Kurve des flüssigen Zustands) oberhalb oder unterhalb dieser

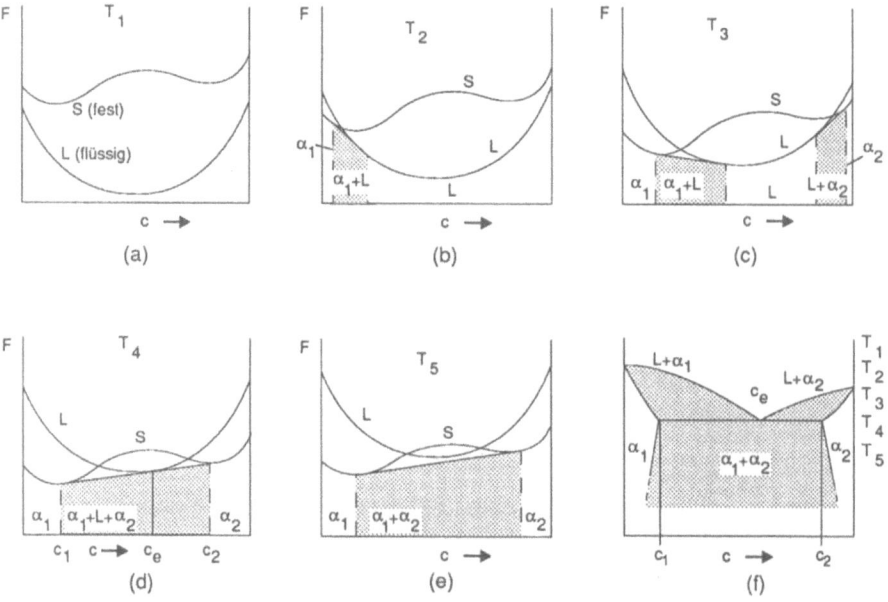

*Bild 2.5–3*: Eutektisches Legierungssystem: $f(c)$-Kurven für den festen (S) und flüssigen (L) Zustand, Auswertung nach der gemeinsamen-Tangenten-Regel für fallende Temperaturen (a) bis (e). (f) stellt das dazugehörige Zustandsdiagramm dar.

## 2.5. Zustandsdiagramme

Tangente liegt. Ist die Temperatur so hoch, daß die $L$-Kurve gerade noch die Tangente berührt, dann gibt es bei der zu dem Berührungspunkt gehörenden Konzentration (**eutektische Konzentration**) noch eine flüssige Phase. Wird die Temperatur erhöht ($T_3$), dann breitet sich der Konzentrationsbereich der flüssigen Phase aus. Wird die Temperatur dagegen abgesenkt ($T_5$), dann verschwindet die flüssige Phase völlig, d.h. unterhalb der eutektischen Temperatur ist die Legierung vollständig fest geworden. Dem entspricht die lange waagerechte Linie bei $T_4$ im Zustandsdiagramm.

Typische Merkmale für eutektische Systeme sind:

- relativ schmaler Mischkristallbereich bei den reinen Ausgangssubstanzen

- über einen großen Konzentrationsbereich ist die Kurve im Zustandsdiagramm, unterhalb derer nur noch eine feste Phase existieren kann (**Soliduslinie**) eine Gerade parallel zur $c$-Achse

- in einem relativ großen Konzentrationsbereich kann eine flüssige Phase bei Temperaturen weit unterhalb der Schmelzpunkte der reinen Legierungsbestandteile (d.h. bei $c = 0$ und $c = 1$) existieren.

Gerade die letztgenannte Eigenschaft kann in der Praxis zu unerwarteten Ausfällen führen: Die gar nicht so unplausible Annahme, daß der Schmelzpunkt einer Legierung etwa in der Größenordnung der Schmelzpunkte der Legierungsbestandteile liegt, ist irrig — bei eutektischen Systemen ist die Bildung einer flüssigen Phase, und damit der Verlust jeder mechanischen Festigkeit, bei weit niedrigeren Temperaturen möglich.

Bei anderen Anwendungen, z.B. Lötzinn, ist es dagegen wünschenswert, den Schmelzpunkt eines Materials weit herabzusetzen (Bild 2.5-4a). In der Natur gibt es eine große Anzahl von Legierungen mit eutektischem Zustandsdiagramm (Bild 2.5-4)

Das System Aluminium-Silizium ist besonders wichtig in der Halbleitertechnik, weil es damit gelingt, einen metallischen Kontakt auf Silizium aufzubringen. Dampft man nämlich eine Aluminiumschicht auf Silizium auf, dann bildet sich ein Zweiphasensystem: direkt auf dem Silizium befindet sich eine dünne Schicht aus Aluminium-dotierten (schwach legiertem) Silizium, der Rest der Aluminiumschicht ist schwach siliziumdotiert. Darauf kann durch Anpressen ein Golddraht befestigt werden, der zum Anschluß des Außenkontaktes führt. Die Aluminium-Kontaktierung ist lange Jahre eine Standardtechnik gewesen. Nicht unproblematisch ist allerdings die relativ niedrige eutektische Temperatur, die an Gitterstörungen teilweise noch weit unterschritten wird. Dadurch entsteht eine Störanfälligkeit des Halbleiterbauelements bei höheren Temperaturen, wie sie beim Leistungsbetrieb des Bauelements durchaus auftreten können.

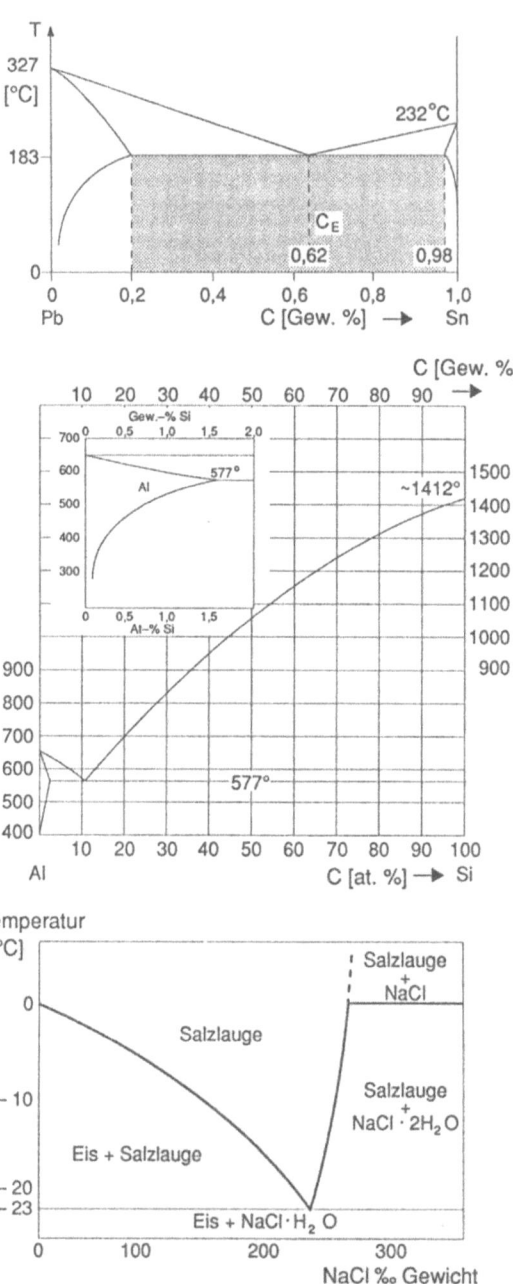

*Bild 2.5-4*: Eutektische Zustandsdiagramme
a) Blei-Zinn       b) Aluminium-Silizium       c) Eis-Salzlauge

## 2.5. Zustandsdiagramme

Das eutektische System Eis-Salzlauge zeigt deutlich, auf welche Temperaturen der Schmelzpunkt einer Eis-Salz-Legierung abgesenkt werden kann. Anwendungen bei winterlichen Straßenverhältnissen liegen auf der Hand.

Die niedrige Temperatur der Schmelze bei der eutektischen Konzentration hat einen signifikanten Effekt: Bei diesen Temperaturen sind die Atome schon recht unbeweglich geworden (s. Abschnitt 3, Diffusion), häufig ist die Schmelze schon ausgesprochen zähflüssig. Wird nun die Eutektikumstemperatur unterschritten, dann muß die Schmelze in zwei Phasen zerfallen, hierfür ist aber ein Mindestmaß an Atombewegung notwendig. Mit Sicherheit werden die pro Atom zurückgelegten Wege nicht groß sein, d.h. die beiden Phasen sind recht fein verteilt. Bild 2.5-5 zeigt typische feinkristalline eutektische Gefüge.

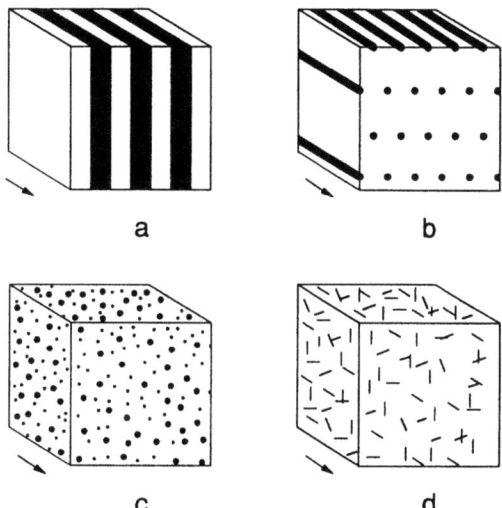

*Bild 2.5-5*: Feinkristalline eutektische Gefüge (nach [17])
a) Lamellen  b) Stäbe
c) punktförmige Dispersion  d) nadelförmige Dispersion

Bei der eutektischen Legierung 83 at% Te und 17 at% Ge schließlich ist die Beweglichkeit der Atome in der amorphen Schmelze so gering, daß der amorphe Zustand durch rasches Abkühlen "eingefroren" werden kann, d.h. die amorphe Phase bleibt erhalten und wandelt sich erst im Laufe einer langen Zeit (je nach Temperatur bis zu vielen Jahren) in ein kristallines Zweiphasengemisch um. Erwärmt man aber gezielt einen Bereich der amorphen Phase (z.B. durch einen Laserstrahl), dann findet dort die Kristallisation statt, was nach außen hin sichtbar wird durch eine Änderung des optischen Reflexionsvermögens.

96  Kapitel 2. Einführung in die Gibbs'sche Thermodynamik

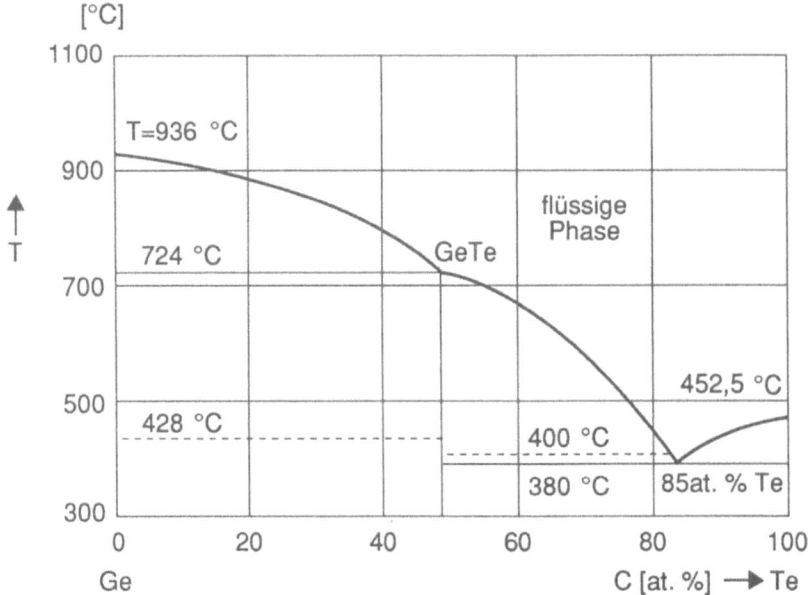

**Bild 2.5-6**: Zustandsdiagramm der Chalkogenidhalbleiterverbindung Germanium-Tellur

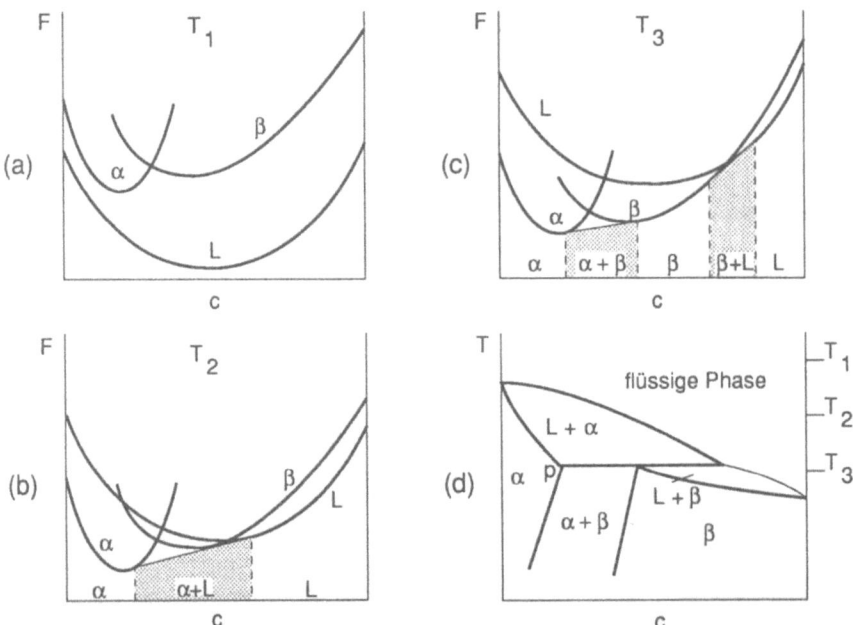

**Bild 2.5-7**: Peritektisches Legierungssystem. Bestimmung des Zustandsdiagramms wie in Bild 2.5-1 und 2.5-3

## 2.5. Zustandsdiagramme

Dünne Schichten aus dieser Legierung lassen sich daher zur Datenspeicherung, z.B. in Compact Discs, einsetzen. Die gespeicherte Information läßt sich leicht löschen, wenn man die Schicht über die eutektische Temperatur erwärmt und schnell abkühlt: Dann stellt sich der ursprüngliche amorphe Zustand wieder ein.

Bei stark unterschiedlichen Schmelztemperaturen der beiden Bestandteile einer Zweistofflegierung wird häufig ein **peritektisches** Zustandsdiagramm angenommen (Bild 2.5-7). Ein Beispiel für ein Zustandsdiagramm mit mehreren peritektoiden (d.h. einen peritektischen Aufbau enthaltenden) Untersystemen ist das Diagramm Kupfer-Zink (Messing, Bild 2.5-8).

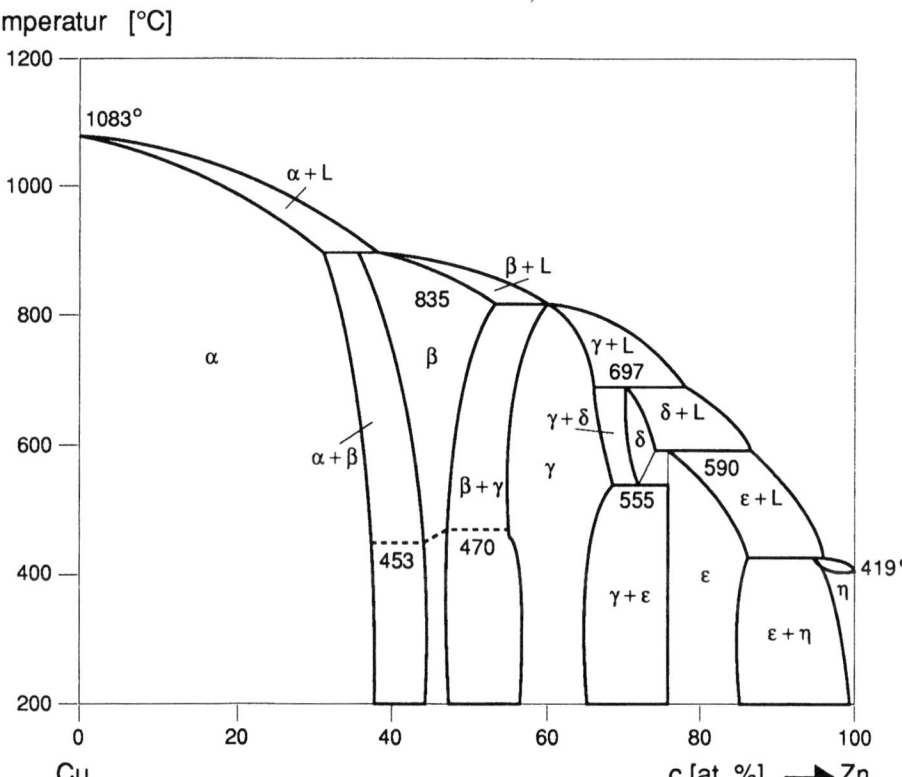

*Bild 2.5-8*: Zustandsdiagramm von Kupfer-Zink (Messing)

Bei Anwesenheit von intermediären Phasen (Abschnitt 2.2) entstehen Zustandsdiagramme wie in Bild 2.5-9 und 2.5-10.

98  Kapitel 2. Einführung in die Gibbs'sche Thermodynamik

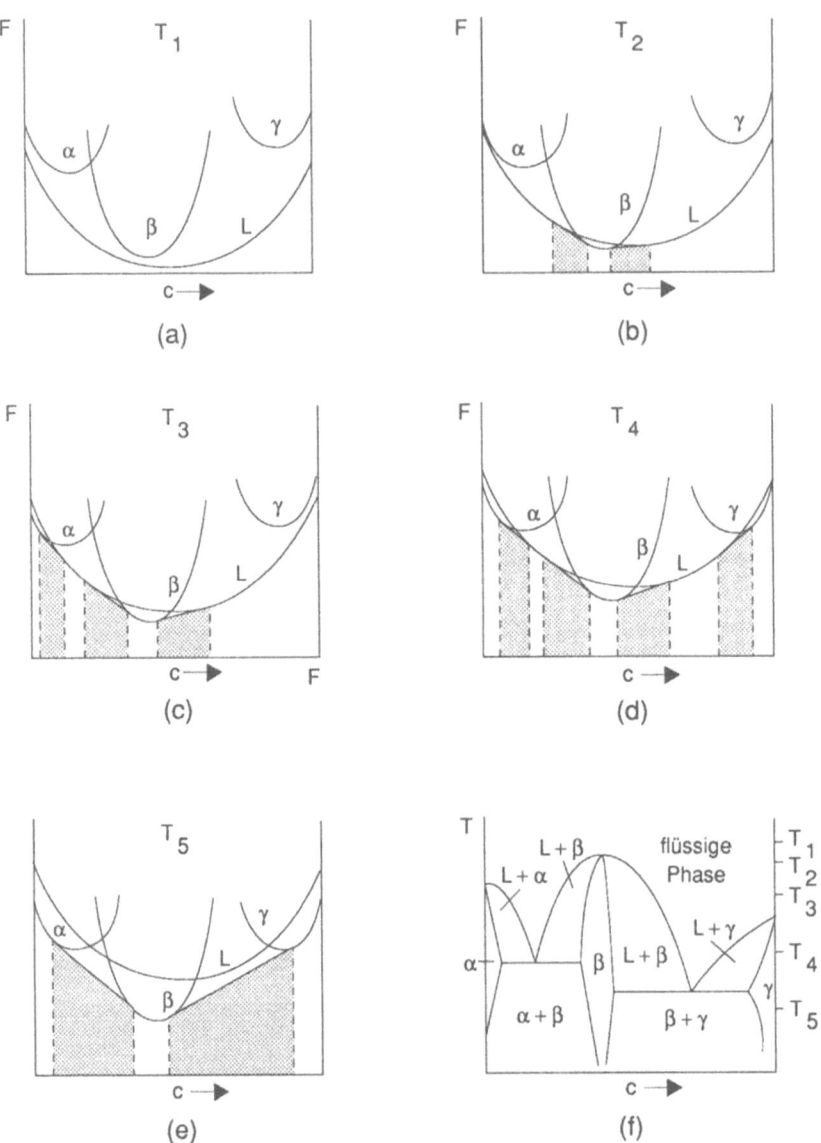

*Bild 2.5-9*: Legierungssystem mit intermediärer Phase. Bestimmung des Zustandsdiagramms wie in Bild 2.5-1 und 2.5-3. Zustandsdiagramm mit zwei eutektoiden Bereichen

## 2.5. Zustandsdiagramme

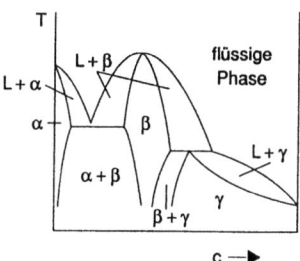

*Bild 2.5-10*: Zustandsdiagramm mit intermediärer Phase, sowie einem eutektoiden und einem peritektoiden Bereich

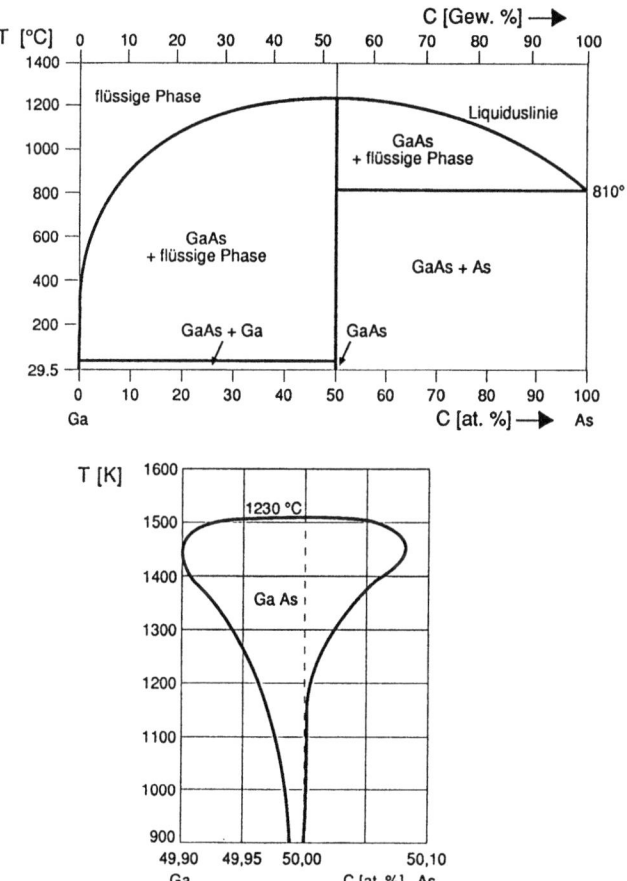

*Bild 2.5-11* Zustandsdiagramm von Galliumarsenid (a), Bereich der intermediären Verbindung GaAs, stark vergrößert (b). Nach [20]

100 Kapitel 2. Einführung in die Gibbs'sche Thermodynamik

Ein wichtiges Beispiel für ein Legierungssystem des Typs in Bild 2.5–9 ist der Verbindungshalbleiter Gallium-Arsenid (Bild 2.5–11). Der ionische Bindungsanteil bei GaAs ist recht hoch (Tab. 1.3.3–2), d.h. nur geringe Abweichungen von der idealen Stöchiometrie von 1 : 1 sind möglich, weil sonst starke elektrostatische Wechselwirkungsenergien auftreten. Die intermediäre Phase ist daher zu einem Strich reduziert, genauso wie die Mischkristalle von Gallium und Arsen. Häufig wird daher der technisch interessante Bereich um die intermediäre Phase herum stark vergrößert dargestellt (Bild 2.5–11b)

Auch die Eigenschaften vieler keramischer Legierungen lassen sich durch Zustandsdiagramme beschreiben. Dabei sind die Bestandteile der Legierung nicht mehr Atome, sondern elektrisch weitgehend abgesättigte Moleküle wie $SiO_2$, CaO und $Al_2O_3$ (Bild 2.5–12). Der Aufbau der Zustandsdiagramme ist häufig ähnlich wie bei Metallen und Halbleitern.

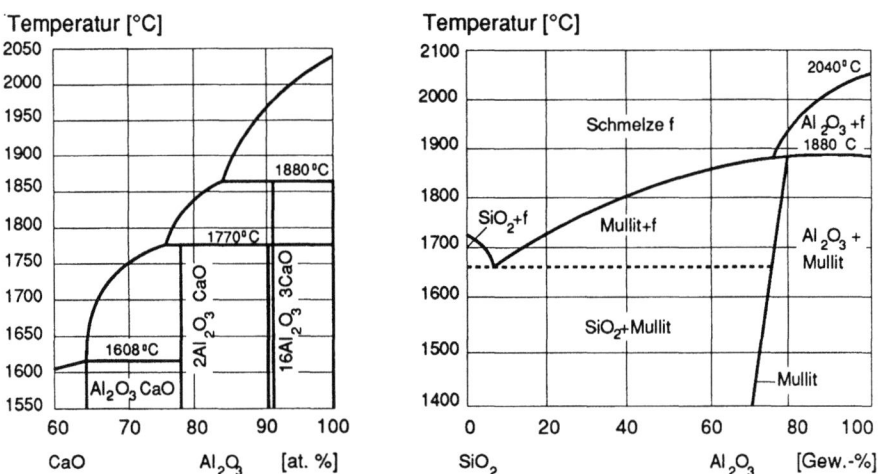

Bild 2.5–12: Zustandsdiagramme keramischer Legierungen (nach [21])

Das Zustandsdiagramm FeO-$Fe_2O_3$ läßt deutlich die intermediäre Spinellphase Magnetit erkennen. Diese ist eine der wenigen elektrisch gut leitenden Spinellphasen. Sie wird in abgewandelter Form für die Herstellung hochtemperaturfester temperaturabhängiger Widerstände (Heißleiter) eingesetzt. Bild 2.5–14 zeigt schließlich die Granatphase im Zustandsdiagramm Magnetit-Yttriumoxyd $YFeO_3$.

## 2.5. Zustandsdiagramme

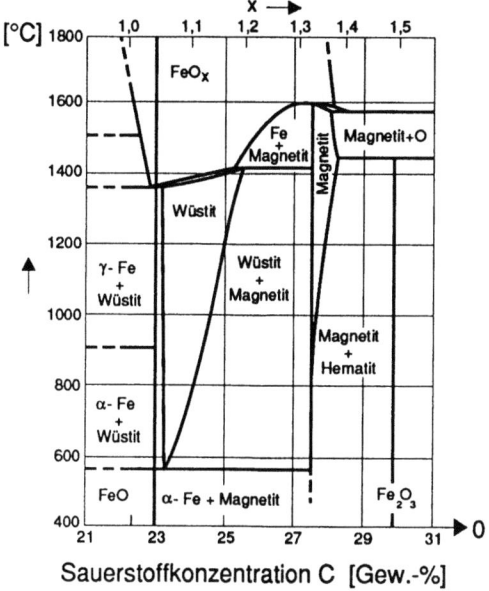

*Bild 2.5-13*: Zustandsdiagramm des Systems FeO-Fe$_2$O$_3$ mit intermediärer Spinellphase Magnetit (nach [20])

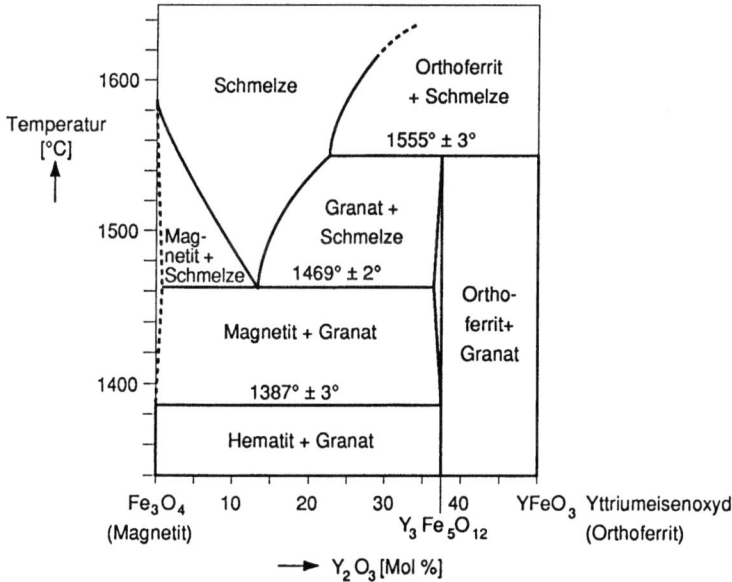

*Bild 2.5-14*: Zustandsdiagramm des Systems Magnetit-Yttriumeisenoxyd mit intermediärer Granatphase Yttrium-Eisen-Granat (nach [22])

## 2.6 Ternäre Legierungen

Bisher wurden ausschließliche Zweistoff (**binäre**)-Legierungen behandelt. In der Anwendung werden aber zunehmend auch Dreistoff (**ternäre**)- und Vierstoff (**quaternäre**)-Legierungen eingesetzt. Bei den ternären Legierungen ist das Zustandsdiagramm nur noch dreidimensional darstellbar. Zunächst muß eine Vorschrift gefunden werden, über die man die Konzentrationen der Einzelbestandteile einer ternären Legierung zweidimensional so darstellen kann, daß die Summe der Konzentrationen immer 100% ergibt. Die Vorschrift wird in Bild 2.6–1 erläutert.

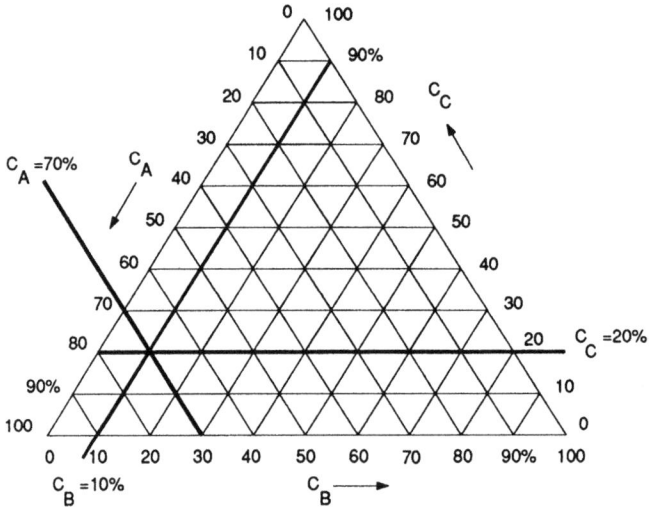

*Bild 2.6–1* Beschreibung der Zusammensetzung eines ternären Legierungssystems: Jedem Punkt innerhalb des Dreiecks entspricht eine Zusammensetzung des ternären Systems. Durch den Punkt werden Konzentrationslinien parallel zu den eingezeichneten errichtet. Die Konzentration kann dann am Rand abgelesen werden. Obiges Beispiel: $c_A = 70\%$, $c_B = 10\%$, $c_C = 20\%$.

Dieses Beschreibungsverfahren allein ist recht nützlich, weil man die Konzentrationsbereiche bestimmter ternärer Legierungen mit charakteristischen Eigenschaften graphisch darstellen kann. Bild 2.6–2 zeigt dieses am Beispiel verschiedener feuerfester Steine.

## 2.6. Ternäre Legierungen

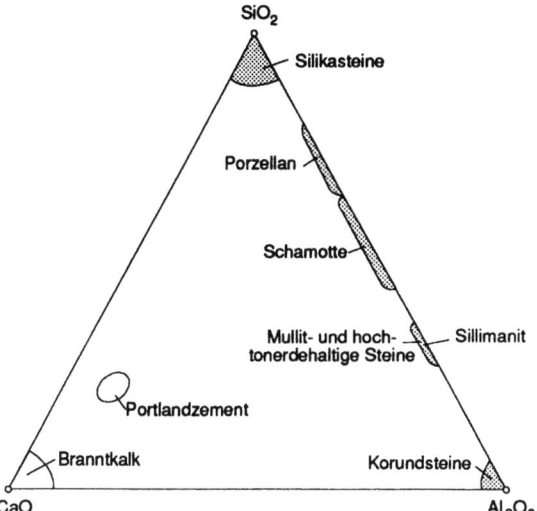

*Bild 2.6-2*: Konzentrationsbereiche verschiedener feuerfester Keramiken in einem ternären Konzentrationsdiagramm (nach [21])

Perspektivisch gezeichnete ternäre Zustandsdiagramme haben die in Bild 2.6–3 dargestellte Form.

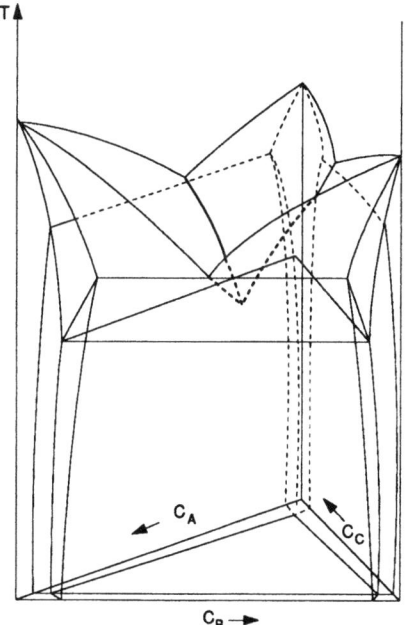

*Bild 2.6-3*: Ternäres Zustandsdiagramm (nach [17]).

## 2.7 Punktfehler und Diffusion

### 2.7.1 Löslichkeit und Leerstellendichte

In Abschnitt 2.5 war die Näherung verwendet worden, daß sich die $f(c)$-Kurven in dem betrachteten Temperaturintervall nicht erheblich ändern. Diese Voraussetzung soll im folgenden näher untersucht werden. Dazu müssen wir die freie Energie

$$F = W^{\mathrm{kr}}(c) - T\left(S^M(c) + S^{at}(c)\right) \qquad (2.64)$$

explizit berechnen. Zur Vereinfachung der Rechnung setzen wir

$$W_{AA} = W_{BB} =: W_0 \qquad (2.65)$$

und betrachten den Fall relativ schwacher $AB$-Bindung (Bild 2.4-1c), d.h. den Fall, der zu einer Phasentrennung (Entmischung) führt. Der allgemeinere Fall ohne die Einschränkung in (2.65) kann nach demselben Schema berechnet werden. Dann gilt mit

$$2W_{AB} - 2W_{AA} =: 2W_1 > 0 \qquad (2.66)$$

nach den Gleichungen (2.64), (2.31), und (2.53), wobei die Konfigurationsentropie im gesamten Legierungsbereich in (2.64) zunächst vernachlässigt wird:

$$f = \frac{F}{N} = \frac{1}{2}zW_0 + zW_1 c(1-c) + \mathrm{k}T\left[c\ln c + (1-c)\ln(1-c)\right] \qquad (2.67)$$

Diese Gleichung ist in Bild 2.7.1–1 dargestellt mit $kT/zW_1$ als Parameter.

Die Darstellung wird im folgenden diskutiert: Bei $T = 0$ ergibt sich eine negative Parabel. Die Anwendung der gemeinsamen-Tangenten-Regel sagt aus, daß im thermischen Gleichgewicht nur die reinen Ausgangssubstanzen vorkommen, d.h. jede Legierung entmischt sich vollständig. Diese Fall ist aber nicht relevant, weil am absoluten Nullpunkt die Beweglichkeit der Atome so niedrig ist, daß dieser Entmischungsvorgang in absehbaren Zeiträumen nicht stattfindet. Bei höheren Temperaturen verändert sich die Parabel kontinuierlich, in der Umgebung der reinen Substanzen bei $c = 0$ und $c = 1$ bilden sich die bereits aus Bild 2.4–1c bekannten beiden Minima der $f(c)$-Kurve. Die Minima verschieben sich mit steigender Temperatur immer weiter zur Mitte der $c$-Skala hin. Bei $\mathrm{k}T = 0,5 zW_1$ schließlich laufen die Minima zusammen. Die $f(c)$-Kurve bekommt dann eine Form, die sonst typisch ist für vollständig mischbare Systeme (Bild 2.5-1). Dieser Fall ist aber nur dann relevant, wenn bei diesen hohen Temperaturen die $f(c)$-Kurve der Schmelze nicht ohnehin

## 2.7. Punktfehler und Diffusion

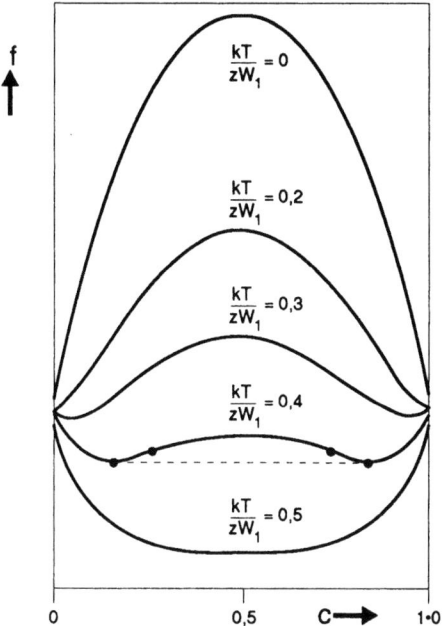

*Bild 2.7.1-1*: Abhängigkeit der freien Energie pro Atom von der Konzentration mit $kT/zW_1$ als Parameter

niedrigere Werte hat. Die Funktionen in Bild 2.7.1-1 können anstelle der Temperatur auch über die Energien $W_1$ interpretiert werden, also den Unterschied in der Bindungsenergie zwischen verschiedenen und gleichartigen Atomnachbarn. Den niedrigen Temperaturen entsprechen dann große Energiedifferenzen, d.h. die Bindung verschiedenartiger Nachbarn ist energetisch sehr benachteiligt.

Die maximal möglichen Konzentrationen (**Löslichkeiten**) werden nach der gemeinsamen-Tangenten-Regel durch die Minima der $f(c)$-Kurve in Bild 2.7.1-1 bestimmt, d.h. sie können mathematisch erfaßt werden durch

$$\frac{\partial f}{\partial c} = zW_1(1 - 2c) + kT\left[\ln c - \ln(1-c)\right] \stackrel{!}{=} 0 \qquad (2.68)$$

Diese Funktion ist in Bild 2.7.1-2 dargestellt (durchgezogene Linie)

Man erkennt deutlich, daß die Löslichkeiten mit fallender Temperatur abnehmen, ein Effekt der auch in Zustandsdiagrammen häufig deutlich zu erkennen ist (z.B. Bild 2.5-4a und b).

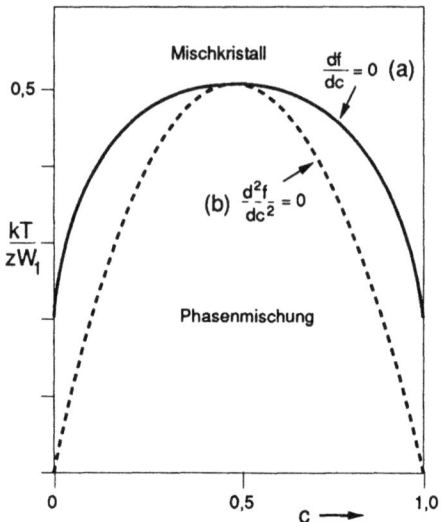

*Bild 2.7.1-2*: Auswertung der $f(c)$-Kurven in Bild 2.7.1-1:

a) Temperaturabhängigkeit der Löslichkeit (Minimum der $f(c)$-Kurven)

b) Spinodale (Temperaturabhängigkeit des Wendepunktes der $f(c)$-Kurven, d.h. nach (2.61) die Bedingung für den Übergang vom stabilen in das labile thermische Gleichgewicht (Sperrverhalten))

Da die Kurve a) in Bild 2.7.1-2 symmetrisch ist, brauchen wir in (2.68) nur eine Seite des $c$-Bereichs zu betrachten:

$$c \ll 1 \stackrel{(2.68)}{\Longrightarrow} \left.\frac{\partial f}{\partial c}\right|_{c=c_s} = zW_1 + kT \ln c = 0 \qquad (2.69)$$

$$\Longrightarrow c = c_s = \exp(-\frac{zW_1}{kT}) \qquad (2.70)$$

d.h. die Temperaturabhängigkeit der Löslichkeit wird durch ein Exponentialgesetz bestimmt.

Nehmen wir jetzt die Konfigurationsentropie in (2.64) hinzu und definieren:

$$s^{at} = \frac{S^{at}}{N} \qquad (2.71)$$

dann tritt in (2.68) ein zusätzlicher Term auf:

## 2.7. Punktfehler und Diffusion

$$zW_1(1-2c) + kT[\ln c - \ln(1-c)] - T\frac{\partial s^{at}}{\partial c} = 0 \quad (2.72)$$

$$c \ll 1 \Longrightarrow zW_1 - T\frac{\partial s^{at}}{\partial c} + kT\ln c = 0$$

$$\Longrightarrow c_s = \underbrace{\exp(+\frac{\partial s^{at}/\partial c}{k})}_{\text{Faktor der Schwingungsentropie}} \exp(-\frac{zW_1}{kT}) \quad (2.73)$$

Den Unterschied zwischen (2.70) und (2.73) kann man experimentell nachprüfen: Extrapoliert man die Temperaturabhängigkeit der für kleine Konzentrationen $c$ gemessenen Werte auf den hypothetischen Fall einer unendlich hohen Temperatur, dann erhält man nach (2.70) den Wert 1, nach (2.73) aber einen höheren. Letzteres wird in der Praxis häufig bestätigt (Bild 2.7.1-3)

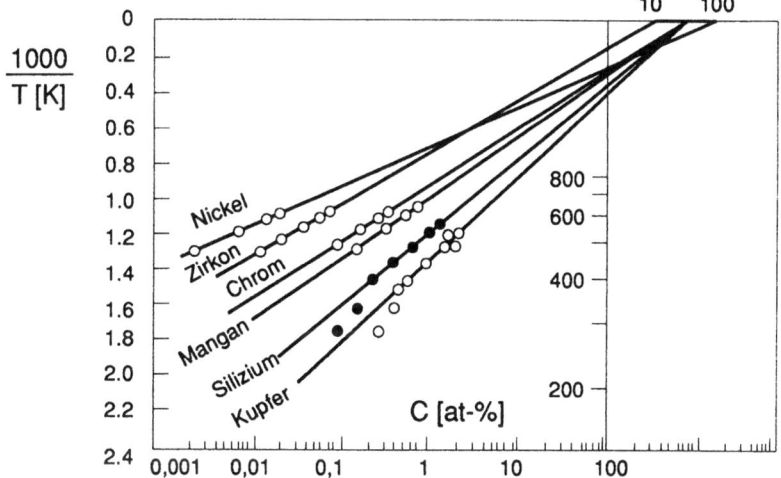

*Bild 2.7.1-3*: Abhängigkeit der Löslichkeit in Aluminium von der inversen Temperatur (nach [18])

Bild 2.7.1-4 zeigt die Löslichkeiten verschiedener Fremdatome in Silizium. Diese Daten sind von großer technischer Bedeutung, weil in dem Halbleiter Silizium die elektrische Leitfähigkeit durch das Einbringen von Fremdatomen (**Dotierung**) gesteuert werden kann. In diesem Fall bestimmt die Löslichkeit eines Elementes die Bandbreite für den Einsatz dieses Elements als Dotierstoff. Besonders wichtig sind die Elemente B, P, As, Sb aus der III. und V. Gruppe des Periodensystems. Die maximale Löslichkeit dieser Atome ist ca. $10^{27}\text{m}^{-3}$, das sind ungefähr 2%!

108    Kapitel 2.  Einführung in die Gibbs'sche Thermodynamik

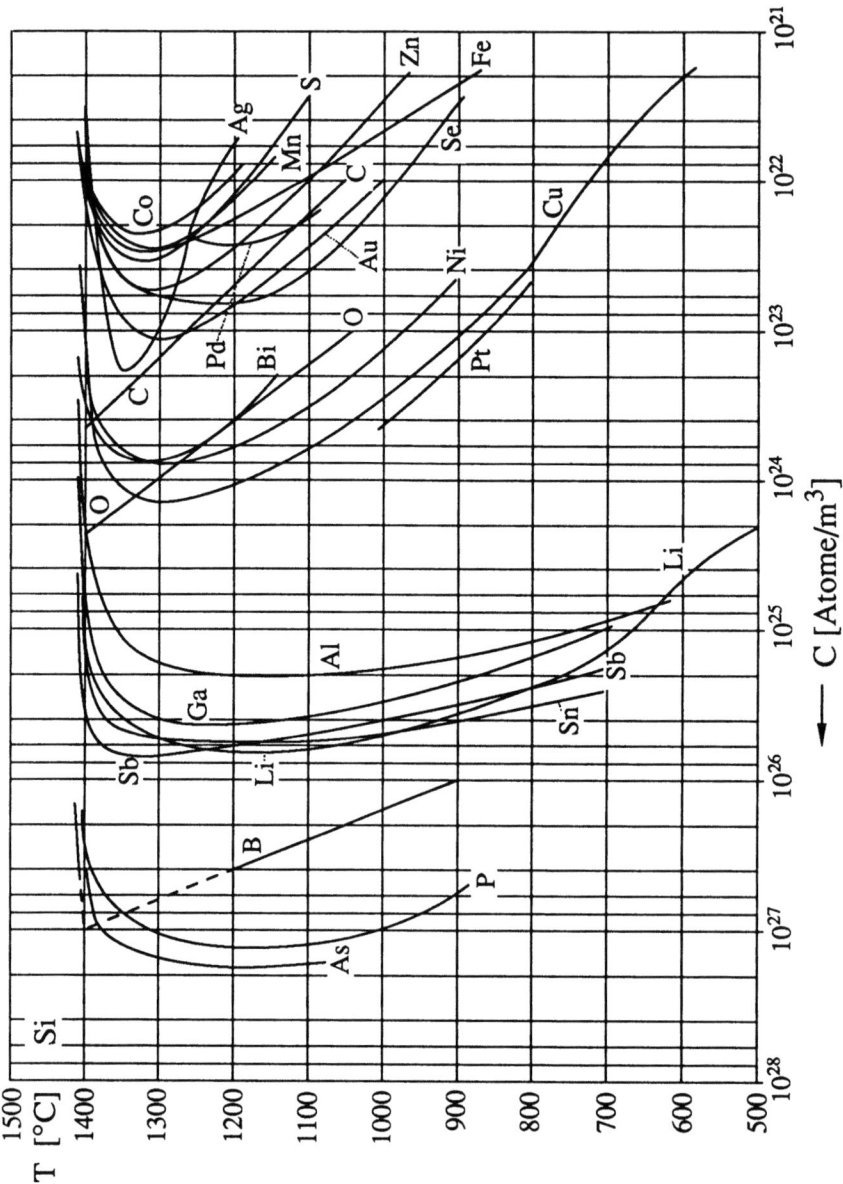

Bild 2.7.1-4: Löslichkeiten von Fremdatomen (Dotierungsatomen) in Silizium

## 2.7. Punktfehler und Diffusion

Die Spinodale in Bild 2.7.1–2b beschreibt die Wendepunkte der $f(c)$--Kurven, also den Übergang der $f(c)$-Kurve von einem konkaven in einen konvexen Bereich. Die Bedeutung der Krümmung war in den Bildern 2.4–3 und 2.4–4 erläutert worden.

Bisher sind Legierungen betrachtet worden, bei denen Fremdatome $A$ in eine Matrix aus $B$-Atome eingeführt wurden. Fremdatome sind nulldimensionale oder **Punktfehler**. Eine andere Art von Punktfehlern bilden die **Gitterleerstellen**, das sind fehlende Atome in einem Kristallgitter. Befindet sich ein Gitteratom neben einer Leerstelle, dann fehlt dem Atom die Bindungsenergie, die es sonst hätte, wenn sich dort ein Nachbaratom befinden würde, d.h. das Atom ist an eine Leerstelle weniger stark gebunden als an ein Nachbaratom. Damit gelten wieder die Bedingungen wie in Bild 2.4–1c und die Rechnungen dieses Abschnitts. Die Ergebnisse (2.70) und (2.73) können also unmittelbar übernommen werden:

$$\begin{aligned} c_v &= \exp(-\frac{W_v}{kT}) \quad \text{oder} \\ c'_v &= \exp(\frac{S_v}{k})\exp(-\frac{W_v}{kT}) \end{aligned} \quad (2.74)$$

mit der **Leerstellenkonzentration** $c_v$ und der **Bildungsenergie der Leerstelle** $W_v$. Zur Einführung von Fremdatomen muß das Fremdatommaterial mit dem Material der Matrix in Verbindung gebracht werden, sei es in fester oder flüssiger Form. Das ist bei Leerstellen nicht der Fall, sie bilden sich von selber, indem ein Atom aus dem Material sich an der Oberfläche anlagert und seinerseits eine Gitterleerstelle hinterläßt (Bild 2.7.1-5)

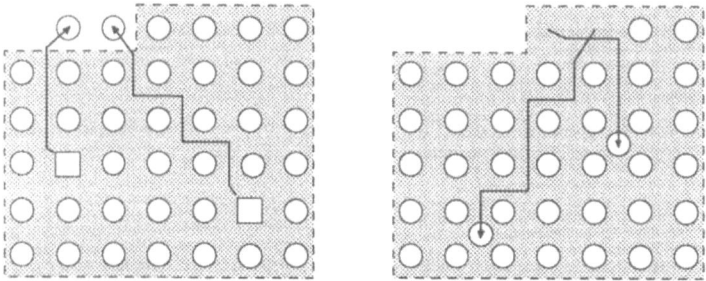

*Bild 2.7.1–5* Schottky-Defekte: Bildung von Leerstellen und Zwischengitteratomen in einem Kristall

Die zur Bildung von Leerstellen erforderlichen Randbedingungen sind also immer vorhanden, d.h. der Kristall bildet "von selbst" Leerstellen in der von (2.74) angegebenen Konzentration.

Die treibende Kraft hierfür ist wieder die Entropie. Wir wollen dieses noch einmal unabhängig von den obigen Rechnungen direkt berechnen. Die Tatsache, daß ein Kristall mit $N$ Gitterplätzen Leerstellen enthält, bedeutet, daß von den $N$ Gitterplätzen nur $n$ besetzt werden. Für das 1. Gitteratom haben wir dann $N$ Möglichkeiten, für das zweite $N-1$ usw., für das letzte schließlich $(N-n+1)$ Möglichkeiten, insgesamt also

$$w_v = N \cdot (N-1) \cdot (N-2) \cdots (N-n+1) = \frac{N!}{(N-n)!} \qquad (2.75)$$

Möglichkeiten. Damit ist die Entropie

$$S^{\text{Leerst.}} = k \ln \frac{N!}{(N-n)!} \qquad (2.76)$$

Ohne die Leerstellen ist die Anzahl der Permutationen der $n$ Gitteratome $n!$, d.h. die Vergrößerung der Entropie durch Einführen der Leerstellen ist

$$\Delta S = S^{\text{Leerst.}} - S^{\text{Kristall}} = k \ln \frac{N!}{(N-n)! n!} \qquad (2.77)$$

$$\stackrel{(2.9)}{=} -kN \{c \ln c + (1-c) \ln(1-c)\} \qquad (2.78)$$

d.h. es ergibt sich die Mischungsentropie wie in (2.5), sie kann umgerechnet werden wie in (2.9) Dabei ist $c$ die Konzentration der besetzten Gitterplätze,

$$c_v = 1 - c \qquad (2.79)$$

die Konzentration der Leerstellen. Die Konzentration der Leerstellen ist erfahrungsgemäß sehr klein, so daß wir vereinfachen können zu:

$$\Delta S \approx -kN c_v \ln c_v \qquad (2.80)$$

Ist die Bildung einer Leerstelle mit der Energie $W_v$ verbunden, dann ist die zusätzliche freie Energie des Systems mit Leerstellen:

$$\Delta F = \Delta W - T \Delta S = c_v W_v + kTN c_v \ln c_v \qquad (2.81)$$

Im thermischen Gleichgewicht wird die freie Energie minimal (gleichbedeutend mit der Gleichheit der chemischen Potentiale, s. Abschnitt 2.2), d.h. es gilt

$$\frac{\partial \Delta F}{\partial c_v} = 0 = W_v + kTN \ln c_v + kTN$$

$$\Longrightarrow \ln c_v \cong -\frac{W_v}{kT} \Longrightarrow c_v = \exp\left(-\frac{W_v}{kT}\right) \qquad (2.82)$$

## 2.7. Punktfehler und Diffusion

d.h. dasselbe Ergebnis wie in (2.74). Ein ähnlicher Beweis läßt sich mit Einbeziehung der Schwingungsentropie durchführen.

Neben den oben beschriebenen Leerstellen (genauer: Einfachleerstellen) gibt es noch Doppel-und Mehrfachleerstellen, die in einigen Materialien eine wichtige Rolle spielen. Bei Halbleitern kann die Frage der Leerstellen sehr komplex sein [23].

### 2.7.2 Diffusion

In Abschnitt 2.1 wurde gezeigt, daß in einem System, bei dem die Energie unabhängig von der Anordnung der Einzelbestandteile ist (diese Randbedingung ist ähnlich der neutralen Bindung in Bild 2.4–1b), eine Diffusionskraft wirkt, die dem Gradienten der Konzentration entgegenwirkt (2.20). Beschreibt $c_A$ die Konzentration der $A$-Atome in einer $B$-Matrix, dann wird sich ein $A$-Atom aufgrund dieser Kraft in Richtung $-\partial c_A/\partial x$ in Bewegung setzen. Wie ist ein solcher Prozeß denkbar unter der Voraussetzung, daß die Gitterplätze in einem Kristall fast alle besetzt sind? Dafür gibt es mehrere Möglichkeiten, die beiden wichtigsten sind die Diffusion über Leerstellen und über Zwischengitterplätze.

Leerstellendiffusion: Befindet sich neben dem $A$-Atom in Richtung der wirkenden Kraft eine Leerstelle, dann kann das Atom in die Leerstelle springen und auf diese Weise sein chemisches Potential verkleinern (dadurch wird nach Abschnitt 2.2 die Gesamtentropie des Systems vergrößert). Ein solcher Prozeß erfordert aber die Überwindung einer Energieschwelle: Beim Übergang in die Leerstelle werden die Nachbaratome auseinandergedrückt (Bild 2.7.2–1a)
Die Häufigkeit von Diffusionssprüngen dieser Art wird mit Sicherheit nicht sehr groß sein, denn

- das $A$-Atom muß warten, bis eine der meist thermisch erzeugten Leerstellen zufällig auf einen geeigneten Nachbarplatz (in Richtung der Diffusionskraft) wandert

- es muß zusätzlich so lange warten, bis zu irgendeinem Zeitpunkt die zeitlich fluktuierende thermische Anregungsenergie einen so hohen Wert annimmt, daß das Atom die Energiebarriere überwinden kann.

Zwischengitterdiffusion: Ein solcher Prozeß ist denkbar, wenn das diffundierende Atom einen relativ kleinen Radius hat und die Kristallstruktur viel "freien Raum" hat. Dennoch ist die aufzuwendende Energie sehr groß, d.h. nur in relativ großen Zeitabständen ist die thermische Energie groß genug, um eine Bewegung in Richtung der Diffusionskraft zu ermöglichen.

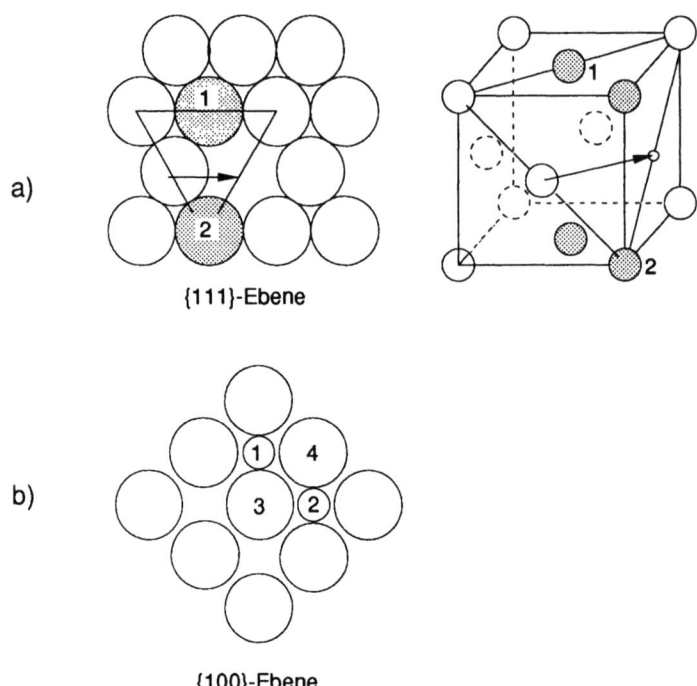

*Bild 2.7.2-1*: Diffusionsmechanismen in kubisch flächenzentrierten Kristallen (nach [17])

a) Leerstellendiffusion
b) Zwischengitterdiffusion

Beide Diffusionsmechanismen haben eines gemeinsam: Das Atom verharrt in der Regel über einen relativ großen Zeitraum auf einer Position im Kristall, bis es einen Sprung in die Nachbarposition durchführen kann. Die Diffusionssprünge erfolgen damit unkorreliert, d.h. zwischen zwei Sprüngen kommt das Atom wieder in einen Gleichgewichtszustand, es "vergißt" die Tatsache, daß es vorher einen Sprung durchgeführt hat und dabei kinetische Energie in einer Richtung aufgenommen hat. Das bedeutet, daß die Bewegung unbeschleunigt abläuft, wenn die insgesamt durchlaufene Strecke erheblich größer als eine Sprungweite ist. Beispiel: Wird ein Sprung über die Distanz $<\Lambda>$ innerhalb des Zeitraumes $<\tau>$ durchgeführt (der größte Teil von $<\tau>$ ist dabei das Warten auf die Leerstelle, bzw. die thermische Energie, nicht aber die Sprungzeit selber), dann wird in einem Zeitraum t die Länge $L$ durchlaufen entsprechend:

## 2.7. Punktfehler und Diffusion

$$t \gg <\tau>: L = <\Lambda> \cdot \frac{t}{<\tau>}$$
$$\Longrightarrow \frac{L}{t} = v = \frac{<\Lambda>}{<\tau>} \qquad (2.83)$$

Dieses Ergebnis bestätigt die Annahme einer unbeschleunigten Bewegung. Eine solche Bewegung ist nur zu erwarten über Abstände, die kleiner als $<\Lambda>$ sind. Derselbe Effekt tritt auch bei der Teilchenbewegung in einem Gas auf: Bei hinreichend großem Gasdruck (hinreichend große Teilchendichte) ist die Wahrscheinlichkeit eines Zusammenstoßes von Teilchen sehr groß, d.h. innerhalb sehr kurzer Zeiten (z.B. Picosekunden) werden die Teilchen so stark gestört, daß eine Korrelation zu dem vorangegangenen Flug praktisch nicht mehr vorhanden ist. Damit bewegen sich auch Gasteilchen bei Einfluß einer äußeren Kraft meistens mit konstanter Geschwindigkeit (nichtballistischer Grenzfall).

Die Frage ist, nach welchem Gesetz die Geschwindigkeit von der die Teilchenbewegung verursachenden Kraft abhängt. In (2.36) und (2.37) wurde gezeigt, daß die treibende Kraft die Entropieerzeugung beim Teilchenübergang ist — unabhängig davon, ob diese aufgrund eines Gradienten der potentiellen Energie oder eines Konzentrationsgradienten entsteht. Wir setzen die Abhängigkeit der Geschwindigkeit von der chemischen Kraft an in Form einer Taylorentwicklung (Potenzreihe):

$$v = a\left(\frac{F_{\text{chem}}}{F_0}\right)^0 + b\left(\frac{F_{\text{chem}}}{F_0}\right)^1 + c\left(\frac{F_{\text{chem}}}{F_0}\right)^2 + d\left(\frac{F_{\text{chem}}}{F_0}\right)^3 + \ldots \qquad (2.84)$$

Das konstante Glied muß verschwinden, weil ohne eine Krafteinwirkung die Geschwindigkeit Null ist, gleichzeitig aber auch alle Glieder mit geraden Potenzen (die Geschwindigkeit hat die Richtung der Kraft, bei geraden Potenzen wird das Vorzeichen der Kraft eliminiert), so daß wir erhalten:

$$v = b\left(\frac{F_{\text{chem}}}{F_0}\right)^1 + d\left(\frac{F_{\text{chem}}}{F_0}\right)^3 + \ldots \qquad (2.85)$$

Für relativ kleine Kräfte $F < F_0$ gilt dann

$$v \approx \frac{b}{F_0} \cdot F_{\text{chem}} =: B \cdot F_{\text{chem}} \qquad (2.86)$$

mit der **Beweglichkeit** B. Die Gleichung (2.86) wird durch die Praxis in weiten Bereichen bestätigt, sie ist der Ursprung einer Vielzahl linearer Zusammenhänge zwischen Kräften und Strömen (z.B. dem Ohmschen Gesetz). Die Gleichung sagt weiterhin aus, daß die Beweglichkeit unabhängig von der Natur der chemischen Kraft ist, d.h. sie ist für Feld-und Diffusionskräfte gleich (Einsteinsche Beziehung, siehe unten).

Die Beziehung (2.86) ist äquivalent der Annahme einer geschwindigkeitsproportionalen Reibung, wie die folgende Betrachtung zeigt. Setzen wir nämlich in der Bewegungsgleichung (Kraft gleich Masse mal Beschleunigung) für ein Teilchen an

$$m \cdot \frac{\partial v}{\partial t} = m \cdot \dot{v} = F_{\text{chem}} - R \cdot v \qquad (2.87)$$

($m$ = Teilchenmasse, $R$ = **Reibungskoeffizient** für die geschwindigkeitsproportionale Reibung), dann ist die Lösung der Differentialgleichung für die Randbedingung, daß bei $t = 0$ die Kraft eingeschaltet wird (Beweis durch Einsetzen von (2.88) in (2.87))

$$v(t) = \left(v(0) - \frac{F_{\text{chem}}}{R}\right) \exp\left(-\frac{tR}{m}\right) + \frac{F_{\text{chem}}}{R} \qquad (2.88)$$

Für $t \gg m/R$ gilt damit für $v(0) = 0$:

$$v(t) \approx F_{\text{chem}}/R = B \cdot F_{\text{chem}} \qquad (2.89)$$

$$B := \frac{1}{R} \qquad (2.90)$$

d.h. die Beziehung (2.86), wenn man als Beweglichkeit $B$ den reziproken Reibungskoeffizient $R$ ansetzt.

Bild 2.7.2-2 zeigt den zeitlichen Verlauf der Teilchengeschwindigkeit für den Fall, daß bei $t = 0$ die Kraft ein- und bei $t = t_1$ die Kraft ausgeschaltet wird.

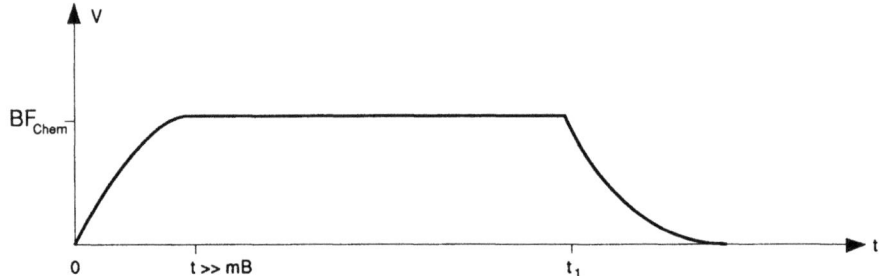

*Bild 2.7.2-2*: Zeitlicher Verlauf einer Teilchengeschwindigkeit bei geschwindigkeitsproportionaler Reibung mit dem Reibungskoeffzienten $R$. Die (chemische) Kraft wird bei $t = 0$ ein- und bei $t = t_1$ ausgeschaltet.

## 2.7. Punktfehler und Diffusion

Das Modell der geschwindigkeitsproportionalen Reibung hat mit dem vorher erläuterten Sprungmodell sehr viel gemeinsam: Innerhalb einer sehr kurzen Zeit (mittlere Stoßzeit im Sprungmodell, m B im Modell der geschwindigkeitsproportionalen Reibung) ist die Geschwindigkeit zeitabhängig, danach geht sie in einen konstanten (mittleren) Wert über. Wenn beide Modelle gültig sind, muß gelten

$$B \approx \frac{<\tau>}{m} \qquad (2.91)$$

Beim Abschalten der Kraft geht die Geschwindigkeit innerhalb derselben Zeitspanne auf den Ausgangswert zurück. Dieses typische Verhalten entspricht der Relaxationszeitnäherung bei einer fortgeschrittenen Behandlung der Transporteigenschaften mit der Boltzmanngleichung.

Die Berechnung der Beweglichkeit $B$ erfolgt unter der einfachstmöglichen Voraussetzung, daß die chemische Kraft nur aus einer Diffusionskraft wie in (2.20) besteht, die allgemeinere Betrachtung wird in Abschnitt 2.7.3 durchgeführt. Wir betrachten hierzu die Diffusion von Fremdatomen $A$ in einer Matrix mit $B$-Atomen entlang der $x$-Achse (Bild 2.7.2-3).

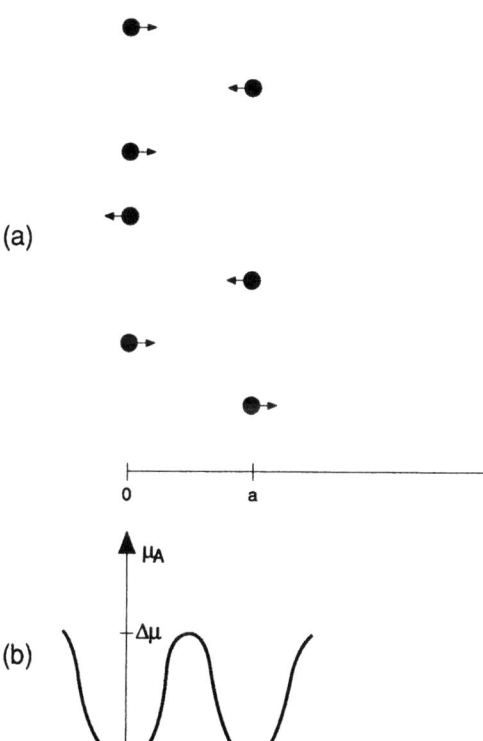

*Bild 2.7.2-3*: Modell zur Berechnung der Beweglichkeit bei reiner Diffusion (es wirkt nur eine Diffusionskraft). Betrachtet werden $A$-Atome auf zwei benachbarten Kristallebenen mit dem Abstand $a$ (a). Beim Übergang eines $A$-Atoms von der einen auf die andere Ebene muß eine Barriere des chemischen Potentials überwunden werden (b).

Bei niedrigen Temperaturen (absoluter Nullpunkt) verhindert die Energiebarriere den Übergang der Teilchen, so daß ein Diffusionsvorgang nicht stattfinden kann. Bei höheren Temperaturen dagegen gibt es eine — wenn auch kleine — Wahrscheinlichkeit dafür, wie die folgende Betrachtung zeigt.

Wir betrachten das Fremdatom als eine Kugel, die durch Federn mit seinen Nachbaratomen verbunden ist (Bild 2.7.2-4).

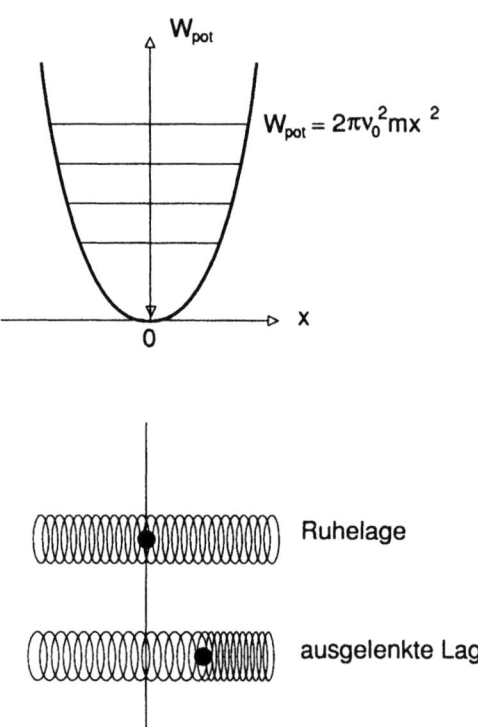

*Bild 2.7.2-4*: Modell eines Fremdatoms, das in einem Kristall mit seinen Nachbaratomen durch Federn verbunden ist. Die potentielle Energie nimmt bei einer Auslenkung aus dem Gleichgewicht quadratisch zu. Die quantenmechanische Lösung des Problems ergibt Energieeigenwerte mit konstantem Abstand (harmonischer Oszillator).

Ist $D$ die Federkonstante, dann ergeben sich rücktreibende Kraft $F$ und potentielle Energie zu:

$$F = -Dx = -\frac{\partial W_{\text{pot}}}{\partial x} \tag{2.92}$$

$$\Rightarrow \quad W_{\text{pot}} = \frac{1}{2}Dx^2 \tag{2.93}$$

## 2.7. Punktfehler und Diffusion

Die Lösung der Bewegungsgleichung (2.87) ergibt eine harmonische (Sinus-)Schwingung mit konstanter Frequenz:

$$F = m\frac{\partial^2 x}{\partial t^2} = -Dx \qquad (2.94)$$

$$\Longrightarrow x = A\exp\left(j\sqrt{\frac{D}{m}}\cdot t\right) =: A\exp(j\omega t) \qquad (2.95)$$

$$\text{mit}\quad \omega = 2\pi\nu_0 = \sqrt{\frac{D}{m}} \qquad (2.96)$$

$$\stackrel{(2.93)}{\Longrightarrow} W_{\text{pot}} = 2\pi^2\nu_0^2 m \cdot x^2 \qquad (2.97)$$

Eingesetzt in die Schrödingergleichung (1.3) erhält man die Energieeigenwerte (s. Standardliteratur der Quantentheorie oder Folgeband "Quanten" dieser Reihe):

$$W_n = h\nu_0(n+\frac{1}{2}), \quad n \text{ ganze positive Zahl} \qquad (2.98)$$

Um die Größe der Kreisfrequenz (2.96) abschätzen zu können, müssen wir vorgreifen auf den nächsten Abschnitt: Die elastischen Konstanten $C$ werden nicht definiert wie in (2.92), sondern über die Kraft pro Fläche (Spannung $\sigma$) und die elastischen Verzerrungen $x/a$. Die Anzahl der Atome pro cm$^2$ sei $1/a^2$, so daß gilt ($a$ = Gitterkonstante):

$$\pm\sigma \approx \frac{1}{a^2}|F| \stackrel{(2.92)}{=} \frac{D}{a}\cdot\left(\frac{x}{a}\right) =: C\cdot\left(\frac{x}{a}\right) \qquad (2.99)$$

$$\text{mit}\quad C := \frac{D}{a} \qquad (2.100)$$

$$\stackrel{(2.96)}{\Longrightarrow} \nu_0 = \frac{1}{2\pi}\sqrt{\frac{C\cdot a}{m}} \qquad (2.101)$$

Eine Auswertung von (2.101) für typische Materialien ergibt Schwingungsfrequenzen in der Größenordnung von $10^3$ bis $10^4$ GHz, d.h. Frequenzen, die nach Bild 1.5–5 im Infrarotbereich des Lichts liegen (Wärmeschwingungen).

Welche der zulässigen Energieeigenwerte in Bild 2.7.2–4 nimmt das Fremdatom im Kristall an? Dieses ist wieder eine Frage der maximalen Entropieproduktion bzw. der Minimierung der freien Energie: Je mehr verschiedene Energieniveaus eingenommen werden, desto höher ist die Entropie, andererseits wird durch die Besetzung höherenergetischer Energiezustände die Energie angehoben. Die Berechnung ergibt (s. Folgeband "Halbleiter" oder Standardliteratur), daß die Wahrscheinlichkeit dafür, daß ein im Gitter schwingendes Fremdatom eine Energie oberhalb einer Barrierenhöhe $W_{\text{pot}}$ besitzt, gleich einem **Boltzmannfaktor** $\exp(-W_{\text{pot}}kT)$ ist. Dabei ist $k$ wieder die Boltzmannkonstante und $T$ die absolute Temperatur.

Die Form des Minimums der freien Energie in Bild 2.7.2–3b weicht von derjenigen der potentiellen Energie des harmonischen Oszillators (Bild 2.7.2–4) erheblich ab in der Umgebung des Maximums der Barriere, dem **Sattelpunkt**. Die Quantentheorie sagt voraus, daß in diesem örtlich "verbreiterten" Gebiet der potentiellen Energie die Dichte der Energiezustände zunimmt, d.h. die Wahrscheinlichkeit einer Besetzung dieser "angeregten" oder "aktivierten" Zustände wird vergrößert. Dieses entspricht einer vergrößerten Anzahl von Anordnungsmöglichkeiten, also einer vergrößerten Entropie am Sattelpunkt. Wir beschreiben daher die Wahrscheinlichkeit, daß ein Fremdatom aufgrund der Minimierung der freien Energie eine Energiebarriere der Höhe $\Delta\mu$ überwinden kann, sinngemäß durch (Beweis im Folgeband "Halbleiter"):

$$\exp\left(-\frac{\Delta\mu}{kT}\right) \overset{2.33}{=} \exp\left(-\frac{\Delta W_n - T\Delta S_n}{kT}\right) \qquad (2.102)$$

$$= \exp\left(-\frac{\Delta S_n}{k}\right)\exp\left(-\frac{\Delta W_n}{kT}\right) \qquad (2.103)$$

Den Vorgang der Überwindung von Barrieren durch thermische Anregung bezeichnet man als **thermische Aktivierung** mit der **Aktivierungsenergie** $\Delta W_{\text{n}}$ und der **Aktivierungsentropie** $\Delta S_{\text{n}}$.

Mit Hilfe des Konzepts der thermischen Aktivierung kann die Diffusionsstromdichte (Anzahl der pro Zeit-und Flächeneinheit diffundierenden Fremdatome, s. Anhang C3) derjenigen Fremdatome berechnet werden, die in Bild 2.7.2–3 von der Ebene durch $x = 0$ in die Ebene durch $x = a$ überwechseln. Wir gehen zunächst aus von der Ebene durch $x = 0$ und definieren in dem Volumen aus Einheitsfläche der Ebene mal Gitterkonstante $a$ die Dichte $\varrho_A$ der $A$-Atome. Im Fall der Zwischengitterdiffusion können im Prinzip alle diese Atome in die Nachbarebene hinüberdiffundieren, im Fall der Leerstellendiffusion allerdings nur solche Fremdatome, bei denen sich gegenüber in der Ebene durch $x = a$ eine Leerstelle befindet. Die Dichte solcher Paare aus Fremdatomen und Leerstellen ist mit (2.50):

$$\varrho_{A+L} \approx \varrho_A \cdot c_v \overset{2.74}{=} \varrho_A \exp\left(\frac{S_v}{k}\right)\exp\left(-\frac{zW_v}{kT}\right) \qquad (2.104)$$

Um auf die Dichte der Atome zu kommen, welche die Barriere des chemischen Potentials überwinden können, müssen sie mit dem Boltzmannfaktor (2.102) multipliziert werden. Sowohl für Zwischengitter als auch für Leerstel-

## 2.7. Punktfehler und Diffusion

lendiffusion erhalten wir für die Dichte diffusionsfähiger Atome einen Ausdruck der Form

$$\begin{aligned}\varrho_A^{\text{diff}} &= \varrho_A(x)\exp\left(+\frac{S^{\text{diff}}}{k}\right)\exp\left(-\frac{W^{\text{diff}}}{kT}\right)\\ &= \varrho_A(x)\exp\left(-\frac{\Delta\mu^{\text{diff}}}{kT}\right)\end{aligned} \quad (2.105)$$

Die Diffusionsstromdichte von der Ebene bei $x = 0$ in die Ebene bei $x = a$ ist dann für den Fall, daß der Dichtegradient die einzige treibende Kraft ist ($v_{at}$ ist die Geschwindigkeit der diffusionsfähigen Atome):

$$j_{\rightarrow}^T = \frac{1}{2}\varrho_A^{\text{diff}}(0)v_{at} \quad (2.106)$$

Der Faktor 1/2 entsteht dadurch, daß die kinetische Energie, welche den angeregten Zuständen in (2.98) entspricht, durch eine Teilchenbewegung zustande kommt, die sowohl in die positive wie in die negative $x$-Richtung führen kann. Jeweils nur die Hälfte der Sprünge führt daher in die betrachtete Richtung. Bei einer dreidimensionalen Betrachtung in einem Kristallgitter muß dieser Faktor in Abhängigkeit von der Koordinationszahl modifiziert werden. Weiter unten wird dieser Term allgemein mit $r$ bezeichnet.

Entsprechend zu (2.106) ergibt sich als Stromdichte der Teilchen von der Ebene bei $x = a$ zurück in die Ebene bei $x = 0$:

$$j_{\leftarrow}^T = -\frac{1}{2}\varrho_a^{\text{diff}}(a)v_{at} \quad (2.107)$$

Insgesamt ergibt sich die Stromdichte nach Taylor-Entwicklung von (2.107) zu:

$$\begin{aligned}\Longrightarrow j^T = j_{\rightarrow}^T + j_{\leftarrow}^T &= \frac{1}{2}v_{at}\left[\varrho_A^{\text{diff}}(0) - \left\{\varrho_A^{\text{diff}}(0) + a\frac{\partial\varrho_A^{\text{diff}}}{\partial x}\right\}\right]\\ &= -\frac{1}{2}v_{at}a\frac{\partial\varrho_A^{\text{diff}}}{\partial x} \quad (2.108)\\ &= -\frac{1}{2}v_{at}a\exp\left(-\frac{\Delta\mu^{\text{diff}}}{kT}\right)\frac{\partial\varrho_A(x)}{\partial x}\end{aligned}$$

Dieser Ausdruck muß verglichen werden mit der aus (2.89) abgeleiteten Stromdichte,

$$j^T = \varrho_A v = \varrho_A B \cdot F_{\text{chem}} \quad (2.109)$$

wobei sich die für den Fall der reinen Diffusion zugrundeliegende chemische Kraft aus (2.20) ergibt (das Verhältnis der Atomkonzentrationen kann durch das Verhältnis der Volumenkonzentrationen ersetzt werden):

$$F_{\text{chem}} = -\frac{kT}{c}\frac{\partial c}{\partial x} = -\frac{kT}{\varrho_A}\frac{\partial \varrho_A}{\partial x} \qquad (2.110)$$

$$\stackrel{(2.109)}{\Longrightarrow} \quad j^T = -BkT\frac{\partial \varrho_A}{\partial x} \qquad (2.111)$$

Der Vergleich mit (2.108) liefert

$$BkT = rv_{at}a\exp\left(-\frac{\Delta\mu^{\text{diff}}}{kT}\right) =: D \qquad (2.112)$$

mit dem **Diffusionskoeffizient** $D$, der üblicherweise als Proportionalitätskonstante zwischen Diffusionsflußdichte und negativem Konzentrationsgradient definiert wird. $r$ ist der Faktor, der mit dem Anteil der Sprünge in die betrachtete Richtung verbunden ist (s.o.). Der Zusammenhang von Beweglichkeit $B$ und Diffusionskoeffizient $D$ in (2.112) wird auch als **Einstein-Beziehung** bezeichnet.

Schließlich bleibt noch die Größenordnung der Geschwindigkeit $v_{at}$ abzuschätzen, mit der sich diejenigen Atome bewegen, welche eine hinreichend große thermische Energie besitzen, um die Barrieren für den Übergang in eine Nachbarposition zu überwinden. Eine sinnvolle Größenordnung ergibt sich durch die Annahme, daß die Atome sich pro Schwingung mit der Frequenz $\nu_0$ (2.101) um einen Gitterabstand weiterbewegen können, d.h.

$$v_{at} \approx \nu_0 \cdot a \approx v_s \qquad (2.113)$$

Der Wert von $v_{at}$ liegt in der Größenordnung der Schallgeschwindigkeit $v_s$ (Tab. 2.7.2-1) in Festkörpern.

*Tab. 2.7.2-1:* Schallgeschwindigkeiten in ausgewählten Materialien

|  | $c$ in $m/s$ |
|---|---|
| Wasser | 1485 |
| Blei | 130 |
| Kupfer | 3900 |
| Aluminium | 5100 |
| Eisen | 5100 |
| Kronglas | 5300 |
| Flintglas | 4000 |

Tatsächlich kann ein stark angeregtes Atom auch durch ein Wellenpaket (Überlagerung von Gitterschwingungen in einem Bereich des Kristalls) von Schallwellen dargestellt werden, das sich mit der Gruppengeschwindigkeit $v_{gr} = -\frac{d\nu}{d\lambda}\cdot\lambda^2$ bewegt. Bei longitudinalen akustischen Gitterschwingungen ist die Gruppengeschwindigkeit häufig etwa gleich der Phasengeschwindigkeit, d.h. die Schallgeschwindigkeit ist nicht stark von der Wellenlänge abhängig.

## 2.7. Punktfehler und Diffusion

Wenn wir den Diffusionskoeffizienten in (2.112) aufspalten in

$$D \stackrel{2.105}{=} rv_{at}a \cdot \exp\left(\frac{S_{\text{diff}}}{k}\right)\exp\left(-\frac{W_{\text{diff}}}{kT}\right) =: D_0 \exp\left(-\frac{W_{\text{diff}}}{kT}\right) \quad (2.114)$$

dann erkennen wir, daß die Bestimmung der meisten Terme im präexponentiellen Faktor $D_0$ nur mit einer großen Unsicherheit erfolgen kann. Die theoretische Deutung der experimentellen Daten ist immer noch Gegenstand der Forschung. Der qualitative Verlauf der Temperaturabhängigkeit von (2.114) wird aber experimentell gut bestätigt (Bild 2.7.2-5).

Daten für präexponentielle Faktoren $D_0$ und Aktivierungsenergien $W_{\text{diff}}$ sind in Tab. 2.7.2-2 zusammengefaßt.

Tab. 2.7.2.-2: Präexponentielle Faktoren und Aktivierungsenergien verschiedener Diffusionskoeffizienten (nach [14])

| Wirts-kristall | Atom | $D_0$ $10^{-4}m^2/s$ | $W_{\text{diff}}$ eV | Wirts-kristall | Atom | $D_0$ $10^{-4}m^2/s$ | $W_{\text{diff}}$ eV |
|---|---|---|---|---|---|---|---|
| Cu | Cu | 0.20 | 2.04 | Si | Al | 8.0 | 3.47 |
| Cu | Zn | 0.34 | 1.98 | Si | Ga | 3.6 | 3.51 |
| Ag | Ag | 0.40 | 1.91 | Si | In | 16.0 | 3.90 |
| Ag | Cu | 1.2 | 2.00 | Si | As | 0.32 | 3.56 |
| Ag | Au | 0.26 | 1.98 | Si | Sb | 5.6 | 3.94 |
| Ag | Pb | 0.22 | 1.65 | Si | Li | $2 \cdot 10^{-3}$ | 0.66 |
| Na | Na | 0.24 | 0.45 | Si | Au | $1 \cdot 10^{-3}$ | 1.13 |
| U | U | $2 \cdot 10^{-3}$ | 1.20 | Ge | Ge | 10.0 | 3.1 |

Die in diesem Abschnitt hergeleiteten Beziehungen geben die Verhältnisse nur in stark vereinfachter Form wieder. Eine ausführliche Diskussion — viele Probleme der Diffusion sind noch ungeklärt — ist in den Büchern der physikalischen Metallkunde [17,71] zu finden.

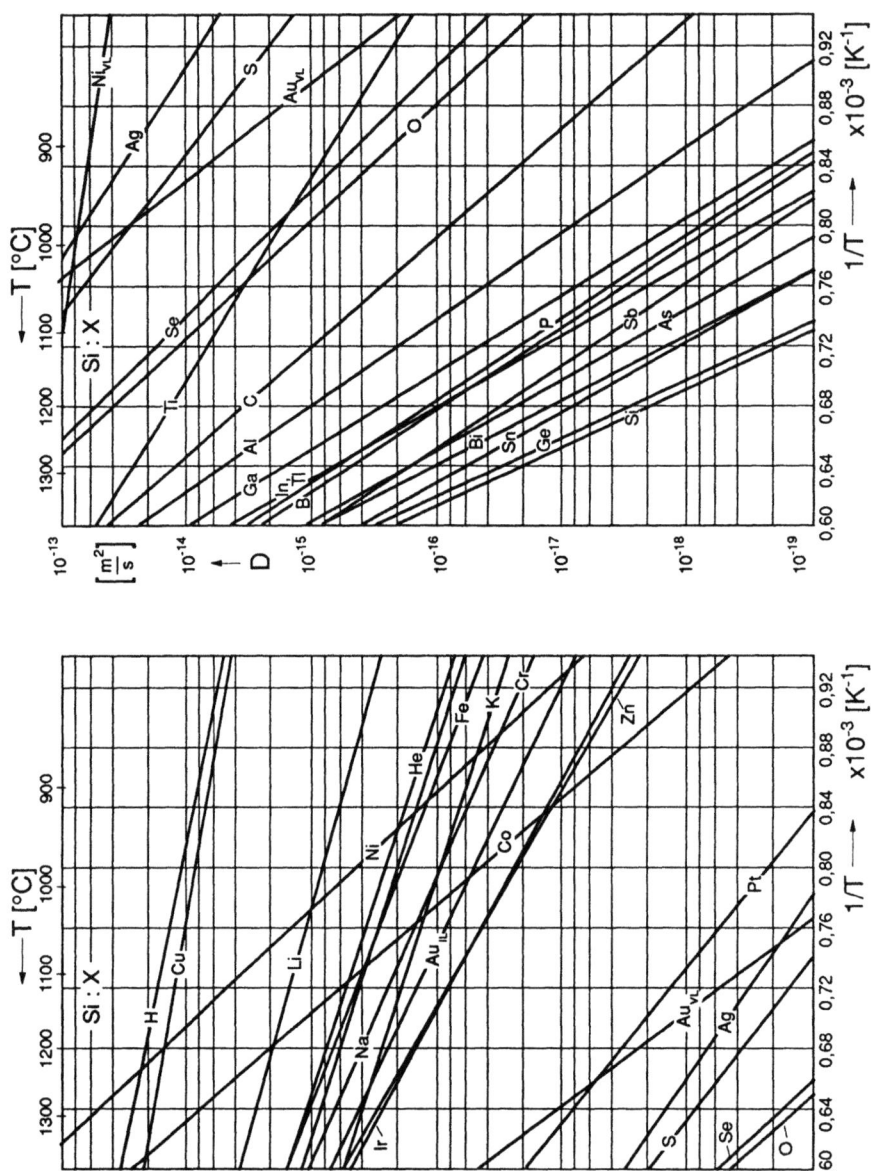

**Bild 2.7.2-5**: Temperaturabhängigkeit des Diffusionskoeffizienten
a) verschiedene Fremdatome in Silizium [20]

## 2.7. Punktfehler und Diffusion

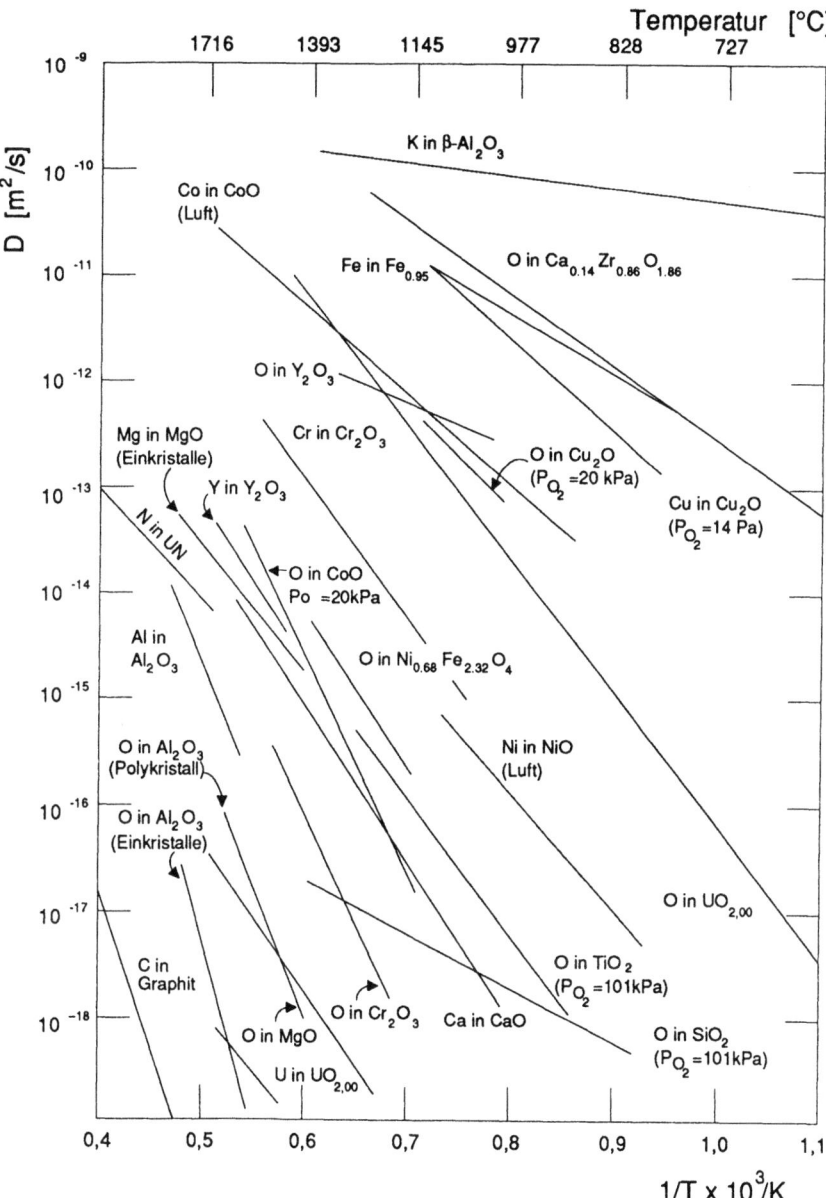

*Bild 2.7.2-5*: Temperaturabhängigkeit des Diffusionskoeffizienten

b) Diffusion in keramischen Werkstoffen [5]

## 2.7.3 Stromdichtegleichung und Ionenleitung

Die Ergebnisse des vorangegangenen Abschnittes können jetzt verallgemeinert werden für den Fall, daß zu der chemischen Kraft (2.20), die durch Konzentrationsgradienten entsteht, weitere hinzutreten: Für die Teilchengeschwindigkeit ergibt sich dann mit (2.86):

$$v = B \cdot F_{\text{chem}} \stackrel{(2.112)}{=} \frac{D}{kT} F_{\text{chem}} \quad (2.115)$$

$$= \frac{D}{kT}\left(-\frac{\partial W_n}{\partial x} + T\frac{\partial S_n}{\partial x}\right) \quad (2.116)$$

$$\text{mit (2.20), (2.110)} = \frac{D}{kT}\left(-\frac{\partial W_n}{\partial x} - \frac{kT}{\varrho_A}\frac{\partial \varrho_A}{\partial x}\right) \quad (2.117)$$

Dabei ist die Näherungsformel der Diffusionskraft für verdünnte Lösungen ($c \ll 1$) verwendet worden, die Verallgemeinerung ist einfach durchzuführen. In (2.23) war definiert worden:

$$W_n = \frac{\partial W_{\text{pot}}}{\partial n} \quad (2.118)$$

Als potentielle Energie ist bisher allein die Kristallenergie (Abschnitt 2.3) betrachtet worden, die sich durch die Wechselwirkung der Legierungsatome untereinander ergibt. Es sind aber auch andere Wechselwirkungen denkbar, die ebenfalls einen Beitrag zu $W_{\text{pot}}$ leisten können. Wie in Abschnitt 1.3 gezeigt, behalten Atome in vielen Fällen bei der Kristallbindung eine elektrische Ladung, die einige Elektronenladungen (mit positivem oder negativem Vorzeichen) betragen oder auch sehr viel kleiner sein kann. Solche Ladungen $q$ haben in einem äußeren elektrostatischen Potentialfeld $\varphi_a$ (Anhang C1) die potentielle Energie

$$W_n^{\text{feld}} = q \cdot \varphi_a \quad (2.119)$$

Es ist daher sinnvoll, die potentielle Energie (pro Teilchen) aufzuspalten in

$$W_n = W_n^{\text{feld}} + W_n^{\text{kr}} = q\varphi_a + W_n^{\text{kr}} \quad (2.120)$$

so daß sich eine Teilchengeschwindigkeit ergibt

$$v = \frac{D}{kT}\left(-\frac{q\partial \varphi_a}{\partial x} - \frac{\partial W_n^{\text{kr}}}{\partial x} - \frac{kT}{\varrho_A}\frac{\partial \varrho_A}{\partial x}\right) \quad (2.121)$$

$$= \frac{D}{kT}\left(qE_a - \frac{\partial W_n^{\text{kr}}}{\partial x} - \frac{kT}{\varrho_A}\frac{\partial \varrho_A}{\partial x}\right) \quad (2.122)$$

$$E_a = -\frac{\partial \varphi_a}{\partial x} \quad (2.123)$$

## 2.7. Punktfehler und Diffusion

Dabei ist der negative Gradient des elektrostatischen Potentials $\varphi_a$ ersetzt worden durch die elektrische Feldstärke $E_a$ (Anhang C1).

Die Teilchengeschwindigkeit setzt sich also zusammen aus drei unabhängigen Komponenten: zwei **Driftgeschwindigkeiten**, die von dem elektrischen Feld und der Größe der Bindungsenergien der Legierungsatome bestimmt werden und einer **Diffusionsgeschwindigkeit**. Die beiden letztgenannten Arten von Geschwindigkeiten werden in einer Legierung durch die örtliche Zusammensetzung der Legierungsbestandteile festgelegt. Der Einfluß der Kristallenergie wirkt sich als Driftgeschwindigkeit aus, diese kann der Diffusionsgeschwindigkeit gleich-und entgegengerichtet sein (s. Abschnitt 2.8). Nur bei Vernachlässigung dieses Beitrags zur Diffusionsgeschwindigkeit erhält man die Beziehung (2.111), die man auch als **Fick'sches Gesetz** bezeichnet.

Der erste Term in (2.122) ist abhängig von der elektrischen Feldstärke und damit von außen elektrisch steuerbar. Hieraus ergeben sich wichtige Anwendungsmöglichkeiten in der Elektrotechnik. Anstelle der Teilchenstromdichte betrachtet man häufiger die **elektrische Stromdichte**:

$$j^q = q \cdot j^T = q \cdot \varrho_A v = q^2 B \varrho_A E_a - q \cdot \varrho_A \frac{D}{kT} \frac{\partial W_n^{kr}}{\partial x} - q \cdot D \frac{\partial \varrho_A}{\partial x} \quad (2.124)$$

Bei der Driftstromdichte ist es gebräuchlich, anstelle des Diffusionskoeffizienten die Beweglichkeit zu verwenden, beide hängen über die Einstein-Beziehung (2.112) zusammen.

Mit Hilfe von (2.124) kann die Bewegung von Legierungsatomen in einer Legierung unter sehr allgemeinen Voraussetzungen berechnet werden. Die feldabhängige Driftstromdichte ist vorwiegend bei schlecht oder nichtleitenden Materialien von Bedeutung: Bei Metallen führt die Anwesenheit von signifikanten elektrischen Feldern wegen der hohen elektrischen Leitfähigkeit zu hohen Strömen und damit (über die Joulesche Wärme) zu einer Temperaturerhöhung, welche dann das Verhalten der Legierung stärker beeinflußt als das elektrische Feld selber. Abgesehen von einem Effekt des "Elektronenwindes" [17], mit Hilfe dessen der Impuls der stromtragenden Elektronen auf die Legierungsatome übertragen wird (die daraus resultierende Atombewegung heißt **Elektrotransport**) werden elektrische Felder in Metallen meistens vernachlässigt. Daraus resultiert die bisher untergeordnete Bedeutung der Metalle als aktive (d.h. von außen steuerbare) elektronische Festkörper-Bauelemente. Hierfür sind die schlecht leitenden bis isolierenden Halbleiter und Ionenkristalle weit besser geeignet: In vielen Fällen liegt dann die steuerbare Driftstromdichte in derselben Größenordnung wie die anderen Beiträge oder darüber. Das wird besonders deutlich bei Legierungen, in denen geladene Atome eine hohe Beweglichkeit haben: den **Ionenleitern**, die auch als **Feststoffelektrolyte** bezeichnet werden. In Tab. 2.7.3-1 sind wichtige Ionenleiterverbindungen — zusammen mit der Sorte des vorwiegend leitenden Ions dargestellt.

*Tab. 2.7.3-1*: Ionenleitende Verbindungen, geordnet nach der Sorte des beweglichen Ions [24]

| Ionensorte | Legierung | Ionensorte | Legierung |
|---|---|---|---|
| $O^{2-}$ | $ZrO_2$ mit Fremdatom- | $I^-$ | $PbI_2$ |
|  | $ThO_2$ zusätzen |  | KI |
| $F^-$ | $CaF_2$ | $Na^+$ | NaF |
|  | NaF |  | NaCl |
|  | LiF |  | NaBr |
|  | $MgF_2$ |  | $\beta$-$Na_2O \cdot 11 Al_2O_3$ |
|  | $PbF_2$ | $Ag^+$ | $\alpha$- und $\beta$-AgI |
|  | $SrF_2$ |  | AgCl |
|  | $BaF_2$ |  | AgBr |
| $Cl^-$ | $PbCl_2$ |  | $Ag_3SBr$ |
|  | $BaCl_2$ |  | $Ag_3SI$ |
|  | $SrCl_2$ |  | $Ag_2HgI_4$ |
| $Br^-$ | $BaBr_2$ |  | $KAg_4I_5$ |
|  | $PbBr_2$ |  | $RbAg_4I_5$ |
|  | NaBr | $Cu^+$ | $\beta$-CuI |
|  | KBr |  | CuCl |
|  |  |  | $\beta$ und $\gamma$-CuBr |
|  |  |  | $7CuBrC_6H_{12}N_4CH_3Br$ |

Bereits aus dem Bild 2.7.2–5b wurde deutlich, daß der Diffusionskoeffizient des Sauerstoffs bei einigen keramischen Legierungen recht groß ist, insbesondere bei höheren Temperaturen ab ca. 700°C. Da das Sauerstoffatom in diesen Ionenleitern zweifach negativ geladen ist, erfolgt mit der Bewegung des Ions ein Ladungstransport.

In der Anwendung bestehen die Ionenleiter meistens aus homogenen Legierungen, d.h. die Zusammensetzung der Ionensorten und deren Konzentration ist örtlich konstant. Damit entfallen die beiden letzten Terme in (2.124) und nur der Driftterm bleibt übrig.

Die durch den Teilchen-Driftstrom transportierte Ladung ist dann

$$\begin{aligned} \vec{j}^q = q \cdot \vec{j}^T &= q^2 B \varrho_A \vec{E}_a \\ &=: \sigma_{sp} \vec{E}_a \end{aligned} \quad (2.125)$$

Die Proportionalitätskonstante zwischen elektrischer Stromdichte und elektrischem Feld wird als **spezifische elektrische Leitfähigkeit** $\sigma_{sp}$ bezeichnet. Bild 2.7.3–1 zeigt die Temperaturabhängigkeit der Leitfähigkeiten von Ionenleitern.

## 2.7. Punktfehler und Diffusion

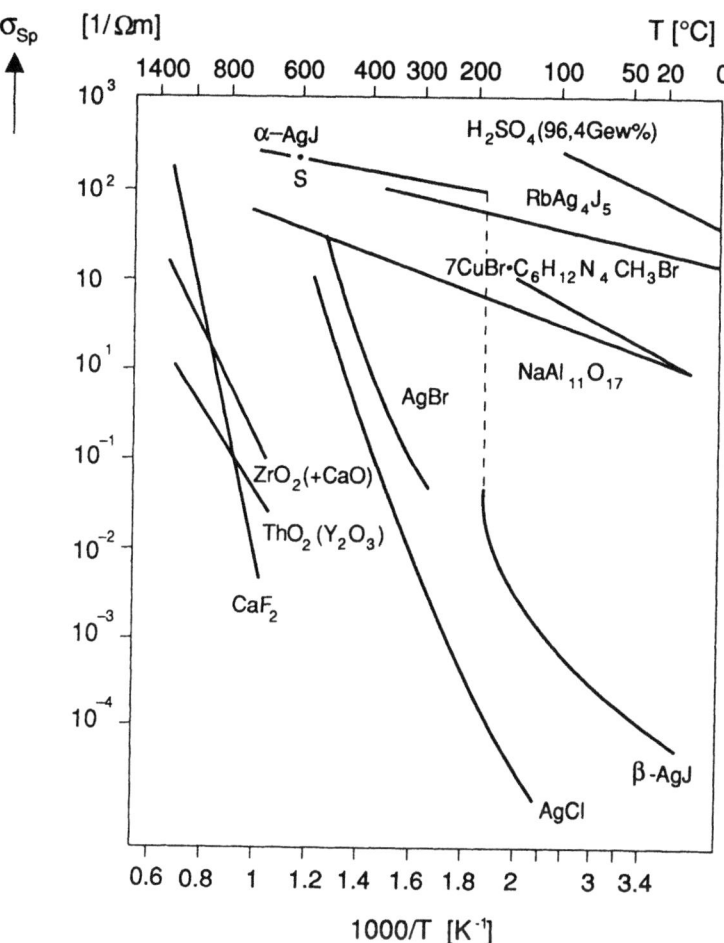

*Bild 2.7.3-1*: Temperaturabhängigkeit der Ionenleitfähigkeit verschiedener Ionenverbindungen [24]

Beim Austritt aus einer freien Oberfläche des Ionenleiters (z.B. an einem porösen Außenkontakt) wandeln sich Ionen in neutrale Atome um und hinterlassen auf dem Kontakt eine Ladung, die wiederum ein Maß für die Anzahl der durchtretenden Ionen darstellt. Auf diese Weise lassen sich Ionenströme in elektrische Energie umwandeln. Anwendungen dieses Effekts gewinnen zunehmend an Bedeutung: Bei Gassensoren (z.B. Lambda-Sonde zur Steuerung des Dreiwegekatalysators in Verbrennungsmotoren) werden auf diese Weise Gaskonzentrationen gemessen. Bei Brennstoffzellen und galvanischen Zellen mit Feststoffelektrolyten erfolgt die Erzeugung elektrischer Energie auf demselben Weg.

## 2.8 Übergang in das thermische Gleichgewicht

### 2.8.1 Phasenmischung

Die Stromdichtegleichung kann auch in der folgenden Form geschrieben werden

$$j^T = \varrho_A \cdot v = \varrho_A B \cdot F_{\text{chem}} \qquad (2.126)$$

mit (2.36) und $\partial T/\partial x = 0$ :

$$j^T = -\varrho_A \cdot B \cdot \frac{\partial \mu^A}{\partial x} \qquad (2.127)$$

wobei $\mu^A$ das chemische Potential des $A$-Fremdatoms ist. Aufgrund eines Gradienten des chemischen Potentials fließt also ein Teilchenstrom. Dieser ist bei Systemen mit Phasenmischung (konkave $f(c)$-Kurve wie in Bild 2.4–3, diese führt nach (2.46) und (2.61) zu einem stabilen thermischen Gleichgewicht) so gerichtet, daß dadurch der Gradient abgebaut wird, d.h. der Übergang in das thermische Gleichgewicht erfolgt mit immer kleineren Stromdichten und damit einer abnehmenden Geschwindigkeit. Bei Systemen mit Phasenentmischung (konvexe $f(c)$-Kurve wie in Bild 2.4–4, z.B. eutektische Systeme) hingegen kann, wie Bild 2.4–4 zeigt, zu Beginn der Entmischung der Gradient des chemischen Potentials zunächst zunehmen, bevor auch er wieder auf einen abnehmenden Wert zurückgeht.

Zur Veranschaulichung der Verhältnisse bei Phasenmischung betrachten wir ein System wie in den Bildern 2.4–1b oder 2.4–3 und nehmen zusätzlich dazu an, daß alle Wechselwirkungsenergien gleich sind. Nach (2.33) und Bild 2.1–2 ergibt sich dann eine Konzentrationsabhängigkeit des chemischen Potentials wie in Bild 2.8.1–1.

Betrachten wir wie in Bild 2.7.2–3 zwei benachbarte (isolierte) Ebenen mit jeweils den Konzentrationen $c_1$ und $c_2$, dann werden aus dem Gebiet mit $c_2$ Atome übergehen in das Gebiet mit $c_1$, d.h. die Konzentration $c_2$ wird verkleinert, $c_1$ vergrößert. Entsprechend verkleinert sich — wie Bild 2.8.1–1 zeigt — die Differenz der chemischen Potentiale. Auf diese Weise läßt sich der Übergang in das Gleichgewicht, wenn die Konzentrationen auf beiden Ebenen gleich geworden sind, exakt berechnen.

Der entscheidende Gesichtspunkt bei dieser Berechnung ist die Teilchenerhaltung, d.h. Fremdatome, die aus dem Gebiet mit $c_2$ herausdiffundieren, werden dem Gebiet mit $c_1$ hinzugefügt. Dieses Prinzip ist eine der Grundlagen der thermodynamischen Theorie in Abschnitt 2.1. Eine allgemeine Konsequenz desselben Prinzips ist die **Kontinuitätsgleichung** (Anhang C3)

$$\nabla \vec{j^T} = -\dot{\varrho} = -\frac{\partial \varrho}{\partial t} \qquad (2.128)$$

## 2.8. Übergang in das thermische Gleichgewicht

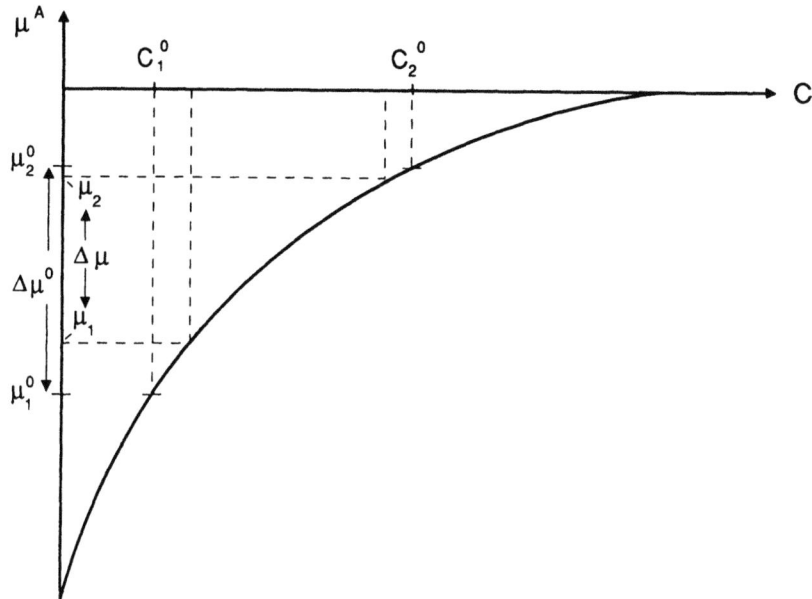

*Bild 2.8.1-1*: Konzentrationsabhängigkeit des chemischen Potentials für ein Legierungssystem mit Phasenmischung

oder in eindimensionaler Form, bezogen auf A-Fremdatome wie in Abschnitt 2.7.3

$$\frac{\partial j^T}{\partial x} = -\dot{\varrho}_A \qquad (2.129)$$

Mit der Stromdichtegleichung (2.124) folgt für Teilchenstromdichten $j^T$

$$\frac{\partial}{\partial x}\left\{qB\varrho_A E_a - \varrho_A \frac{D}{kT}\frac{\partial W_n^{\mathrm{kr}}}{\partial x}\right\} - D\frac{\partial^2 \varrho_A}{\partial x^2} = -\dot{\varrho}_A \qquad (2.130)$$

d.h. es ergibt sich eine Differentialgleichung für $\varrho_A(x,t)$, wobei die Funktionen $E_a(x,t)$ und $W_n^{\mathrm{kr}}(x,t)$ vorgegeben sein müssen. Ebenfalls bekannt sein müssen die Materialparameter $B$ oder $D$, die ihrerseits auch wieder abhängen können von $\varrho_A$ und anderen Parametern. Im allgemeinsten Fall ist (2.130) daher nur mit großem Aufwand zu lösen.

Ein wichtiger Sonderfall ist gegeben, wenn der erste Term auf der linken Seite von (2.130) verschwindet, d.h. es wirkt kein elektrisches Feld und die Kristallenergie hängt nicht (oder nur schwach) vom Ort ab. Das ist etwa der in Bild 2.4-1b dargestellte Fall. In diesem Fall reduziert sich (2.130) auf die

**Diffusionsgleichung:**

$$D\frac{\partial^2 \varrho_A}{\partial x^2} = +\dot{\varrho}_A \qquad (2.131)$$

Die Lösungen dieser Differentialgleichung sind tabelliert, sie entsprechen der Gaußschen Fehlerfunktion oder derem Komplement. Entscheidend sind dabei die Randbedingungen. In den folgenden Bildern (2.8.1-2 und 3) sind drei wichtige Fälle beschrieben. Eine charakteristische Größe dabei ist der mittlere Laufweg $2\sqrt{Dt}$

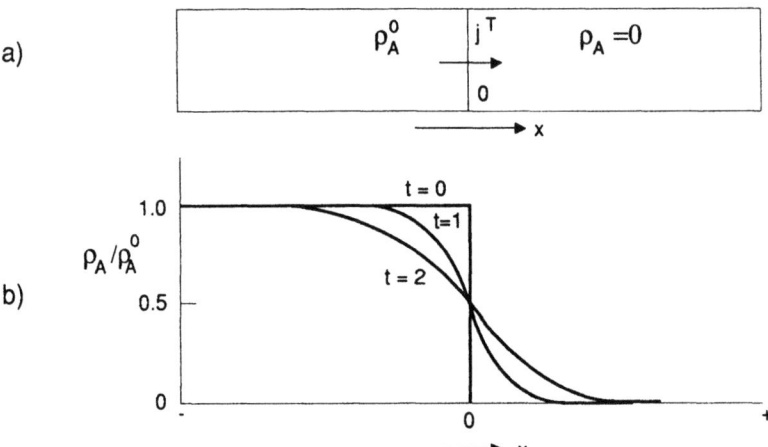

*Bild 2.8.1-2*: Lösung der Diffusionsgleichung für die Randbedingung, daß ein Stab mit der Fremdatomkonzentration $\varrho_A^0$ mit einem reinen Stab ($\varrho_A = 0$) fest verbunden wird (a). Bei erhöhten Temperaturen werden A-Atome in das reine Material diffundieren, (b) zeigt das entsprechende Dichteprofil für verschiedene Zeiten $t$. Dieses Profil wird durch die Formel beschrieben:

$$\varrho_A(x,t) = \frac{\varrho_A^0}{2}[1 - \underbrace{\underbrace{\frac{2}{\sqrt{\pi}} \int_0^{x/(2\sqrt{Dt})} e^{-v^2}\, dy}_{\mathrm{erf}(\frac{x}{2\sqrt{Dt}})}}_{\mathrm{erfc}(\frac{x}{2\sqrt{Dt}})}] \qquad (2.132)$$

erf = Gauß'sche Fehlerfunktion

erfc = Komplement der Gauß'schen Fehlerfunktion

## 2.8. Übergang in das thermische Gleichgewicht

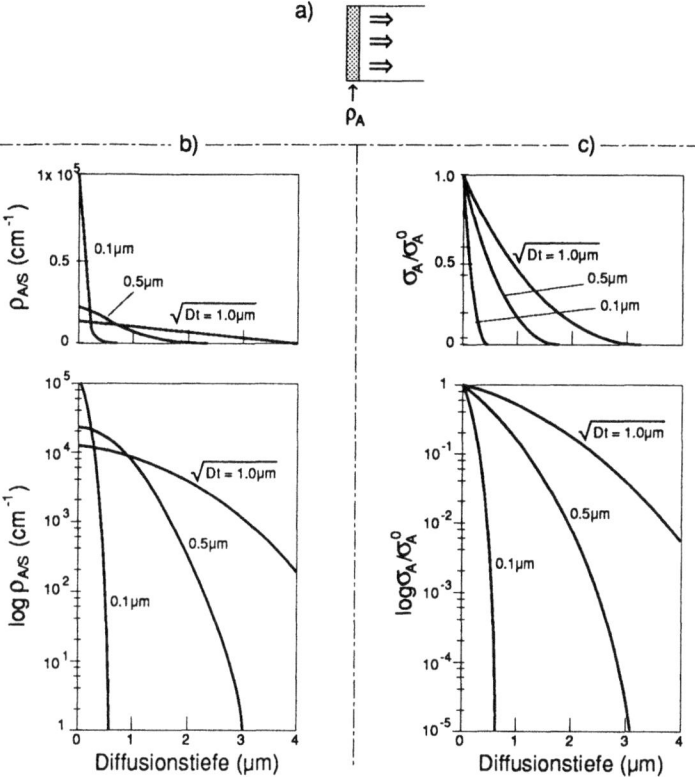

*Bild 2.8.1-3*: Eindiffusion von der Oberfläche:

a) Die Oberfläche eines reinen Kristalls wird von einer Schicht mit Fremdatomen bedeckt.

b) bei der Diffusion in das reine Material nimmt die Oberflächenkonzentration der Fremdatome ab, weil sich die Fremdatome auf ein größeres Volumen verteilen (begrenzte Quelle) Der Konzentrationsverlauf entspricht einer Gaußschen Glockenkurve ($S$ ist die integrierte Flächenkonzentration der Fremdatome):

$$\varrho_A = \frac{S}{\sqrt{\pi Dt}} \exp\left(-\frac{x^2}{4Dt}\right) \qquad (2.133)$$

c) Unbegrenzte Quelle: Der Anteil der eindiffundierenden Fremdatome ist so klein, daß die Oberflächenkonzentration $\sigma_A^0$ praktisch unverändert bleibt. Der Konzentrationsverlauf ist:

$$\sigma_A = \sigma_A^0 \mathrm{erfc}\left(\frac{x}{2\sqrt{Dt}}\right) \qquad (2.134)$$

Der Parameter in (b) und (c) ist jeweils $\sqrt{D \cdot t}$

## 2.8.2 Ausscheidung und Entmischung

In Abschnitt 2.4 war ein graphisches Verfahren beschrieben worden, mit dem die chemischen Potentiale aus den $f(c)$-Kurven berechnet werden konnten. Dieses Verfahren war für verschiedene Legierungssysteme (Bilder 2.4-2 bis 4) angewendet worden. Bild 2.8.2-1 zeigt die Abhängigkeit des chemischen Potentials $\mu_A(c)$ einer Legierung mit Mischungslücke für den gesamten Konzentrationsbereich. Diese Werte haben teilweise hypothetischen Charakter, da die Legierungen in der Mischungslücke nicht stabil sind.

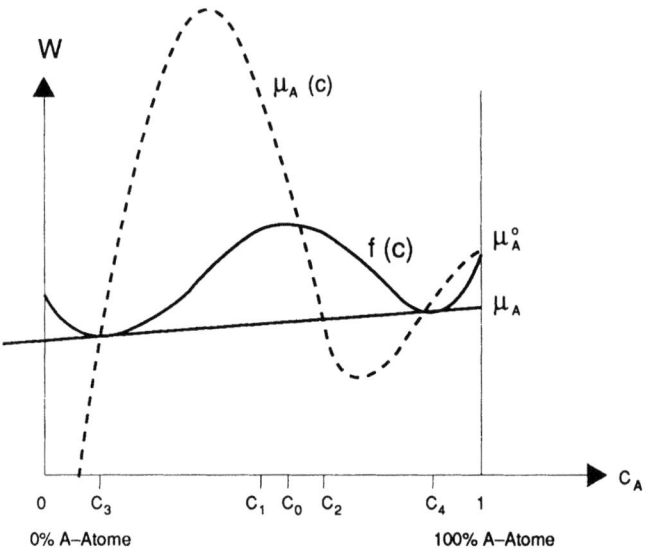

*Bild 2.8.2-1*: Abhängigkeit des chemischen Potentials $\mu_A$ von der Konzentration eines Legierungssystems mit Mischungslücke

Gehen wir aus von einer Nichtgleichgewichts-Konzentration $c_0$, die wir z.B. durch ein schnelles Abkühlen der Schmelze "eingefroren" haben (wegen der Instabilität in der Praxis häufig nur mit Schwierigkeiten realisierbar), dann hat das chemische Potential zunächst den Wert $\mu_A^0$. Kleine Inhomogenitäten der Legierung (s. Abschnitt 2.4) sorgen aber für eine bereichsweise Aufspaltung der Legierung in zwei Konzentrationen $c_1$ und $c_2$ rechts und links von $c_0$. Dadurch entsteht ein Gradient des chemischen Potentials, d.h. A-Atome diffundieren aus $c_1$ in den Bereich mit $c_2$. Aufgrund der Teilchenerhaltung nimmt dabei die Konzentration $c_1$ weiter ab und die von $c_2$ weiter zu, d.h. der Gradient des chemischen Potentials vergrößert sich weiter, usw. Das entspricht dem in

## 2.8. Übergang in das thermische Gleichgewicht

(2.44) behandelten Fall des instabilen thermischen Gleichgewichts. Ausgehend von $c_0$ wandern die Konzentrationen der beiden Phasen auf der c-Skala also nach rechts und links aus (wobei sich jeweils die chemischen Potentiale wie in Bild 2.8.2–1 verändern) bis die Konzentrationen $c_3$ und $c_4$ erreicht werden, bei denen letztlich die chemischen Potentiale wieder gleich sind und damit die chemische Kraft verschwindet — jetzt für ein stabiles thermisches Gleichgewicht. In einem Zwischenstadium können die chemische Kräfte erhebliche Werte annehmen, d.h. die Teilchenstromdichten können stark zunehmen. Typisch ist in jedem Fall, daß $A$–Atome aus einem Bereich niedriger Konzentration in einen Bereich hoher Konzentration überwechseln. Dieser Prozeß wird als **Bergaufdiffusion** oder **spinodale Entmischung** bezeichnet. Bild 2.8.2–2a stellt diesen Vorgang in der zeitlichen Reihenfolge dar.

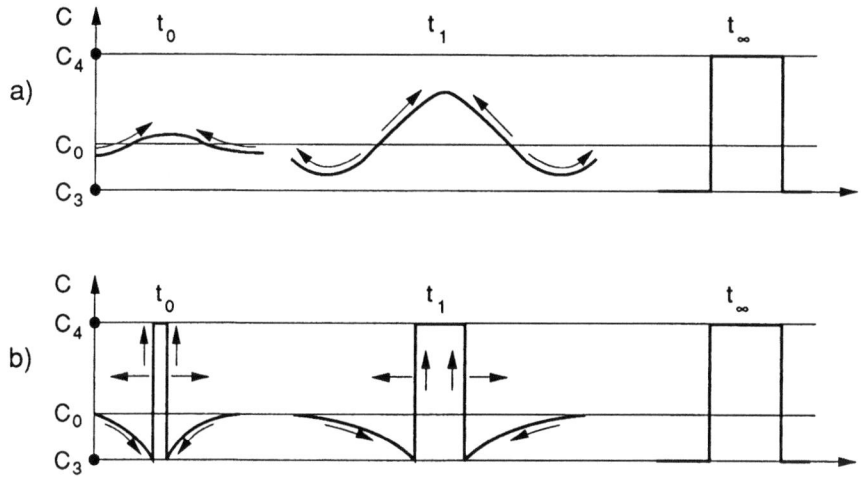

*Bild 2.8.2-2*: Entmischung von übersättigten (Nichtgleichgewichts-) Legierungen: $t_0$: Beginn der Entmischung, $t_1$: Entmischung im fortgeschrittenen Zustand, $t_3$: Entmischung im Endzustand vollständige Phasentrennung (nach [17])

a) "Bergaufdiffusion" (spinodale Entmischung)

b) "Bergabdiffusion" (Keimbildung und Wachstum)

Größere Bedeutung in der Praxis hat ein zu der spinodalen Entmischung alternativer Prozeß: Die Entmischung durch **Keimbildung und Wachstum** (Bild 2.8.2-2b). Man nimmt an, daß sich durch lokale Änderungen in der Zusammensetzung der instabilen Ausgangslegierung — unterstützt durch Schwankungen der thermischen Energie — ein kleiner Bereich (Keim) mit der Gleichgewichtskonzentration (z.B. $c_4$ in Bild 2.8.2-1) gebildet hat. Das ist nur möglich, wenn die unmittelbare Umgebung des Keims stark an $A$-Atomen verarmt ist. Ein Keimwachstum kann nun dadurch entstehen, daß weitere $A$-Atome — diesmal "bergab" des Konzentrationsgradienten — zum Keim hindiffundieren. Die Entstehung solcher Keime wird dadurch begünstigt, daß das chemische Potential im Keim $\mu_A$ niedriger ist als in der instabilen Ausgangslegierung ($\mu_A^0$). Mit jedem Übergang eines $A$-Atoms aus $c_0$ nach $c_4$ wird also freie Energie gewonnen. Bei steigender Zahl von $A$-Atomen im Keim nimmt daher die freie Energie ab (Bild 2.8.2-3, Kurve a). Auf der anderen Seite muß berücksichtigt werden, daß der Keim ein "Fremdkörper" in seiner Umgebung ist, d.h. eine Legierungsphase, die sich zumindest im Gitterparameter, wahrscheinlich aber auch in der Kristallorientierung oder sogar der Kristallstruktur

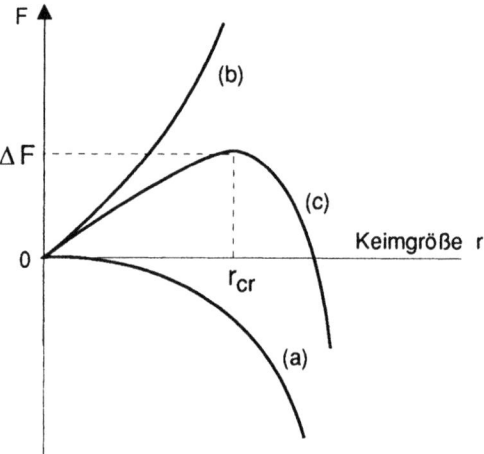

*Bild 2.8.2-3:* Keimbildung und -wachstum einer Gleichgewichtsphase in einer instabilen Legierung

a) Abnahme der freien Energie durch Bildung einer Gleichgewichtsphase

b) Zunahme der freien Energie über Vergrößerung der Grenzfläche

c) Summe aus a) und b): Zur Bildung eines stabilen Keims mit einer Größe oberhalb der kritischen Keimgröße $r_{cr}$ muß eine Barriere der freien Energie von der Größe $\Delta F$ überwunden werden.

## 2.8. Übergang in das thermische Gleichgewicht

unterscheidet: Es bildet sich in jedem Fall eine Grenzfläche, die mit einer Energieerhöhung des Systems (der **Grenzflächenergie**) verbunden ist. Bild 2.8.2–4 zeigt verschiedene Möglichkeiten für den Aufbau einer Grenzfläche.

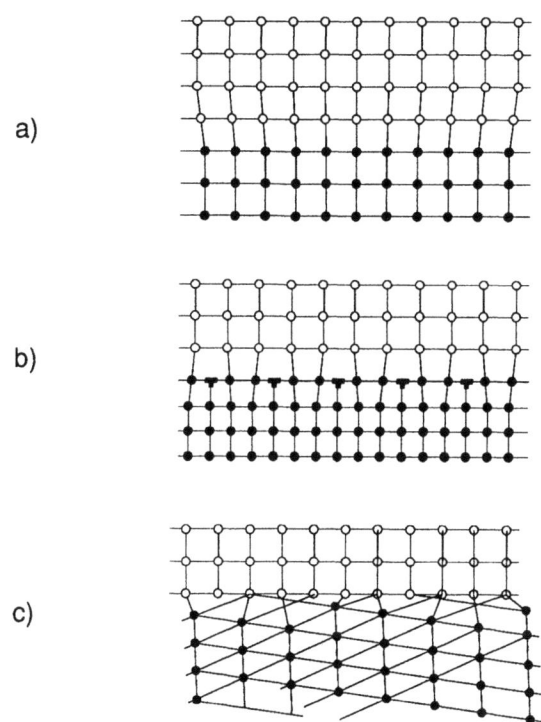

*Bild 2.8.2-4:* Aufbau von Grenzflächen zwischen zwei Phasen (nach [21])

a) kohärent: beide Phasen haben dieselbe Kristallstruktur und -orientierung, aber eine unterschiedliche Gitterkonstante

b) teil-oder semikohärent: Voraussetzungen wie (a), jedoch unterscheiden sich die Gitterkonstanten so stark, daß nicht alle Kristallebenen fortgesetzt werden können

c) inkohärent: benachbarte Phasen unterscheiden sich in Kristallstruktur und -orientierung Die Grenzflächenenergie nimmt von a) bis c) zu.

Mit steigender Keimgröße nimmt notwendigerweise auch die Grenzfläche zu, damit auch die (freie) Grenzflächenenergie (Kurve b) in Bild 2.8.2–3). Trägt man die gesamte Änderung der freien Energie über der Keimgröße auf, dann erhält man die Kurve c) in Bild 2.8.2–3, sie hat ein Maximum bei der kritischen Keimgröße (bei kugelförmigen Keimen der Keimradius).

Nach erfolgter Keimbildung schließt sich eine Phase des **Keimwachstums** an: Das Volumen der neugebildeten Phase (**Ausscheidung**) nimmt bei einer weiteren Temperaturbehandlung ständig zu, bis sich ein Gleichgewichtszustand eingestellt hat, der durch die Gleichgewichtskonzentrationen $c_3$ und $c_4$ in Bild 2.8.2–1 und ein Mengenverhältnis nach dem Hebelgesetz (Bild 2.4–7) festgelegt ist. Ein Beispiel für das Wachstum von Ausscheidungsteilchen mit der Zeit der Wärmebehandlung (Auslagerungszeit) ist in Bild 3.2.1–16 wiedergegeben.

Die bisher beschriebene Ausscheidungskinetik in übersättigen Lösungen gilt sinngemäß auch für den Prozeß der Erstarrung (Festwerdung) einer Schmelze. Wie in Abschnitt 2.5 dargelegt, kann einem der Minima der $f(c)$-Kurve in Bild 2.8.2–1 auch eine flüssige Phase entsprechen. Auch in diesem Fall wird die Erstarrung durch Keimbildung und -wachstum charakterisiert. Bild 2.8.2–5 zeigt diesen Prozeß in drei unterschiedlichen Stadien.

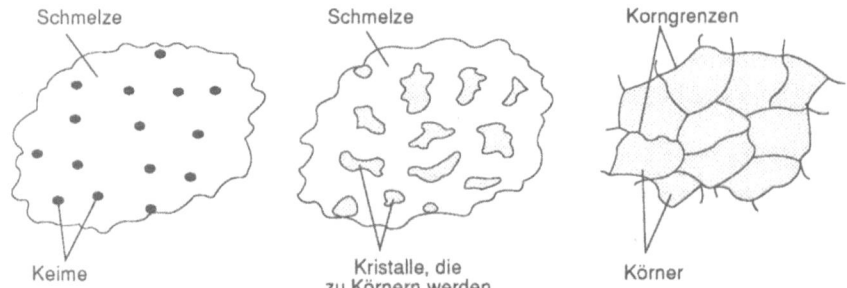

*Bild 2.8.2–5*: Keimbildung und -wachstum einer festen Phase in einer Schmelze in drei aufeinanderfolgenden Stadien:

    a) Keimbildung

    b) Keimwachstum

    c) die Keime wachsen zusammen, da ihre Kristallorientierung nicht korreliert ist, entstehen Kristall**körner** unterschiedlicher Orientierung (**Polykristall**)

## 2.8. Übergang in das thermische Gleichgewicht

Bisher waren die Ausscheidungsvorgänge dadurch gekennzeichnet, daß sie in einer "ungestörten" übersättigten Matrix oder Schmelze stattfanden, man bezeichnet diesen Prozeß als **homogene Ausscheidung**. In der Praxis ist aber von gleicher Bedeutung die **heterogene Ausscheidung** an Störungen in der instabilen Matrix oder Schmelze: Liegen solche Störungen vor, dann kann der Keim seine Oberflächenenergie (Bild 2.8.2–3, Kurve b) verkleinern dadurch, daß er sich an eine Störung anlagert. Dieses setzt voraus, daß die Grenzflächenenergie zwischen Keim und Störung kleiner ist als die zwischen Keim und Matrix, was häufig gegeben ist. Typische Störungen in einer Schmelze sind die Wände der Schmelztiegel oder nichtlösliche Fremdkörper in der Schmelze (z.B. von Materialien mit höherem Schmelzpunkt). In einer festen übersättigten Matrix dienen Gitterfehler wie Korngrenzen, andere Fremdatome, mechanische Inhomogenitäten an der Oberfläche usw. als Störungen für eine heterogene Ausscheidung (Bild 2.8.2–6)

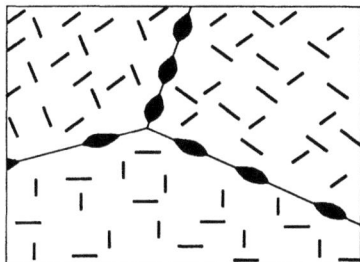

*Bild 2.8.2–6*: Nebeneinander von homogener (innerhalb der Körner) und heterogener (an den Korngrenzen) Ausscheidung in einer übersättigten Matrix (nach [21])

In diesem Abschnitt konnte nur ein kurzer Überblick über die Ausscheidungsprozesse gegeben werden, in der Praxis ist dieses Gebiet weitaus komplexer. Dafür muß aber auf die Spezialliteratur (z.B. [17],[18],[21]) verwiesen werden.

### 2.8.3 Dipolschichten

Bei der Herleitung der Stromdichtegleichung in Abschnitt 2.7.3 wurde offenkundig, daß bei elektrisch geladenen (und nicht bereits am selben Ort durch Elektronen elektrisch kompensierten) Legierungsatomen elektrische Felder eine wichtige Rolle spielen können. Dabei braucht es sich keineswegs nur um Felder zu handeln, die von außen angelegt werden: Jede isolierte Ladung erzeugt um sich herum ein elektrisches Feld, das mit wachsendem Abstand von der Ladung abnimmt. Die allgemeine Beziehung zwischen räumlicher Ladungsdichte und elektrischem Feld wird durch die **Poissongleichung** (eine der Maxwell'schen Gleichungen in Abschnitt 6.4) beschrieben

$$\nabla(\varepsilon_r \varepsilon_0 \vec{E}) = \varrho_q(\vec{r}) \tag{2.135}$$

oder in eindimensionaler Form

$$\frac{\partial(\varepsilon_r \varepsilon_0 E_x)}{\partial x} = \varrho_q(x) \tag{2.136}$$

Die Dielektrizitätszahl $\varepsilon_r$ ist eine Materialgröße, die im Abschnitt 6 dieses Buches ausführlich diskutiert wird. In vielen Fällen kann sie als Konstante vor das Differential gezogen werden.

Eine praktische Anwendung dieses Gesetzes erfolgt in Bild 2.8.3-1. Man erkennt, daß jede Raumladung die Ursache einer Feldveränderung und damit eines Potentialsprunges ist.

Führen wir bei einem ionenleitenden Material einen Diffusionsversuch (vorzugsweise bei höheren Temperaturen) in Anwesenheit eines äußeren elektrischen Feldes $E_a$ durch, dann werden die Kationen in Richtung des Feldes, die Anionen in der Gegenrichtung bewegen. Dadurch entsteht ein inneres Feld $\vec{E}_i$, welches dem äußeren entgegengerichtet ist. (Bild 2.8.3-2)

Ein interessanter Fall der Gleichgewichtseinstellung bei Legierungen mit elektrisch geladenen Atomen tritt auf, wenn beide Ionensorten eine sehr unterschiedliche Beweglichkeit $B$ besitzen (z.B. durch einen Größenunterschied). Werden jetzt zwei Materialien aneinandergebracht mit unterschiedlichen chemischen Potentialen, dann wirkt sich nur der Potentialunterschied des beweglichen Ions (Ionensorte $A$) aus und erzeugt einen Stromfluß(Bild 2.8.3-3). Dadurch baut sich eine Dipolschicht auf, welche die Ursache eines elektrostatischen Potentials und damit eines zusätzlichen Beitrags zur potentiellen Energie pro Ion ist, der zum chemischen Potential addiert (oder davon subtrahiert) werden muß (s. 2.33). Auf diese Weise werden die zunächst unterschiedlichen chemischen Potentiale so verschoben, daß sie letztlich denselben Wert annehmen und kein Strom mehr fließen kann.

Die Dipolschicht bewirkt also genau dasselbe wie der Ausgleich der Konzentration im Fall der Phasenmischung (Abschnitt 2.8.1) und der Zerfall der

## 2.8. Übergang in das thermische Gleichgewicht

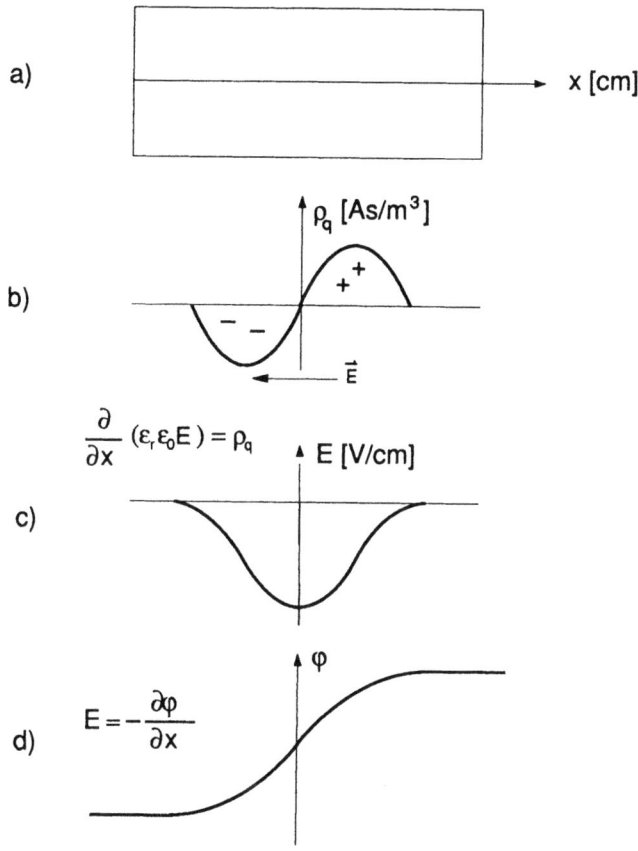

*Bild 2.8.3-1*: Anwendung der Poissongleichung auf einen Stab; alle Eigenschaften (Ladung, Feldstärke, usw) mögen über den Querschnitt des Stabes konstant sein und sich nur mit $x$ ändern (eindimensionale Symmetrie)

a) Aufbau des Stabes

b) angenommene Raumladungsverteilung

c) dazugehörige Feldverteilung nach (2.136) (graphische Integration)

d) dazugehöriges Potentialfeld (graphische Integration) Merkregel: der Vektor des elektrischen Feldes zeigt immer von der positiven zur negativen Ladung, das elektrostatische Potential ist auf der Seite der positiven Ladung am größten.

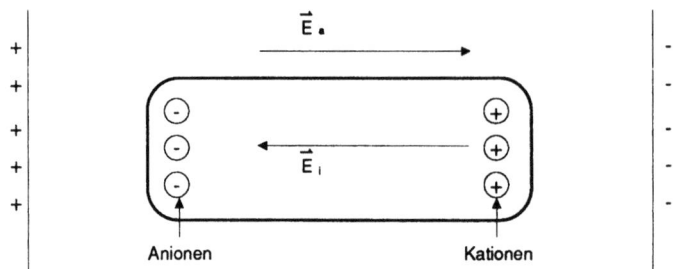

*Bild 2.8.3-2*: Diffusion in einem Ionenleiter unter Einfluß eines äußeren elektrischen Feldes $\vec{E}_a$: Die entstehende Raumladung erzeugt ein entgegengesetzt gerichtetes inneres Feld $\vec{E}_i$. Nach Abkühlen des Ionenleiters auf niedrige Temperaturen unter Beibehaltung des äußeren Feldes bleibt die Raumladung erhalten, sie wird "eingefroren".

Legierung bei Phasentrennung (Abschnitt 2.8.2): Unterschiede in den chemischen Potentialen werden so lange ausgeglichen, bis die Gradienten verschwunden sind und nach (2.126) kein Strom mehr fließen kann.

Anschaulich kann dieser Effekt so beschrieben werden, daß zunächst ein Konzentrationsgradient die Diffusion der Kationen von links nach rechts bewirkt, daß sich dann aber nach dem Schema von Bild 2.8.3-1 ein elektrisches Feld aufbaut, welches einer weiteren Diffusion entgegenwirkt. Im Gleichgewicht ist die Feld- gleich der Diffusionskraft, dann kann kein Strom mehr fließen, d.h. der Gradient des chemischen Potentials muß gleich Null sein.

Das zuletzt beschriebene Prinzip der Gleichgewichtseinstellung findet eine wichtige Anwendung in der Halbleitertechnik, die Rolle der Kationen im obigen Beispiel nehmen dann die Elektronen ein, die sehr viel beweglicher sind als die positiv geladenen Fremdatome (Donatoren), welche die Elektronen elektrisch kompensieren. Auf diese Weise entsteht eine Dipolschicht aus positiv ionisierten Donatoren und Elektronen (diese laden die Akzeptoren im p-leitenden Bereich negativ auf). Das Ergebnis der Gleichgewichtseinstellung ist das bekannte Bändermodell des pn-Übergangs (das chemische Potential der Elektronen wird in diesem Fall Fermienergie genannt), Bild 2.8.3-4.

Aus Bild 2.8.3-3 wird deutlich, daß eine monoton ansteigende Korrelation zwischen Dipolladung (nur die positive Ladung wird gezählt) und Differenz der chemischen Potentiale im Ausgangszustand besteht, die verbindende Funktion wird **Kapazität** $C$ genannt:

$$q = \int \varrho_q^+ d^3\vec{r} = C(\mu_A^1 - \mu_A^2) \cdot (\mu_A^1 - \mu_A^2) \qquad (2.137)$$

## 2.8. Übergang in das thermische Gleichgewicht

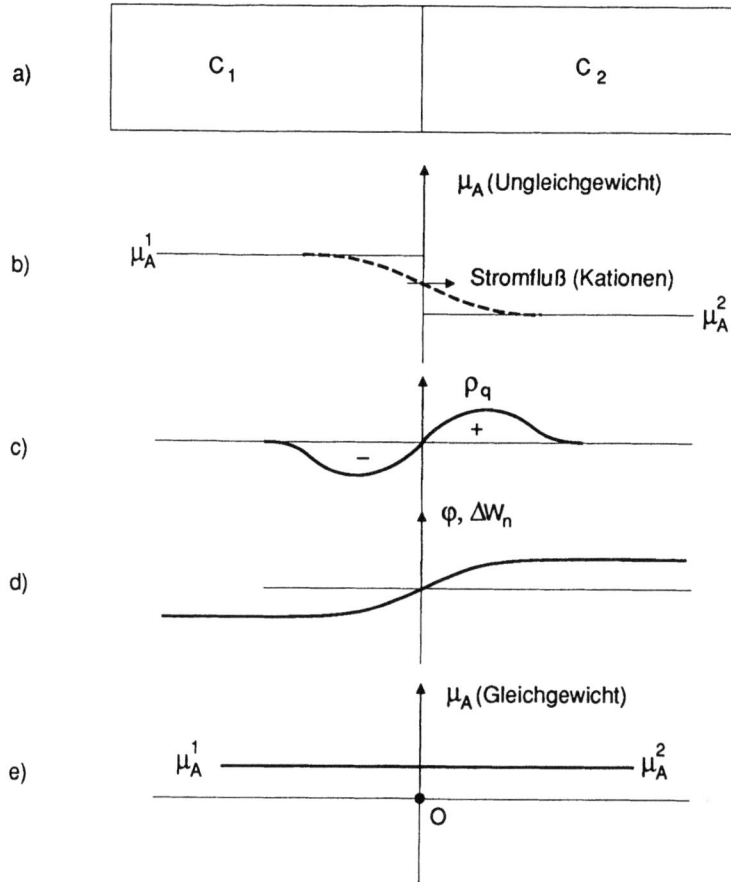

**Bild 2.8.3-3**: Diffusion zwischen zwei Legierungen mit unterschiedlichen Konzentrationen von Ionen. Nur die Ionensorte $A$ (Kation) möge beweglich sein.

a) Aufbau des Systems

b) angenommener Verlauf des chemischen Potentials $\mu_A$ vor (durchgezogen) und nach (gestrichelt) Beginn der Diffusion

c) Raumladung nach Beginn der Diffusion

d) zu (c) gehöriger Potentialverlauf (vgl. Bild 2.8.3-1). Den gleichen Verlauf (aber eine andere Dimension!) hat die durch die Dipolschicht zusätzlich entstandene potentielle Energie $W_n = q \cdot \varphi$

e) die Addition der durch die Dipolschicht entstandenen potentiellen Energie d) zum chemischen Potential b) ergibt einen Ausgleich der chemischen Potentiale

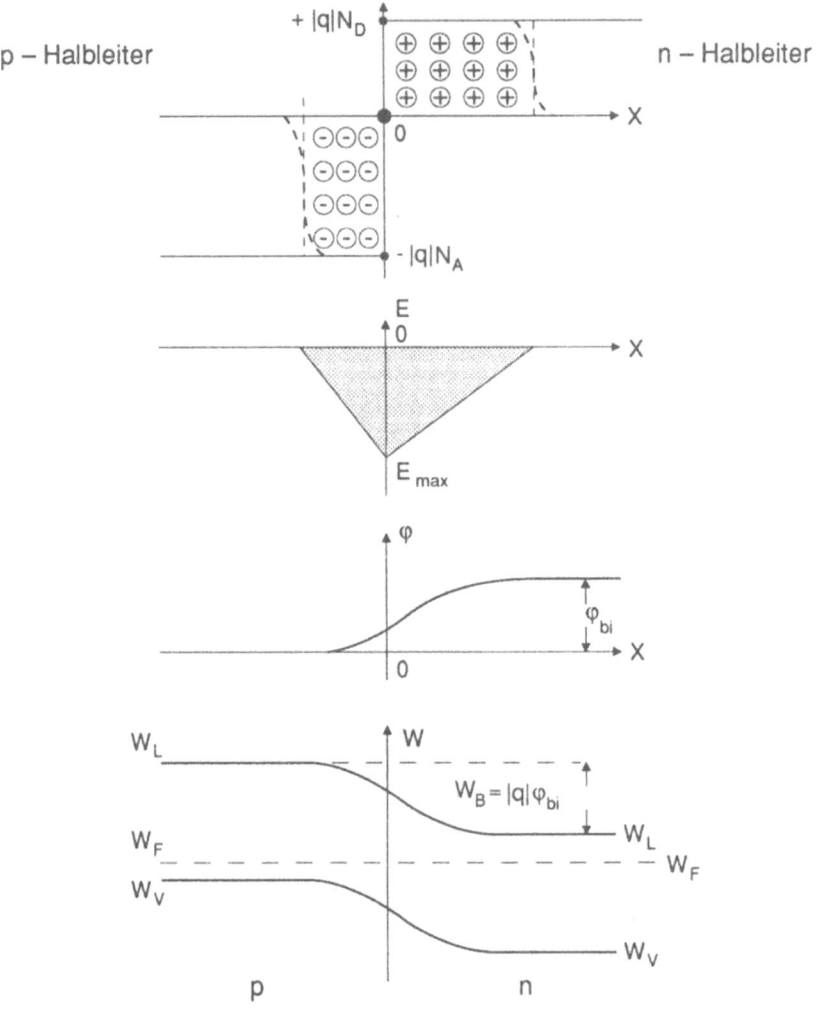

**Bild 2.8.3-4**: Bändermodell des pn-Übergangs als Beispiel für die Einstellung eines thermischen Gleichgewichts durch Bildung einer Dipolschicht.

a) Raumladungsverteilung ($|q|$ ist der Betrag der Elektronenladung, $N_D$ die Dichte der Donatoren, $N_A$ die Dichte der Akzeptoren)

b) Feldstärkeverlauf

c) Verlauf des elektrostatischen Potentials, $\varphi_{bi}$ ist das eingebaute oder **Kontaktpotential**

d) Bändermodell: $W_L$ und $W_V$ sind die Leitungs– und Valenzbandkanten, $W_F$ ist die Fermienergie (entspricht dem chemischen Potential der Elektronen im Leitungsband). $W_B$ ist die Barrierenhöhe des pn-Übergangs.

# 3 Mechanische Formgebung und Stabilität

## 3.1 Elastizität

In den vorangegangenen Abschnitten wurde der Aufbau und der Zustand von Festkörpern untersucht in Abwesenheit von äußeren Einflüssen (mit Ausnahme der elektrischen Felder in den Abschnitten 2.7 und 2.8). Bei der Anwendung von Werkstoffen kommt es aber gerade darauf an, wie sich diese Werkstoffe unter äußerer Beanspruchung verhalten, diese kann mechanischer, elektrischer, thermischer oder magnetischer Natur sein.

Im folgenden wollen wir uns mit dem Verhalten der Werkstoffe gegenüber mechanischer Belastung beschäftigen. Eine mechanische Kraft entsteht z.B. dadurch, daß eine Masse dem Feld der Erdanziehungskraft ausgesetzt ist, sie kann aber auch durch gespannte Federn, verdrillte Stäbe etc. erzeugt werden.

Zur Abschätzung des Einflusses einer mechanischen Kraft gehen wir wieder von den Kraft-Abstandsdiagrammen in Bild 1.3.1–1 aus. Wirkt auf die betrachteten Atome zusätzlich eine Zugkraft (**Dilatationskraft**), dann verstärkt diese die abstoßende (in positiver Richtung wirkende) Kraft, das Ergebnis ist eine Vergrößerung des Gleichgewichtsabstandes der Atome (Bild 3.1–1), d.h. der Gitterkonstanten.

Kennzeichnend ist in Bild 3.1–1, daß im Gleichgewicht die inneratomaren Kräfte die äußere Kraft kompensieren. Bei einer genaueren Betrachtung muß die aus der potentiellen Energie abgeleitete Kraft (Energiekraft) durch die chemische Kraft (2.36) ersetzt werden. Diese Tatsache hat eine besondere Bedeutung bei den polymeren Werkstoffen: Wird nämlich eine Polymerkette langgezogen, dann verliert sie nach Bild 2.1–3 dadurch an Entropie, die Entropiekraft (2.19) ist daher negativ und wirkt wie eine anziehende inneratomare Kraft: sie setzt sich der äußeren Kraft entgegen.

Eine mechanische Belastung verändert damit die Form eines Werkstückes. Die Größenordnung der Formänderung unter diesen Voraussetzungen ist aber sehr klein, da bei Wirkung größerer mechanischer Kräfte andere Effekte, wie Plastizität und Bruch, das Verhalten des Werkstückes bestimmen. Auf der

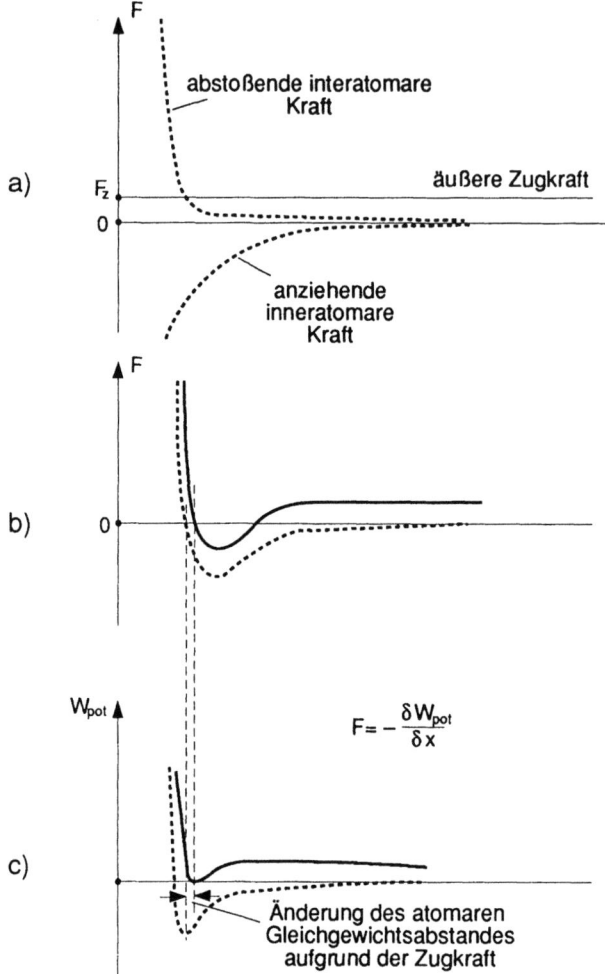

*Bild 3.1-1*: Wechselwirkungskräfte und Energien zwischen zwei benachbarten Atomen (analog Bild 1.3.1-1) unter Einfluß einer Zugkraft $F_z$ (zum besseren Verständnis ist der eingezeichnete Wert weit größer als in der Realität). Die Kurven ohne Einwirkung der Zugkraft sind gestrichelt gezeichnet

    a) Ortsabhängigkeit der abstoßenden und anziehenden Kräfte zwischen zwei Atomen zusammen mit einer Zugkraft $F_z$

    b) Summe der in a) wirkenden Kräfte

    c) aus b) durch graphische Integration bestimmte Abhängigkeit der potentiellen Energie vom Abstand der Atome

## 3.1. Elastizität

anderen Seite ist kennzeichnend für eine Belastung nach Bild 3.1-1, daß nach Wegnahme der mechanischen Kraft das System wieder in den Ausgangszustand ohne mechanische Last zurückkehrt. Das Verhalten eines Werkstoffes wie in Bild 3.1-1 wird als elastisches Verhalten oder **Elastizität** bezeichnet (genauer: **Energieelastizität**; ist die Entropiekraft vorherrschend — wie es bei Polymeren häufig der Fall ist —, dann spricht man von **Entropieelastizität**), es läßt sich kennzeichnen durch die Eigenschaften:

1. Die Änderungen der Gitterkonstanten des Festkörpers sind bei einer Energieelastizität relativ klein. Aufgrund dieser Tatsache kann die Abhängigkeit der Formänderung von der Kraft durch eine Taylorentwicklung beschrieben werden, die nach dem ersten — linearen — Glied abgebrochen wird, d.h. der Zusammenhang zwischen mechanischer Kraft und Formänderung ist linear (Hooke'sches Gesetz, s.u.) wie bei einer mechanischen Feder. Bei größeren mechanischen Kräften ist in gewissen Grenzen auch noch eine Abweichung von der Linearität (anharmonische Verzerrung) zugelassen.

2. Die elastische Verzerrung eines Körpers ist **reversibel**, d.h. die Gestalt des elastisch verformten Körpers hängt nur von der mechanischen Belastung ab und nicht von der Vorgeschichte der Belastung (bei einer genauen Betrachtung gilt diese Aussage nur bedingt)

3. Alle festen Körper — unabhängig davon, ob es sich um Ionenkristalle, Metalle, Halbleiter, Keramiken oder Kunststoffe handelt, zeigen bei kleinen mechanischen Belastungen ein elastisches Verhalten.

Läßt man eine mechanische Kraft $F$ auf die Stirnfläche eines zylindrischen Festkörperstabes (Querschnitt $A$) einwirken, dann hängt die Reaktion des Festkörpers ab von dem Verhältnis

$$\sigma = \frac{F}{A} \tag{3.1}$$

der **mechanischen Spannung**, wie sich über die Auslenkung einer oder mehrerer mechanischer Federn (jeder Feder kommt dann eine bestimmte Fläche zu) mit gleicher Last leicht zeigen läßt. Ein grundsätzlicher Unterschied besteht zwischen **Normalspannungen** und **Scherspannungen** — je nachdem, ob die Kraft normal (d.h. parallel zur Oberflächennormalen) oder tangential (d.h. senkrecht zur Oberflächennormalen) wirkt. Das wird durch Bild 3.1-2 verdeutlicht.

Alle mechanischen Spannungen, die auf einen Würfel wirken können, sind in Bild 3.1-3 dargestellt. Wir fordern, daß der Würfel keine Translations (Verschiebungs)- und Rotationsbewegung durchführt, daraus folgt, daß die Spannungen auf gegenüberliegenden Flächen des Würfels jeweils entgegengesetzt gleich sind. Wäre z.B. in Bild 3.1-3 die Normalspannung auf der Ebene

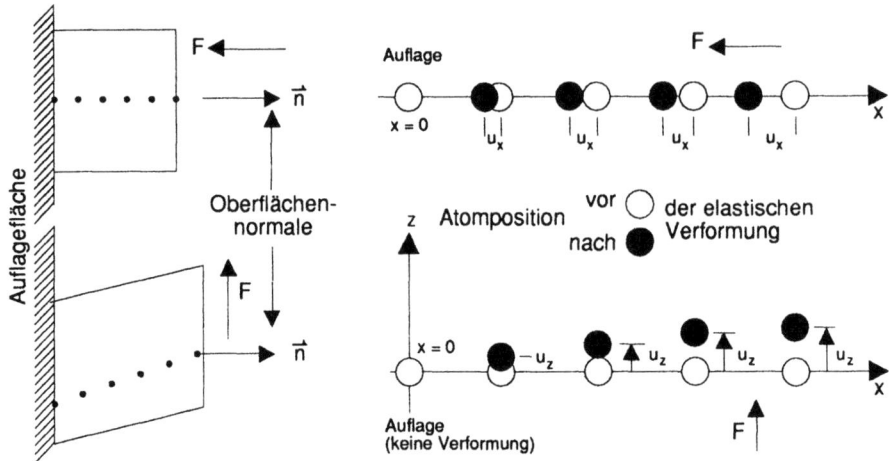

*Bild 3.1-2*: Normal- und Scherspannungen auf einer Oberfläche

a) Normalspannung: Die Kraft wirkt in Richtung der Oberflächennormalen. Eingezeichnet ist eine Kompressionsspannung, welche die Breite des verformten Körpers verringert. Die Verschiebungen $u_x$ der einzelnen Atome des Körpers sind ebenfalls eingezeichnet, sie nehmen mit dem Abstand von der Auflagefläche zu.

b) Tangentialspannung: Die Kraft wirkt senkrecht zur Oberflächennormalen, d.h. tangential auf die belastete Fläche. Entsprechend erfolgt eine Verschiebung $u_z$ der Kristallatome senkrecht zur Normalen (x-Achse), auch diese nimmt mit dem Abstand von der Auflagefläche zu

mit einer Normalen in Richtung der 3-Achse nicht kompensiert durch die (gestrichelt gezeichnete) entgegengesetzt gleiche Spannung auf der gegenüberliegenden Fläche, dann würde sich der gesamte Würfel aufgrund der anliegenden Spannung nach oben bewegen. Das geforderte Fehlen einer Rotationsbewegung bedeutet, daß sich die Drehmomente gegenseitig aufheben müssen, daraus folgt die Bedingung (Bild 3.1-4)

$$\sigma_{ik} = \sigma_{ki} \quad \text{mit} \quad i, k = 1, 2, 3 \tag{3.2}$$

Die Forderung nach Abwesenheit einer Translations- und Rotationsbewegung resultiert darin, daß von den ursprünglich $6 \cdot 3 = 18$ nur noch 6 voneinander unabhängige Spannungen übrig bleiben, es liegt nahe (und vereinfacht die folgenden Rechnungen außerordentlich), diese in einem symmetrischen Tensor, dem **Spannungstensor**, anzuordnen.

## 3.1. Elastizität

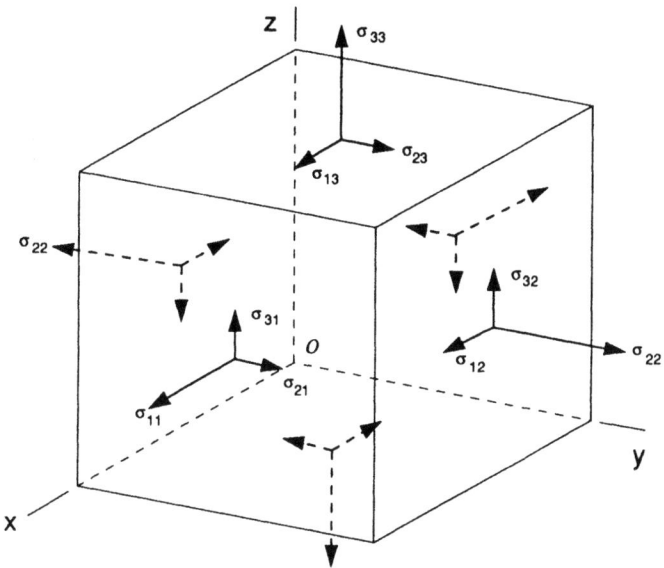

*Bild 3.1-3*: Alle Normal- und Scherspannungen, die auf einen Würfel wirken können. Zur einfacheren Beschreibung werden die x-, y-und z- Achse durch die Indizes 1, 2 und 3 ersetzt. Der erste Index der $\sigma_{ik}$ gibt jeweils die Richtung der wirkenden Kraft an, der zweite die Normalenrichtung der betrachteten Ebene. Normalspannungen haben damit stets gleiche Indizes, Scherspannungen verschiedene.

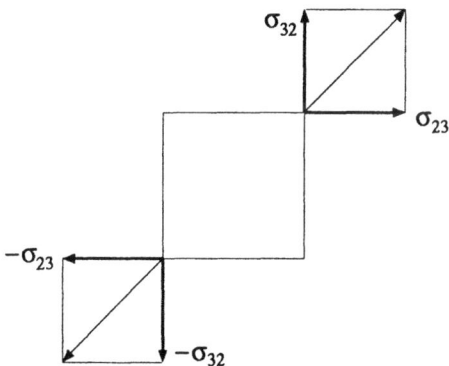

*Bild 3.1-4*: Eine Rotationsbewegung des Würfels unterbleibt nur dann, wenn sich die Drehmomente gegenseitig aufheben, daraus folgt $\sigma_{23} = \sigma_{32}$

$$((\sigma)) = \begin{pmatrix} \sigma_{11} & \sigma_{12} & \sigma_{13} \\ \sigma_{21} & \sigma_{22} & \sigma_{23} \\ \sigma_{31} & \sigma_{32} & \sigma_{33} \end{pmatrix} \quad (3.3)$$

Etwas aufwendiger ist die Definition der elastischen Verzerrungen in einem Festkörper. Es wäre nicht sinnvoll, hierfür die Verschiebungen $u_i$ aus Bild 3.1–2 unmittelbar zu verwenden, da deren Größe von dem Abstand $x$ von der Auflage abhängt. Sinnvoller ist eine Definition über die Zunahme der Verschiebung mit dem Ort, also dem Gradienten der Verschiebung. Aus übergeordneten Gründen [25] wählt man auch diese nicht unmittelbar, sondern eine Kombination des Typs

$$\varepsilon_{ik} = \frac{1}{2}\left(\frac{\partial u_i}{\partial x_k} + \frac{\partial u_k}{\partial x_i}\right) \quad (3.4)$$

Diese Größen werden als **elastische Verzerrungen** bezeichnet, auch sie lassen sich zur Vereinfachung der mathematischen Behandlung in einem Tensor, dem **Verzerrungstensor**, zusammenfassen. Aus der Definition (3.4) folgt unmittelbar, daß auch der Verzerrungstensor symmetrisch sein muß. Die Terme in (3.4) lassen sich leicht anschaulich interpretieren: Sind die Indizes gleich, dann handelt es sich um Normalverzerrungen, ansonsten um Scherverzerrungen.

Die anfangs geforderte Linearität der Beziehungen zwischen mechanischen Spannungen und den daraus resultierenden Formänderungen wird jetzt ausgedrückt durch eine lineare Beziehung zwischen den Komponenten der Spannungs– und Verzerrungstensoren für den allgemeinsten Fall [25]:

$$\begin{bmatrix} \sigma_{11} \\ \sigma_{22} \\ \sigma_{33} \\ \sigma_{23} \\ \sigma_{31} \\ \sigma_{12} \\ \sigma_{32} \\ \sigma_{13} \\ \sigma_{21} \end{bmatrix} = \begin{bmatrix} c_{11} & c_{12} & c_{13} & c_{14} & c_{15} & c_{16} & c_{14} & c_{15} & c_{16} \\ c_{12} & c_{22} & c_{23} & c_{24} & c_{25} & c_{26} & c_{24} & c_{25} & c_{26} \\ c_{13} & c_{23} & c_{33} & c_{34} & c_{35} & c_{36} & c_{34} & c_{35} & c_{36} \\ c_{14} & c_{24} & c_{34} & c_{44} & c_{45} & c_{46} & c_{44} & c_{45} & c_{46} \\ c_{15} & c_{25} & c_{35} & c_{45} & c_{55} & c_{56} & c_{45} & c_{55} & c_{56} \\ c_{16} & c_{26} & c_{36} & c_{46} & c_{56} & c_{66} & c_{46} & c_{56} & c_{66} \\ c_{14} & c_{24} & c_{34} & c_{44} & c_{45} & c_{46} & c_{44} & c_{45} & c_{46} \\ c_{15} & c_{25} & c_{35} & c_{45} & c_{55} & c_{56} & c_{45} & c_{55} & c_{56} \\ c_{16} & c_{26} & c_{36} & c_{46} & c_{56} & c_{66} & c_{46} & c_{56} & c_{66} \end{bmatrix} \begin{bmatrix} \varepsilon_{11} \\ \varepsilon_{22} \\ \varepsilon_{33} \\ \varepsilon_{23} \\ \varepsilon_{31} \\ \varepsilon_{12} \\ \varepsilon_{32} \\ \varepsilon_{13} \\ \varepsilon_{21} \end{bmatrix} \quad (3.5)$$

Diese Beziehung wird als das **verallgemeinerte Hooke'sche Gesetz** bezeichnet mit den **elastischen Konstanten** $c_{ik}$. Um vierstellige Indizes zu vermeiden, sind in (3.5) die Tensorkomponenten jeweils untereinander in einem (Pseudo–)Vektor dargestellt.

Da wir wissen, daß die Tensorkomponenten symmetrisch sind, brauchen wir nur jeweils die ersten sechs Vektorkomponenten in (3.5) zu betrachten, die Ausrechnung ergibt (man beachte den Faktor 2 vor den Scherverzerrungs-

## 3.1. Elastizität

Komponenten):

$$\begin{bmatrix} \sigma_{11} \\ \sigma_{22} \\ \sigma_{33} \\ \sigma_{23} \\ \sigma_{31} \\ \sigma_{12} \end{bmatrix} = \begin{bmatrix} c_{11} & c_{12} & c_{13} & c_{14} & c_{15} & c_{16} \\ c_{12} & c_{22} & c_{23} & c_{24} & c_{25} & c_{26} \\ c_{13} & c_{23} & c_{33} & c_{34} & c_{35} & c_{36} \\ c_{14} & c_{24} & c_{34} & c_{44} & c_{45} & c_{46} \\ c_{15} & c_{25} & c_{35} & c_{45} & c_{55} & c_{56} \\ c_{16} & c_{26} & c_{36} & c_{46} & c_{56} & c_{66} \end{bmatrix} \begin{bmatrix} \epsilon_{11} \\ \epsilon_{22} \\ \epsilon_{33} \\ 2\epsilon_{23} \\ 2\epsilon_{31} \\ 2\epsilon_{12} \end{bmatrix} \quad (3.6)$$

Beziehungen wie (3.6) lassen sich erheblich vereinfachen, wenn die Kristallsymmetrie berücksichtigt wird, d.h. die elastischen Eigenschaften dürfen sich nicht ändern, wenn das Koordinatensystem so verschoben und verdreht wird, daß die Kristallsymmetrie erhalten bleibt (Beispiel: Rotation der x-und y-Achse eines kubischen Systems um die z-Achse mit einem Winkel von 90°). Bei den für die Anwendung wichtigen Werkstoffen mit einer kubischen Kristallstruktur läßt sich der Tensor der elastischen Konstanten weiter vereinfachen zu

$$c_{mn} = \begin{bmatrix} c_{11} & c_{12} & c_{12} & 0 & 0 & 0 \\ c_{12} & c_{11} & c_{12} & 0 & 0 & 0 \\ c_{12} & c_{12} & c_{11} & 0 & 0 & 0 \\ 0 & 0 & 0 & c_{44} & 0 & 0 \\ 0 & 0 & 0 & 0 & c_{44} & 0 \\ 0 & 0 & 0 & 0 & 0 & c_{44} \end{bmatrix} \quad (3.7)$$

Die elastischen Konstanten sind tabelliert (Tab. 3.1-1)

Zur Berechnung konkreter Probleme muß das Gleichungssystem gelöst werden

$$\begin{aligned} \sigma_{11} &= c_{11}\epsilon_{11} + c_{12}\epsilon_{22} + c_{12}\epsilon_{33} \\ \sigma_{22} &= c_{12}\epsilon_{11} + c_{11}\epsilon_{22} + c_{12}\epsilon_{33} \\ \sigma_{33} &= c_{12}\epsilon_{11} + c_{12}\epsilon_{22} + c_{11}\epsilon_{33} \\ \sigma_{23} &= 2c_{44}\epsilon_{23} \\ \sigma_{31} &= 2c_{44}\epsilon_{31} \\ \sigma_{12} &= 2c_{44}\epsilon_{12} \end{aligned} \quad (3.8)$$

wobei die richtigen Randbedingungen eingesetzt werden müssen. Bei einer Änderung des Koordinatensystems müssen alle Größen, d.h. Spannungen, Verzerrungen und elastische Konstanten nach den Regeln der Tensorrechnung transformiert werden [25], was mit einem erheblichen mathematischen Aufwand verbunden ist.

Lassen wir sogar die Forderung nach kubischer Symmetrie fallen, dann führt das zu einem **isotropen** elastisches Verhalten. Diese Näherung ist zwar mathematisch einfach zu behandeln, aber in der Praxis häufig mit großen

Fehlern verbunden, so daß bei Anwendungen (z.B. piezoelektrischer und piezoresistiver Effekt in Einkristallen) die kubische Näherung zu bevorzugen ist.

Ein Kriterium dafür, daß sich ein kubischer Kristall isotrop verhält, wäre z.B., daß sich der Kristall bei einer Drehung um 45° um eine kubische Achse gleich verhält [25]. Die Konsequenz ist die Bedingung

$$2c_{44} = c_{11} - c_{12} \tag{3.9}$$

d.h. es gibt jetzt nur noch zwei unabhängige elastische Konstanten. Um abschätzen zu können, wie nahe ein Kristall dem isotropen Verhalten kommt, bestimmt man das **Anisotropieverhältnis** $A$ (s.Tab. 3.1-1):

*Tab. 3.1-1*: Elastische Konstanten einiger Materialien mit kubischer Kristallstruktur (nach [25]). Die kubischen elastischen Konstanten $c_{ik}$, der Schubmodul $G$, die Lamé-Konstante (isotrope Näherung) und der Elastizitätsmodul $E$ nach (3.15) haben alle die Dimension $10^4$MPa, der Anisotropiefaktor $A$ und die Poissonsche Zahl $\nu$ die Dimension 1.

| Kristall | $c_{11}$ | $c_{12}$ | $c_{44}$ | A | G | $\lambda$ | $\nu$ |
|---|---|---|---|---|---|---|---|
| Al | 10.82 | 6.13 | 2.85 | 1.21 | 2.65 | 5.93 | 0.347 |
| Ag | 12.40 | 9.34 | 4.61 | 3.01 | 3.38 | 8.11 | 0.354 |
| Au | 18.6 | 15.7 | 4.20 | 2.9 | 3.10 | 14.6 | 0.412 |
| Cr | 35.0 | 5.78 | 10.1 | 0.69 | 12.1 | 7.78 | 0.13 |
| Cu | 16.84 | 12.14 | 7.54 | 3.21 | 5.46 | 10.06 | 0.324 |
| Fe | 24.2 | 14.65 | 11.2 | 2.36 | 8.6 | 12.1 | 0.291 |
| Ge | 12.89 | 4.83 | 6.71 | 1.66 | 5.64 | 3.76 | 0.200 |
| K | 0.457 | 0.374 | 0.263 | 6.35 | 0.174 | 0.285 | 0.312 |
| Mo | 46 | 17.6 | 11.0 | 0.775 | 12.3 | 18.9 | 0.305 |
| Na | 0.603 | 0.459 | 0.586 | 8.15 | 0.380 | 0.253 | 0.201 |
| Nb | 24.6 | 13.4 | 2.87 | 0.51 | 3.96 | 14.5 | 0.392 |
| Ni | 24.65 | 14.73 | 12.47 | 2.52 | 9.47 | 11.7 | 0.276 |
| Pb | 4.66 | 3.92 | 1.44 | 3.90 | 1.01 | 3.48 | 0.387 |
| Ta | 26.7 | 16.1 | 8.25 | 1.56 | 7.07 | 14.9 | 0.339 |
| Th | 7.53 | 4.89 | 4.78 | 3.62 | 3.40 | 3.51 | 0.254 |
| Si | 16.57 | 6.39 | 7.96 | 1.74 | 6.41 | 4.84 | 0.215 |
| V | 22.8 | 11.9 | 4.26 | 0.78 | 4.73 | 12.4 | 0.352 |
| W | 52.1 | 20.1 | 16.0 | 1.00 | 16.0 | 20.1 | 0.278 |
| AgBr | 5.63 | 3.3 | 0.720 | 0.618 | 0.87 | 3.45 | 0.401 |
| KCl | 3.98 | 0.62 | 0.625 | 0.372 | 1.045 | 1.04 | 0.250 |
| LiF | 11.12 | 4.20 | 6.28 | 1.82 | 5.15 | 3.07 | 0.187 |
| MgO | 28.6 | 8.7 | 14.8 | 1.49 | 12.9 | 6.8 | 0.173 |
| NaCl | 4.87 | 1.24 | 1.26 | 0.694 | 1.48 | 1.46 | 0.248 |
| PbS | 12.7 | 2.98 | 2.48 | 0.614 | 3.23 | 3.73 | 0.269 |
| Diamant | 107.6 | 12.5 | 57.6 | 1.21 | 53.6 | 8.50 | 0.068 |

## 3.1. Elastizität

$$A = \frac{2c_{44}}{c_{11} - c_{12}} \quad (3.10)$$

das bei isotropen Materialen per definitionem 1 ist. Mit den Definitionen

$$\begin{aligned}\text{Schubmodul} \quad & G := \tfrac{1}{2}(c_{11} - c_{12}) \\ \text{Lamé–Konstante} \quad & \lambda := c_{12}\end{aligned} \quad (3.11)$$

vereinfacht sich das Gleichungssystem (3.8) zu

$$\begin{aligned}\sigma_{11} &= (\lambda + 2G)\epsilon_{11} + \lambda\epsilon_{22} + \lambda\epsilon_{33} \\ \sigma_{22} &= \lambda\epsilon_{11} + (\lambda + 2G)\epsilon_{22} + \lambda\epsilon_{33} \\ \sigma_{33} &= \lambda\epsilon_{11} + \lambda\epsilon_{22} + (\lambda + 2G)\epsilon_{33} \\ \sigma_{23} &= 2c_{44}\epsilon_{23} \\ \sigma_{31} &= 2c_{44}\epsilon_{31} \\ \sigma_{12} &= 2c_{44}\epsilon_{12}\end{aligned} \quad (3.12)$$

Wir wollen dieses Gleichungssystem für den einfachstmöglichen Fall, die **uniaxiale Kompression** oder **Dilatation** lösen (Bild 3.1-5). Für diesen Fall reduziert sich das Gleichungssystem (3.12) auf

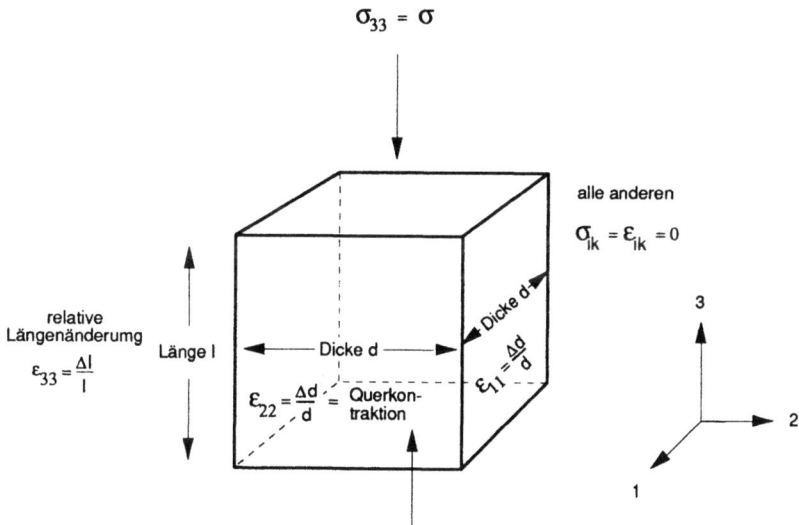

*Bild 3.1-5*: Elastische Verformung eines Quaders durch uniaxiale Kompression. Eingezeichnet sind die Elemente der Spannungs-und Verzerrungstensoren und deren Interpretation

$$\begin{aligned} 0 &= (\lambda + 2G)\epsilon_{11} + \lambda\epsilon_{22} + \lambda\epsilon_{33} \\ 0 &= \lambda\epsilon_{11} + (\lambda + 2G)\epsilon_{22} + \lambda\epsilon_{33} \\ \sigma &= \lambda\epsilon_{11} + \lambda\epsilon_{22} + (\lambda + 2G)\epsilon_{33} \end{aligned} \quad (3.13)$$

mit den Lösungen

$$-\frac{\epsilon_{11}}{\epsilon_{33}} = \frac{\lambda}{2(G+\lambda)} =: \nu \quad (3.14)$$

$$\sigma = \frac{G(2G+3\lambda)}{G+\lambda}\cdot\epsilon_{33} =: E\epsilon_{33} \quad (3.15)$$

Dabei werden als neue elastische Konstanten die **Poisson'sche Zahl** $\nu$ und der **Elastizitätsmodul** $E$ eingeführt. Da es sich aber um eine isotrope Näherung handelt, sind von den drei elastischen Konstanten $G$, $E$ und $\nu$ nur zwei unabhängig voneinander, die dritte kann aus den anderen zwei berechnet werden.

In der Praxis werden bei isotropen und quasiisotropen (d.h. $A \approx 1$) Werkstoffen die zuletzt genannten elastischen Konstanten angegeben (Tab. 3.1–2 und 3)

Durch Lösung des Gleichungssystems (3.12) unter den Randbedingungen der **hydrostatischen Kompression**

$$\begin{aligned} -3p &= \sigma_{11} + \sigma_{22} + \sigma_{33} \\ \Delta V/V &= \epsilon_{11} + \epsilon_{22} + \epsilon_{33} \end{aligned} \quad (3.16)$$

kann der **Kompressionsmodul** $K$ bestimmt werden, der das Verhältnis von wirkendem Druck $p$ zur relativen Volumenveränderung $\Delta V/V$ angibt:

$$K = -\frac{p}{\Delta V/V} = \frac{3(1-2\nu)}{E} \quad (3.17)$$

## 3.1. Elastizität

*Tab. 3.1-2*: Vergleich der Elastizitätsmoduln verschiedener Werkstoffgruppen (nach [73])

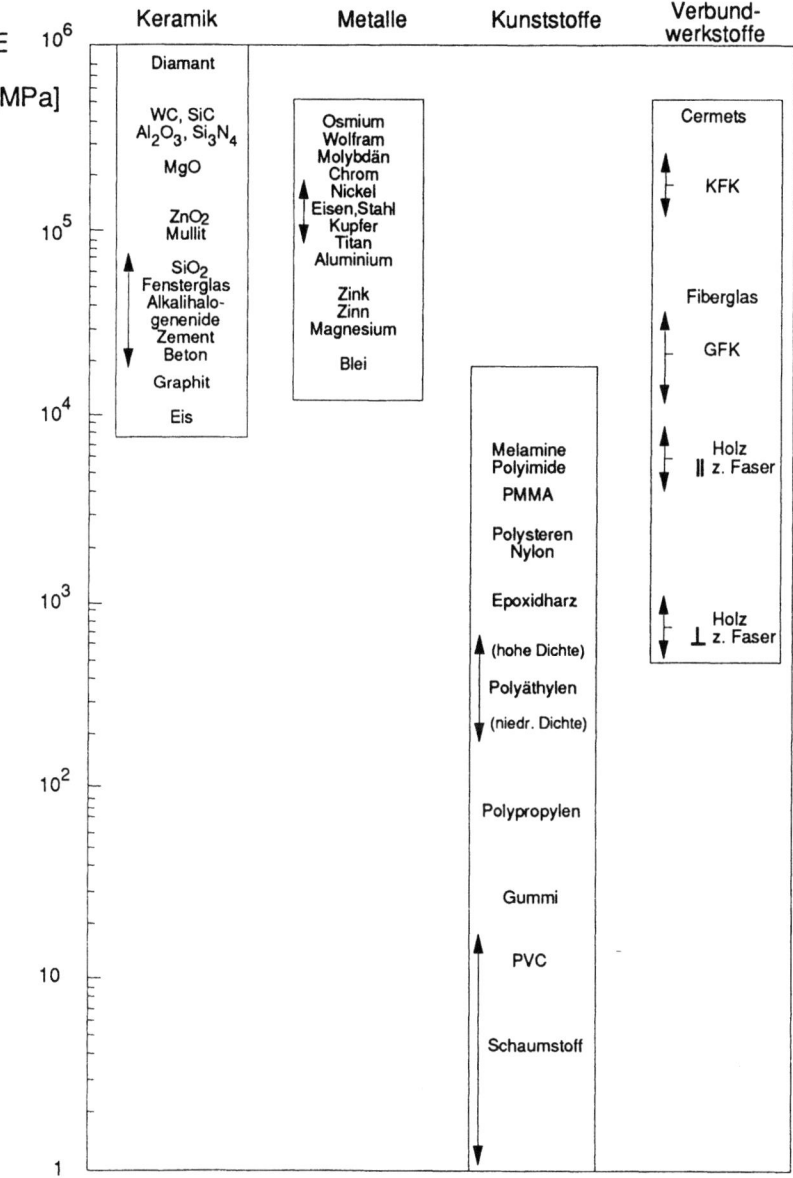

*Tab. 3.1-3*: Isotrope elastische Konstanten (nach [21])

| Werkstoff | $E$ $10^3$MPa | $G$ $10^3$MPa | $\nu$ |
|---|---|---|---|
| W | 360 | 130 | 0.35 |
| $\alpha$-Fe, Stahl | 215 | 82 | 0.33 |
| Ni | 200 | 80 | 0.31 |
| Cu | 125 | 46 | 0.35 |
| Al | 72 | 26 | 0.34 |
| Pb | 16 | 5.5 | 0.44 |
| Porzellan | 58 | 24 | 0.23 |
| Kieselglas | 76 | 23 | 0.17 |
| Flintglas | 60 | 25 | 0.22 |
| Plexiglas | 4 | 1.5 | 0.35 |
| Polystyrol | 3.5 | 1.3 | 0.32 |
| Hartgummi | 5 | 2.4 | 0.2 |
| Gummi | 0.1 | 0.03 | 0.42 |

*Tab. 3.1-4*: Abhängigkeit der elastischen Konstanten von der Kristallorientierung bei Einkristallen und gemittelte Werte für polykristalline Werkstoffe (nach [21]). Alle Werte sind in MPa angegeben.

| | einkristallin | | | | regellos polykristallin | |
|---|---|---|---|---|---|---|
| | $E_{<111>}$ | $E_{<100>}$ | $G_{<100>}$ | $G_{<111>}$ | $E^*$ | $G^*$ |
| Cu | 194000 | 68000 | 74000 | 31000 | 125000 | 46000 |
| Al | 77000 | 64000 | 29000 | 25000 | 72000 | 27000 |
| $\alpha$-Fe | 290000 | 120000 | 118000 | 61000 | 215000 | 84000 |

## 3.2 Plastizität und Härte

### 3.2.1 Metalle und Keramiken

Die Eigenschaft vieler Werkstoffe, sich bei Anwendung einer mechanischen Kraft bleibend zu verformen, bezeichnet man als **Plastizität**. Beispiele aus dem Alltag dafür sind das Biegen eines Kupferdrahtes, das Krummschlagen eines Nagels an der Wand, die Biegung eines Metallbleches in eine gewünschte Form oder das Dünnziehen einer Plastikfolie. Nicht alle Materialien sind plastisch: Eine Glasscheibe geht bei einer starken Verbiegung bei Raumtemperatur direkt von der elastischen Verformung in einen Bruch über, dasselbe gilt

## 3.2. Plastizität und Härte

für ein Keramikröhrchen und eine Zuckerstange. Häufig werden Materialien erst bei hohen Temperaturen plastisch, wie der Glasbläser am Beispiel des bei niedrigen Temperaturen spröden Glases beweist.

Kristallisch aufgebaute Werkstoffe behalten bei einer plastischen Verformung im allgemeinen ihre Kristallinität. Ein wichtiger Mechanismus dafür ist in Bild 3.2.1-1 dargestellt für den Fall einer mechanischen Belastung durch uniaxiale Kompression (siehe Bild 3.1-5).

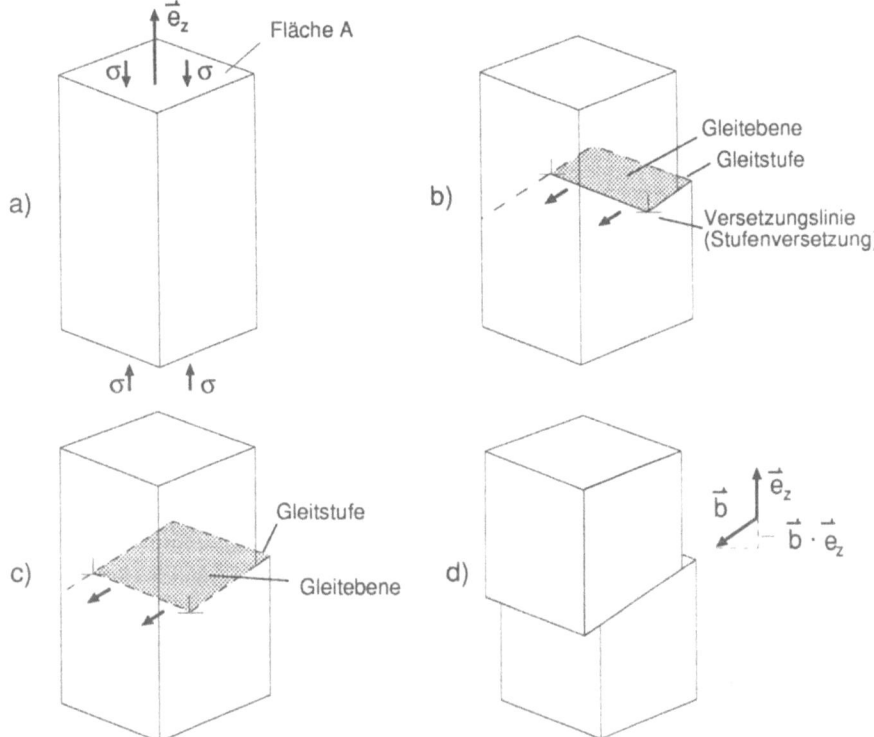

*Bild 3.2.1-1*: Plastische Verformung eines Quaders unter dem Einfluß einer uniaxialen Kompression:

a) Ausgangszustand,

b) Entstehung einer Abgleitung mit Gleitstufe, Gleitebene und Versetzungslinie,

c) Vergrößerung des abgeglittenen Gebiets durch Verschiebung der Versetzung,

d) die Versetzung ist durch den gesamten Kristall gelaufen und erzeugt bei ihrem Austritt aus dem Kristall eine zweite Gleitstufe.

Die mechanische Spannung (Normalspannung in Richtung $\vec{e}_z$) wirkt auf die Querschnittsfläche $A$ und bewirkt auf einer Gleitebene mit der Normalen $\vec{n}$ eine Verschiebung beider Kristallhälften gegeneinander um den Vektor $\vec{b}$.

Wir betrachten zunächst die Figur in Bild 3.2.1–1d. Wenn es dem Kristall gelingt, auf einer definierten Ebene (**Gleitebene**) die obere und untere Hälfte des Kristalls gegeneinander abzuscheren, so daß an der Verbindungsfläche — der Gleitebene — die vorher vorhandenen Kristallbindungen wiederhergestellt werden, dann ist eine plastische Verformung erfolgt. Der Kristall hat seine Länge um den Betrag $<\vec{b}\cdot\vec{e}_z>$ verkürzt und dabei die Energie gewonnen:

$$-W = \text{Kraft} \cdot \text{Weg} = \sigma \cdot A \cdot <\vec{b}\vec{e}_z> \qquad (3.18)$$

Nach Wegnahme der Normalspannung gibt es für den Kristall keinen Grund, wieder in den Ausgangszustand zurückzukehren (es sei denn, um die durch die beiden Gleitstufen verursachte geringe Energieerhöhung abzubauen).

Ein Problem bei diesem Prozeß ist, daß eine große Anzahl von Gitterbindungen aufgebrochen werden muß (die allerdings hinterher wieder zusammengefügt werden), um eine solche Abgleitung zu ermöglichen. Bei den in Abschnitt 1.3 aufgeführten Bindungsenergien und den aus 1.4 zu erwartenden hohen Atomzahlen pro Gitterfläche müßte insgesamt eine erhebliche Energie aufgewendet werden, die unmöglich durch thermische Anregung entstehen kann. Der Kristall hilft sich auf andere Weise: Er führt die Abgleitung stückweise durch. Das bedeutet, daß die Abgleitung an einem Ort der Oberfläche beginnt und sich dann sukzessiv durch den Kristall fortsetzt (Bild 3.2.1–1b und c). Die Kristallbindungen brauchen dann nur noch am Ort des Überganges von dem abgeglittenen zum noch nicht abgeglittenen Material aufgebrochen zu werden, dahinter werden die Atome oberhalb und unterhalb der Gleitebene wieder zusammengeführt.

Der Begrenzungslinie zwischen abgeglittenem und nicht abgeglittenem Gebiet kommt also eine besondere Bedeutung zu, sie wird als **Versetzung** bezeichnet. Die Versetzung ist ein linienförmiger (eindimensionaler) Gitterfehler, da die Kristallbindungen entlang der Versetzungslinie gestört sind. Am Ort der Gleitstufe ist eine mit Atomen besetzte Kristallebene aus dem Quader herausgetreten, diese fehlt nun unterhalb der Gleitebene, d.h. n Gitterebenen oberhalb stehen nur $n-1$ Ebenen unterhalb der Gleitebene gegenüber. Oberhalb der Gleitebene muß also eine "eingeschobene Halbebene" vorhanden sein, wie in Bild 3.2.1–2 dargestellt. Dieser Typ von Versetzung wird als **Stufenversetzung** bezeichnet. Man erkennt deutlich, daß die Kristallstruktur nur dann erhalten bleibt, wenn der Vektor $\vec{b}$ (**Burgersvektor**) Werte annimmt, die mit einem Gittervektor übereinstimmen.

Es gibt aber noch andere Formen von Versetzungen. Die Zwischenphasen in Bild 3.2.1–1b und c waren nämlich willkürlich gewählt. Dasselbe Ergebnis mit dem Ausgangs- und Endzustand in Bild 3.2.1–1a und d läßt sich auch auf eine andere Weise erreichen (Bild 3.2.1–3).

## 3.2. Plastizität und Härte

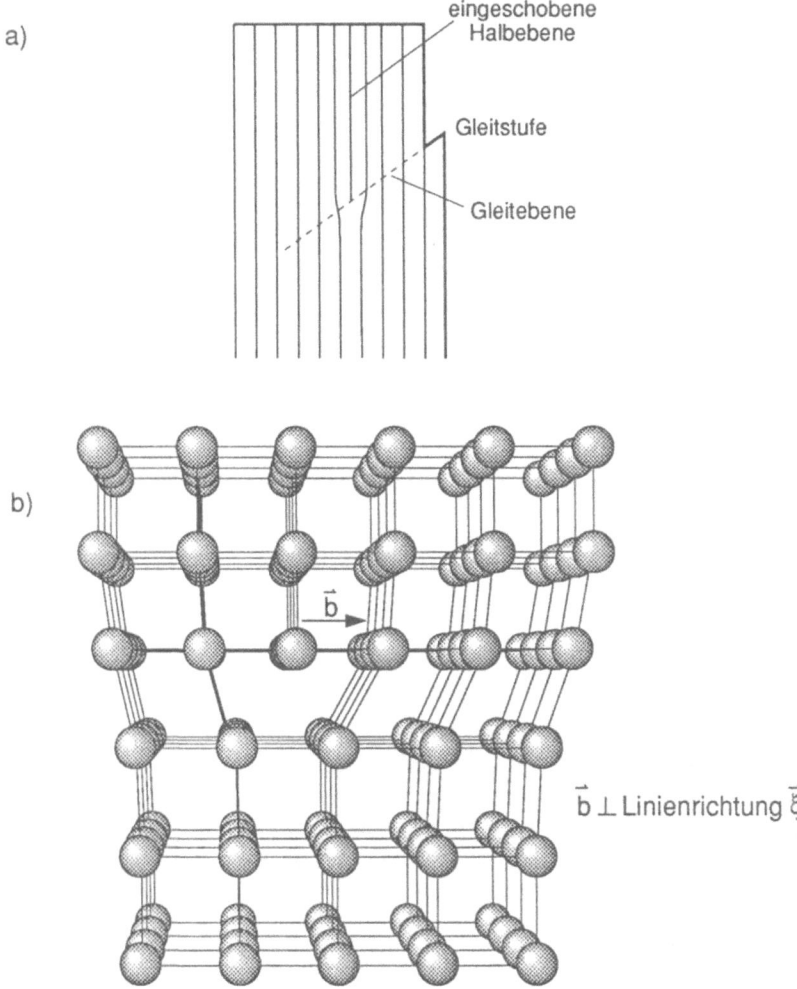

*Bild 3.2.1-2*: Struktur einer Stufenversetzung mit "eingeschobener Halbebene".

a) Schematisch, Seitenansicht des Bildes 3.2.1-1b mit Kennzeichnung der senkrechten Gitterebenen: Am Ort der Gleitstufe ist eine Gitterebene aus dem Kristall herausgetreten

b) Atomare Struktur um eine Stufenversetzung.

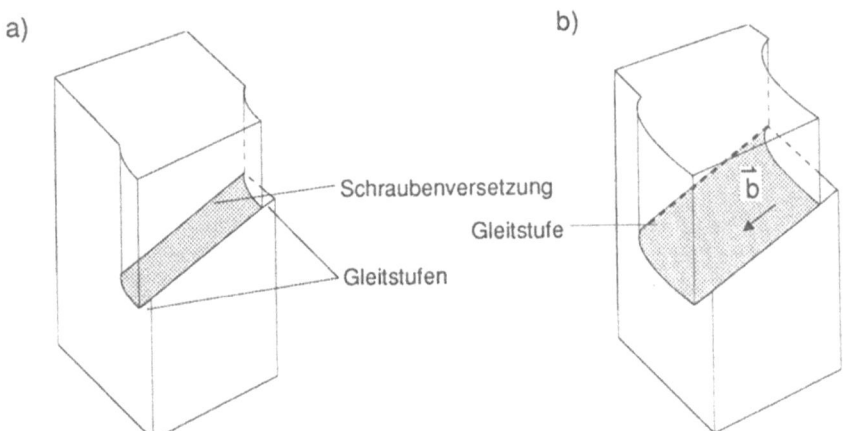

*Bild 3.2.1-3*: Abgleitung mit einer Schraubenversetzung

a) Entstehung der Schraubenversetzung: Gleitstufen entstehen an gegenüberliegenden Seiten.

b) Ausbreitung der Schraubenversetzung Die beiden Bilder a) und b) können anstelle der Bilder 3.2.1-1b und c treten, sie verursachen die gleiche Abgleitung wie in Bild 3.2.1-1d.

Formal läßt sich der Unterschied zwischen Stufen- und Schraubenversetzungen durch den Winkel zwischen Versetzungslinie und dem Burgersvektor $\vec{b}$ beschreiben: Er beträgt bei Stufenversetzungen 90°, bei Schraubenversetzungen 0°. Zwischen Stufen-und Schraubenversetzungen gibt es alle Zwischenstufen, jeweils charakterisiert durch den Winkel zwischen Versetzungslinie und Burgersvektor (Bild 3.2.1-4).

Die treibende Kraft für die Versetzungsbewegung ist die durch die Abgleitung gewonnene potentielle Energie $W$ nach (3.18). Wir können diese Energie auch dadurch bestimmen, daß wir die Schubspannung auf der Gleitebene in Richtung $\vec{b}$ berechnen und diese mit der Fläche $A'$ der Gleitebene multiplizieren (ergibt die Schubkraft). Das Produkt aus Schubkraft und Verschiebungslänge ist die gewonnene potentielle Energie — jetzt aus Spannung und Verschiebung auf der Gleitebene selbst berechnet. Die Berechnung kann mit Hilfe des Spannungstensors (3.1-3) erfolgen, der bei uniaxialer Belastung in z-Richtung die einfache Form hat:

$$((\sigma)) = \begin{pmatrix} 0 & 0 & 0 \\ 0 & 0 & 0 \\ 0 & 0 & \sigma \end{pmatrix} \qquad (3.19)$$

## 3.2. Plastizität und Härte

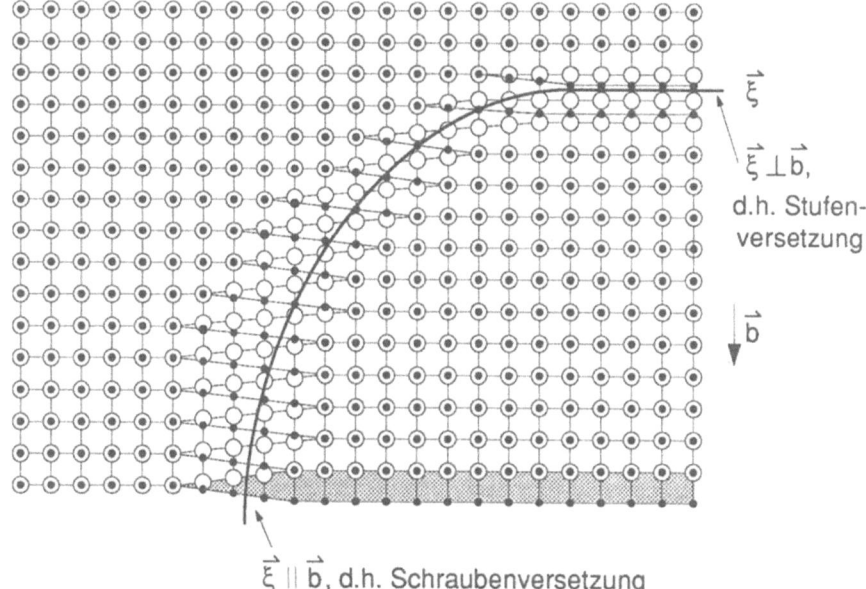

Bild 3.2.1-4: Konfiguration von Versetzungslinien mit verschiedenem Versetzungstyp, gekennzeichnet durch den Winkel zwischen Versetzungslinie $\xi$ und dem Burgersvektor $\vec{b}$. Während $\vec{b}$ festliegt, ist $\xi$ variabel. In dem Bild ist im Bereich rechts unter der Versetzungslinie die Atomlage oberhalb der Gleitebene (kleine Punkte) um einen Gittervektor $\vec{b}$ verschoben gegenüber der Atomlage unterhalb der Gleitebene (Kreise) (nach [17]).

Wird dieser Tensor von rechts multipliziert mit der Normalen $\vec{n}$ einer Ebene, dann erhält man den Spannungsvektor $\vec{\sigma}$, der sich zusammensetzt aus der Normal– und der Scherspannung auf der Ebene mit $\vec{n}$. Die Projektion dieses Vektors auf die gewünschte Richtung ergibt die entsprechende Spannung:

$$\vec{\sigma} := \begin{pmatrix} 0 & 0 & 0 \\ 0 & 0 & 0 \\ 0 & 0 & \sigma \end{pmatrix} \vec{n} = \sigma \begin{pmatrix} 0 \\ 0 \\ <\vec{e_z}\vec{n}> \end{pmatrix} = \sigma <\vec{e_z}\vec{n}> \vec{e_z} \qquad (3.20)$$

Normalspannung auf Ebene mit $\vec{n}$:

$$\sigma_n = \sigma <\vec{e_z}\vec{n}><\vec{e_z}\vec{n}> = \sigma <\vec{e_z}\vec{n}>^2 \qquad (3.21)$$

Scherspannung in Richtung $\frac{\vec{b}}{|\vec{b}|}$:

$$\sigma_s|_{\vec{b}} =: \tau = \sigma <\vec{e_z}\vec{n}><\vec{e_z}\vec{b}> \qquad (3.22)$$

Die Fläche $A'$ der Gleitebene ergibt sich über

$$A' \cdot <\vec{e}_z \vec{n}> = A \qquad (3.23)$$

Damit ist die gewonnene potentielle Energie ausgedrückt durch die Größen der Gleitebene

$$-W = A' \cdot \tau \cdot b \qquad (3.24)$$

Durchläuft die Versetzung nicht die gesamte Gleitebene, sondern nur eine Fläche $L \cdot s$ ($L$ = Länge der Versetzungslinie, $s$ = Laufweg der Versetzung, dann ist die gewonnene Energie anteilig:

$$-W = \frac{Ls}{A'} \cdot A' \cdot \tau \cdot b \qquad (3.25)$$

$$\implies -\frac{W}{Ls} = \tau \cdot b = \frac{F_{\text{vers}}}{L} \qquad (3.26)$$

Die pro Länge $L$ Versetzungslinie beim Durchlaufen der Strecke $s$ gewonnene Energie kann interpretiert werden als Kraft pro Länge Versetzungslinie $F_{\text{vers}}/L$.

Auf eine Versetzungslinie wirkt also eine Kraft, welche die Bewegung der Versetzung verursacht. In dieser Beziehung verhält sich die Versetzung wie eine gespannte Saite, die ebenfalls durch eine Kraft in definierter Weise ausgelenkt werden kann. Sogar eine rücktreibende Kraft gibt es bei der Versetzungslinie: Da die Versetzungslinie eine Kristallstörung darstellt, ist eine Vergrößerung der Länge mit einer Erhöhung der Kristallenergie verbunden; die Versetzung wird sich also bei Abwesenheit von wirkenden Kräften auf die kürzestmögliche Länge zusammenziehen. Die Kraft auf die Versetzung ist stark geometrieabhängig, d.h. sie hängt nach (3.22) und (3.26) von der Orientierung der Gleitebene und des Burgersvektors ab. Bei Anwesenheit vieler verschiedener Versetzungen im Kristall werden sich also einige Versetzungen schneller, andere langsamer bewegen — je nach Größe der geometrieabhängigen Schubspannung.

Die plastische Verformung eines Kristalls besteht aus außerordentlich vielen Einzelprozessen des in Bild 3.2.1-1 dargestellten Mechanismus. Sie ist unmittelbar verknüpft mit der Anzahl (Dichte) von Versetzungen und deren Beweglichkeit. Als Maß für die Stärke der plastischen Verformung wird die **Abgleitung** $a$ (nicht zu Verwechseln mit dem Prozeß in den Bildern 3.2.1-1 und 2) definiert (Bild 3.2.1-7a). Die zeitliche Änderung der Abgleitung (Abgleitungsgeschwindigkeit) hängt zusammen mit der Dichte $\varrho_m$ der zur Abgleitung beitragenden (beweglichen) Versetzungen, dem Burgersvektor $\vec{b}$ und der Versetzungsgeschwindigkeit $v$ über die **Orowan-Beziehung**:

$$a = |\vec{b}| \cdot \varrho_m \cdot v \qquad (3.27)$$

## 3.2. Plastizität und Härte

Dabei wird die Versetzungsdichte beschrieben durch die Versetzungslänge pro cm$^3$, d.h. sie hat eine Dimension cm$^{-2}$. Bei hochverformten Proben können durchaus Dichten von $10^{12}$cm$^{-2}$, das sind $10^7$ km (mehr als der zweihundertfache Erdumfang) pro cm$^3$ vorkommen.

Wie können so große Versetzungsdichten entstehen? Man kann davon ausgehen, daß praktisch jeder Metallkristall (nicht unbedingt Halbleiterkristall) bereits bei der Kristallzucht — durch unbeabsichtigte mechanische Belastung, z.B. thermisch erzeugte Spannungen — einige Versetzungen (eingewachsene Versetzungen) aufgenommen hat. Diese können sich bei einer mechanischen Belastung rasch vermehren (**multiplizieren**). Ein Beispiel für einen Mechanismus der Versetzungsmultiplikation ist in Bild 3.2.1-5 angegeben.

Die Frank-Read-Quelle ist nur eine von vielen denkbaren Versetzungsquellen. Andere Versetzungsquellen können durch lokale mechanische Spannungskonzentrationen — z.B. Beschädigungen (Inhomogenitäten) an der Oberfläche entstehen. Das ist auch der wichtigste Mechanismus der Versetzungserzeugung in versetzungsfreien Kristallen (z.B. Siliziumscheiben für die Halbleiterfertigung).

Die Geschwindigkeiten der Versetzungen können beachtlich sein (Bild 3.2.1-6), sie liegen jedoch meist weit unter der Schallgeschwindigkeit.

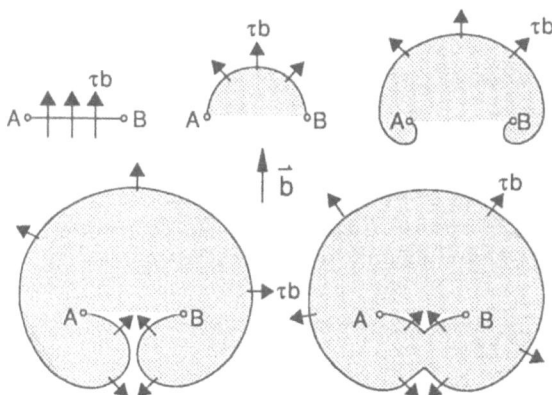

*Bild 3.2.1-5*: Versetzungsmultiplikation mit einer Frank-Read-Quelle: Man geht aus von einem Versetzungsstück, das an den Punkten $A$ und $B$ durch ein Hindernis fest verankert ist. Bei Einwirkung einer Kraft $\tau \cdot b$ auf die Versetzung beult sich diese aus und erzeugt ein abgeglittenes (schraffiertes) Gebiet, das sich immer weiter vergrößert. Schließlich vereinigen sich Segmente der ausgebeulten Versetzung, sie erzeugen damit die ursprüngliche Konfiguration zwischen $A$ und $B$ und zusätzlich eine kreisförmige Versetzung um die Quelle herum.

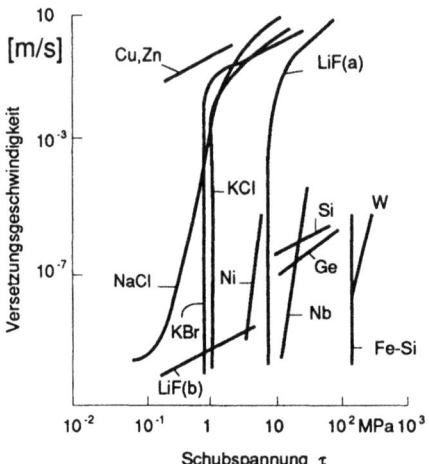

*Bild 3.2.1-6*: Geschwindigkeiten von Versetzungen in Abhängigkeit von der Schubspannung (nach [17]).

*Bild 3.2.1-7*: Zugversuch (beim Druckversuch ist die Spannung negativ) **Seite 163**

a) Eine langgestreckte Verformungsprobe wird durch eine Zugspannung verlängert. Die Stärke der Verformung kann auf zwei Arten gemessen werden:

1. Relative Längenänderung oder **Dehnung**: $\epsilon = \frac{l-l_0}{l_0}$.

2. **Abgleitung** $a = \frac{\Delta x}{d}$

b) **Kraft-Dehnungs-Kurve** (Kurve 1): Die Probe wird bis auf eine Dehnung verformt und die dafür erforderliche Kraft $F$ gemessen. Teilt man diese Kraft durch den **Anfangsquerschnitt** $A_0$ der Zugprobe, dann erhält man eine **technische Spannungs-Dehnungskurve**. Die technische Spannung entspricht **nicht** der wirklichen, da sich mit zunehmender Verformung der Querschnitt der Zugprobe verkleinert. Technische Spannungs-Dehnungskurven finden in der Praxis die meiste Anwendung.

**Schubspannungs-Abgleitungs-Kurve** (Kurve 2): Nach Gleichung (3.22) wird die Schubspannung in der (Haupt-) Gleitebene berechnet (die Orientierungen der Ebenen und Burgersvektoren ändern sich während der Verformung!). Nach a) ergibt sich die dazugehörige Abgleitung. Diese Kurven sind physikalisch besser interpretierbar als Kraft-Dehnungs-Diagramme.

c) Zugmaschine zur Aufnahme von Verformungskurven nach b): Die Dehnung wird über eine bewegliche Traverse erzeugt, das durch eine Spindel angetrieben wird. Meistens wird die Verformungskurve mit konstanter zeitlicher Änderung von Dehnung oder Abgleitung (konstante Dehnungs-oder Abgleitgeschwindigkeit) aufgenommen.

## 3.2. Plastizität und Härte

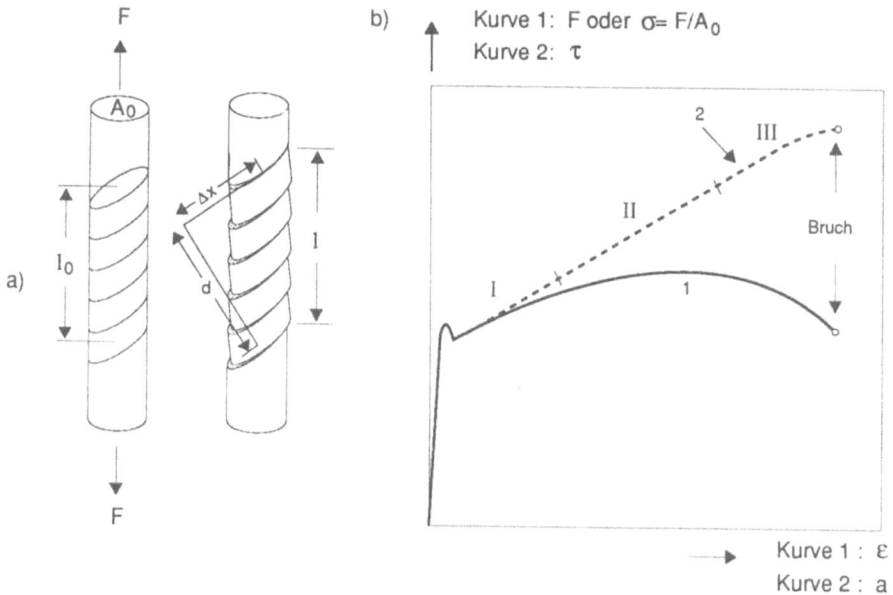

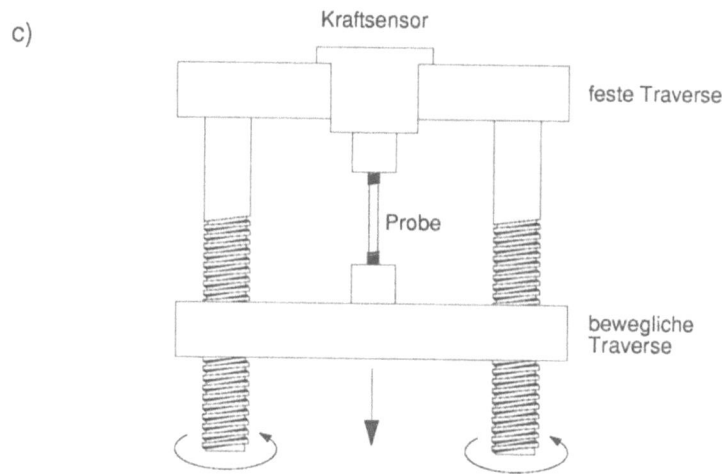

*Bild 3.2.1-7a) bis c)*: Zugversuch

Das elastische und plastische Verhalten der Metalle und anderer Werkstoffe kann über eine Vielzahl von Testverfahren (s. Abschnitt 3.7) beurteilt werden. Eine besondere Bedeutung haben der Zug- oder Druckversuch und der Kriechversuch erlangt (Bild 3.2.1-7 und 18).

Der Beginn der plastischen Verformung ist bei den Werkstoffen durch eine charakteristische Spannung, die **Fließgrenze** $R_p$, definiert, häufig auch durch die Spannung $R_{0,2}$ bei einer Dehnung von 0,2% (Bild 3.2.1-8a, Abb. 1). In vielen Fällen setzt die plastische Verformung bei einer scharf definierten Spannung, der **Streckgrenze** $R_e$, ein (Bilder 3.2.1-7b und 3.2.1-8a, Abb. 1), manchmal sogar mit einer Streckgrenzenüberhöhung. Tab. 3.2.1-1 zeigt die mechanischen Kenndaten für eine Vielzahl von Materialien.

Die physikalischen Vorgänge bei der plastischen Verformung lassen sich anhand der Spannungs-Dehnungs-Kurve (besser: Schubspannungs-Abgleitungs-Kurve) erklären. Bei sehr kleinen Dehnungen ist zunächst das elastische Verhalten nach dem Hooke'schen Gesetz vorherrschend, d.h. die Spannung nimmt linear zu auf hohe Werte. Die Steigung in diesem Bereich entspricht dem Elastizitätmodul (Bild 3.2.1-8a). Möglicherweise schließt sich an den linearen elastischen Bereich noch ein anelastischer an, bevor die plastische Verformung einsetzt. In diesem Fall tritt zwar durch eine Ausbeulung der Versetzungen (wie bei einer Saite, s.o.) bereits eine Verformung ein, diese ist aber reversibel, d.h. nach Wegnahme der äußeren Spannung kehren die Versetzungen in ihre Ausgangslage zurück, so daß die Verformung wieder rückgängig gemacht wird.

Die Entstehung einer Streckgrenze (Bild 3.2.1-8a, Abb. 1) ist typisch für den Fall, daß zu Beginn der Verformung nur wenige bewegliche Versetzungen vorhanden sind. Diese entstehen erst nach Einwirkung größerer Spannungen (obere Streckgrenze). Erst danach setzt eine Plastizität durch Bewegung der Versetzungen ein, die auch bei kleineren Spannungen möglich ist (untere Streckgrenze). Sind von Anfang an bereits viele bewegliche Versetzungen vorhanden, oder erfolgt deren Entstehung bereits bei kleineren Spannungen, dann tritt eine Streckgrenze gar nicht erst auf (Bild 3.2.1-8a, Abb. 2).

Die Deutung der Spannungs-Dehnungs-Kurve durch mikroskopische Prozesse, wie Versetzungserzeugung, -vermehrung und -bewegung, sowie die Wechselwirkung der Versetzungen untereinander und mit Gitterfehlstellen wie Fremdatomen, Ausscheidungsteilchen u.a., hängt sehr stark ab von der Zusammensetzung und der Mikrostruktur des Werkstoffes. Deshalb erfolgt zunächst eine Diskussion des plastischen Verhaltens von reinen Metallen, anschließend von Legierungen. Dieses kann hier nur in Form eines Überblicks geschehen, eine ausführliche Behandlung erfolgt in der Literatur der Metallphysik (z.B. [71], [73], [74]).

### 3.2. Plastizität und Härte

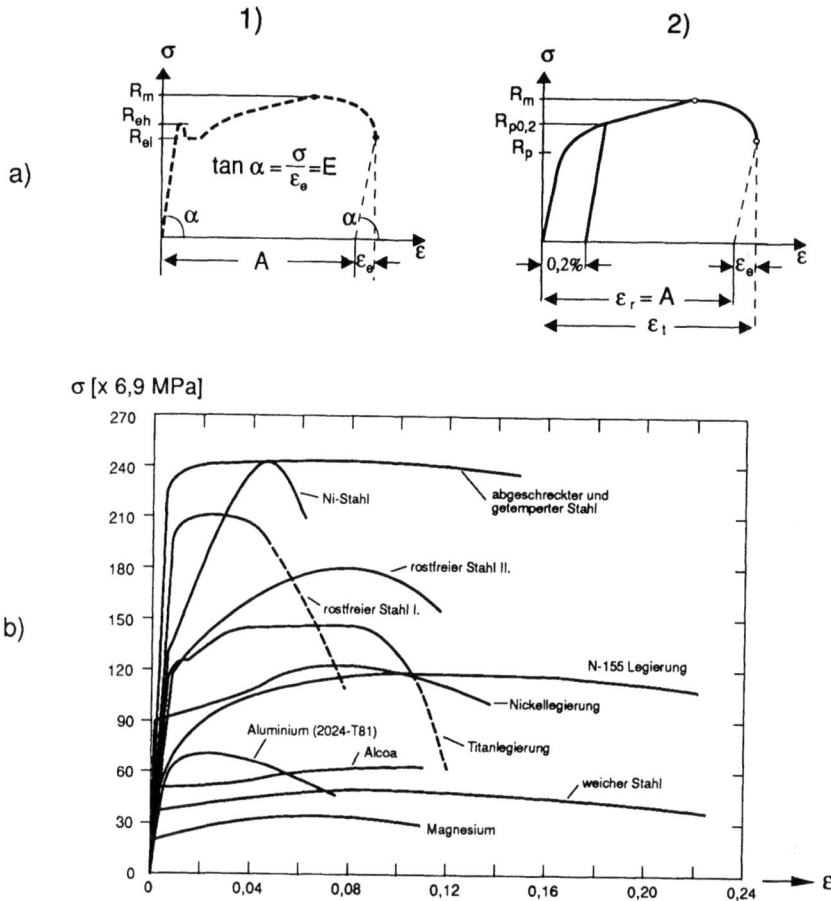

**Bild 3.2.1-8**: Technische Spannungs-Dehnung-Kurven

a) Kenndaten technischer Spannungs-Dehnungs-Kurven (Abb. 1 mit Streckgrenzenüberhöhung, Abb. 2 mit Dehngrenze): **Zugfestigkeit** $R_m$, **Fließgrenze** $R_p$, **Streckgrenze** $R_e$, (bei einer Streckgrenzenüberhöhung unterscheidet man zwischen der oberen Streckgrenze $R_{eh}$ und der unteren Streckgrenze $R_{el}$), **0,2%-Dehngrenze** $R_{p0,2}$. Die maximale Spannung $R_m$ wird als **Zugfestigkeit** definiert, sie ist mit dem Beginn einer Einschnürung verbunden, wo sich beim Zugversuch der Probenquerschnitt verkleinert und den Bruch der Probe einleitet. Die **Bruchdehnung** $A$ ist die auf die Anfangsmeßlänge bezogene bleibende Längenänderung nach dem Bruch der Probe. Die Bruchdehnung $A_5$ bezieht sich auf Zugproben, bei denen die Anfangsmeßlänge der Probe das 5fache des Anfangsdurchmessers beträgt, bei der Bruchdehnung $A_{10}$ beträgt sie das 10fache.

b) praktisch gemessene Kurven für verschiedene metallische Werkstoffe (nach [26])

*Tab. 3.2.1-1*: Mechanische Kenndaten verschiedener Materialien (nach [73]). Die Definition der Kenndaten erfolgt in Bild 3.2.1-7a.

| Werkstoff | $R_p$ [MPa] | $R_m$ [MPa] | A |
|---|---|---|---|
| Diamant | 50000 | — | 0 |
| Siliziumkarbid, SiC | 10000 | — | 0 |
| Siliziumnitrit, $Si_3N_4$ | 8000 | — | 0 |
| Quarzglas | 7200 | — | 0 |
| Wolframkarbid, WC | 6000 | — | 0 |
| Niobkarbid, NbC | 6000 | — | 0 |
| Aluminiumoxid, $Al_2O_3$ | 5000 | — | 0 |
| Berylliumkarbid | 4000 | — | 0 |
| Mullit | 4000 | — | 0 |
| Titankarbid, TiC | 4000 | — | 0 |
| Zirkonkarbid, ZrC | 4000 | — | 0 |
| Tantalkarbid, TaC | 4000 | — | 0 |
| Zirkonoxid, ZrO | 4000 | — | 0 |
| Fensterglas | 3600 | — | 0 |
| Magnesiumoxid, MgO | 3000 | — | 0 |
| Kobalt und Legierungen | 180–2000 | 500–2500 | 0.01–6 |
| Niedriglegierter Stahl ( abgeschreckt in $H_2O$ und angelassen ) | 500–1980 | 680–2400 | 0.02–0.3 |
| Druckbehälterstahl | 1500–1900 | 1500–2000 | 0.3–0.6 |
| Rostfreier Stahl, austenitisch | 286–500 | 760–1280 | 0.45–0.65 |
| Bor/Epoxyd-Verbundwerkstoffe ( Zug-Druck ) | — | 725–1730 | — |
| Nickellegierungen | 200–1600 | 400–2000 | 0.01–0.6 |
| Nickel | 70 | 400 | 0.65 |
| Wolfram | 1000 | 1510 | 0.01–0.6 |
| Molybdän und Legierungen | 560–1450 | 665–1650 | 0.01–0.36 |
| Titan und Legierungen | 180–1320 | 300–1400 | 0.06–0.3 |
| Kohlenstoffstahl ( abgeschreckt in $H_2O$, angelassen ) | 260–1300 | 500–1880 | 0.2–0.3 |
| Tantal und Legierungen | 330–1090 | 400–1100 | 0.01–0.4 |
| Gußeisen | 220–1030 | 400–1200 | 0–0.18 |
| Kupferlegierungen | 60–960 | 250–1000 | 0.01–0.55 |
| Kupfer | 60 | 400 | 0.55 |
| Kobalt/Wolframkarbid cermets | 400–900 | 900 | 0.02 |
| KFK ( Zug und Druck) | — | 640–670 | — |
| Messing und Bronze | 70–640 | 230–890 | 0.01–0.7 |
| Aluminiumlegierungen | 100–627 | 300–700 | 0.05–0.3 |
| Aluminium | 40 | 200 | 0.5 |
| Rostfreier Stahl, ferritisch | 240–400 | 500–800 | 0.15–0.25 |
| Zinklegierungen | 160–421 | 200–500 | 0.1–1.0 |
| Beton, stahlarmiert (Zug oder Druck) | — | 410 | 0.02 |
| Alkalihalogenide | 200–350 | — | 0 |
| Zirkon und Legierungen | 100–365 | 240–440 | 0.24–0.37 |
| Baustahl | 220 | 430 | 0.18–0.25 |
| Eisen | 50 | 200 | 0.3 |
| Magnesiumlegierungen | 80–300 | 125–380 | 0.06–0.20 |
| GFK | — | 100–300 | — |
| Beryllium und Legierungen | 34–276 | 380–620 | 0.02–0.10 |
| Gold | 40 | 220 | 0.5 |
| PMMA | 60–110 | 110 | — |
| Epoxidharze | 30–100 | 30–120 | — |
| Polyimide | 52–90 | — | — |
| Nylon | 49–87 | 100 | — |
| Eis | 85 | — | 0 |
| Duktile Reinmetalle | 20–80 | 200–400 | 0.5–1.5 |
| Polystyren | 34–70 | 40–70 | — |

## 3.2. Plastizität und Härte

Tab. 3.2.1-1(Fortsetzung):

| Werkstoff | $R_p$ [MPa] | $R_m$ [MPa] | A |
|---|---|---|---|
| Silber | 55 | 300 | 0.6 |
| ABS/Polykarbonat | 55 | 60 | — |
| Holz (Druck ∥ zur Faser) | — | 35–55 | — |
| Blei und Legierungen | 11–55 | 14 | 0.2–0.8 |
| Acryl/PVC | 45–48 | — | — |
| Zinn und Legierungen | 7–45 | 14–60 | 0.3–0.7 |
| Polypropylen | 19–36 | 33–36 | — |
| Polyurăthan | 26–31 | | — |
| Polyäthylen, Hochdruck | 20–30 | 37 | — |
| Beton, nicht-armiert | 20–30 | — | 0 |
| Naturkautschuk | — | 30 | 5.0 |
| Polyäthylen, Niederdruck | 6–20 | 20 | — |
| Holz (Druck, ⊥ zur Faser) | — | 4–10 | — |
| Hochreine kfz–Metalle | 1–10 | 200–400 | 1–2 |
| Aufgeschäumte Kunststoffe, steif | 0.2–10 | 0.2–10 | 0.1–1 |
| Aufgeschäumtes Polyurăthan | 1 | 1 | 0.1–1 |

*Reine Metalle*: In diesen wird die Plastizität begrenzt durch die Wechselwirkung der Versetzungen untereinander, d.h. die Versetzungen behindern sich gegenseitig in ihrer Bewegung (work hardening). Zur Charakterisierung der Prozesse wird die Schubspannungs-Abgleitungs-Kurve in Bild 3.2.1-7b, Kurve 1, in die Bereiche I, II und III unterteilt. Im Bereich I können sich die Versetzungen relativ leicht bewegen (easy glide), so daß nur relativ niedrige Spannungen für eine plastische Verformung erforderlich sind. Im Bereich II (Verfestigung) stauen sich Versetzungen vor Hindernissen (z.B. Lomer-Cottrell-Versetzungen) auf, nur bei einer Vergrößerung der Spannung können sie die Hindernisse teilweise überwinden. Im Bereich III schließlich tritt bei noch höheren Spannungen eine gewisse Entfestigung auf. Dieser mit der Verfestigung konkurrierende Prozeß führt zu einer kontinuierlichen Verminderung der Verfestigungsrate (Steigung der Schubspannungs-Abgleitungs-Kurve). Typische Prozesse in diesem Stadium sind die (dynamische) Erholung und besondere Versetzungsreaktionen (z.B. Quergleiten), über die Versetzungen Hindernisse umgehen können und sich dann teilweise annihilieren.

Bei polykristallinen Metallen kommen zusätzlich Effekte durch die Wirkung von Korngrenzen hinzu. Eine Unterbrechung der Kristallperiodizität ist in der Regel ein starkes Hindernis für die Versetzungsbewegung, so daß sich Gruppen von Versetzungen an den Korngrenzen aufstauen. Dadurch können in einem benachbarten Korn so große mechanische Spannungen entstehen, daß dort die Bildung und Ausbreitung neuer Versetzungen initiiert wird. In einer anderen Theorie geht man davon aus, daß die Versetzungen von der Korngrenze aufgenommen und in das benachbarte Korn "umgeleitet" werden.

*Metall-Legierungen*: Die Oberflächenhärte reiner Metalle läßt sich durch Einbringen von Fremdatomen und Gitterstörungen — z.B. durch das Verfahren der Ionenimplantation (Beschuß der Oberfläche mit elektrisch beschleunigten

**168**  Kapitel 3. Mechanische Formgebung und Stabilität

Ionen) vergrößern. Dieses moderne Verfahren wird bereits zur Verminderung des Oberflächenverschleißes eingesetzt.

Auch im Innern des Werkstücks führt das Einbringen von Fremdatomen und -phasen in der Regel zu einer Vergrößerung der Härte. Die einzelnen Effekte werden im folgenden diskutiert:

Mischkristallhärtung: Einzeln gelöste Fremdatome können die Versetzungsbewegung verlangsamen (Reibungseffekte). Sie können sich auch an den Versetzungen anlagern und dort die Versetzung teilweise oder vollständig festhalten (pinnen). Schließlich besteht die Möglichkeit, daß die Fremdatome die Kristalleigenschaften insgesamt ändern und damit auch die Versetzungsstruktur (Versetzungsaufspaltung).

Die Wechselwirkung zwischen Versetzungen und Fremdatomen kann aufgrund der jeweiligen elastischen Felder zustandekommen oder aufgrund elektrischer Ladungen, die sowohl auf Versetzungen, wie an Fremdatomen entstehen können. Bild 3.2.1-9 zeigt die Zunahme der Schubspannung aufgrund der Mischkristallhärtung.

Härtung in geordneten Legierungen: Nehmen in einer Legierung die einzelnen Atomsorten bestimmte Gitterplätze ein (z.B. nur die Würfelkanten-oder Flächenmittelpunkte in einer kubisch flächenzentrierten Struktur, Beispiel in Bild 4.2.1-6), dann spricht man von einer **geordneten Legierung**. Wenn sich eine Versetzung durch eine solche Struktur bewegt, dann kann entlang der Gleitebene der Ordnungszustand gestört werden, d.h. die Kristallenergie der geordneten Legierung nimmt zu. Dieser Effekt wird erst dann verringert,

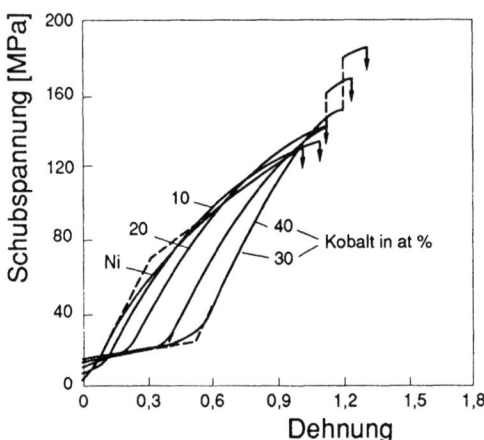

*Bild 3.2.1-9*: Mischkristallhärtung in einer Nickel-Kobalt-Legierung: Aufgetragen sind die Schubspannungs-Abgleitungs-Kurven für verschiedene Kobaltkonzentrationen (nach [74]).

## 3.2. Plastizität und Härte

wenn sich zwei Versetzungen in kurzem Abstand hintereinander (**Superversetzungen**) bewegen. Deren Beweglichkeit ist aber geringer als die von Einzelversetzungen, d.h. die Härte der Legierung wird durch den geordneten Zustand vergrößert (Bild 3.2.1-10). Zusätzlich kann die Härte der geordneten Legierung mit steigender Temperatur zunehmen, ein in der Praxis sehr erwünschter Effekt (Bild 3.2.1-11).

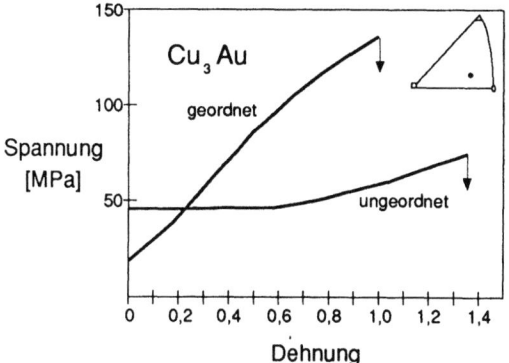

*Bild 3.2.1-10*: Schubspannungs-Abgleitungs-Kurve in einer geordneten und einer ungeordneten Legierung (nach [74]).

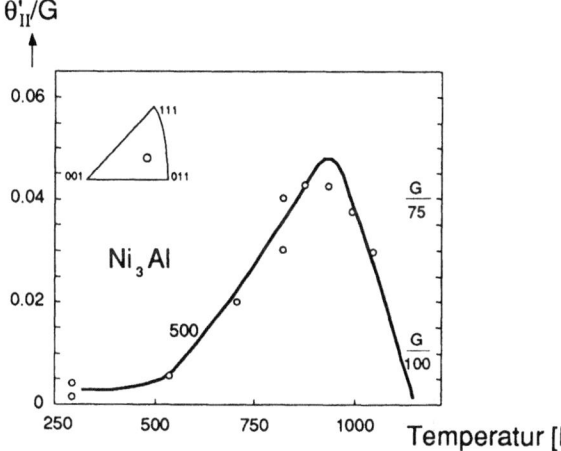

*Bild 3.2.1-11*: Zunahme der Härte einer geordneten Legierung (**Superlegierung**) mit der Temperatur. Aufgetragen ist das Verhältnis von $\Theta_{II}$ (Steigung der Schubspannungs-Abgleitungskurve im Bereich II) und dem Schubmodul G, nach [74].

170    Kapitel 3. Mechanische Formgebung und Stabilität

Härtung durch Bereiche einer zweiten Phase: Dabei muß unterschieden werden, ob die Versetzungen die Bereiche der zweiten Phase durchlaufen (schneiden) können (**Ausscheidungshärtung**, meistens handelt es sich dabei um kohärente Ausscheidungen, s. Abschnitt 2.8.2) oder ob die Bereiche nur durch die Versetzung umgangen werden können (**Dispersionshärtung**, meist inkohärente Ausscheidungen).

Ausscheidungshärtung: Die Wechselwirkung zwischen den Ausscheidungen und Versetzungen kann — wie bei einzelnen Fremdatomen — elastischer Natur sein. Eine andere Wechselwirkung entsteht durch den Schneidprozeß selbst (Bild 3.2.1-12): Als Ergebnis der Durchschneidung einer kohärenten Ausscheidung vergrößert sich die Oberfläche und Form der Ausscheidung, dieses erfordert eine zusätzliche Energie.

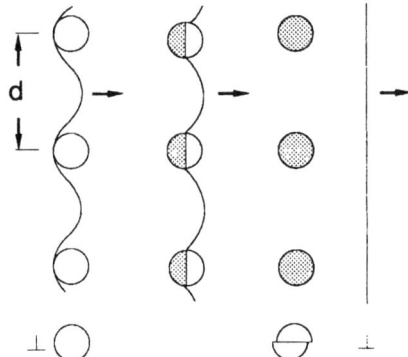

*Bild 3.2.1-12*: Eine Stufenversetzung durchschneidet kohärente Ausscheidungen: Als Ergebnis werden jeweils zwei Teile der Ausscheidungen gegeneinander abgeschert. Dadurch vergrößert sich die Oberflächenenergie (nach [75]).

In reellen Werkstücken sind die Ausscheidungen regellos verteilt. Die Versetzungslinien werden — je nach Wechselwirkung — stärker oder schwächer an die Ausscheidungen gebunden. Bei Anlegen einer mechanischen Spannung beulen sich die Versetzungssegmente zwischen den Ausscheidungen wie eine Saite aus, da die Ausscheidungen größere Hindernisse für die Bewegung darstellen. Erst bei Erreichen einer kritischen Spannung werden die Ausscheidungen durchschnitten, die Versetzung kann sich dann schnell weiterbewegen, bis sie durch das nächste Hindernis festgehalten wird (Bild 3.2.1-13).

Dispersionshärtung: In diesem Fall können die Versetzungen die Bereiche der zweiten Phase nicht durchschneiden. Aufgrund der von außen angelegten mechanischen Spannung beulen sich die Versetzungen zwischen den Hindernis-

## 3.2. Plastizität und Härte

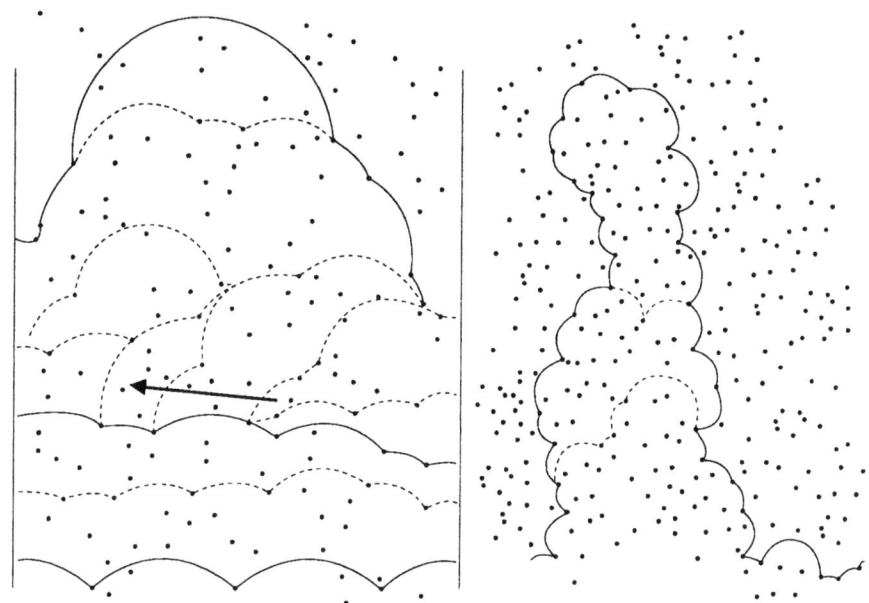

*Bild 3.2.1-13*: Bewegung von Versetzungen durch eine Verteilung von schwachen (a) und starken (b) Hindernissen.

sen so weit aus, bis sie hinter den Hindernissen wieder zusammentreffen und sich dort vereinigen. Dadurch kann die Versetzung die Hindernisse passieren, sie läßt aber um jedes Hindernis herum einen Versetzungsring zurück (Bild 3.2.1–14).

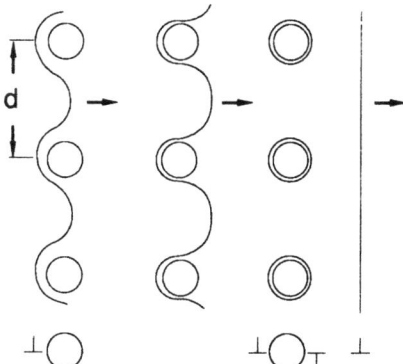

*Bild 3.2.1-14*: Eine Versetzung passiert inkohärente Teilchen mit gleichzeitiger Bildung von Versetzungsringen (Umgehungsmechanismus oder Orowan-Ringbildung, nach [75])

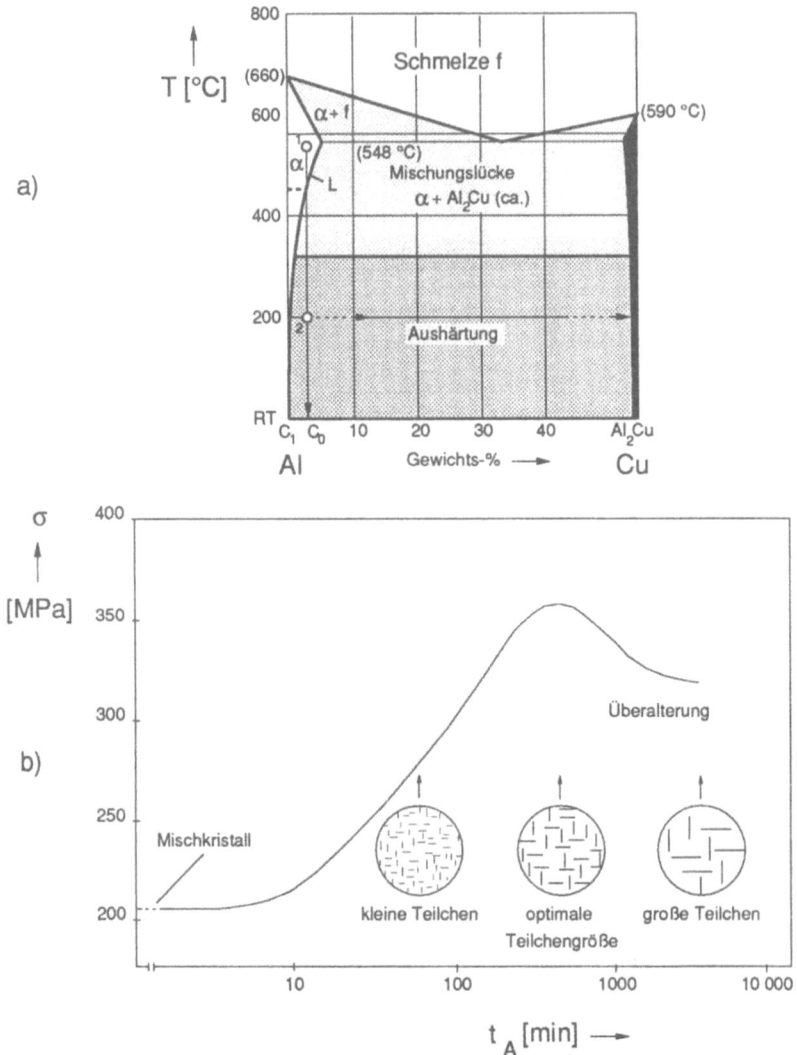

*Bild 3.2.1-15*: Ausscheidungshärtung in Aluminium mit 4% Kupfergehalt (Duralumin) a) eutektoides Zustandsdiagramm Aluminium-Kupfer: Bei Temperaturen um 500°C lösen sich die Kupferatome vollständig im Mischkristall auf. Nach Abkühlung auf 200°C ist diese Mischung aber übersättigt, so daß sich kupferreiche Teilchen ausscheiden. Mit steigender Auslagerungszeit wird die Ausscheidungsverteilung gröber: Viele kleine Ausscheidungsteilchen vereinigen sich zur Verminderung der Oberflächenenergie zu wenigen großen. Der Einfluß der Teilchengröße auf die Behinderung der Versetzungsbewegung ist unterschiedlich (b): Viele kleine Ausscheidungsteilchen und wenige sehr große behindern die Versetzungsbewegung weniger als ein mittlerer Wert von Teilchengröße und -dichte (nach [28])

## 3.2. Plastizität und Härte

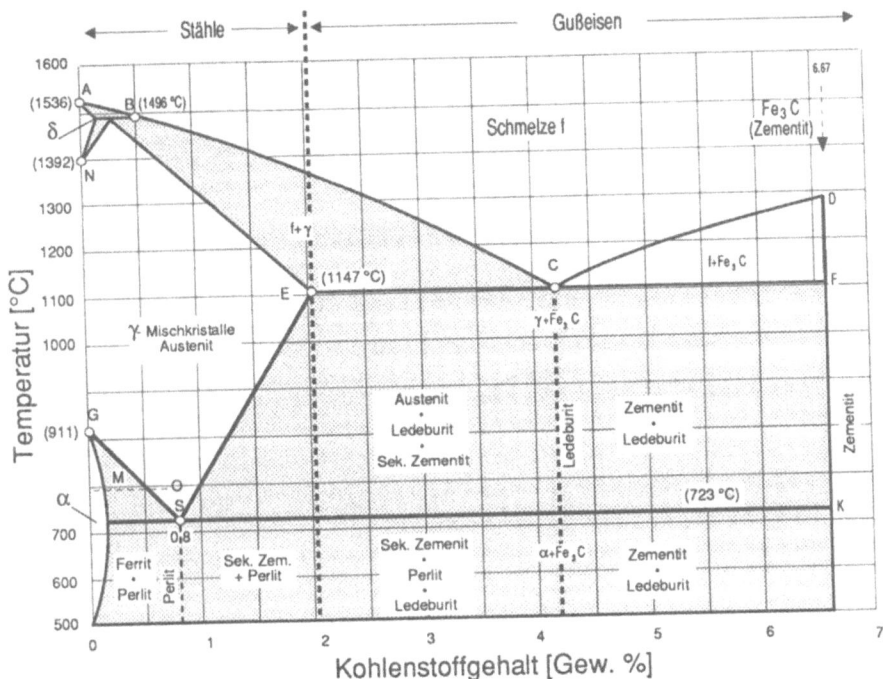

*Bild 3.2.1-15c*: Zustandsdiagramm des Systems Eisen-Kohlenstoff mit den Konzentrationsbereichen für Stahl und Gußeisen (nach [28])

Ein interessantes Beispiel für die Abhängigkeit der Härte eines Materials von der Größe und Dichte von Ausscheidungsteilchen ergibt der Werkstoff Duralumin (Bild 3.2.1-15a und b)

Ein völlig anderes Härtungsverfahren wird beim Stahl angewendet. Stähle sind relativ kohlenstoffarme Eisen-Kohlenstoffverbindungen (Bild 3.2.1-15c), häufig mit Zusätzen anderer Elemente. Wird ein Stahl aus dem Austenitbereich (s. Zustandsdiagramm in Bild 3.2.1-15c) schnell abgeschreckt (z.B. durch Eintauchen in Wasser), dann lagert sich in einer diffusionslosen Umwandlung ein stark verzerrtes Kristallgefüge ein, der nadelförmige **Martensit**. Dadurch wird die Kristallstruktur verspannt und verformt, die Martensitnadeln selbst sind ebenfalls hart.

In neuen Entwicklungen auf dem Gebiet der metallischen Werkstoffe wird angestrebt, die Festigkeit (Streckgrenze) bei hohen Temperaturen zu vergrössern. Hierzu bieten gute Ansätze die **intermetallischen Phasen** (intermediäre Verbindungen zwischen Metallen), die sich aufgrund einer stärkeren Atombindung durch eine größere Härte — bei immer noch beachtlicher Plastizität — auszeichnen. (Bild 3.2.1-16).

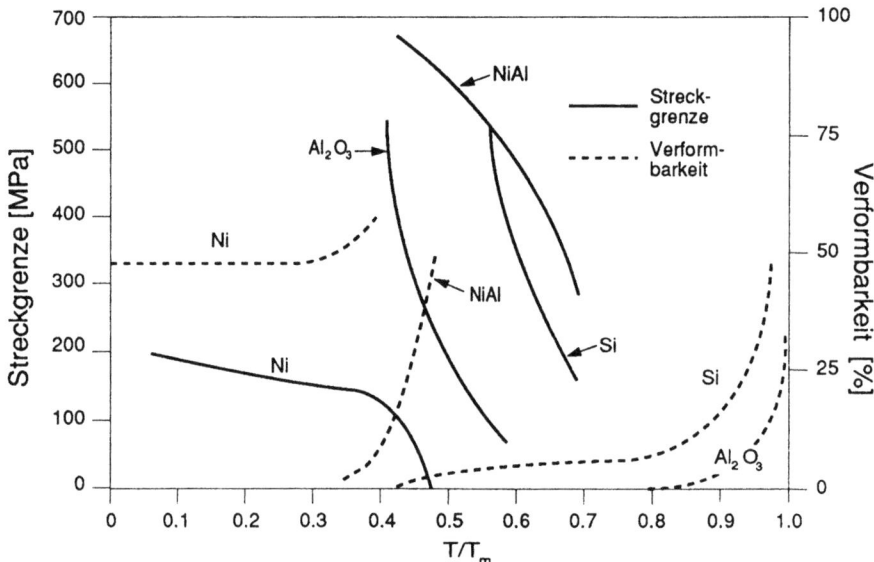

*Bild 3.2.1-16*: Fließspannung und Verformbarkeit der intermetallischen Phase NiAl im Vergleich zu dem metallischen Ni, dem Halbleiter Silizium und dem keramischen Werkstoff $Al_2O_3$ (nach [69])

Die Plastizität darf nicht zu klein werden, weil sonst harte Werkstoffe leicht spröde werden, d.h. bei Belastung schlagartig zerbrechen (wie z.B. Glas oder Keramik). Das hängt mit dem Mechanismus der Rißausbreitung zusammen, s. Abschnitte 3.5 und 3.6. Bild 3.2.1-17 zeigt den Vergleich der Eigenschaften neuentwickelter Werkstoffe.

Beim **Kriechversuch** wird das mechanische Verhalten des Werkstoffes über längere Zeit gemessen. Die Dehnung steigt zunächst relativ stark an (**primäres** oder **Übergangskriechen**), geht dann in einen Bereich mit konstanter Kriechrate (lineare Zunahme der Dehnung mit der Zeit, **sekundäres** oder **stationäres Kriechen**) über und nimmt schließlich wieder rapide zu (**tertiäres Kriechen**) bis zum Bruch der Probe (Bild 3.2.1-18). Der Kriechvorgang setzt ein bei Temperaturen, die im Bereich zwischen 0,3 und 0,4 des Schmelzpunktes (absolute Temperaturskala) liegen.

Die Temperatur-und Spannungsabhängigkeit der stationären Kriechrate ist gegeben über die Beziehung

$$\frac{\partial \epsilon_s}{\partial t} = A\sigma^n \exp(-Q/kT) \qquad (3.28)$$

## 3.2. Plastizität und Härte

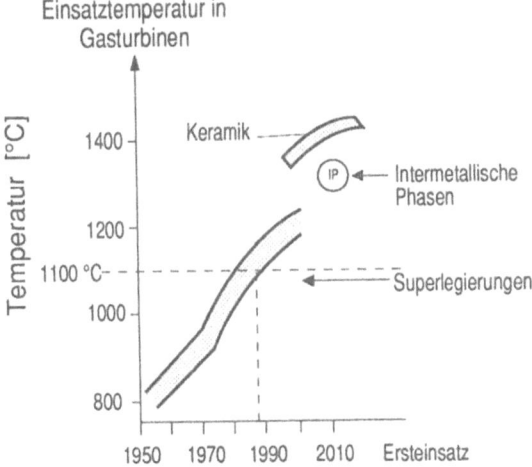

*Bild 3.2.1-17*: Einsatztemperaturen gegenwärtiger und künftiger Hochtemperaturlegierungen (nach [69])

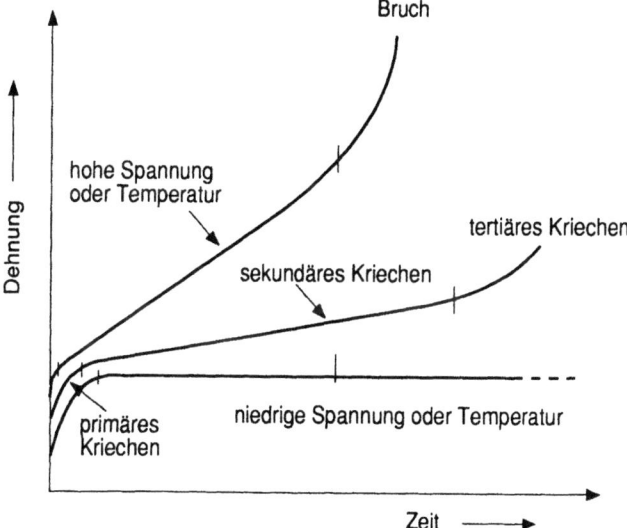

*Bild 3.2.1-18*: Kriechversuch bei einem metallischen Werkstoff Aufgetragen ist die Dehnung in Abhängigkeit von der Zeit für drei verschiedene Temperaturen oder Spannungen. Die Kriechkurve kann in drei charakteristische Stufen aufgeteilt werden.

Die Konstanten $A$, $n$ und $Q$ hängen stark vom Werkstoff ab und müssen experimentell bestimmt werden. Diese Werte können häufig mit den Kenngrößen der Spannungs-Dehnungs-Kurve korreliert werden, sie lassen dann in vielen Fällen konkrete Aussagen über das Verformungsverhalten der Metalle unter praktischen Bedingungen zu.

Kriecheffekte sind in der Praxis von großer Bedeutung, weil sie bei höheren Temperaturen von selbst ablaufen und nicht unterdrückt werden können. Bild 3.2.1-19 demonstriert dieses am Beispiel eines mechanisch fest eingespannten Schraubenbolzens, dessen ursprüngliche elastische Dehnung mit der Zeit relaxiert und durch eine (plastische) Kriechdehnung ersetzt wird, so daß die Gesamtdehnung erhalten bleibt (**Spannungsrelaxationsversuch**).

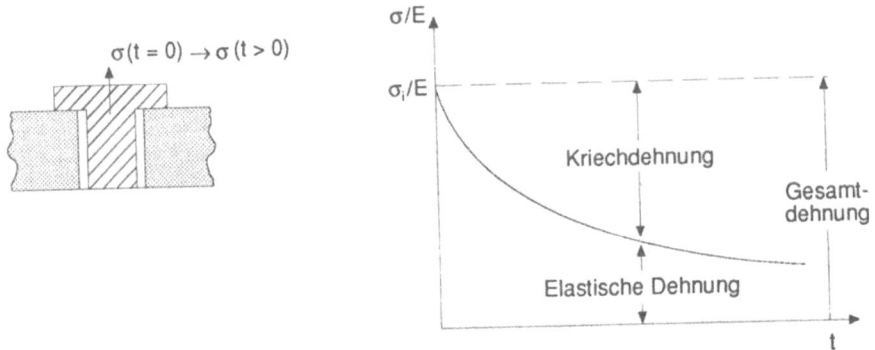

*Bild 3.2.1-19*: Spannungsrelaxationsversuch:

a) mechanisch fest eingespannter Schraubenbolzen

b) zeitabhängige Relaxation der mechanischen Spannung durch Kriechdehnung (nach [76]).

Bei sehr kleinen mechanischen Spannungen (und hinreichend hohen Temperaturen — etwa oberhalb der halben Schmelztemperatur $T_M$) führt das **Versetzungskriechen** nach Gleichung (3.28) zu sehr kleinen Werten. In diesem Fall setzt ein anderer Mechanismus, das **Diffusionskriechen**, ein (Bild 3.2.1-20), der völlig ohne die Wirkung von Versetzungen abläuft. Bestimmend für diesen Prozeß sind die Diffusionskoeffizienten der Atome. Bei niedrigeren Temperaturen kommt dabei die energetisch begünstigte Diffusion entlang der Korngrenzen (Coble-Kriechen), bei höheren dagegen die Diffusion durch das Korn selber (Nabarro-Herring-Kriechen) zum Tragen.

Einen Überblick über die verschiedenen Kriechmechanismen ergeben die Verformungskarten, bei denen die vorherrschenden Prozesse in Abhängigkeit von der mechanischen Spannung und der Temperatur dargestellt werden (Bild 3.2.1-21).

## 3.2. Plastizität und Härte

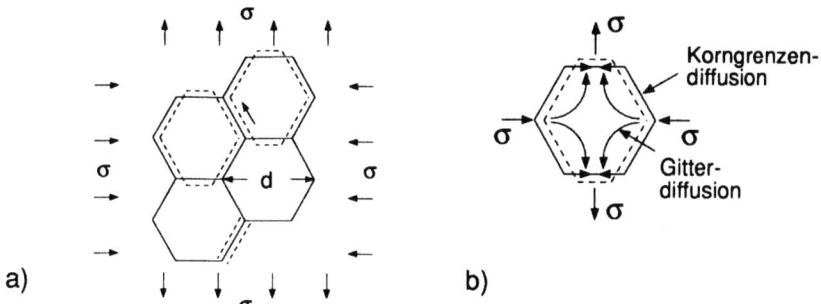

*Bild 3.2.1-20*: Diffusionskriechen: Unter dem Einfluß einer äußeren Spannung verlängern sich die Körner in Richtung der Zugspannung dadurch, daß Atome von den Seitenflächen zu den Stirnflächen diffundieren (nach [73])

a) Diffusionskriechen in einem Polykristall
b) Diffusion in einem einzelnen Korn

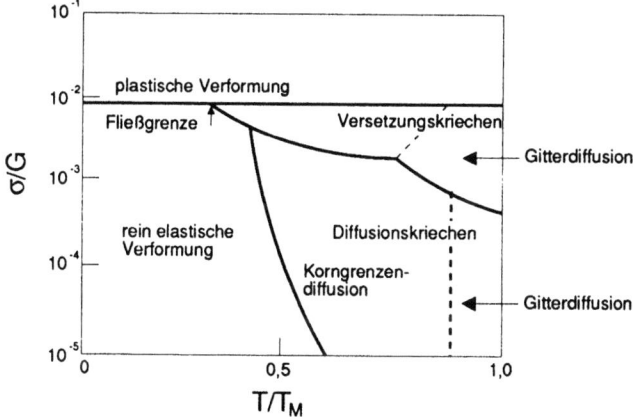

*Bild 3.2.1-21*: Verformungskarte (nach [73]): In einer Darstellung der mechanischen Spannung über der Temperatur lassen sich Bereiche definieren, in denen jeweils ein Kriech-Mechanismus vorherrscht.

Die Plastizität der Metalle läßt sich in hervorragender Weise zur Herstellung von Werkzeugen mit einer großen Vielfalt an Formen und Eigenschaften ausnutzen. Sogar die Zivilisationsstufen der Menschheit sind an der Fähigkeit zur Metallbearbeitung gemessen worden, wobei Probleme der Rohstoffbeschaffung und -aufarbeitung und der Temperaturerzeugung im Vordergrund standen. Zunächst kamen in der Bronzezeit (Bronzen sind Kupferlegierungen) ab ca. 2000 vor Christi Geburt Legierungen mit relativ niedrigen eutektischen Temperaturen zur Anwendung, ab ca. 800 v. Chr. Geb. auch Eisenlegierungen. Auch in der Eisenzeit wurde die Schmelztemperatur des Eisens noch nicht erreicht, Kanonen aus Gußeisen sind in Europa erst seit dem 13. Jahrhundert bekannt. Vorher wurden die Legierungen im zähflüssigen Zustand (z.B. im Mehrphasengebiet des Zustandsdiagramms mit flüssigem Anteil) bearbeitet.

In der heutigen Zeit geht man in der Metallbearbeitung meistens von einer **Urform** aus dem gegossenen Metall aus, die in einem **Umformprozeß** in die gewünschte Gestalt gebracht wird. Typische Verfahrensschritte der spanlosen Umformung sind in Bild 3.2.1–22 zusammengestellt.

Diese Techniken werden häufig bei höheren Temperaturen eingesetzt, um die Plastizität der Metalle zu erhöhen.

Eine Materialgruppe mit großer und wachsender Bedeutung für die Anwendung stellen die **Keramiken** dar, wobei der Umfang der unter diesem Begriff zusammengefaßten Werkstoffe unterschiedlich ist. Die offizielle Definition der Deutschen Gesellschaft für Keramik (DKG) lautet: "Keramische Werkstoffe sind anorganisch, nichtmetallisch, in Wasser schwer löslich und wenigstens zu 30% kristallin. In der Regel werden sie bei Raumtemperatur zu einer Rohmasse geformt und erhalten ihre typischen Gebrauchseigenschaften durch eine Temperaturbehandlung, meist über 800°C. Gelegentlich geschieht die Formgebung bei höheren Temperaturen oder sogar über einen Schmelzfluß mit anschließender Kristallisation".

Keramische Materialien haben eine ionische oder kovalente Bindung, bzw. eine Mischform von beiden. Ein wichtiges Kennzeichen vieler keramischer Verbindungen ist der extrem hohe Schmelzpunkt (Tab. 3.2.1–2).

Während keramische Materialien in der Elektrotechnik auch in einkristalliner Form große Bedeutung haben (Laserstäbe, elektrooptische Materialien, Sensoren u.a.) werden sie für Anwendungen als mechanischer Werkstoff meistens in feinkristalliner Form hergestellt und zu großen Werkstücken gesintert (s. Abschnitt 3.3). Die Plastizität von Keramiken bei hohen Temperaturen wird meistens durch das Diffusionskriechen bestimmt. Versetzungen sind in keramischen Werkstoffen meist weit weniger beweglich und tragen wegen der kleinen Korngröße nicht erheblich zu Plastizität bei.

Keramische Materialien in amorpher Form sind die **Gläser** (s. Abschnitt 1.3.3), Bild 3.2.1–23 zeigt die Zusammensetzung und Eigenschaften einiger Glassorten.

Das plastische Verhalten von Gläsern wird beschrieben durch eine Dehnung, die bei konstanter Last mit der Zeit immer weiter zunimmt. Dieses Verhalten wird als **viskos** bezeichnet und durch die Gleichung beschrieben

$$\sigma = \eta \dot{\varepsilon} \qquad (3.29)$$

## 3.2. Plastizität und Härte

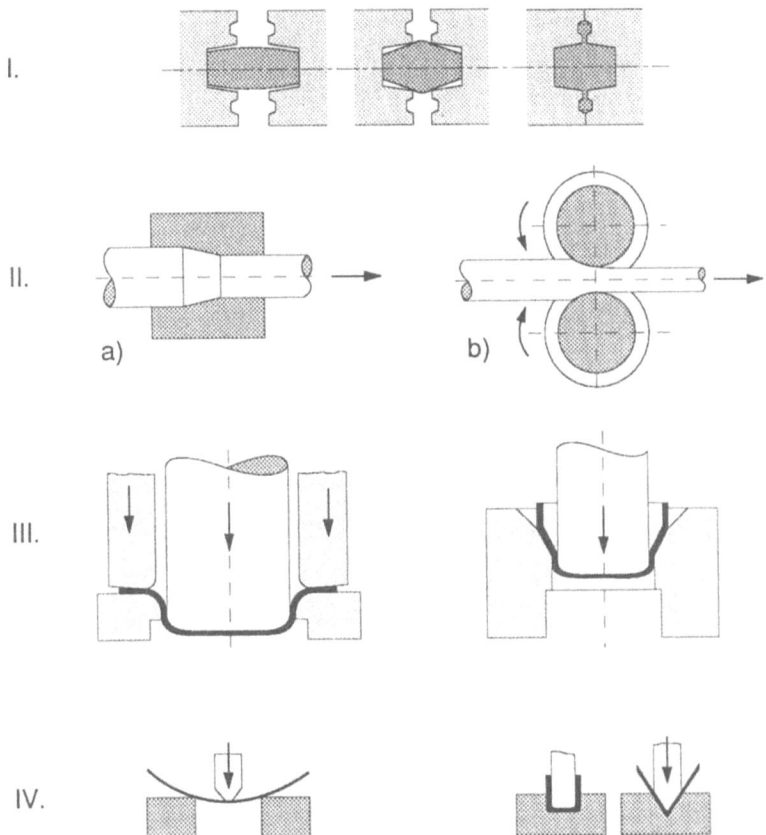

*Bild 3.2.1-22*: Verfahrensschritte der spanlosen metallischen Umformtechnik (nach [30])

I. **Schmieden** von Metallen mit den drei Grundprozessen Stauchen — Anlegen — Füllen

II. **Durchziehen**: a) Stabziehen, b) Walzziehen (Drahtziehen)

III. **Tiefziehen**

IV. **Biegeumformen**

*Tab. 3.2.1-2*: Schmelzpunkte einiger keramischer Verbindungen (nach [21],[32]).

| Keramische Verbindung | $T_s$ [°C] | Keramische Verbindung | $T_s$ [°C] |
|---|---|---|---|
| $Al_2O_3$ | 2050 | $Mo_2C$ | 2380 |
| BeO | 2530 | TaC | 4000 |
| $ThO_2$ | 3050 | $TiO_2$ | 1605 |
| MgO | 2800 | BN | 2730 |
| $ZrO_2$ | 2700 | TaN | 3360 |
| SiC | 2700 | $Si_3N_4$ | 2170 subl. |
| $B_4C$ | 2350 | AlN | |
| WC | 2800 | $TiB_2$ | 2900 |
| TiC | 3200 | $ZrB_2$ | 3060 |
| VC | 2830 | $TaB_2$ | 3000 |
| HfC | 4150 | $SiO_2$ | 1750 |

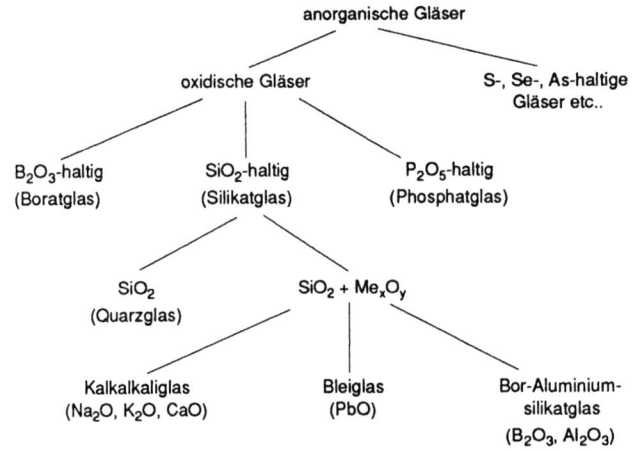

| | Quarzglas | Kalk-Alkaliglas | Bleiglas | Bor-(Al-)Silikatglas | |
|---|---|---|---|---|---|
| Erweichungspunkt [°C] | 1500 | 500 - 700 | 400 - 600 | 600 - 900 | |
| Ausdehnungskoeff. $\alpha$ [°C$^{-1}$] | 0,5 | 8 - 9 | 9 | 3 - 4 | $\cdot 10^{-6}$ |
| spez. Leitfähigk. $\sigma$ [1/$\Omega$m] | $10^{-14}$ | | $10^{-8} - 10^{-14}$ | | |

*Bild 3.2.1-23*: Glassorten und deren Eigenschaften (nach [15])

## 3.2. Plastizität und Härte

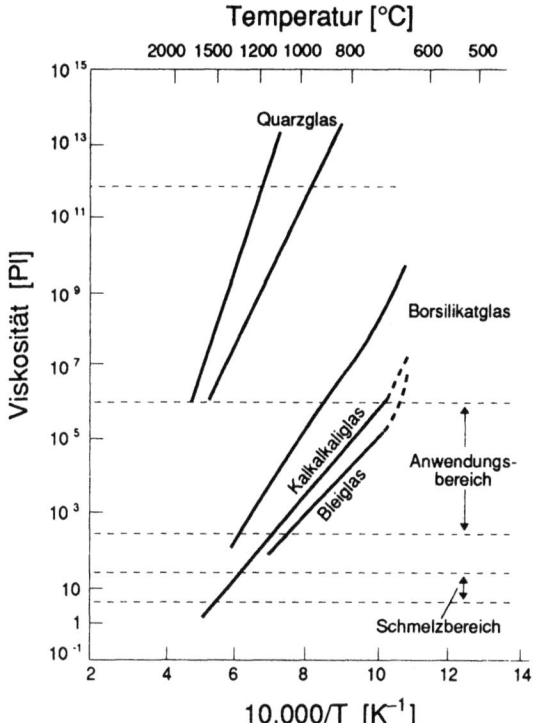

*Bild 3.2.1-24*: Temperaturabhängigkeit der Viskosität verschiedener Gläser (nach [76]).

mit einer **Viskosität** $\eta$, die häufig mit der Temperatur nach einem Exponentialgesetz abnimmt:

$$\eta = \eta_0 \exp\left(\frac{W_\eta}{kT}\right) \qquad (3.30)$$

Bild 3.2.1-24 zeigt technische Daten einiger Gläser. Viele Gläser lassen sich bereits bei Temperaturen um 800° gut verarbeiten (Glasblasen, s. Bild 3.2.1-25).

Der hier dargestellte Überblick über das plastische Verhalten der anorganischen Werkstoffe zeigt die große Komplexität dieses Vorganges. Viele — auch technisch wichtige — Prozesse sind auch heute noch nicht physikalisch verstanden und werden in Forschungsarbeiten untersucht. Hierzu gibt es inzwischen eine sehr umfangreiche Spezialliteratur.

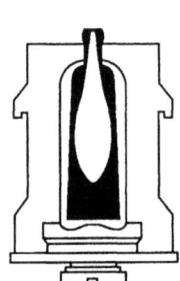 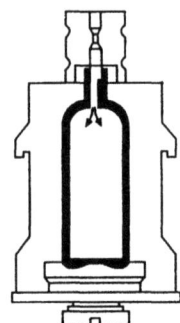

*Bild 3.2.1-25*: Herstellen einer Glasflasche durch Glasblasen (nach [31]).

## 3.2.2 Kunststoffe

Die polymeren Kunststoffe lassen sich nach ihrem Aufbau und dem Grad der Vernetzung einteilen (Bild 3.2.2-1). Die Elastomere oder Thermoplaste finden eine sehr weitverbreitete Anwendung als Spritzgußmassen, im Vergleich dazu werden Duroplaste als Preßmassen und Gießharze weniger angewendet. Der Grund dafür liegt darin, daß die Thermoplaste in einem bestimmten Temperaturbereich ein viskoses oder viskoelastisches (Kombination von viskosen und elastischen Eigenschaften) Verhalten zeigen (Bild 3.2.2-2).

Die Temperatur für den Übergang vom mechanisch festen in den gummielastischen Bereich entspricht der Glas- oder Schmelztemperatur in Tab. 1.3.3-3. $Z$ ist die Zersetzungstemperatur.

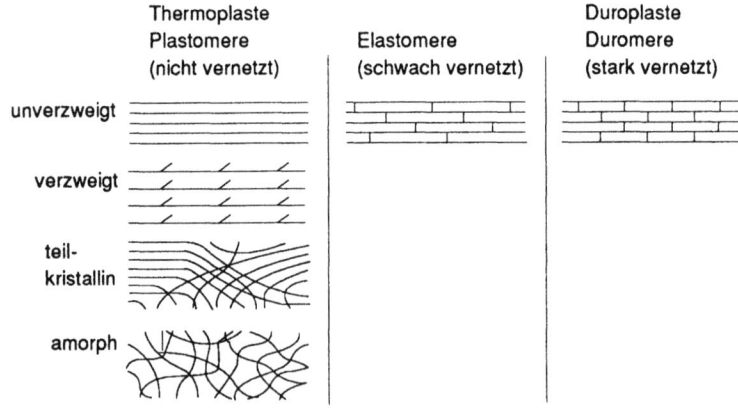

*Bild 3.2.2-1*: Einteilung der polymeren Kunststoffe (nach [15])

## 3.2. Plastizität und Härte 183

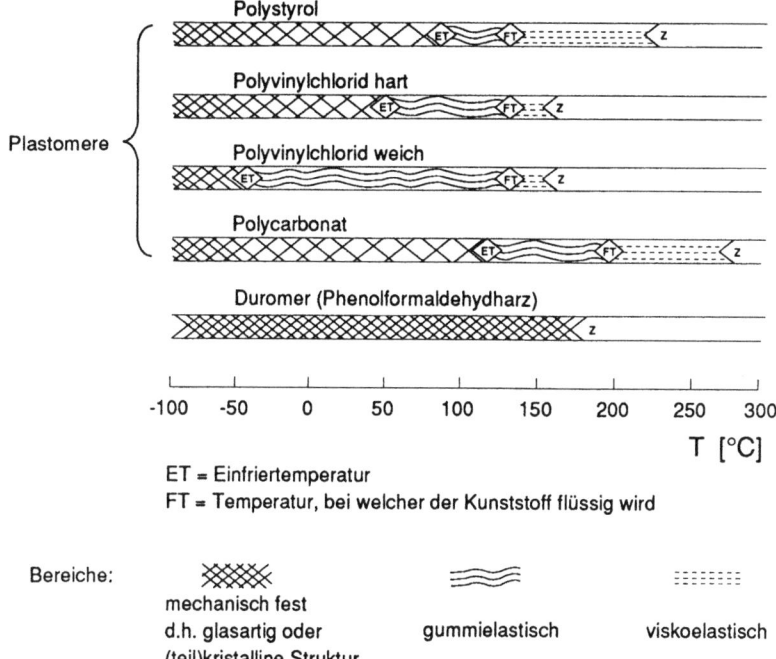

*Bild 3.2.2-2*: Temperaturabhängigkeit des mechanischen Verhaltens von Thermo- und Duroplasten (nach [15])

Die Verarbeitung von Thermoplasten erfolgt nach Preß-, Spritzguß- Extrudier- und Blasverfahren (Bild 3.2.2-3). In jedem Fall wird der Rohstoff als Granulat zugeführt und durch eine Temperaturerhöhung in einen viskosen Zustand überführt. Dort wird das Material homogenisiert und über einen hohen mechanischen Druck in die gewünschte Form gebracht.

Mit Spezialtechniken ist auch das Spritzgießen von Duroplasten, sowie von Elastomeren (Natur-und Kunstkautschuk) möglich. Tab. 3.2.2-1 gibt einige Eigenschaften von Thermoplasten.

Duroplaste erhalten ihre große Härte durch eine starke Vernetzung, welche durch eine Temperaturbehandlung (möglicherweise in Verbindung mit mechanischem Druck) oder durch chemische Reaktionen herbeigeführt werden kann. Die Vernetzung bleibt im weiteren erhalten, d.h. Duroplaste können danach nur noch in eingeschränktem Maß durch Erhitzen wieder in einen plastischen Zustand überführt werden. Der Vorteil der Duroplaste liegt in ihrer mechanischen und thermischen Stabilität, der geringen Dichte und dem hohen elektrischen Widerstand. Tab. 3.2.2-2 gibt einen Überblick über typische Eigenschaften.

184 Kapitel 3. Mechanische Formgebung und Stabilität

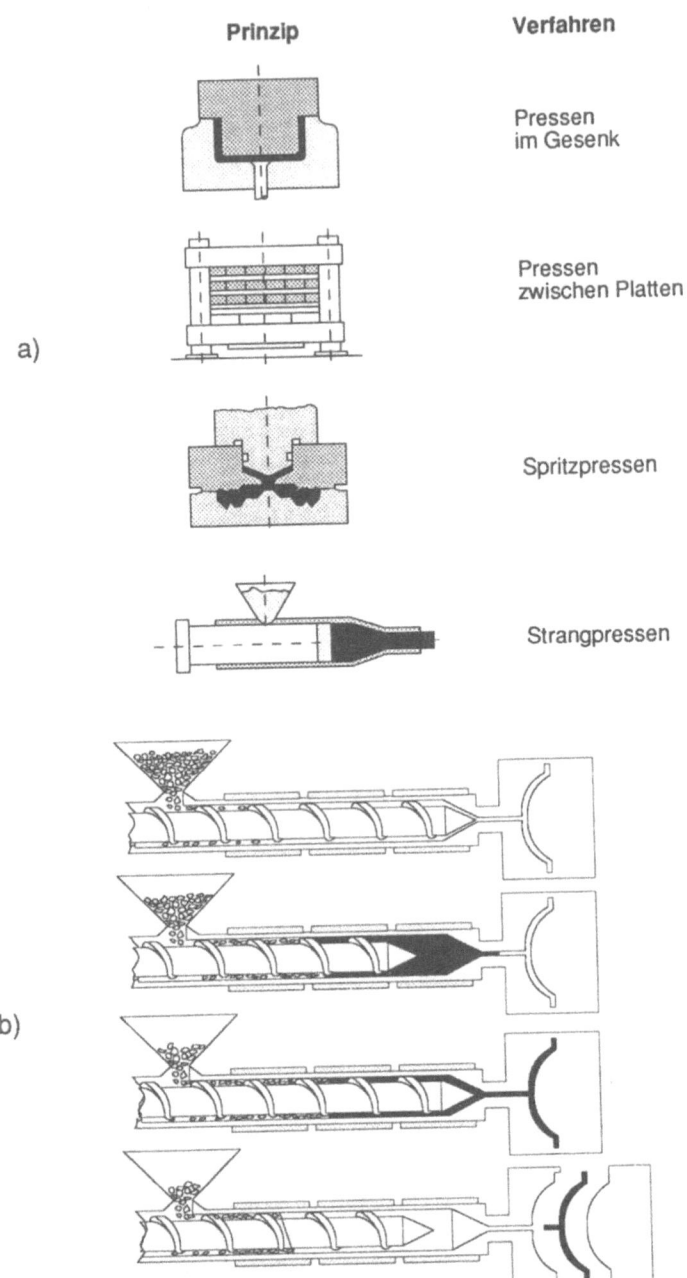

Bild 3.2.2-3: a) und b)

3.2. Plastizität und Härte                                                                 185

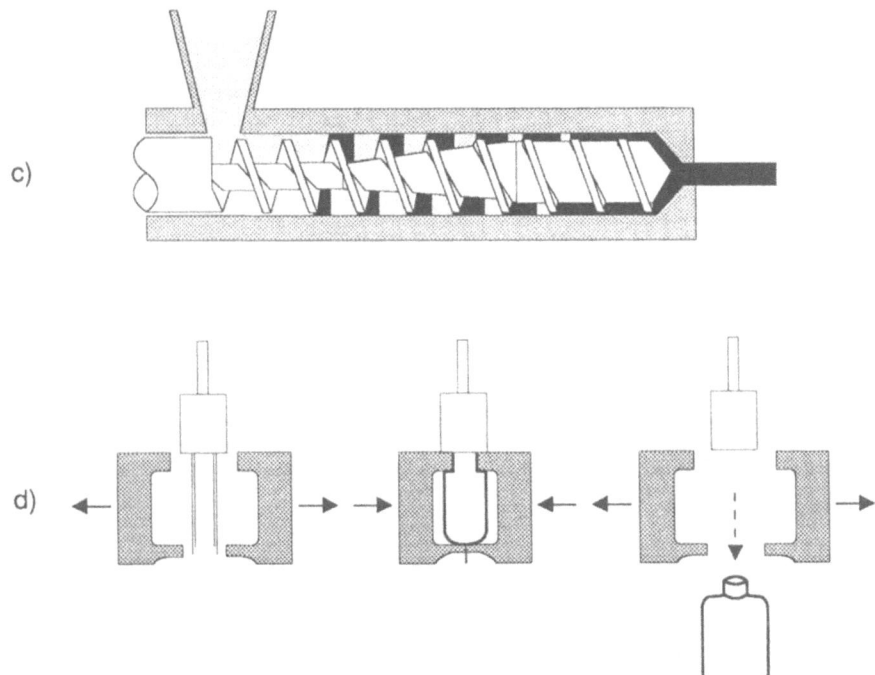

**Bild 3.2.2-3**: Verarbeitung von Thermoplasten (nach [30],[32]).

a) Pressverfahren

b) Spritzguß (diskontinuierliche Fertigung): Der Ausgangsstoff (Granulat) gelangt über einen Trichter auf eine Schnecke, welche das Granulat in eine beheizte Zone transportiert. Dort wird es in den viskosen Zustand überführt (dunkel gezeichnet) und homogenisiert. Durch eine schnelle Bewegung (z.B. über eine Hydraulik) wird die Schnecke nach rechts geschoben, so daß die Spritzgußmasse über eine Düse in die vorgesehene Form gelangt.

c) Extrudieren (kontinuierliche Fertigung): Die Schnecke selbst erzeugt den Überdruck an der Düse, aus der das Material gleichmäßig herausgedrückt wird.

d) Blasverfahren: Herstellung einer Plastikflasche

Elastomere (Gummisorten) können durch mechanische Spannungen in ihren Dimensionen sehr stark verändert werden und trotzdem (in guter Näherung) nach Wegnahme der Spannung wieder in ihre ursprüngliche Gestalt zurückkehren. Durch Verstärkung der Vernetzung (**Vulkanisieren**) kann der Elastizitätsmodul erhöht werden (Bild 3.2.2-4). In Tab. 3.2.2-3 sind wichtige Eigenschaften von Elastomeren zusammengefaßt.

*Tab. 3.2.2-1*: Eigenschaften wichtiger Thermoplaste

| Material | Dichte [g/cm³] | Zug-festigkeit ×6.89MPa | Durchschlag-festigkeit ×39.4V/mm | Max. Temperatur (ohne Belastung) [°C] |
|---|---|---|---|---|
| Polyäthylen | | | | |
| niedr. Dichte | 0.92–0.93 | 0.9–2.5 | 480 | 82–100 |
| hohe Dichte | 0.95–0.96 | 2.9–5.4 | 480 | 80–120 |
| PVC (chloriert) | 1.49–1.58 | 7.5–9 | | 110 |
| Polypropylen | 0.90–0.91 | 4.8–5.5 | 650 | 107–150 |
| Styren-Acrylonitril | 1.08 | 10–12 | 175 | 60–104 |
| ABS | 1.05–1.07 | 5.9 | 385 | 71–93 |
| Acryl | 1.11–1.19 | 11.0 | 450–500 | 54–110 |
| Zelluloseazetat | 1.2–1.3 | 3–8 | 250–600 | 60–104 |
| Polytetrafluoräthylen | 2.1–2.3 | 1–4 | 400–500 | 288 |

*Tab. 3.2.2-2*: Eigenschaften wichtiger Duroplaste

| Material und Verstärkung | Dichte [g/cm³] | Zug-festigkeit ×6.89MPa | Durchschlag-festigkeit ×39.4V/mm | Max. Temperatur (ohne Belastung) [°C] |
|---|---|---|---|---|
| Phenol: | | | | |
| Holzwolle | 1.34–1.45 | 5–9 | 260–400 | 150–177 |
| Mica | 1.65–1.92 | 5.5–7 | 350–400 | 120–150 |
| Glas | 1.69–1.95 | 5–18 | 140–400 | 177–288 |
| Polyester: | | | | |
| Glasverstärktes SMC | 1.7–2.1 | 8–20 | 320–400 | 150–177 |
| Glasverstärktes BMC | 1.7–2.3 | 4–10 | 300–420 | 150–177 |
| Melamine: | | | | |
| Zellulose | 1.45–1.52 | 5–9 | 350–400 | 120 |
| Glas | 1.8–2.0 | 5–10 | 170–300 | 150–200 |
| Urea: | | | | |
| Zellulose | 1.47–1.52 | 5.5–13 | 300–400 | 77 |
| Alkyd: | | | | |
| Glas | 2.12–2.15 | 4–9.5 | 350–450 | 230 |
| Mineral | 1.60–2.30 | 3–9 | 350–450 | 150–230 |
| Epoxidharz: | | | | |
| keine | 1.06–1.40 | 4–13 | 400–650 | 120–260 |
| Mineral | 1.6–2.0 | 5–15 | 300–400 | 150–260 |
| Glas | 1.7–2.0 | 10–30 | 300–400 | 150–260 |

## 3.2. Plastizität und Härte

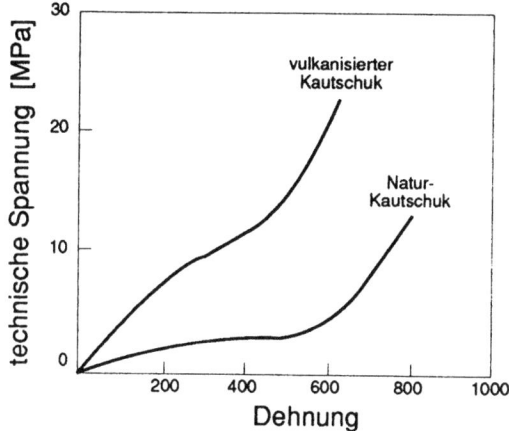

*Bild 3.2.2-4*: Vergrößerung des Elastizitätsmoduls von Naturkautschuk durch Vulkanisieren (teilweise nach [33]).

*Tab. 3.2.2-3*: Eigenschaften wichtiger Elastomere (nach [32]).

| Elastomer | Dichte [g/cm³] | Zugfestigkeit ×6.89MPa | Verlängerung [%] | Einsatz-Temperatur [°C] |
|---|---|---|---|---|
| Naturgummi | 0.93 | 2.5–3.6 | 750–850 | -50 bis 82 |
| SBR oder Buna S (Butadien-Styren) | 0.94 | 0.2–3.5 | 400–600 | -50 bis 82 |
| Nitril oder Buna N (Butadien-Acrylonitril) | 1.0 | 0.5–0.9 | 450–700 | -50 bis 120 |
| Neopren (Polychloropren) | 1.25 | 3.0–4.0 | 800–900 | -40 bis 115 |
| Silikon (Polysiloxan) | 1.1–1.6 | 0.6–1.3 | 100–500 | -115 bis 315 |

Im mechanisch festen Zustand (Bild 3.2.2-2) ist die Verformung weitgehend elastisch (vorwiegend Entropieelastizität, s. Abschnitt 3.1), sie entsteht hauptsächlich durch eine Verdrehung der Molekülgruppen einer Polymerkette gegeneinander. Auch die Bindungswinkel (Bild 1.3.3-11) können sich ändern. Bei teilkristallinen Polymeren führen verschiedene Mechanismen auch zu einem plastischen Verhalten (Bild 3.2.2-5). Oberhalb der Glas- oder Schmelztemperatur ist das Verhalten ausgeprägt plastisch, es ergeben sich Verformungskurven wie in Bild 3.2.2-6.

188   Kapitel 3. Mechanische Formgebung und Stabilität

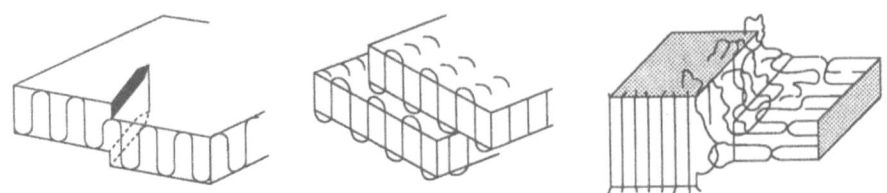

*Bild 3.2.2-5*: Elementarvorgänge bei der plastischen Verformung von teilkristallinen Polymeren mit einer gestapelten Struktur (nach [70]) a) Gleitung (ähnlich wie bei Schraubenversetzungen in Bild 3.2.1-3), b) Abgleitung der Teilkristalle gegeneinander, c) Auffaltung durch Langziehen der Ketten.

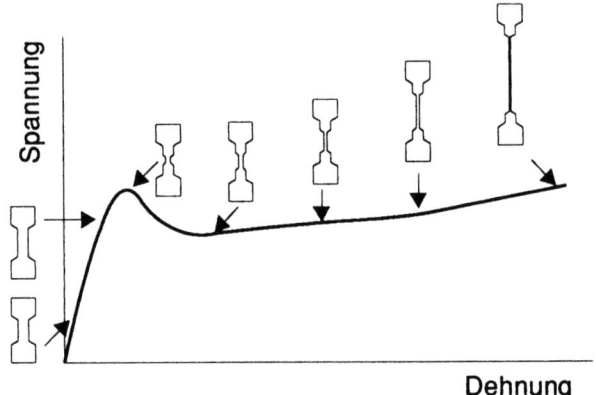

*Bild 3.2.2-6*: Spannungs-Dehnungs-Diagramm eines teilkristallinen Polymers oberhalb der Glastemperatur (nach [70]).

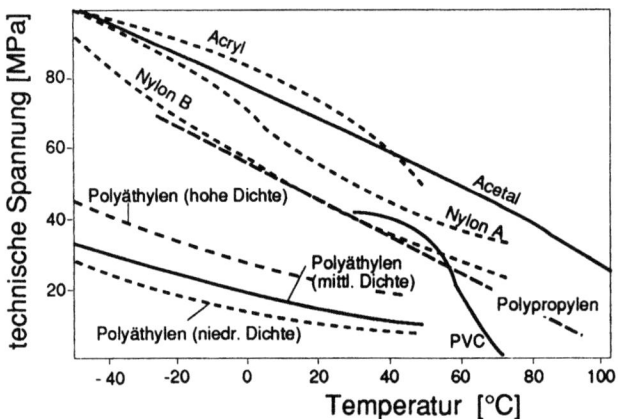

*Bild 3.2.2-7*: Abnahme der Streckgrenze mit der Temperatur für verschiedene Thermoplaste (nach [35])

## 3.3. Pulvertechniken

Die mechanische Härte kann vergrößert werden durch Vergrößerung der Molekülketten, durch zunehmende Kristallisation der Ketten, durch engere Verbindung der Ketten (Einlagerung von polaren und anderen Atomen, Nebenketten, Phenylringe, Glasfaserverstärkung, etc). Auch bei Polymeren nimmt die Streckgrenze mit der Temperatur ab (Bild 3.2.2-7).

## 3.3 Pulvertechniken

Die Pulvertechniken ermöglichen die Herstellung komplizierter mechanischer Formen nach einem völlig anderen Prinzip: Der Werkstoff wird zu einem feinen Pulver vermahlen, in die gewünschte Form gebracht und verfestigt. Je nach Art und Eigenschaften der Verfestigungstechnik erhält man mechanisch mehr oder weniger stabile Formkörper — von der gepreßten Tablette aus dem Medizinbereich über den getrockneten Lehmziegel bis hin zur modernen Hochleistungskeramik (z.B. Porzellanteil einer Zündkerze, keramischer Rotor im Abgasturbolader) mit außerordentlich großer Härte.

Das einfachste Verfestigungsverfahren der Pulvertechnik ist das **Trockenpressen** (Bild 3.3-1), die mechanische Belastbarkeit solcher Formkörper ist jedoch stark eingeschränkt. Eine bessere Packungsdichte der Pulverkörner untereinander läßt sich häufig über den **Schlickerguß** (Bild 3.3-2) erreichen.

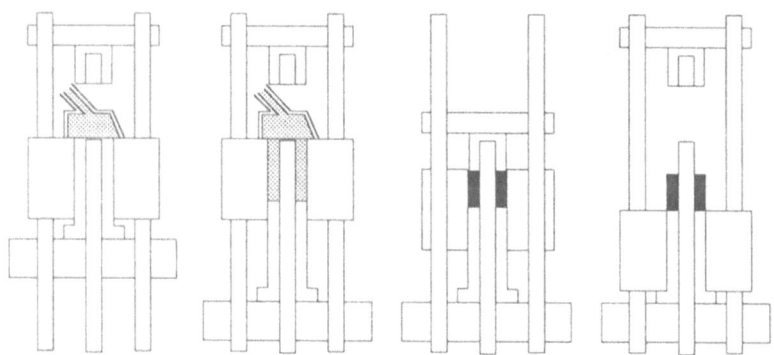

*Bild 3.3-1*: Trockenpressen eines Pulverwerkstoffs (nach [36])

Mit verfeinerten Techniken ist die Herstellung auch anspruchsvoller Formen möglich (Bild 3.3-3). Der Schlickerguß ist das klassische, schon aus den frühen Stadien der Entwicklungsgeschichte des Menschen bekannte Formgebungsverfahren führt zu der für die verschiedenen Kulturen typischen Kera-

190 Kapitel 3. Mechanische Formgebung und Stabilität

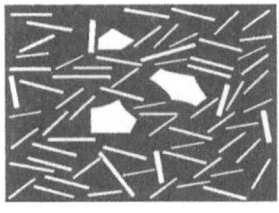
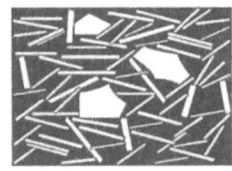
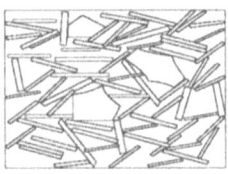

*Bild 3.3-2*: Schlickerguß: Das Pulvermaterial wird mit einem flüssigen Bindemittel (im einfachsten Fall Wasser) vermengt und geformt. Nach Entfernung (z.B. durch Brennen) oder Umwandlung des Bindemittels entsteht eine Haftung zwischen den Pulverkörnern (nach [21])

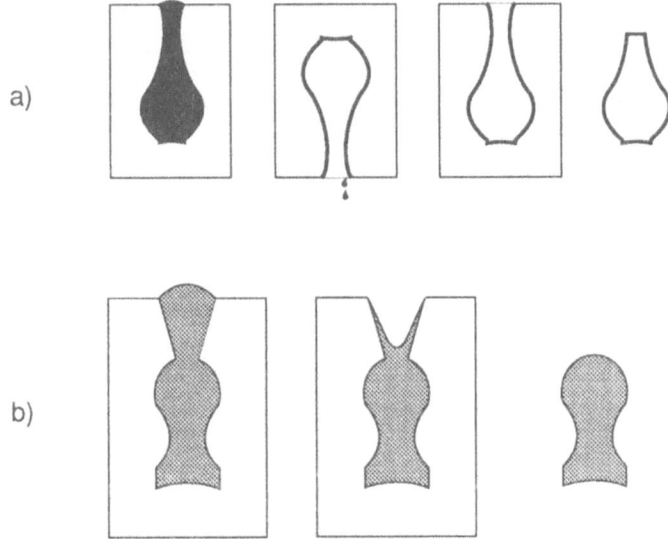

*Bild 3.3-3*: Formgebung mit Schlickerguß

    a) Hohlform: Die Form, in welche die Schlickergußmasse eingefüllt wird, ist porös, so daß sie Flüssigkeit aufnimmt und das Pulver als dünne Schicht auf der Innenseite der Form haften bleibt. Nach dem Trennen von der Form entsteht ein dünnwandiges Objekt

    b) Wie a), nur wird die Form mit Schlickergußmasse massiv aufgefüllt.

mik. Sehr wichtig für die mechanische Haltbarkeit solcher Keramiken ist der anschließende Brennprozeß, auch dabei kommt die Evolution der Technik deutlich zum Ausdruck.

## 3.3. Pulvertechniken

Wird ein trockengepreßtes Pulver — oder ein durch Schlickerguß nach dem Entfernen des Bindemittels geformter Körper — bei hohen Temperaturen wärmebehandelt, dann tritt eine erhebliche Zunahme der Dichte und Festigkeit ein, dieser Prozeß wird als Fritten oder **Sintern** bezeichnet. Diese Technik läßt sich nicht nur für keramische Werkstoffe, sondern auch für Metalle, Gläser und Kunststoffe mit großen Vorteilen für die Praxis einsetzen.

Bild 3.3-4 beschreibt die Vorgänge beim Sintern von Pulverkörpern. Die Sintertemperatur liegt dabei häufig unterhalb des Schmelzpunkts des am niedrigsten schmelzenden Bestandteils im Pulver (**Festphasensintern**). Typisch ist eine mit der Zunahme der Dichte verbundene Schrumpfung des Formkörpers (Bild 3.3-5), die zu einer Formänderung führt und in der Praxis durchaus unerwünscht sein kann. Anwendungsbeispiele für diesen Sinterprozeß sind Aluminiumoxid für Hochleistungslampen, Ferrite für Dauermagnete und Siliziumnitrid für Schneidwerkzeuge und Motorenbauteile.

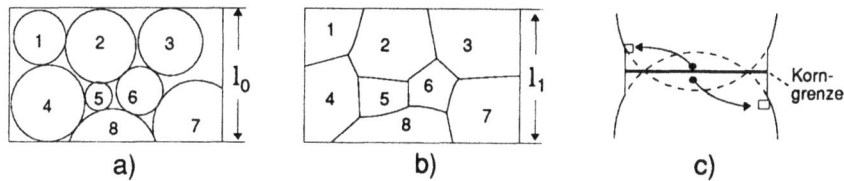

*Bild 3.3-4*: Sintern von Pulverwerkstoffen bei Temperaturen unterhalb des Schmelzpunktes (nach [21]).

a) Die Pulverteilchen sind vor dem Sintern dicht zusammengelagert.

b) Nach dem Sinterprozeß (Temperaturbehandlung bei sehr hohen Temperaturen) sind die Teilchen zusammengewachsen

c) Einzelvorgänge beim Zusammenwachsen: An den Berührungspunkten der Teilchen wird Material abgetragen und durch Diffusion entlang der Korngrenzen und Oberflächen oder durch das Volumen in die Zwischenräume zwischen die Körner transportiert.

Zusätzliche Möglichkeiten ergeben sich für die Sintertechnik, wenn die Körner des Pulvers aus verschiedenen Phasen bestehen. In diesem Fall ist aus thermodynamischen Gründen (s. Abschnitt 2) eine Reaktion zwischen den verschiedenen Pulverkomponenten möglich, welche die Verdichtung stark beschleunigen kann (**Reaktionssintern**).

Ein anderer Fall tritt ein, wenn bei der Sintertemperatur eine der beteiligten Phasen schmilzt. Dann wird der Sintervorgang stark beschleunigt, wobei

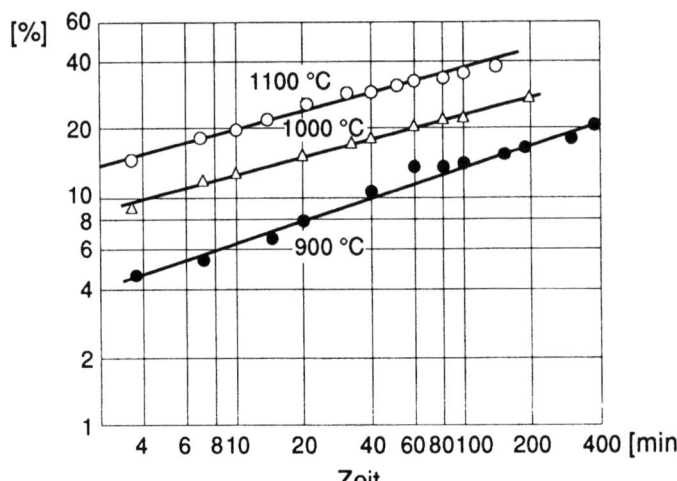

*Bild 3.3-5:* Schrumpfung beim Sintern, ausgedrückt durch die relative Längenabnahme (nach [21]: Beispiel Al$_2$O$_3$, Teilchengröße 0,3 μm, Druck 35 MPa). Die Längenabnahme wird beschrieben durch die Gleichung [76]

$$(\Delta l/l_0)^n = k \cdot r^m \exp\left(-\frac{W}{kT}\right) \cdot t \qquad (3.31)$$

($r$ = mittlere Teilchengröße, $k$, $n$, $m$ und $Q$ materialspezifische Konstanten, $t$ = Sinterzeit).

die Form des Sinterkörpers weitgehend erhalten bleibt. In neuen Entwicklungen wird eine glasartige Komponente hinzugefügt, die beim Sinterprozeß flüssig oder niedrigviskos ist. Ein wichtiger Gesichtspunkte beim **Flüssigphasensintern** ist die Benetzung der festen durch die flüssigen Bestandteile. Die Schrumpfungskinetik entspricht weitgehend einem viskosen Fließen, dabei kann auch ein Teil der festen in der flüssigen Phase gelöst werden.

Der Sintervorgang kann durch Anwendung von Druck (**Drucksintern** oder **Heißpressen**) beschleunigt werden, dieses hat insbesondere bei schwierig zu sinternden Pulvern Bedeutung. In diesem Fall spielt auch die Versetzungsbewegung (plastische Verformung in den Pulverteilchen) eine Rolle. Die vorherrschenden physikalischen Prozesse können in einem **Heißpreßdiagramm** dargestellt werden (Bild 3.3-6).

Beim Sinterprozeß sind im allgemeinen die Korn- und Porengröße miteinander verknüpft (Bild 3.3-7). Zur Erzielung großer Härten wird in der Regel ein geringes Kornwachstum angestrebt.

## 3.3. Pulvertechniken

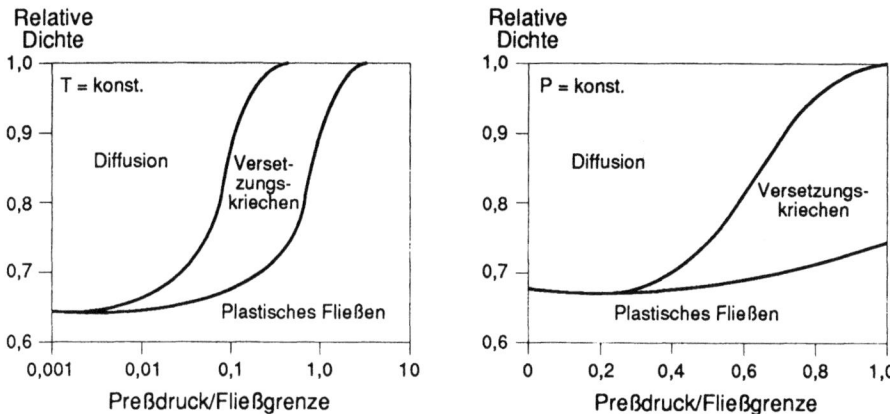

*Bild 3.3-6*: Heißpreßdiagramm von Werkzeugstahl (50 μm Teilchengröße) für konstante Temperatur (der Preßdruck wird variiert) und konstanten Druck (die Temperatur wird variiert). Die jeweils vorherrschenden Prozesse sind eingetragen (nach [76])

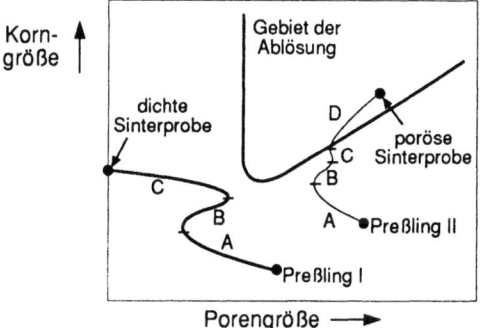

*Bild 3.3-7*: Veränderung von Korn-und Porengröße bei zwei Sinterkörpern (Preßling I: dichter Sinterkörper, Preßling II: poröser Sinterkörper). Bei großen Körnern und Poren erfolgt eine Ablösung der Poren von Kornflächen, Kornkanten und Kornecken. Die Prozesse sind: *A*-Umordnung und Schrumpfung durch Teilchenannäherung, *B*-Schrumpfung des kontinuierlichen Porenraums durch Kornwachstum, *C*-Schrumpfung isolierter Poren mit Kornwachstum (nach [76]).

In der Praxis werden bei Sinterprozessen häufig geringe Mengen eines aktivierenden Stoffes zugesetzt (**Dopen**). Dadurch kann die Schrumpfungsgeschwindigkeit erhöht, das Kornwachstum verkleinert und andere erwünschte Effekte erzielt werden. Die dabei ablaufenden physikalischen Prozesse sind noch weitgehend unverstanden.

Ein großer Vorteil der Sinterkeramiken ist die außerordentlich große Härte und Festigkeit bis hin zu hohen Temperaturen. Nachteilig ist jedoch die geringe Plastizität, die bei mechanischer Überbeanspruchung zu einem Sprödbruch führt. Darauf wird im Abschnitt 3.6 eingegangen. Moderne Fertigungsverfahren für Hochleistungskeramiken — insbesondere das Spritzgußverfahren — werden zu einem ständig wachsenden technischen Einsatz dieser Werkstoffe führen.

## 3.4 Mikromechanik

In Verbindung mit der Entwicklung der Technologie integrierter Schaltungen mit dem Werkstoff Silizium sind Verfahren entstanden, die neue Wege für die mechanische Formgebung aufzeigen. Ausgangspunkt ist die Möglichkeit, mit Hilfe der Photolithographie auf Siliziumscheiben laterale Strukturen bis zu Dimensionen unterhalb eines Mikrometers (Submikronstrukturen) herzustellen (Bild 3.4-1)

Die photolithographisch erzeugten lateralen Strukturen können in vertikale Strukturen übertragen werden über selektive (d.h. nur an bestimmten vorbereiteten Stellen wirksame) Ätzprozesse. Besteht der Halbleiter in Bild 3.4-1 aus Silizium, dann kann eine Dotierung (gezielte Verunreinigung mit Fremdatomen) mit Bor bewirken, daß dort bestimmte Ätzmittel keine Wirkung haben (Bild 3.4-2).

Abgewandelte mikromechanische Techniken arbeiten mit anderen (nichtselektiven) Ätzververfahren wie dem Plasmaätzen (Bild 3.4-3). Gelingt es, auch dickere Photolackschichten durchgehend zu belichten (anstelle optischer Strahlung in Bild 3.4.1 wird dann Röntgenstrahlung verwendet), dann lassen sich mit Anwendung von galvanisierbaren Metallen auch ohne Verwendung von Halbleitern dreidimensionale feine Strukturen herstellen (Bild 3.4-4).

## 3.4. Mikromechanik

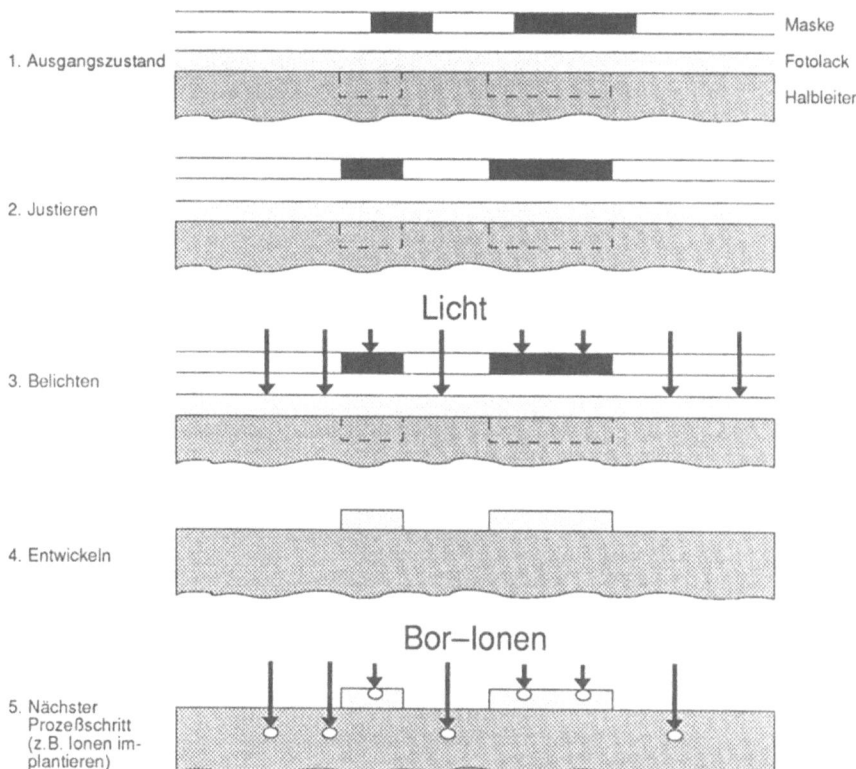

*Bild 3.4-1*: Herstellung kleiner lateraler Strukturen mit Hilfe der Photolithographie:

1. Eine Halbleiteroberfläche wird mit einem Photolack beschichtet.
2. Eine Photomaske wird relativ dazu justiert.
3. Der Photolack wird durch die Maske belichtet.
4. Die belichteten Stellen werden abgelöst (entwickelt).
5. Die Strukturen des Photolacks werden auf den Halbleiter übertragen, z.B. durch Beschuß mit Ionen.

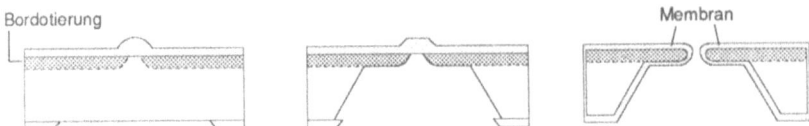

*Bild 3.4-2:* Vertikale Strukturierung (nach [39]). Wir gehen aus von einer Struktur wie in Bild 3.4-1e und setzen die technologische Bearbeitung fort:

a) Beide Schichten der Halbleiterscheibe weden mit einer Schutzschicht bedeckt.

b) Die Schutzschicht auf der Rückseite wird geöffnet, das Silizium weggeätzt an den Stellen, wo es nicht mit Bor dotiert ist, d.h. eine dünne Schicht aus bordotiertem Silizium bleibt unterhalb der Oberfläche stehen.

c) Die Schutzschicht wird entfernt und das geätzte Siliziumwerkstück mit einer anderen Schutzschicht passiviert.

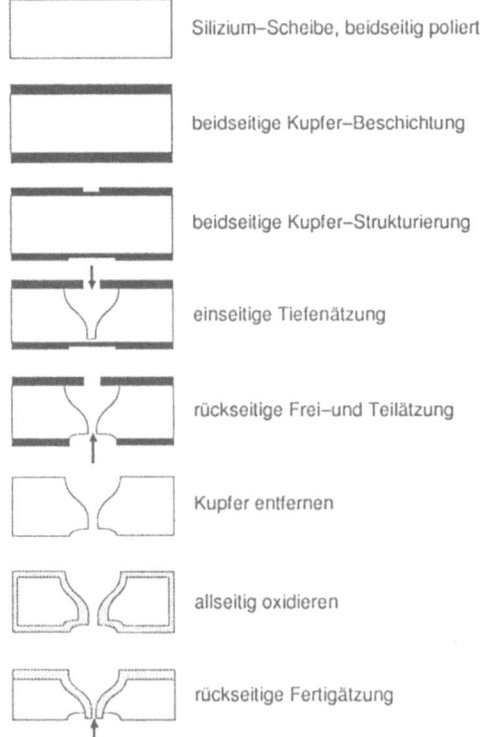

*Bild 3.4-3:* Herstellung einer Silizium-Ringdüse mit Einsatz der Plasmaätzung (nach [39]).

## 3.4. Mikromechanik

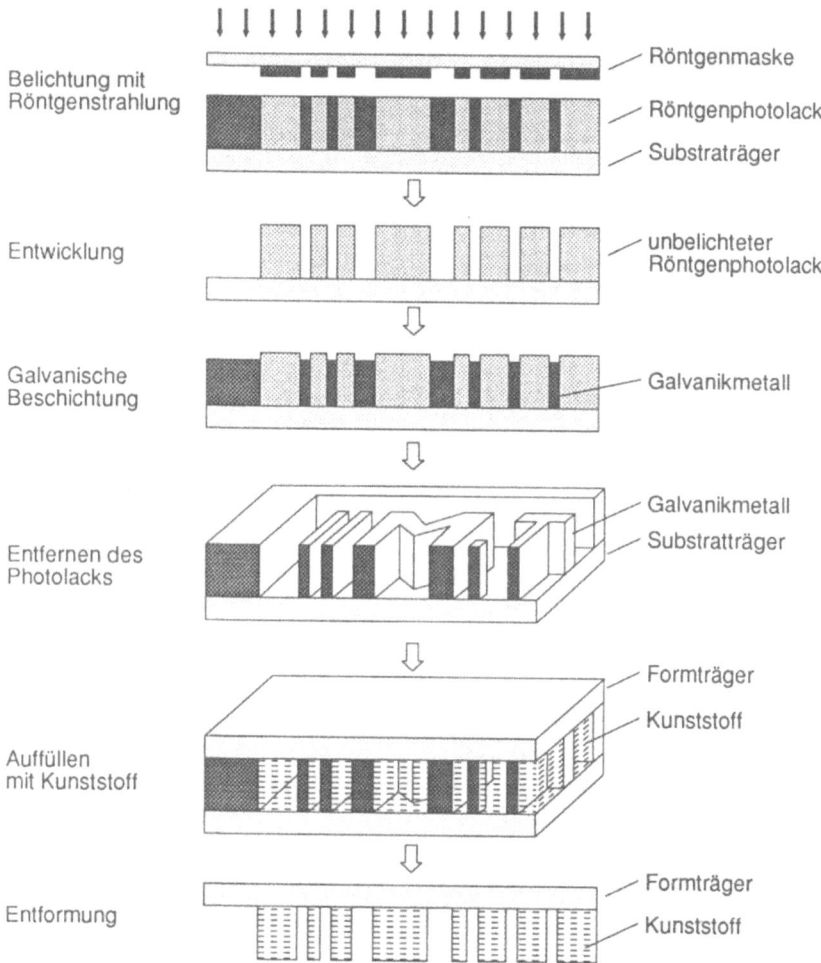

*Bild 3.4-4*: Mikromechanisch hergestellte Struktur aus einem galvanisierbaren Metall (nach [39])

## 3.5 Rißbildung und Bruch

Die vorangegangenen Abschnitte haben gezeigt, daß das mechanische Verhalten der Werkstoffe sehr unterschiedlich sein kann: Während alle ein elastisches Verhalten zeigen, ist die Plastizität nur ausgeprägt bei Metallen (Ursache vorwiegend Versetzungsbewegung), bei Gläsern und Kunststoffen (Ursache viskoses Verhalten). Halbleiter und Keramiken hingegen zeigen allenfalls bei hohen Temperaturen eine Plastizität. Dieses ist am Spannungs-Dehnungs-Diagramm der verschiedenen Werkstoffe deutlich abzulesen (Bild 3.5-1).

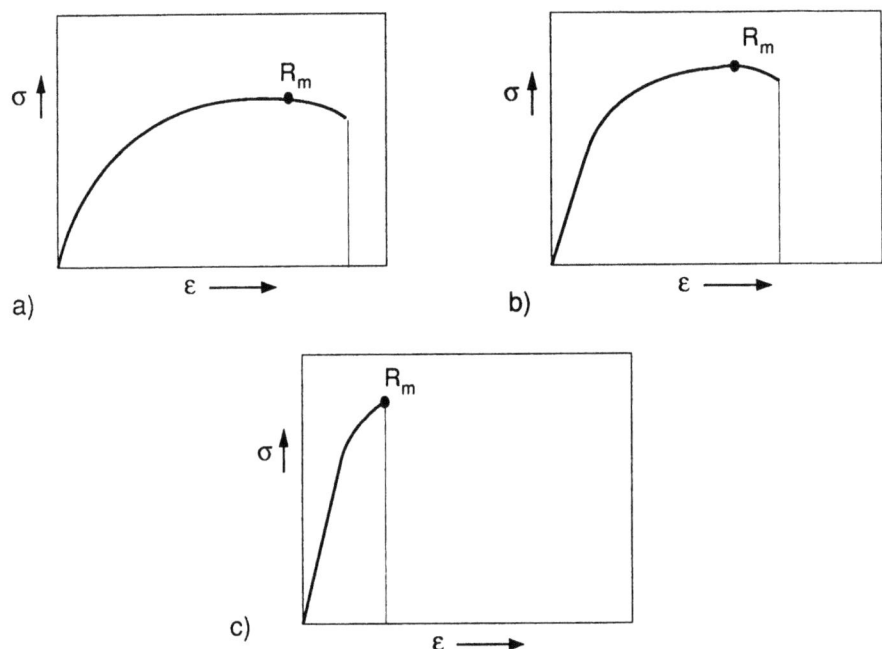

*Bild 3.5-1*: Technische Spannungs-Dehnungs-Diagramme verschiedener Werkstofftypen

    a) Plastisch leicht verformbarer (duktiler) Werkstoff: Bereits bei sehr kleinen Spannungen tritt eine plastische Verformung auf.

    b) Mittelharter Werkstoff: Plastizität tritt erst bei höheren Spannungen nach Durchlaufen eines elastischen Bereichs auf.

    c) Spröder Werkstoff: Im Anschluß an eine elastische Dehnung tritt nur ein kurzer Bereich (wenn überhaupt) mit plastischer Verformung auf.

## 3.5. Rißbildung und Bruch

Jede Verformungskurve endet schließlich mit einem Bruch der untersuchten Probe. Das Bruchverhalten selbst kann stark von der Plastizität des Materials abhängen:

In einem duktilen Material treten in einem fortgeschrittenen Stadium der plastischen Verformung **Einschnürungen** auf: Ist an einer (oder einigen) Stellen der Zugprobe (s. Bild 3.2.1-7) ist die Verformung etwas stärker, dann nimmt dort der Probenquerschnitt stärker ab als an den anderen Stellen der Zugprobe, d.h. die Zugspannung nimmt am Ort der Einschnürung zu. Dieses führt zu einer örtlich vergrößerten Dehnung, die ihrerseits eine Verfestigung, und damit einer Zunahme der örtlichen Streckgrenze (für eine weitere Dehnung erforderliche Spannung) bewirkt. Ist diese Verfestigung hinreichend groß, dann wird das Gebiet der Einschnürung "härter", die weitere Verformung erfolgt bevorzugt außerhalb der Einschnürung. Ist die Verfestigung aber nicht groß genug, dann wiegt sie nicht mehr die Querschnittsverkleinerung auf, d.h. die Probe wird instabil und verformt sich im weiteren bevorzugt am Ort der Einschnürung. Bezogen auf die örtlich **wahre** (querschnittsbezogene) Spannung $\sigma_w$ und Dehnung $\epsilon_w$ ist das Kriterium für die Instabilität [73]

$$\frac{d\sigma_w}{d\epsilon_w} = \sigma_w \tag{3.32}$$

bezogen auf die **technische** Spannungs-Dehnungskurve (Bild 3.2.1-7)

$$d\sigma_t/d\epsilon_t = 0 \tag{3.33}$$

d.h. das Maximum der technischen Spannungs-Dehnungs-Kurve zeigt gleichzeitig die Spannung an, bei welcher die Einschnürung instabil wird. Dieses entspricht der Zugfestigkeit $R_m$ in Bild 3.2.1-8a.

Am Ort der Einschnürung entstehen bei fortgesetzter plastischer Verformung schließlich örtlich so hohe Versetzungskonzentrationen, daß es energetisch günstiger ist, wenn dort die Bindung zwischen benachbarten Atomen aufgebrochen wird: Es entstehen dort Poren oder Mikrorisse (Bild 3.5-2).

Am Rande von Rissen entsteht geometriebedingt eine örtliche Vergrößerung der mechanischen Spannung. Bei duktilen Materialien tritt daher gerade dort eine zusätzliche plastische Verformung auf, welche versucht, die Spannungsüberhöhung abzubauen. Deshalb verläuft die Rißausbreitung in plastisch verformbaren Materialien auch langsamer als in spröden Materialien.

In spröden Metallen und Keramiken entstehen Risse ebenfalls an örtlichen Spannungskonzentrationen, die sehr häufig mit geometrischen Inhomogenitäten in der Probe zusammenhängen. Innere Poren und mikroskopische Beschädigungen der Oberfläche können dafür ausschlaggebend sein. Die Rißausbreitung erfolgt in einkristallinen Bereichen häufig entlang bestimmter kristallographischer Ebenen (Spaltebenen), sie kann mit einer großen Geschwin-

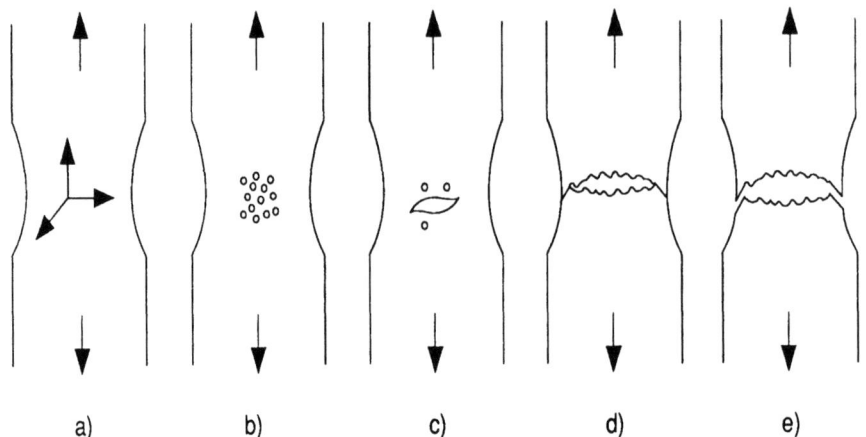

*Bild 3.5-2*: Bruchvorgang in einem plastisch stark verformbaren (duktilen) Material (nach [38]):

a) Eine örtlich auftretende Einschnürung erzeugt dort eine höhere Spannung und damit eine höhere Verfestigung (Versetzungsdichte).

b) Die durch die hohe Versetzungsdichte entstandene große elastische Verspannung wird durch Bildung von Poren (Mikrorissen) abgebaut.

c) Mehrere Mikrorisse vereinigen sich zu einem makroskopischen Riß.

d), e) Der Riß breitet sich bis an den Rand der Probe aus und führt zu einem Bruch.

digkeit (Schallgeschwindigkeit) erfolgen. Wegen der geringen Duktilität können die Spannungkonzentrationen am Riß nicht abgebaut werden, d.h. die keramischen Werkstoffe sind trotz ihrer großen Härte sehr anfällig gegenüber einem Totalausfall durch Sprödbruch.

Ist ein Riß entstanden, dann hängt seine Ausbreitung davon ab, ob die im äußeren mechanischen Spannungsfeld gewonnene Energie größer ist als die durch die Rißvergrößerung aufgebrachte Energie $\delta W_a$ abzüglich der freiwerdenden elastischen Energie $\delta W_{el}$ [73]:

$$\delta W_a > \delta W_{el} + G_c \cdot L \cdot s \qquad (3.34)$$

($L$ ist die Länge des Risses, $s$ der Laufweg des Risses bei der Ausbreitung).

## 3.5. Rißbildung und Bruch

Die **Energiefreisetzungsrate** (andere Bezeichnungen: spezielle Bruchenergie, Rißausbreitungsenergie, Zähigkeit) $G_c$ ist also die pro Einheitsfläche des Risses (und nicht pro Einheitsfläche der neuen Oberfläche) aufzubringende Energie. Tab. 3.5–1 gibt die Werte für verschiedene Materialgruppen an.

*Tab. 3.5–1*: Energiefreisetzungsrate $G_c$ und Bruchzähigkeit $K_c$ für verschiedene Werkstoffgruppen (nach [73])

| Werkstoff | $G_c/kJm^{-2}$ | $K_c/MNm^{-\frac{3}{2}}$ |
|---|---|---|
| Duktile Reinmetalle (z.B. Cu, Ni, Ag, Al) | 100–1000 | 100–350 |
| Rotor–Stähle (A533, Discalloy) | 220–240 | 204–214 |
| Druckbehälter–Stähle (HY130) | 150 | 170 |
| Hochfeste Stähle (HSS) | 15–118 | 50–154 |
| Baustahl | 100 | 140 |
| Titanlegierungen (Ti6Al4V) | 26–114 | 55–115 |
| GFK | 10–100 | 20–60 |
| Fiberglas (Glasfaser Epoxid) | 40–100 | 42–60 |
| Aluminiumlegierungen (hohe/niedrige Festigkeit) | 8–30 | 23–45 |
| KFK | 5–30 | 32–45 |
| Holz, Riss $\perp$ zur Faser | 8–20 | 11–13 |
| Borfaser Epoxid | 17 | 46 |
| Stahl mit mittlerem Kohlenstoffgehalt | 13 | 51 |
| Polypropylen | 8 | 3 |
| Polyäthylen niedriger Dichte | 6–7 | 1 |
| Polyäthylen hoher Dichte | 6–7 | 2 |
| ABS/Polystyren | 5 | 4 |
| Nylon | 2–4 | 3 |
| Stahlarmierter Zement | 0.2–4 | 10–15 |
| Gußeisen | 0.2–3 | 6–20 |
| Polystyren | 2 | 2 |
| Holz $\parallel$ zur Faser | 0.5–2 | 0.5–1 |
| Polykarbonat | 0.4–1 | 1.0–2.6 |
| Kobalt/Wolframkarbid Cermets | 0.3–0.5 | 14–16 |
| PMMA | 0.3–0.4 | 0.9–1.4 |
| Epoxidharze | 0.1–0.3 | 0.3–0.5 |
| Granit | 0.1 | 3 |
| Polyester | 0.1 | 0.5 |
| Siliziumnitrid, $Si_3N_4$ | 0.1 | 4–5 |
| Beryllium | 0.08 | 4 |
| Siliziumkarbid, SiC | 0.05 | 3 |
| Magnesiumoxid, MgO | 0.04 | 3 |
| Zement/Beton, unverstärkt | 0.03 | 0.2 |
| Marmor, Sandstein | 0.02 | 0.9 |
| Aluminiumoxid, $Al_2O_3$ | 0.02 | 3–5 |
| Ölschiefer | 0.02 | 0.6 |
| Fensterglas | 0.01 | 0.7–0.8 |
| Isolationskeramik | 0.01 | 1 |
| Eis | 0.003 | 0.2 * |

\* alle Werte bis auf Eis gelten für Raumtemperatur

## 202  Kapitel 3. Mechanische Formgebung und Stabilität

Zur Herleitung eines Kriteriums, wann sich ein Bruch ausbreitet, wählt man eine Versuchsanordnung, bei welcher die nach außen geleistete Arbeit null ist. Den Gewinn an elastischer Energie bei einer vorgegebenen Spannung kann man berechnen. Für einen Riß der Länge a und den Elastizitätsmodul E gilt als Kriterium für das Einsetzen des Sprödbruchs bei der Spannung $\sigma$ [73]:

$$\sigma\sqrt{\pi a} = \sqrt{EG_c} = K_c \qquad (3.35)$$

mit der **Bruchzähigkeit** $K_c$ (ebenfalls tabelliert in Tab. 3.5–1).

Bei neuentwickelten Keramiken versucht man die Neigung zum Sprödbruch durch Beeinflussung der Mikrostruktur abzubauen (Bild 3.5-3).

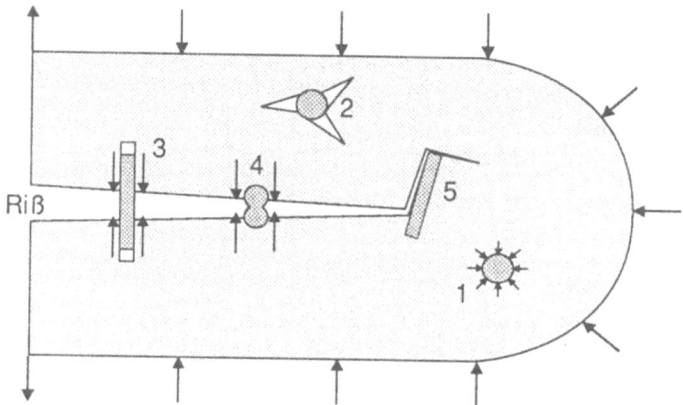

*Bild 3.5-3*: Verlangsamung der Rißausbreitung in keramischen Werkstoffen durch Beeinflussung der Mikrostruktur: Der Abbau von Spannungskonzentrationen erfolgt nach den folgenden Mechanismen: 1. Einlagerung von Phasen, die ihre Kristallstruktur ändern können, 2. gezielte Erzeugung von Mikrorissen, 3. Überbrückung des Risses durch Fasern (s. Abschnitt 3.6), 4. Einlagerung duktiler Phasen, 5. Ablenkung des Risses (nach [70]).

Eng mit der plastischen Verformung und Rißbildung hängt das Umformen von Werkstücken über zerspanende (spangebende) Verfahren zusammen, wie das Fräsen, Bohren und Drehen von Werkstücken. Auch abrasive Verfahren wie das Schleifen, Läppen und Strahlen fallen in dieselbe Kategorie (Bild 3.5-4).

Bei diesen Prozessen spielt eine Vielzahl unterschiedlicher Effekte eine Rolle, so daß eine eindeutige Korrelation mit den Werkstoffeigenschaften schwierig ist. Sowohl sehr harte als auch sehr zähe Werkstoffe, auch solche mit niedriger Streckgrenze, sind schlecht zerspanbar [21].

## 3.5. Rißbildung und Bruch

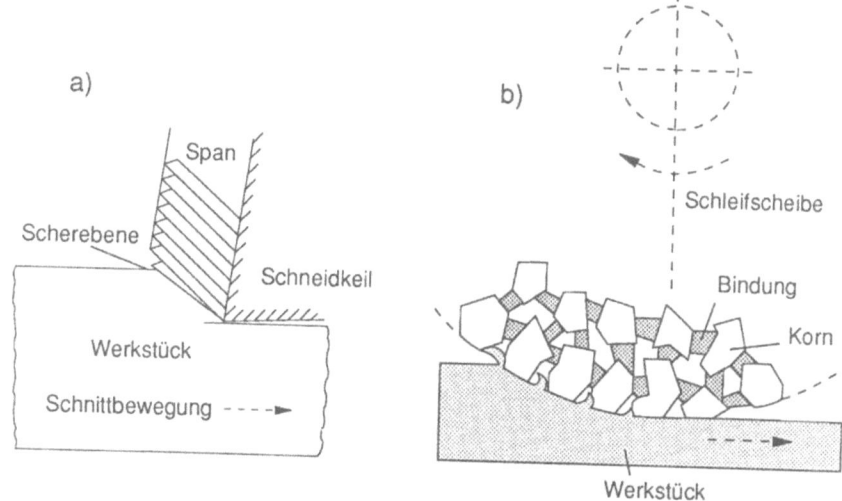

*Bild 3.5-4*: Spanende Umformverfahren (nach [30]).

a) Spanen mit geometrisch bestimmten Schneiden.

b) Spanen mit geometrisch unbestimmten Schneiden.

Auch bei den Kunststoffen gibt es einen duktilen und eine Sprödbruch mit allen Zwischenstadien, wobei die Thermoplaste eher duktil und die Duroplaste eher spröde brechen. Dabei können sich die molekularen Ketten in der Umgebung des Risses in Richtung der wirkenden Spannung ausrichten (Bild 3.5-5, s. auch Abschnitt 3.2.2).

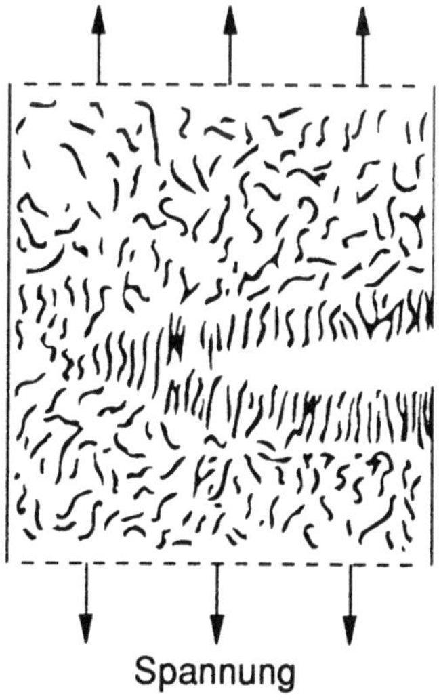

*Bild 3.5-5*: Ausrichten von Polymerketten in der Umgebung eines Risses (nach [32]).

## 3.6 Übersicht über die Verbundwerkstoffe

Werkstoffe, die mindestens aus zwei verschiedenen — miteinander nicht oder nur langsam reagierenden — Phasen bestehen, werden als **Verbundwerkstoffe** bezeichnet. Die Einlagerung einer zweiten Phase in die Matrix kann unterschiedlich sein (s. auch Bild 2.5-5), Bild 3.6-1 gibt eine Übersicht.

Verbundwerkstoffe haben in vieler Beziehung überlegene Eigenschaften. Das wird im folgenden am Beispiel der mechanischen Härte und Zähigkeit gezeigt. Wie aus Tab. 3.2.1-1 hervorgeht, haben keramische Materialien eine außerordentlich hohe Fließgrenze, sie sind mechanisch also sehr hart. Dem steht aber entsprechend Tab. 3.5-1 eine sehr geringe Bruchzähigkeit gegenüber. Die Keramiken sind sehr spröde, d.h. wenn einmal an einer Schwachstelle (z.B. eine mechanische Beschädigung an der Oberfläche) ein Riß entstanden ist, dann wird sich dieser schnell ausbreiten und das Werkstück zerstören. Gegenmaßnahmen gegen diesen Effekt sind:

- Herstellung des Werkstücks in einer Form, bei der das Auftreten von Rißkeimen weniger wahrscheinlich ist, z.B. durch Verringerung der Größe (Beispiel: Ausziehen von Glas zu einer Glasfaser).

- Parallelschaltung möglichst vieler solcher Werkstücke (Beispiel: Verbindung von Glasfasern zu einem Strang). Dieses hat den Vorteil, daß sich der Bruch einer einzelnen Glasfaser nicht auf den gesamten Strang ausbreitet, d.h. durch den Bruch einer Einzelkomponente ist das gesamte System nur in eingeschränktem Maß gefährdet.

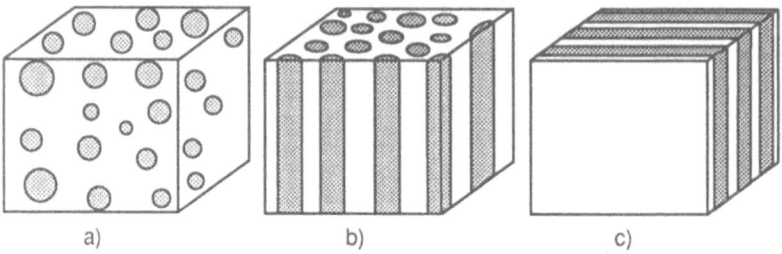

*Bild 3.6-1*: Einteilung der Verbundwerkstoffe nach der Form der zweiten Phase in der Matrix (nach [21])

    a) Kugeln (Beispiele: Hartmetalle, Cermets, glaskugelverstärkte Polymere, Beton)

    b) Fasern (Beispiele: Glasfaserverstärkte Kunststoffe (GFK), kohlenstoffverstärke Kunststoffe (CFK), Stahlbeton, Holz (Zellulosefasern in Lignin-Matrix))

    c) Platten (Beispiele: Sperrholz, Sicherheitsglas)

## 3.6. Übersicht über die Verbundwerkstoffe

Diese Eigenschaft gilt für eine Vielzahl von Fasern oder Nadeln aus keramischen Materialien, gleichermaßen aber auch für solche aus Metallen (sogenannte Whisker) und Kunststoffen (besonders ausgeprägt bei der sehr festen und steifen Aramidfaser, die eine bevorzugte Orientierung der Ketten in Richtung der Faserachse aufweisen).

Erheblich verbessern lassen sich die Eigenschaften der Faserstränge, wenn man sie in eine Matrix einbettet, welche als eine Art Klebstoff wirkt und die einzelnen Fasern fest miteinander verbindet. Hierdurch werden die Fasern auch gut gegen äußere Einflüsse geschützt, so daß die Möglichkeit einer Entstehung von Rißkeimen stark herabgesetzt wird. Die Matrix kann ihrerseits die Eigenschaften des so entstandenen Verbundwerkstoffes mitbestimmen: Einerseits kann sie nichtmechanische Eigenschaften wie die elektrische oder Wärmeleitfähigkeit entscheidend beeinflussen, andererseits aber zusätzlich noch die mechanische Festigkeit verstärken. Besteht sie aus einem duktilen (plastisch gut verformbaren) Werkstoff, dann kann sie die in der Umgebung eines Faserrisses auftretenden Spannungskonzentrationen durch plastische Verformung auffangen und damit die Wirkung des Risses "entschärfen". Abgesehen von dem Ort der Bruchstelle trägt dann auch die gebrochene Faser noch zur Festigkeit des Verbundwerkstoffes bei, da die Matrix auch die wichtige Aufgabe der Kraftübertragung von einer Faser auf die andere übernimmt.

Die Auswahl des Matrixmaterials hängt stark ab von den Anforderungen, die an den Verbundwerkstoff gestellt werden, insbesondere von der Einsatztemperatur. Ist diese nicht höher als 100 bis 200 Grad Celsius, dann wird gewöhnlich Kunststoff bevorzugt. Beispiele dafür sind **glasfaserverstärkter Kunststoff (GFK), kohlenstoffaserverstärkter Kunststoff (CFK)** und **aramidfaserverstärkter Kunststoff (AFK)**, die heute bereits im Boots-, Karosserie- und Flugzeugbau eingesetzt werden. Bei kurzer Faserlänge läßt sich die Verarbeitung von Fasern und thermoplastischem Kunststoff in einem kostengünstigen Spritzgußverfahren (Abschnitt 3.2.2) durchführen. Eine erhöhte Festigkeit und Wärmebeständigkeit läßt sich dagegen nur durch den Einsatz von kontinuierlichen Fasern in einer Duromermatrix, wie z.B. Epoxidharz (Abschnitt 3.2.2), erreichen. Polyimidharze sind für Einsatztemperaturen bis 300° C geeignet. Verbundwerkstoffe mit Kunststoff-Matrix haben generell den Vorteil einer sehr niedrigen Dichte, so daß hochbelastbare Werkstücke mit geringem Gewicht hergestellt werden können (Bild 3.6-2). Nachteilig sind gegenwärtig noch die relativ geringen Werte der Bruchdehnung und der makroskopischen Bruchzähigkeit und die teilweise noch nicht ausgereifte Fertigungstechnik. Trotzdem werden bereits heute aus Gründen der Gewichts- und Energieeinsparung hochbelastete Metallteile durch Kunststoffwerkstoffteile ersetzt, sogar die Herstellung von nichtpneumatischen Autoreifen aus diesem Werkstoff erscheint möglich und vorteilhaft [78].

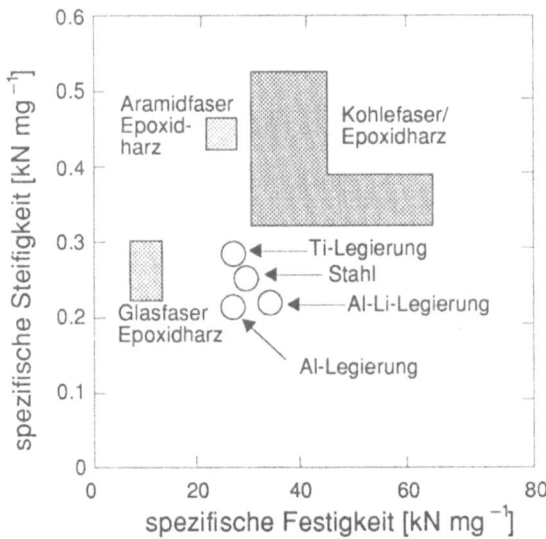

*Bild 3.6-2*: Vergleich von quasiisotropen Verbundwerkstoffen und Metallen in einem Diagramm aus spezifischer Steifigkeit (E-Modul/Dichte) und spezifischer Festigkeit (Fließspannung/Dichte), nach [79]

Bei höheren Einsatztemperaturen werden auch Metalle als Matrix eingesetzt, die aufgrund ihrer größeren Härte die Festigkeit des Verbundwerkstoffes weiter erhöhen. Nachteilig ist, daß bei der für die Herstellung des Verbundwerkstoffes notwendigen Schmelztemperatur des Metalls bereits chemische Reaktionen zwischen Faser und Matrix erfolgen können. Der Effekt läßt sich reduzieren mit dem Verfahren des **Diffusionsschweißens**: Dabei werden Metallfolien und -Pulver unterhalb des Schmelzpunktes mit den Fasern verschweißt.

Werden noch höhere Einsatztemperaturen gefordert, dann kann eine Matrix aus einem keramischen Werkstoff eingesetzt werden. Dieser ist von sich aus sehr hart, aber auch spröde, so daß die Aufgabe der in der keramischen Matrix eingelagerten Fremdpartikel nicht die Erhöhung der Festigkeit, sondern eine Verminderung der Rißausbreitung ist. Hierfür in Frage kommende Mechanismen wurden bereits in Bild 3.5-3 dargestellt. Die Herstellung solcher Verbundmaterialien erfolgt meistens über Sinterverfahren.

Maximale Betriebstemperaturen lassen sich mit Verbundwerkstoffen aus Kohlenstoff (die Schmelztemperatur von Graphit ist 3750°) erreichen. Dabei werden Graphitfasern (s. Abschnitt 1.3.3) in eine amorphe Kohlenstoffmatrix eingebettet. Zur Vermeidung einer Oxidation muß der Werkstoff aber mit einer keramischen Schutzschicht bedeckt werden.

## 3.6. Übersicht über die Verbundwerkstoffe

Bild 3.6-3 zeigt die Zunahme der Festigkeit verschiedener Materialien durch Einlagerungen, die zu einem Verbundwerkstoff führen.

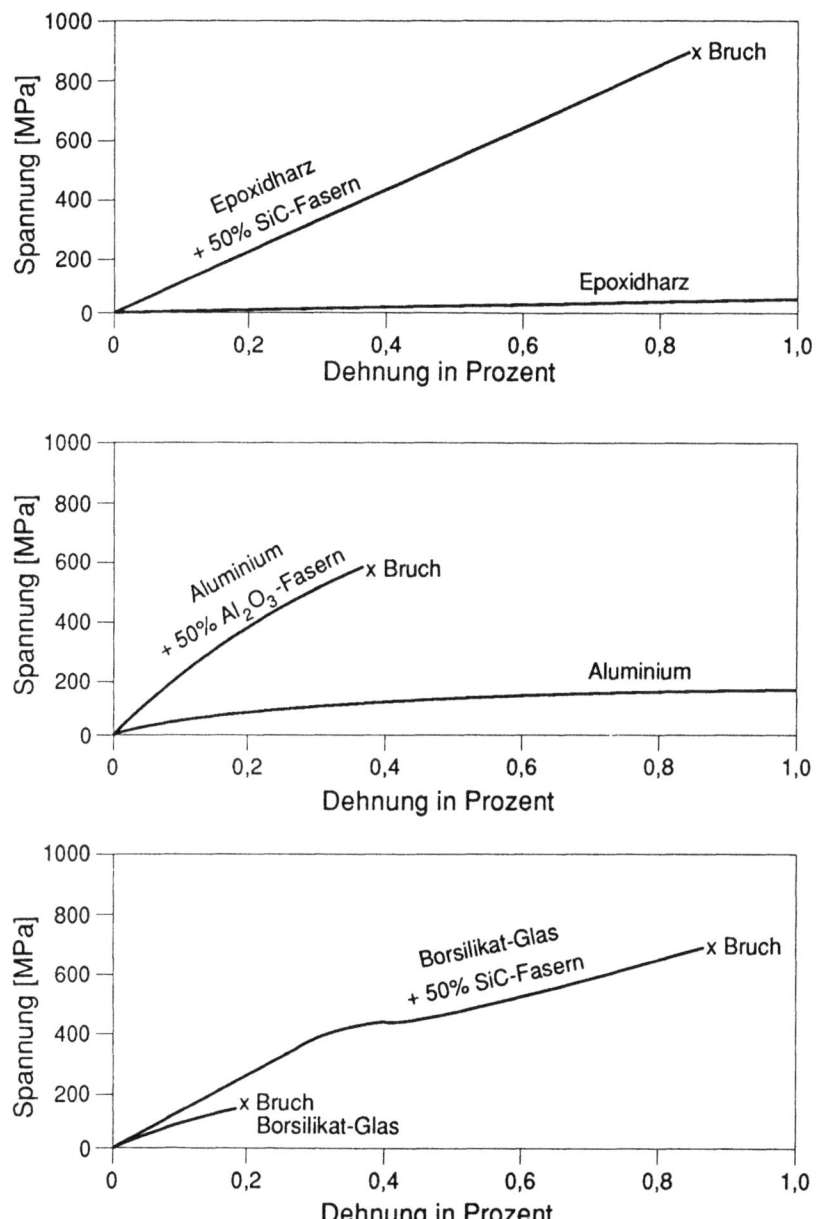

*Bild 3.6-3*: Spannungs-Dehnungsverhalten von Matrixmaterialien vor und nach der Einlagerung von Fasern zu einem Verbundwerkstoff (nach [77]).

Ein wichtiger Gesichtspunkt ist die chemische Verträglichkeit der Bestandteile eines Verbundwerkstoffes. Dabei muß insbesondere die geringe Temperaturverträglichkeit von Kunststoffasern und die Oxidationsempfindlichkeit von Kohlenstoffasern berücksichtigt werden. Sehr wichtig ist die gute Haftung zwischen Fasern und Matrix, die in der Regel eine gute Benetzbarkeit voraussetzt. Hierfür ist gegebenenfalls die Bedeckung der Faseroberfläche mit einem Haftvermittler erforderlich.

Bei einer mechanischen Belastung erfolgt die Übertragung der Last von der Matrix auf die Faser über Scherkräfte. Deshalb müssen die Fasern ein möglichst großes Verhältnis von Oberfläche zu Volumen haben. In der Praxis ist bei Fasern und Nadeln ein Verhältnis von mindestens 100:1 zwischen Länge und Durchmesser zweckmäßig.

Da die maximale Festigkeit von Faser–Verbundwerkstoffen in Richtung der Faser liegt, ist auch die geometrische Form des Fasernetzes von Bedeutung. Hierfür gibt es sehr unterschiedliche ein– und multiaxiale Gewebe bis hin zu dreidimensionalen Ausführungen. In der Regel wird das Gewebe an die spezielle mechanische Beanspruchung des Werkstückes angepaßt [78]. Für Hochleistungsbauformen wird die optimale Fadenführung vorausberechnet und mit Hilfe von computergesteuerten Wickelmaschinen realisiert.

Bisher wurden überwiegend die Faser–Verbundwerkstoffe (Bild 3.6-1b) behandelt. Auch die anderen haben eine erhebliche technische Bedeutung: **Hartmetalle** bestehen aus feinen Metallkarbid(z.B. Wolframkarbid)-Körnern, die durch eine metallische Matrix (z.B. Eisen, Kobalt, Nickel) zusammengehalten werden. Die Herstellung erfolgt über Sintertechniken, eine wichtige Anwendung sind Schnelldrehstähle. **Cermets** sind metallische Verbundwerkstoffe mit meist oxidischen Keramikphasen, z.B. $Al_2O_3$. Bei den **Tränkwerkstoffen** wird eine poröse Sinterkeramik mit einem Metall getränkt. Bei hohen Temperaturbelastungen (Raketentriebwerk) verdampft das Metall und erzeugt dadurch eine Kühlung.

Verbundwerkstoffe entstehen auch durch das Verkleben von Phasen mit Bindemitteln, z.B. keramischen und polymeren **Zementen**. Ein wichtiger keramischer Zement ist Trikalziumsilikat ($3CaO \cdot SiO_2$), eine der erwünschten Phasen im Portlandzement. Der Zement wird durch Brennen bei hohen Temperaturen (1400° bis 1500°C) gewonnen und fein zermahlen. Wird einer Mischung von Trikalziumsilikat und Sand (**Mörtel**, bei weiterem Zusatz von Kies **Beton**) Wasser hinzugefügt, dann bilden sich Hydratkristalle des Typs $CaO$ $2SiO_2 3H_2O$, welche die Sandkörner miteinander verkleben (Bild 3.6-4). Beton hat eine große Druck- aber nur eine geringe Zugfestigkeit.

Dem Nachteil der geringen Zugfestigkeit des Betons kann durch Einlagerung von Stahlschienen oder -netzen zu einem Verbundwerkstoff (**Stahlbeton**) entgegengewirkt werden. Wird der Stahl z.B. vor der Festigung des Betons mechanisch vorgespannt, dann ergibt sich nach der Herstellung des

## 3.7 Verfahren der Werkstoffprüfung

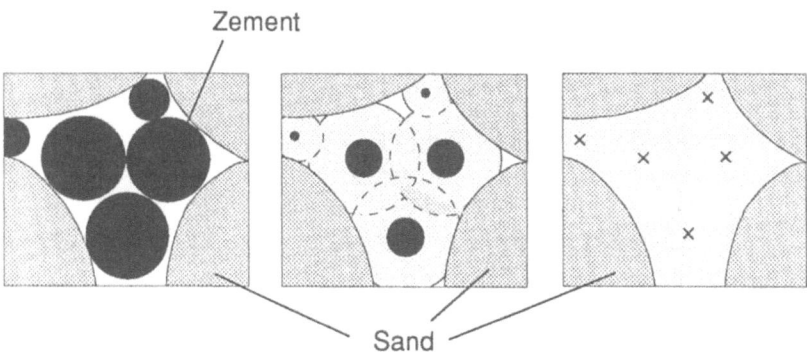

*Bild 3.6-4:* Bildung des Verbundwerkstoffes Beton (nach [21]).
a) Vor dem Wasserzusatz sind Sand- und Zementkörner verteilt.
b) Nach Wasserzusatz bildet sich eine Hydratphase, welche die Sandkörner miteinander verklebt.
c) Vollständige Hydratation des Zements.

Verbundwerkstoffes und Wegnahme der Vorspannung eine konstante Druck-Vorspannung auf dem Beton (**Spannbeton**), der die Zugeigenschaften noch weiter verbessert. Die Spannung kann auch nachträglich eingeführt werden, wenn beim Betongießen Hohlräume vorgesehen werden, in welche später Stahlteile eingeführt werden können. Die Stahlteile werden danach mechanisch gespannt.

Die verbesserten mechanischen Eigenschaften von Faserwerkstoffen können sinngemäß übertragen werden auf Verbundwerkstoffe mit plattenförmigen Einlagerungen einer zweiten Phase (Bild 3.6-1c). Das bekannteste Beispiel ist das Sperrholz, mit einem deutlichen Unterschied der Belastbarkeit in Richtung der Platten und senkrecht dazu.

Das Gebiet der Verbundwerkstoffe befindet sich gegenwärtig in einer Phase schneller Entwicklung mit außerordentlich günstigen Voraussetzungen. Es ist zu erwarten, daß eine Vielzahl neuer Systeme in naher Zukunft an Bedeutung gewinnt.

## 3.7 Verfahren der Werkstoffprüfung

Bild 3.7-1 gibt einen Überblick über die Verfahren zur Werkstoffprüfung. Bei den zerstörenden Prüfungsverfahren können nur die mechanischen Eigenschaften eines Werkstoffes im allgemeinen untersucht werden, die Meßprobe wird dabei zerstört. Zu diesen Verfahren gehört auch die in Abschnitt 3.2.1 ausführlich diskutierte Aufnahme der Spannungs-Dehnungs-Kurve.

# Kapitel 3. Mechanische Formgebung und Stabilität

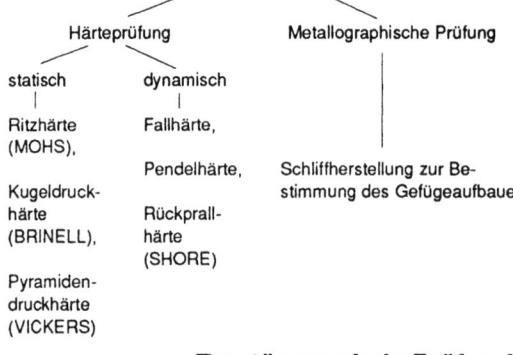

*Bild 3.7-1*: Überblick über die Verfahren zur Werkstoffprüfung (nach [15]).

## 3.7. Verfahren der Werkstoffprüfung

Große praktische Bedeutung haben Prüfverfahren, bei denen periodisch ein Wechsel zwischen Zug- und Druckbelastung vorgenommen wird. In diesem Fall kann ein Bruch des Materials bei weit geringeren Spannungen als der in Bild 3.2.1–8a definierten Zugfestigkeit auftreten. Dieser Effekt wird als **Materialermüdung** bezeichnet, er ist eine häufig auftretende Ursache für das mechanische Versagen vieler Gebrauchsgegenstände im täglichen Leben. Bild 3.7-2 zeigt die Kenngrößen einer einfachen Ermüdungsbeanspruchung. Die Anzahl $N$ der Zyklen wird als **Lastspielzahl** $N$ bezeichnet, die für einen Bruch im Durchschnitt erforderliche Lastspielzahl heißt **Bruchlastspielzahl** $N_B$.

$$\Delta\sigma \cdot N_B^a = C_1 \qquad (3.36)$$

(Mittelspannung Null, $a$ und $C_1$ sind Konstanten).

Zwischen der **Schwingbreite** $\Delta\sigma$ und der Bruchlastspielzahl besteht im Bereich des Dauerschwingverhaltens (Bild 3.7-3) der empirisch gefundene Zusammenhang (**Basquin-Beziehung**)

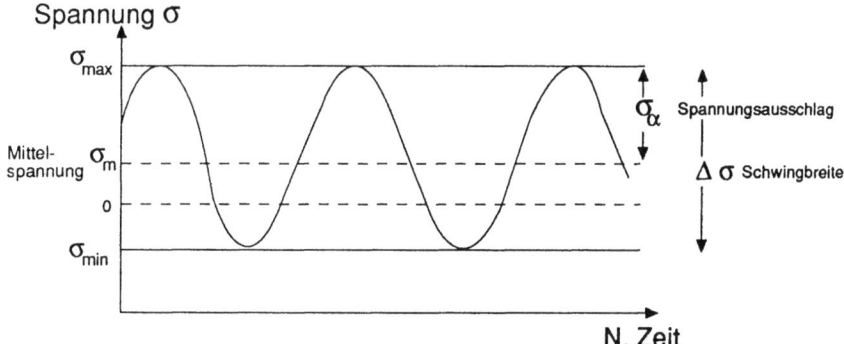

Bild 3.7-2: Spannungsverlauf und Kenngrößen bei der Ermüdung.

Der Zusammenhang zwischen plastischer Dehnung und Bruchlastspielzahl ist gegeben durch das Gesetz von **Manson und Coffin** (Bild 3.7-4):

$$\Delta\epsilon^{pl} \cdot N_B^b = C_2 \qquad (3.37)$$

(Mittelspannung Null, $b$ und $C_2$ sind Konstanten). Ist die Mittelspannung $\sigma_m$ nicht Null, dann müssen die Schwingbreiten jeweils erniedrigt werden über die **Goodman-Regel** [73]

$$\Delta\sigma|_{\sigma_m \neq 0} = \Delta\sigma|_{\sigma_m=0}(1 - \frac{|\sigma_m|}{R_m}) \qquad (3.38)$$

212  Kapitel 3. Mechanische Formgebung und Stabilität

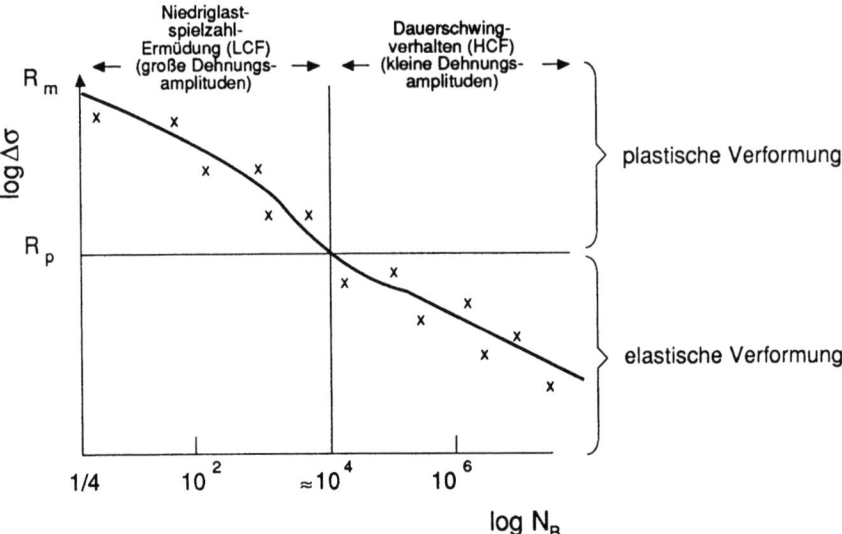

*Bild 3.7-3*: Zusammenhang zwischen Schwingbreite und Bruchlastspielzahl (Basquin-Beziehung) bei einer Mittelspannung Null. Das Verhalten wird getrennt betrachtet für eine Schwingbreite oberhalb der Fließgrenze $R_p$ (LCF = low-cycle fatigue) und unterhalb davon (HCF = high-cycle fatigue) (nach [73]).

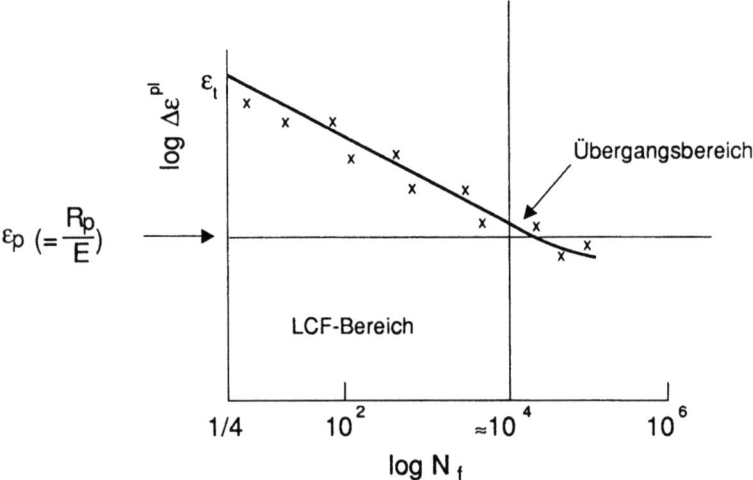

*Bild 3.7-4*: Zusammenhang zwischen plastischer Dehnung und Bruchlastspielzahl (Gesetz von Manson und Coffin) bei einer Mittelspannung Null (nach [73]).

## 3.7. Verfahren der Werkstoffprüfung

Die empirisch gefundenen Gesetze (3.36) bis (3.38) haben nur orientierenden Charakter, bei praktischen Anwendungen sollten sie durch Simulationsversuche erhärtet werden.

Die obigen Beziehungen gelten immer unter der Voraussetzung, daß das untersuchte Werkstück nicht bereits Risse enthält. Bei großen Bauteilen wie Brücken, Druckbehälter etc. treten jedoch im allgemeinen unbeabsichtigt Risse auf, die sich unter Ermüdungsbedingungen — zumindest während der Zugphase — ausbreiten (**Ermüdungsriß**). In diesem Fall wird das Ermüdungsverhalten durch die von der Spannungsintensität an der Rißspitze abhängigen Rißgeschwindigkeit bestimmt und folgt anderen Gesetzen [73].

Ein sehr einfaches Verfahren zur Beurteilung der Härte eines Werkstückes ist das Eindrücken eines im Vergleich zur Werkstückhärte sehr viel härteren Körpers vorgegebener Form unter einer definierten Last. Die Größe (Durch-

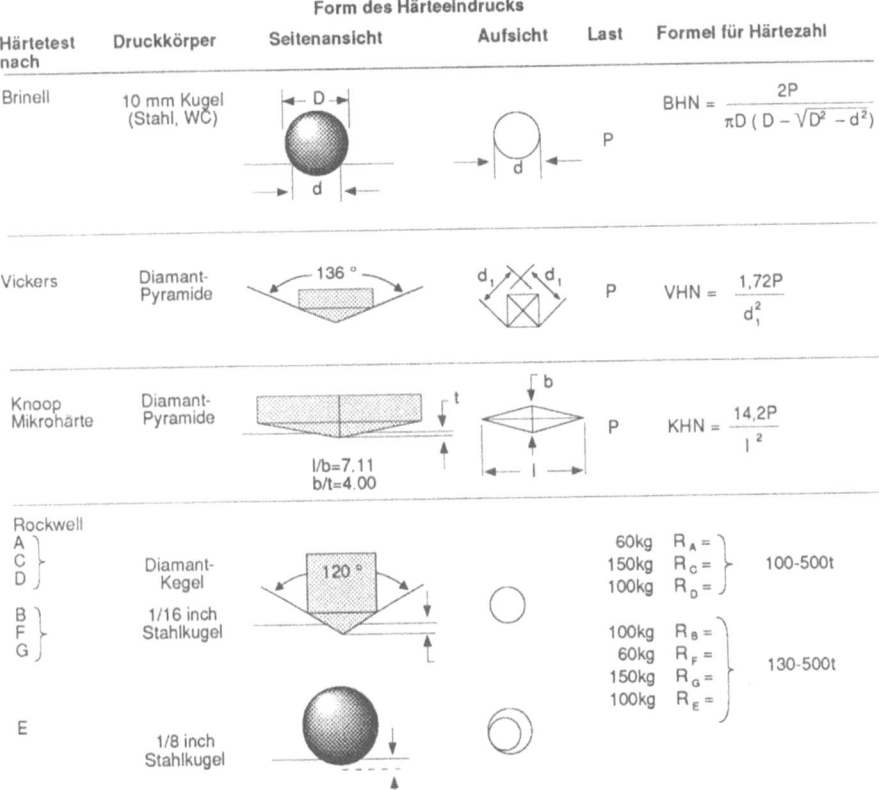

*Bild 3.7-5*: Verfahren zur Härtemessung (Kraft F in kp) (nach [40]).

214  Kapitel 3. Mechanische Formgebung und Stabilität

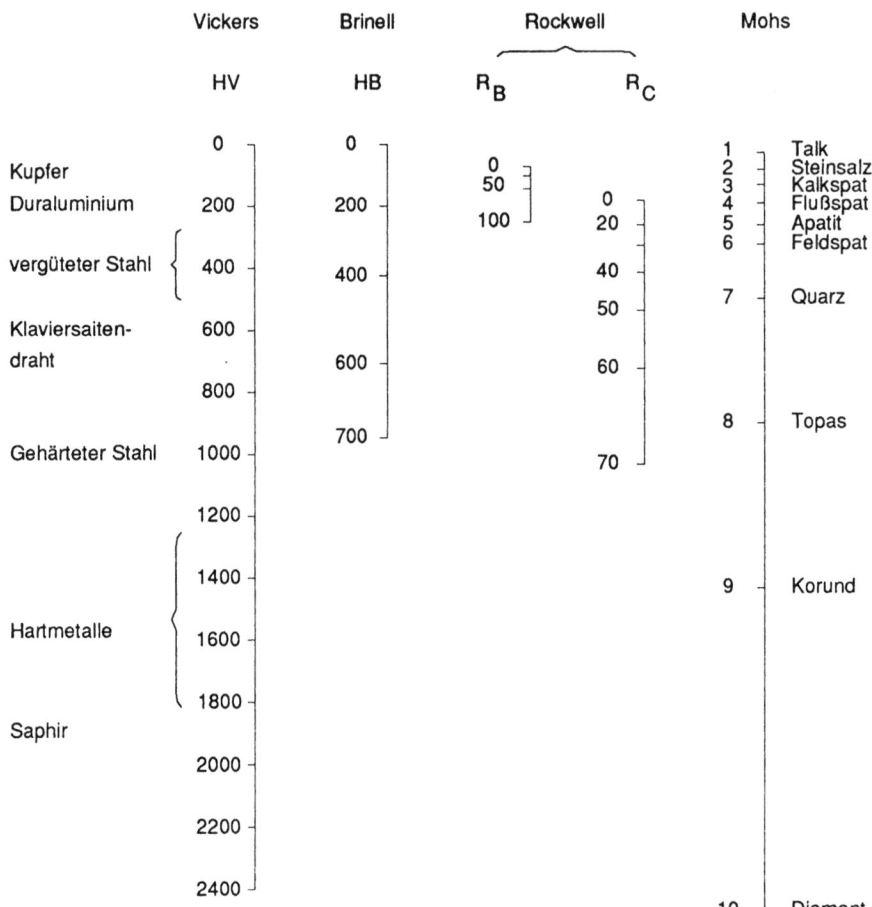

*Bild 3.7-6*: Härte verschiedener Werkstoffe nach unterschiedlichen Härteskalen (nach [15]).

messer) des Härteeindrucks ist dann ein direktes Maß für die Härte. Gebräuchlich ist eine Messung der Härte nach Brinell, Vickers, Knoop und Rockwell (Bild 3.7-5). Bild 3.7-6 gibt die Härte verschiedener Materialien nach den unterschiedlichen Härteskalen an (die Mohs-Härte wird nach einem Ritzverfahren ermittelt).

## 3.7. Verfahren der Werkstoffprüfung

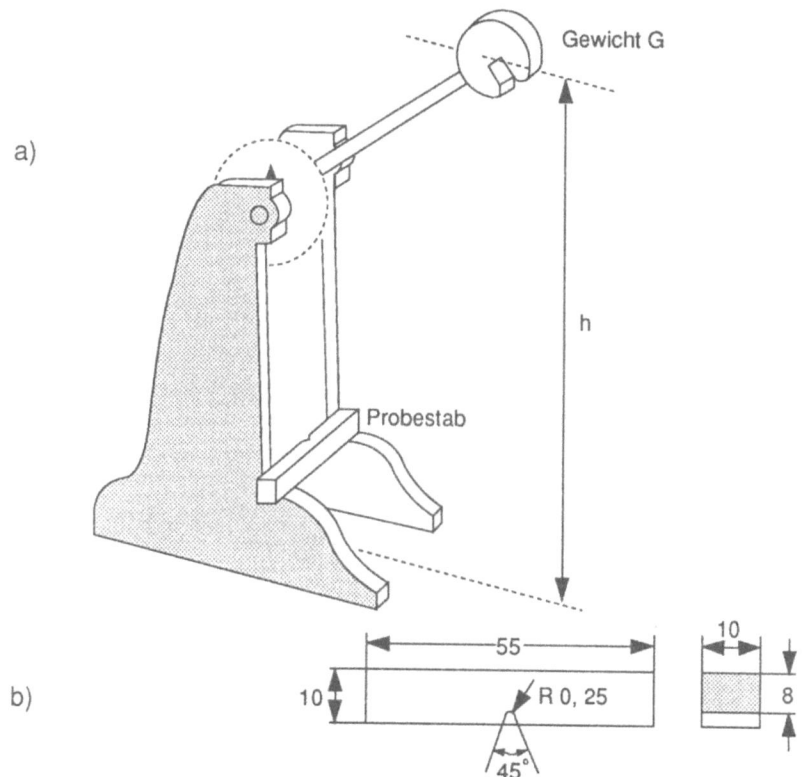

*Bild 3.7-7*: Kerbschlagversuch: a) Pendelschlagwerk, b) Normprobe

Über die **Schlagfestigkeit** wird die Energie ermittelt, die ein genormtes Werkstück aufnehmen kann, bis es zerbricht. Das Werkstück hat dabei eine Sollbruchstelle in Form einer Kerbe. Die Energie läßt sich leicht messen, wenn sie durch den Fall eines Hammers aufgebracht wird (Bild 3.7-7).

Bezüglich der vielen anderen Prüfverfahren in Bild 3.7-1 muß auf die sehr umfangreiche Spezialliteratur verwiesen werden.

# 4 Leiter und Widerstände

## 4.1 Elektronenleitung

### 4.1.1 Ohmsches Gesetz

In Abschnitt 2.7–2 war gezeigt worden, daß eine Teilchenbewegung, die sich aus miteinander unkorrelierten Einzelprozessen zusammensetzt, charakterisiert werden kann durch eine Teilchengeschwindigkeit (2.86)

$$v = B \cdot F_{\text{chem}} \qquad (4.1)$$

wobei für die chemische Kraft allgemein gilt (2.36)

$$F_{\text{chem}} = -\nabla \mu^n - \nabla T \cdot S_n \qquad (4.2)$$

Dabei war $\mu^n$ das chemische Potential des Teilchens, $S_n$ die differentielle Entropie des Teilchens und $T$ die Temperatur. Für den Fall konstanter Temperatur ist die Teilchenstromdichte:

$$j^T = \varrho_n \cdot v = -\varrho_n B \nabla \mu^n \qquad (4.3)$$

Sind die Teilchen elektrisch geladen, dann ergibt sich eine elektrische Stromdichte durch das Produkt aus der Teilchenstromdichte und der elektrischen Ladung der Teilchen. Im Abschnitt 2.7.3 war bereits der Fall behandelt worden, daß die Gitteratome selbst geladen und beweglich sind, dieses führt zu einer Ionenleitung, die bei den meisten ionenleitenden Substanzen aber erst bei höheren Temperaturen signifikante Werte annimmt (Bild 2.7.3-1). Der Grund dafür liegt in der Tatsache, daß die schweren — und im Gitter recht fest eingebundenen — Ionen selbst unter günstigen Voraussetzungen einen kleinen Diffusionskoeffizienten D (Bild 2.7.2–5b) und damit nach der Einstein-Beziehung (2.112)

$$B = \frac{D}{kT} \qquad (4.4)$$

auch eine geringe Beweglichkeit haben. Für Anwendungen in der Elektronik ist es daher vorteilhafter, mit einer anderen Sorte von geladenen Teilchen

## 4.1. Elektronenleitung

zu arbeiten, den Elektronen. Die Masse der Elektronen ist um den Faktor 1836 kleiner als der leichteste Atomkern (Proton); außerdem sind die Elektronen zumindest bei den Materialien mit metallischer Bindung (Abschnitt 1.3.4) ungleich schwächer an das Gitter gebunden als Ionen. Bezeichnen wir die Elektronenladung mit $-|q|$, dann ist die elektrische Stromdichte, die mit dem Fluß von Elektronen verbunden ist

$$\vec{j}^{|q|} = +|q|\varrho_n B \nabla \mu^n \qquad (4.5)$$

Die chemische Kraft setzen wir an wie in (2.37) mit (2.118 bis 2.122), jeweils verallgemeinert für den dreidimensionalen Fall:

$$\begin{aligned}\vec{F}_{\text{chem}} = -\nabla \mu^n &= -\nabla W_n + T\nabla S_n \\ &= -\nabla(W_n^{\text{feld}} + W_n^{\text{kr}}) + T\nabla S_n \\ &= -|q|\vec{E} - \nabla W_n^{\text{kr}} + T\nabla S_n\end{aligned} \qquad (4.6)$$

Dabei ist $\vec{E}$ das von außen wirkende elektrische Feld und $W_n^{\text{kr}}$ die Kristallenergie (2.53), abgeleitet nach der Teilchenzahl (differentielle Kristallenergie). Weiterhin gilt mit der elektrischen Spannung $U$ (Anhang C1):

$$-\nabla W_n^{\text{feld}} = +|q|\nabla U = -|q|\vec{E} \qquad (4.7)$$

Eingesetzt in (4.5) folgt

$$\vec{j}^{|q|} = +|q|^2 \varrho_n B \vec{E} + |q|\varrho_n B \nabla W_n^{\text{kr}} - |q|\varrho_n B T \nabla S_n \qquad (4.8)$$

Es hat sich in der Elektrotechnik eingebürgert, die Elektronenbeweglichkeit nicht durch $B$, sondern durch

$$\mu_n := |q|B \qquad (4.9)$$

auszudrücken. Diese Größe (Indizes unten) darf nicht verwechselt werden mit dem chemischen Potential (Indizes oben). In der Halbleitertechnik wird das chemische Potential auch als **Fermi-Energie** $W_F$ bezeichnet.

Im Rahmen dieses Buches werden wir uns nur mit den elektrischen Eigenschaften homogener Materialien beschäftigen, in diesem Fall sind $W_n^{\text{kr}}$ und $S_n$ nicht ortsabhängig, d.h. die beiden letzten Terme in (4.8) fallen weg. Übrig bleibt nur

$$\vec{j}^{|q|} = |q|\varrho_n \mu_n \vec{E} =: \sigma_{\text{sp}} \vec{E} = \frac{1}{\varrho_{\text{sp}}} \vec{E} \qquad (4.10)$$

mit der **spezifischen Leitfähigkeit** $\sigma_{\text{sp}}$ und dem **spezifischer Widerstand** $\varrho_{\text{sp}}$. Dieses ist das **ohmsche Gesetz**; es gibt eine lineare Beziehung zwischen Stromdichte und Feldstärke wieder. Gehen wir von einem quaderförmigen

Bauelement aus mit dem Querschnitt $A$ und der Länge $d$, an das wir eine Spannung $U = \Delta\psi$ (Potentialdifferenz) legen (d.h. ein geometrischer Aufbau wie in Anhang C1, das Vakuum wird durch einen Leiter ersetzt), dann gilt mit

$$j^{|q|} = \frac{I}{A}, \quad E = -\frac{U}{d} \quad (4.11)$$

(an einem homogenen Bauelement fällt die Spannung linear ab, d.h. die Feldstärke ist konstant)

$$\Rightarrow I = -\mu_n \varrho_n |q| \cdot \frac{A}{d} \cdot U \quad (4.12)$$

$$R := \left|\frac{U}{I}\right| = \varrho_{\text{sp}} \frac{d}{A} = \frac{1}{\sigma_{\text{sp}}} \frac{d}{A}$$

$$[R] = \frac{V}{A} = \Omega(\text{Ohm}) \quad (4.13)$$

Der Quotient $R$ aus Spannung und Strom an einem Leiter wird **elektrischer Widerstand** genannt und in Ohm gemessen. Im Gegensatz zum spezifischen Widerstand ist der elektrische Widerstand abhängig von den geometrischen Abmessungen des Widerstands.

Besteht der Widerstand speziell aus einer dünnen Schicht der Dicke $t$ mit einer Breite $b$, dann gilt

$$A = t \cdot b \quad (4.14)$$

$$\Rightarrow R = \varrho_{\text{sp}} \cdot \frac{d}{t \cdot b} =: R_\square \cdot \frac{d}{b}$$

$$\text{mit} \quad R_\square := \frac{\varrho_{\text{sp}}}{t}; \quad [R_\square] = \Omega \quad (4.15)$$

mit dem **Schichtwiderstand** $R_\square$. Bei bekanntem Schichtwiderstand kann der elektrische Widerstand leicht aus den Flächengrößen $d$ und $b$ berechnet werden, was in der Dünnschichttechnik vielfältige Anwendung findet.

Zur Berechnung der Leitfähigkeit müssen $\varrho_n$ und $\mu_n$ ermittelt werden. Das ist bei Elektronen schwieriger als bei Atomen, weil Elektronen kleine leichte Teilchen sind, deren Eigenschaften viel stärker durch die besonderen Gesetze der Quantentheorie (s. Abschnitt 1.1) bestimmt werden als die Eigenschaften der großen und schweren Gitteratome. Eine quantitative Behandlung kann außerordentlich aufwendig werden, deshalb wird im Rahmen dieses Buches nicht darauf eingegangen. Im Folgeband "Halbleiter" wird dieses aber ein wichtiger Punkt sein.

Die Bandbreite des spezifischen Widerstands der Werkstoffe ist außerordentlich groß, sie beträgt mehr als 30 (!) Größenordnungen (Bild 4.1.1-1). Zu

## 4.1. Elektronenleitung

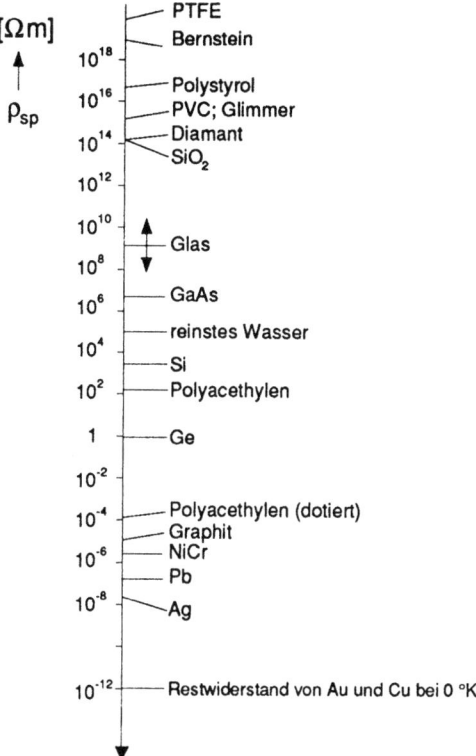

*Bild 4.1.1-1*: Spezifischer Widerstand von Werkstoffen

den besten **Isolatoren** (Nichtleiter) zählen die Kunststoffe, aber auch natürliche Stoffe wie Bernstein (bekannt durch statische Aufladung nach mechanischem Reiben). Eine mittlere Position nehmen die **Halbleiter** ein, der Widerstand von Metallen liegt viele Größenordnungen darunter (Bild 4.1.1-1)

### 4.1.2 Gebundene Elektronen

In Ionenkristallen sind die Elektronen häufig stark an die Kationen des Gitters gebunden, d.h. sie sind dort stark lokalisiert. Um auf einen benachbarten äquivalenten Gitterplatz springen zu können, müssen die Elektronen eine hohe Energiebarriere überwinden, ein Prozeß der auch als **hopping** bezeichnet wird. Einen zusätzlichen Beitrag dazu liefert die Tatsache, daß jedes Elektron in einem Ionenkristall die benachbarten Ionen anzieht oder abstößt. Diesen Effekt bezeichnet man als **Polarisierung**, entsprechend das Elektron zusammen mit seiner verzerrten Umgebung als **Polaron**. Das sind ähnliche Voraussetzungen wie für die Gitteratome selbst, d.h. die Entropie der Elektronen wird im wesentlichen durch die Mischungsentropie bestimmt, wodurch eine chemische Kraft wie in (2.110) entsteht.

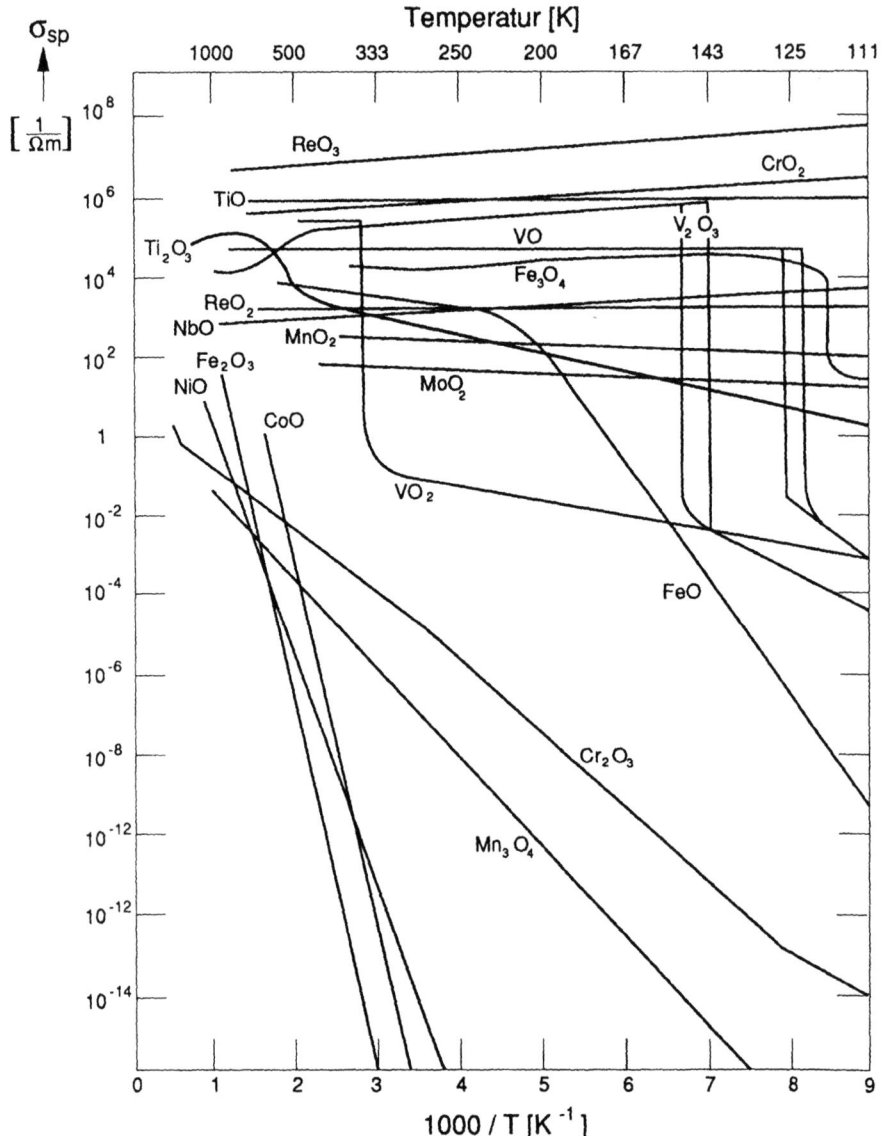

*Bild 4.1.2-1*: Temperaturabhängigkeit der elektrischen Leitfähigkeit bei einigen Oxiden (nach [5]).

## 4.1. Elektronenleitung

Damit kann die Diffusionstheorie für Fremdatome sinngemäß übernommen werden, analog zu (2.112) erhält man [42]:

$$\mu_n = \mu_{n0} \exp\left(-\frac{W^{\text{diff}}}{kT}\right) \qquad (4.16)$$

$$\Longrightarrow \sigma_{\text{sp}} = |q|\varrho_n\mu_{n0} \exp\left(-\frac{W^{\text{diff}}}{kT}\right) = \sigma_{\text{sp}}^0 \exp\left(-\frac{W^{\text{diff}}}{kT}\right) \qquad (4.17)$$

$$\text{analog} \quad \varrho_{\text{sp}} = \varrho_{\text{sp}}^0 \exp\left(+\frac{W^{\text{diff}}}{kT}\right) \qquad (4.18)$$

Tatsächlich wird bei vielen Ionenkristallen — zumindest in bestimmten Temperaturbereichen — eine exponentielle Abhängigkeit von der inversen Temperatur gefunden (Bild 4.1.2-1). Bei einem Teil dieser Verbindungen erfolgt die Leitung nicht über Elektronen, sondern über Defektelektronen (Löcher, s. Folgeband "Halbleiter"). Einige der keramischen Werkstoffe in Bild 4.1.2-1

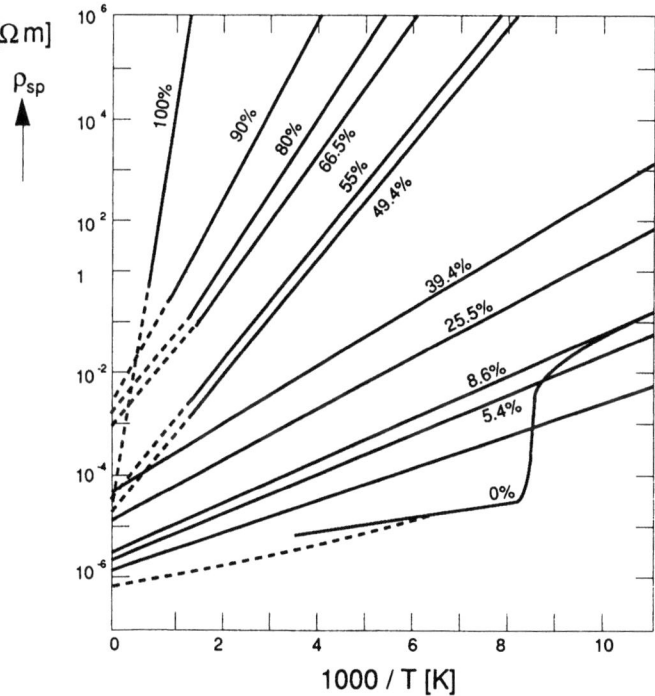

*Bild 4.1.2-2*: Temperaturabhängigkeit des spezifischen Widerstandes von Magnetit (Fe$_2$O$_3$) mit unterschiedlichen Beimengungen des isolierenden Spinells MgCr$_2$O$_4$, nach [41]).

weisen hingegen eine kaum temperaturabhängige hohe Leitfähigkeit auf, man vermutet, daß hier eine Leitfähigkeit über ein Elektronengas (Abschnitt 4.1.3) vorliegt. Bei anderen ist eine Ladungsträgerdiffusion mit stark verminderter Barriere möglich: Beispielsweise enthält das Magnetit $Fe_2O_3$ (Zustandsdiagramm in Bild 2.5–13) gleichzeitig zweifach und dreifach positiv geladene Eisenionen. Springt nun ein Elektron des zweifach geladenen Ions auf ein benachbartes dreifach geladenes, dann tauschen dadurch beide Eisenionen ihre Wertigkeit aus (**Valenzaustausch** oder **charge transfer**), das ist ein Prozeß, der eine geringere Energie erfordert als der oben beschriebenen Vorgang. Der in den Bildern 4.1.2–1 und 2 beobachtete Sprung der Leitfähigkeit (bei der sogenannten Verwey-Temperatur) ist mit einer Umordnung der verschieden geladenen Ionen verbunden).

Bild 4.1.2–2 zeigt, daß durch Zulegierung eines isolierenden Spinells die Barrierenhöhe angehoben wird.

Typisch für die Leitfähigkeit durch stark gebundene Elektronen ist also vielfach die exponentielle Abhängigkeit von der inversen Temperatur, d.h. eine sehr ausgeprägte Temperaturabhängigkeit. Diesen Effekt verwendet man in der Elektronik zur Herstellung von temperaturabhängigen Widerständen, den **Heißleitern**.

### 4.1.3 Elektronengas

In Bild 1.1–4 war das Termschema eines isolierten Atoms schematisch dargestellt worden. Werden mehrere Atome dicht aneinander gebracht, dann sagt die Quantentheorie aus, daß die einzelnen Energiezustände immer weiter aufspalten in eng beieinanderliegende Gruppen von Zuständen, die schließlich in **Energiebändern** zusammengefaßt werden können. Bild 4.1.3–1 zeigt dieses am Beispiel des Siliziums.

Für die elektrischen Eigenschaften des Werkstoffs sind bestimmend die äußersten, d.h. die am wenigsten an das Gitter und die Atomrümpfe gebundenen Elektronen. Nach Bild 1.1–3 sind dieses die Elektronen mit den höchsten Energien. Deshalb brauchen im allgemeinen bei einem Bänderschema wie in Bild 4.1.3–1 nur diejenigen betrachtet zu werden, die in der Energieskala am höchsten liegen, man bezeichnet sie als **Valenz-** und **Leitungsband**.

Die Tatsache, ob und wieweit die Energiebänder mit Elektronen besetzt sind, hängt eng mit der entsprechenden Elektronenbesetzung im atomaren Termschema zusammen. Bei einzelnen Siliziumatomen gibt es z.B. vier $sp^3$-Hybridorbitale (Bild 1.3.3–3), die jeweils mit einem Elektron besetzt sind. Im Siliziumgitter (Bild 1.3.3–4) ist aber die Koordinationszahl 4, d.h. jeder Hybridarm wird mit einem anderen eines benachbarten Gitteratoms verbunden, der ebenfalls jeweils ein Elektron beisteuert. Damit sind mit jedem Silizium-

4.1. Elektronenleitung

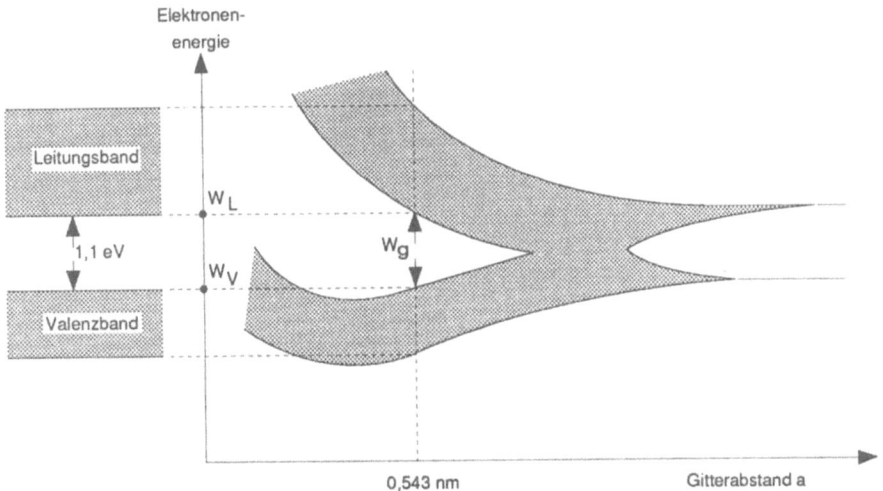

*Bild 4.1.3-1*: Entartung von Energieniveaus (rechte Seite des Bildes mit einem großen Abstand der Atome) zu Energiebändern (linke Seite), wenn Atome dicht aneinander gebracht werden. Der Abstand der Atome voneinander kann durch den (z.B. kubischen) Gitterabstand a charakterisiert werden. Im Gleichgewicht (bei Silizium 0,543 nm) entspricht diesem ein energetischer Abstand der Bänder von 1,1 eV (nach [43]). Bei einer Änderung des Gitterabstandes — z.B. durch eine elastische Verformung — variiert auch der Bandabstand, dieses ändert die elektrischen Eigenschaften (**piezoresistiver Effekt**)

atom im Gitter 8 Elektronen assoziiert, d.h. (s. Tab. 1.1-1) die aus den 3s- und 3p- Elektronen gebildete Schale ist vollständig besetzt. Folglich ist damit auch das Valenzband des Siliziums vollständig besetzt, das darüberliegende Leitungsband aber vollständig leer. Dieses gilt nur bei sehr niedrigen Temperaturen, bei höheren werden einige Elektronen aus dem Valenzband aufgrund ihrer thermischen Energie in das Leitungsband aktiviert. Dieses ist ein typisches **Halbleiter**verhalten (Bild 4.1.3-2a). Viele andere Stoffe haben ebenfalls vollständig gefüllte Valenzbänder, aber einen viel größeren Bandabstand, so daß die thermische Aktivierung von Elektronen in das Leitungsband sehr viel unwahrscheinlicher wird (**Isolatoren**, Bild 4.1.3-2b). Schließlich tritt die Möglichkeit auf, daß in der Kristallbindung die äußere Elektronenschale (**Valenzschale**) nicht vollständig mit Elektronen besetzt wird, damit sind Valenz- und Leitungsband identisch wie in Bild 4.1.3-2c. Es kann auch vorkommen, daß sich bei der Annäherung der Atome im Gitter Valenz- und Leitungsband

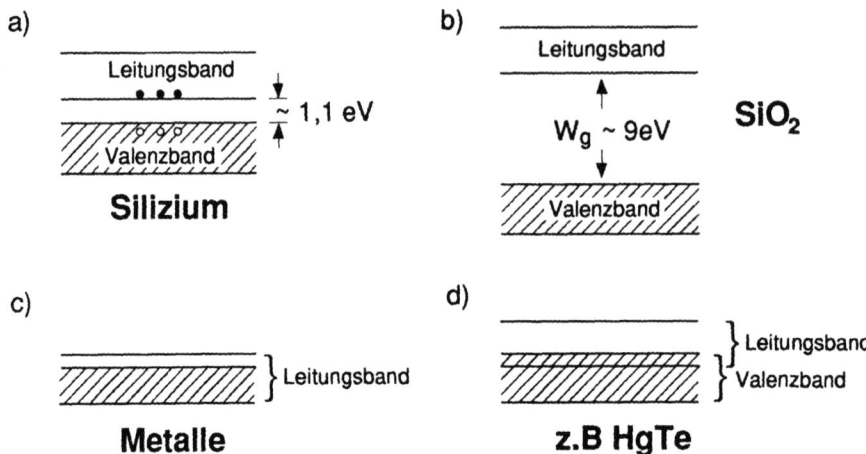

Bild 4.1.3-2: Relative Anordnungsmöglichkeiten von Valenz-und Leitungsband

a) Halbleiter: Das Valenzband ist vollständig gefüllt, das Leitungsband vollständig leer, wegen des relativ geringen Bandabstandes ist aber eine thermische Aktivierung von Elektronen aus dem Valenz-in das Leitungsband möglich

b) Isolator: Bandbesetzung wie in a), jedoch ist wegen des großen Bandabstandes eine thermische Aktivierung von Elektronen sehr unwahrscheinlich

c) Leiter: Das Valenzband ist teilweise gefüllt, es wirkt daher gleichzeitig als Leitungsband

d) Leiter: Die Elektronen des Valenzbandes gehen in das Leitungsband über und können daher zum Stromtransport beitragen.

nicht trennen wie in Bild 4.1.3–1, sondern daß sich beide überlappen. In diesem Fall (Bild 4.1.3–2d) kann das Leitungsband teilweise gefüllt sein, obwohl die Elektronen eigentlich dem Valenzband zuzurechnen sind.

Implizit wurde bei der vorangegangenen Betrachtung immer die Annahme gemacht, daß die Elektronen die energetisch niedrigsten Zustände besetzen. Diese Annahme muß jedoch modifiziert werden, wenn wir die Besetzung nach den Gesichtspunkten der Thermodynamik betrachten. Auch in diesem Fall gilt das Prinzip aus dem Abschnitt 2.2, daß die Besetzung nicht so erfolgt, daß die Energie $W$ minimal wird, sondern die freie Energie

$$F = W - TS \qquad (4.19)$$

## 4.1. Elektronenleitung

was gleichbedeutend ist damit, daß das chemische Potential $\mu^n$ aller Elektronen gleich ist. Ein Nichtgleichgewicht der Elektronen würde eine Entropieerzeugung beim Übergang in den Gleichgewichtszustand ermöglichen, dieser Übergang würde also von selbst (d.h. nicht von außen induziert) ablaufen.

Eine Berechnung der freien Energie, bzw. des chemischen Potentials kann allerdings nicht wie bei Gitteratomen durchgeführt werden, weil die Elektronen nicht wie die Festkörperatome in einem fest definierten Gitterverband angeordnet sind, für den eine Mischungsentropie berechnet werden kann. Auf der anderen Seite gibt uns die Quantentheorie ein scharf definiertes Spektrum von erlaubten Elektronenenergien (den Energieeigenwerten). Auch für die Verteilung der Elektronen auf diese Energien kann eine Entropie berechnet werden: Je größer die zulässige Anzahl der Energieniveaus ist, auf die sich die Elektronen verteilen können, je größer ist auch die Entropie. Andererseits steigt mit der Besetzung von Energieniveaus mit Werten, die oberhalb der untersten möglichen liegen, auch die Gesamtenergie der Elektronen. Bei der Berechnung von (4.19) muß also der optimale Kompromiß gefunden werden: Bei einer Elektronenverteilung auf viele Energiezustände steigt zwar der Energieterm $W$, es nimmt aber auch die Entropie zu, so daß der zweite Term in (4.19) kleiner wird. Bei irgendeiner Verteilung wird die freie Energie minimal, das ist dann die **Gleichgewichtsverteilung**. Die Berechnung dieses Problems wird im Folgeband "Halbleiter" durchgeführt, das Ergebnis ist

$$n_i = \frac{g_i}{1 + \exp\left(\frac{W_i - \mu^n}{kT}\right)} \quad (4.20)$$

Dabei ist $n_i$ die Anzahl der Elektronen, die sich auf einem Energieniveau $W_i$ befinden, $g_i$ ist die Entartung (Anzahl der zulässigen Elektronen auf dem Energieniveau). $n_i$ hängt in sehr empfindlicher Weise von dem chemischen Potential $\mu^n$ der Elektronen (auch Fermi-Energie genannt, s.o.) ab. Den Ausdruck (4.20) kann man auch aufteilen in

$$n_i = f_{FD}(W_i) \cdot g_i \quad (4.21)$$

$$\text{mit} \quad f_{FD} := \frac{1}{1 + \exp\left(\frac{W_i - \mu^n}{kT}\right)} \quad (4.22)$$

dabei hat $f_{FD}$ die Bedeutung einer **Besetzungswahrscheinlichkeit**. Man sagt dann, daß das Energieniveau $W_i$ nach den Gesetzen der **Fermi-Dirac-Statistik** mit der Funktion (4.22) besetzt wird. Die Entartung $g_i$ wird durch das Pauli-Prinzip festgelegt, daß nämlich jedes Energieniveau nur mit zwei Elektronen unterschiedlichen Spins besetzt werden kann, d.h. es gilt $g_i = 2$. In der Festkörperphysik betrachtet man im allgemeinen nicht einzelne Energieniveaus, weil diese außerordentlich dicht beieinander liegen. Man beschreibt die Anzahl der Energiezustände in einem Energieintervall $dW$ durch den Ausdruck $N_{abs}(W)dW$ und definiert so eine absolute **Zustandsdichte** $N_{abs}(W)$. Bei Berücksichtigung der Spinentartung erhalten wir so als Anzahl der Elektronen im Energieintervall $dW$:

$$dn = \frac{2N_{abs}(W)\,dW}{1+\exp\left(\dfrac{W_i - \mu^n}{kT}\right)} \qquad (4.23)$$

In Bild 4.1.3-3 ist die Abhängigkeit der Fermi-Dirac-Funktion (4.22) von der Energie dargestellt für verschiedene Temperaturen $T$. Jeweils eingetragen ist die Lage des chemischen Potentials. Aus (4.22) folgt, daß ein Energieniveau, das genau auf dem Wert des chemischen Potentials liegt, eine Besetzungswahr-

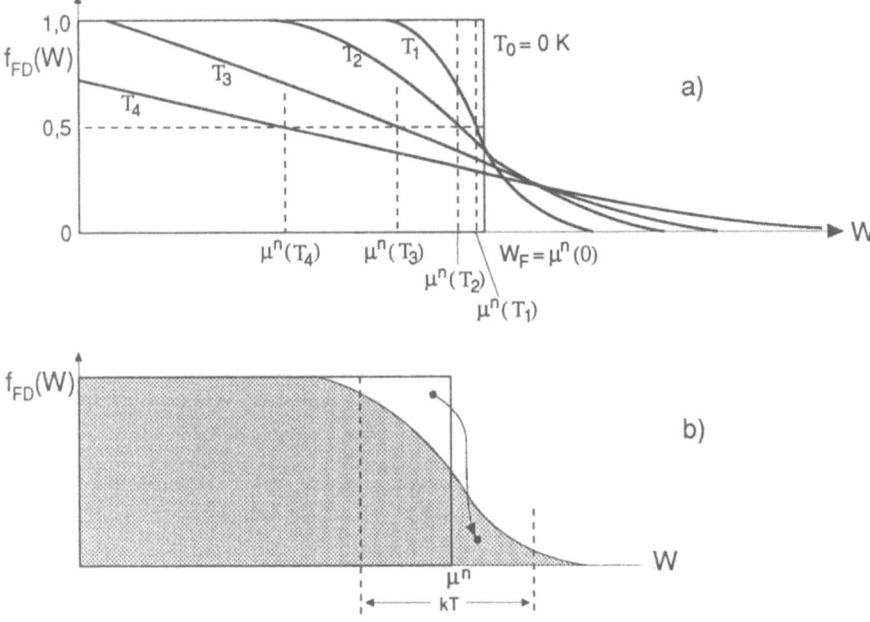

*Bild 4.1.3-3*: (a) Energieabhängigkeit der Fermi-Dirac-Funktion für verschiedene Temperaturen ($T_1 < T_2 < T_3 < T_4$): Bei 0 K hat die Funktion den Verlauf einer Stufe, bei höheren Temperaturen flacht der Kurvenverlauf zunehmend ab. Bei sehr niedrigen Energien geht die Besetzungswahrscheinlichkeit asymptotisch gegen 1, bei hohen gegen Null. (b) Ein Richtwert für die energetische "Breite" des Übergangsgebietes zwischen 1 und Null ist die thermische Energie $kT$.

## 4.1. Elektronenleitung

scheinlichkeit 1/2 hat:

$$W_i = \mu^n \implies f_{FD} = \frac{1}{2} \tag{4.24}$$

Das muß aber keineswegs bedeuten, daß es bei der Energie des chemischen Potentials auch erlaubte Energiezustände gibt, bei Halbleitern liegt das chemische Potential sogar typischerweise in der Bandlücke zwischen Valenz-und Leitungsband.

In einem homogenen Werkstoff liegt das Banddiagramm (**Bändermodell**) fest und weist bei Abwesenheit von äußeren elektrischen Spannungen keine Ortsabhängigkeit auf (horizontaler Bandverlauf). Ein elektrischer Stromfluß erfordert eine Ortsabhängigkeit des chemischen Potentials, Bild 4.1.3-4 zeigt die Verhältnisse an einem homogenen Leiter. In diesem Fall nimmt die durch die äußere Spannung induzierte Feldenergie $W_n^{feld}$ linear mit dem Ort ab (gekippter Bandverlauf).

In Bild 4.1.3-4 ist die chemische Kraft also konstant und verläuft in Gegenrichtung zum elektrischen Feld. Zur Berechnung der Beweglichkeit gehen wir zurück auf die Formel (4.1)

$$v = B \cdot F_{chem} = -|q|BE = -\mu_n E \tag{4.25}$$

und versuchen — wie bei der Diffusion in Abschnitt 2.7.2 — über ein Modell die Geschwindigkeit unabhängig von (4.25) zu berechnen. Der Vergleich mit (4.25) ergibt dann die gesuchte Beweglichkeit.

Ein Modell zu finden für die quantentheoretisch bestimmten Ergebnisse in Bild 4.1.3-2, ist nicht einfach. Wie eine ausführliche Auswertung zeigt (s. Folgeband "Halbleiter"), verhalten sich die Elektronen in einem Leitungsband ähnlich wie freie Gasteilchen in einem geschlossenen Behälter. Die Leitungsbandkante $W_L$ entspricht dann der potentiellen Energie der Gasteilchen, die Differenz zwischen Elektronenenergie $W_i$ und der Leitungsbandkante der kinetischen Energie. Anstelle der Elektronenmasse muß allerdings eine **effektive Masse** $m^*$ verwendet werden, welche charakteristisch für den gesamten Werkstoff (und nicht nur für die Elektronen selbst) ist. Diese Vorstellung von einem Elektronengas kann auch auf das kinetische Verhalten der Elektronen übertragen werden: Man stellt sich vor, daß sich die Elektronen wie Gasteilchen aufgrund ihrer thermischen Energie im Festkörper bewegen, an den Wänden reflektiert werden und auch ständig untereinander zusammenstoßen. Diese **Stoßwechselwirkung** wird als so stark angenommen, daß die Elektronenbahn nach einem Stoß praktisch nicht mehr korreliert ist mit der Elektronenbahn davor.

Die mittlere Zeit zwischen zwei Stößen (mittlere Stoßzeit) möge $< \tau >$ betragen. Innerhalb dieser Zeit können äußere Felder auf die Bewegung des

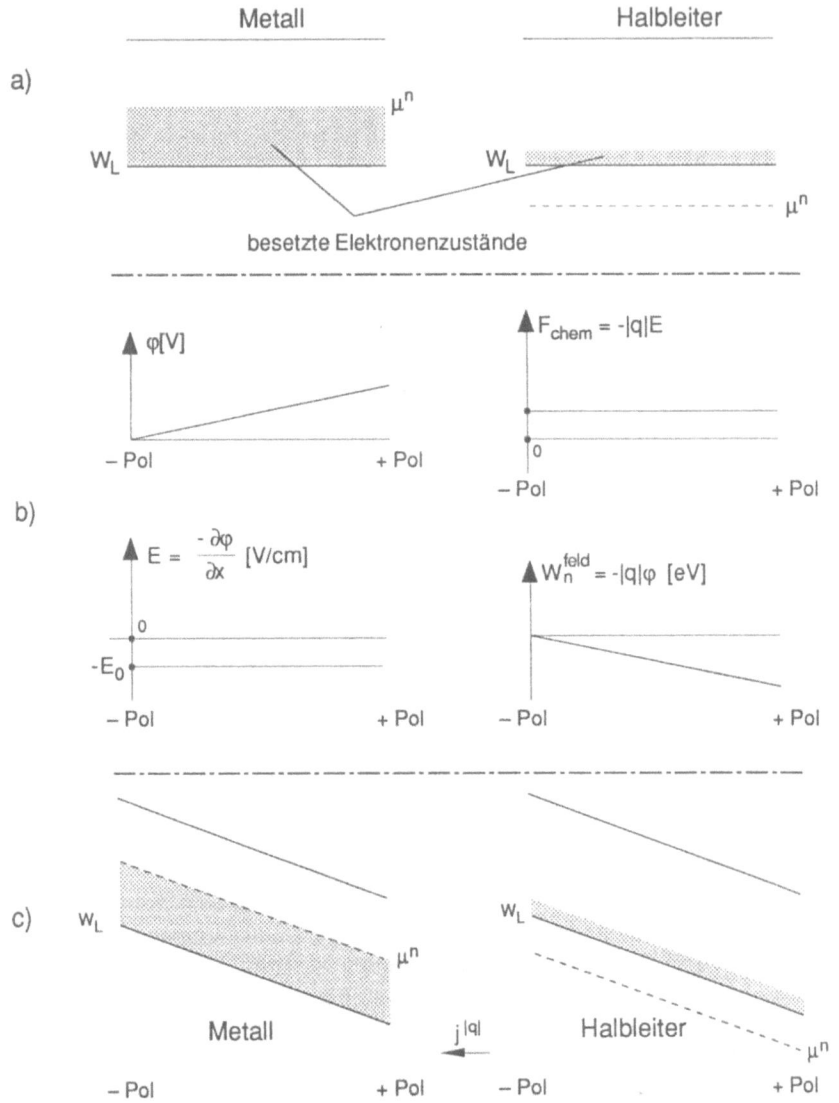

*Bild 4.1.3-4*: Bändermodell eines homogenen Leiters (Metall und Halbleiter) in Anwesenheit eines elektrischen Feldes.

a) Homogener Leiter ohne elektrisches Feld

b) Ortsabhängigkeit des elektrischen Potentials, der elektrischen Feldstärke, der (chemischen) Kraft und der potentiellen Energie im elektrischen Feld.

c) Homogener Leiter in einem elektrischen Feld.

## 4.1. Elektronenleitung

Elektrons einwirken und damit die Geschwindigkeit beeinflussen. Wir nehmen an, das Feld wirke in $x$-Richtung und die mittlere Verschiebung des Elektrons aufgrund der Feldeinwirkung sei $\Lambda_x$. Dann erfolgt die zusätzliche Bewegung des Elektrons in $x$-Richtung unbeschleunigt, sofern die beobachteten Zeiten $t$ viel größer sind als die mittlere Zeit zwischen zwei Stößen. Analog (2.83) ergibt sich die **mittlere Driftgeschwindigkeit** aus dem Quotienten aus Laufstrecke $L$ und Zeitraum $t$

$$<v_D> = \frac{L}{t} = \frac{<\Lambda_x>}{<\tau>} \tag{4.26}$$

Diese mittlere Driftgeschwindigkeit überlagert sich der thermischen Geschwindigkeit $v_{th}$, die in alle Raumrichtungen gleich verteilt ist. Zur Bestimmung der Teilchenstromdichte müssen wir über alle Teilchen summieren. Wir ermitteln für jeden Wert der Komponenten $+v_{xi}^{th}$ und $-v_{xi}^{th}$ der thermischen Geschwindigkeit die dazugehörige Teilchendichten $\varrho_{ni}^+$ und $\varrho_{ni}^-$ (die Teilchendichten entstehen durch Summation über alle anderen zulässigen Geschwindigkeitskomponenten $v_y$ und $v_z$) und summieren über alle $i$. Man erhält dann:

$$\begin{aligned}
j_x^T &= \sum_i \left\{ \varrho_{ni}^+ v_{xi} + \varrho_{ni}^-(-v_{xi}) \right\} \tag{4.27} \\
&= \sum_i \left\{ \varrho_{ni}^+(v_{xi}^{th} + <v_D>) + \varrho_{ni}^-(-v_{xi}^{th} + <v_D>) \right\} \\
&= \sum_i \underbrace{(\varrho_{ni}^+ - \varrho_{ni}^-)}_{=0} v_{xi}^{th} + \sum_i (\varrho_{ni}^+ + \varrho_{ni}^-) <v_D> \\
&= \varrho_n <v_D> \tag{4.28}
\end{aligned}$$

Da die Dichte der Teilchen mit $+v_{xi}^{th}$ gleich ist derjenigen der Teilchen mit $-v_{xi}^{th}$, fällt der erste Term heraus. Der Mittelwert der Driftgeschwindigkeit ist:

$$F_{\text{chem}} = -|q|E_x = m^* \frac{\partial v_D}{\partial t} \tag{4.29}$$

$$\Rightarrow v_D(t) = -\int_0^t \frac{|q|E_x}{m^*} dt = -\frac{|q|E_x}{m^*} \cdot t$$

$$\Rightarrow <v_D(t)> = \frac{\int_0^{<\tau>} v_D(t)\, dt}{\tau} = -\frac{|q|E_x}{m^*} \cdot \frac{\frac{1}{2}<\tau>^2}{<\tau>}$$

$$= -\frac{1}{2} \frac{|q|<\tau>}{m^*} \cdot E_x \tag{4.30}$$

Ein Vergleich mit (4.25) ergibt die gesuchte Beweglichkeit

$$\mu_n = \frac{1}{2} \frac{|q|<\tau>}{m^*} \tag{4.31}$$

Aus dem Kontinuumsmodell in Bild 2.7.2-2 erhält man mit (2.91) und (4.25) denselben Ausdruck wie in (4.31) ohne den Faktor 1/2. Der Unterschied liegt im Rahmen der Genauigkeit dieser Rechnung.

Die mittlere Stoßzeit $<\tau>$ ist eine schwer abzuschätzende Größe. Sie hängt zusammen mit der mittleren freien Weglänge $\Lambda^{th}$ für **thermische** Stöße über

$$<|v^{th}|> = \frac{<\Lambda^{th}>}{<\tau>} \qquad (4.32)$$

Diese mittlere freie Weglänge ist leicht zu berechnen nach der folgenden Überlegung [19]: Wir stellen uns die Elektronen (oder deren Wirkungsquerschnitt) als Kugeln vor, deren Mittelpunkt als Ort für die Bestimmung der Dichte gilt (Bild 4.1.3-5a). Der Kugeldurchmesser sei $D$. Wir nehmen an, ein betrachtetes Elektron durchlaufe nach vielen Stoßprozessen eine Bahn der Länge $L$ (Bild 4.1.3-5b). Dabei stößt das Elektron mit allen anderen Elektronen zusammen, deren Mittelpunkt von dem der betrachteten Kugel den Abstand $D$ hat (dann berühren sich die Kugeln gerade noch), also alle Kugeln in dem Schlauchvolumen $\pi \cdot D^2 L$, bei bekannter Teilchendichte $\varrho_n$ sind das

$$N = \varrho_n \cdot \pi D^2 \cdot L \qquad (4.33)$$

Elektronen, ebenso viele Stoßprozesse finden statt. Die mittlere freie Weglänge ist die mittlere Länge pro Stoßprozeß, also

$$<\Lambda^{th}> = \frac{L}{\varrho_n \pi D^2 \cdot L} = \frac{1}{\varrho_n \pi D^2} \qquad (4.34)$$

Bei konstantem $D$ hängt die mittlere freie Weglänge nur von der Teilchendichte, nicht aber der Teilchengeschwindigkeit ab.

Die mittlere thermische Geschwindigkeit der Elektronen läßt sich aus der mittleren kinetischen Energie des Elektronengases berechnen (s. Folgeband "Halbleiter"):

$$<W_{kin}> = \frac{3}{2}kT = \frac{m^*}{2}<(v^{th})^2> \qquad (4.35)$$

$$<|v^{th}|> \approx \sqrt{<(v^{th})^2>} \qquad (4.36)$$

Damit ergibt sich die Beweglichkeit zu:

$$\mu_n = \frac{1}{2}\frac{|q|}{m^*}\frac{<\Lambda^{th}>}{<|v^{th}|>} \approx \frac{|q|<\Lambda^{th}>}{\sqrt{kTm^*}} \qquad (4.37)$$

d.h. sie nimmt mit steigender Temperatur ab. Die Beziehung (4.37) kann aber wegen der Fragwürdigkeit der Voraussetzungen nur als grobe Abschätzung verstanden werden, die jedoch in der Praxis duchaus nützlich ist.

## 4.1. Elektronenleitung

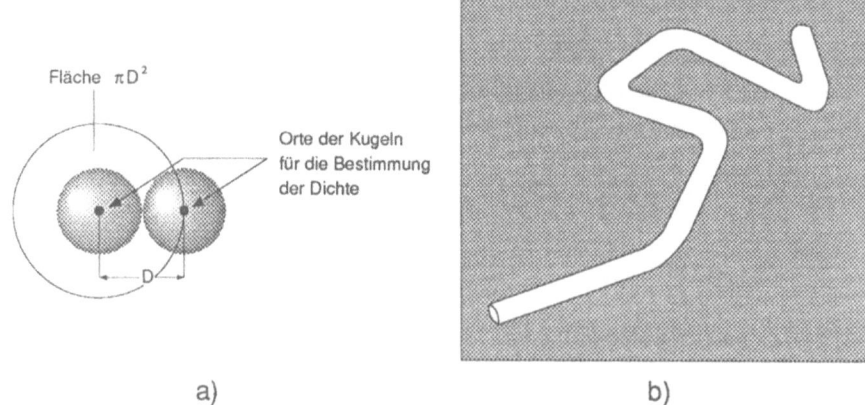

**Bild 4.1.3-5**: Bestimmung der mittleren freien Weglänge (nach [19])

a) Elektronen als Kugelmodell: Die Kugeln stoßen zusammen, wenn der Abstand ihrer Mittelpunkte kleiner oder gleich D ist

b) Weg eines Elektrons im Elektronengas, gekennzeichnet durch Stoßprozesse (Knicke in der Bahn). Stoßprozesse finden mit allen anderen Elektronen statt, die sich in dem Schlauch mit dem Volumen $\pi \cdot D^2 L$ befinden.

Die elektrische Stromdichte (4.10)

$$j^{|q|} = +|q|\varrho_n\mu_n E \qquad (4.38)$$

hängt neben der Beweglichkeit auch von der Ladungsträgerdichte $\varrho_n$ ab. Hierbei ergibt sich bei Metallen eine weitere Komplikation: Durch die Driftgeschwindigkeit erhöhen die Elektronen ihre kinetische Energie — im quantenmechanischen Bild gehen sie also auf einen höhergelegenen Energiezustand über. Das ist nur möglich, wenn sich dort ein nicht vollständig besetzter quantentheoretisch erlaubter Zustand befindet. Diese Bedingung ist mit Sicherheit nicht erfüllt, wenn ein Valenzband vollständig mit Elektronen besetzt ist: Diese Elektronen können keine Energie mehr aufnehmen und tragen daher nicht zur Leitfähigkeit bei. Das ist die Ursache dafür, daß Halbleiter und Isolatoren (Bandschema in Bild 4.1.3–2a und b) bei niedrigen Temperaturen nicht leitfähig sind. Bei den Metallen können nur solche Elektronen zur Leitfähigkeit beitragen, deren Energie in der Umgebung des chemischen Potentials liegt (Bild 4.1.3–3b), da nur diese unbesetzte Zustände bei einer Energieerhöhung vorfinden. Die Dichte der Elektronen, die pro Volumen zur Leitfähigkeit beitragen, ist ungefähr:

$$\varrho_n^{\text{eff}} \approx \frac{N_{\text{abs}}(\mu^n) \cdot kT}{\text{Volumen}} =: N(\mu^n)kT \qquad (4.39)$$

mit der **Zustandsdichte** pro Volumen $N(W)$. Auch dieser Wert kann nur grob abgeschätzt werden, so daß eine Berechnung der Stromdichte (4.38) in Metallen durchaus problematisch ist.

Bei Halbleitern hingegen ist eine quantitative Erfassung in guter Näherung möglich (s. Folgeband "Halbleiter").

## 4.2 Leiter und Verbindungen

### 4.2.1 Leiterwerkstoffe

Sollen in einem elektrischen Stromkreis zwei Punkte miteinander elektrisch verlustarm verbunden werden, dann wählt man hierfür naturgemäß Werkstoffe mit einer möglichst guten spezifischen Leitfähigkeit. Hierfür bieten sich die Metalle an (Tab. 4.2.1-1), aber auch gut leitende Keramiken haben vergleichbare Werte (Bild 4.1.2-1).

*Tab. 4.2.1-1:* Spezifischer elektrischer Widerstand und Temperaturkoeffizient einiger Metalle bei 20°C (nach [72]).

| Metall/<br>Legierung | Spez. elektr.<br>Widerstand $\varrho$<br>bei Raum-<br>temperatur<br>$[10^{-8}\Omega\text{m}]$ | Temperatur-<br>Koeffizient $\alpha$<br>des spez. Wider-<br>standes<br>$[10^{-3}\text{K}^{-1}]$ |
|---|---|---|
| Ag | 1.6 | 3.8 |
| Al | 2.8 | 3.9 |
| Au | 2.3 | 3.4 |
| Cu | 1.7 | 3.9 |
| Fe | 9.0 | 4.5 |
| Mg | 4.2 | 4.0 |
| Na | 4.3 | 4.0 |
| Ni | 6.9 | 6.0 |
| Pb | 19.0 | 3.9 |
| W | 5.0 | 4.5 |
| Zn | 5.3 | 3.7 |
| Cu–Sn (Bronze) | 10.0 | 1.0 |
| Cu–Zn (Messing) | 6.0 | 2.0 |
| Cu–Ni (Konstantan) | 50.0 | 0.01 |
| Ni–Cr | 100.0 | 0.4 |

## 4.2. Leiter und Verbindungen

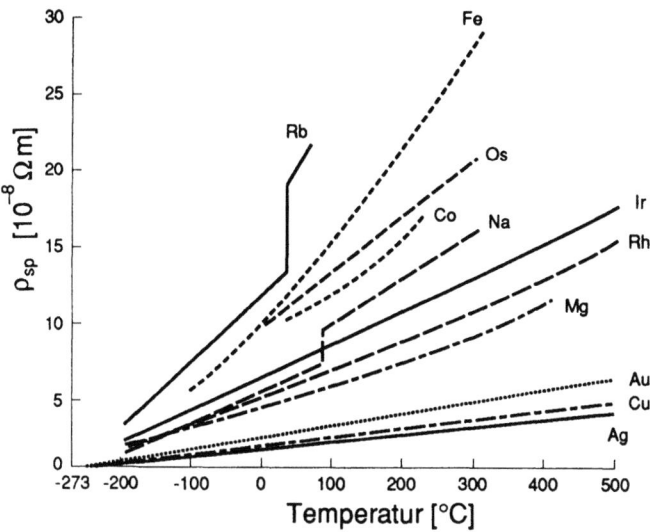

*Bild 4.2.1-1*: Temperaturabhängigkeit des spezifischen Widerstandes einiger Metalle (nach [44])

Die Temperaturabhängigkeit des spezifischen Widerstandes ist keineswegs zu vernachlässigen (Bild 4.2.1-1). In vielen Fällen erfolgt ein nahezu linearer Anstieg nach dem Gesetz:

$$\varrho_{sp} = \varrho_{sp}(0°C)(1 + \alpha T), \quad \text{mit } [T] = °C \qquad (4.40)$$

In Tab. 4.2.1-1 sind ebenfalls die Temperaturkoeffizienten gebräuchlicher metallischer Leiter eingetragen. Die physikalische Ursache für die Abnahme der Beweglichkeit mit der Temperatur ist, daß mit steigender Temperatur die Atom-und Gitterschwingungen im Kristall zunehmen und damit die mittlere freie Weglänge der Elektronen verkürzen. Auch die Beziehung (4.37) besitzt eine Temperaturabhängigkeit in derselben Richtung.

Bei Metallen ist es häufig möglich, den spezifischen Widerstand in einen temperaturabhängigen und einen nicht temperaturabhängigen Teil aufzuspalten (**Matthiessensche Regel**, Bild 4.2.1-2).

$$\varrho_{sp} = \varrho_{sp}^T(T) + \varrho_{sp}^r(\text{andere Parameter}) \qquad (4.41)$$

Andere Parameter, welche den spezifischen Widerstand erhöhen, können Fremdatomzusätze (Bild 4.2.1-3), Versetzungen (Bild 4.2.1-4) und andere Störungen des Gitteraufbaus sein.

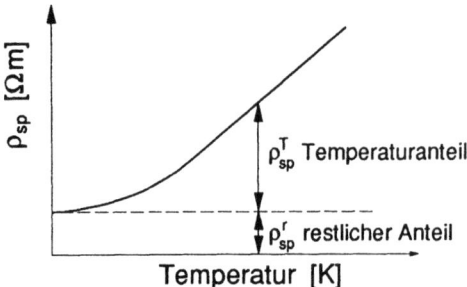

*Bild 4.2.1-2*: Aufspaltung des spezifischen Widerstandes von Metallen in einen temperaturabhängigen und einen nicht temperaturabhängigen Teil nach der Matthiessenschen Regel.

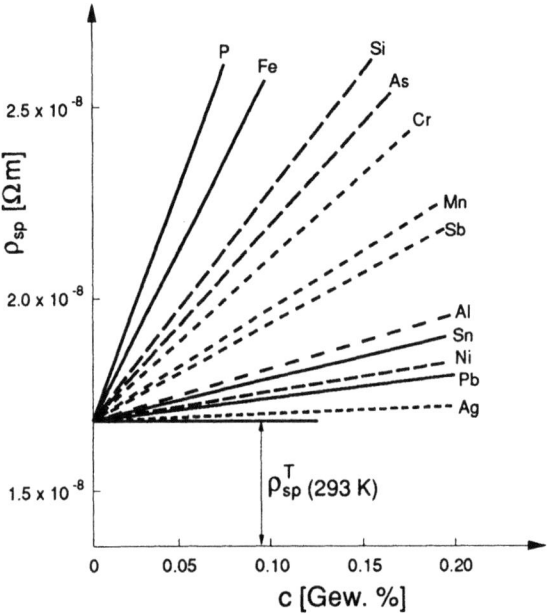

*Bild 4.2.1-3*: Vergrößerung des temperaturunabhängigen Teils des spezifischen Widerstands durch Fremdatomzusätze in Kupfer (nach [45])

## 4.2. Leiter und Verbindungen

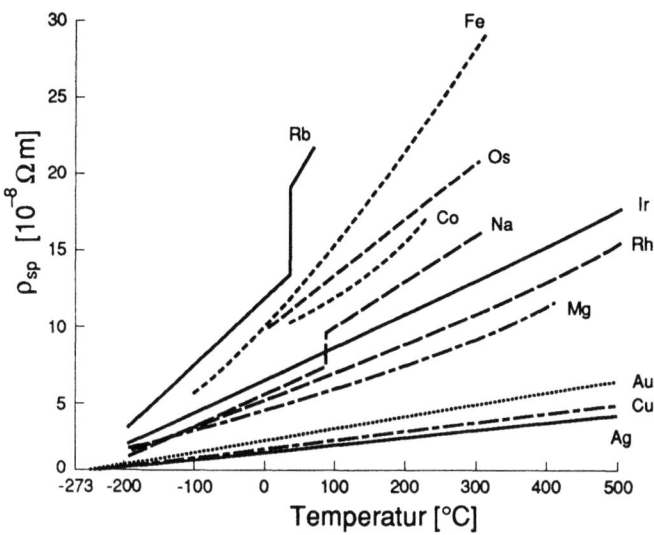

*Bild 4.2.1-1*: Temperaturabhängigkeit des spezifischen Widerstandes einiger Metalle (nach [44])

Die Temperaturabhängigkeit des spezifischen Widerstandes ist keineswegs zu vernachlässigen (Bild 4.2.1-1). In vielen Fällen erfolgt ein nahezu linearer Anstieg nach dem Gesetz:

$$\varrho_{sp} = \varrho_{sp}(0°C)(1 + \alpha T), \quad \text{mit } [T] = °C \tag{4.40}$$

In Tab. 4.2.1-1 sind ebenfalls die Temperaturkoeffizienten gebräuchlicher metallischer Leiter eingetragen. Die physikalische Ursache für die Abnahme der Beweglichkeit mit der Temperatur ist, daß mit steigender Temperatur die Atom-und Gitterschwingungen im Kristall zunehmen und damit die mittlere freie Weglänge der Elektronen verkürzen. Auch die Beziehung (4.37) besitzt eine Temperaturabhängigkeit in derselben Richtung.

Bei Metallen ist es häufig möglich, den spezifischen Widerstand in einen temperaturabhängigen und einen nicht temperaturabhängigen Teil aufzuspalten (**Matthiessensche Regel**, Bild 4.2.1-2).

$$\varrho_{sp} = \varrho_{sp}^T(T) + \varrho_{sp}^r(\text{andere Parameter}) \tag{4.41}$$

Andere Parameter, welche den spezifischen Widerstand erhöhen, können Fremdatomzusätze (Bild 4.2.1-3), Versetzungen (Bild 4.2.1-4) und andere Störungen des Gitteraufbaus sein.

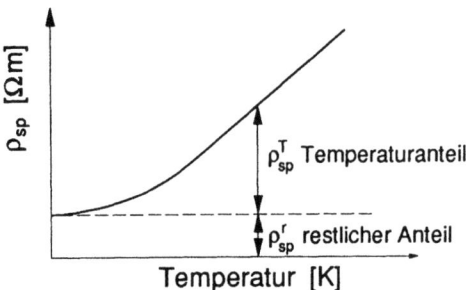

*Bild 4.2.1-2*: Aufspaltung des spezifischen Widerstandes von Metallen in einen temperaturabhängigen und einen nicht temperaturabhängigen Teil nach der Matthiessenschen Regel.

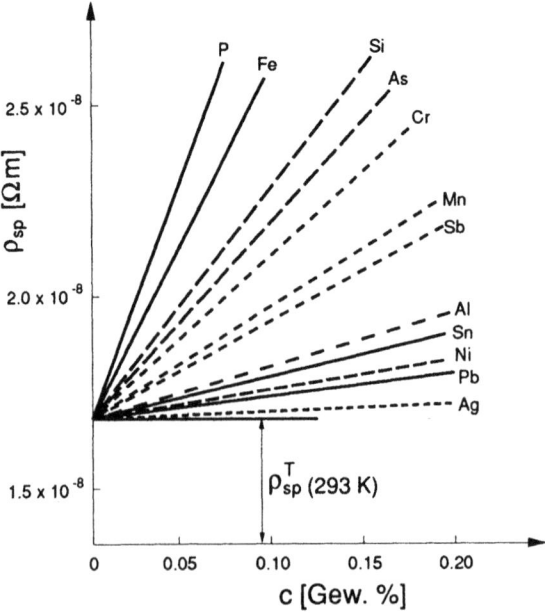

*Bild 4.2.1-3*: Vergrößerung des temperaturunabhängigen Teils des spezifischen Widerstands durch Fremdatomzusätze in Kupfer (nach [45])

## 4.2. Leiter und Verbindungen

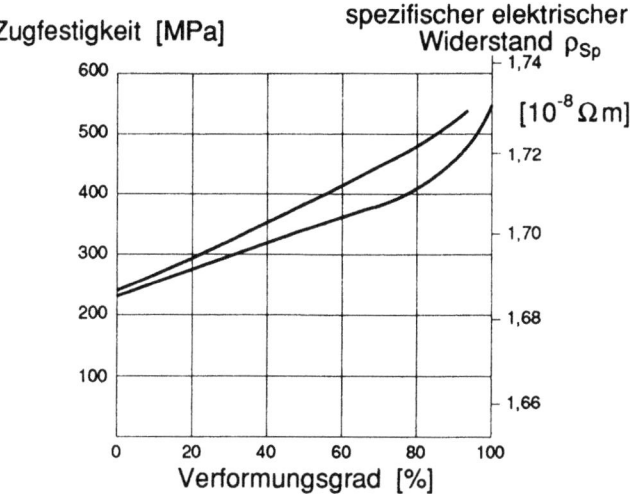

*Bild 4.2.1-4*: Einfluß der plastischen Verformung auf den elektrischen Widerstand: Kupfer wird bei niedrigen Temperaturen (Kaltverformung) plastisch verformt. Die Kurven zeigen den Anstieg des elektrischen Widerstandes und der Zugfestigkeit (nach [72]).

Die Tatsache, daß eingelagerte Fremdatome den spezifischen Widerstand erhöhen, kann über den gesamten Mischungsbereich verfolgt werden (Bild 4.2.1-5): Bei vollständig mischbaren Systemen ergibt sich ein Maximum des spezifischen Widerstandes bei Mischungsverhältnissen von ca. 1:1, bei eutektischen Systemen dagegen kann die Konzentrationsabhängigkeit durch lineare Interpolation der spezifischen Widerstände von $\alpha$- und $\beta$- Mischkristall bestimmt werden (Hebelgesetz, s. Abschnitt 2.4).

Entscheidend für den Beitrag von Fremdatomen im Gitter zum spezifischen Widerstand ist aber nicht nur deren Konzentration, sondern auch deren Anordnung im Gitter: Eine regelmäßige Anordnung der Atome in einer **geordneten Phase** vermindert den Widerstand erheblich (Bild 4.2.1-6).

Die Entscheidung für einen Leiterwerkstoff im praktischen Einsatz wird bestimmt durch dessen Herstellungstechnologie, seine Eignung für die Umweltbedingungen in der Anwendung (Korrosionsfestigkeit, mechanische Stabilität), das spezifische Gewicht und die entstehenden Kosten. Viele dieser Gesichtspunkte fallen im allgemeinen zugunsten der Metalle aus.

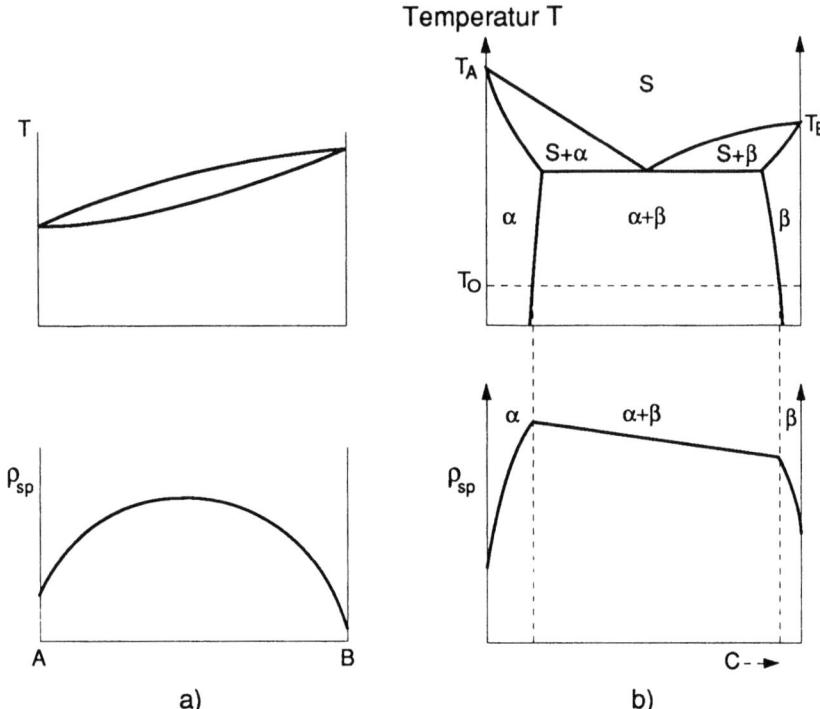

*Bild 4.2.1-5*: Konzentrationsabhängigkeit des spezifischen Widerstandes von vollständig mischbaren (a) und eutektischen (b) Zustandsdiagrammen (nach [21])

Reine Metalle haben eine gute Leitfähigkeit, sie sind aber häufig wegen ihrer guten plastischen Verformbarkeit (s. Abschnitt 3.2.1) mechanischen Belastungen nicht gewachsen. Aus diesem Grund werden in vielen Fällen bevorzugt Legierungen eingesetzt. Eigenschaften wichtiger Kupferlegierungen sind in den Tabellen 4.2.1-2 und 4.2.1-3 zusammengefaßt.

Als Leiter für die Wicklungen induktiver Bauelemente (Spulen, Relais, Motoren etc.) wird fast immer Kupferdraht eingesetzt. Im Gegensatz zu anderen Materialien hat Kupfer den großen Vorteil, daß es sich gut löten läßt. Bei Starkstromkabeln und Freilandleitungen wird häufig wegen des geringeren spezifischen Gewichts Aluminium als Leiterwerkstoff vorgezogen, aus Gründen der mechanischen Stabilität vielfach mit Stahlverstärkung.

## 4.2. Leiter und Verbindungen

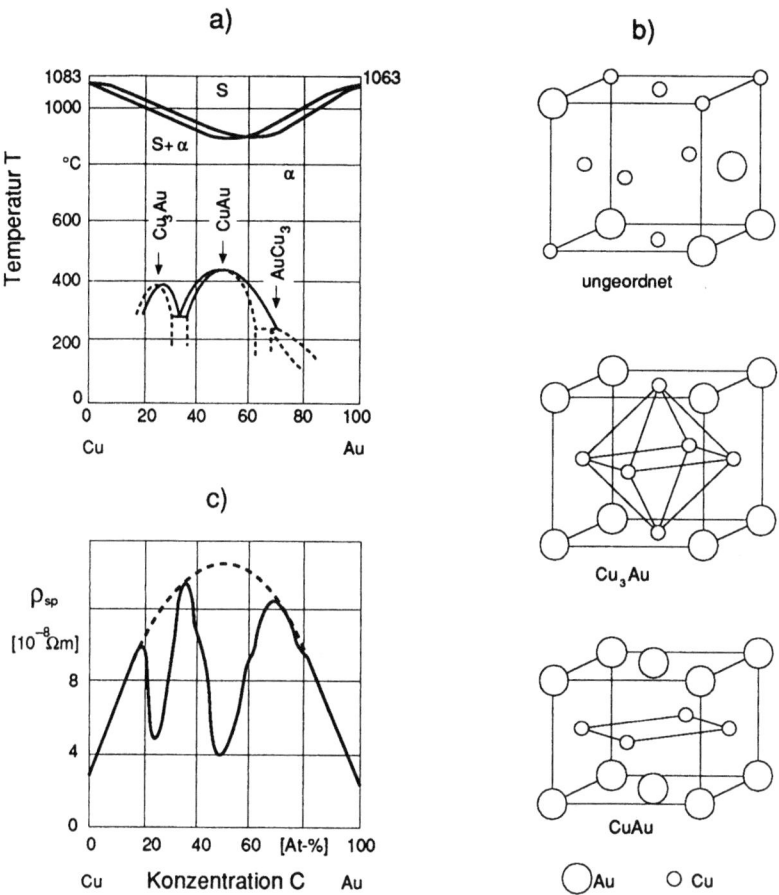

*Bild 4.2.1-6*: Einfluß des Ordnungszustandes von Fremdatomen auf den elektrischen Widerstand bei Kupfer–Gold–Legierungen

a) Zustandsdiagramm Kupfer–Gold (nach /29/)

b) Anordnungen von Kupfer- und Goldatomen im kfz-Gitter: geordnete Legierungen CuAu und $Cu_3Au$

c) Einfluß des Ordnungszustandes auf den spezifischen Widerstand (nach [15])

*Tab. 4.2.1-2:* Elektrische Leitfähigkeit und mechanische Festigkeit von hochleitfähigen Kupferlegierungen (nach [28])

| Werkstoff | el. Leitfähigkeit bei 20 °C | Zugfestigkeit MPa bei °C | | | | | | Anwendungen (z.B.) |
|---|---|---|---|---|---|---|---|---|
| | | 20°C | 100°C | 200°C | 300°C | 400°C | 500°C | |
| (1) E-Kupfer (weich geglüht) | 57 · 10⁶ 1/Ωm | 220 | 200 | 170 | 140 | 100 | 80 | |
| (2) E-Kupfer (hartgezogen) | 56 · 10⁶ 1/Ωm | 350 | 330 | 300 | 180 | 120 | 90 | |
| (3) Silberkupfer (0,03...0,1 % Ag) (hartgezogen) | 56 · 10⁶ 1/Ωm | 380 | bessere Wärmeleitfähigkeit als (1) und (2) | | | | | Kommutatorlamellen |
| (4) Cadmiumkupfer (0,7...1 % Cd) (hartgezogen) | ca. 48 · 10⁶ 1/Ωm | 480 | sehr verschleißfest, Warmfestigkeit etwa wie (3) | | | | | Fahrleitungen, Freileitungen großer Spannweite |
| (5) Chromkupfer (0,4...0,8 % Cr) (warm ausgehärtet u. kaltverformt) | ca. 47 · 10⁶ 1/Ωm | 500 | bessere Warmfestigkeit als (3) und (4) | | | | | Schweißelektroden, Kommutatorlamellen, stromführende Federn |
| (6) Zirkonkupfer (0,1...0,3 % Zr) | ca. 49 · 10⁶ 1/Ωm | 500 | *wesentliche* Steigerung der Warmfestigkeit gegenüber (5) | | | | | hoch wärmebeanspruchte Teile in Elektrotechnik, Reaktor- und Raketenbau |
| (7) Zirkon-Chrom-Kupfer | ca. 45 · 10⁶ 1/Ωm | | | | | | | |

4.2. Leiter und Verbindungen

Tab. 4.2.1-3: Kupferlegierungen nach DIN 17660, 17662, 17663 (nach [28]).

| | Werkstoff | | Zusammensetzung % | Zugfestigkeit MPa | Bruchdehnung % |
|---|---|---|---|---|---|
| | Reines Kupfer | | 99,9 Cu | 200–250 | 40–50 |
| (1) | Tombak CuZn10 | F24 (weich) | 89–91 Cu | 240–300 | 42 |
| | | F36 (hart) | Rest Zn | ≥360 | ≥ 9 |
| (2) | Messing CuZn40 | F35(weich) | 59,5–61,5 Cu | ≥350 | ≥ 43 |
| | | F48 (hart) | Rest Zn | ≥480 | ≥ 12 |
| (3) | Neusilber CuNi12Zn24 | F42 | 63–66 Cu  11–13 Ni  Rest Zn | 420–480 | 30 |
| | Zinnbronzen (Bänder) | | | | |
| (4) | CuSn2 | F26 | 1,0–2,5 Sn, Rest Cu ( P <0,3 ) | ≥260 | ≥ 50 |
| (5) | CuSn6 | F35 | 5,5–7,5 Sn, Rest Cu | 350–410 | ≥ 55 |
| (6) | CuSn8 | F38 | 7,5–9,0 Sn, Rest Cu | 380–460 | 60 |

Die Einzelverdrahtung von elektrischen Schaltungen mit Kupferdrähten ist sehr kostenaufwendig. Sogar bei der Fertigung relativ kleiner Stückzahlen ist die Herstellung von Leiterplatten aus Epoxidharz und anderen Materialien (Tab. 4.2.1-4) bereits kostengünstiger. Diese werden z.B. mit Kupfer beschichtet und über verschiedene Verfahren strukturiert, so daß nach einem Ätzprozeß nur noch die gewünschten Leiterverbindungen als Kupferbahnen übrig bleiben. Anschließend erfolgt häufig eine Verstärkung der Kupferschicht durch Zinn in einem Tauchlotverfahren. Die Verbindung der Leiterbahnen zu den Bauelementen wird durch Löten hergestellt.

Bei höheren Anforderungen an die Leistungsfähigkeit und Zuverlässigkeit der Schaltung werden **Dickschichtverfahren** eingesetzt. Auf ein hochtemperaturbeständiges keramisches Substrat (z.B. aus $Al_2O_3$-Keramik) wird mit Hilfe einer **Siebdrucktechnik** (Bild 4.2.1-7) eine Siebdruckpaste aufgebracht. Diese besteht aus einem sehr feinen Metallpulver, einem organischen Träger (Vehikel) und einer Glasfritte, welche die Haftung zwischen dem Substrat und der Leiterbahn vermittelt. Das Einbrennen der Paste erfolgt in einem Durchlaufofen mit vorgegebenem Temperaturprofil (Bild 4.2.1-8).

Die Leitfähigkeit wird durch die in der Paste (gelegentlich auch Tinte genannt) eingelagerten Metallkörner hergestellt, die während der Hochtemperaturphase zusammensintern. Aus Gründen der Korrosionsbeständigkeit werden meistens Edelmetalle wie Palladium, Silber, Gold und Platin eingesetzt (Tab. 4.2.1-5). Mit Hilfe der Siebdrucktechnik können nur relativ grobe Strukturen (z.B. Strukturbreiten um 50 $\mu m$) hergestellt werden.

*Tab. 4.2.1-4*: Werkstoffe für Leiterplatten, (nach [72])

a) Trägerelement starr ($d$ in mm = 0,17; 0,26; 0,80; 1,0; 1,5; 2,0; 2,5; 3,0)

| Eigenschaft | Pheno-zell | Hart-papier | Baum-woll papier | Pheno-zell-Kresol-harz | Cevausit Glashartgewebe Epoxidharz Cu07 | Styrol-Butadien-Harz Cu09 | Emailliertes Stahlsubstrat (0,7 mm Stahl, 0,1 mm Emaille) | $Al_2O_3$ (0,1–0,5 mm dick) | BeO |
|---|---|---|---|---|---|---|---|---|---|
| Dichte, $10^3 \cdot kg \, m^{-3}$ | 1,35 | 1,35 | 1,35 | 1,35 | 1,7 | 1,65 | 7,0 | 3,9 | 2,88 |
| Biegefestigkeit, $10^6$ Pa | 78,5 | 78,5 | 78,5 | 78,5 | 294 | 196 | 500 | 323 | 245 |
| Haftvermögen[1]), N cm$^{-1}$ | 7,8 | 9,8 | 7,8 | 9,8 | 9,8 | 13,7 | | | |
| [2]), N cm$^{-1}$ | | | | | | | | | |
| Oberflächenwiderstand, Ω | $10^8$ | $10^9$ | $10^8$ | $10^9$ | $10^{10}$ | $10^{10}$ | $10^9$ | $10^{12}$ | $10^{14}$ |
| Spezifischer Volumenwiderstand, Ω m | $10^{11}$ | $10^{11}$ | $10^{11}$ | $10^{11}$ | $5 \cdot 10^{11}$ | $5 \cdot 10^{12}$ | 0,02 | $10^{12}$ | $10^{14}$ |
| Verlustfaktor, tan δ (bei 1 MHz) | 0,06 | 0,06 | 0,06 | 0,06 | 0,03 | 0,02 | 6,4 | 0,01 | 0,001 |
| Dielektrizitätskonstante (bei 1 MHz) | 5 | 5 | 5 | 5 | 5 | 3,5 | 0 | 9,3 | 5 |
| $H_2O$-Aufnahme (bei 1,5 mm Dicke), mg | 80 | 65 | 80 | 65 | 16 | 10 | 35 | 0 | 0 |
| Durchschlagsfeldstärke, kV mm$^{-1}$ | 10 | 10 | 10 | 10 | 65 | 50 | | 30 | 10 |
| max. Betriebstemperatur, K | 408...418 | | | | 393...453 | < 338 | > 773 | 1923 | 1873 |
| Lötbeständigkeit, s; K | 5; 523 | | | | 20; 533 | 20; 533 | | | |
| Wärmeleitfähigkeit, W m$^{-1}$ K$^{-1}$ | 0,015 | | | | 0,05 | 0,035 | 2 | 2,5 | 23,5 |
| Rauhtiefe, μm | größer oder gleich 10 μm | | | | ≈ 3 | ≈ 1 | 0,03 | 0,2 | 0,15 |
| Bemerkungen | Standardmaterial, kaltbearbeitbar | Unterhaltungselektronik | industrielle Elektronik und kommerzielle Technik | Die Cu-Auflage beträgt 35μm | Standardmaterial, Werkzeugverschleiß beachten! elektronische Datenverarbeitung, Nachrichten- und Meßtechnik, VHF- und UHF-Technik | geringe Verluste, kleine Frequenz- und Temperaturabhängigkeit, gegen Lösungsmittel unbeständig elektronische Datenverarbeitung, Nachrichten- und Meßtechnik, VHF- und UHF-Technik | sehr gute thermische und mechanische Eigenschaften, u.U. als Ablösung für $Al_2O_3$- und BeO-Substrate | hohe Wärmebeständigkeit und Leitfähigkeit, daher geeignet für Hochlastschaltkreise; wegen Sprödigkeit nur bis 80 · 80 mm herstellbar | |

## 4.2. Leiter und Verbindungen

*Tab. 4.2.1-4:* (Fortsetzung)

b) Trägerelement flexibel (Folien 6...350μm)

| Eigenschaft | Polyesterfolie (75 μm dick) UP | Polymidfolie (75 μm dick) PI | Fluoriertes Ethylen-Propylen PFEP | Polycarbonat PC | Polytetra-fluorethylen PTFE | Polyamid PA |
|---|---|---|---|---|---|---|
| Dichte, $10^3 \cdot kg \, m^{-3}$ | 1,1...1,4 | | 2,1...2,2 | 1,2...1,4 | 2,1...2,3 | 1,0...1,2 |
| Biegefestigkeit, $10^6$ Pa | | 100 | | 145 | (15...20) | 30...110 |
| Haftvermögen[1]), $N\,cm^{-1}$ | 0,8 | 0,5 | 1,3 | | 18 | |
| [2]), $N\,cm^{-1}$ | | | | | | |
| Oberflächenwiderstand, $\Omega$ | $10^{11}$ | $10^{15}$ | $10^{15}$ | $3 \cdot 10^{13}$ | $10^{13}...10^{15}$ | $10^{11}$ |
| Spezifischer Volumenwiderstand, $\Omega\,m$ | $4 \cdot 10^{14}$ | $4 \cdot 10^{14}$ | $10^{10}$ | $2 \cdot 10^{15}$ | $10^{15}...10^{16}$ | $10^{14}$ |
| Verlustfaktor, $\tan \delta$ (bei 1 MHz) | 0,032 | 0,002 | 0,005 | 0,001 | 0,0002 | 0,036 |
| Dielektrizitätskonstante (bei 1 MHz) | 4,5 | 3,5 | 2,1 | 2,9 | 2,0 | 4,1 |
| $H_2O$-Aufnahme (bei 1,5 mm Dicke), $\frac{mg}{4\,Tage}$ | 40...150 | 2,5 % | 0,01 % | 10 | 0 | 1,5...12 % |
| Durchschlagsfeldstärke, $kV\,mm^{-1}$ | 30 | | 20...40 | 30...38 | 20...50 | |
| max. Betriebstemperatur, K | 383 | 583 | 473 | 423...473 | 533 | 413...553 |
| Lötbeständigkeit, s; K | 1; 503 | 10; 533 | 10; 533 | 523 | 563 | 473 |
| Wärmeleitfähigkeit, $W\,m^{-1}\,K^{-1}$ | 0,1 | 0,002 | 0,17 | 0,17 | 0,2...0,4 | 0,3 |
| Rauhtiefe, μm | 0,01 | 0,01 | 0,01 | 0,01 | 0,01 | 0,01 |
| Bemerkungen | häufig verwendet, nur bedingt löt-kontaktierbar | nicht brennbar | | | sehr gute elektrische und thermische Eigenschaften, relativ teuer, nicht brennbar | |

[1]) Haftung der Cu-Folie nach 24 h / 293K / 65% Wasserdampfgehalt der Atmosphäre
[2]) Haftung nach Hitzeschock 533K / 10 s

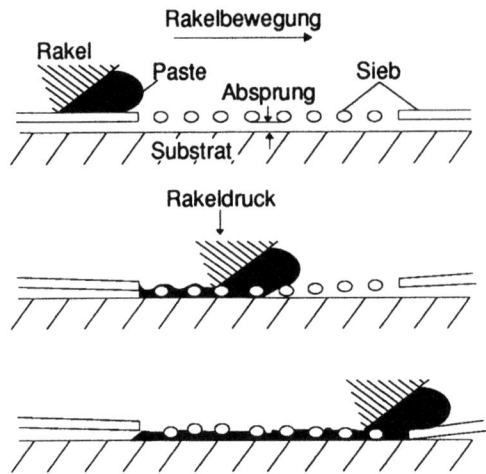

*Bild 4.2.1-7*: Siebdruckverfahren zur Herstellung von Strukturen in einer Dickschichtschaltung: Über ein Metallsieb mit der vorgegebenen Struktur wird die Dickfilmpaste auf das Substrat gebracht (nach [46]).

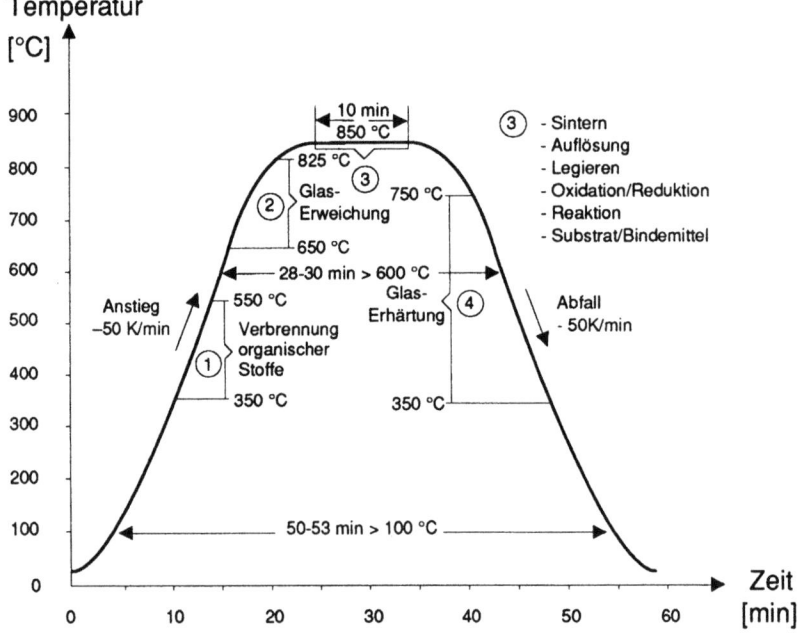

*Bild 4.2.1-8*: Temperaturbehandlung zum Einbrennen einer Dickschichtpaste (nach [46]).

## 4.2. Leiter und Verbindungen

*Tab. 4.2.1-5:* Werkstoffe für Dickschicht-Leiterbahnen (nach [72]).

| Dickschicht-Leit-werkstoffe | Haftfestigkeit gegenüber Al (90...96 % Al) $10^{10}$ Pa | Flächen-widerstand RF $\Omega$ mm$^{-2}$ | Verzinnbar-keit mit PbSn10-Lot bei 823 K | Hauptprobleme | Flächen-widerstand RF d = 15μm $\Omega/\square$ | Temperatur-koeffizient $TK_\rho$ $10^{-6}$ K$^{-1}$ | Bemerkungen |
|---|---|---|---|---|---|---|---|
| Cu | 16,6 | 1,95 | ausreichend | Oxydation | 0,004 | 4.200 | Muß in inerter oder reduzierender Atmosphäre geglüht werden, um Verzinnbarkeit zu erhalten; Temperatur und Zeit sind abhängig von der Korngröße |
| Ag | 16,6 | 1,3 | ausreichend bis gut | Zersetzung | 0,004 | 4.100 | Migration, Korrosion, Erosion, beste Leitfähigkeit |
| Au | 16,6 | 0,6 | ausreichend bis gut | Zersetzung ausnutzen | 0,005 | 4.000 | Erosion, Kontaktwiderstand, Eutektikum |
| AgPd | 20,7 | 9,75 | gut | keine | 0,025 | 500 | bei hohen mechanischen Spannungen |
| AgAuPd | 20,0 | 29,9 | gut | keine | | | Migration möglich, gut mit PbSn 10 verzinnbar |
| AgPt | 13,8...31,0 | 13,0 | gut | keine | | | Haftfestigkeit gut |
| AuPt | 20,7 | 42,25 | gut | keine | 0,09 | | hohe Kosten; Brenntemperatur 700°C; AgPt wird voraussichtlich AgPd ersetzen |
| AuPd | 13,8 | 64,5 | gut | geringe Zersetzung | 0,05 | | hohe Kosten, intermetallische Verbindung |
| AuPtPd | 31,0 | 64,5 | gut | keine | | | Haftfestigkeit und Porösität hoch |
| Pt | 13,8...34,5 | 13,0 | ausreichend bis gut | unberechenbar | 0,026 | 3.900 | Kosten und Widerstandswerte hoch |
| Pd | 13,8 | 5,85 | ausreichend | Oxydation | 0,026 | 3.700 | Kosten hoch, Reproduzierbarkeit gut |
| MoMn | 74,5 | 4,55 | schlecht | erfordert Platierung | | | Haftfestigkeit gering; Oxidbildung |
| Mo | 17,3 | 3,25 | schlecht | erfordert Platierung | 0,012 | 4.570 | muß bei 1.500 °C geglüht werden, um gute Haftfestigkeit zu sichern |
| W | 69 | 3,25 | schlecht | erfordert Platierung | 0,014 | 4.800 | reduzierende Atmosphäre bei hoher Temperatur muß zum Verzinnen platiert werden; bei 1500 °C in H2 glühen, um Haftfestigkeit zu sichern |
| Ti | 69 | | schlecht | erfordert Platierung | 0,12 | 4.300 | |
| Zr | 69 | | schlecht | erfordert Platierung | 0,102 | | |

Diese Einschränkung entfällt bei der Anwendung hochentwickelter photolithographischer Verfahren (Bild 3.4–1), hiermit lassen sich Strukturen mit Dimensionen unterhalb eines $\mu$m (Submikrontechnik) herstellen. Die Leiterschichten werden nicht über Pasten aufgebracht, sondern durch **Dünnschichtverfahren** (Aufdampf-und Kathodenzerstäubungs(Sputter-)Verfahren, chemische Abscheidung u.a.). Als Leitermaterialien kommen Gold, Silber, Aluminium und Kupfer in Betracht, als Haftvermittler zum Substrat sind häufig Zwischenschichten, z.B. aus Chrom, erforderlich.

Eine sehr wichtige Anwendung der Verbindungstechnik ist das Verdrahten von Halbleiterbauelementen in einer integrierten Schaltung. In diesem Fall müssen die Leiter neben einem niedrigen spezifischen Widerstand auch die Eigenschaft haben, einen guten Kontakt mit dem Halbleitermaterial (vorwiegend Silizium) zu bilden. In der Vergangenheit wurde hierfür überwiegend Aluminium eingesetzt (s. Abschnitt 2.5, Bild 2.5–4b). Seit einiger Zeit werden zunehmend intermediäre Phasen zwischen Silizium und Metallen, die **Silizide**, eingesetzt, die bis zu höheren Temperaturen thermisch stabiler sind als die eutektische Aluminium–Silizium–Phase (Tab. 4.2.1–6).

*Tab. 4.2.1–6*: Eigenschaften von Siliziden als Leitermaterialien in integrierten Schaltungen (nach [43]).

| Silizid | Sintertemperatur [°C] | Widerstand [$\cdot 10^{-8} \Omega$m] |
|---|---|---|
| $CoSi_2$ | 900 | 18–20 |
| $HfSi_2$ | 900 | 45–50 |
| $MoSi_2$ | 1000 | 100 |
| $NiSi_2$ | 900 | 50 |
| $Pd_2Si$ | 400 | 30–50 |
| $PtSi$ | 600–800 | 28–35 |
| $TaSi_2$ | 1000 | 35–45 |
| $TiSi_2$ | 900 | 13–18 |
| $WSi_2$ | 1000 | 70 |
| $ZrSi_2$ | 900 | 35–40 |

Auch polymere Kunststoffe, die in der Regel hochisolierend sind, können durch Modifikationen in der Herstellung leitend gemacht werden. Dabei kommen im wesentlichen drei Verfahren zur Anwendung:

1. Durch eine Prozeßführung — vorwiegend Pyrolyse — wird die chemische Zusammensetzung oder Struktur des Ausgangsmaterials verändert.

## 4.2. Leiter und Verbindungen

2. Die molekularen Eigenschaften der Kunststoffe werden geändert durch Anlagerung von Molekülgruppen, die als Dotierstoffe wirken und meist Ladungstransferprozesse mit der Ausgangskette ermöglichen.

3. Es werden Verbundwerkstoffe hergestellt mit leitfähigen Einlagerungen wie Metall- und Kohlenstoffteilchen, leitfähigen Fasern, etc.

Die mit den ersten beiden Verfahren erreichbaren spezifischen Leitfähigkeiten liegen bisher meistens weit unter denen der Metalle, sie sind eher vergleichbar mit denen der Halbleiter.

Ein völlig anderes Verhalten zeigen einige Materialien im Bereich der **Supraleitung**: Bei sehr niedrigen Temperaturen nimmt deren Widerstand auf außerordentlich niedrige Werte ab (Bild 4.2.1-9). Abschätzungen zeigen, daß der Strom in einem supraleitenden Ring erst nach mehr als $10^5$ Jahren abklingen würde! Der Effekt tritt jedoch bei Metallen nur bei extrem niedrigen Temperaturen in der Umgebung des absoluten Nullpunktes auf (Tab. 4.2.1-7). Er entsteht dadurch, daß jeweils Paare von Leitungselektronen mit entgegengesetztem Spin mit Hilfe von Gitterschwingungen einen gebundenen Zustand (**Cooper-Paare**) eingehen. In diesem Zustand können sie zwar zur Leitfähigkeit beitragen, aber keinen Impuls an das Gitter abgeben (daher der Widerstand Null).

Bei Anlegen eines Magnetfeldes (Meßgrößen und Dimensionen wie in Abschnitt 7) oberhalb eines kritischen Wertes $H_c$ bricht die Supraleitung jedoch zusammen. Dabei muß zwischen Supraleitern 1. und 2. Art unterschieden werden (Bild 4.2.1-10).

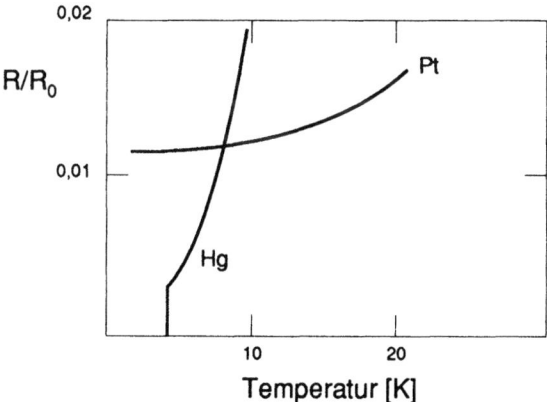

*Bild 4.2.1-9*: Temperaturabhängigkeit des Widerstandes von Platin (normalleitend) und Quecksilber (geht in den supraleitenden Zustand über) bei sehr niedrigen Temperaturen (nach [47]).

*Tab. 4.2.1-7:* Sprungtemperatur in [K] für den Übergang in den supraleitenden Zustand für Metalle (nach [48]).

| IIa | | | | | | | | | | IIIa | IVa |
|---|---|---|---|---|---|---|---|---|---|---|---|
| Be 0.03 | | | | | | | | | | B | C |
| Mg | | | | | | | | | | Al 1.2 | Si |
|  | IIIb | IVb | Vb | VIb | VIIb |  |  |  | Ib | IIb |  |  |
| Ca | Sc | Ti | V 5.3 | Cr | Mn | Fe | Co | Ni | Cu | Zn | Ga 0.88 | Ge 1.1 |
| Sr | Y | Zr | Nb 9.2 | Mo 0.92 | Tc 7.8 | Ru 0.5 | Rh | Pd | Ag | Cd 0.55 | In 3.4 | Sn 3.7 |
| Ba | La 4.8 | Hf 0.13 | Ta 4.5 | W 0.01 | Re 1.7 | Os 0.65 | Ir 0.14 | Pt | Au | Hg 4.1 | Tl 2.4 | Pb 7.2 |
|  |  | Th 1.4 | Pa 1.3 | U 0.2 |  |  |  |  |  |  |  |  |

Der Anwendungsbereich hochentwickelter Supraleiter 2. Art im Hinblick auf die kritische Feldstärke und maximale Strombelastung ist in Bild 4.2.1-11 dargestellt.

Anwendungen für supraleitende Werkstoffe werden stark eingeschränkt durch die Notwendigkeit äußerst niedriger — und damit nur mit großem Aufwand herstellbarer — Temperaturen. Bei Elementarteilchenbeschleunigern (z.B. HERA in Hamburg) werden supraleitende Magnete für magnetische Induktionen bis über 4 Tesla eingesetzt. Seit vielen Jahren wird die Möglichkeit eines Einsatzes von supraleitenden elektronischen Bauelementen (**Josephson-Bauelementen**) für den Einsatz in Computern höchster Geschwindigkeit untersucht. Eine wichtige Anwendung der Supraleitung ist der Einsatz in der Sensorik: Mit Hilfe von SQUIDs (supraconducting quantum interference devices) lassen sich magnetische Induktionsfelder bis herunter zu $5 \cdot 10^{-11}$ Tesla detektieren. Das sind Magnetfelder, wie sie von den Strömen innerhalb des menschlichen Körpers (z.B. innerhalb des Herzens) erzeugt werden!

Völlig neue Möglichkeiten in der Anwendung werden die neuen keramischen Supraleiter bieten, deren Sprungtemperatur weit höher liegen als die der Metalle (Bild 4.2.1-12). Die Entwicklung dieser Werkstoffe wird zur Zeit mit großem Aufwand betrieben.

4.2. Leiter und Verbindungen

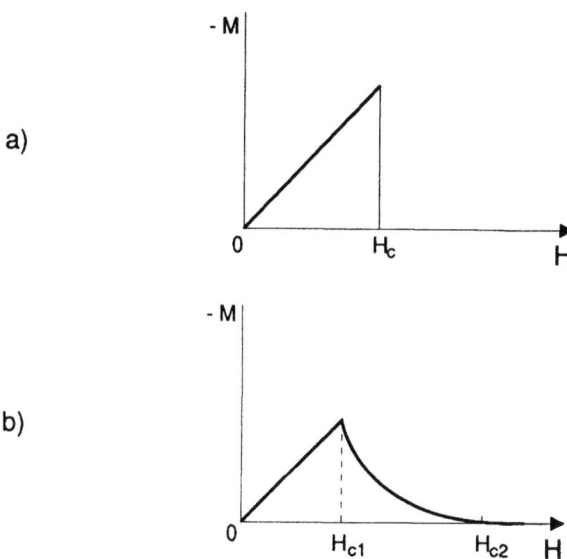

*Bild 4.2.1-10*: Supraleiter 1. und 2. Art (nach [48]).

a) Supraleiter 1. Art: Magnetisierungskennlinie. Die kritische Feldstärke $H_c$ ergibt sich durch

$$H_c = H_0 \left[1 - \left(\frac{T}{T_c}\right)^2\right] \qquad (4.42)$$

mit den Daten für die Sprungtemperatur $T_c$ und die Feldstärke $H_0$

| Element | Zn | Ga | Al | In | Sn | Hg | Pb |
|---|---|---|---|---|---|---|---|
| $T_c$ in K | 0.88 | 1.1 | 1.2 | 3.4 | 3.7 | 4.1 | 7.2 |
| $H_0$ in A/m | $4 \cdot 10^3$ | $4 \cdot 10^3$ | $8 \cdot 10^3$ | $2.3 \cdot 10^4$ | $2.5 \cdot 10^4$ | $3.3 \cdot 10^4$ | $6.5 \cdot 10^4$ |

b) Supraleiter 2. Art: Magnetisierungskennlinie und Daten für die Sprungtemperatur und die kritische Feldstärke.

| Element | Ta | V | Nb | NbTi44 | NbZr25 | $V_3$Ga | $V_3$Si | $Nb_3$Sn |
|---|---|---|---|---|---|---|---|---|
| $T_c$ in K | 4.5 | 5.3 | 9.2 | 10.5 | 10.8 | 16.5 | 17 | 18.5 |
| $H_{c2}$ in $10^6$ A/m | 0.07 | 0.11 | 0.16 | 9.6 | 5.6 | 28 | 13 | 16 |

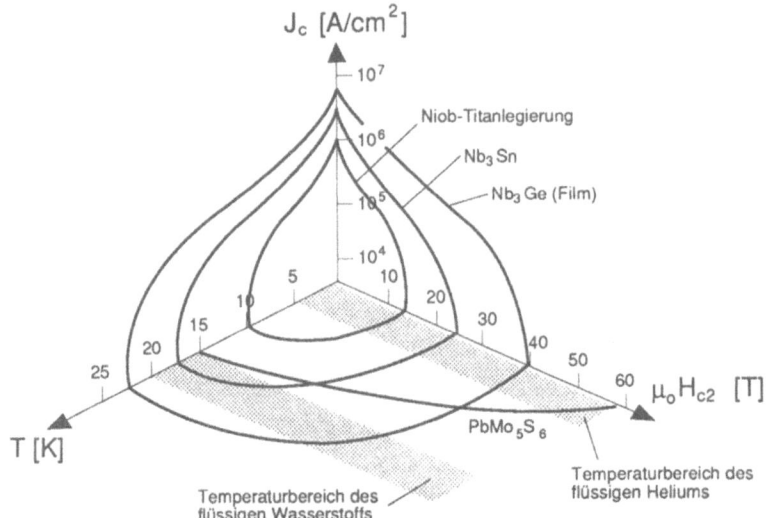

*Bild 4.2.1-11*: Zusammenhang zwischen kritischer (maximaler) Stromdichte, kritischer Feldstärke und Temperatur für hochentwickelte Supraleiter (nach [49]).

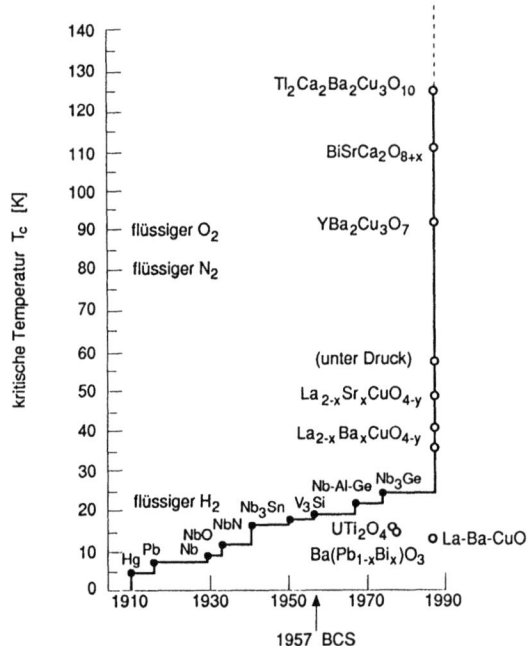

*Bild 4.2.1-12*: Sprungtemperaturen für den Übergang in die Supraleitfähigkeit von metallischen und keramischen Werkstoffen (nach [6]).

4.2. Leiter und Verbindungen

## 4.2.2 Verbindungstechnik

Die Verbindungstechnik beschäftigt sich mit der mechanischen und elektrischen Verbindung gleich- oder verschiedenartiger Werkstoffe. Sie spielt in der Gerätefertigung eine entscheidende Rolle. Insbesondere hängt oft die Zuverlässigkeit von Systemen entscheidend von der Qualität der Verbindungstechnik ab.

Die "klassische" Verbindungstechnik in der Elektrotechnik und Elektronik ist das **Löten**, d.h. das Aufschmelzen einer relativ niedrigschmelzenden (häufig eutektischen) Legierung und das leitfähige Verkleben von zwei Leitern mit dieser Schmelze nach dem Erkalten. Dabei unterscheidet man **Weichlote** mit Schmelzpunkten unterhalb von 250° und **Hartlote** mit einem Schmelzpunkt oberhalb von 450°C. Sehr wichtig ist eine Benetzung des Leiters durch die Schmelze, diese wird häufig mit Beimengungen zum Lot gefördert.

Der Vorteil der Weichlote ist die niedrige Arbeitstemperatur und damit ein geringer Aufwand, nachteilig ist allerdings die relativ geringe Temperaturbeständigkeit. Deswegen ist bei hochzuverlässigen Verbindungen das Hartlöten von Vorteil, sofern es nicht zu einer unzulässigen Temperaturbelastung der Bauelemente führt. Besonders Kupferlegierungen als vielverwendete Leitermaterialien eignen sich gut für Lötverbindungen, weit mehr als Aluminium, für das bereits Spezialtechniken erforderlich sind. Tab. 4.2.2-1 zeigt die Daten einiger gebräuchlicher Lote. In Bild 4.2.2-1 sind die herkömmlichen Verfahren zur Verbindung von Bauelementen mit einer Leiterplatte dargestellt. Besondere Bedeutung hat im gegenwärtigen Stand der Technik die Oberflächenmontage, welche keine Bohrung in der Leiterplatte benötigt und gut automatisiert werden kann. Dabei wird das Reflow-Lötverfahren eingesetzt (Bild 4.2.2-2).

*Tab. 4.2.2-1*: Daten wichtiger Weich-und Hartlote (nach [28]).

| Nr. | Bezeichnung | | Zusammensetzung % | Schmelzbereich |
|---|---|---|---|---|
| 1 | Zinn–Blei | LSn50Pb | 50 Pb, 50 Sn | 183...215°C |
| 2 | Zinn–Antimon | LSnSb5 | 5 Sb, 0...1 Ag, Rest Sn | 230...240°C |
| 3 | Silber–Blei | LPbAg3 | 0...1 Sn, 1.5...3.5 Ag, Rest Pb | 305...315°C |
| 4 | Phosphor–Kupfer | LCuP8 | 7.7...8.5 P, Rest Cu | 710...770°C |
| 5 | Silphos 2 % | LAg2P | 2 Ag, 91.5 Cu, 6.5 P | 660...810°C |
| 6 | Silphos 15 % | LAg15P | 15 Ag, 80 Cu, 5 P | 640...800°C |
| 7 | Silberlot 25 | LAg25 | 25 Ag, 41 Cu, 34 Zn | 680...795°C |
| 8 | Silberlot 44 | LAg44 | 44 Ag, 30 Cu, 26 Zn | 680...740°C |
| 9 | Silber–Cadmiumlot | LAg40Cd | 40 Ag, 19 Cu, 21 Zn, 20 Cd | 595...630°C |

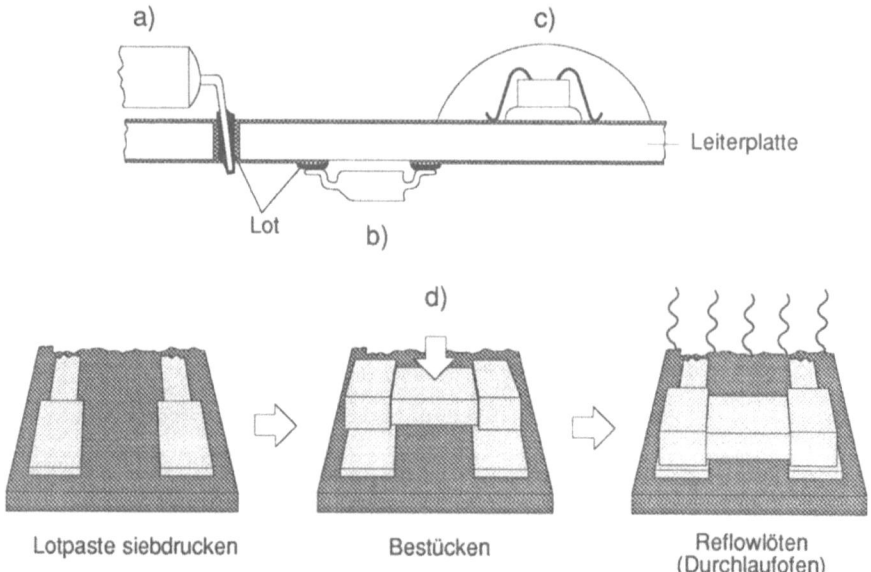

Bild 4.2.2-1: Verbindungstechniken der Elektronik (nach [50]).

a) Leiterplattentechnik (mit Bohrungen für die Anschlußdrähte der Bauelemente

b) Oberflächenmontage (SMT-surface mounted technology)

c) Chip-on-board-Technik

d) Reflow-Lötverfahren (nach [50]) für oberflächenmontierte Bauelemente

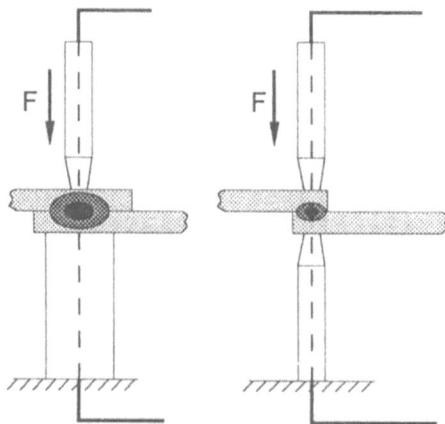

Bild 4.2.2-2: Widerstands-oder Punktschweißen: Durch einen hohen Stromfluß wird das Material an der Schweißstelle aufgeschmolzen (nach [21]).

## 4.2. Leiter und Verbindungen

Beim **Schweißen** wird kein zusätzliches Mittel für die Verbindung der Leiter benötigt. Beide werden so eng miteinander verbunden, daß Verbindungen bis hinunter in den interatomaren Bereich geschaffen werden. Das geschieht entweder durch Aufschmelzen beider Verbindungsstücke bis zur Bildung einer gemeinsamen Schmelzzone oder durch gemeinsame plastische Verformung. Diese wird im allgemeinen begünstigt durch Anwendung hoher Preßdrücke und Temperaturen.

Bei den Schmelzschweißverfahren werden hohe Temperaturen durch Flammen- oder Widerstandsheizung (Heizung durch einen örtlich sehr hohen Stromfluß, Bild 4.2.2-2) erzeugt, aber auch durch Heizung im Lichtbogen (Bild 4.2.2-3) oder mit Elektronen-und Laserstrahlen.

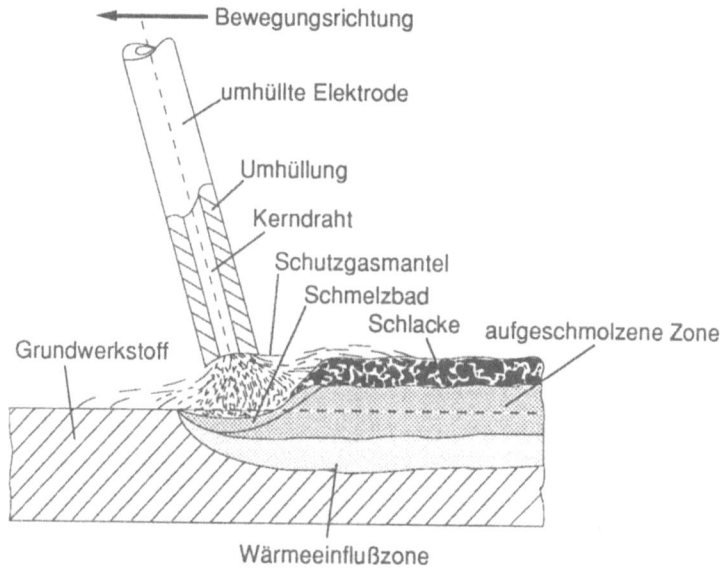

*Bild 4.2.2-3*: Lichtbogenschweißung (nach [21]).

In Tab. 4.2.2-2 sind Aussagen über das Schweißverhalten einiger für die Elektronik relevanter Metalle zusammengefaßt

Besondere Bedeutung in der Elektronik haben die Draht-Schweißverfahren (**Drahtbonden**). Dabei geht man von sehr dünnen (Mikrometerbereich bis 250 $\mu$m) Drähten aus reinem Gold aus, die gut leitfähig und bei mäßig hohen Temperaturen (200°C) plastisch leicht verformbar sind. Bild 4.2.2-4 zeigt einige gebräuchliche Bondverfahren. Die große Bedeutung der Bondverfahren entsteht dadurch, daß Bondverbindungen auf kleinstem Raum zuverlässig und vollautomatisch durchgeführt werden können. Sie eignen sich bei integrier-

*Tab. 4.2.2-2:* Schweißbarkeit einiger Metalle (nach [21]) (MIG = Metall-Inertgas-Schweißen, WIG = Wolfram-Inertgas-Schweißen).

| | |
|---|---|
| Cu | bedingt schweißbar wegen hoher Wärmeableitung |
| Messing, Bronze | gut schweißbar |
| Al–Legierungen | Lichtbogen, Schutzgas (WIG, MIG), Unter–Pulver–Schweißung (UP) |
| Pb | mit $H_2$-Flamme |
| Zn | Mit $C_2H_2$-Flamme |
| Ni | gut schweißbar mit allen Verfahren |

ten Schaltungen zur Verbindung von Kontaktpunkten auf dem Siliziumkristall (Chip) zu den äußeren Anschlußkontakten. Auch eine direkte Verdrahtung vom Chip auf Anschlüsse einer Platine oder einer Dickschichtschaltung sind möglich (Bild 4.2.2-1c). Zur Verbesserung der Haftung wird die Bondverbindung häufig mit Ultraschallunterstützung durchgeführt. Bondverbindungen sind auf Leiterbahnen verschiedener Metalle wie Au, Ni u.a. möglich. Bild 4.2.2-5 schließlich gibt einen Überblick über die verschiedenen Bond-und Integrationstechniken der Elektronik.

Neben den bisher beschriebenen festen Verbindungen gibt es Steckverbinder und Schalter, die einen leicht zu unterbrechenden Kontakt herstellen. Mikroskopisch gesehen berühren sich zwei aneinanderliegende Metallflächen nur an wenigen Punkten (Bild 4.2.2-6). Dort können beim Stromfluß hohe elektrische Stromdichten entstehen, welche zu einer örtlichen Temperaturerhöhung führen. Eine ähnliche Anordnung entsteht, wenn die Kontaktflächen mit dünnen isolierenden Schichten überzogen sind, die nur an bestimmten Stellen einen Stromfluß zulassen. Durch die örtliche Temperaturerhöhung vergrößert sich die Plastizität der Kontaktmetalle, so daß sich bei hinreichend starkem Kontaktdruck schließlich die Kontaktfläche vergrößert. Tab. 4.2.2-3 gibt die Temperaturen und charakteristischen Spannungen an, bei welcher die Kontaktmaterialien weich werden und schließlich schmelzen.

In der Praxis verwendet man für die oberste Kontaktschicht häufig Edelmetalle, weil diese kaum korrodieren und keine Isolationsschichten bilden. Eine Alternative dazu ist die Bedeckung der Kontaktfläche mit einer plastisch leicht verformbaren Legierung (z.B. Zinn-Blei) bei welcher eine Oberflächenschicht durch die Kontaktberührung leicht abgeschert werden kann. Typische Kontaktwiderstände liegen in der Größenordnung von 3 bis 30 mOhm. Bild 4.2.2-7 zeigt ein Kontaktierungssystem, bei dem die Isolation um einen Draht beim Einziehen entfernt und der Draht selber in einer Schneide durch plastische Verformung fest eingespannt wird.

## 4.2. Leiter und Verbindungen

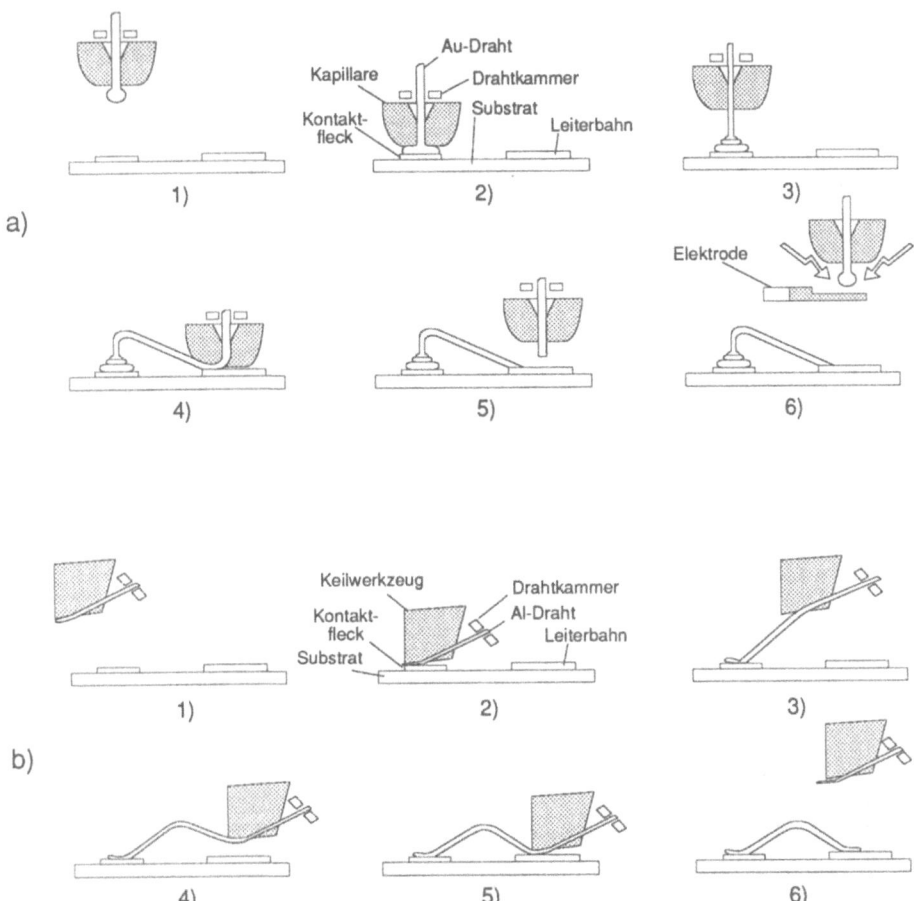

*Bild 4.2.2-4*: Draht-Bondverfahren (nach [50]).

a) Nailhead- oder Ball-Bondverfahren (Golddraht): Durch eine Kondensatorladung wird das Ende des Golddrahtes zu einer Kugel verschmolzen und auf die Bond-Kontaktfläche gedrückt (1). An dieser Stelle wird die Kugel mit dem Metall verschweißt (2), wieder abgehoben und zur zweiten Kontaktfläche geführt (4). Dort wird sie angedrückt und abgeschert (5), womit die Bondverbindung hergestellt ist.

b) Keil- oder Wedge-Bondverfahren (Aluminiumdraht): Verfahren wie (a), jedoch wird der Draht durch einen Keil in Drahtrichtung verformt.

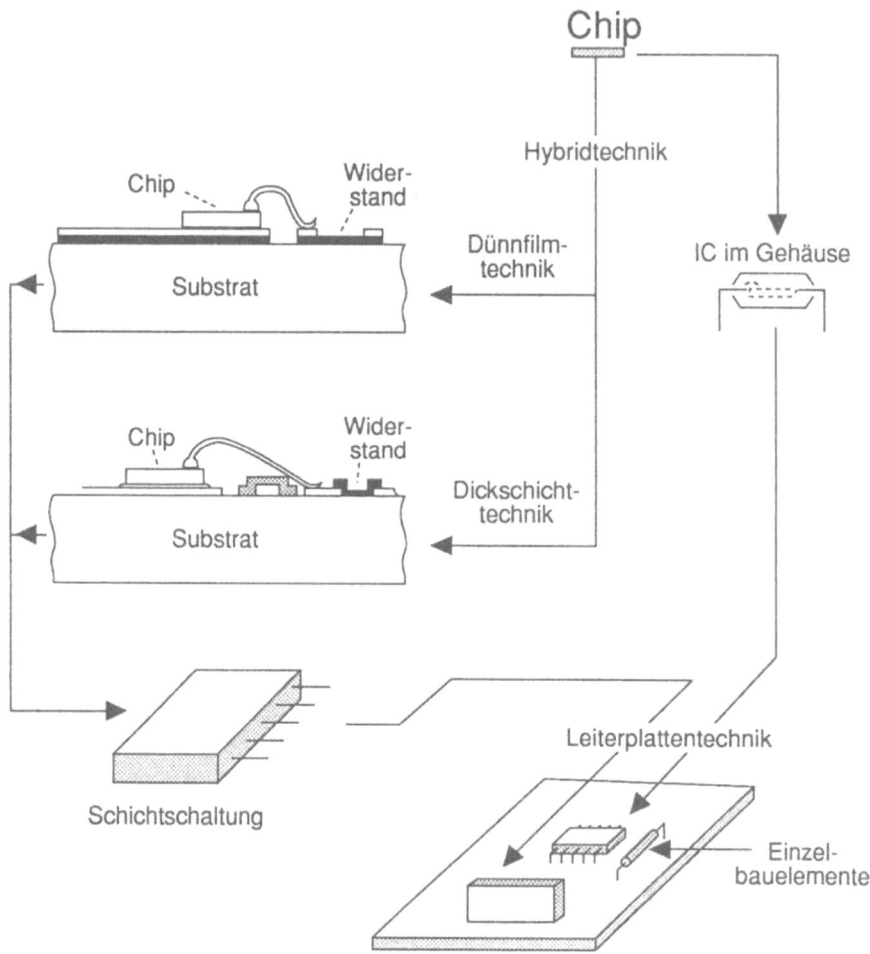

*Bild 4.2.2-5*: Integrationstechniken der Elektronik:
Eine integrierte Halbleiterschaltung kann entweder in ein Gehäuse eingebaut werden und in dieser Form auf der Platine festgelötet werden, oder sie kann zusammen mit anderen Bauelementen zunächst auf einem Substrat montiert werden, auf dem die leitenden Verbindungen in Dick-oder Dünnschichttechnik aufgebracht worden sind. Die Verbindungen in einer solchen **Hybridschaltung** können über Draht-Bondtechniken hergestellt werden und die Hybridschaltung als ganzes in ein Gehäuse mit äußeren Anschlüssen verpackt werden. In dieser Form kann sie auf einer Platine eingelötet werden (nach [50]).

## 4.2. Leiter und Verbindungen

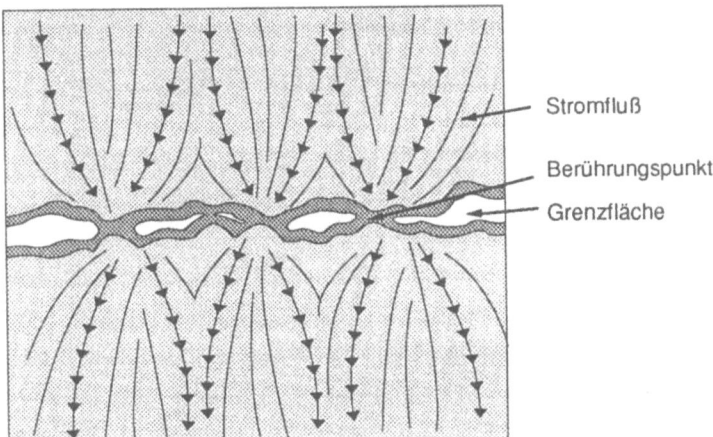

*Bild 4.2.2-6*: Mikroskopischer Aufbau eines Metallkontaktes (nach [51]).

*Tab. 4.2.2-3*: Typische Schmelzpunkte und Spannungen, bei denen die verschiedenen Kontaktmaterialien weich werden oder schmelzen (nach [51]).

| Metall | Erweichen °C | U | Schmelzen °C | U |
|---|---|---|---|---|
| Sn | 100 | 0.07 | 232 | 0.13 |
| Au | 100 | 0.08 | 1063 | 0.43 |
| Ag | 150–200 | 0.09 | 968 | 0.37 |
| Al | 150 | 0.1 | 660 | 0.3 |
| Cu | 190 | 0.12 | 1083 | 0.43 |
| Ni | 520 | 0.22 | 1453 | 0.53 |
| W | 1000 | 0.6 | 3380 | 1.1 |

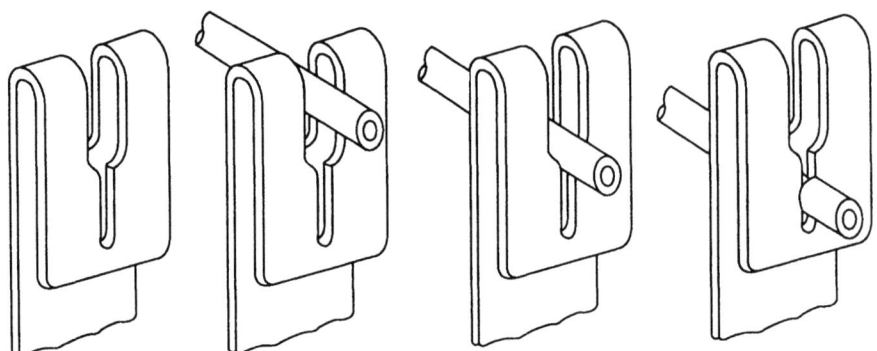

*Bild 4.2.2-7*: Klemmverbindung mit selbsttätiger Abisolation (nach [51]).

Tab. 4.2.2-4 gibt einen Überblick über die Kontaktwerkstoffe.

*Tab. 4.2.2-4*: Anwendungsbereiche der Kontaktwerkstoffe (nach [15]).

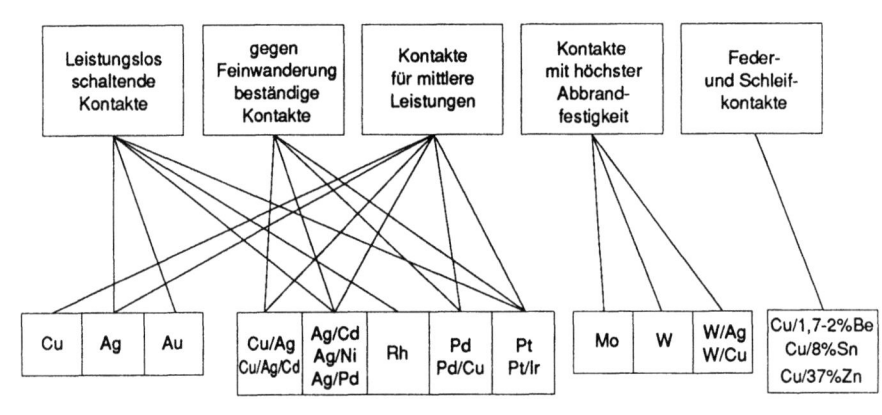

Bei Federkontakten sind besonders reproduzierbare Federeigenschaften (Reproduzierbarkeit der elastischen Verformung) erforderlich. Häufig wird hierfür Berylliumbronze (CuBe) und Messing (CuZn) verwendet mit Kontaktschichten wie in Tab. 4.2.2-4. Neuerdings werden auch Graphit oder leitfähige Elastomere als Kontaktoberflächen verwendet.

## 4.3 Widerstände

### 4.3.1 Joulesche Wärme

Der Widerstandswert eines Leiters ergab sich nach (4.12 und 4.13) zu

$$R = \frac{1}{|q|\mu_n \varrho_n} \frac{d}{A} \qquad (4.43)$$

Er setzt sich also aus einem material- und einem geometrieabhängigen Faktor zusammen. Beide können weitgehend unabhängig voneinander variiert werden und ermöglichen somit eine große Variationsbreite.

Große Widerstandswerte lassen sich erreichen durch ein großes Verhältnis von d zu A. Dieses läßt sich leicht über lange Drähte aus einem Widerstandsmaterial realisieren, die zu einem **Drahtwiderstand** auf einem isolierenden Träger aufgewickelt werden. Dieser älteste Widerstandstyp besitzt naturgemäß eine parasitäre Induktivität, die meistens unerwünscht ist. Deshalb wird die Bedingung eines großen $d/A$–Verhältnisses besser realisiert durch kleine Querschnitte, wie sie die Dick-oder Dünnschichttechnik (Abschnitt 4.2.1) ohnehin liefert. Solche Widerstände können als isolierte (diskrete, im Gegensatz zu den integrierten) Bauelemente hergestellt werden, d.h. einzeln mit Anschlußdrähten versehen und umhüllt werden und dann in Durchstecktechnik oder Oberflächenmontage (Bild 4.2.2–1a und b) auf einer Leiterplatte befestigt werden. Alternativ dazu können solche Widerstände aber auch—unabhängig von der auf ähnliche Weise mit anderen Materialien erzeugten Leiterbahnstruktur—in Dick- und Dünnschichtschaltungen direkt auf dem gemeinsamen Substrat aufgebracht werden (Bild 4.2.2–5, links oben und Abschnitt 4.3.2), wodurch Raum und Kosten eingespart werden können.

Ein wesentlicher Gesichtspunkt bei dem Entwurf eines Widerstands-Bauelementes ist die Wärmeabführung, da beim Betrieb des Widerstandes ständig Wärme erzeugt wird. Dazu betrachten wir ein Widerstandssegment mit dem Querschnitt $A$ und der Dicke $\Delta x$ (Bild 4.3.1–1a). Aufgrund eines Gradienten in der potentiellen Energie $W_n$ (erzeugt durch ein elektrostatisches Potential $\varphi$, Bild 4.3.1–1b), fließt ein Teilchenstrom $j^T$ durch das Widerstandssegment. Jedes Teilchen gibt nach Bild 2.2–1 und Gleichung (2.25) die gewonnene potentielle Energie in Form von Wärme ab, pro Teilchen gilt

$$\Delta Q_n = \Delta W_n = -|q|\Delta\varphi \qquad (4.44)$$

Die pro Sekunde erzeugte **Joulesche Wärme** (= thermische Leistung) ist dann in dem Segment:

$$\begin{aligned} N = j^T \cdot A \cdot \Delta Q_n = -|q|j^T A \Delta\varphi &= I\Delta\varphi \\ &= I \cdot U \end{aligned} \qquad (4.45)$$

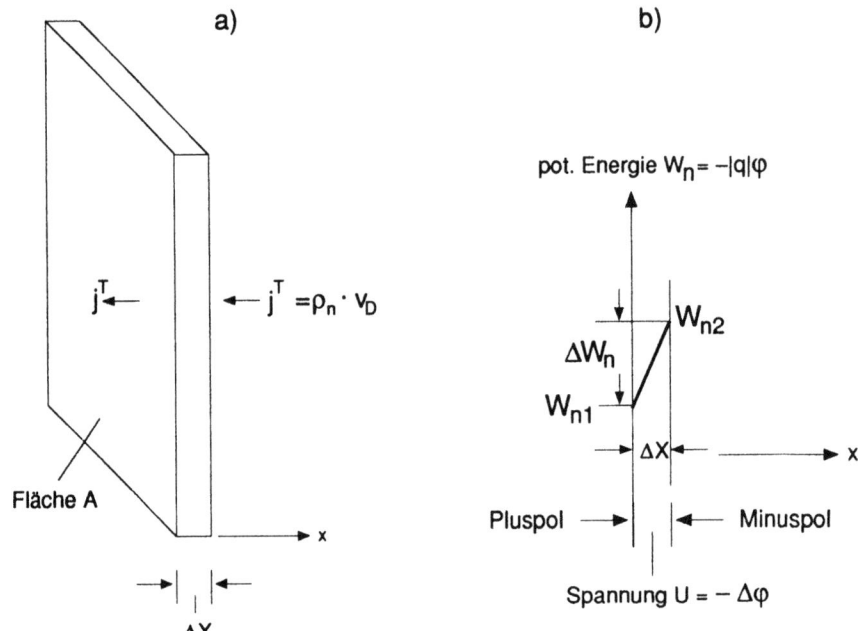

*Bild 4.3.1-1*: Modell zur Berechnung der Jouleschen Wärme: a) Widerstandssegment, b) Verlauf der potentiellen Energie

mit dem **elektrischen Strom**

$$I = -|q|j^T A \qquad (4.46)$$

Die erzeugte thermische Leistung ist also gleich dem Produkt aus Strom und Potentialdifferenz (= Spannung U). Ändert sich in dem Widerstandssegment die differentielle Entropie $S_n$ der Elektronen, dann beeinflußt diese Tatsache auch die Wärmeproduktion nach (2.26), d.h. der Jouleschen Wärme überlagert sich eine zusätzliche Wärmeerzeugung oder ein Wärmeentzug (**Peltier-Effekt**), d.h. eine Abkühlung. Diese Effekte können in Halbleitern erheblich werden und lassen sich technisch zur Kälteerzeugung anwenden (**Peltier-Element**).

Die im Widerstand erzeugte Joulesche Wärme wird umgesetzt in eine Vergrößerung der Widerstandstemperatur

$$\Delta Q = c_{\text{th}}(T - T_u) \qquad (4.47)$$

## 4.3. Widerstände

$$\Rightarrow N_1 = \frac{\partial \Delta Q}{\partial t} = C_{\text{th}}\frac{\partial T}{\partial t} \tag{4.48}$$

($C_{\text{th}}$ = **Wärmekapazität**, s.Abschnitt 5, $T_u$ = Umgebungstemperatur). Andererseits wird aber auch ein Teil der Jouleschen Wärme durch Wärmeabstrahlung und –ableitung über die Oberfläche des Widerstandes nach außen abgeführt:

$$N_2 = C_{\text{th}}(T - T_u) = \frac{1}{R_{\text{th}}}(T - T_u) \tag{4.49}$$

($G_{\text{th}}$ heißt **Wärmeableitungskoeffizient** oder **Wärmeübergangszahl**, $R_{\text{th}}$ **Wärmewiderstand**). Insgesamt gilt

$$N = N_1 + N_2 = U \cdot I = C_{\text{th}}(T - T_u) + c_{\text{th}}\frac{\partial T}{\partial t} \tag{4.50}$$

so daß der zeitliche Temperaturverlauf im Widerstand durch Lösung einer Differentialgleichung bestimmt werden kann. Im thermischen Gleichgewicht (eingeschwungener Zustand) gilt

$$U \cdot I = G_{\text{th}}(T - T_u) \tag{4.51}$$

d.h. die Widerstandstemperatur liegt beim Betrieb oberhalb der Umgebungstemperatur. Wegen dieser Abhängigkeit ist eine gute Temperaturstabilität des Widerstandes erforderlich, anderenfalls hängt der Widerstandswert von der elektrischen Ansteuerung ab. Diese Forderung zwingt zu einer sorgfältigen Auswahl der Widerstandswerkstoffe.

Dick- und Dünnschichtbauelemente fördern grundsätzlich über ihr günstiges Verhältnis von Oberfläche zum Volumen die Wärmeableitung. Diese wird zusätzlich begünstigt durch Substrate mit hoher Wärmeleitfähigkeit (BeO, AlN, SiC u.a., Bild 5.2-2).

Häufig werden in der Anwendung sehr enge Widerstandstoleranzen gefordert, die durch die Herstellungstechnologie nicht eingehalten werden können. In diesem Fall bestehen bei Schichtwiderständen Möglichkeiten einer nachträglichen Beeinflussung (**Widerstandstrimmen**) der geometrischen Abmessungen, indem durch Schneiden oder Abbrennen (Lasertrimmen) von Widerstandsbereichen der Absolutwert des Widerstandes geändert wird. Bei Dick- und Dünnschichtschaltungen lassen sich die Widerstände daher individuell auf die Eigenschaften der anderen Bauelemente abstimmen.

## 4.3.2 Widerstandswerkstoffe

Neben der unabdingbaren Forderung nach Temperaturkonstanz des Widerstandswertes kommt noch eine weitere hinzu: Die thermisch erzeugten Spannungen (**Thermokräfte**) müssen möglichst gering sein. Wie Gleichung (2.39) zeigt, erzeugt jeder Temperaturgradient im Leerlauf ($F_{\text{chem}} = 0$) einen Gradienten des chemischen Potentials. Dieser ist allerdings nur dann von außen meßbar (bei konstanter Temperatur an der Meßstelle, d.h. den beiden Meßpunkten), wenn zwei verschiedene Materialien mit unterschiedlicher Thermokraft verbunden werden (Bild 4.3.2-1). Eine ausführliche Behandlung der thermoelektrischen Effekte erfolgt im Folgeband "Sensoren".

Bei Widerstandswerkstoffen sollte daher die Thermokraft gegenüber Kupfer (dem am meisten eingesetzte Leiter) klein sein, bei Präzisionswiderständen wird weniger als 10 $\mu$V/C gefordert, s. Tab. 4.3.2-1.

Im Folgenden wird das Problem der Temperaturkonstanz von Widerständen diskutiert. In Ergänzung zu den Ausführungen in Abschnitt 4.3.1 kommt hinzu, daß aufgrund verschiedener thermischer Ausdehnungskoeffizienten zwi-

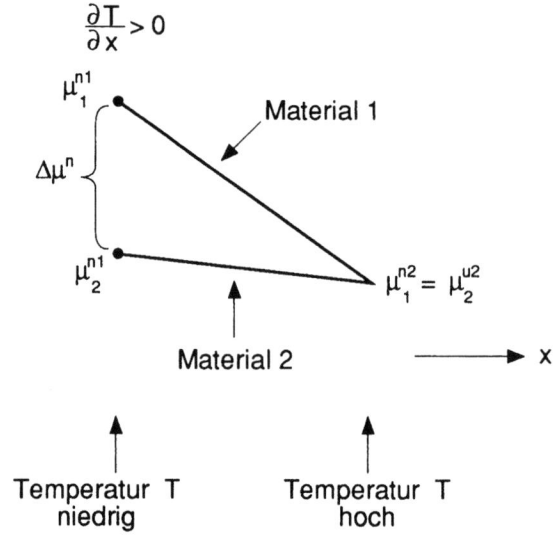

*Bild 4.3.2-1*: Entstehung einer Thermospannung: auf der linken Seite des Diagramms möge die Temperatur $T_1$ (niedrig) sein, dort wird auch die Messung der Thermospannung vorgenommen. Zum Bereich höherer Temperatur $T_2$ hin nimmt das chemische Potential von Elektronen $\mu^n$ ab. Eine Differenz der chemischen Potentiale bei $T_1$ ergibt sich aber nur dann, wenn die Gradienten der chemischen Potentiale ungleich sind, d.h. wenn zwei verschiedene Materialien eingesetzt werden.

## 4.3. Widerstände

*Tab. 4.3.2-1:* Werkstoffe für Präzisionswiderstände nach DIN 17471 (nach [15]).

| Werkstoff | Legierungselemente in Gew.% Mn | Ni | Al | Grenztemperatur in °C | $\varrho_{sp}$ [$10^{-8}\Omega$m] | $\alpha_\varrho$ in °C$^{-1}$ | Thermospannung gegen Cu in $\mu$V/°C |
|---|---|---|---|---|---|---|---|
| CuMn12Ni | 12 | 2 | — | 140 | 43 | $\pm 10^{-5}$ | - 0.4 |
| CuNi20Mn10 | 10 | 20 | — | 300 | 49 | $\pm 2 \cdot 10^{-5}$ | - 10 |
| CuNi44 | 1 | 44 | — | 600 | 49 | $+4 \cdot 10^{-4}$ $-8 \cdot 10^{-4}$ | - 40 |
| CuMn2Al | 2 | — | 0.8 | 200 | 12 | $4 \cdot 10^{-4}$ | + 0.1 |
| CuNi30Mn | 3 | 30 | — | 500 | 40 | $10^{-4}$ | - 25 |
| CuMn12NiAl | 12 | 5 | 1.2 | 500 | 40 | $\sim 10^{-5}$ | - 2 |

schen dem Widerstandsmaterial und dem Substrat leicht mechanische thermische Spannungen (d.h. mechanische Spannungen aufgrund eines Temperaturgradienten) entstehen können, die ihrerseits die Abmessungen des Widerstandes elastisch verzerren und damit den Widerstandswert ändern (piezoresistiver Effekt; bei vielen Materialien kommt noch ein zusätzlicher Beitrag aufgrund einer Veränderung der Bandstruktur hinzu). Um diesen Effekt zu kompensieren, kann daher gefordert werden, daß der Temperaturkoeffizient des Widerstandes nicht Null sein soll, sondern so geartet, daß er den Effekt der thermischen Spannungen genau kompensiert.

Die materialbezogenen Eigenschaften eines Widerstandes hängen nach (4.43) ab von dem Produkt aus Ladungsträgerdichte und Ladungsträgerbeweglichkeit. Die Ladungsträgerbeweglichkeit nimmt im allgemeinen mit der Temperatur ab (Bild 4.2.1-1) und erzeugt damit einen positiven Temperaturkoeffizienten (PTC — der Widerstand nimmt mit der Temperatur zu) des Widerstandes. Die Ladungsträgerdichte ist bei Metallen weitgehend konstant. Bei Halbleitern hingegen (Abschnitt 4.1.3) nimmt häufig bei hohen und niedrigen Temperaturen die Dichte der zur Leitfähigkeit beitragenden Elektronen im Leitungsband mit der Temperatur stark zu und erzeugt einen so ausgeprägten negativen Temperaturkoeffizienten des spezifischen Widerstandes (NTC — d.h. der spezifische Widerstand nimmt mit der Temperatur ab), daß der PTC der Beweglichkeit weit überkompensiert wird (Bild 4.3.2-2).

Eine Möglichkeit, den fast immer positiven TC bei Metallen aufgrund der Beweglichkeit zu kompensieren, besteht darin, dem Metall durch Zulegierung etwas mehr "Halbleitercharakter" zu geben, d.h. einen negativen TC über die Ladungsträgerdichte einzuführen. Die theoretische Berechnung der Leitfähigkeit in Metallen ist außerordentlich schwierig (Abschnitt 4.1.3), so daß man

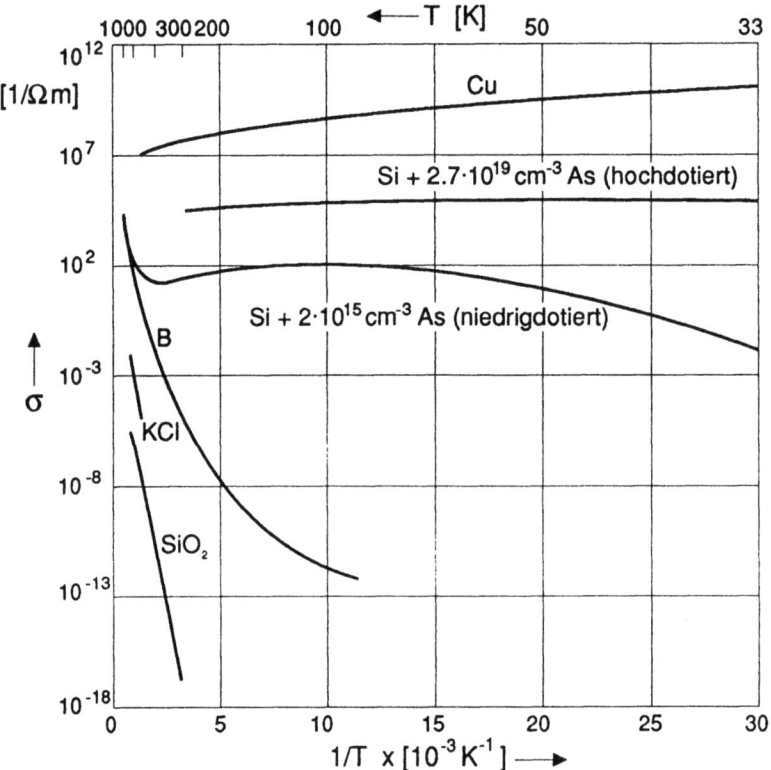

*Bild 4.3.2-2:* Temperaturkoeffizient (TC) der Leitfähigkeit (TCs des Widerstandes jeweils entgegengesetzt) für Metalle und hochdotiertes Silizium (NTC), Halbleiter (B) und Isolatoren (KCl, SiO$_2$) PTC. Niedrigdotiertes Silizium hat sowohl NTC-wie PTC-Bereiche (nach [21]).

weitgehend auf experimentell ermittelte Daten angewiesen ist (Bild 4.3.2-3 und Tab. 4.3.2-1).

Die in Bild 4.3.2-3 und Tab. 4.3.2-1 charakterisierten Widerstandslegierungen werden häufig für Draht- und Dünnschichtwiderstände eingesetzt. In Dickschichtschaltungen kommen teilweise trotz des hohen Temperaturkoeffizienten auch Metalle zur Anwendung (Tab. 4.3.2-2a).

Seit vielen Jahren werden auch keramische Werkstoffe für die Herstellung von Widerständen eingesetzt. Bei den **Metalloxid-Schichtwiderständen** wird z.B. eine SnO$_2$-Schicht (meistens mit Zumischung anderer Oxide) auf einem Keramikkörper aufgebracht und eingebrannt. Zur Erhöhung des Widerstandes wird sie dann häufig mit Hilfe eines Lasers in Form einer Wendel

4.3. Widerstände

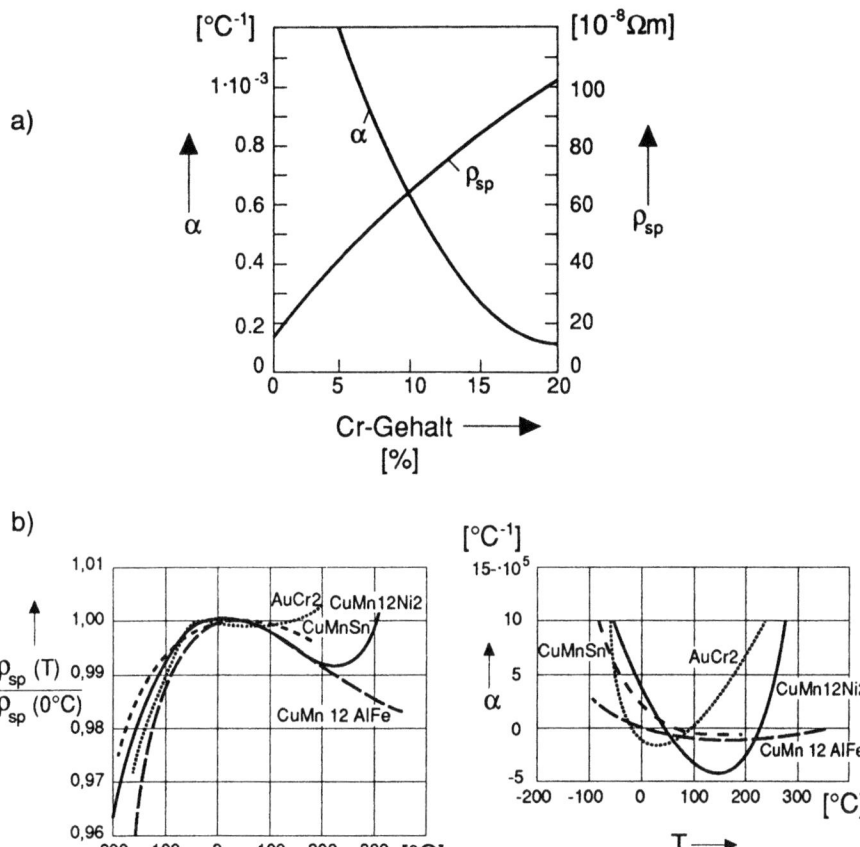

*Bild 4.3.2-3*: Spezifischer Widerstand und Temperaturkoeffizient des spezifischen Widerstandes (nach [15]).

a) NiCr-Legierungen

b) CuMn- und AuCr-Legierungen

strukturiert. Bei solchen Widerständen sind höhere Oberflächentemperaturen zulässig, d.h. sie können mit höheren elektrischen Leistungen belastet werden. Eine solche Technologie ist auch kompatibel mit der Dickschichttechnik (Abschnitt 4.2.1, Tab. 4.3.2–2b)

*Tab. 4.3.2-2*: Dickschicht-Widerstandspasten (nach [72]).

a) metallische Widerstandswerkstoffe
b) keramische Widerstandswerkstoffe
c) Cermets und andere Widerstandswerkstoffe

| | Werkstoff | Widerstands-bereich $R$ [k$\Omega$] | Flächen-widerstand $R_\square$ [k$\Omega$ je $\square$] | Temperatur-koeffizient $TK_\sigma$ $10^{-6}$K$^{-1}$ |
|---|---|---|---|---|
| a) | Pd | | $10^{-3}\ldots 10^2$ | $-300\ldots +300$ |
| | Pt | | $10^{-3}\ldots 10^2$ | $-200\ldots +200$ |
| | Ru | | $10^{-2}\ldots 10^3$ | $-150\ldots +150$ |
| | Tl | $10^{-2}\ldots 10^3$ | $10^{-3}\ldots 10^2$ | $-250\ldots +250$ |
| | Ni–Cr | $10^{-1}\ldots 10^4$ | $10^{-2}\ldots 10^{-1}$ | $0\ldots 50$ |
| b) | PaO | | $10^{-3}\ldots 10^3$ | $-200\ldots +400$ |
| | RuO$_2$ | | $3\cdot 10^4$ | $-50\ldots +100$ |
| | MoO$_2$ | | $5\cdot 10^3$ | $-100\ldots +100$ |
| | TlO$_2$ | $10^{-2}\ldots 10^3$ | | $-50\ldots +300$ |
| | InO$_2$ | $10^{-2}\ldots 10^3$ | | $-50\ldots +300$ |
| | PdO | | $10^{-3}\ldots 10^3$ | $-200\ldots +400$ |
| | TaN | | $(2\ldots 5)\cdot 10^{-2}$ | $-60\ldots +15$ |
| | TaN | $10^{-2}\ldots 10^3$ | $40\ldots 10^2$ | $-60\ldots +50$ |
| | Ta$_2$N | | | |
| | TaON | | | |
| | SnO$_2$ | | $5\cdot 10^3$ | $-500\ldots +500$ |
| | ZrB$_2$ | | $3\cdot 10^2$ | $100$ |
| c) | Au + SiO$_2$ | | $10^4\ldots 10^9$ | $-10^3\ldots 10^3$ |
| | Au + Ta$_2$O$_5$ | | $10^3\ldots 10^5$ | $-300\ldots +300$ |
| | Cu in PE | | $10^{13}\ldots 10^{17}$ (0.1) | $<0$ |
| | Pt + WO$_3$ | | $10\ldots 10^3$ | $-600\ldots +600$ |
| | Ta + Ta$_2$O$_5$ | | $10^3$ | $-600\ldots -50$ |
| | Pb–Boratglas | | | |
| | 45 % | $10\ldots 10^6$ | $0.9$ | $70$ |
| | 60 % | $10\ldots 10^6$ | $3.0$ | $300$ |
| | Bleiurethanat Pb$_2$Ru$_2$O$_7$ | | $1^{-2}\ldots 10^7$ | $200 \pm 5$ |
| | Wismuturethanat Bi$_2$Ru$_2$O$_7$ | | $1.5\cdot 10^{-3}\ldots 10^3$ | $-100\ldots +100$ |

## 4.3. Widerstände

Bei **Metallglasur-** oder **Cermetwiderständen** (s. Abschnitt 3.7) wird eine Dickschichtpaste aus Glas oder Keramik in Verbindung mit einer Suspension von Metallteilchen in einem organischen Lösungsmittel oder Glaspulver auf einem keramischen Substrat eingebrannt (Tab. 4.3.2-2c).

Wegen ihrer niedrigen Herstellkosten werden **Kohlewiderstände** bis heute am häufigsten eingesetzt. Dabei wird durch Pyrolyse (thermischer Zerfall) eines Kohlenwasserstoffes eine amorphe Kohlenstoffschicht auf einem Keramiksubstrat niedergeschlagen und durch Wendeln auf den vorgesehenen Widerstandswert gebracht. Die Leistungsdaten solcher Widerstände sind deutlich ungünstiger als die der Metallwiderstände, kennzeichnend ist immer der negative Temperaturkoeffizient.

Variable Widerstände werden als **Potentiometer** bezeichnet, sie werden als Trimmpotentiometer (einmaliges Verstellen) oder als Stellpotentiometer (Gerätebedienung) ausgelegt. Der gewünschte Widerstandswert wird meist über einen Schleifkontakt auf der Widerstandsschicht abgegriffen, dabei gibt es Dreh- und Schiebeausführungen.

Widerstände, deren Größe von Umweltparametern abhängen, werden als **nichtlineare Widerstände** oder **resistive Sensoren** bezeichnet, sie werden wegen ihrer einfachen elektrischen Auswertbarkeit in großem Umfang eingesetzt.

Auf die verschiedenen physikalischen Effekte, die den resistiven Sensoren zugrunde liegen, wird im Folgeband "Sensoren" ausführlich eingegangen. Im folgenden einige wichtige Beispiele:

Messung der Temperatur: Platinwiderstände (PTC), Siliziumausbreitungswiderstände (PTC), Heißleiter (Spinelle, NTC), Kaltleiter (Perovskite, PTC)

Messung der mechanischen Spannung ( z.B. Druck): Dehnungsmeßstreifen (Metallegierungen, Halbleiter)

Messung des Magnetfeldes: Permalloy-Widerstände (NiFe, s. Abschnitt 7)

Messung der optischen Strahlung: Photoleiter (verschiedene Halbleiter)

Auch die Messung der Feuchtigkeit, sowie die Detektion chemischer Verbindungen und Gase kann auf resistivem Weg erfolgen.

Schichten aus Keramiken wie Zinkoxid (mit anderen keramischen Zusätzen) und Siliziumkarbid zeigen beim Anlegen von kleinen Spannungen einen sehr hohen differentiellen Widerstand ($M\Omega$-Bereich), der beim Überschreiten einer Schwellspannung auf wenige Ohm zurückgehen kann (Bild 4.3.2-4). Sie finden als Bauelemente für den Schutz gegen transiente Überspannungsspitzen vielfältige Anwendungen, da sie Ansprechzeiten im Bereich von Nanosekunden haben.

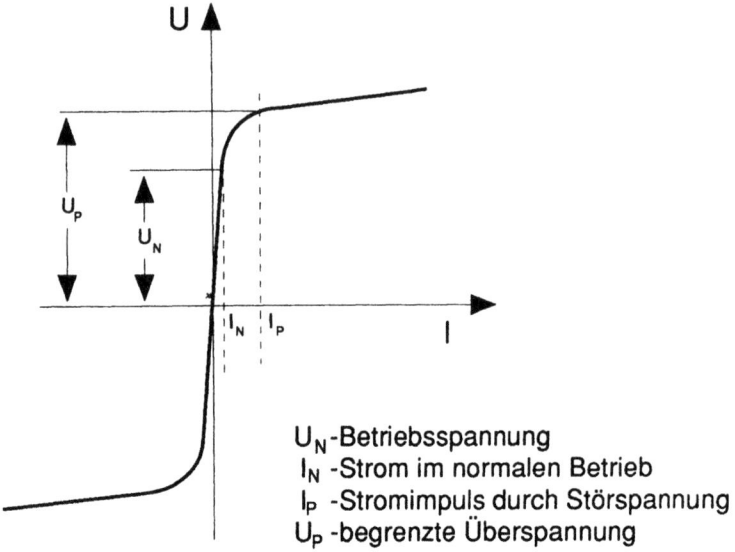

Bild 4.3.2–4: Strom-Spannungs-Kennlinie eines Varistors (nach [57]).

### 4.3.3 Heizleiter

Die beim Stromdurchfluß durch einen Widerstand entstehende Joulesche Wärme kann auch in einfacher Weise zur Wärmeerzeugung eingesetzt werden. Die damit maximal erreichbare Temperatur wird nur durch die Temperaturbeständigkeit und Korrosionsfestigkeit des Heizleitermaterials begrenzt. Bild 4.3.3–1 zeigt den Temperatur-Einsatzbereich verschiedener als Heizleiter einsetzbarer Werkstoffe, Tab. 4.3.3–1 einige charakteristische Daten.

```
CuNi 44
─────────
 600 °C

        NiCr 2520   NiCr 8020
        ─────────────────────
          1050       1200 °C

                    CrAl 25 5
                    ─────────
                     1300 °C

         Pt         PtRh   Mo      W
         ──────────────────────────
         1000       1300   1500  1700 °C

                    MoSi₂   SiC        C
                    ──────────────────────
                    1600 °C  1700 °C
```

Bild 4.3.3–1: Einsatzbereich verschiedener Heizleitermaterialien (nach [15]).

## 4.3. Widerstände

*Tab. 4.3.3-1*: Charakteristische Daten von Heizleiterlegierungen (nach [15],[28]).

| Legierung | Zusammensetzung in Gew.% | | | | $\varrho_{sp}$ $10^{-8}\Omega m$ | $\alpha$ | zulässige Höchsttemperatur in °C |
|---|---|---|---|---|---|---|---|
| | Fe | Ni | Cr | Al | | | |
| Ni80Cr20 | — | 80 | 20 | — | 112 | | 1200 |
| Ni60Cr15 | 25 | 60 | 15 | — | 113 | | 1150 |
| Ni30Cr20 | 50 | 30 | 20 | — | 104 | | 1100 |
| Cr25Ni20 | 55 | 20 | 25 | — | 95 | | 1050 |
| Cr25Al5 | 70 | — | 25 | 5 | 144 | | 1300 |
| Cr20Al5 | 75 | — | 20 | 5 | 137 | | 1200 |
| Eisen | 100 | | | | | $6.6 \cdot 10^{-3}$ | |
| FeNi 30 Cr 20 | | | | | | $2.5 \cdot 10^{-4}$ | |
| FeCr 30 A 15 | 55 | — | 30 | 15 | | $10^{-5} - 10^{-4}$ | |
| FeCr 8 A 15 | 77 | — | 8 | 15 | | $10^{-5} - 10^{-4}$ | |
| NiFe 30 | 30 | 70 | | | | $3 \cdot 10^{-3}$ | |

Ein wichtiger keramischer Heizleiterwerkstoff ist dotiertes polykristallines Bariumtitanat, das bei niedrigen Temperaturen **ferroelektrische** Eigenschaften (d.h. ein konstantes elektrisches Dipolmoment pro Volumen, s. Abschnitt 6) besitzt. Das Dipolmoment erzeugt Oberflächenladungen an den Korngrenzen, diese kompensieren dort anwesende statische Ladungen, so daß die Ladungsträger ungehindert die Korngrenzen passieren können. Oberhalb der Curie-Temperatur von ca. 120°C verschwindet die Ferroelektrizität, so daß die unkompensierten Korngrenzenladungen Barrieren für den Ladungstransport darstellen. Der Widerstand des Materials kann um 5 Größenordnungen ansteigen (**Kaltleiterverhalten**, Bild 4.3.3-2). Der Kaltleiter hat eine typische Regelcharakteristik (Bild 4.3.3-3), die sich hervorragend für Heizanwendungen im Temperaturbereich von 30° bis ca. 170°C eignet. Die sich einstellende Temperatur $T$ ändert sich nur wenig mit der Heizspannung. Bei einer Überhitzung steigt der Kaltleiterwiderstand so stark an, daß die Heizung vermindert oder abgeschaltet wird.

268                               Kapitel 4. Leiter und Widerstände

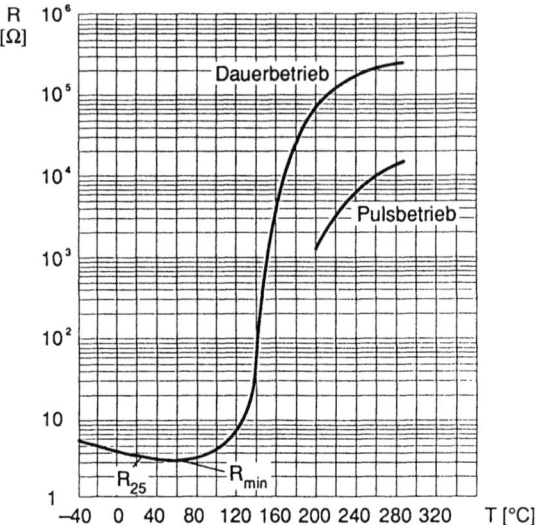

*Bild 4.3.3-2*: Temperaturabhängigkeit des Widerstandes für einen Kaltleiter (nach [52]).

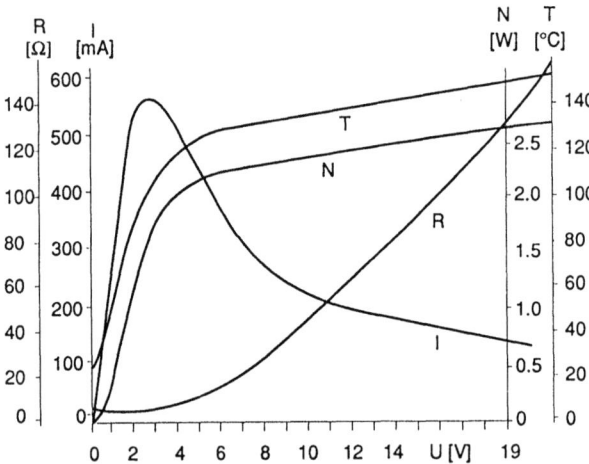

*Bild 4.3.3-3*: Abhängigkeit des Widerstands $R$, des Stroms $I$, der Temperatur $T$ und der Heizleistung $N$ von der Betriebssspannung eines Kaltleiters (nach [52]).

# 5 Wärme in Festkörpern

## 5.1 Wärmekapazität

Nach Abschnitt 4.3.1 wird ein Teil der in einem stromdurchflossenen Widerstand erzeugten Wärme nach außen abgegeben, der Rest aber von dem Widerstandsmaterial selbst aufgenommen und dort in kinetische und potentielle Energie umgewandelt. Solche Energie kann sowohl von den Gitteratomen wie den Elektronen (bei Halbleitern auch Löchern) aufgenommen werden.

In jedem Fall können wir davon ausgehen, daß die Wärmeenergie auf eine sehr große Anzahl von Teilchen verteilt wird. Im quantentheoretischen Modell — bei dem für jedes System ein typisches Spektrum von Energieeigenwerten berechnet wird — bedeutet das, daß sich bei gleichbleibender Teilchenzahl die Besetzungsfunktion ändern muß, die angibt, mit welcher Wahrscheinlichkeit ein Energieniveau besetzt ist. Wird Wärmeenergie hinzugeführt, dann erhöht sich die Energie der Teilchen dadurch, daß die Besetzungswahrscheinlichkeit der Zustände mit den höheren Energieeigenwerten vergrößert wird.

Die Berechnung kann dadurch vereinfacht werden, daß man für jede Verteilung eine mittlere thermische Energie pro Teilchen $<W_{at}>$ einführt, d.h. die Energie von $N$ Teilchen ist dann

$$<W> = N <W_{at}> \qquad (5.1)$$

Die quantentheoretische Rechnung für das in Bild 2.7.2–4 beschriebene Modell eines Gitteratoms, das mit seinen Nachbarn durch elastische Federn verbunden ist (harmonischer Oszillator), ergibt (s. Folgeband "Quanten") für den Fall höherer Temperaturen

$$<W_{at}> = 3kT \qquad (5.2)$$

Dabei ist die Tatsache berücksichtigt worden, daß bei höheren Temperaturen die quantentheoretische Besetzungswahrscheinlichkeit in eine Boltzmannverteilung (typisch für die klassische, d.h. nicht quantentheoretische Thermodynamik) übergeht. Die Bedingung dafür ist, daß die Temperatur viel größer sein muß als eine **Debye-Temperatur** $\theta$, die für die verschiedenen Elemente tabelliert ist (Tab. 5.1–1).

*Tab. 5.1-1*: Debye-Temperaturen und Wärmeleitzahlen der Elemente (nach [14])

Debye-Temperatur $\theta$ und Wärmeleitfähigkeit

Temperaturgrenze von $\theta$, in Kelvin
Wärmeleitfähigkeit bei 300 K, in W cm$^{-1}$ K$^{-1}$

| | | | | | | | | | | | | | | | | | |
|---|---|---|---|---|---|---|---|---|---|---|---|---|---|---|---|---|---|
| Li 344 0.85 | Be 1440 2.00 | | | | | | | | | | B 0.27 | C 2230 1.29 | N | O | F | Ne 75 | |
| Na 158 1.41 | Mg 400 1.56 | | | | | | | | | | Al 428 2.37 | Si 645 1.48 | P | S | Cl | Ar 92 | |
| K 91 1.02 | Ca 230 | Sc 360 016 | Ti 420 022 | V 380 0.31 | Cr 630 0.94 | Mn 410 0.08 | Fe 470 0.80 | Co 445 1.00 | Ni 450 0.91 | Cu 343 4.01 | Zn 327 1.16 | Ga 320 0.41 | Ge 374 0.60 | As 282 0.50 | Se 90 0.02 | Br | Kr 72 |
| Rb 56 0.58 | Sr 147 | Y 280 0.17 | Zr 291 0.23 | Nb 275 0.54 | Mo 450 1.38 | Tc 0.51 | Ru 600 1.17 | Rh 480 1.50 | Pd 274 0.72 | Ag 225 4.29 | Cd 209 0.97 | In 108 0.82 | Sn w 200 0.67 | Sb 211 0.24 | Te 153 0.02 | I | Xe 64 |
| Cs 38 0.36 | Ba 110 | La β 142 0.14 | Hf 252 0.23 | Ta 240 0.58 | W 400 1.74 | Re 430 0.48 | Os 500 0.88 | Ir 420 1.47 | Pt 240 0.72 | Au 165 3.17 | Hg 71.9 | Tl 78.5 0.46 | Pb 105 0.35 | Bi 119 0.08 | Po | At | Rn |
| Fr | Ra | Ac | | | | | | | | | | | | | | | |

| Ce | Pr | Nd | Pm | Sm | Eu | Gd | Tb | Dy | Ho | Er | Tm | Yb | Lu |
|---|---|---|---|---|---|---|---|---|---|---|---|---|---|
| 0.11 | 0.12 | 0.16 | | 0.13 | | 200 0.11 | 0.11 | 210 0.11 | 0.16 | 0.14 | 0.17 | 120 0.35 | 210 0.16 |

| Th | Pa | U | Np | Pu | Am | Cm | Bk | Cf | Es | Fm | Md | No | Lr |
|---|---|---|---|---|---|---|---|---|---|---|---|---|---|
| 163 0.54 | | 207 0.28 | 0.06 | 0.07 | | | | | | | | | |

Wir nehmen an, daß der Festkörper bei Raumtemperatur $T_u$ eine thermische Energie $<W_u>$ besitzt. Wird diese Energie (z.B. durch Joulesche Wärme) um den Betrag $\Delta Q$ vergrößert, dann gilt:

$$<W_u + \Delta Q> = 3Nk(T_u + \Delta T) \qquad (5.3)$$
$$\Longrightarrow \Delta Q = 3Nk\Delta T \qquad (5.4)$$
$$=: c_{th}\Delta T \qquad (5.5)$$

d.h. die Temperaturerhöhung $\Delta T$ ist proportional zu der zugeführten Wärme.

## 5.1. Wärmekapazität

Die Proportionalitätskonstante bezeichnen wir als **Wärmekapazität** $c_{th}$. Um von der Anzahl $N$ der Gitteratome unabhängig zu werden, kann man $N = L$ (Loschmidtsche Zahl) setzen und erhält damit die Wärmekapazität für 1 Mol eines Stoffes, die **Molwärme** (bei Festkörpern gilt die Randbedingung des konstanten Volumens):

$$c_v =: 3kL = 3R \approx 25 \frac{J}{Mol \cdot K} \tag{5.6}$$

Das Produkt $k \cdot L$ wird auch als **allgemeine Gaskonstante** $R$ bezeichnet. Bezieht man die Wärmekapazität auf die Masse $m$ eines Stoffes, dann kann man eine **spezifische Wärme** $c_{sp}$ definieren durch

$$c_{th} = c_{sp} m \tag{5.7}$$

Unterhalb der Debye-Temperatur hängt die Wärmekapazität davon ab, wie stark die Atom- oder (allgemeiner) Gitterschwingungen bei der betreffenden Temperatur angeregt werden. Diese Frage ist von erheblichem Interesse für die Festkörperphysik, da hierin die Quantennatur der Gitterschwingungen zum Ausdruck kommt. Die Temperaturabhängigkeit der Molwärme ist in Bild 5.1-1 dargestellt.

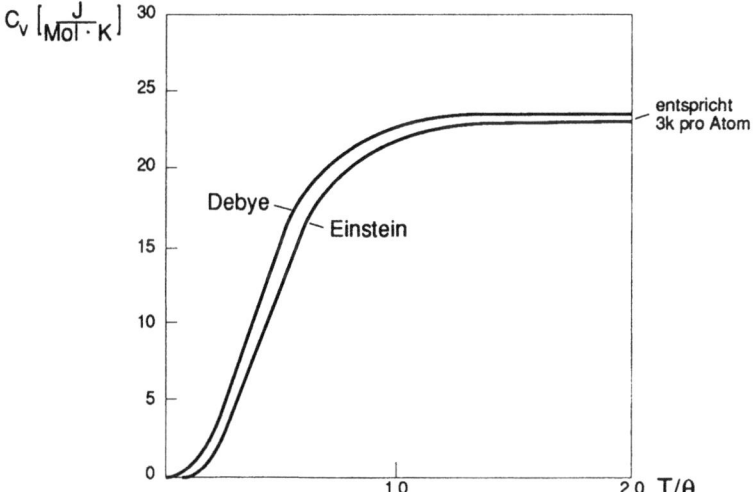

*Bild 5.1-1*: Temperaturabhängigkeit der Molwärme bei konstantem Volumen nach den Modellen von Debye und Einstein (nach [14,18]). Für $T \gg \theta$ (Debye-Temperatur) geht die Molwärme auf den konstanten Wert (5.6) über.

Bisher wurde nur der Beitrag der Gitteratome zur Wärmekapazität berücksichtigt. Im Prinzip können aber auch Elektronen kinetische Energie aufnehmen, die quantentheoretische Rechnung (s. Folgeband "Halbleiter") ergibt für den Grenzfall hoher Temperatur (Boltzmann-Statistik, diese ist bei nicht zu hochdotierten Halbleitern auch bei Raumtemperatur erfüllt) die mittlere thermische Energie pro Elektron

$$<W_{el}> = \frac{3}{2}kT \qquad (5.8)$$

d.h. ein durchaus mit (5.2) vergleichbarer Wert. Dennoch ist dieser Beitrag in der Regel zu vernachlässigen aus Gründen, die im Abschnitt 4.1.3 erläutert wurden: Bei Metallen ist die Boltzmann-Näherung (5.8) nicht zulässig. Genau wie bei der Elektronenleitfähigkeit tragen nur diejenigen Elektronen zur spezifischen Wärme bei, deren Energie in einem Bereich von ca. kT um das chemische Potential $\mu^n$ liegt (Bild 4.1.3-3). Anstelle der Elektronendichte trägt nur eine effektive Elektronendichte wie in (4.39) zur Wärmekapazität bei — ein sehr viel kleinerer Wert. Bei Halbleitern und Isolatoren ist die Elektronendichte ohnehin viel kleiner als die Zahl der Gitteratome, so daß auch bei diesen Werkstoffen der Beitrag der Elektronen zur Wärmekapazität vernachlässigt werden kann.

Findet bei der Temperatur $T_c$ eine Phasenumwandlung des Materials statt, dann wird ein Teil der zugeführten Wärme dazu verwendet, die Mischungsentropie zu erhöhen nach dem Gesetz (2.26). Ein Beispiel dafür liefert die Phasenumwandlung des $\beta$–Messings (kubisch raumzentriert) bei ca. 460°C in Bild 2.5-8: Bei niedrigen Temperaturen ist die Phase geordnet, d.h. alle Cu-Atome befinden sich auf den Würfelkanten, alle Zn-Atome in den Würfelmitten. Dieser Zustand hat naturgemäß eine geringere Entropie, als wenn beide Atomsorten regellos miteinander vermischt wären. Dieses führt zu einem zusätzlichen Beitrag zur Wärmekapazität (Bild 5.1-2). Ähnliche Effekte treten auf beim Schmelzen von Festkörpern.

Die zugeführte Wärme ist äquivalent zu der Vergrößerung der Bindungsenergie im Kristall im ungeordneten Zustand. Dazu betrachten wir den Verlauf der freien Energie in Abhängigkeit von der Temperatur (Bild 5.1-3). Bei $T_c$ gilt dann:

$$\begin{aligned} F^{un} &= F^{ord} \\ \Rightarrow T_c(S^{un} - S^{ord}) &= W^{un} - W^{ord} \end{aligned} \qquad (5.9)$$

Die Energiedifferenz $W^{un}$-$W^{ord}$ wird auch als **Umordnungs-** oder **Schmelzwärme** bezeichnet.

## 5.1. Wärmekapazität

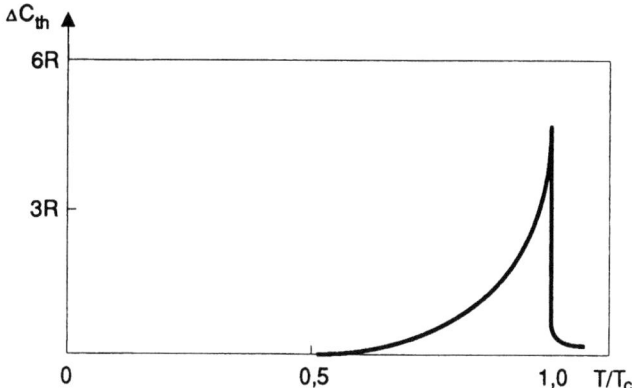

*Bild 5.1-2*: Zusätzlicher Beitrag zur Molwärme durch einen Übergang der Gitteratome aus einem geordneten Zustand geringer Entropie in einen ungeordneten höherer Entropie (nach [18]).

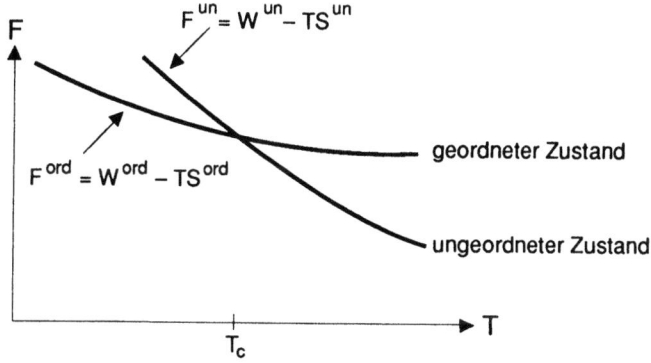

*Bild 5.1-3*: Temperaturverlauf der freien Energien des geordneten und ungeordneten Zustandes eines Legierung. Unterhalb der Umwandlungstemperatur $T_c$ ist die freie Energie des geordneten, oberhalb die des ungeordneten Zustandes niedriger, d.h. bei einem Temperaturanstieg auf Werte oberhalb $T_c$ erfolgt spontan der Übergang in den ungeordneten Zustand

## 5.2 Wärmeleitfähigkeit

Unter **Wärmeleitung** versteht man den Transport von thermischer Anregungsenergie durch einen Festkörper aufgrund eines Temperaturgradienten. Dabei kann es sich um eine thermische Anregung von Gitteratomen (Gitterschwingungen oder isolierte Schwingungen einzelner Gitteratome) und die von Elektronen (und Löchern in Halbleitern) handeln. Es zeigt sich, daß die Transportgeschwindigkeit von Elektronen in einem Temperaturgradienten viel größer sein kann als die von Gitterschwingungen (Phononen). Deshalb ist bei guten Leitern (z.B. Metallen) die Wärmeleitung durch Elektronen der vorherrschende Prozeß. Die von den Elektronen getragene Wärmestromdichte (nach (4.39) wirkt wegen der Fermi-Dirac-Statistik nur eine *effektive* Elektronendichte) ist:

$$j^Q = \frac{3}{2}kTj^T = \frac{3}{2}kT \cdot \varrho_n^{\text{eff}} B \cdot F_{\text{chem}} \qquad (5.10)$$

(5.10) setzt voraus, daß ein Teilchenstrom fließt. Im Leerlauffall (z.B. ein elektrisch nicht angeschlossener Kupferstab) ist jedoch $j^T = 0$. Dennoch findet ein Wärmetransport statt, da bei einem Platzwechsel zweier Teilchen (Elektronen), der stromlos ist, thermische Energie vom Bereich höherer Temperatur in den Bereich niedrigerer Temperatur transportiert wird. Die Berechnung [53] ergibt eine **Wärmestromdichte**

$$j^Q = -\lambda \frac{\partial T}{\partial x} \qquad (5.11)$$

mit der **Wärmeleitfähigkeit** $\lambda$.

Das Verhältnis von Wärmeleitfähigkeit zu elektrischer Leitfähigkeit ergibt das **Wiedemann-Franz-Lorenz-Gesetz** [53]:

$$\frac{\lambda}{\sigma} = \frac{\pi^2}{3} \frac{k^2}{|q|^2} T \qquad (5.12)$$

Anhand der Tabelle 5.2–1 kann verifiziert werden, daß die Beziehung (5.12) in brauchbarer Näherung gilt.

Die Wärmeleitfähigkeit über das Gitter ist theoretisch weit schwieriger zu behandeln. Man nimmt an, daß von dem Gebiet höherer Temperatur Gitterschwingungen (Phononen) ausgesendet und nach Durchlaufen einer mittleren freien Weglänge an anderen Phononen gestreut werden. Die Bilder 5.2–1 und 2 zeigen deutlich, daß die Wärmeleitfähigkeiten von isolierenden Materialien, die durch Gitterleitfähigkeit bestimmt werden, in den meisten Fällen unter denen der Metalle liegen.

## 5.2. Wärmeleitfähigkeit

*Tab. 5.2-1*: Elektrische und Wärmeleitfähigkeit verschiedener Materialien (nach [48])

| Gruppe | Metall | $\varrho_{sp}$ [$10^{-8}\Omega m$] | $\lambda$ [(W/m K)·$10^2$] |
|---|---|---|---|
| Ia | Na | 4.2 | 1.4 |
|    | K  | 6.2 | 0.9 |
| Ib | Cu | 1.7 | 4.0 |
|    | Ag | 1.6 | 4.1 |
|    | Au | 2.2 | 3.1 |
| IIa | Mg | 4.5 | 1.4 |
|     | Ca | 3.9 |     |
| IIb | Zn | 5.9 | 1.1 |
|     | Cd | 6.8 | 1.0 |
|     | Hg | 97  | 0.08 |
| IIIa | Al | 2.7 | 2.3 |
| IVa  | Sn | 12  | 0.7 |
|      | Pb | 21  | 0.4 |
| VIIIb | Fe | 9.7 | 0.7 |
|       | Co | 6.2 | 0.7 |
|       | Ni | 6.8 | 0.9 |
| Vb/VIb | Ta | 13 | 0.5 |
|        | Cr | 14 | 0.7 |
|        | Mo | 5.2 | 1.4 |
|        | W  | 5.5 | 1.6 |
| VIIIb | Rh | 4.5 | 0.9 |
|       | Pd | 9.8 | 0.7 |
|       | Pt | 9.8 | 0.7 |

Definiert man mit (5.4) und (5.5) sowie (5.7) eine **Wärmedichte** durch

$$\varrho_{\Delta Q} = \frac{\Delta Q}{\text{Volumen}} = c_{sp} \cdot \frac{m}{\text{Volumen}} \Delta T = c_{sp} \cdot \varrho_m \Delta T \qquad (5.13)$$

$$\Longrightarrow \frac{\partial \varrho_{\Delta Q}}{\partial x} = c_{sp} \varrho_m \frac{\partial \Delta T}{\partial x} = c_{sp} \varrho_m \frac{\partial T}{\partial x} \qquad (5.14)$$

mit der Massendichte $\varrho_m$, dann folgt aus (5.11)

$$\Longrightarrow j^{\Delta Q} = -\frac{\lambda}{c_{sp} \cdot \varrho_m} \frac{\partial \varrho_{\Delta Q}}{\partial x} \qquad (5.15)$$

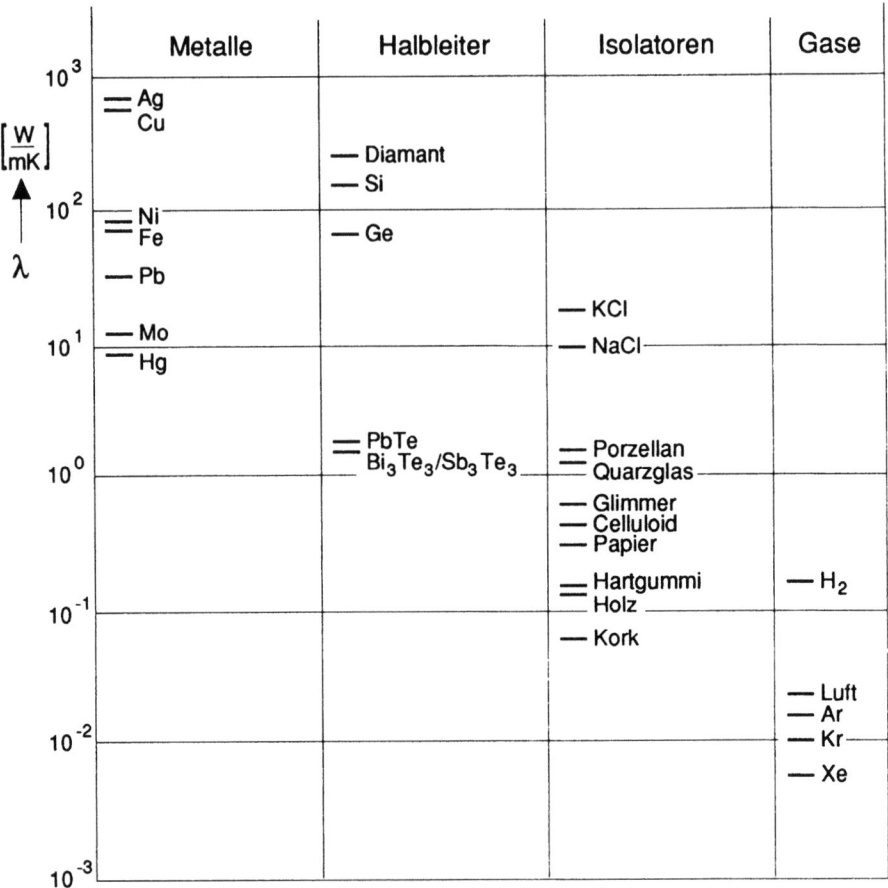

Bild 5.2-1: Wärmeleitfähigkeit verschiedener Stoffe (nach [28])

Dieses entspricht der Diffusionsgleichung (2.111,2.112), wenn man den Diffusionskoeffizienten durch die **Temperaturleitzahl** ersetzt:

$$D_{\text{th}} = \frac{\lambda}{c_{\text{sp}} \cdot \varrho_m} \tag{5.16}$$

## 5.2. Wärmeleitfähigkeit

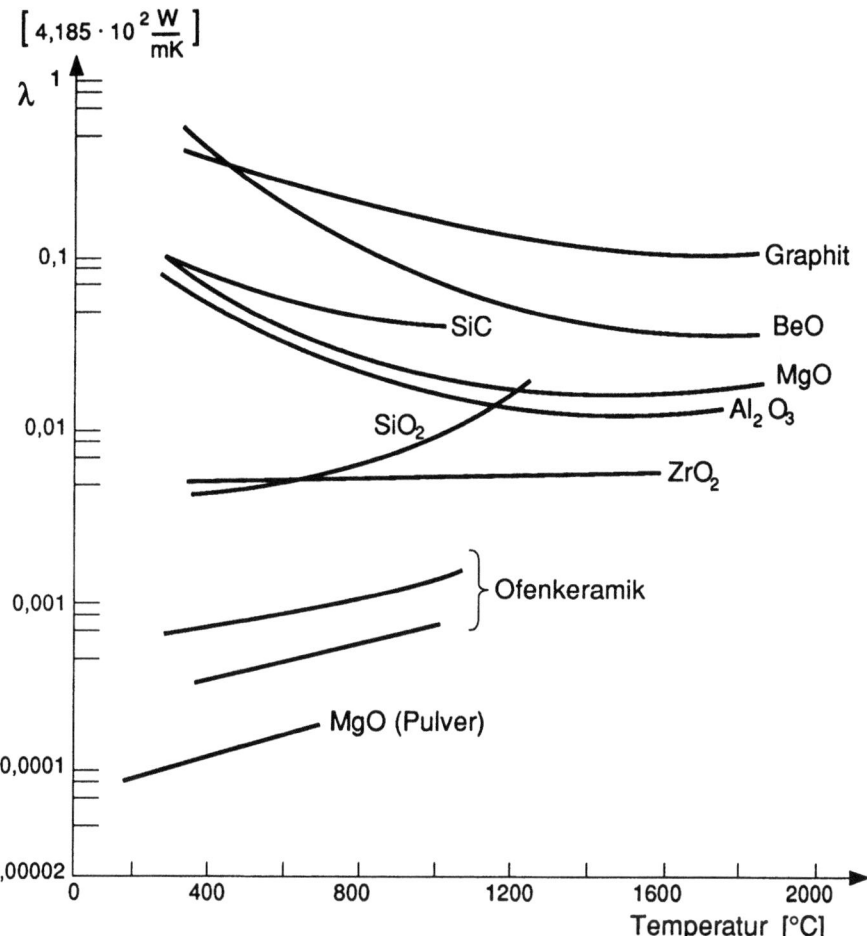

*Bild 5.2-2*: Wärmeleitfähigkeit von keramischen Werkstoffen (nach [32]).

Entsprechend gibt es auch ein Erhaltungsgesetz für die Wärme, d.h. eine Kontinuitätsgleichung.

$$\nabla \vec{j}^{\Delta Q} = -\dot{\varrho}_{\Delta Q} \tag{5.17}$$

$$\stackrel{(5.15)}{\Longrightarrow} \dot{\varrho}_{\Delta Q} = D_{th}\frac{\partial^2 \varrho_{\Delta Q}}{\partial x^2} \tag{5.18}$$

$$\stackrel{(5.16)}{\Longrightarrow} \dot{\Delta T} = D_{th}\frac{\partial^2 \Delta T}{\partial x^2} \tag{5.19}$$

Damit ergeben sich für die Wärmeausbreitung dieselben Profile wie für die Fremdatomdiffusion (Abschnitt 2.8.1). Temperaturleitzahlen liegen häufig in der Größenordnung $10^{-3}$ m²/s oder darüber, d.h. die Wärmediffusion ist in der Regel weit schneller als die Fremdatomdiffusion.

## 5.3 Thermische Ausdehnung

Die Gitterkonstante der Festkörper ändert sich im allgemeinen mit der Temperatur. Dieses ist auf den unsymmetrischen Verlauf der Energie-Abstands-Kurven (Bild 1.3.1-1) zurückzuführen: Bei zunehmender Temperatur werden mit größer werdender Wahrscheinlichkeit (vgl. Bild 4.1.3-3) auch die höher liegenden Energieniveaus besetzt. Die Atombewegung erfolgt dann wie die Bewegung eines gebundenen Elektrons (Bild 1.1-2) innerhalb der durch das Energie-Abstands-Diagramm festgelegten Grenzen. Der örtliche Mittelwert dieser Bewegung legt die Gitterkonstante fest. Wie in Bild 5.3-1 zu ersehen, verschiebt sich der Mittelwert bei dem gezeichneten unsymmetrischen (anharmonischen) Verlauf der Kurve mit steigender Temperatur zu höheren Werten hin.

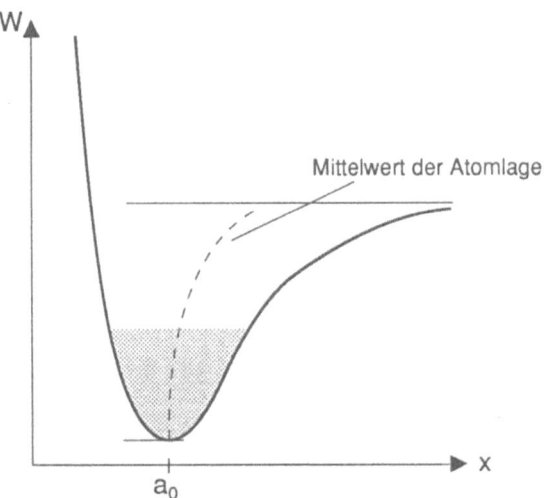

*Bild 5.3-1*: Energie-Abstands-Diagramm zweier Gitteratome: Zunahme der Gitterkonstanten (Mittelwert der gebundenen Bahn des Gitteratoms im Wechselwirkungsfeld seiner Nachbarn) mit der Temperatur.

## 5.3. Thermische Ausdehnung

*Bild 5.3-2:* Thermische Ausdehnungskoeffizienten einiger Materialien in Abhängigkeit von der jeweiligen Schmelztemperatur (nach [15]).

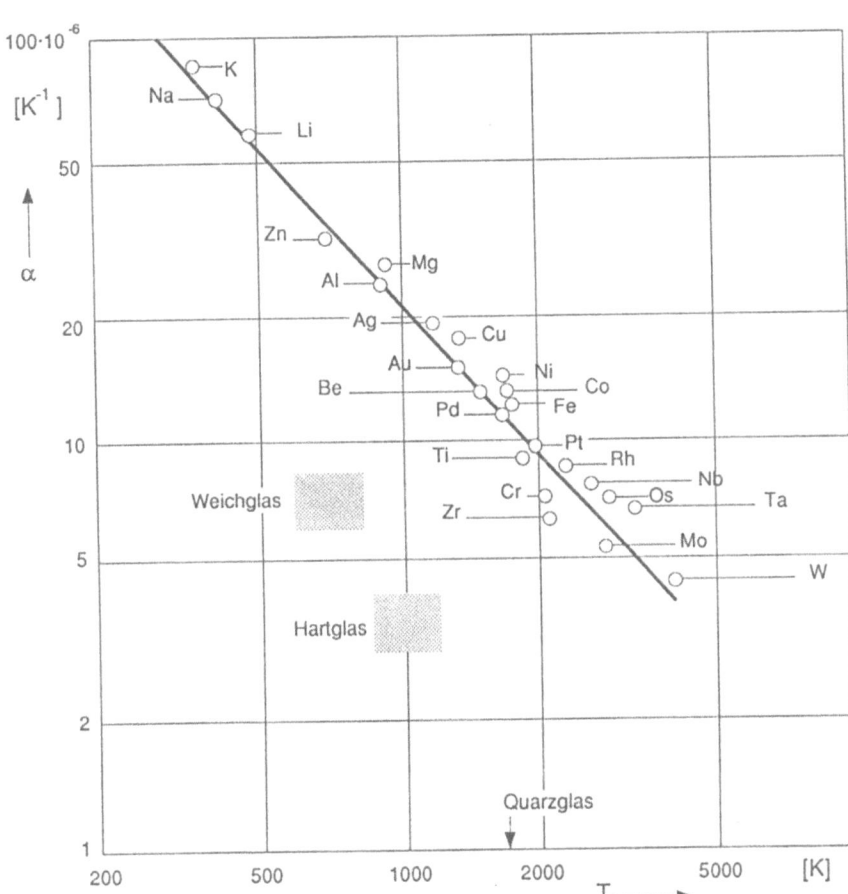

Die thermische Ausdehnung läßt sich meistens durch eine lineare Beziehung ausdrücken:

$$a(T) = a_0(1 + \alpha T) \quad \text{mit} \quad [T] = {}^\circ C \tag{5.20}$$

Bild 5.3-2 und Bild 5.3-3 geben typische Werte an.

Werden Streifen mit unterschiedlichem thermischen Ausdehnungskoeffizienten eng miteinander verbunden, dann führt eine Temperaturveränderung zu einer Durchbiegung (**Bimetallstreifen**). Technisch wichtige Kombinationen sind Eisen-Nickel-Legierungen in Kombination mit Messing oder Nickel.

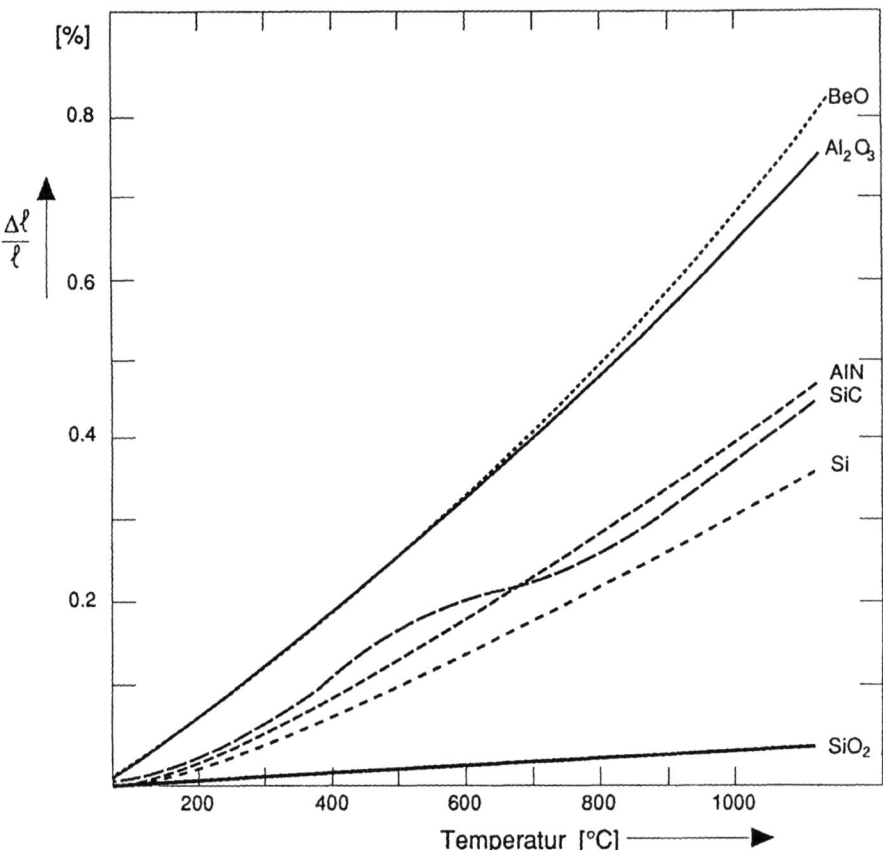

*Bild 5.3-3*: Relative thermische Ausdehnung einiger Keramiken und von Silizium (nach [54])

# 6 Isolatoren und Kondensatoren

## 6.1 Isolatoren

Isolatoren sind Werkstoffe mit einem spezifischen Widerstand von mehr als $10^6$ $\Omega$m, sie finden vielfältige Anwendungen bei der Trennung von Leitern und als Passivierung gegenüber der Umwelt. Neben der Isolationseigenschaft ist die **Durchschlagsfeldstärke** von Bedeutung, d.h. die maximale Feldstärke, bei der die Isolationsfunktion aufrechterhalten werden kann. Tab. 6.1-1 gibt die Durchschlagfestigkeit und Temperaturbeständigkeit verschiedener Materialien an. Die Durchschlagfeldstärke von Gasen wird bestimmt durch Stoßionisationsprozesse: Ionisierte Gasteilchen werden durch das elektrische Feld beschleunigt und nehmen dadurch zusätzliche kinetische Energie auf. Bei einem darauffolgenden Zusammenstoß mit anderen Gasteilchen können sie diese ionisieren, so daß immer mehr Teilchen beschleunigt werden und der elektrische Strom durch das Gas ansteigt. Die Druckabhängigkeit der Durchschlagfeldstärke weist im Bereich niedriger Drücke ein Minimum auf (Bild 6.1-1a): Bei noch niedrigeren Drücken nimmt die Durchschlagfeldstärke zu, weil die Anzahl ionisierbarer Teilchen abnimmt, bei höheren Drücken nimmt die mittlere freie Weglänge zwischen Stößen (Abschnitt 4.1.3) ab, so daß die Energieaufnahme im elektrischen Feld zwischen zwei Stößen kleiner wird. Weitere Daten für die Durchschlagfestigkeit von Kunststoffen sind in den Tabellen 3.2.2-1 und 2 enthalten.

In der Mikroelektronik sind von besonderer Bedeutung die Isolatoren Quarz ($SiO_2$) und Siliziumnitrid ($Si_3N_4$), s. Tab. 6.1-2. Beide lassen sich nach verschiedenen Verfahren (Aufdampfen, Aufsputtern, chemische Abscheidung) als Dünnfilm mit hervorragenden Isolationseigenschaften herstellen. Von großer technologischer Bedeutung ist die Tatsache, daß sich der wichtige Halbleiter Silizium durch Oxidation in einer trockenen oder feuchten (mit Wasserdampf angereicherten) Atmosphäre in den Isolator $SiO_2$ überführen läßt. Dieses ist eine der Ursachen, warum Silizium für die Herstellung von Halbleiterbauelementen eine überragende Bedeutung gewonnen hat. Die Dicke der Oxidschicht

*Tab. 6.1-1:* Durchschlagfestigkeit von Isolatoren (nach [15]).

| Werkstoffe | Durchschlagsfeldstärke (Effektivwert) [kV/cm] |
|---|---|
| Unpolare Kunstoffe (Polystyrol, Polyäthylen, Polytetrafluoräthylen | 400 |
| Polare Kunstoffe, ungefüllt (Polyvinylchlorid, Polyester, Mischpolymerisate) | 150 |
| Kunstharze, gefüllt (Hartpapiere, Hartgewebe, Kunstharzpreßmassen) | 80–150 |
| Technische Gläser | 100–1000 |
| Silikatkeramiken (Porzellane) | 200–400 |
| Kondensatorkeramiken | |
| ND–Keramiken | 100-400 |
| HD–Keramiken | 50 |

| Klasse | Grenztemperatur | Isolierwerkstoffe |
|---|---|---|
| Y | 90 °C | Baumwolle, Seide, Papier und daraus hergestellte Isolierstoffe (Preßspan, Vulkanfiber u.ä.) |
| A | 105 °C | Baumwolle, Seide, Papier u.ä., imprägniert oder getränkt mit flüssigen Isoliermitteln |
| E | 120 °C | Phenolharz (Hartpapier), Melaminharz-Schichtpreßstoff, Polyesterharze; Polyamid- oder Epoxidharze, Polyurethan als Überzug für Lackschichten, Triacetatfolie |
| B | 130 °C | Mikanite, Mikafolium, Glas-, Asbestfaserstoffe, gebunden mit Schellack oder einem der vorstehenden Harze |
| F | 155 °C | Glimmer, Glasfaser, Asbest, gebunden mit Alkydharzen, Polyester- oder Polyurethanharzen, Silikon-Alkydharze. Drahtlacke auf Imid-Polyester oder Imid-Terephthal-Basis |
| H | 180 °C | Silikone, Silikon-Kombinationen mit Glimmer oder Glas- (oder Asbest-) Faserstoffen, Polyimide |
| C | >180 °C | Glimmer, Glas, Prozellan, Quarz, Steatit, Polytetrafluorethylen, spezielle Silikonharze |

## 6.1. Isolatoren

*Tab. 6.1-1:* (Fortsetzung)

| Gruppen | Werkstoff (Bestandteile) | Besondere Kennzeichen | Hauptanwendungsgebiete |
|---|---|---|---|
| 100 | Porzellan (überwiegend Aluminiumsilikat; dicht | mechanisch gut bis sehr gut elektrisch gut | Hoch- und Niederspannungsisolatoren und -isolierteile |
| 200 | Steatit (überwiegend Magnesiumsilikat; dicht/porös) | mechanisch sehr fest, kleiner Verlustfaktor z. T. in gebranntem Zustand bearbeitbar | Hoch- und Niederspannungsisolatoren und -isolierteile, besonders auch für die Hochfrequenztechnik; Isolierteile für Elektrowärmetechnik |
|  | Sondersteatit (KER 221) | kleiner Verlustfaktor | Kondensatoren |
| 300 | Titandioxid und Erdalkalimetalle | $12 < \varepsilon_r < 10.000$ | Kondensatoren |
| 400 | überwiegend Cordierit enthaltend | geringer Ausdehnungskoeffizient, große Temperaturwechselbeständigkeit | Bauteile für Wärmetechnik |
| 500 | überwiegend Aluminiumsilikat, z. T. auch Cordierit enthaltend; porös | große Temperaturwechselbeständigkeit | Heizleiterträger für Elektrowärme, Formteile für Funken- und Lichbogenschutz |
| 600 | überwiegend (50-80%) Aluminiumoxid enthaltend; dicht | hohe Wärmeleitfähigkeit, sehr hohe Feuerfestigkeit | Isolier- und Schutzrohre für Thermoelemente |
| 700 | Aluminiumoxid (80-100%) | sehr hohe Wärmeleitfähigkeit | Tragkörper (Substrate) für elektronische Bauelemente. Isolier- und Schutzrohre für Thermoelemente. Isolierteile für Hochtemperaturöfen und Vakuumgefäße |
|  | Magnesiumoxid ($\approx 98\%$) | sehr hoher spez. Widerstand |  |
|  | Zirkonoxid ($\approx 97\%$) | sehr hohe Feuerfestigkeit |  |

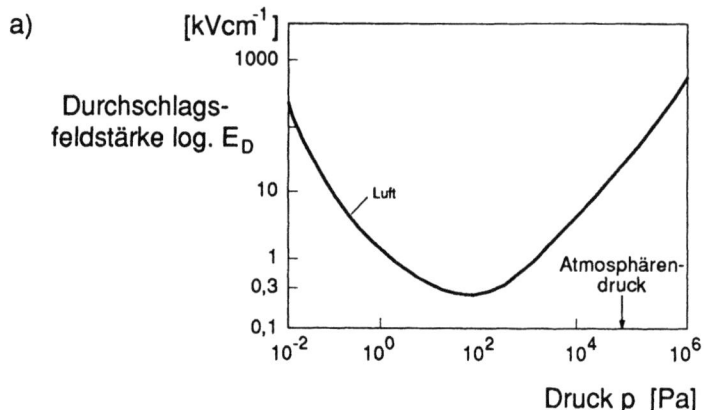

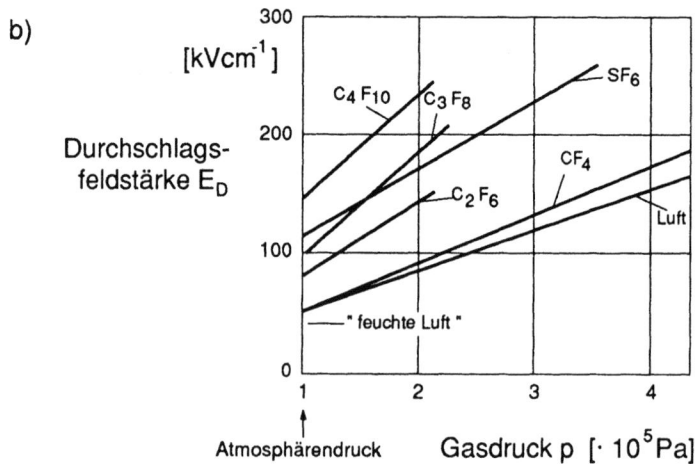

*Bild 6.1-1*: Druckabhängigkeit der Durchschlagfestigkeit von Gasen (nach [72]).

a) Durchschlagfeldstärke von Luft in einem großen Druckbereich.

b) Durchschlagfeldstärke verschiedener Gase bei hohen Drücken.

wächst nach einem Wurzelgesetz mit der Zeit an. Sie läßt sich steigern durch Erhöhung der Oxidationstemperatur und des Sauerstoffdruckes (Bild 6.1-2) sowie des Drucks von zugegebenem Wasserdampf.

## 6.1. Isolatoren

*Tab. 6.1-2:* Eigenschaften von Quarz ($SiO_2$) und Siliziumnitrid ($Si_3N_4$).

| Isolator | $SiO_2$ | $Si_3N_4$ |
|---|---|---|
| Struktur | amorph | |
| Schmelzpunkt [°C] | ~1600 | — |
| Dichte [g/cm³] | 2.2 | 3.1 |
| Brechungsindex | 1.46 | 2.05 |
| Dielektrizitätskonstante $\varepsilon_r$ | 3.9 | 7.5 |
| Durchschlagsfeldstärke [V/cm] | $10^7$ | $10^7$ |
| Infrarot-Absorptionsband [µm] | 9.3 | 11.5–12.0 |
| Bandabstand [eV] | 9 | ~5 |
| Thermischer Ausdehnungskoeffizient [°C⁻¹] | $5 \cdot 10^{-7}$ | — |
| Wärmeleitfähigkeit [W/cm·K] | 0.014 | — |
| Spez. Gleichstromwiderstand | | |
| bei 25 °C [Ωm] | $10^{12}$–$10^{14}$ | ~$10^{12}$ |
| bei 500 °C | — | ~$2 \cdot 10^{11}$ |

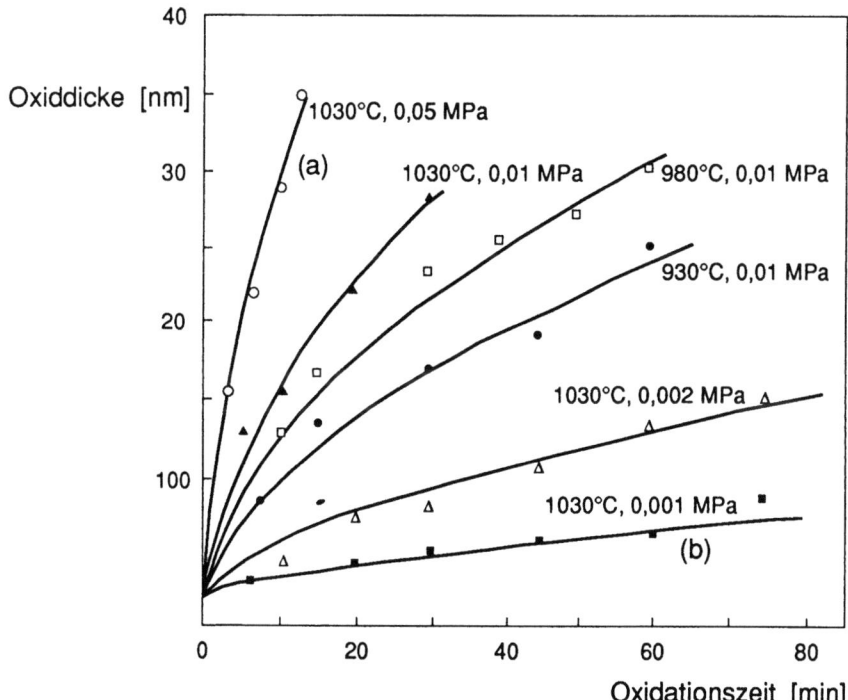

*Bild 6.1-2:* Thermische Oxidation von Silizium (trockener Sauerstoff), (nach [43]).

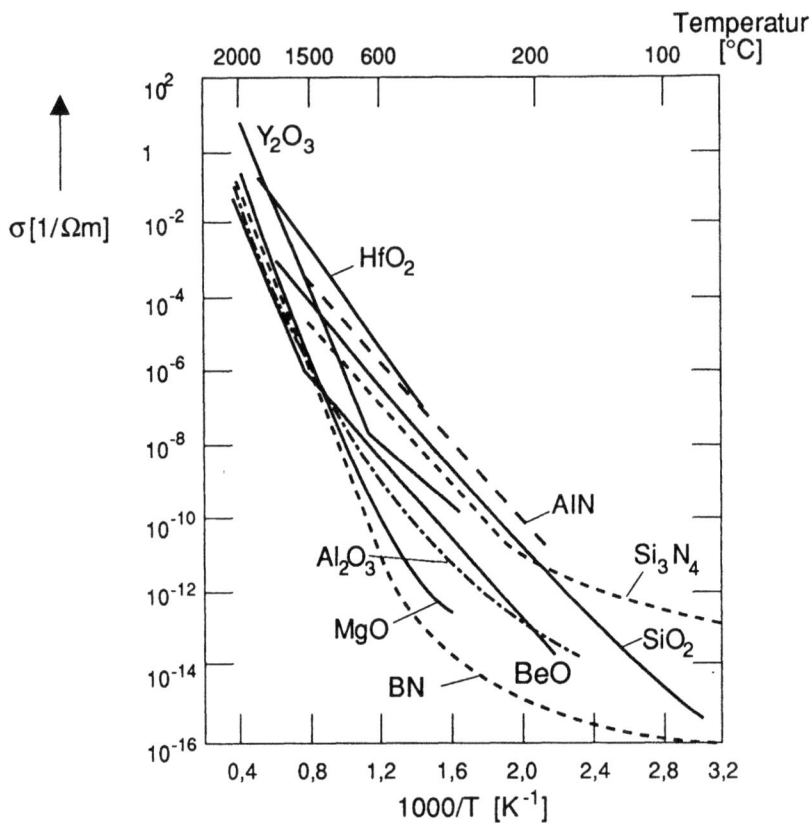

*Bild 6.1-3*: Temperaturabhängigkeit der spezifischen Leitfähigkeit hochisolierender Keramiken (nach [5]).

Keramische Isolatoren haben in der Regel ein Bandschema wie in Bild 4.1.3-2b. Bei hohen Temperaturen können durch thermische Anregung Elektron-Lochpaare entstehen, d.h. die Leitfähigkeit nimmt mit steigender Temperatur stark zu (Bild 6.1-3).

## 6.2 Dielektrische Polarisation

Typisch für Isolatoren ist, daß in ihnen hohe elektrische Feldstärken wirken können, ohne daß gleichzeitig ein großer Strom fließt, der den Werkstoff über Joulesche Wärme aufheizt. Die elektrischen Felder im Innern des Isolators (**Dielektrikums**) wirken daher auf die Atome und Ionen des Werkstoffs ein.

## 6.2. Dielektrische Polarisation

Das geschieht in der Form, daß sich die Ladungen im Werkstoff nach dem elektrischen Feld ausrichten oder daß die Ladungsverteilungen vorher neutraler Gitterbausteine (wie Atome) so auseinandergezogen werden, daß sich **Dipole** bilden (Bild 6.2-1). Moleküle haben häufig permanente Dipole (Tab. 6.2-1).

*Tab. 6.2-1*: Permanente Dipolmomente einiger Moleküle.

| Molekül | Dipolmoment $d_0$ in $10^{-28}$ As·cm |
|---|---|
| Kohlenmonoxid (CO) | 0.3 |
| Schwefelwasserstoff ($H_2S$) | 3.2 |
| Chlorwasserstoff (HCl) | 3.8 |
| Ammoniak ($NH_3$) | 4.9 |
| Schwefeldioxid ($SO_2$) | 5.4 |
| Ethanol ($C_2H_5OH$) | 5.6 |
| Wasser ($H_2O$) | 6.2 |

Ein Dipol besteht aus zwei entgegengesetzt gleichen Ladungen der Größe $q$, die relative Lage der Ladungsschwerpunkte möge durch einen Vektor $\vec{r}$ (zeigt von der negativen zur positiven Ladung) beschrieben werden. Dann läßt sich der Dipol charakterisieren durch das Produkt aus positiver Ladung und Verschiebungsvektor, dem Vektor des **Dipolmoments** $\vec{d}$ (Bild 6.2-2). Bei Anwesenheit eines elektrischen Feldes $\vec{E}$ wirkt auf den Dipol ein Drehmoment $\vec{M}$.

Wir betrachten jetzt zwei langgestreckte Stäbe (Querschnitt $A$, Länge $l_1$ und $l_2$) eines Werkstoffes, in denen sich Dipole wie in Bild 6.2-3 aufgrund eines elektrischen Feldes ausgerichtet (**polarisiert**) haben. Wird jetzt die Ladungsdichte in Abhängigkeit von $x$ aufgetragen, dann werden sich im Innern der Stäbe positive und negative Dipolladungen aufheben, nur an den Stirnflächen entsteht innerhalb einer kurzen Distanz $\Delta x_i$ (i = 1,2, die Länge dieser Distanz ist kleiner als die eines Dipols, d.h. in der Regel von der Größenordnung eines Atoms) jeweils eine positive oder negative Volumenladung, die nicht wegkompensiert wird (Bild 6.2-3). Ist die Gesamtladung auf einer Stirnfläche $q_{\text{dip}}^i$, dann verhält sich jeder polarisierte Stab wie ein großer Dipol mit dem Dipolmoment $q_{\text{dip}}^i(-l_i)$. Beziehen wir dieses Dipolmoment auf das jeweilige Stabvolumen $A \cdot l_i$ des Werkstückes, dann erhalten wird die **Polarisation** (Dipolmoment pro Volumen) $P^i$ der beiden Stäbe:

$$P^i = -\left|\frac{q_{\text{dip}}^i \cdot l_i}{A \cdot l_i}\right| = -\left|\sigma_{\text{dip}}^i\right| = -\left|\varrho_{\text{dip}}^i \Delta x_i\right| \tag{6.1}$$

288  Kapitel 6. Isolatoren und Kondensatoren

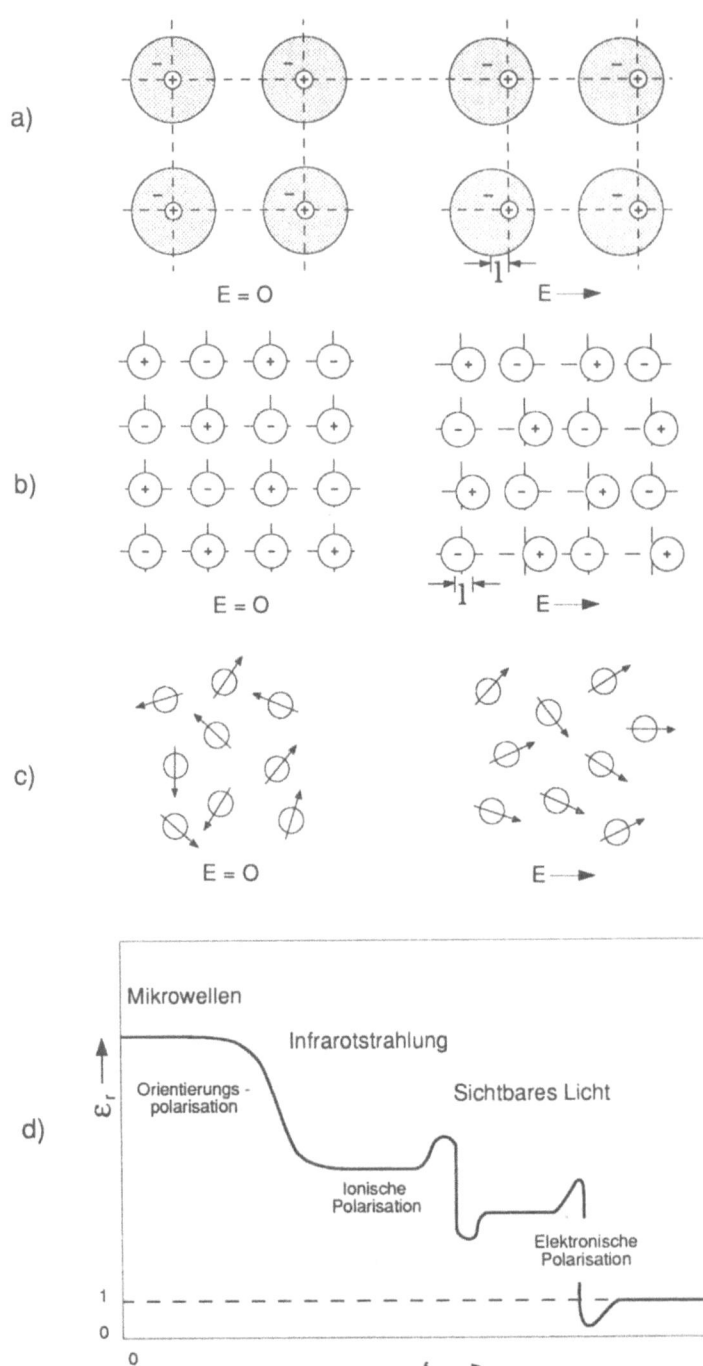

## 6.2. Dielektrische Polarisation

*Bild 6.2-1 (links)*: Wirkung eines elektrischen Feldes auf die Materie in einem Dielektrikum (nach [48]).

a) **elektronische Polarisation**: Das elektrische Feld wirkt mit umgekehrten Vorzeichen auf Atomkern und Atomhülle, die Ladungsschwerpunkte von beiden werden auseinandergezogen, so daß ein Dipol entsteht.

b) **Ionische Polarisation**: Kationen und Anionen in einem Ionenkristall werden in unterschiedlicher Richtung ausgelenkt.

c) **Orientierungspolarisation**: Vorhandene Dipole werden durch das elektrische Feld ausgerichtet

d) Frequenzabhängigkeit der Polarisation (ausgedrückt durch die relative Dielektrizitätskonstante $\varepsilon_r$, s.u.): Bei höheren Frequenzen kann die ionische und Orientierungspolarisation dem anregenden elektrischen Feldern nicht mehr folgen, übrig bleibt daher im lichtoptischen Bereich nur die elektronische Polarisation. Die Orientierungspolarisation ist nur bis in den Mikrowellenbereich wirksam.

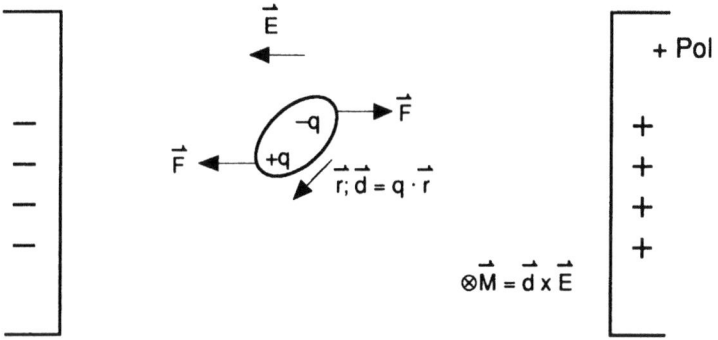

*Bild 6.2-2*: Definition des Dipolmoments, Entstehung eines Drehmomentes $\vec{M}$ bei Anlegen eines elektrischen Feldes.

d.h. die Polarisation entspricht in Bild 6.2-3 der Flächenladungsdichte auf den Stirnflächen. Mit Hilfe der Breite $\Delta x^i$ läßt sich diese in eine Volumenladungsdichte umrechnen (6.1).
An der Grenzfläche zwischen den beiden Stäben liegen sich zwei Flächenladungen entgegengesetzten Vorzeichens gegenüber. Insgesamt gilt dann

$$\sigma_{\text{dip}} := -\left|\sigma_{\text{dip}}^1\right| + \left|\sigma_{\text{dip}}^2\right| = P^1 - P^2 = -\Delta P \qquad (6.2)$$
$$=: \varrho_{\text{dip}} \cdot (\Delta x_1 + \Delta x_2) =: \varrho_{\text{dip}} \cdot \Delta x \qquad (6.3)$$

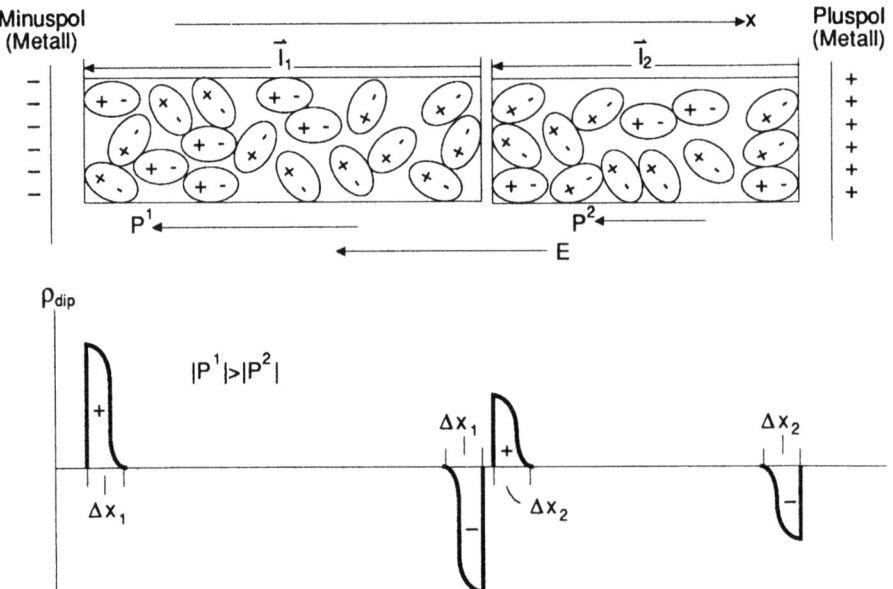

*Bild 6.2-3:* a) Ausrichtung der Dipole in einem Dielektrikum unter Einfluß eines elektrischen Feldes, b) resultierende Volumenladungsdichte in Abhängigkeit vom Ort $x$.

d.h. es gilt die Beziehung

$$\frac{\partial P}{\partial x} = \lim_{\Delta x \mapsto 0} \frac{\Delta P}{\Delta x} = -\varrho_{\text{dip}} \qquad (6.4)$$

Eine ausführlichere Herleitung ist in [56] zu finden. Die **Poissongleichung** (eine der Maxwellschen Gleichungen, s. Abschnitt 6.4) lautet mit der Volumenladungsdichte $\varrho_{\text{mono}}$ für Monopolladungen (das sind verschiebbare isolierte Ladungen wie Elektronen, Ionen etc.) und (6.4), verallgemeinert auf dreidimensionale Koordinaten im Vakuum:

$$\nabla \varepsilon_0 \vec{E} = \varrho_q = \varrho_{\text{mono}} + \varrho_{\text{dip}}$$
$$\stackrel{(6.4)}{=} \varrho_{\text{mono}} - \nabla \vec{P} \qquad (6.5)$$

$$\Longrightarrow \nabla(\varepsilon_0 \vec{E} + \vec{P}) = \varrho_{\text{mono}} =: \nabla \vec{D} \qquad (6.6)$$

$$\text{mit} \quad \vec{D} := \varepsilon_0 \vec{E} + \vec{P} \qquad (6.7)$$

## 6.2. Dielektrische Polarisation

Durch (6.7) wird der Vektor der **dielektrischen Verschiebungsdichte** definiert.

Je größer das elektrische Feld $\vec{E}$ ist, umso stärker werden die Dipole ausgerichtet, d.h. umso größer ist die Polarisation. In erster Näherung (die im allgemeinen gut erfüllt ist) kann angesetzt werden

$$\vec{P} = \chi \cdot \varepsilon_0 \vec{E} \tag{6.8}$$

$$\stackrel{(6.7)}{\Rightarrow} \vec{D} = \varepsilon_0 \vec{E}(1 + \chi) =: \varepsilon_r \varepsilon_0 \vec{E} \tag{6.9}$$

$$\Rightarrow \varepsilon_r = 1 + \chi \tag{6.10}$$

mit der **dielektrischen Suszeptibilität** $\chi$ und der **relativen Dielektrizitätskonstanten** $\varepsilon_r$.

Mit der Beziehung (6.9) lautet die Poissongleichung (6.5):

$$\nabla(\varepsilon_r \varepsilon_0 \vec{E}) = \varrho_{\text{mono}} \tag{6.11}$$

Wir bringen jetzt die Metallplatten in Bild 6.2-3 in Berührung mit den Stirnflächen eines der Stäbe und erhalten damit einen **Plattenkondensator** (Bild 6.2-4).

Wir werten Gleichung (6.11) für die rechte Kondensatorplatte in Bild 6.2-4 aus, dann gilt:

$$\frac{\varepsilon_r^M \varepsilon_0 \vec{E}^M - \varepsilon_r \varepsilon_0 \vec{E}}{\Delta x} = \varrho_{\text{mono}} \tag{6.12}$$

Da wegen des geringen Widerstands die Feldstärke $E^M$ im Metall nahezu Null ist, folgt mit (6.1)

$$\Rightarrow -\varepsilon_r \varepsilon_0 \vec{E} = \sigma_{\text{mono}} \tag{6.13}$$

$$\Rightarrow \varepsilon_r \varepsilon_0 \frac{U_0}{d} =: C_F \cdot U_0 = \sigma_{\text{mono}} \tag{6.14}$$

$$C_F = \frac{\varepsilon_r \varepsilon_0}{d} \tag{6.15}$$

mit der **Flächenkapazität** $C_F$ (Kapazität pro Fläche). Die Wirkung des Dielektrikums ist also eine Vergrößerung des Sprunges der dielektrischen Verschiebungsdichte an den Kondensatorplatten, dadurch wird die Monopolladung (die von außen hereinfließen muß) auf den Platten erhöht. Andere Interpretation: Das Dielektrikum erzeugt gegenüber den Kondensatorplatten eine Dipolladung, welche durch Monopolladungen auf den Kondensatorplatten kompensiert werden muß.

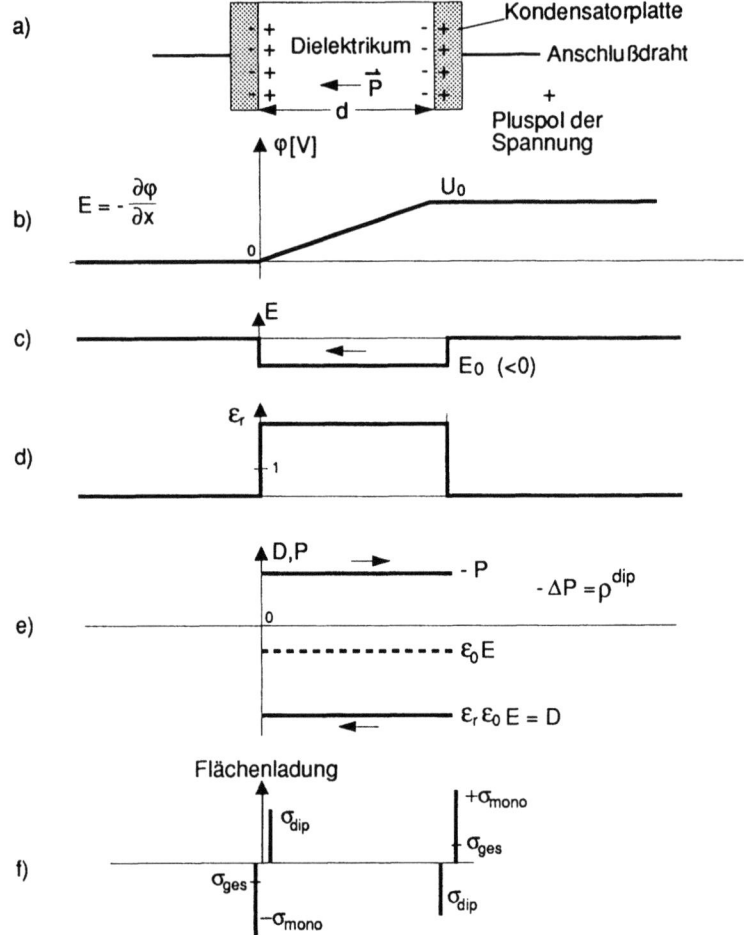

**Bild 6.2-4:** Plattenkondensator mit Dielektrikum.

a) Aufbau des Kondensators,

b) elektrostatisches Potential,

c) Feldstärkeverlauf,

d) relative Dielektrizitätskonstante,

e) Polarisation und dielektrische Verschiebungsdichte,

f) Flächenladungsdichten von Monopolladungen (Kondensator) und Dipolladungen (Stirnfläche des Dielektrikums).

## 6.2. Dielektrische Polarisation

Geht man von den flächenbezogenen Größen in (6.14) über auf absolute, dann erhält man

$$q_{mono} = C \cdot U \tag{6.16}$$

mit der **Kapazität** $C$. Die Ableitung nach der Zeit erbringt (der Index für die Plattenspannung wird fallengelassen):

$$\dot{q}_{mono} = i_c = C \cdot \dot{u} \tag{6.17}$$

Die kleinen Buchstaben $u$ und $i$ werden für die Wechselspannungsgrößen verwendet. Ist $u$ eine Sinusspannung, dann folgt

$$u =: u_1 \exp(j\omega t) \tag{6.18}$$

$$\Rightarrow i_c = C \cdot \frac{\partial}{\partial t}(u_1 \exp(j\omega t)) = j\omega C \cdot u \tag{6.19}$$

$$\Rightarrow r_c := \frac{u}{i_C} = \frac{1}{j\omega C} \tag{6.20}$$

d.h. der Wechselstromwiderstand $r_c$ ist komplex.

Diese Beziehung gilt für einen **idealen** Kondensator. Für den **realen** Kondensator setzt man einen parasitären Parallelwiderstand an (Bild 6.2-5)

Das Verhältnis von realem zu imaginärem Strom entspricht einem **Verlustwinkel** $\delta$.

$$\Rightarrow i = i_C + i_R = j\omega C u + \frac{1}{R}u$$
$$\tan\delta = \frac{|i_R|}{|i_C|} = \frac{1}{\omega RC} \tag{6.21}$$

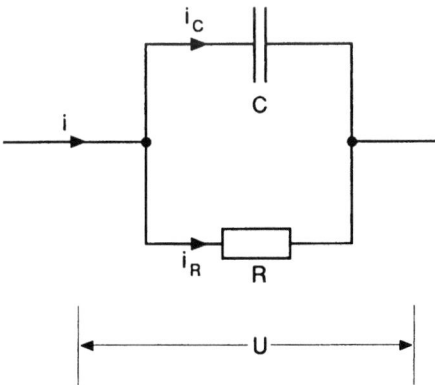

*Bild 6.2-5*: Ersatzschaltbild eines realen (verlustbehafteten) Kondensators

Der zeitliche Verlauf von Strom und Spannung für den idealen und den realen Kondensator ist in Bild 6.2-6 dargestellt.

Häufig wird eine komplexe Dielektrizitätskonstante angesetzt:

$$\varepsilon_r =: \varepsilon'_r - j\varepsilon''_r \qquad (6.22)$$

Dann ergibt sich der Verlustwinkel zu:

$$\tan \delta = \frac{\varepsilon''_r}{\varepsilon'_r} \qquad (6.23)$$

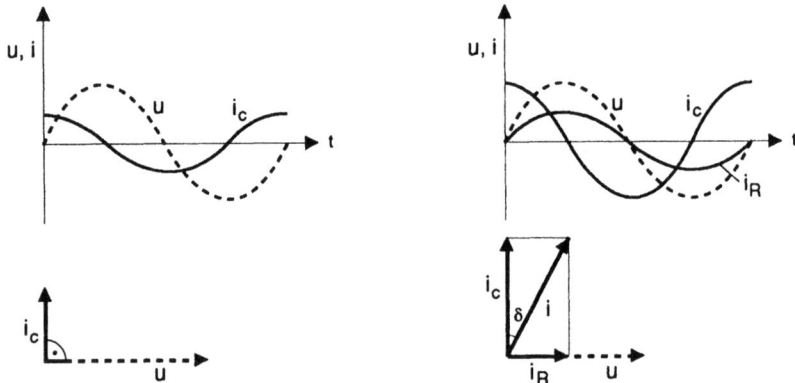

*Bild 6.2-6*: Zeitlicher Verlauf von Strom und Spannung, sowie Zeigerdiagramm von einem a) idealen (verlustfreien) und b) realem (verlustbehaftetem) Kondensator

## 6.3 Kondensatoren

### 6.3.1 Bauformen

Für die Kapazität eines Plattenkondensators mit der Querschnittsfläche $A$ und dem Plattenabstand $d$ ergibt sich nach (6.15):

$$C = \varepsilon_r \varepsilon_0 \frac{A}{d} \qquad (6.24)$$

## 6.3. Kondensatoren

In der Praxis ist es eine technische Herausforderung, eine möglichst große Kapazität bei minimalem Raum(Volumen-)Bedarf herzustellen. Dabei muß eine optimale Stabilität (Unempfindlichkeit gegenüber Schwankungen der Umgebungstemperatur, der Lagerung über längere Zeiten, etc.) gewährleistet sein. Zusätzlich wird gelegentlich eine Sicherstellung der Betriebsfähigkeit auch bei höheren Temperaturen gefordert. Schließlich müssen auch die Herstellungskosten in einem vorgegebenen Rahmen bleiben.

Aufgrund dieser Rahmenbedingungen haben sich verschiedene Bauformen von Kondensatoren entwickelt, die nach unterschiedlichen Gesichtspunkten optimiert werden. Nach (6.24) lassen sich große Kapazitäten erreichen über

1. große Kondensatorflächen $A$ (Folienkondensatoren)

2. große relative Dielektrizitätskonstanten $\varepsilon_r$: Bei den organischen Materialien und Gläsern gibt es hierfür keinen sehr großen Spielraum (Tab. 6.3.1-1). Eine Ausnahme bilden Spezialkeramiken (keramische Kondensatoren).

3. geringer Plattenabstand $d$ (Elektrolytkondensatoren)

*Tab. 6.3.1-1*: Relative Dielektrizitätskonstanten und Verlustwinkel verschiedener Materialien (nach [15]).

| Werkstoffe | $\varepsilon_r$ | $\tan \delta$ |
|---|---|---|
| Unpolare Kunstoffe (Polystyrol, Polyäthylen, Polytetrafluoräthylen) | 2.0–2.5 | < 0.0005 |
| Polare Kunstoffe, ungefüllt (Polyvinylchlorid, Polyester, reine Harze) | 2.5–6 | 0.001–0.02 |
| Kunstharze, gefüllt (Hartpapiere, Hartgewebe, Kunstharzpreßmassen) | 4–10 | 0.02–0.5 |
| Technische Gläser | 3.5–12 | 0.0005–0.01 |
| Silikatkeramiken (Porzellane) | 4–6.5 | 0.001–0.02 |
| Kondensatorkeramiken | | |
| ND-Keramiken | 6–200 | < 0.0006 |
| HD-Keramiken | 200–$10^4$ | 0.002–0.02 |

Alle drei Konstruktionsprinzipien haben große praktische Bedeutung (Bild 6.3.1-1) und werden im folgenden einzeln behandelt.

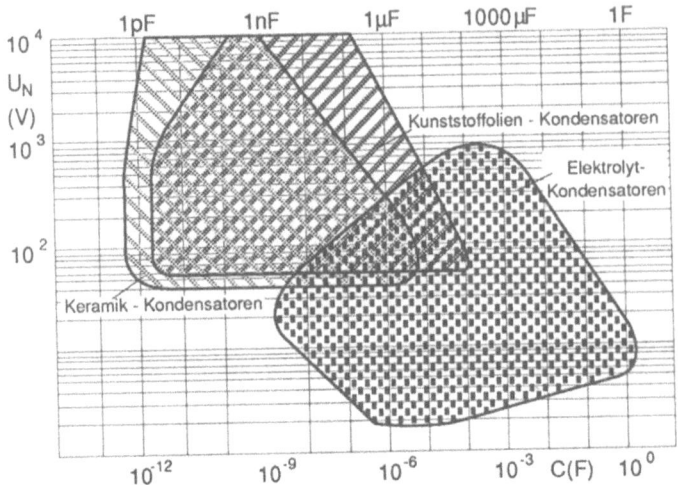

*Bild 6.3.1-1:* Einsatzgebiet der verschiedenen Kondensatortechniken, aufgeteilt nach Betriebsspannung $U_N$ und Kapazität (nach [57])

Eine spezielle Kondensatorausführung stellen die Luft-**Drehkondensatoren** dar: Zwei Systeme von jeweils fest miteinander verbundenen parallelen Metallplatten werden so ineinander angeordnet, daß durch eine Drehung des einen Systems (Rotor) die wirkende Kondensatorfläche zum anderen System (Stator) kontinuierlich verändert werden kann. Das Dielektrikum ist Luft mit einer relativen Dielektrizitätskonstanten von ca. 1,0007. Drehkondensatoren werden zunehmend durch elektrisch variierbare Kapazitäten (**Kapazitätsdioden, Varaktoren**) ersetzt.

## 6.3.2 Folienkondensatoren und Papierkondensatoren

Hochwertige Kunststoffolien lassen sich mit einfachen und kostengüstigen Verfahren in großen Flächen mit Dicken bis herunter in den Mikrometerbereich herstellen. Werden die Folien beidseitig mit einer Metallschicht bedeckt, dann entsteht ein Folienkondensator mit der Dielektrizitätskonstante des Kunststoffes. Die Bedeckung mit den Metallelektroden kann auf zweierlei Weise durchgeführt werden:

1. Aufwickeln oder Aufstapeln von alternierenden Schichten aus Metall-und Kunststoffolien, wobei jeweils jede zweite Metallschicht mit demselben Außenkontakt verbunden wird

2. Ein-oder beidseitiges Bedampfen der Kunststoffolie mit einem Metall, meistens Aluminium (Bild 6.3.2-1)

## 6.3. Kondensatoren

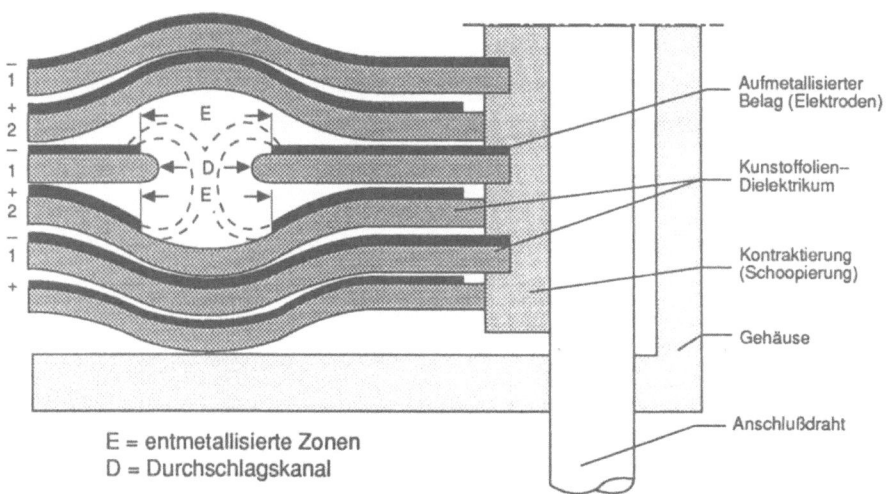

*Bild 6.3.2-1*: Aufbau und Kontaktierung eines metallisierten Kunststoffolien-Kondensators mit dem Prinzip der Selbstheilung nach einem Durchschlag (in dessen Umgebung verdampfen die zerstörten Gebiete und werden von dem Kondensator getrennt), nach [57].

Die Ausführungsformen von Kunststoffolienkondensatoren sind nach DIN 41 379 genormt (in Klammern jeweils die Folienstärken und Durchschlagfestigkeiten:

KC: Polycarbonatkondensator $(2\ldots200\mu m;\ \geq 150V/\mu m)$
MKC: Metallisierter Polycarbonatkondensator
KT: Polyesterkondensator $(1\ldots100\mu m;\ \geq 100V/\mu m)$
MKT: Metallisierter Polyesterkondensator
KS: Polystyrolkondensator $(8\ldots20\mu m;\ \geq 75V/\mu m)$
KP: Polypropylenkondensator $(4\ldots25\mu m;\ \geq 100V/\mu m)$
MMP: Metallisierter Polypropylenkondensator

Tab. 6.3.2–1 zeigt einige Leistungsdaten der Kondensatoren

Metall-Papier-Kondensatoren (**MP-Kondensatoren**) haben ein imprägniertes Natronzellulosepapier als Dielektrikum und aufgedampfte Metallelektroden. Auch diese zeigen einen Selbstheilungseffekt.

Auch variable Kondensatoren mit Folien als Dielektrikum werden nach dem Drehkondensatorprinzip (Abschnitt 6.3.1) hergestellt und als Trimmkondensatoren vielfach verwendet.

*Tab. 6.3.2-1*: Leistungsdaten von Kunststoffolien-Kondensatoren (nach [57]).

| Technologie | MKT | MKC | KS | KP kleine Leistung | KP Leistung |
|---|---|---|---|---|---|
| Kapazitätsbereich | 1000pF–12µF | 1000pF–6,8µF | 51pF–0,16µF | 47pF–0,056µF | 1000pF–0,82µF |
| Kapazitätstoleranz | ±5/10/20% | ±5/10/20% | ±1/2/5% | ±2/5% | ±5/10% |
| Nennspannung | 63–400 V – | 100–1600 V – | 63–630 V – | 63–250 V – | 250–2000 V – |
| Zeitliche Inkonstanz der Kapazität $\Delta C/C$ | ±1,5% | ±1,0% | ±0,3% | ±0,3% | ±0,5% |
| Verlustfaktor $\tan\delta$ in $10^{-3}$ bei 10kHz bei 100kHz | ≤ 15 ≤ 30 | ≤ 7,5 | ≤ 0,5–1,0 ≤ 0,5–1,5 | ≤ 1,0 ≤ 1,0–1,5 | ≤ 1,0–2,5 |
| Isolationswiderstand Risol bei $\vartheta_U$ = 23°C $U_N \leq 100V-$ $U_N > 100V-$ | > 15·$10^3$MΩ > 30·$10^3$MΩ | > 15·$10^3$MΩ > 30·$10^3$MΩ | > 100·$10^3$MΩ | > 100·$10^3$MΩ | > 50·$10^3$MΩ |
| Impulsbelastung $\Delta u/\Delta t$ | 1,4–95 V/µs | 3–70 V/µs | — | — | 1000 V/µs |
| Max. Betriebstemperaturbereiche | -55–+100 °C -40–+100 °C -40–+85 °C | -55–+100 °C | -40–+70 °C -40–+85 °C -55–+70 °C | -40–+100 °C | -40–+85 °C |
| Dielektrizitätskonstante $\varepsilon_r$ | 3,2 | 2,8 | 2,4 | 2,2 | 2,2 |
| Temperaturkoeffizient $TK_C$ in $10^{-6}$/K | +500 | +150 | -(125 ± 60) | -(65 ± 60) | -150 |

## 6.3.3 Keramische Kondensatoren

Keramische Kondensatoren wurden bereits in der Frühzeit der Elektrotechnik eingesetzt. Als Dielektrikum wurde das natürliche Mineral Glimmer (s. Abschnitt 1.3.3) verwendet. Wegen seiner Verlustarmut, Spannungsfestigkeit und Lebensdauerstabilität werden Glimmer-Kondensatoren immer noch angewendet.

Spezielle keramische Werkstoffe — insbesondere das perovskitische $BaTiO_3$ — können relative Dielektrizitätskonstanten bis ca. 14 000 (!) annehmen, so daß sich sehr hohe Kapazitätswerte realisieren lassen. Auf der anderen Seite muß häufig ein hoher Temperaturkoeffizient in Kauf genommen werden.

## 6.3. Kondensatoren

Deshalb werden nach DIN 45 910 die Keramikkondensatoren in die folgenden Klassen eingeteilt:

- Klasse 1: Kondensatoren mit definiertem Temperaturkoeffizienten, niedrige Verluste, keine Spannungsabhängigkeit (Anwendung: Schwingkreise, Filter)

- Klasse 2: Kondensatoren mit hoher Dielektrizitätskonstante, nichtlineare Abhängigkeit der Kapazität von der Temperatur und Spannung, höhere Verluste (Anwendung: Kopplung, Entstörung, Siebung)

- Klasse 3: Sperrschichtkondensatoren mit höchster Kapazität, aber Nichtlinearität im Temperatur- und Spannungsverhalten, kleine Betriebsspannungen (Anwendung: Kopplung, Entstörung, Siebung)

Keramikkondensatoren werden als Einschicht- (ein Keramikplättchen wird beidseitig mit einer Metallschicht, z.B. aus Kupfer, belegt) und Vielschichtkondensatoren (Bild 6.3.3-1) hergestellt.

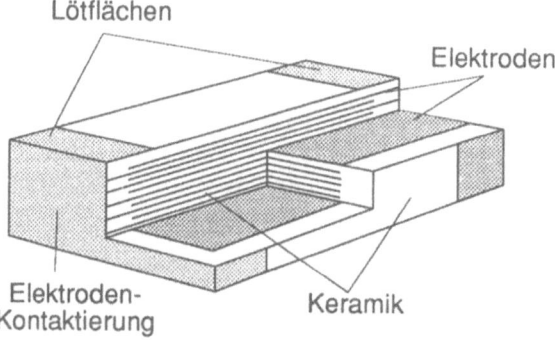

*Bild 6.3.3-1*: Keramik-Vielschicht-Kondensator: Alternierende Schichten aus der Keramik und metallischen Elektroden werden zusammengesintert, wobei der Anschluß der Metallschichten abwechselnd an zwei Außenkontakten erfolgt (nach [57]).

Die physikalische Ursache für die sehr hohe relative Dielektrizitätskonstante von Bariumtitanat liegt darin, daß das kubisch raumzentrierte Titanion (Bild 1.3.2-6) wegen seiner kleinen Größe (vierfach positiv geladen) in der kubischen Struktur durch äußere elektrische Felder relativ weit ausgelenkt werden kann und wegen seiner hohen Ladung dabei ein großes Dipolmoment (Bild 6.2-2) bildet. Die starke Temperaturabhängigkeit der Dielektrizitätskonstan-

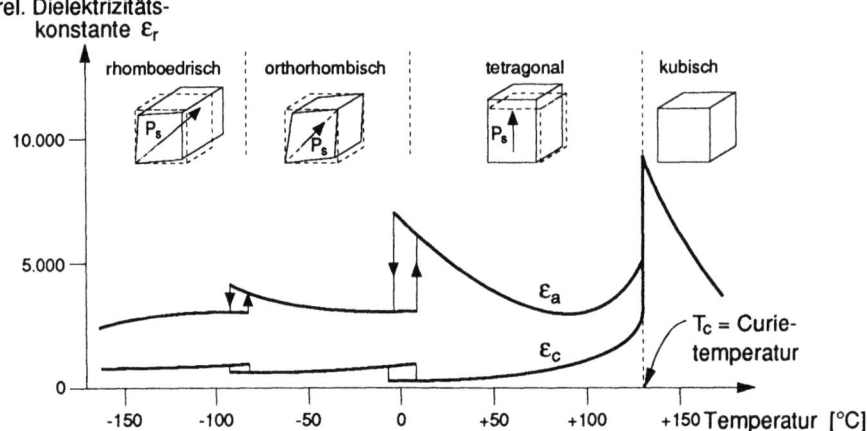

*Bild 6.3.3-2:* Abhängigkeit der Kristallstruktur und der damit korrelierten relativen Dielektrizitätskonstanten (Index a parallel, Index c senkrecht zur tetragonalen Achse) von der Temperatur. Bei jeder Phasenumwandlung durchläuft die Dielektrizitätskonstante ein Maximum (nach [58]).

ten in $BaTiO_3$ entsteht dadurch, daß dieser ferroelektrische Werkstoff temperaturabhängig mehrere Phasenumwandlung durchführt (Bild 6.3.3-2). In der Umgebung einer Umwandlungstemperatur lockert sich die Kristallstruktur auf und vergrößert auf diese Weise die Dielektrizitätskonstante. Gleichzeitig steigen aber auch die Verluste, d.h. der Verlustwinkel $\tan\delta$, an (Bild 6.3.3-3).

Bei keramischen **Sperrschichtkondensatoren** (intergranular layer capacitor) wird der geometrische Aufbau des Kondensators nicht durch eine kontrolliert aufgebaute Schichtfolge erzeugt, sondern durch die Korngrenzen in polykristallinem $BaTiO_3$. Man verunreinigt das Ausgangsmaterial so stark, daß es -im Gegensatz zu den vorangegangenen Anwendungen -gut elektronenleitend wirkt. Auf der anderen Seite werden Verunreinigungen wie $Cu^{3+}$ oder $Fe^{3+}$ eingeführt, die sich an den Korngrenzen anlagern und diese positiv aufladen. Damit bilden sie eine Barriere für den Elektronentransport über die Korngrenze und erzeugen dadurch eine dielektrische Schicht zwischen zwei leitenden Gebieten. Die Ausdehnung der Korngrenzenbarriere kann sehr klein gemacht werden, so daß sich — über einen geringen "Platten"abstand $d$ in (6.24) — große Kapazitätswerte ergeben. Nachteilig ist allerdings die große Temperatur- und Spannungsabhängigkeit; deswegen fallen sie in die eigens dafür definierte Klasse 3.

Tab. 6.3.3-1 gibt einen Überblick über die verschiedenen Typen keramischer Kondensatoren.

## 6.3. Kondensatoren

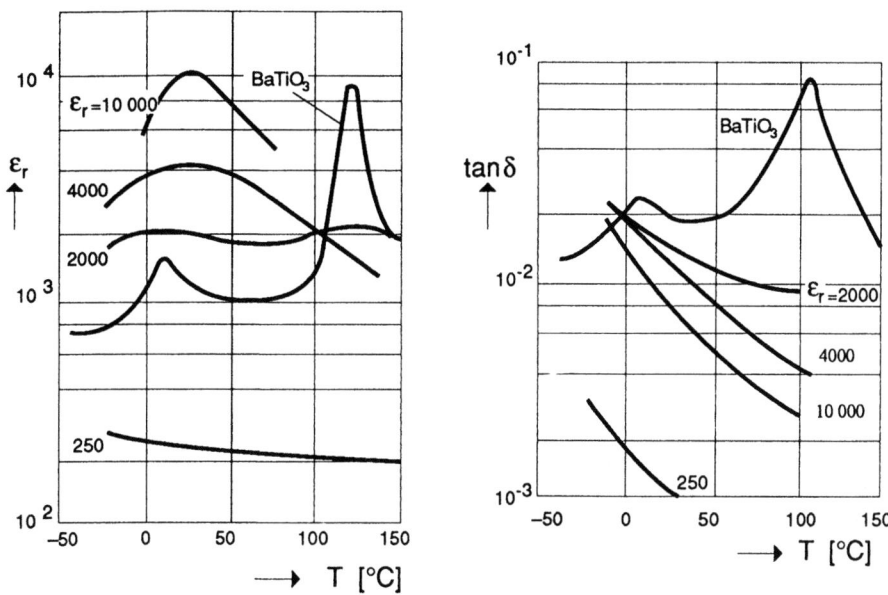

*Bild 6.3.3-3*: Gemessene Kurven der Temperaturabhängigkeit der relativen Dielektrizitätskonstanten und des Verlustwinkels für $BaTiO_3$. Diese korrelieren mit den Temperaturen für die Phasenumwandlungen in Bild 6.3.3-2. Die anderen Kurven beziehen sich auf ähnliche Keramiken mit anderen maximalen relativen Dielektrizitätskonstanten (nach [15]).

*Tab. 6.3.3-1*: Typen keramischer Kondensatoren mit spezifischen Eigenschaften (nach [59]).

| Typ 1 | Typ 2 | Typ 3 | Vielschichtkondensatoren |
|---|---|---|---|
| 100 - 500 µm | 100 - 500 µm | 2 µm | 20-50 µ |
| $MgTiO_3$-, $TiO_2$-, $CaTiO_3$-, Mischungen: $Ba_2Ti_9O_{20}$; $(Ba,Nd)TiO_3$ | Ferroelektrika auf $BaTiO_3$-Basis z.B. $(Ba,Ca)(Ti,Zr)O_3$ | Ferroelektrika auf $BaTiO_3$-Basis mit Donatordot. | gleiche Zusammensetzung wie bei Typ1- u. Typ2-Kondensatoren |
| $\varepsilon_r$ =20-200 $\tan \delta < 10 \cdot 10^{-4}$ Sek.-Eig.: sehr gut | $\varepsilon_r$ =100-16000; $\tan$ =100-200·$10^{-4}$ Sek.-Eig.: befriedigend | $\varepsilon_{eff} \approx 10^5$ $\tan$ =200-500·$10^{-4}$ Sek.-Eig.: schlecht | ähnlich wie Typ1 und 2 |

### 6.3.4 Elektrolytkondensatoren

Die Elektrolytkondensatoren nutzen die Eigenschaft einiger Metalle, daß sie bei Sauerstoffzuführung leicht dünne stabile Oxidschichten bilden. Das weitere Wachstum der Oxidschichten wird dadurch behindert, daß die Sauerstoffatome zunächst durch die bereits vorhandene Schicht diffundieren müssen, was nur mit einer sehr langsamen Geschwindigkeit möglich ist. Eine solche Sauerstoffzufuhr kann in einem sauerstoffleitenden Elektrolyten dadurch erreicht werden, daß man an das Metall eine positive elektrische Spannung anlegt, welche die negativ geladenen Sauerstoffatome elektrostatisch anzieht (**anodische Oxidation**). Als Metalle für Elektrolykondensatoren haben sich bisher Aluminium (Oxid $Al_2O_3$ mit $\varepsilon_r = 9,5$) und Tantal (Oxid $Ta_2O_5$ mit $\varepsilon_r = 25$) bewährt.

Ein großer Vorteil der anodischen Oxidschichten ist, daß sie selbstheilend sind: Ist nämlich an einer Stelle das Oxid durchbrochen, dann liegt dort das Metall frei und zieht über seine anodische Vorspannung wieder Sauerstoffionen an, so daß sich an der freien Stelle umgehend ein neues Oxid bildet. Auf diese Weise können auch über sehr große Flächen zuverlässig — d.h. ohne kurzschließende Bereiche — sehr dünne (Größenordnung Nanometer) Isolationsschichten aufgebaut werden, die als Dielektrikum wirken.

Die Oberflächen des Metalls brauchen keineswegs glatt zu sein — im Gegenteil werden sie künstlich aufgerauht, um die für die Kapazität entscheidende Fläche zu vergrößern (Vergrößerung der effektiven Fläche bis mehr als einen Faktor 100). Hierbei wird ausgenutzt, daß ein flüssiger Elektrolyt auch eine aufgerauhte Oberfläche vollständig benetzen kann und damit überall eine Oxidschicht erzeugt. Bild 6.3.4-1 zeigt dieses am Beispiel eines Aluminium-Elektrolytkondensators mit flüssigem Elektrolyten. Nach Wegnahme der elektrolytischen Vorspannung oder bei Falschpolung wird jedoch das Oxid instabil und kann einen Kurzschluß ermöglichen. Deshalb muß auf die richtige Polung von Elektrolytkondensatoren geachtet werden. Durch gegenpolige Serienschaltung zweier anodisch oxidierter Folien in einem Gehäuse können für Spezialzwecke auch **Bipolar-Elektrolytkondensatoren** für Wechselspannungsbetrieb hergestellt werden.

Die Spannungsfestigkeit von Elektrolytkondensatoren beträgt ca. 0,7V pro nm Oxiddicke. Als Elektrolyte werden vorwiegend Säuren mit organischen Zusätzen oder reine organische Substanzen eingesetzt. Die Betriebsdauer und Lagerfähigkeit von Elektrolytkondensatoren wird dadurch begrenzt, daß der Elektrolyt durch Selbstheilungsprozesse verbraucht wird und aus dem Kondensatorgehäuse ständig ausdiffundiert, was durch höhere Temperaturen sehr begünstigt wird. Dennoch wird in der Regel mit einer vieljährigen Einsatzperiode gerechnet. Ein besseres Langlebensdauerverhalten — insbesondere bei höheren Temperaturen — wird mit festen Elektrolyten (Braunstein, $MnO_2$)

## 6.3. Kondensatoren

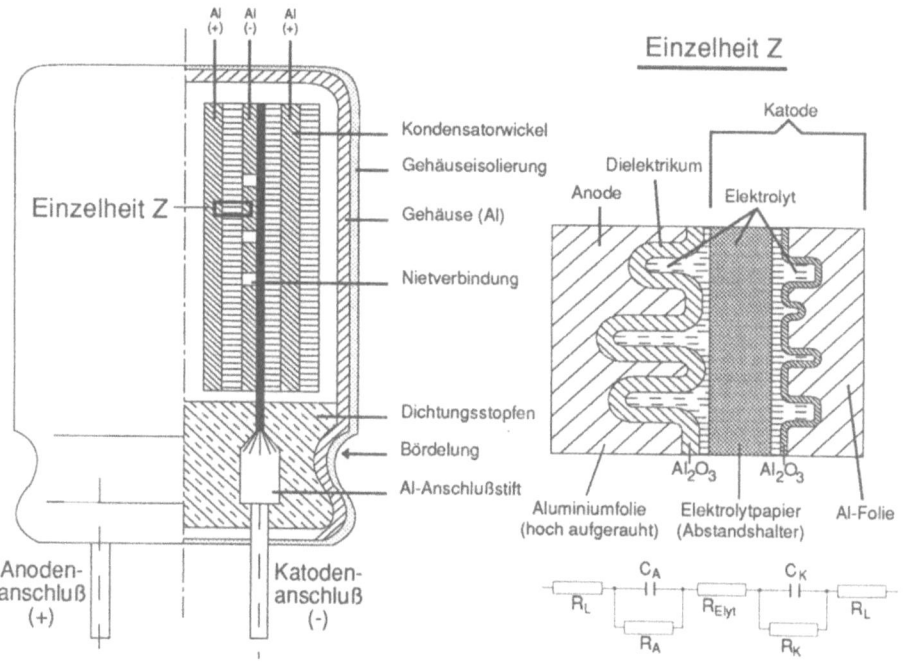

*Bild 6.3.4-1*: a) Aufbau eines Aluminium-Elektrolytkondensators, b) Detailzeichnung zweier gegenüberliegender Metallplatten: Auch auf dem anodisch nicht vorgespannem Aluminium (rechte Seite) bildet sich eine Oxidschicht. Diese ist aber sehr viel dünner, so daß kapazitätsbestimmend die vorgespannte linke Seite bleibt. Die wirksame Gegenelektrode zu dieser Metallschicht ist damit der (gut leitfähige) Elektrolyt (nach [57]).

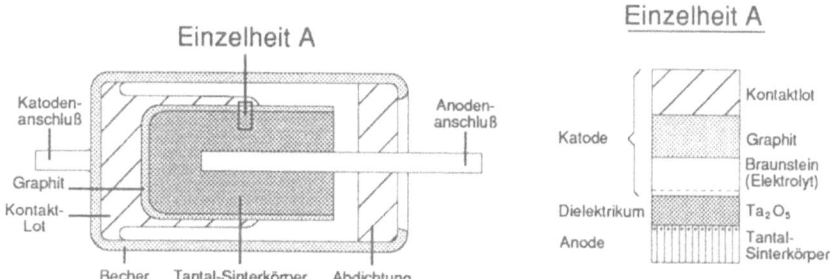

*Bild 6.3.4-2*: Aufbau eines Tantal-Elektrolytkondensators mit festem Elektrolyt.

erreicht (Bild 6.3.4-2). Dieser Elektrolyt wird zunächst als flüssiges Mangannitrat in den gewickelten Kondensator eingebracht und dann in einem pyrolytischen Prozeß (250° bis 400°C) in Braunstein umgewandelt.

Bei Tantal-Elektrolytkondensatoren wird die Anode aus einem porösen Sinterkörper hergestellt, der naturgemäß eine außerordentlich große Oberfläche besitzt (Bild 6.3.4-2). Als Feststoffelektrolyt wird wie bei Aluminium-Elektrolytkondensatoren Braunstein verwendet. Mit einem flüssigen Elektrolyten lassen sich jedoch wegen der stärkeren Benetzung des porösen Sinterkörpers höhere Kapazitätswerte erreichen.

## 6.4 Optische Werkstoffe

Viele Dielektrika lassen sich in einer Form herstellen, in der sie für optische Strahlung transparent und daher für den Aufbau optischer Bauelemente wie Linsen, Prismen, etc. geeignet sind. Im folgenden wird das Verhalten von elektromagnetischen Wellen in Dielektrika zunächst allgemein untersucht und die Ergebnisse anschließend auf optische Werkstoffe angewendet.

Zur quantitativen Betrachtung gehen wir aus von dem vollständigen Satz der Maxwellschen Gleichungen der Elektrodynamik (bisher wurde nur die Poisson-Gleichung (6.11) betrachtet):

$$\nabla \times \vec{E} = -\dot{\vec{B}} = -\mu_0 \dot{\vec{H}} \qquad (6.25)$$

$$\nabla \times \vec{H} = \frac{\partial}{\partial t}(\varepsilon_r \varepsilon_0 \vec{E}) + \sigma_{sp}\vec{E} \qquad (6.26)$$

$$\nabla(\varepsilon_r \varepsilon_0 \vec{E}) = \varrho \qquad (6.27)$$

$$\nabla \vec{B} = 0 \qquad (6.28)$$

Wir differenzieren (6.26) nach der Zeit und setzen (6.25) ein:

$$\nabla \times \dot{\vec{H}} = \frac{\partial^2}{\partial t^2}(\varepsilon_r \varepsilon_0 \vec{E}) + \sigma_{sp}\dot{\vec{E}} \qquad (6.29)$$

$$= \nabla \times \left(-\frac{1}{\mu_0}(\nabla \times \vec{E})\right) \qquad (6.30)$$

$$= -\frac{1}{\mu_0}(\nabla(\nabla \vec{E}) - \Delta \vec{E}) \qquad (6.31)$$

## 6.4. Optische Werkstoffe

In (6.31) wird eine bekannte Beziehung aus der Vektoranalysis verwendet. Weiterhin wollen wir voraussetzen, daß $\varepsilon_r$ nicht vom Ort abhängt (homogenes Dielektrikum) und daß keine Raumladungen (zumindest kein Gradient davon) $\varrho_{\text{mono}}$ vorliegen. Dann gilt

$$\nabla(\nabla \vec{E}) = 0 \qquad (6.32)$$

$$\Rightarrow +\frac{1}{\mu_0}\Delta\vec{E} = \frac{\partial^2}{\partial t^2}(\varepsilon_r\varepsilon_0\vec{E}) + \sigma_{\text{sp}}\dot{\vec{E}} \qquad (6.33)$$

$$\Delta\vec{E} = \underbrace{\mu_0\varepsilon_0}_{1/c_{\text{vak}}^2}\varepsilon_r\ddot{\vec{E}} + \mu_0\sigma_{\text{sp}}\dot{\vec{E}} \qquad (6.34)$$

Für einen idealen Isolator mit $\sigma_{\text{sp}} = 0$ geht (6.34) in die bekannte Wellengleichung über. Wir vereinfachen (6.34) für den eindimensionalen Fall und lösen die Differentialgleichung über eine Separation der Variablen:

$$\frac{\partial^2 E}{\partial x^2} = \mu_0\varepsilon_0\varepsilon_r\frac{\partial^2 E}{\partial t^2} + \mu_0\sigma_{\text{sp}}\frac{\partial E}{\partial t} \qquad (6.35)$$

$$E =: E_x(x) \cdot E_t(t) \qquad (6.36)$$

$$\stackrel{(6.35)}{\Longrightarrow} \frac{\partial^2 E_x/\partial x^2}{E_x} = \mu_0\varepsilon_0\varepsilon_r\frac{\partial^2 E_t/\partial t^2}{E_t} + \mu_0\sigma_{\text{sp}}\frac{\partial E_t/\partial t}{E_t} \qquad (6.37)$$

Die linke Seite der Gleichung hängt nur von der Variablen $x$, die rechte nur von $t$ ab, d.h. beide Seiten müssen gleich einer (komplexen) Konstanten sein. Wir setzen aus Gründen, die bei der Ausrechnung plausibel werden, als Konstante an ($c_{\text{vak}}$ ist die Ausbreitungsgeschwindigkeit der elektromagnetischen Welle im Vakuum, d.h. die Lichtgeschwindigkeit, $\omega = 2\pi f$ ist die Kreisfrequenz der Welle)

$$-K^2 = -\frac{\omega^2}{c_{\text{vak}}^2}(n + j\kappa)^2 \qquad (6.38)$$

und erhalten für die Ortsabhängigkeit der Feldstärke

$$\frac{\partial^2 E_x}{\partial x^2} = -\left(\frac{\omega}{c_{\text{vak}}}[n + j\kappa]\right)^2 E_x \qquad (6.39)$$

$$\Rightarrow E_x = E_{x0}\exp\left(\frac{j\omega}{c_{\text{vak}}}[n+j\kappa]x\right)$$
$$= E_{x0}\underbrace{\exp\left(j\left[\frac{\omega \cdot n}{c_{\text{vak}}}\right]x\right)}_{\exp(jk_{\text{di}}x)}\exp\left(-\frac{\omega\kappa}{c_{\text{vak}}}x\right) \qquad (6.40)$$

d.h. die Feldstärke ist ein Produkt aus einer ebenen Welle (oszillierender Term) und einem exponentiell abfallenden Term (mit der Dämpfungkonstante $\kappa$). Die Wellenzahl der ebene Welle ergibt sich nach Abschnitt 1.4.2 zu

$$k_{di} = \frac{2\pi}{\lambda_{di}} = \frac{\omega \cdot n}{c_{vak}} = \frac{2\pi f \cdot n}{c_{vak}} \qquad (6.41)$$

$$\stackrel{\lambda_{vak} \cdot f = c_{vak}}{\Longrightarrow} \lambda_{di} = \frac{\lambda_{vak}}{n} \qquad (6.42)$$

d.h. die Wellenlänge der ebenen Welle im Dielektrikum entspricht dem Quotienten aus derjenigen im Vakuum und der Materialkonstante $n$, die als **Brechungsindex** bezeichnet wird.

Wie hängen die Dielektrizitätskonstante und spezifische Leitfähigkeit zusammen mit dem Brechungsindex und der Dämpfungskonstanten? Dazu lösen wir den zeitabhängigen Teil der Differentialgleichung (6.35)

$$\mu_0 \varepsilon_0 \varepsilon_r \frac{\partial^2 E_t / \partial t^2}{E_t} + \mu_0 \sigma_{sp} \frac{\partial E_t / \partial t}{E_t} = -\frac{\omega^2}{c_{vak}^2}(n + j\kappa)^2 \qquad (6.43)$$

Mit dem Ansatz
$$E_t = E_{t0} \exp(-j\omega t) \qquad (6.44)$$

erhalten wir aus (6.43):

$$\mu_0 \varepsilon_0 \varepsilon_r (-\omega^2) E_t + \mu_0 \sigma_{sp}(-j\omega) E_t = -\frac{\omega^2}{c_{vak}^2}(n + j\kappa)^2 E_t \qquad (6.45)$$

$$\stackrel{6.34}{\Longrightarrow} \varepsilon_r + \frac{\sigma_{sp} j}{\omega \varepsilon_0} = (n + j\kappa)^2$$

$$\Longrightarrow n + j\kappa = \sqrt{\varepsilon_r + \frac{j\sigma_{sp}}{\omega \varepsilon_0}} \qquad (6.46)$$

d.h. für einen Isolator gilt
$$n = \sqrt{\varepsilon_r} \qquad (6.47)$$

Dabei muß natürlich die Frequenzabhängigkeit von $\varepsilon_r$ berücksichtigt werden.

Insgesamt ergibt sich also als Lösung der Maxwellschen Gleichungen im Dielektrikum die zeitabhängige ebene Welle

$$E_x = E_{x0} E_{t0} \exp\left(j(k_{di} x - \omega t)\right) \exp\left(-\frac{\omega \kappa}{c_{vak}} x\right) \qquad (6.48)$$

## 6.4. Optische Werkstoffe

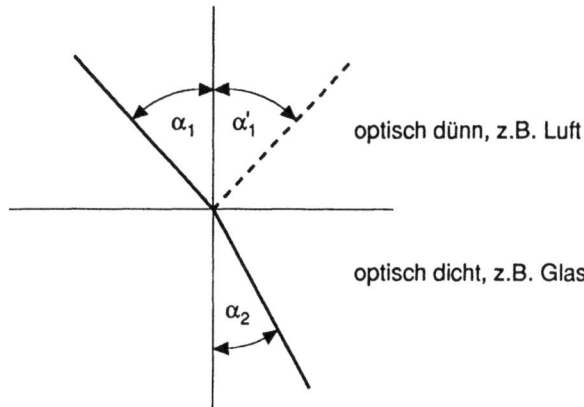

*Bild 6.4-1*: Grundlegende Gesetze der Optik:

a) Reflexionsgesetz (Einfallswinkel $\alpha_1$ = Ausfallswinkel $\alpha_1'$)

b) Snelliussches Brechungsgesetz

$$\frac{\sin \alpha_1}{\sin \alpha_2} = n \qquad (6.49)$$

Betrachtet man den schrägen Einfall einer ebenen Welle auf ein Dielektrikum (Bild 6.4-1), dann ergibt eine Kombination von Lösungen des Typs (6.48) unter Berücksichtigung der Randbedingungen die bekannten Gesetze der Optik [56].

Für optische Anwendungen müssen die Dielektrika nicht nur eine niedrige Dämpfung besitzen, sondern auch eine gute Strukturqualität. Polykristalline Sinterkeramiken enthalten meistens eine Vielzahl innerer Störungen, wie Korngrenzen, an denen das Licht reflektiert und gebrochen wird, so daß sie optisch nicht transparent sind. Einkristalle von Dielektrika und die weitgehend homogen aufgebauten Gläser lassen sich hingegen häufig mit guter optischer Transparenz herstellen. Die Bilder 6.4-2 und 3 zeigen die Brechungsindizes einiger wichtiger optischer Materialien.

Bei optisch anisotropen Werkstoffen kann der Brechungsindex abhängen sowohl von der Richtung der einfallenden ebenen Welle, als auch von der **Polarisationsrichtung** (Richtung des elektrischen Feldes in (6.48)), bzw. den Komponenten der Polarisation in Bezug auf zwei ausgezeichnete orthogonale Richtungen. Diese Abhängigkeit stellt man in einer **Brechungsindikatrix** dar (Bild 6.4-4).

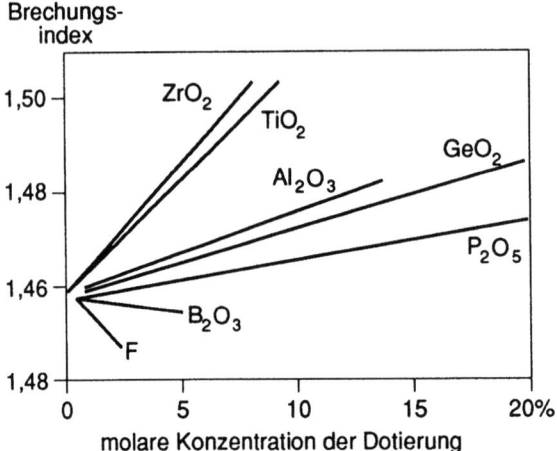

*Bild 6.4-2:* Abhängigkeit des Brechungsindex (der Brechzahl) in Quarzglas von der Zulegierung von Fremdstoffen (nach [60]).

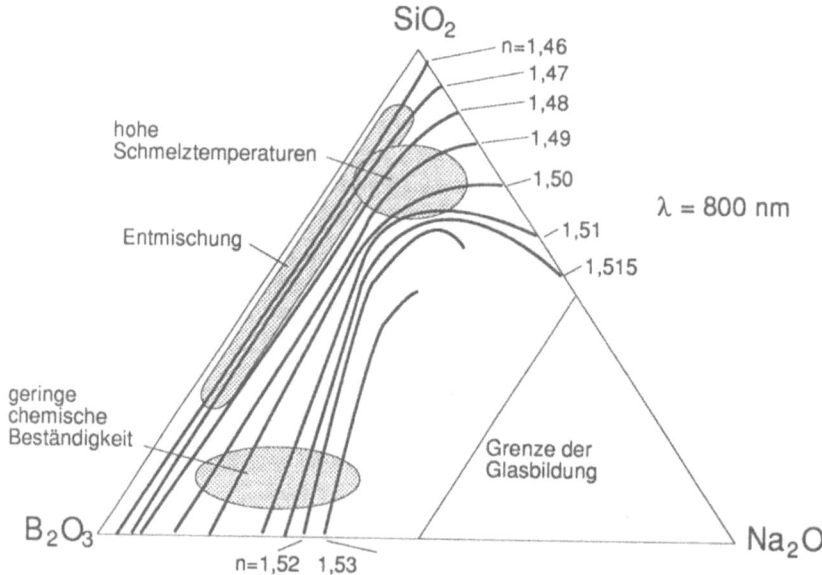

*Bild 6.4-3:* Linien gleichen Brechungsindizes im Dreistoff-Diagramm von Natrium-Borsilikatgläsern (nach [60]).

## 6.4. Optische Werkstoffe

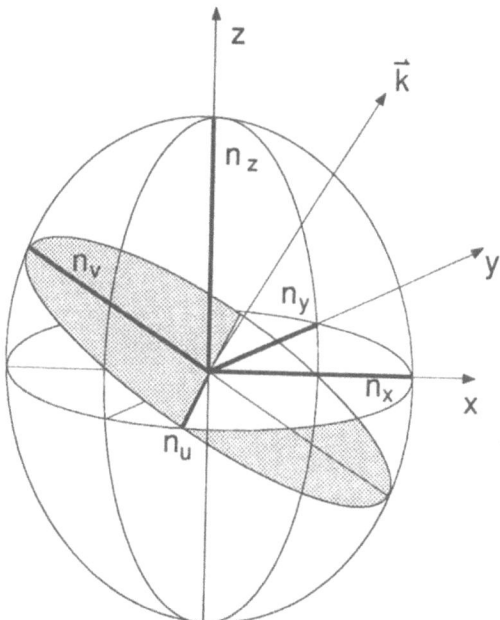

*Bild 6.4-4*: Brechungsindikatrix (im allgemeinen ein dreiachsiges Ellipsoid): Der Wellenvektor $\vec{k}$ einer betrachteten (transversalen) Lichtwelle möge vom Koordinatenursprung ausgehen. Dann hat die Schnittfigur der Ebene senkrecht zu $\vec{k}$ durch den Koordinatenursprung mit der Brechungsindikatrix die Form einer Ellipse mit den Halbachsen $n_u$ und $n_v$; dieses sind die Brechungsindizes der entsprechenden Polarisationsrichtungen (nach [60]).

Werkstoffe, deren Brechungsindex von der Polarisationsrichtung (oder den Komponenten der Polarisation entlang zweier ausgezeichneter Achsen) abhängt, werden auch als **doppelbrechend** bezeichnet. Solche Materialien lassen sich in der Praxis für eine gezielte Verschiebung der Phasen von zwei unterschiedlich polarisierten Wellen einsetzen. Bei **elektrooptischen Materialien** kann dieser Effekt zusätzlich elektrisch gesteuert werden: Beim **linearen elektrooptischen Effekt** oder **Pockelseffekt** verändert sich nämlich die Brechungsindikatrix nach dem Gesetz [60]:

$$\left(\frac{x}{n_x}\right)^2 + \left(\frac{y}{n_y}\right)^2 + \left(\frac{z}{n_z}\right)^2 +$$
$$+ \sum_{k=1}^{3} \left(r_{1k}x^2 + r_{2k}y^2 + r_{3k}z^2 + 2r_{4k}yz + 2r_{5k}xz + 2r_{6k}xy\right) E_k = 1$$

*Tab. 6.4-1*: Elektrooptische Koeffizienten und Brechungsindizes wichtiger elektrooptischer Werkstoffe (nach [60]).

| Stoff | elektro-optischer Modul in $10^{12}$m/V | Brechzahlen bei $\lambda = 0.6\mu$m |
|---|---|---|
| KH$_2$PO$_4$ (KDP) | $r_{41} = r_{52} = 3.6$ $r_{63} = 10.6$ | $n_0 = 1.51$ $n_e = 1.47$ |
| NH$_4$H$_2$PO$_4$ (ADP) | $r_{41} = r_{52} = 28$ $r_{63} = 8.5$ | $n_0 = 1.52$ $n_e = 1.48$ |
| LiNbO$_3$ | $r_{33} = 30$ $r_{13} = r_{23} = 10$ $r_{22} = -r_{12} = -r_{61} = 6$ $r_{42} = r_{51} = 28$ | $n_0 = 2.295$ $n_e = 2.203$ |
| LiTaO$_3$ | $r_{33} = 30.3$ $r_{13} = r_{23} = 5.7$ $r_{22} = -r_{12} = -r_{61} \approx 6$ $r_{42} = r_{51} = 20$ | $n_0 = 2.175$ $n_e = 2.18$ |
| BaTiO$_3$ | $r_{33} = 23$ $r_{13} = r_{23} = 8.0$ $r_{42} = r_{51} = 820$ | $n_0 = 2.437$ $n_e = 2.365$ |
| CuCl | $r_{41} = r_{52} = r_{63} = 6.1$ | $n_0 = 1.97$ |
| ZnS | $r_{41} = r_{52} = r_{63} = 2.0$ | $n_0 = 2.37$ |
| ZnTe | $r_{41} = r_{52} = r_{63} = 3.9$ | $n_0 = 2.79$ |
| GaAs | $r_{41} = r_{52} = r_{63} = 1.6$ | $n_0 = 3.34$ |

wobei die $E_k$ die Komponenten des elektrischen Feldes und die $r_{ik}$ die **elektrooptischen Koeffizienten** sind. (Die Ortskoordinaten werden als dimensionslos angesetzt.) In Tab. 6.4-1 sind die wichtigsten dieser Koeffizienten für einige elektrooptische Materialien angegeben, Bild 6.4-5 zeigt die entsprechenden Veränderungen an der Indikatrix.

Die elektrooptischen Eigenschaften des Lithiumniobats (s. auch Abschnitt 1.3.2) haben vielfältige Anwendungen gefunden. Bild 6.4-6 gibt ein Beispiel für einen elektrooptischen Modulator. Die Modulationsfrequenzen können bis in den Gigahertzbereich gehen.

## 6.4. Optische Werkstoffe

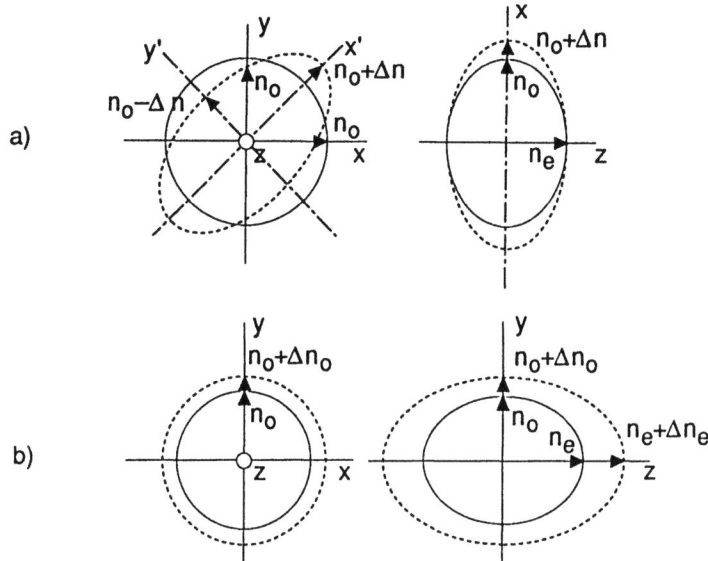

*Bild 6.4-5*: Schnitte durch die Brechungsindikatrix (nach [60]).
a) KDP, ADP    b) LiTaO$_3$
... ohne elektrisches Feld    — mit elektrischem Feld $\vec{E}_z$

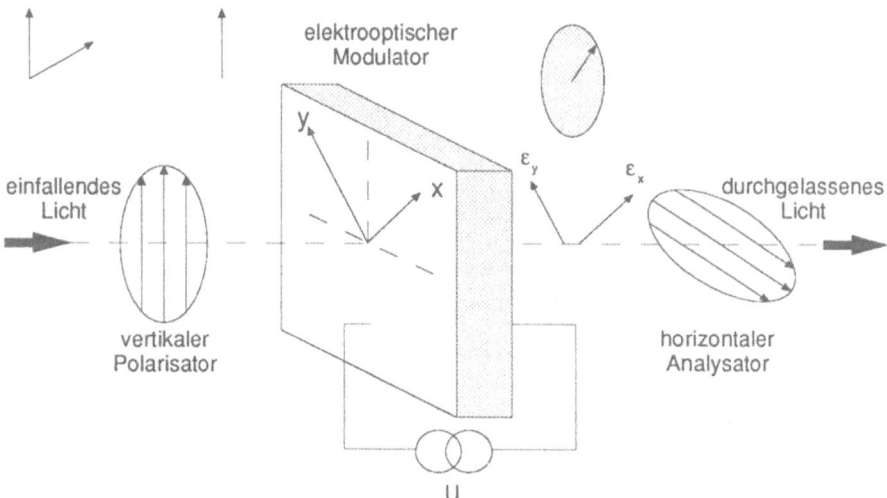

*Bild 6.4-6*: Elektrooptischer Modulator (Pockelszelle):
Vertikal polarisiertes Licht wird durch den Modulator in elliptisch polarisiertes umgewandelt und über einen horizontal ausgerichteten Analysator die senkrecht zur Polarisation der einfallenden Welle polarisierte Welle ausgefiltert. Deren Intensität ist elektrooptisch steuerbar (nach [61]).

# 7 Magnete

## 7.1 Magnetische Felder und Momente

### 7.1.1 Magnetfeld und Induktion

Das Maxwellsche Gesetz (6.26), auch **Durchflutungsgesetz** genannt, beschreibt das Magnetfeld, das durch einen elektrischen Strom erzeugt wird:

$$\nabla \times \vec{H} = \frac{\partial}{\partial t}(\varepsilon_r \varepsilon_0 \vec{E}) + \sigma_{sp}\vec{E} \qquad (7.1)$$

$$= \vec{j}_{di} + \vec{j}_{dr} = \vec{j}_{tot} \qquad (7.2)$$

Der erste Term auf der rechten Seite entspricht einer **Verschiebungsstromdichte**, nach (6.13) ist dieses die Ladung $\sigma_{mono}$ pro Fläche, die pro Zeit in einen Plattenkondensator fließt, um diesen aufzuladen. Der zweite Term ist die Driftstromdichte (4.10).

Das Durchflutungsgesetz (7.1) wird anschaulich klar, wenn wir beide Seiten über eine ebene Fläche A integrieren und den Satz von Stokes anwenden (Bild 7.1.1-1). Ein einfaches Beispiel ist der stromdurchflossene Draht (Bild 7.1.1-2).

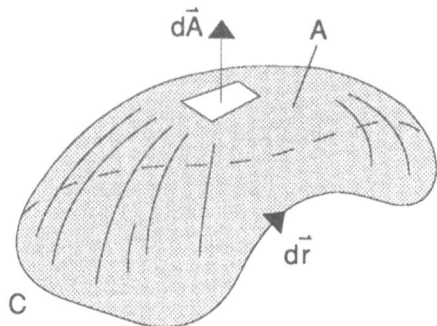

*Bild 7.1.1-1*: Satz von Stokes: (siehe nächste Seite)

## 7.1. Magnetische Felder und Momente

Satz von Stokes: Im dreidimensionalen Raum sei ein Vektorfeld $\vec{H}(\vec{r})$ definiert, weiterhin eine geschlossene Kurve $C$, die eine Fläche $A$ einschließt. Dann gilt:

$$\iint_A \nabla \times \vec{H} \, d\vec{A} = \oint_C \vec{H} \, d\vec{r} \qquad (7.3)$$

$$\stackrel{(7.1),(7.3)}{\Longrightarrow} \oint_C \vec{H} \, d\vec{r} = \iint_A \vec{j} \, d\vec{A} = I \qquad (7.4)$$

d.h. das Kreisintegral über die magnetische Feldstärke ergibt gerade den Strom (nicht Stromdichte), der innerhalb der Kreisbahn liegt.

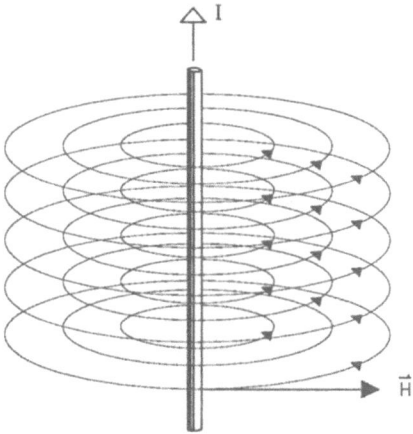

*Bild 7.1.1-2*: Anwendung von (7.4) auf einen stromdurchflossenen Draht. Wir wählen als geschlossene Kurve $C$ eine Kreisbahn (Radius $r$) mit dem Draht im Zentrum. Aus Gründen der Symmetrie muß dann der Betrag von H konstant sein. Damit gilt:

$$\oint \vec{H} \, d\vec{r} = H \oint dr = 2\pi r \cdot H = I \qquad (7.5)$$

$$\Longrightarrow H = \frac{I}{2\pi r} \qquad (7.6)$$

Die Einheit des magnetischen Feldes ist also Ampere pro m (oder Oerstedt, s. Anhang B).

Die Maxwellsche Gleichung (6.25) heißt **Induktionsgesetz**. Auch dieses Gesetz wird anschaulicher, wenn wir beide Seiten über eine Fläche integrieren und den Satz von Stokes anwenden:

$$\iint_A (\nabla \times \vec{E}) \, d\vec{A} = -\iint_A \dot{\vec{B}} \, d\vec{A}$$

$$\downarrow (7.3)$$

$$\oint_C \vec{E} \, d\vec{r} \tag{7.7}$$

Als spezielle Anwendung von (7.7) wählen wir eine Drahtschlaufe entlang der Kurve $C$ (Bild 7.1.1-3).

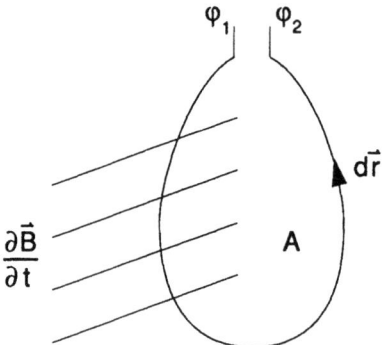

*Bild 7.1.1-3*: Anwendung von (7.7) auf eine Drahtschlaufe, innerhalb der sich die Induktionsflußdichte mit der Zeit ändert. Die Drahtschlaufe ist an einem Punkt in einem infinitesimalen Abstand unterbrochen.

Aus (7.7) folgt:

$$\oint \vec{E} \, d\vec{r} = -\oint \frac{\partial \varphi}{\partial r} \, dr = -(\varphi_2 - \varphi_1) = U_{\text{ind}} \tag{7.8}$$

$$\Rightarrow U_{\text{ind}} \stackrel{(7.7)}{=} -\iint_A \dot{\vec{B}} \, d\vec{A} = -\dot{\Phi} \tag{7.9}$$

mit dem elektrostatischen Potential $\varphi$. Die Potentialdifferenz zwischen den Punkten 1 und 2 der geöffneten Schlaufe wird als **induzierte Spannung** $U_{\text{ind}}$ bezeichnet. $\Phi$ heißt **Induktionsfluß**.

7.1. Magnetische Felder und Momente

Die Einheit ist damit V sec/m² = 1 Tesla (andere Einheiten in Anhang B). Auch die Induktionsflußdichte ist auf ein magnetisches Feld zurückzuführen, sie ist damit dem Magnetfeld proportional. Man setzt

$$\vec{B} = \mu_0 \vec{H} \qquad (7.10)$$

mit der **Permeabilität des Vakuums** $\mu_0$ (Zahlenwert im Anhang B).

## 7.1.2 Magnetische Polarisation

Magnetische Felder oder Induktionsflußdichten können nicht nur durch stromdurchflossene Leiter erzeugt werden, es gibt auch Materialien, die ein permanentes Magnetfeld erzeugen (**Permanentmagnete**). Auch die Erde hat ein permanentes Magnetfeld, deshalb werden die Pole eines Permanentmagneten, zwischen denen das zeitlich konstante Magnetfeld liegt, als **Nord-** und **Südpol** bezeichnet (Bild 7.1.2-1).

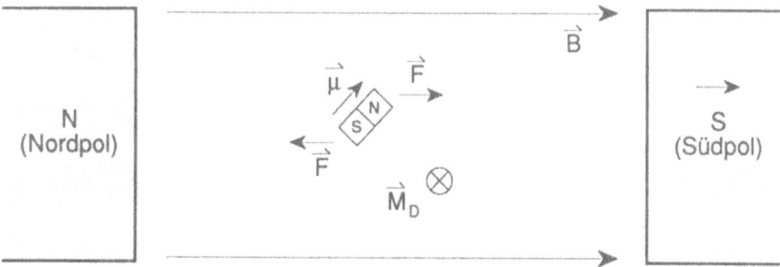

*Bild 7.1.2-1*: Magnetische Induktionsflußdichte zwischen den Polen zweier Permanentmagnete. Auf einen magnetischen Dipol wirkt im Magnetfeld (wie auf einen elektrischen Dipol im elektrischen Feld in Bild 6.2-2) ein Drehmoment.

Bringt man in dieses Feld einen kleinen Permanentmagneten, dann wirkt auf ihn ein Drehmoment

$$\vec{M}_D = \vec{\mu} \times \vec{B} \qquad (7.11)$$

Die Einheit des Drehmomentes ist die Energie (V A sec), damit ergibt sich als Einheit des magnetischen Momentes A m². Da jedes Elektron sich wie ein kleiner Permanentmagnet (**Elektronenspin**, s. Abschnitt 1.1) mit dem magnetischen Moment (**Bohrsches Magneton**)

$$\mu_B = 0,93 \cdot 10^{-23} \text{Am}^2 \tag{7.12}$$

verhält, hat jeder Werkstoff auch eine spezifische Wechselwirkung mit einem Magnetfeld. Je nach Zahl und Anordnung der Elektronen kann diese sehr schwach — aber auch sehr stark — sein. Neben dem Elektronenspin kann auch das magnetische Moment des Atomkerns (**Kernspin**) von Bedeutung sein.

Das Drehmoment in (7.11) ist unabhängig davon, wie das magnetische Moment erzeugt worden ist, d.h. die Verhältnisse ändern sich nicht, wenn dieses durch einen stromdurchflossenen Draht (Bild 7.1.1-2) entsteht: Eine Drahtschlaufe wie in Bild 7.1.1-3 hat nach dem Biot–Savartschen Gesetz dieselben Eigenschaften wie ein permanenter magnetischer Dipol, wenn sie von einem Strom $I$ durchflossen wird: Ist $R$ der Radius der Schlaufe, dann ergibt sich als magnetisches Moment:

$$\mu_R = 2\pi R^2 \cdot I \tag{7.13}$$

In vielen Lehrbüchern werden auch der Elektronen- und der Kernspin als kleine stromdurchflossene Drahtschlaufen (**elementare Ringströme**) dargestellt, dieses ist aber quantentheoretisch nicht nachvollziehbar. Auch die *Elektronenbahn* besitzt ein magnetisches Moment, das man sich in der klassischen Vorstellung als Ringstrom aufgrund des um den Atomkern "kreisenden" Elektrons vorstellen kann.

Addiert man alle magnetischen Momente eines Werkstoffs auf und teilt das Gesamtmoment durch das Volumen, dann erhält man die **magnetische Dipoldichte** oder **Magnetisierung** $\vec{M}$. Ergibt sich diese als Vielfaches eines typischen mittleren magnetischen Momentes pro Atom $<\vec{\mu}_{\text{atom}}>$, dann folgt mit der Atomdichte $\varrho_{\text{atom}}$

$$\vec{M} = \varrho_{\text{atom}} <\vec{\mu}_{\text{atom}}> \tag{7.14}$$

Die Dimension der Magnetisierung ist A/m, genauso wie die Dimension der magnetischen Feldstärke. Zur Bestimmung der "Wirkung" eines Magnetfeldes bei Anwesenheit magnetisierbarer Materie muß die Magnetisierung zu dem vorhandenen Magnetfeld $H_0$ addiert werden (genauso wie bei den Dielektrika die dielektrische Polarisation in der Poissongleichung zur elektrischen Feldstärke addiert werden muß, s. Jackson [56]):

$$\vec{H} = \vec{H}_0 + \vec{M} \tag{7.15}$$

Entsprechend lautet das Durchflutungsgesetz bei Anwesenheit von magnetisierbarer Materie:

$$\nabla \times \vec{H} = \nabla \times (\vec{H}_0 + \vec{M}) = j_{\text{tot}} \tag{7.16}$$

## 7.1.3 Diamagnetismus und Paramagnetismus

Im Abschnitt 6.2 wurde gezeigt, daß eine elektrische Polarisation durch ein elektrisches Feld induziert werden kann (6.8). Dasselbe gilt auch für magnetische Dipole, auch in diesem Fall wird eine **magnetische Suszeptibilität** $\kappa$ definiert durch

$$\vec{M} = \kappa \vec{H}_0 \tag{7.17}$$

Bild 7.1.3–1 und Tab. 7.1.3–1 geben die magnetischen Suszeptibilitäten der Elemente wieder.

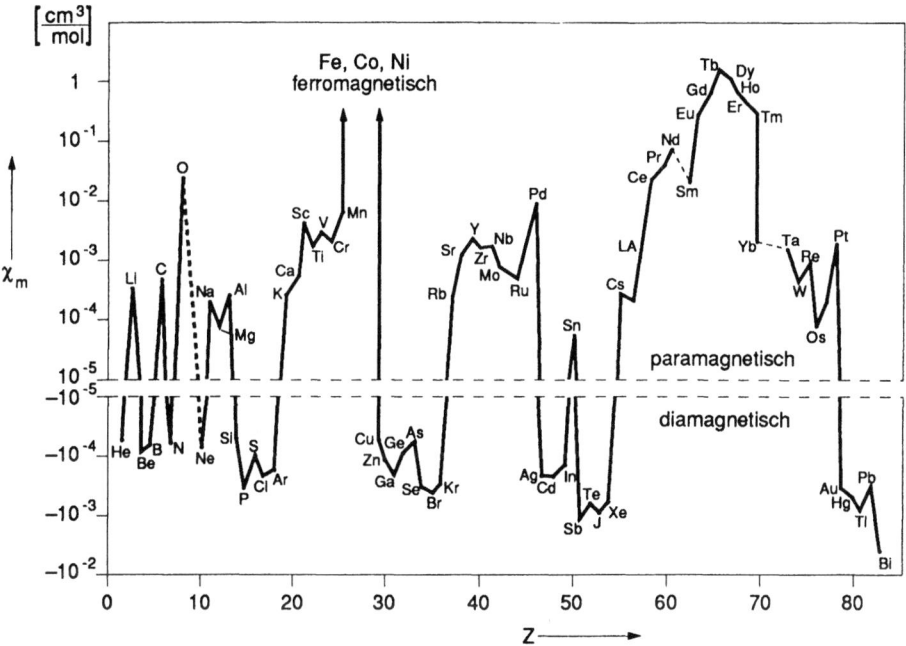

*Bild 7.1.3–1*: Molare Suszeptibilität der Elemente (nach [15])

Für den beobachteten Dia- und Paramagnetismus können verschiedene physikalische Effekte verantwortlich sein. Bild 7.1.3–2 zeigt deren Größenordnung zusammen mit der Temperaturabhängigkeit.

*Diamagnetismus*: Die Suszeptibilität ist kleiner als Null, d.h. durch diesen Effekt wird das Magnetfeld im Werkstoff verkleinert. Der Diamagnetismus ist ein relativ kleiner Effekt, er entsteht durch magnetische Momente, die nicht permanent vorhanden sind, sondern erst durch das wirkende Magnetfeld induziert werden. Die exakte Berechnung erfolgt über die Quantentheorie.

*Tab. 7.1.3-1*: Magnetische Suszeptibilität einiger Werkstoffe (nach [15])

| Substanz | $\kappa \cdot 10^6$ | |
|---|---|---|
| Bi | -153 | |
| Au | -34 | |
| Ag | -25 | |
| Cu | -7.4 | dia- |
| Ge | -7.7 | magnetisch |
| $H_2O$ | -9 | |
| $CO_2$ | -0.012 | |
| $N_2$ | -0.006 | |
| Pt | +264 | |
| Al | +21 | para- |
| $O_2$ | +1.86 | magnetisch |

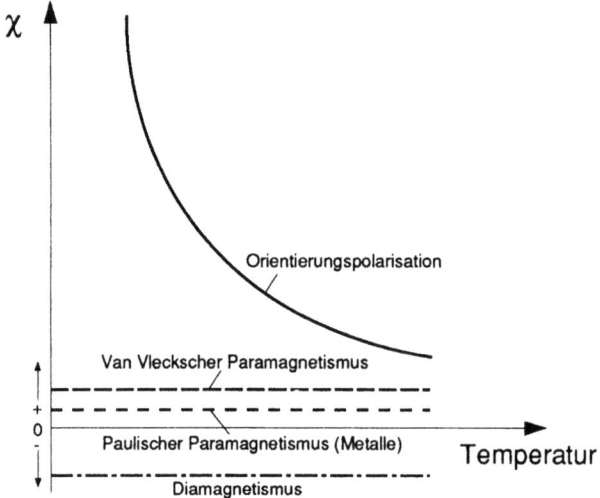

*Bild 7.1.3-2*: Temperaturabhängigkeit der dia- und paramagnetischen Effekte (nach [14])

Bei Supraleitern kann die Suszeptibilität gleich -1 werden, d.h. nach (7.17) und (7.15) wird das äußere Magnetfeld völlig aus dem Supraleiter verdrängt.

*Paramagnetismus*: Die Beiträge des van Vleckschen (Elektronenbahn) und des Paulischen Paramagnetismus sind sehr klein. Der letztere entsteht dadurch, daß die Energieniveaus der Elektronen im Feld einer magnetischen

## 7.1. Magnetische Felder und Momente

Induktionsflußdichte aufspalten (Bild 7.1.3-3b) und nach der Fermistatistik jeweils die energetisch niedriger liegenden Energieeigenwerte stärker besetzt werden.

Ein sehr großer Effekt kann entstehen, wenn die Atome oder Moleküle eines Werkstoffes große permanente magnetische Momente $\vec{\mu}$ besitzen, die sich nach Anlegen einer magnetischen Induktionsflußdichte ausrichten können. Die treibende Kraft hierfür ist zunächst die Absenkung der potentiellen Energie

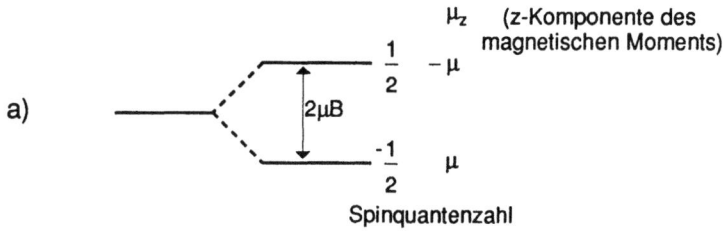

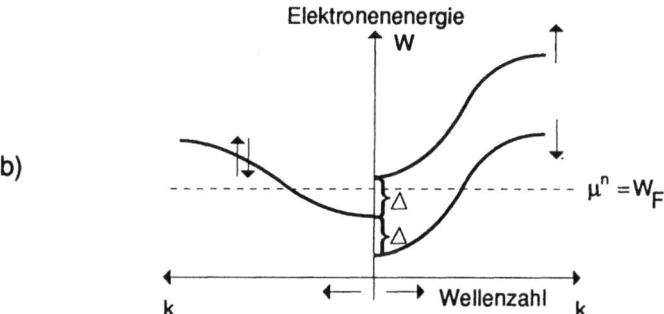

*Bild 7.1.3-3:*

a) Aufspaltung eines Elektronenzustandes im Feld einer magnetischen Induktionsflußdichte: Diejenigen Elektronen, deren Spin parallel zum Feld verläuft, haben eine niedrigere, die anderen jeweils eine höhere Energie.

b) Auswirkungen auf die Besetzung des Leitungsbandes in einem Metall: Ohne Magnetfeld sind die Elektronenenergien $W$ unabhängig von der Spinorientierung. Mit Magnetfeld wird die Energie der Elektronen mit einem Spin parallel zum Magnetfeld niedriger, d.h. der Abstand zum chemischen Potential wird größer, daraus resultiert eine größere Elektronendichte von Elektronen mit dieser Spinorientierung als mit der entgegengesetzten. Das Ergebnis ist ein durch das Magnetfeld induzierter Überschuß von Elektronen mit einem Spin in Feldrichtung, d.h. ein Beitrag zum Paramagnetismus

gemäß:
$$W_{\vec{\mu}} = -\vec{\mu} \cdot \vec{B} \tag{7.18}$$

Dem wirkt entgegen, daß mit zunehmender Ausrichtung der Dipole deren Verteilungsentropie abnimmt, s. Abschnitt 2.2, d.h. der Gleichgewichtszustand wird durch die Minimierung der freien Energie bestimmt. Das bedeutet, daß mit steigender Temperatur die Ausrichtung der magnetischen Momente — und damit auch die Suszeptibilität — abnimmt. Die Minimierung der freien Energie von Teilchen ergibt bei einem festliegenden Energiespektrum im Grenzfall hoher Temperaturen eine Boltzmannverteilung (s. Folgeband "Halbleiter", klassischer Grenzfall), d.h. die Dichte der magnetischen Momente wird bestimmt durch ein Gesetz der Form

$$\varrho_{\vec{\mu}} \sim \exp\left(-\frac{W_{\vec{\mu}}}{kT}\right) = \exp\left(+\frac{\vec{\mu}\vec{B}}{kT}\right) \tag{7.19}$$

Wir bestimmen jetzt den Mittelwert des magnetischen Moments über die Boltzmannverteilung

$$<\vec{\mu}> = \frac{\sum\limits_{\forall \vec{\mu}} \vec{\mu} \varrho_{\vec{\mu}}}{\sum\limits_{\forall \vec{\mu}} \varrho_{\vec{\mu}}} = \frac{\sum \vec{\mu} \exp\left(\frac{\vec{\mu}\vec{B}}{kT}\right)}{\sum \exp\left(\frac{\vec{\mu}\vec{B}}{kT}\right)} \tag{7.20}$$

Wir legen das Koordinatensystem so, daß die $x$-Achse mit der Richtung von $B$ zusammenfällt (Bild 7.1.3-4). Dann läßt sich (7.20) vereinfachen zu:

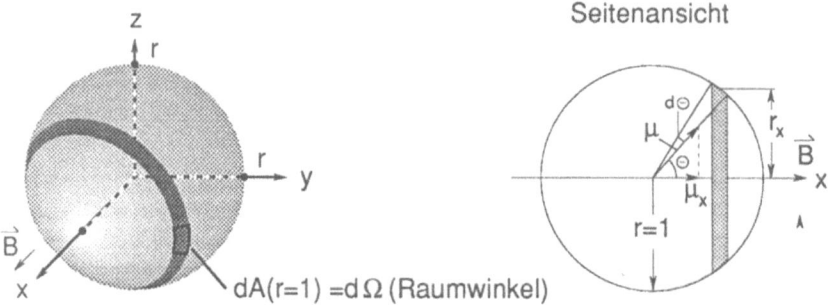

*Bild 7.1.3-4*: Koordinatensystem zur Berechnung des Mittelwertes des magnetischen Moments

## 7.1. Magnetische Felder und Momente

$$<\vec{\mu}> = \frac{\sum \vec{\mu} \exp\left(\frac{\mu_x B}{kT}\right)}{\sum \exp\left(\frac{\mu_x B}{kT}\right)} \qquad (7.21)$$

Die Summation erfolgt über alle Komponenten des magnetischen Moments. Dabei kann ausgenutzt werden, daß zu jeder Komponente $\mu_i$ auch die Komponente $-\mu_i$ auftritt. Da in der Exponentialfunktion aber nur die $\mu_x$ vorkommen, fallen bei der Summation alle Komponenten $\mu_y$ und $\mu_z$ heraus, so daß gilt

$$<\vec{\mu}> = \begin{pmatrix} \frac{\sum \mu_x \exp\left(\frac{\mu_x B}{kT}\right)}{\sum \exp\left(\frac{\mu_x B}{kT}\right)} \\ 0 \\ 0 \end{pmatrix} = \begin{pmatrix} <\mu_x> \\ 0 \\ 0 \end{pmatrix} \qquad (7.22)$$

Summen des Typs (7.22) können durch Integrale über einen Parameter $p$ ersetzt werden, wenn für jedes $p$ die Dichtefunktion $N(p)$ (d.h. $N(p)\,dp$ ist proportional zur Anzahl der $\mu$-Werte im Intervall $dp$) bekannt ist. Als Parameter wählen wir den Winkel $\theta$ in Bild 7.1.3-4. Die Dichtefunktion $N(\theta)$ bestimmen wir aus der Annahme einer isotropen Verteilung der magnetischen Momente vor Anlegen des Magnetsfeldes: Isotropie heißt, daß die Anzahl der magnetischen Momente, deren Vektoren ein Flächenelement $dA$ (Raumwinkel) auf der Einheitskugel durchstoßen, für jedes Flächenelement gleicher Größe — unabhängig von der räumlichen Orientierung — gleich ist (Bild 7.1.3-4). Alle magnetischen Momente mit $\mu_x$ liegen also auf einer Kreisscheibe mit dem Radius $r_x$. Damit gilt:

$$\begin{aligned} N(\theta)\,d\theta &= 2\pi r_x \cdot d\theta \\ &\stackrel{r=1}{=} 2\pi \sin\theta\,d\theta \end{aligned} \qquad (7.23)$$

$$\Rightarrow \frac{\sum \mu_x \exp\left(\frac{\mu_x B}{kT}\right)}{\sum \exp\left(\frac{\mu_x B}{kT}\right)} = \frac{\int_0^\pi \mu_x \exp\left(\frac{\mu_x B}{kT}\right) 2\pi \sin\theta\,d\theta}{\int_0^\pi \exp\left(\frac{\mu_x B}{kT}\right) 2\pi \sin\theta\,d\theta} \qquad (7.24)$$

$$\text{mit} \quad \begin{aligned} \mu_x &= |\vec{\mu}| \cos\theta \\ &= \mu \cos\theta \end{aligned} = \frac{\int_0^\pi \mu \exp\left(\frac{\mu B \cos\theta}{kT}\right) \cos\theta \sin\theta\,d\theta}{\int_0^\pi \exp\left(\frac{\mu B \cos\theta}{kT}\right) \sin\theta\,d\theta} \qquad (7.25)$$

Mit den Substitutionen folgt [48]:

$$\xi = \cos\theta \Rightarrow d\xi = -\sin\theta\, d\theta \qquad (7.26)$$

$$<\mu_x> = \mu \frac{\int_{-1}^{1} \xi \exp\left(\frac{\mu B}{kT}\xi\right) d\xi}{\int_{-1}^{1} \exp\left(\frac{\mu B}{kT}\xi\right) d\xi}$$

$$= \mu \underbrace{\left\{\coth\frac{\mu B}{kT} - \frac{kT}{\mu B}\right\}}_{L\left(\frac{\mu B}{kT}\right)} \qquad (7.27)$$

Der letzte Term wird auch als **Langevin-Funktion** bezeichnet (Bild 7.1.3-5). Eine bessere Übereinstimmung mit praktisch gemessenen Werten liefert (7.27), wenn $L$ durch die quantentheoretisch bestimmte Brillouin-Funktion (Siehe Band "Quanten") ersetzt wird.

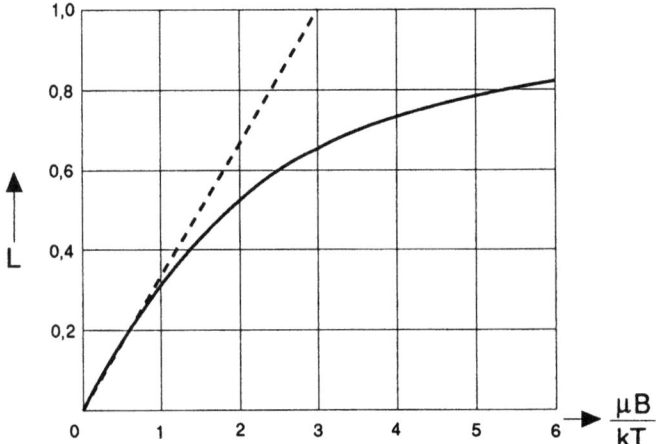

Bild 7.1.3-5: Verlauf der Langevin-Funktion (nach [48])

Die Magnetisierung ist dann die Dichte der Dipole, multipliziert mit dem Mittelwert des magnetischen Moments unter Einfluß des Magnetfeldes $\vec{B}$:

$$M_x = \varrho_{\vec{\mu}} <\mu_x> = \varrho_{\vec{\mu}}\mu\left\{\coth\frac{\mu B}{kT} - \frac{kT}{\mu B}\right\} \qquad (7.28)$$

7.1. *Magnetische Felder und Momente*

Für kleine Magnetfelder $\vec{B}$ gilt:

$$\frac{\mu B}{kT} \ll 1 \stackrel{(7.27)}{\Rightarrow} <\mu_x> \approx \mu \frac{\int_{-1}^{1} \xi \left(1 + \frac{\mu B}{kT}\xi\right) d\xi}{\int_{-1}^{1} \left(1 + \frac{\mu B}{kT}\xi\right) d\xi} = \frac{\mu^2}{3}\frac{B}{kT} \quad (7.29)$$

$$\Rightarrow M_x = \varrho_{\vec{\mu}} \cdot \frac{\mu^2}{3kT} \cdot B \quad (7.30)$$

Daraus folgt mit (7.17) die paramagnetische Suszeptibilität für Orientierungspolarisation (Langevinscher Paramagnetismus):

$$\kappa = \varrho_{\vec{\mu}} \frac{\mu^2 \mu_0}{3kT} =: \frac{C}{T} \quad (7.31)$$

$$C := \varrho_{\vec{\mu}} \frac{\mu^2 \mu_0}{3k} \quad (7.32)$$

Die Suszeptibilität fällt also mit $1/T$ ab, dieses ist der in Bild 7.1.3-2 dargestellte Verlauf. $C$ wird als **Curie-Konstante** bezeichnet.

Dieselbe Theorie gilt auch für die Orientierungspolarisation elektrischer Dipolmomente, für diesen Fall erhält man als dielektrische Suszeptibilität

$$\chi = \frac{\varrho_{\vec{d}} \vec{d}^2}{3\varepsilon_0 kT} \quad (7.33)$$

Beide Formulierungen werden als **Curie-Gesetze** bezeichnet.

### 7.1.4 Ferro–, Ferri– und Antiferromagnetismus

Einige Werkstoffe haben die Eigenschaft, daß sich ein Teil ihrer Elektronenspins spontan parallel ausrichten: Auf diese Weise entsteht ein spontanes oder remanentes magnetisches Moment, wie es z.B. am Stabmagneten beobachtet werden kann. Diese Erscheinung ist bereits seit dem Altertum bekannt, sie wurde zuerst in der kleinasiatischen Stadt Magnesia an dem ferrimagnetischen Werkstoff Magnetit (Zustandsdiagramm in Bild 2.5–14) beobachtet. Seitdem sind viele Werkstoffe auf ihre permanentmagnetischen Eigenschaften untersucht worden, insbesondere treten hervor die Elemente Eisen, Cobalt, Nickel und Gadolinium, sowie zahlreiche Legierungen der Selten-Erd-Metalle wie $GdCl_3$, EuO und EuS.

Typisch für den ferromagnetischen Zustand ist die Tatsache, daß die Elektronen nicht wie in Bild 7.1.3–3 mit gleicher Wahrscheinlichkeit quantentheoretische Zustände entgegengesetzt ausgerichteter Spins besetzen, weil dieses praktisch zu einem magnetischen Moment Null führt. Was kann die Elektronen dazu bewegen, Zustände mit paralleler Spinausrichtung zu besetzen? Eine mögliche Antwort darauf gibt die Quantentheorie [62], wenn man die Wechselwirkung der Elektronen miteinander im Festkörper berücksichtigt: Wegen des Pauliverbots dürfen zwei Elektronen mit ungleichem Spin nicht denselben Energiezustand besetzen, sie dürfen also nicht den gleichen Ort einnehmen und kommen sich daher nicht sehr nahe. Deshalb kann die elektrostatische Abstoßung der Elektronen untereinander auch nicht so stark werden wie die von Elektronen unterschiedlicher Spins, deren Bahnen sich überschneiden können. Elektronen mit parallel orientierten Spins haben damit eine geringere Wechselwirkungsenergie und werden deshalb energetisch begünstigt (Bild 7.1.4–1a). Dieser Energiegewinn ermöglicht es, daß bei einer Minimierung der gesamten (freien) Energie im Bändermodell energetisch höherwertige unbesetzte Energiezustände besetzt werden können (Bild 7.1.4–1b).

Ein solcher Prozeß ist sicher dann besonders wahrscheinlich, wenn die Energieerhöhung nach Bild 7.1.4–1b möglichst niedrig ausfällt, d.h. wenn die Zustände bei der Energie des chemischen Potentials (Fermienergie) besonders

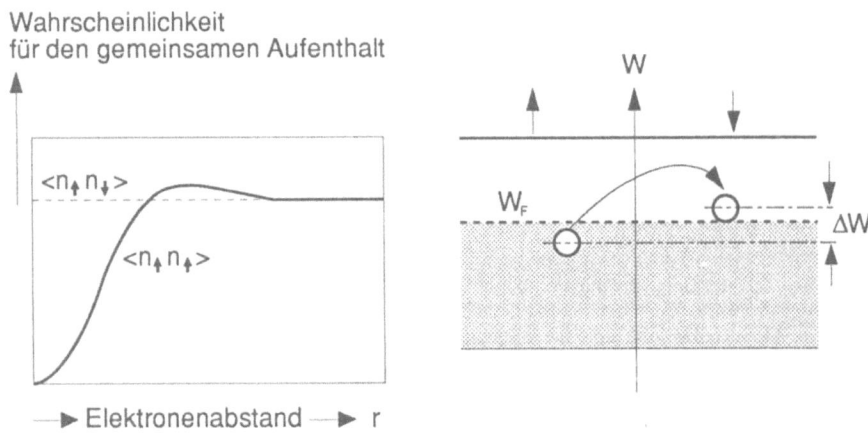

*Bild 7.1.4-1:*

a) Überlappung der Elektronenzustände zweier Elektronen mit unterschiedlichem (gestrichelt) und gleichem (durchgezogen) Spin in Abhängigkeit vom Elektronenabstand: Bei gleichem Spin verhindert das Pauliverbot eine große Überlappung der Elektronenbahnen und verringert auf diese Weise die elektrostatische Abstoßung.

b) Um Spins parallel ausrichten zu können (und damit einen energetischen Vorteil wie in a) auszunutzen), müssen die Elektronen in einen unbesetzten Zustand höherer Energie übergehen (nach [62]).

## 7.1. Magnetische Felder und Momente

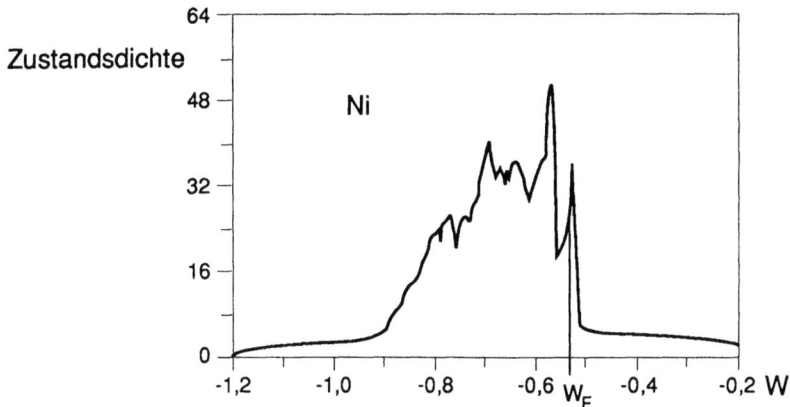

*Bild 7.1.4-2:* Zustandsdichte an der "Fermikante" $W_F$ (Lage des chemischen Potentials) in Nickel (nach [62]).

dicht beieinander liegen. Das ist der Fall bei hohen Zustandsdichten (s. Abschnitt 4.1.3) an der "Fermikante" (Bild 7.1.4-2).

Diese hohen Zustandsdichten findet man besonders bei den Elementen mit unbesetzten inneren Schalen: den 3d-Übergangsmetallen (Tab. 7.1.4-1) und den Seltenen Erden, bei denen nach abgeschlossenem Aufbau der 5s-, 5p- und 6s-Zustände die 4f-Elektronen aufgefüllt werden.

*Tab. 7.1.4-1:* Äußere Elektronenschalen der Übergangsmetalle der 4. Periode (nach [62]).

|      | Ca | Sc | Ti | V | Cr | Mn | Fe | Co | Ni | Cu | Zn | Ga |
|------|----|----|----|---|----|----|----|----|----|----|----|----|
| [Ar] |    | $3d^1$ | $3d^2$ | $3d^3$ | $3d^5$ | $3d^5$ | $3d^6$ | $3d^7$ | $3d^8$ | $3d^{10}$ | $3d^{10}$ | $3d^{10}$ |
|      | $4s^2$ | $4s^2$ | $4s^2$ | $4s^2$ | $4s^1$ | $4s^2$ | $4s^2$ | $4s^2$ | $4s^2$ | $4s^1$ | $4s^2$ | $4s^2$ |
|      |    |    |    |   |    |    |    |    |    |    |    | $4p^1$ |

Die maximale Besetzung der 3d-Schale mit 10 Elektronen ist nur möglich, wenn die Spinentartung berücksichtigt wird, d.h. maximal 5 Elektronen können denselben Spin besitzen, das 6. muß bereits einen Spin entgegengesetzter Orientierung habe. Damit ergibt sich als Maximalzahl von Spins (= Bohrschen Magnetonen), die in einer Richtung ausgerichtet sein können, der Wert 5 (Bild 7.1.4-3).

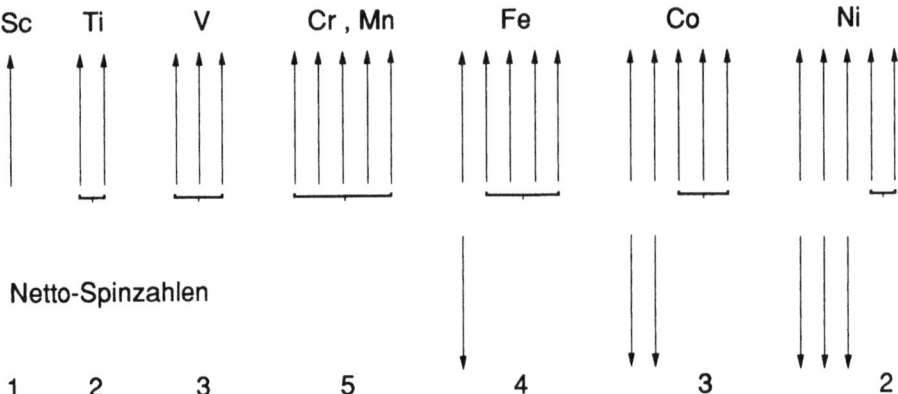

Bild 7.1.4-3: Besetzung der 3d-Schale mit Elektronen: Maximal 5 Elektronen können dieselbe Spinrichtung haben, eine Vergrößerung der Elektronenzahl reduziert das resultierende magnetische Moment (Hundsche Regel, nach [15])

Für ein **ferromagnetisches** Verhalten ist es erforderlich, daß die atomaren magnetischen Momente in einem Gitter so angeordnet sind, daß sie sich gegenseitig verstärken und nicht auslöschen (**antiferromagnetisches** Verhalten). Diese wichtige Frage wird durch die quantentheoretische Berechnung der Austauschwechselwirkung entschieden (Bild 7.1.4-4).

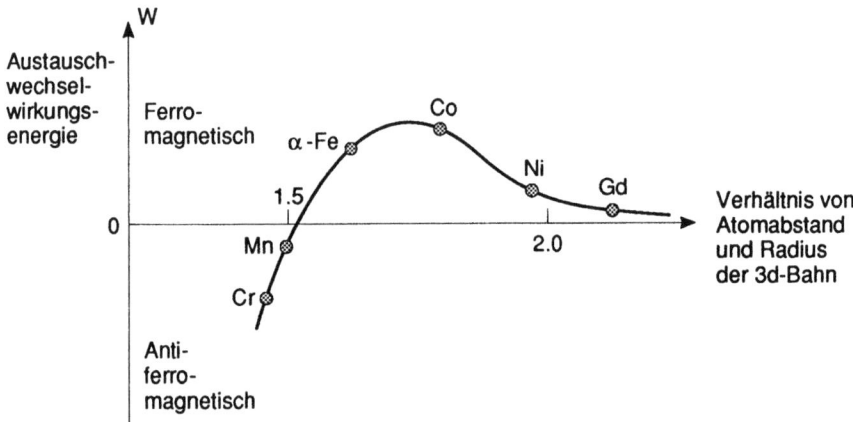

Bild 7.1.4-4: Austauschwechselwirkung der 3d-Elektronen (Bethe-Slater-Kurve): Positive Werte ergeben ein ferromagnetisches-, negative ein antiferromagnetisches Verhalten (nach [63]).

## 7.1. Magnetische Felder und Momente

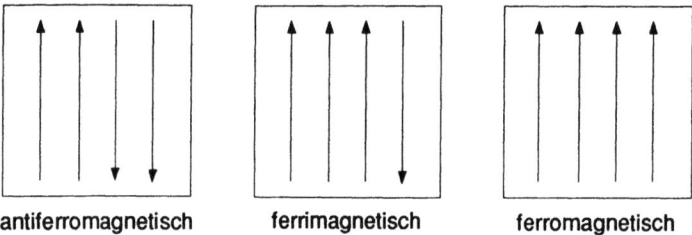

Bild 7.1.4-5: Spinausrichtung der Atome in magnetischen Materialien

Bild 7.1.4–5 zeigt die Spinausrichtung der Atome in ferro- und antiferromagnetischen Materialien. Eine weitere Möglichkeit ist das **ferrimagnetische** Verhalten, bei dem nur eine teilweise Kompensation der magnetischen Momente stattfindet. In Bild 7.1.4–6 ist die Struktur des antiferromagnetischen Manganoxids wiedergegeben, in den Tabellen 7.1.4–2a und b sind physikalische Daten einer Vielzahl magnetischer Materialien zusammengestellt

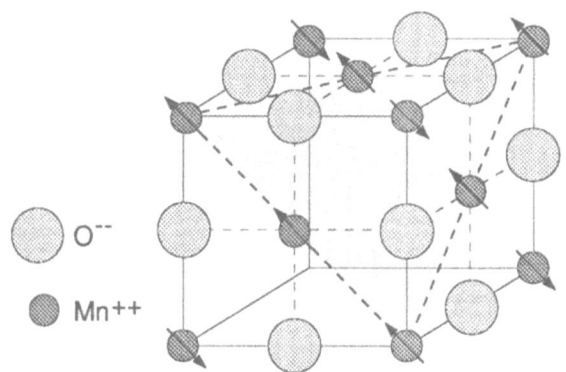

Bild 7.1.4-6: Spinorientierung im antiferromagnetischen Manganoxid (nach [15])

Bild 7.1.4–7 zeigt die Spinanordnung in dem ferrimagnetischen Magnetit.

Jeder magnetische Ordnungszustand ist naturgemäß mit einer Abnahme der Entropie verbunden, d.h. mit steigender Temperatur wird der Ordnungszustand zunehmend aufgelockert werden. Die formale Behandlung kann wie in Abschnitt 7.1.3 erfolgen. Die Tendenz der Elektronenspins, sich in ferromagnetischen Materialien parallel auszurichten, wird durch die Existenz eines

Tab. 7.1.4-2: Physikalische Daten von a) ferromagnetischen und ferrimagnetischen Materialien, b) antiferromagnetischen Materialien (nach [14]).

| Stoff | | Sättigungsmagnetisierung $M_s/4\pi$ in T | | $T_c[K]$ |
|---|---|---|---|---|
| | | Zimmertemperatur | 0 K | |
| Fe | | 0.1707 | 0.1740 | 1043 |
| Co | | 0.1400 | 0.1446 | 1388 |
| Ni | | 0.0485 | 0.0510 | 627 |
| Gd | | — | 0.2060 | 292 |
| Dy | | — | 0.2920 | 88 |
| MnAs | | 0.0670 | 0.0870 | 318 |
| MnBi | | 0.0620 | 0.0680 | 630 |
| MnSb | | 0.0710 | — | 587 |
| $CrO_2$ | | 0.0515 | — | 386 |
| $MnOFe_2O_3$ | Spinelle | 0.0410 | — | 573 |
| $FeOFe_2O_3$ | | 0.0480 | — | 858 |
| $NiOFe_2O_3$ | | 0.0270 | — | 858 |
| $CuOFe_2O_3$ | | 0.0135 | — | 728 |
| $MgOFe_2O_3$ | | 0.0110 | — | 713 |
| EuO | | — | 0.1920 | 69 |
| $Y_3Fe_5O_{12}$ | Granat | 0.0180 | 0.0200 | 560 |

| Material | Paramagnetisches Ionengitter | Übergangstemperatur $T_N$ in K | Curie-Weiß $\theta$ in K |
|---|---|---|---|
| MnO | kfz | 116 | 610 |
| MnS | kfz | 160 | 528 |
| MnTe | hex. Schicht | 307 | 690 |
| $MnF_2$ | tetr. rz | 67 | 82 |
| $FeF_2$ | tetr. rz | 79 | 117 |
| $FeCl_2$ | hex. Schicht | 24 | 48 |
| FeO | kfz | 198 | 570 |
| $CoCl_2$ | hex. Schicht | 25 | 38.1 |
| CoO | kfz | 291 | 330 |
| $NiCl_2$ | hex. Schicht | 50 | 68.2 |
| NiO | kfz | 525 | ~ 2000 |
| Cr | krz | 308 | |

## 7.1. Magnetische Felder und Momente

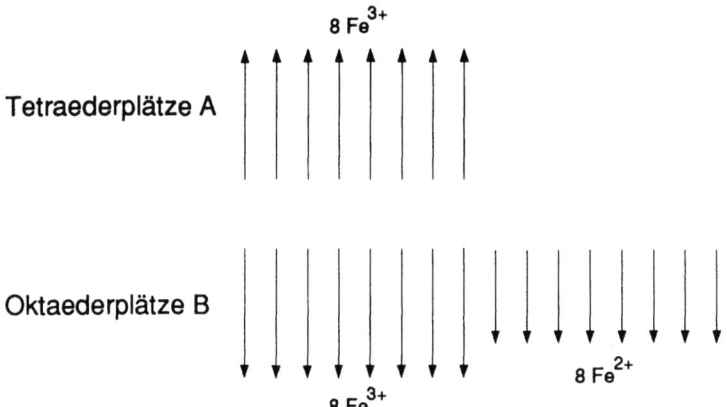

*Bild 7.1.4-7*: Ferrimagnetisches Magnetit: Die Momente der $Fe^{3+}$-Ionen auf Tetraeder- und Oktaederplätzen heben sich gegenseitig auf, übrig bleiben die Momente der $Fe^{2+}$-Ionen (nach [14]).

hypothetischen starken Magnetfeldes, das **Weißsche Feld** $\vec{H}_W$ ausgedrückt, das zu dem äußeren Magnetfeld $\vec{H}$ addiert wird:

$$\vec{H}_{\text{eff}} = \vec{H}_0 + \vec{H}_W \qquad (7.34)$$

wobei das Weißsche Feld mit der ferromagnetischen Sättigungsmagnetisierung zusammenhängt über

$$\vec{H}_W = a_W \vec{M}_s \qquad (7.35)$$

mit der **Weißschen Wechselwirkungskonstanten** $a_w$. Die potentielle Energie eines magnetischen Momentes ist dann anstelle von (7.18):

$$W_{\vec{\mu}} = -\vec{\mu}\vec{B} = -\vec{\mu}\mu_0(\vec{H}_0 + a_W \vec{M}_s) \qquad (7.36)$$

d.h. die magnetische Induktionsflußdichte wird um einen Term vergrößert, der durch das Weißsche Feld entsteht. Kennzeichnend ist jetzt, daß auch ohne ein äußeres Magnetfeld eine Induktionsflußdichte

$$\vec{B}_W = \mu_0 a_W \vec{M}_s \qquad (7.37)$$

vorhanden ist, welche bestrebt ist, die magnetischen Momente auszurichten. Damit ergibt sich nach (7.27) ein mittleres magnetisches Moment in Richtung des Weiß'schen Feldes

$$<\mu_x> = \mu\left\{\coth\frac{\mu B_W}{kT} - \frac{kT}{\mu B_W}\right\} = \mu L\left(\frac{\mu B_W}{kT}\right) \qquad (7.38)$$

Mit Hilfe von (7.28) kann daraus die Sättigungsmagnetisierung $M_s$ berechnet werden

$$M_s = \varrho_{\vec{\mu}} <\mu_x> = \varrho_{\vec{\mu}}\mu \cdot L\left(\frac{\mu B_W}{kT}\right) \qquad (7.39)$$

so daß wir insgesamt eine Gleichung für $M_s$ mit der Temperatur $T$ als Parameter erhalten. Eine Umformung erbringt

$$\frac{M_s}{\varrho_{\vec{\mu}} \cdot \mu} \stackrel{(7.37)}{=} \frac{B_W}{\varrho_{\vec{\mu}} \cdot \mu \cdot \mu_0 a_w} \stackrel{(7.39)}{=} L\left(\frac{\mu B_W}{kT}\right) \qquad (7.40)$$

$$\Rightarrow \frac{kT}{\varrho_{\vec{\mu}}\mu^2\mu_0 a_w} \cdot \left(\frac{\mu B_W}{kT}\right) = L\left(\frac{\mu B_W}{kT}\right) \qquad (7.41)$$

Dieses ist eine transzendente Gleichung mit dem Parameter $\mu B_w/kT$, die sich graphisch lösen läßt, wenn man die linke und die rechte Seite von (7.41) als Funktion des Parameters für verschiedenen Temperaturen aufträgt ([15],[53]), Bild 7.1.4–8.

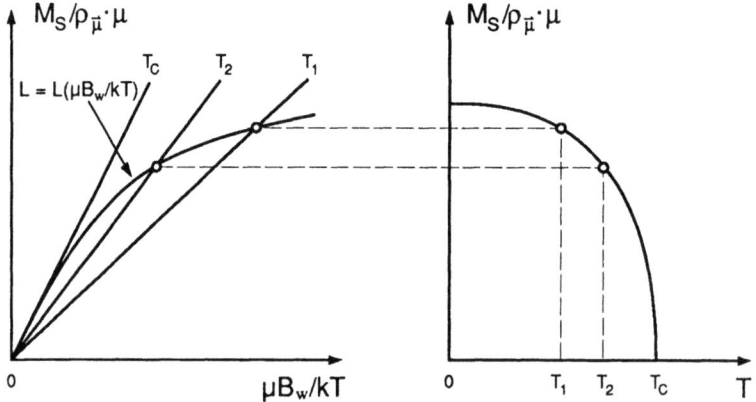

*Bild 7.1.4-8*: Bestimmung der Temperaturabhängigkeit der Sättigungsmagnetisierung (b) durch graphische Lösung der Gleichung (7.41) (a): Aufgetragen sind die linke und die rechte Seite von (7.41) als Funktion des Parameters $\mu B_w/kT$ (nach [15]).

Die Sättigungsmagnetisierung Null (gleiche Steigung beider Seiten in (7.41)), d.h. die Aufhebung der permanenten ferromagnetischen Magnetisierung, ergibt sich bei der **Curie-Temperatur** $T_c$

$$T_C = \frac{\varrho_{\vec{\mu}}\mu^2\mu_0 a_W}{3k} \qquad (7.42)$$

$$= C a_W \qquad (7.43)$$

## 7.1. Magnetische Felder und Momente

mit der Curie-Konstanten aus (7.31). Oberhalb der Curie–Temperatur hat auch ein ferromagnetischer Werkstoff wieder paramagnetische Eigenschaften. Man erhält:

$$\vec{M} = \kappa \vec{H}_{\text{eff}} = \kappa(\vec{H}_0 + a_W \vec{M}) \tag{7.44}$$

Unter diesen Voraussetzungen gilt wieder das Curie-Gesetz (7.31), so daß sich ergibt

$$\frac{|\vec{M}|}{|\vec{H}_0|} = \frac{C}{T - Ca_W} = \frac{C}{T - T_c} \tag{7.45}$$

Dieses wird als das **Curie-Weißsche Gesetz** bezeichnet. Bild 7.1.4–9 zeigt eine Zusammenstellung der Suszeptibilitäten für verschiedene magnetische Ordnungszustände (das Verhalten ferri-und antiferromagnetischer Werkstoffe wurde hier nicht berechnet).

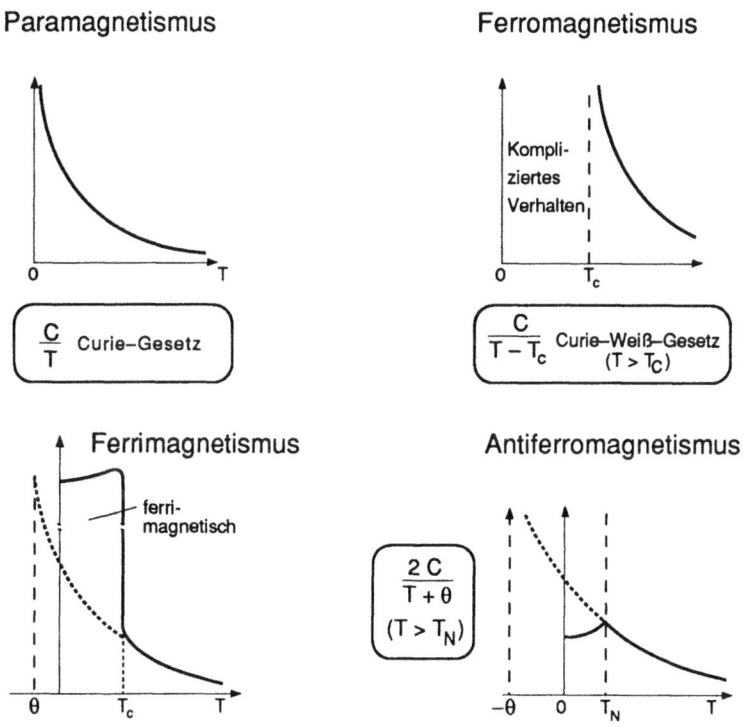

*Bild 7.1.4-9*: Temperaturabhängigkeit der magnetischen Suszeptibilitäten für verschiedene magnetische Werkstoffe ($T_N$ heißt **Neel-Temperatur**, nach [14,15])

## 7.1.5 Magnetische Domänen

Auch ferromagnetische Materialien zeigen häufig nach außen hin nur ein sehr schwaches magnetisches Verhalten. Das liegt daran, daß parallel ausgerichtete magnetische Momente eines magnetisierten Werkstücks an den Austrittsstellen aus dem Werkstück freie Pole und damit ein erhebliches äußeres Magnetfeld erzeugen würden. Das ist mit einer entsprechend hohen Feldenergie verbunden. Günstiger ist deshalb eine Anordnung nach Bild 7.1.5-1, bei welcher sich die Magnetfelder benachbarter ferromagnetischer Bereiche weitgehend kompensieren, so daß die Energie des äußeren Feldes ein Minimum annimmt.

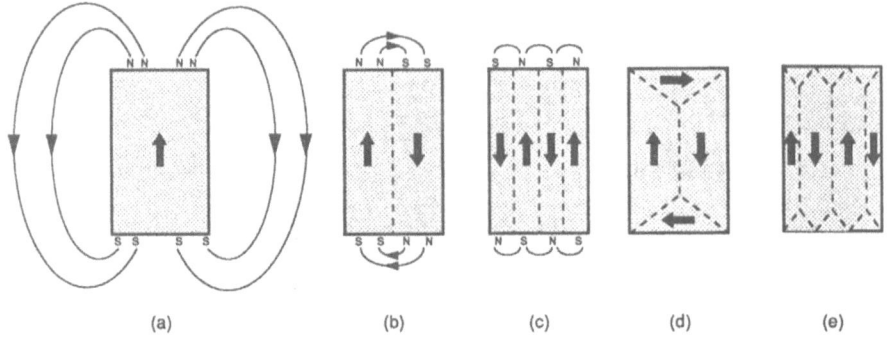

*Bild 7.1.5-1*: Abnahme des äußeren Magnetfeldes durch Anordnung der ferromagnetischen Bereiche in Domänen mit unterschiedlicher Orientierung der Magnetisierung (**Weißsche Bezirke**). Alle Ausrichtungen der Magnetisierung entsprechen den kristallographisch bevorzugten **leichten Magnetisierungsrichtungen**.

Die Bereiche gleicher ferromagnetischer Magnetisierung (**Domänen, Weißsche Bezirke**) werden jeweils durch Grenzflächen, die **Blochwände**, getrennt (Bild 7.1.5-2), deren Energie der Ausbildung einer Domänenstruktur wie in Bild 7.1.5-1 entgegenwirkt. Je nach Materialform und -eigenschaften bildet sich ein optimaler Kompromiß aus.

Die potentielle Energie eines magnetischen Moments wird minimal, wenn der Vektor des magnetischen Moments und die Induktionsflußdichte in dieselbe Richtung zeigen (Bild 7.1.2-1, Gleichung 7.18). Entsprechend werden nach Anlegen eines äußeren Feldes die Momente bestimmter Domänen energetisch günstiger ausgerichtet sein als die anderer. Das Ergebnis ist, daß sich einige Domänen auf Kosten anderer vergrößern werden, d.h. die Blochwände zwischen den Domänen verschieben sich (Bild 7.1.5-3). Bei sehr hohen äußeren Feldstärken wird die Magnetisierung sogar aus der energetisch günstigen (leichten) kristallographischen Richtung herausgedreht und stellt sich zuneh-

## 7.1. Magnetische Felder und Momente

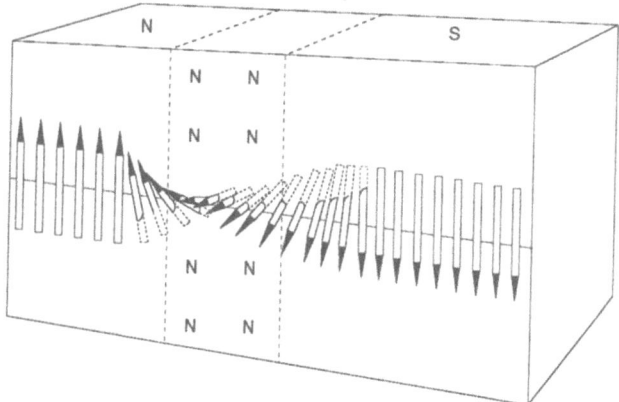

*Bild 7.1.5-2*: Verlauf der Magnetisierungsrichtung in einer Blochwand. Die Dicke einer Blochwand beträgt typisch einige hundert Gitterkonstanten (nach [14]).

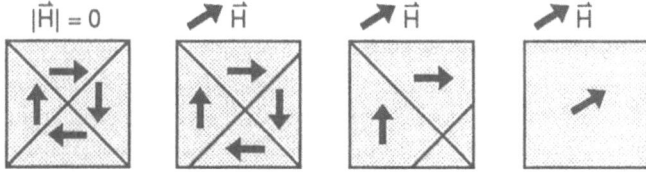

*Bild 7.1.5-3*: Änderung der Domänenstruktur unter Einfluß eines äußeren Magnetfeldes: Zunächst vergrößern sich die Domänen mit einer energetisch günstigen Orientierung der Magnetisierung, dabei verschieben sich die Blochwände (**Blochwandverschiebung**). Bei sehr hohen Magnetfeldern wird die Magnetisierung schließlich aus der kristallographisch vorgegebenen leichten Richtung gedreht (**Drehprozeß**).

mend parallel zum äußeren Feld (Drehprozeß). Bei einer anschließenden Verkleinerung des äußeren Magnetfeldes wandern die Blochwände nur im Idealfall in ihre Ausgangspositionen zurück. Im Realfall wird die Blochwandbewegung durch Gitterinhomogenitäten wie Kristallfehler und Fremdphasen behindert. Daraus ergibt sich, daß selbst nach vollständiger Beseitigung des äußeren Magnetfeldes eine Restmagnetisierung $\vec{M}_r$ dadurch übrigbleibt, daß die Domänen nicht mehr eine energetisch optimale Anordnung annehmen können.

Das magnetische Verhalten der Werkstoffe läßt sich gut charakterisieren durch **Hysteresekurven**, in denen man die Magnetisierung des Werkstückes in Abhängigkeit vom äußeren Magnetfeld aufträgt (Bild 7.1.5–4).

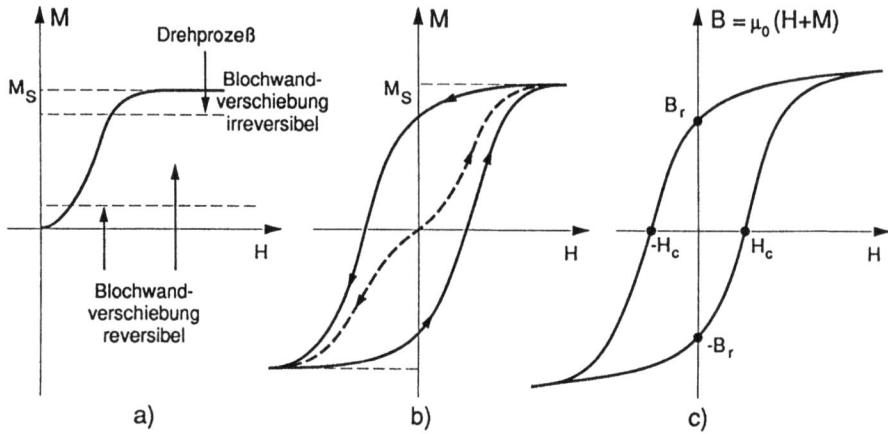

**Bild 7.1.5-4**: Hysteresekurven ferromagnetischer Werkstoffe:

a) Zunächst geht man von einem makroskopisch unmagnetisierten Werkstück aus (**Neukurve**). Mit steigendem äußeren Magnetfeld erhöht sich die Magnetisierung durch Blochwandverschiebung und Drehprozesse, bis sie schließlich in einen Maximalwert, die **Sättigungsmagnetisierung**, einmündet.

b) Vollständige Hysteresekurve der Magnetisierung: Nach Beseitigung des äußeren Magnetfeldes geht die Magnetisierung nicht mehr auf den Ausgangswert zurück, da die Blochwandverschiebung durch Kristallstörungen behindert wird. Erst durch Anlegen eines Magnetfeldes entgegengesetzten Vorzeichens läßt sich die Magnetisierung noch weiter verkleinern.

c) Umrechnung der Kurve b) auf die Induktionsflußdichte $\vec{B}$. Kennzeichnende Werte sind die **Remanenz** $\vec{B}_r$ und die **Koerzitivkraft** $\vec{H}_c$.

Die Hysteresekurve in Bild 7.1.4–4c hat den Vorteil, daß in dieser Darstellung die **Permeabilität** $\mu_r$ direkt abgelesen werden kann, die durch die folgenden Beziehungen definiert wird:

$$\vec{B} \stackrel{(7.15)}{=} \mu_0(\vec{H}_0 + \vec{M}) \stackrel{(7.17)}{=} \mu_0(1+\kappa)\vec{H}_0 \qquad (7.46)$$

$$=: \mu_r \mu_0 \vec{H}_0 \qquad (7.47)$$

$$\text{mit} \quad \mu_r := 1 + \kappa \qquad (7.48)$$

## 7.1. Magnetische Felder und Momente

Da die Hysteresekurve nichtlinear ist, hängt die Permeabilität von der angelegten Feldstärke $\vec{H}$ ab, dabei werden typische Kennwerte definiert (Bild 7.1.5-5). Will man nach Durchlaufen der Neukurve den ursprünglichen ma-

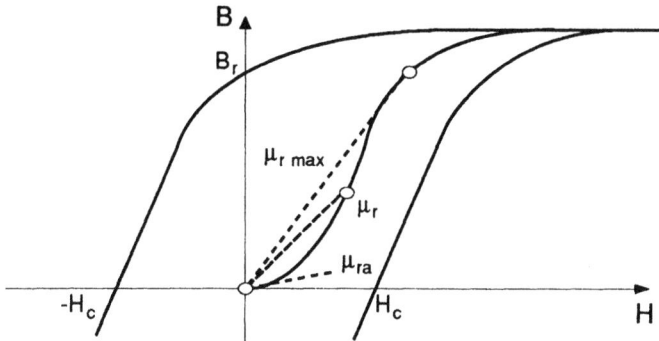

Bild 7.1.5-5: Definitionen der Permeabilität $\mu_{ra}$ = Anfangspermeabilität, $\mu_r$ = Amplitudenpermeabilität ($H$ muß angegeben werden), $\mu_{r\,max}$ = maximal erreichbare Permeabilität

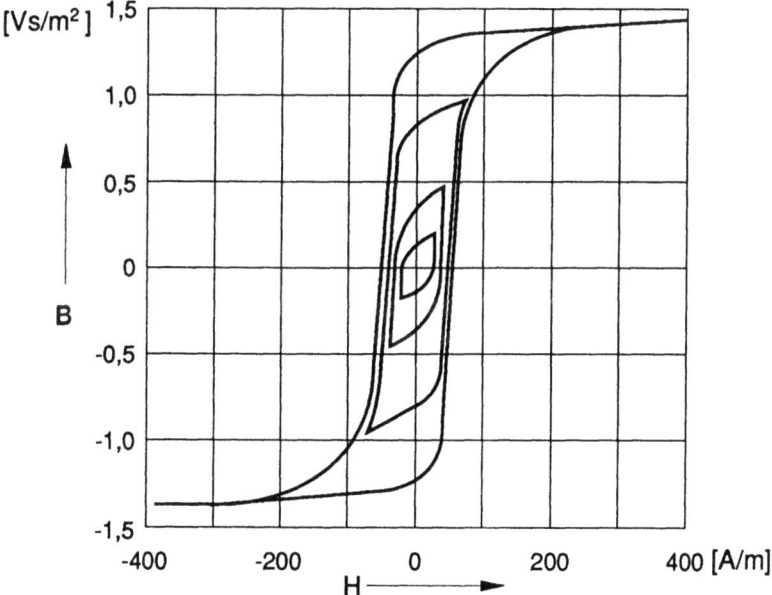

Bild 7.1.5-6: Wechselfeldabmagnetisierung eines Eisenwerkstückes: Die Amplitude des Magnetfeldes wird langsam auf Null reduziert, dadurch verkleinern sich Remanenz und Koerzitivfeldstärke (nach [15]).

kroskopisch unmagnetisierten Zustand wiederherstellen, dann kann man das Werkstück auf Temperaturen oberhalb der Curietemperatur erhitzen und wieder abkühlen. Eine Alternative ist die Wechselfeldabmagnetisierung (Bild 7.1.5-6). Typische magnetische Domänen in ferrielektrischen Materialien sind auch die im Abschnitt 1.3.2 bereits erwähnten magnetischen Blasen (bubbles). Sie treten auf z.B. in dünnen Schichten des ferrimagnetischen Yttrium-Eisen-Granats (YIG, häufig wird Y durch andere Elemente substituiert), die auf einer paramagnetischen Unterlage wie Gadolinium-Gallium-Granat (GGG) epitaktisch aufgewachsen werden können (Bild 7.1.5-7).

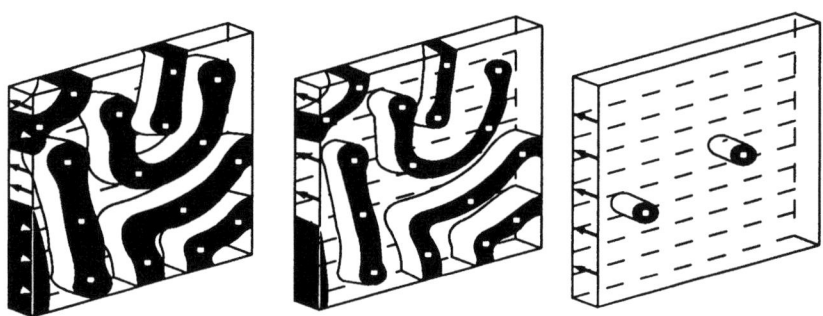

*Bild 7.1.5-7*: Magnetische Domänen in dünnen Schichten des ferrimagnetischen Yttrium-Eisen-Granats (YIG) (nach [64]):

a) Ohne äußeres Magnetfeld treten mit etwa gleicher Fläche Domänen entgegengesetzt orientierter Magnetisierung (jeweils senkrecht zur Dünnschicht) auf.

b) Durch Anlegen eines äußeren Magnetfeldes vergrößert sich die Fläche der einen Domänenart auf Kosten der anderen.

c) Bei noch höheren Feldstärken bleiben nur noch einzelne kreisförmige Domänen (magnetische Blasen oder Bubbles) der energetisch ungünstigen Magnetisierungsrichtung übrig.

Für Anwendungen in der Elektronik — z.B. in der Datenspeicherung oder Datenverarbeitung — müssen die magnetischen Blasen außerordentlich beweglich sein, d.h. die Beweglichkeit der Domänengrenze muß sehr hoch sein. Das setzt eine möglichst große Kristallperfektion voraus.

Niedrige Beweglichkeiten der Domänenwände bewirken, daß eine einmal eingestellte Magnetisierung des Werkstückes nur schwer durch äußere Felder verändert werden kann. Das läßt sich bei der Herstellung von Permanentmagneten (s. Abschnitt 7.3) ausnutzen.

## 7.2 Weichmagnete

### 7.2.1 Induktivität

Die **Induktivität** L eines Leiters wird bestimmt durch die Beziehung

$$u_L = L \cdot \frac{\partial i}{\partial t} \qquad (7.49)$$

$u$ und $i$ sind Wechselspannungen und Wechselströme.

Dieses bedeutet, daß die Phase der Spannung derjenigen des Stroms um einen Winkel von $90°$ vorauseilt (Bild 7.2.1-1a). Eine verlustbehaftete Induktivität läßt sich durch einen Serienwiderstand $R$ darstellen (Bild 7.2.1-1b), dieses führt zu einer Phasenverschiebung um $\delta$ (Bild 7.2.1-1c).

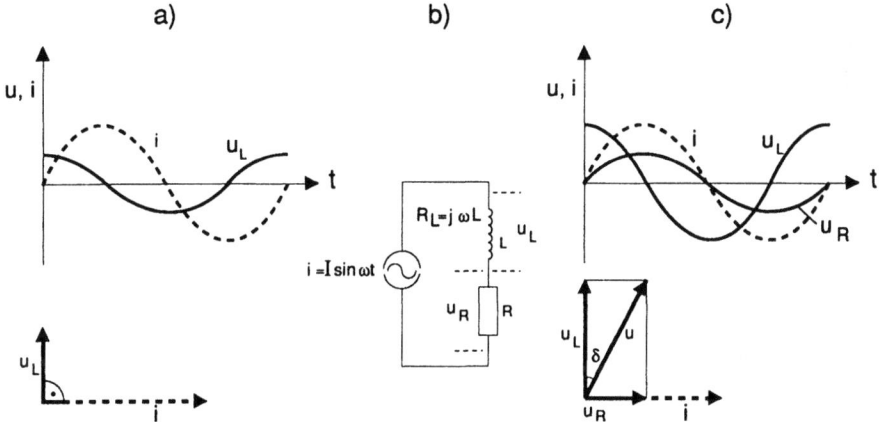

*Bild 7.2.1-1*: Phasenbeziehungen an einer Induktivität (analog zu Bild 6.2.6):

a) Verlustfreie Induktivität.

b) Ersatzschaltbild der verlustbehafteten Induktivität.

c) Phasenbeziehung der verlustbehafteten Induktivität.

Als **Verlustfaktor** der Induktivität definiert man entsprechend (6.21):

$$\tan \delta = \left|\frac{u_R}{u_L}\right| = \frac{R}{\omega L} \qquad (7.50)$$

Definiert man eine komplexe Permeabilität durch

$$\mu_r = \mu'_r - j\mu''_r \qquad (7.51)$$

dann läßt sich der Verlustwinkel auch darstellen durch

$$\tan\delta = \frac{\mu_r''}{\mu_r'} \quad (7.52)$$

Die Induktivität einer Spule im Vakuum ist

$$L = \mu_0 n^2 A/l \quad (7.53)$$

($n$ = Windungszahl, $A$ = Querschnitt der Spule, $l$ = Spulenlänge). Bringt man in das Innere der Spule einen Kern mit der Permeabilität $\mu_r$, dann erhöht sich die Induktivität auf

$$L = \mu_r \cdot (\mu_0 n^2 A/l) \quad (7.54)$$

Hieraus geht eine wichtige Anwendungsmöglichkeit magnetischer Werkstoffe für die Elektrotechnik hervor: Die Verstärkung der Induktivität von Spulen für Nieder- und Hochfrequenzanwendungen.

Eine hohe relative Permeabilität ist eines der Kennzeichen von Weichmagneten (Bild 7.2.1-2).

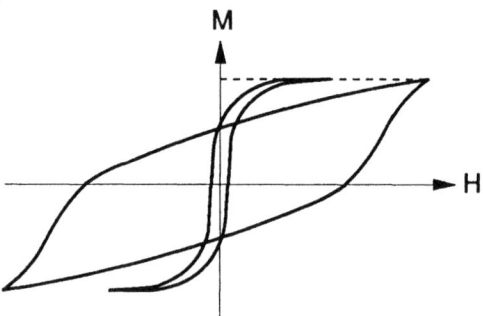

*Bild 7.2.1-2*: Hysteresekurven von weich-und hartmagnetischen Werkstoffen: die weichmagnetischen Stoffe zeichnen sich durch eine hohe Permeabilität und niedrige Koerzitivkraft (schmale Hysteresekurve), die Hartmagnete durch eine große Koerzitivkraft (breite Hysteresekurve) aus. In Wirklichkeit ist der Unterschied sehr viel größer: Die Koerzitivkraft eines hochentwickelten Hartmagneten kann mehr als einen Faktor $10^4$ größer sein als die eines Weichmagneten.

Bild 7.2.1-3 gibt die Werte von Remanenz und Koerzitivfeldstärke einer Vielzahl von magnetischen Werkstoffen an.

## 7.2. Weichmagnete

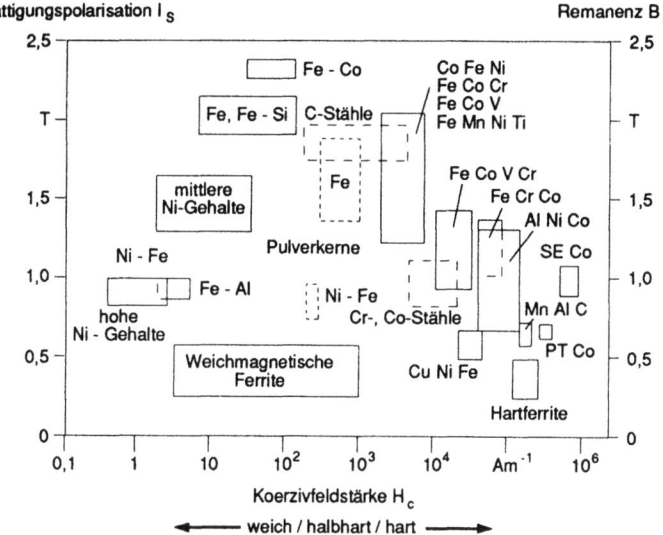

*Bild 7.2.1–3*: Remanenz und Koerzitivfeldstärke magnetischer Werkstoffe (nach [73]).

### 7.2.2 Metallische Weichmagnete

Typische metallische Weichmagnete bestehen aus den Elementen Eisen, Kobalt und Nickel, sowie vielfältigen Legierungen davon. Bild 7.2.2–1 zeigt die Hysteresekurve solcher Legierungen. In Tab. 7.2.2–1 sind typische Leistungsdaten und Anwendungen zusammengestellt. Die reinen Ausgangsstoffe weisen eine deutliche Anisotropie in der Magnetisierungskurve auf (Bild 7.2.2–2). Die Temperaturabhängigkeit der Sättigungsmagnetisierung in Bild 7.2.2–3 verläuft ähnlich wie in Bild 7.1.4–9.

Wegen der besonders hohen Permeabilität des Reineisens in < 100 > Richtung ist man bestrebt, polykristalline weichmagnetische Eisenbleche so herzustellen, daß eine möglichst große Anzahl der Körner auf dem Blech diese Orientierung in Richtung des wirkenden Magnetfeldes besitzt. Das gelingt durch Auswalzen (Abschnitt 3.2.1) des Bleches: Je nach Beschaffenheit des Bleches erhält man als Vorzugsorientierung der Körner (**Textur**) entweder die Goss- oder die **Würfeltextur** (Bild 7.2.2–4). Transformatorenbleche werden dann mit der optimalen Kornorientierung zusammengesetzt (Bild 7.2.2–5).

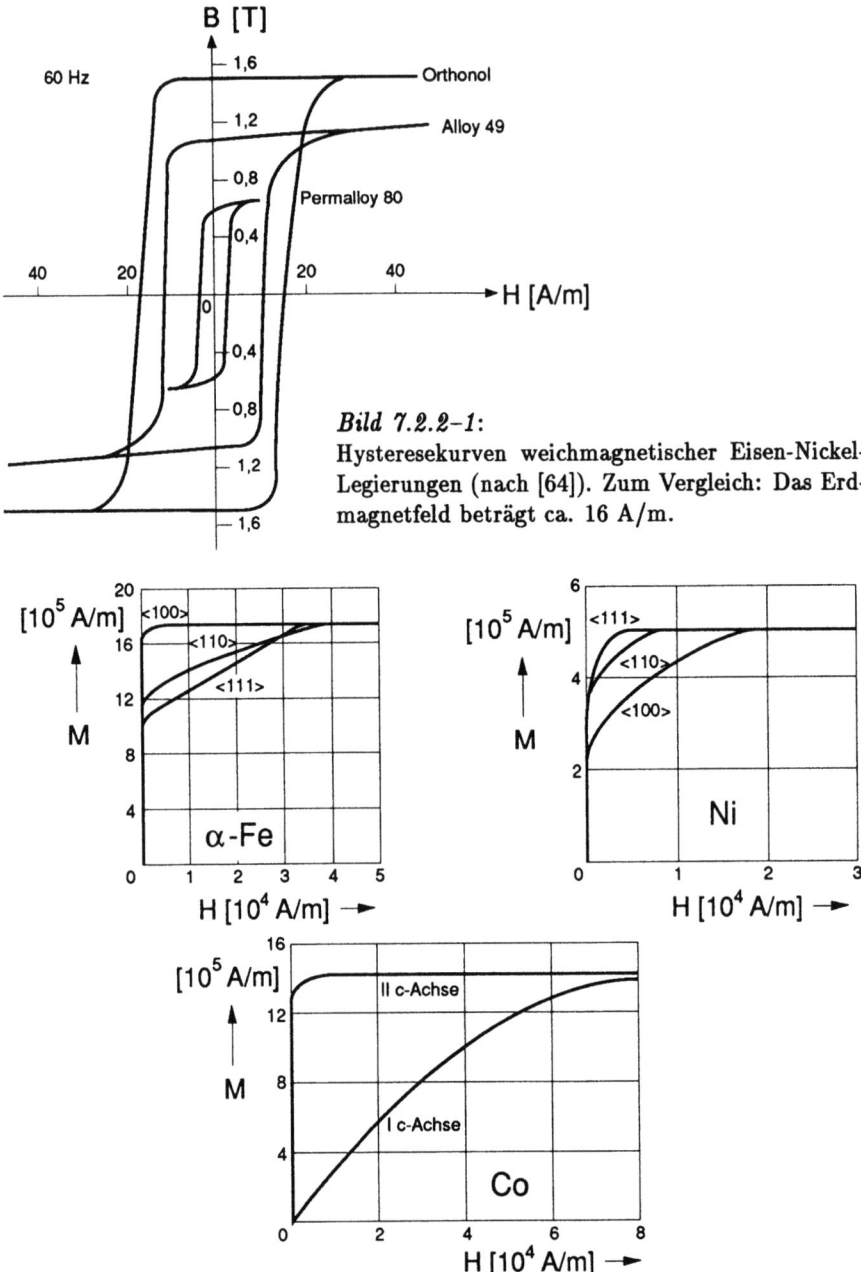

Bild 7.2.2-1:
Hysteresekurven weichmagnetischer Eisen-Nickel-Legierungen (nach [64]). Zum Vergleich: Das Erdmagnetfeld beträgt ca. 16 A/m.

Bild 7.2.2-2: Anisotropie der Magnetisierung reiner Metallkristalle (nach /15/). Die Magnetisierung hängt von der kristallographischen Orientierung des Magnetfeldes ($< 100 >, < 110 >, < 111 >$) ab.
a) $\alpha$-Eisen (krz), b) Nickel (kfz), c) Kobalt (hdP)

## 7.2. Weichmagnete

*Tab. 7.2.2-1:* Eigenschaften und Anwendungen metallischer weichmagnetischer Werkstoffe (nach [28]).

| Werkstoff | Zusammensetzung (Richtwerte in %; Rest vorwiegend Fe) | Blechdicke [mm] | Ummagneti- sierungsverlust W/kg bei 50 Hz | Perme- abilitätszahl $\mu_r$ (max) | Anfangs- permeabilität (bei 0,4 A/m) | Sättigungs- polarisation $\mu_0 M_s$ [T] | Koerzitiv- feldstärke $H_C$ [A/m] | Anwendungsbeispiele |
|---|---|---|---|---|---|---|---|---|
| Reineisen | — | | — | 30.000 bis 40.000 | 1.500 bis 2.000 | 2,15 | ≥ 6,4 | Abschirmungen, Relais- teile, Polschuhe, Joche |
| Fe-Si-Legierungen nicht orientiert | 0,5 Si<br>4 Si | 0,5<br>0,35 | P 1,0<br>≈ 3<br>≈ 1 | 6.000<br>9.000 | —<br>— | 2,1<br>1,95 | 48<br>16 | Elektrische Maschinen<br>Transformatoren |
| kornorientiert, kaltgewalzt | ≈ 3 Si | 0,35<br>0,3 | ≈ 0,5<br>≈ 0,35 | 60.000 | 3.000 | 2,0 | 8 | Transformatoren |
| Ni-Fe-Legierungen | ca. 36 % Ni | 0,3 | 0,5...1 | 8.000 bis 20.000 | 2.000 bis 3.000 | 1,3 | 20...50 | Übertrager, Drosseln, Filter |
| | 47...50 % Ni | 0,2 | ≈ 0,25 | 60.000 | 6.000 | 1,55 | 5 | Teile für Relais, Meßsysteme Abschirmungen, Stromwandler |
| | 50...65 % Ni | 0,2 | ≈ 0,15 | 90.000 | 45.000 | 1,5 | 1,5 | Übertrager, Meßwandler; mit Rechteckschl.: Magnetverstärker, Zähl- und Speicherkerne |
| | 70...80 % Ni | 0,2 | P 0,5<br>1<br>0,025 | 120.000 | 45.000 | 0,8 | 1,5 | Übertrager, Magnetverstärker, Abschirmungen, Teile f. Relais und Meßsysteme |
| | 70...80 % Ni | 0,05 | 0,01 | 300.000 | 130.000 | 0,8 | 0,5 | Mit Rechteckschl.: Schalt- und speicherkerne |

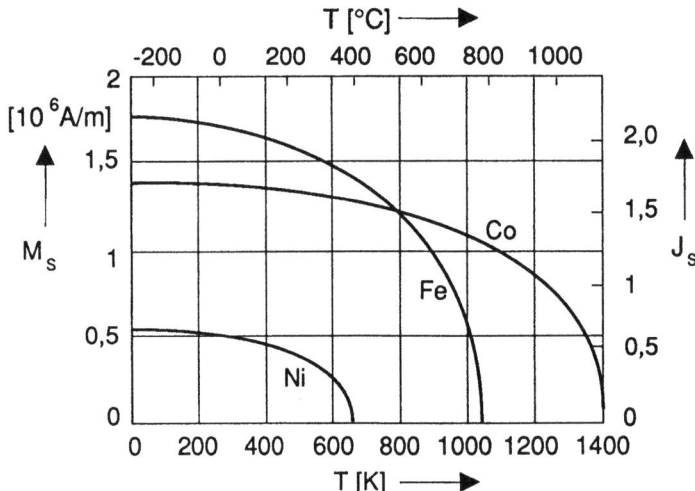

*Bild 7.2.2-3*: Temperaturabhängigkeit der Sättigungsmagnetisierung von Eisen (Curietemperatur 770°C), Nickel (Curietemperatur 358°C) und Kobalt (Curietemperatur 1130°C), nach [15]

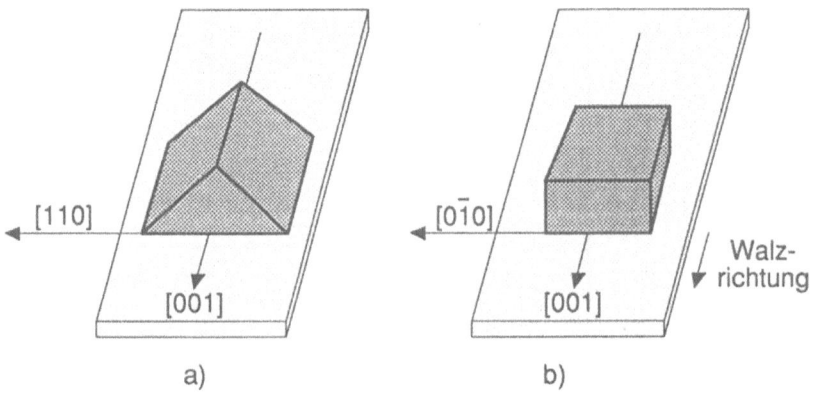

*Bild 7.2.2-4*: Ausbildung einer Textur beim Walzen von Eisenblechen: a) beim Walzen dicker Bleche und Zusätzen wie Si oder MnS erhält man die **Goss-Textur**, b) beim Walzen dünner Bleche bevorzugt die **Würfeltextur** (nach [15])

## 7.2. Weichmagnete

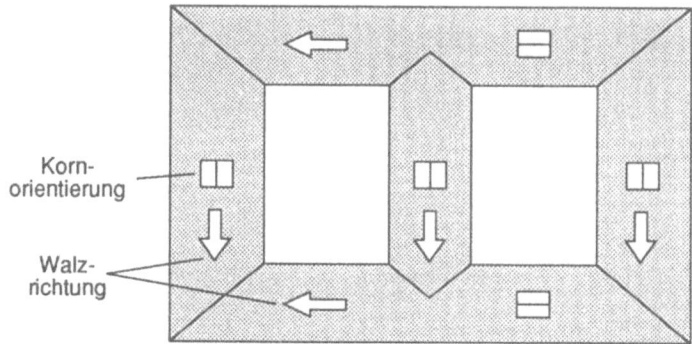

*Bild 7.2.2-5*: Optimale Kornorientierung bei Transformatorenblechen (nach [48])

Verbesserungen der Eigenschaften des Reineisens lassen sich häufig durch Zusatz von Silizium (Bild 7.2.2-6) erreichen, insbesondere nimmt der elektrische Widerstand zu und vermindert damit die Wirbelstromverluste (s. unten).

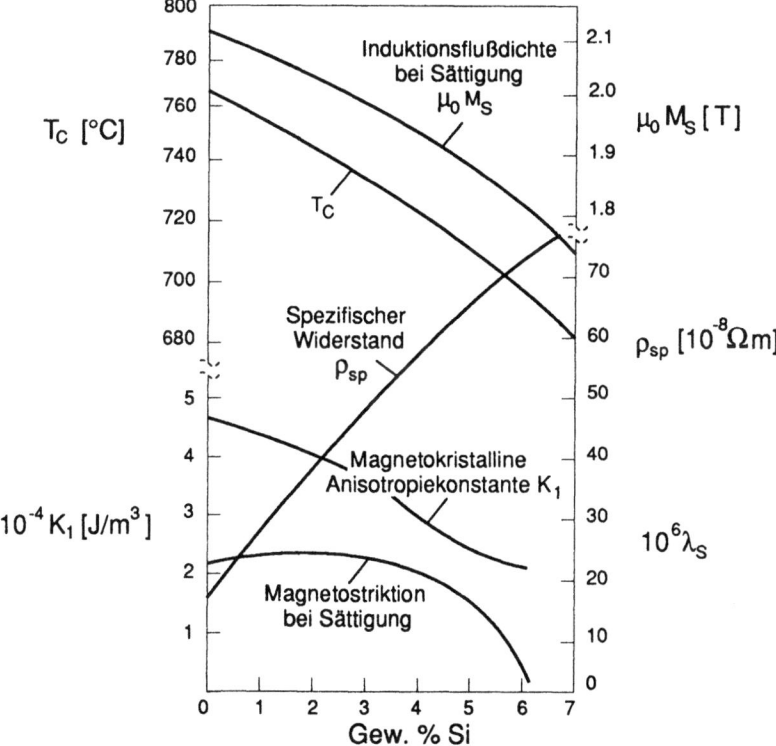

*Bild 7.2.2-6*: Wirkung der Zulegierung von Silizium in Reineisen (nach [64])

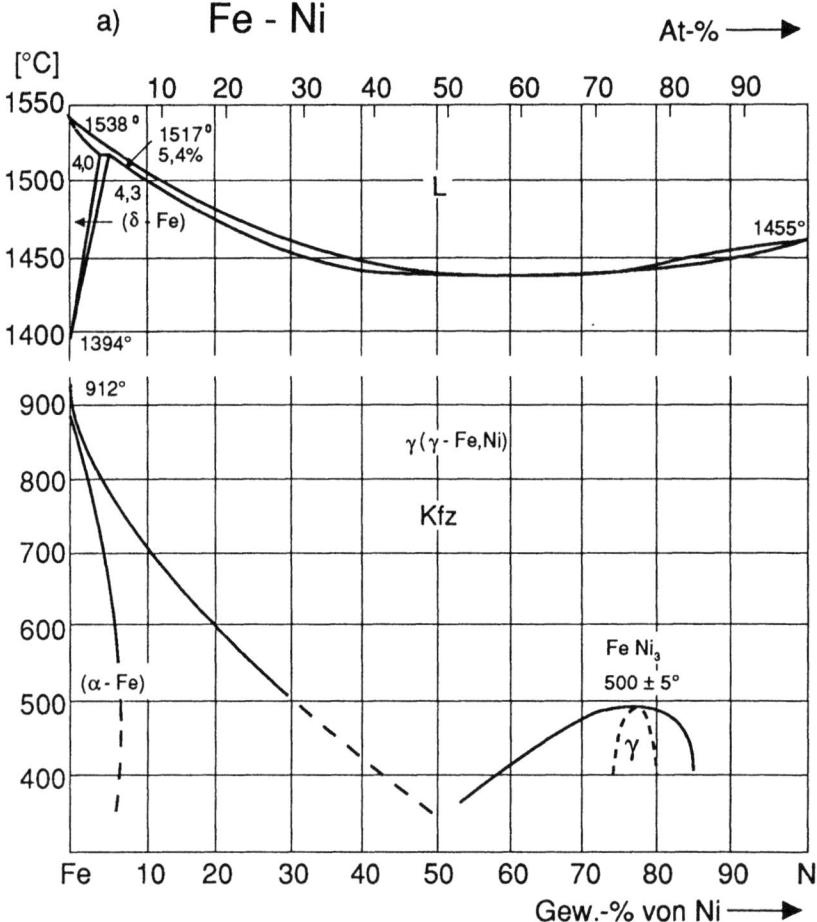

*Bild 7.2.2-7*: Eisen-Nickel-Legierungen

a) Zustandsdiagramm (nach [29])

Besonders attraktive weichmagnetische Eigenschaften hat das Legierungssystem Eisen-Nickel (Bild 7.2.2-7). Im kubisch flächenzentrierten **Permalloy-Bereich** (35 -90 Gew.% Nickel) nimmt die Permeabilität sehr große Werte an.

## 7.2. Weichmagnete

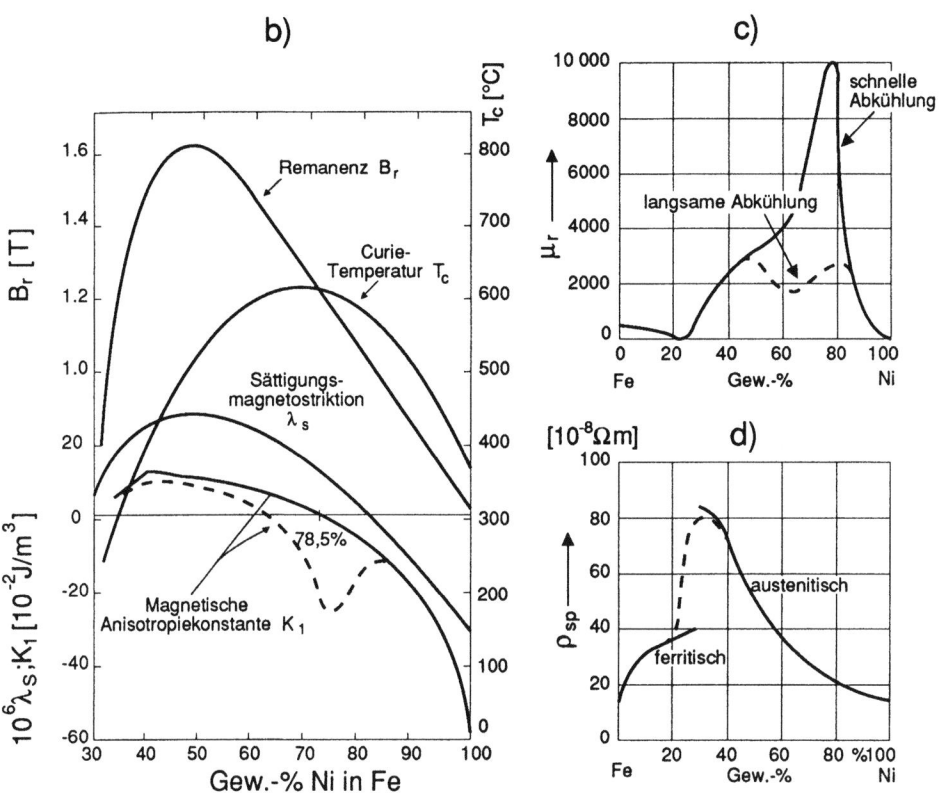

**Bild 7.2.2-7**: Eisen-Nickel-Legierungen

b) Sättigungsmagnetisierung, Curie–Temperatur, Sättigungsmagnetostriktion und magnetische Anisotropiekonstante in Abhängigkeit von der Legierungskonzentration.

c) Relative Permeabilität in Abhängigkeit von der Legierungskonzentration (nach [15]).

d) Spezifischer elektrischer Widerstand in Abhängigkeit von der Legierungskonzentration (nach [15]).

Insbesondere im Bereich der stöchiometrischen Legierung FeNi$_3$ können Werte von mehr als 10000 erreicht werden (**Mumetall**, ein zur magnetischen Abschirmung (Bild 7.2.2-8) häufig verwendeter Werkstoff). Dabei ist aber wichtig, daß FeNi$_3$ keinen geordneten Zustand annimmt (s. Bild 4.2.1-6), da dann die magnetische Anisotropie zunimmt und die Permeabilität herabgesetzt wird. Solche Legierungen müssen also schnell aus der Schmelze abgekühlt werden.

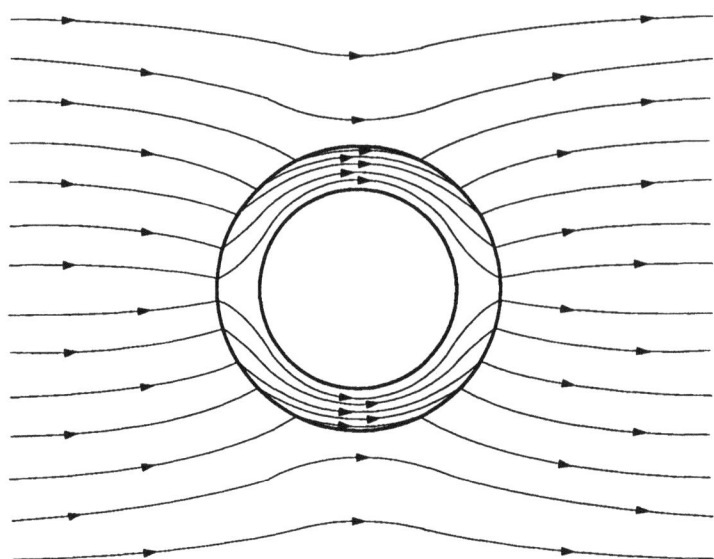

*Bild 7.2.2-8*: Abschirmung eines Magnetfeldes durch einen hochpermeablen Werkstoff

(Bild 7.2.2-7b zeigt die Anisotropiekonstante $K_1$ für schnell (durchgezogen) und langsam (gestrichelt) abgekühlte Werkstoffe. Bei einer Nickelkonzentration von ca. 35 Gew.% steigt der elektrische Widerstand erheblich an (Bild 7.2.2-7d), so daß diese Legierung auch als Widerstandswerkstoff eingesetzt werden kann. Durch weitere Legierungszusätze können die magnetischen Eigenschaften zusammen mit der Frequenzabhängigkeit von Eisen-Nickel-, Eisen-Kobalt- und anderen Legierungen noch weiter verbessert werden.

Bei der Legierung FeNi$_3$ wurde deutlich, daß eine kristalline Ordnung die Permeabilität herabsetzt. Dieses ist ebenfalls die Ursache für die hohe Permeabilität einiger amorpher Metallegierungen (Tab. 7.2.2-2). Solche Legie-

*Tab. 7.2.2-2*: Magnetische Eigenschaften amorpher Metallegierungen

| Material | $\mu_0 M_s$ (bei 20°C), T | $T_c$ °C | Dichte g/cm³ | $\varrho_{sp}$ $10^{-8}\,\Omega m$ |
|---|---|---|---|---|
| Fe$_{80}$B$_{20}$ | 1.60 | 374 | 7.4 | 140 |
| Fe$_{80}$P$_{16}$C$_3$B$_1$ | 1.49 | 292 | | 150 |
| Fe$_{80}$P$_{14}$B$_6$ | 1.36 | 344 | 7.1 | |
| Fe$_{40}$Ni$_{40}$B$_{20}$ | 1.03 | 396 | 7.5 | |
| Fe$_{40}$Ni$_{40}$P$_{14}$B$_6$ | 0.82 | 247 | 7.7 | 180 |
| Fe$_3$Co$_{72}$P$_{16}$B$_6$Al$_3$ | 0.63 | 260 | 7.6 | |

## 7.2. Weichmagnete

rungen werden durch äußerst schnelle Abkühlung aus der Schmelze (mehr als $10^6\,°C/s$) in dünnen Streifen hergestellt. Die vorteilhaften Eigenschaften gehen aber weitgehend verloren, wenn eine Kristallisation eintritt, d.h. die Werkstoffe dürfen nicht bei höheren Temperaturen betrieben werden und haben möglicherweise Probleme mit der Stabilität über längere Betriebszeiten.

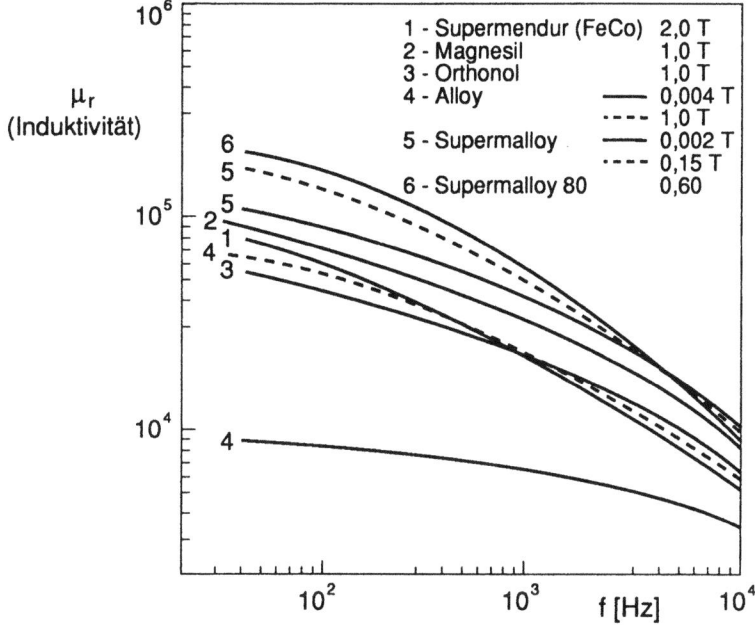

*Bild 7.2.2-9*: Abhängigkeit der Permeabilität von der Frequenz von weichmagnetischen Dünnfilm-Legierungen (nach [64]).

Ein in vielen Fällen nicht zu vernachlässigender Effekt ist die **Magnetostriktion**, d.h. die Längenänderung aufgrund der Magnetisierung eines magnetischen Werkstoffes. Meistens wird die maximale relative Längenänderung in Abhängigkeit von der Magnetisierung angegeben (Bild 7.2.2-10), manchmal auch nur der Wert bei der Sättigungsmagnetisierung (Tab. 7.2.2-3).

Als Quellen für die Verluste (Abschnitt 7.2.1) in magnetischen Werkstoffen kommen vor allem Hystereseverluste und Wirbelströme in Betracht. Die ersteren entstehen durch die periodische Verschiebung der Blochwände während des Wechselstrombetriebs. Die Größe dieser Verluste kann im allgemeinen durch die Fläche der beim Betrieb durchlaufenen Hystereschleife angegeben werden.

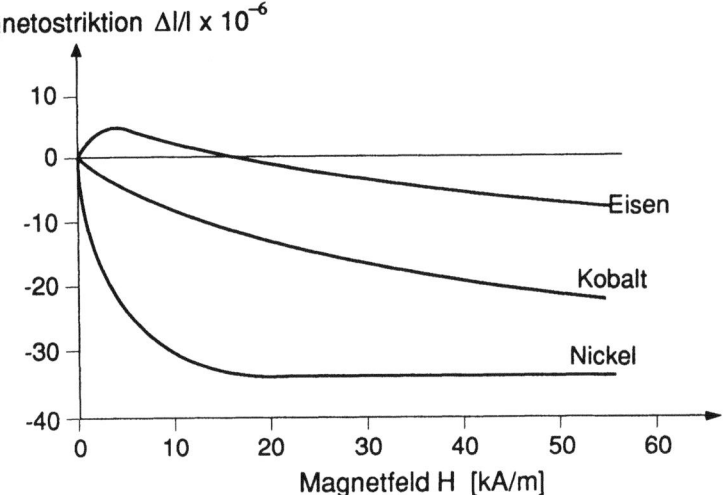

*Bild 7.2.2-10*: Abhängigkeit der Längsmagnetostriktion (relative Längenänderung) von der Magnetisierung (nach [32])

*Tab. 7.2.2-3*: Sättigungsmagnetostriktion verschiedener ferro-und ferrimagnetischer Werkstoffe (nach [15]).

| Werkstoff | $\lambda_s \cdot 10^6$ |
|---|---|
| Eisen | -8 |
| Kobalt | -55 |
| Nickel | -35 |
| 50% Ni, 50% Fe | +25 |
| 50% Fe, 50% Co | +70 |
| Co-Ferrit, $CoFe_2O_4$ | -200 |
| Ni-Ferrit, $NiFe_2O_4$ | -26 |

Wirbelströme entstehen dadurch, daß durch ein magnetisches Wechselfeld in der Umgebung elektrische Spannungen induziert werden, die ihrerseits einen Stromfluß erzeugen. Dieser Effekt entsteht auch im Magnetkern selber, durch die Wirbelströme wird dann ihrerseits ein Magnetfeld erzeugt, das dem ursprünglichen Feld entgegengerichtet ist (Lenzsche Regel). Gleichzeitig erzeugen sie eine Joulesche Wärme, die als Energieverlust wirkt. Bild 7.2.2-11 gibt die Frequenzabhängigkeit der entsprechenden Verlustwinkel an. Dabei ist auch der Widerstandsverlust in der Drahtwicklung berücksichtigt, der sich nach (7.50) aus dem Quotienten von Drahtwiderstand und dem Betrag des Blindwiderstandes ergibt.

## 7.2. Weichmagnete

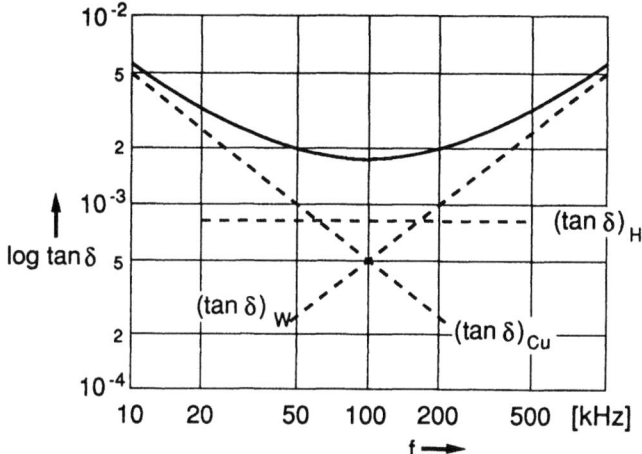

*Bild 7.2.2-11*: Frequenzabhängigkeit der Verlustwinkel von Drahtwiderstand (Index Cu), Hysterese (Index H) und Wirbelströmen (Index W), nach [48].

Zur Verminderung der Wirbelstromverluste müssen die meist relativ gut leitfähigen metallischen Weichmagnete bei Anwendungen im Bereich höherer Frequenzen möglichst in dünnen Schichten hergestellt und voneinander isoliert werden. Dieses erfordert einen erheblichen Aufwand, so daß für typische Hochfrequenzanwendungen generell die elektrisch isolierenden keramischen Weichmagnete bevorzugt werden.

### 7.2.3 Keramische Weichmagnete

Im Gegensatz zu den prinzipiell elektrisch sehr leitfähigen Metallegierungen haben viele ferrimagnetische Werkstoffe einen weit höheren spezifischen Widerstand zwischen 0,2 und $10^6$ Ohm m. Entsprechend geringer sind auch die Wirbelstromverluste, so daß für Hochfrequenzanwendungen praktisch nur solche Werkstoffe in Frage kommen. Ferrimagnetische oxidkeramische Werkstoffe, die meistens zu Pulvern vermahlen und nach verschiedenen Verfahren gesintert (Abschnitt 3.3) werden, bezeichnet man als **Ferrite**.

Die Bezeichnung wurde vom Ferrioxid $Fe_2O_3$ hergeleitet, aus dem im Verbindung mit Oxiden zweiwertiger Metalle wie MnO, NiO und ZnO Mischmetalloxide mit geringer Leitfähigkeit hergestellt werden können.

Grundsätzlich kommen als keramische ferrimagnetische Werkstoffe die perovskitischen Orthoferrite, Spinelle, Granate u.a. in Frage. Mit Abstand am meisten verbreitet sind die Spinelle (Abschnitt 1.3.2). Wegen der weitgehend isotropen Eigenschaften (niedrige magnetokristalline Energie) werden für weichmagnetische Anwendungen die kubischen Spinelle, für hartmagnetische Anwendungen die stark anisotropen hexagonalen Spinelle bevorzugt. Bild 7.2.3-1 zeigt die entsprechenden Hysteresekurven. Als obere Grenze für weichmagnetische Ferrite wird eine Koerzitivfeldstärke von 1,5 kA/m, als untere für Hartmagnete 10 kA/m definiert, obwohl praktische Werte meist weitab von diesen Grenzen liegen.

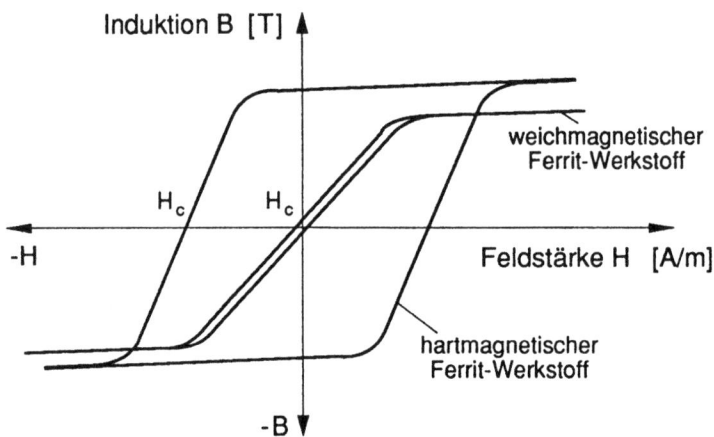

Bild 7.2.3-1: Hysteresekurven von weichmagnetischen kubischen und hartmagnetischen hexagonalen Spinellen (nach [57]).

In Bild 7.1.4-7 wurde die magnetische Struktur von Magnetit dargestellt. Typisch dafür ist, daß sich die magnetischen Momente der dreiwertig geladenen Metallionen auf den Tetraeder-und Oktaderplätzen gegenseitig aufheben. Dieses ist dann nicht mehr der Fall, wenn in einem dieser Gitterplätze die Metallionen durch ferromagnetisch weniger aktive ersetzt werden.

Dazu müssen wir untersuchen, wie groß die Anzahl der Elektronen mit paralleler Spinausrichtung (ohne Kompensation durch Elektronen mit der entgegengesetzten Spinausrichtung) nach dem Schema in Bild 7.1.4-3 für die Metall*ionen* ist. Betrachten wir z.B. die Elektronenkonfiguration des Eisens in Tab. 7.1.4-1: Bei dem dreiwertig positiv geladenen Eisen fehlen in der Elektronenkonfiguration die drei energetisch am höchsten liegenden Elektronen, also die beiden s-und ein p-Elektron. Übrig bleiben fünf Elektronen in der d-Schale, die nach Bild 7.1.4-3 alle parallel ausgerichtet sein können, also ein magnetisches Moment von 5 Bohrschen Magnetonen besitzen. Entsprechend läßt sich auch das magnetische Moment anderer Metallionen berechnen (Bild 7.2.3-2)

## 7.2. Weichmagnete

| Ion | Elektronenkonfigurationen der Schale | Magnetisches Moment des Ions (Bohrsche Magnetonen) |
|---|---|---|
| $Fe^{3+}$ | ↑ · / ↑ · / ↑ · / ↑ · / ↑ · | 5 |
| $Mn^{2+}$ | ↑ · / ↑ · / ↑ · / ↑ · / ↑ · | 5 |
| $Fe^{2+}$ | ↑↓ / ↑ · / ↑ · / ↑ · / ↑ · | 4 |
| $Co^{2+}$ | ↑↓ / ↑↓ / ↑ · / ↑ · / ↑ · | 3 |
| $Ni^{2+}$ | ↑↓ / ↑↓ / ↑↓ / ↑ · / ↑ · | 2 |
| $Cu^{2+}$ | ↑↓ / ↑↓ / ↑↓ / ↑↓ / ↑ · | 1 |
| $Zn^{2+}$ | ↑↓ / ↑↓ / ↑↓ / ↑↓ / ↑↓ | 0 |

*Bild 7.2.3-2*: Elektronenkonfiguration in der d–Schale und magnetisches Moment (Anzahl Bohrscher Magnetonen) für verschiedene Metallionen

Auf diese Weise kann das magnetische Moment von Spinellen verschiedener Zusammensetzungen abgeschätzt werden. Dabei muß nur berücksichtigt werden, daß die magnetischen Momente der Metallionen auf Oktaederplätzen denen der auf Tetraederplätzen entgegengesetzt sind. Beispiel Nickelferrit:

$$Fe^{3+} \quad [Fe^{3+} \; Ni^{2+}]O_4^{2-}$$
$$\downarrow \quad \downarrow \quad \downarrow$$
$$5\mu_B \quad -5\mu_B \quad -2\mu_B \quad \text{Summe: } -2\mu_B$$

Bild 7.2.3-3 zeigt gemessene Daten. Dabei wird gefunden, daß bei großen magnetischen Momenten ein Sättigungseffekt auftritt, da die $Fe^{3+}$-Ionen auf Oktaederplätzen zunehmend von nichtmagnetischen Nachbarn umgeben sind.

Tab. 7.2.3-1 zeigt Leistungsdaten gebräuchlicher Ferrite mit ihren Anwendungsbereichen. Bei den Mischferriten lassen sich die Parameter gut in einem Dreistoff-Diagramm darstellen (Bild 7.2.3-4). In Bild 7.2.3-5 ist die Frequenz- und Temperaturabhängigkeit der Permeabilität zusammengestellt.

Verluste entstehen in Ferriten durch eine Wechselwirkung zwischen dem äußeren Feld und den Elektronenspins (Abschnitt 1.3.2), die bei magnetischen Granatkristallen eine willkommene Anwendung finden. Für die Anwendung ist häufig das Verhältnis von Verlustwinkel zu Permeabilität (relativer Verlustfaktor) von Bedeutung (Bild 7.2.3-6).

Die ferrimagnetische Resonanz (FMR) in ferrimagnetischen Granaten kann außerordentlich schmale Resonanzkurven besitzen. Hält man die Frequenz der anregenden Welle fest und variiert das die Resonanzfrequenz bestimmende

*Tab. 7.2.3-1:* Leistungsdaten und Anwendungen wichtiger Ferrite (nach [64]).

| Bezeichnung | Mn Zn Ferrite | | | | | | | | | Ni Zn Ferrite | | |
|---|---|---|---|---|---|---|---|---|---|---|---|---|
| | H5A | H5B | H5C2 | H5E | H6F | H6H3 | H6K | H7C1 | H7C2 | K5 | K6A | K8 |
| Einsatzfrequenz [MHz] | < 0,2 | < 0,1 | < 0,1 | < 0,01 | 0,2-2,0 | 0,01-0,8 | 0,01-0,3 | < 0,3 | < 0,2 | < 8 | < 150 | < 250 |
| Anfangspermebilität $\mu_{ra}$ | 3.300 | 5.000 | 10.000 | 18.000 | 800 | 1.300 | 2.200 | 2.500 | 3.900 | 290 | 25 | 16 |
| relativer Verlustfaktor tan $\delta / \mu_r \cdot 10^6$ bei f [kHz] | < 2,5 [10] | < 6,5 [10] | < 7,0 [10] | | < 17 [1.000] | < 1,2 [100] | < 3,5 [100] | | | < 28 [1.000] | < 150 [10.000] | < 250 [10.000] |
| Temperaturkoeff. von $\mu_r$ x $10^{-6}$ von -30 bis 20 °C | -0,5...2,0 | -0,5...2,0 | -0,5...1,5 | -0,5-2,0 | | 0,3...2,0 | 0,4...1,2 | | | -4,0...2,0 | | |
| Curie-Temperatur [°C] | > 130 | > 130 | > 120 | > 115 | > 200 | > 200 | > 130 | > 230 | > 200 | > 280 | > 450 | > 500 |
| Sättigungsflußdichte [T] | 0,41 | 0,42 | 0,40 | 0,44 | 0,40 | 0,47 | 0,39 | 0,51 | 0,48 | 0,33 | 0,30 | 0,27 |
| spez. Widerstand $\rho_{sp}$ [$\Omega$m] | 1 | 1 | 0,15 | 0,05 | 4 | 25 | 8 | 10 | 2 | $20 \cdot 10^5$ | $2,5 \cdot 10^5$ | $1,0 \cdot 10^5$ |
| Anwendungen | | Transformatoren | | | Spulen | | | Netzgeräte | | | Spulen | |

## 7.2. Weichmagnete

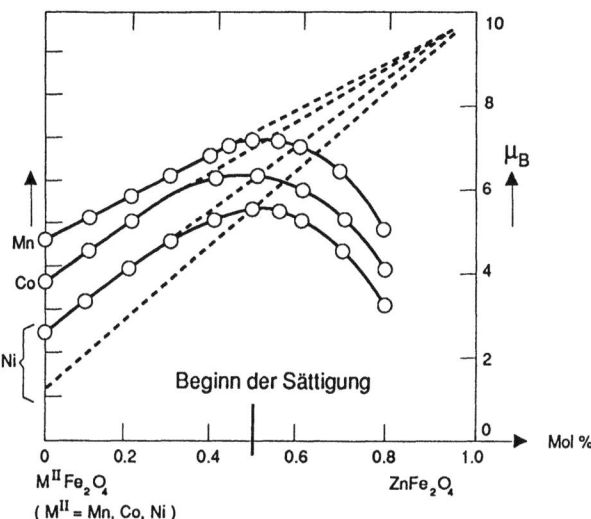

*Bild 7.2.3–3*: Abhängigkeit des magnetischen Moments von einer Zulegierung mit ZnFe$_2$O$_4$ (nach [64]).

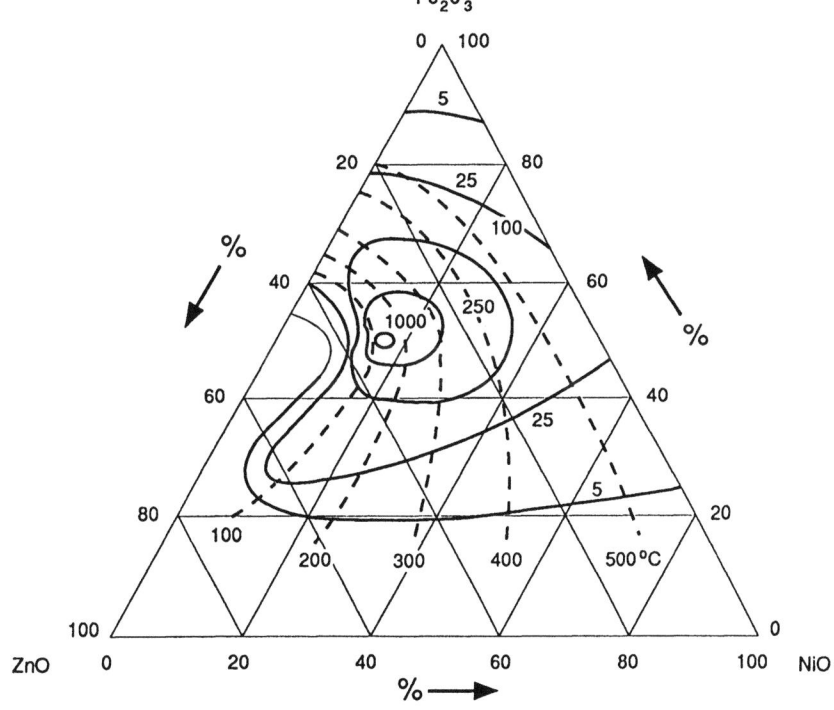

*Bild 7.2.3–4*: Anfangspermeabilität (durchgezogen) und Curie–Temperatur (gestrichelt) von Nickel-Zink-Ferriten

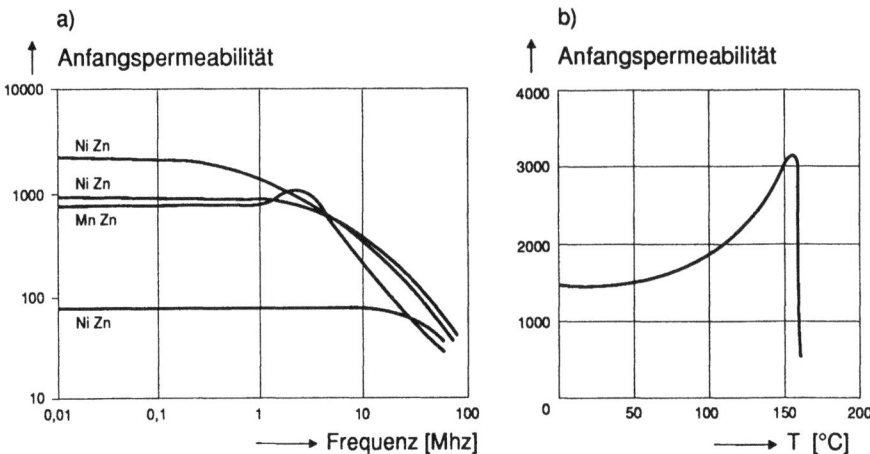

*Bild 7.2.3-5*: Frequenzabhängigkeit (a) und Temperaturabhängigkeit (Mangan-Zink-Ferrit, b) der Permeabilität (nach [15,28]).

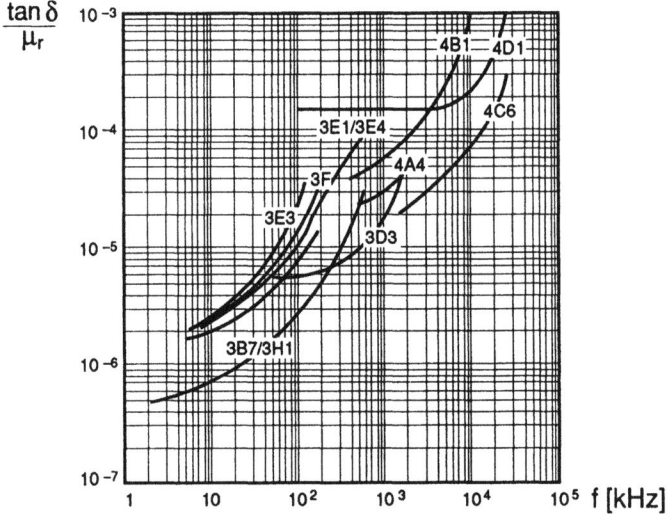

*Bild 7.2.3-6*: Relativer Verlustfaktor von einigen Ferroxcube-(Ferrit)-Werkstoffen (nach [57]).

Magnetfeld, dann erhält man Maxima der magnetischen Suszeptibilität wie in Bild 7.2.3-7. Die Ansteuerung eines Magnetfeld-abgestimmten YIG-Filters ist in Bild 7.2.3-8 dargestellt.

## 7.2. Weichmagnete

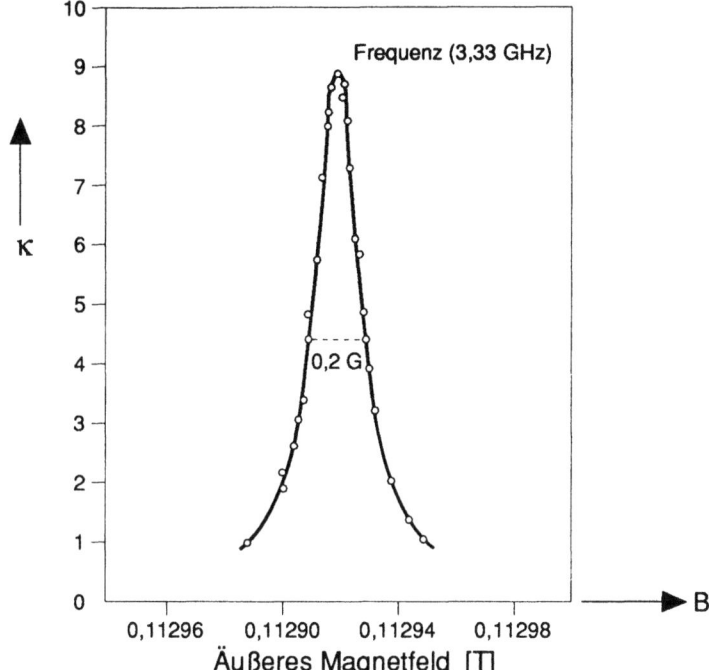

*Bild 7.2.3-7*: Abhängigkeit der magnetischen Suszeptibilität einer Yttrium-Eisen-Granat (YIG)-Kugel vom äußeren Magnetfeld. Die Frequenz (3,33 GHz) des anregenden Feldes ist festgehalten, die Resonanzfrequenz des YIG-Filters wird durch das Magnetfeld variiert (nach [14]).

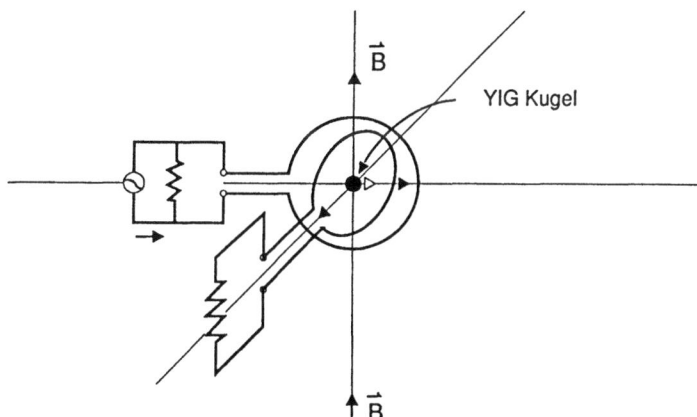

*Bild 7.2.3-8*: Aufbau eines YIG-Filters, der durch die magnetische Feldstärke abgestimmt wird (nach [65]).

## 7.3 Permanentmagnete

### 7.3.1 Metallische Permanentmagnete

Permanentmagnete zeichnen sich in der Hysteresekurve (Bild 7.2.1-2 und Bild 7.2.3-1) durch eine hohe bleibende Magnetisierung nach Wegnahme des Magnetfeldes (Remanenz) und eine hohe negative magnetische Feldstärke zur Aufhebung der Magnetisierung (Koerzitivkraft) aus. Diese Eigenschaften müssen möglichst unabhängig von Umweltparametern (Erschütterungen, Temperatur u.a.) erhalten bleiben. In der Elektrotechnik werden Permanentmagnete in großem Umfang eingesetzt bei Lautsprechern, Ablenkmagnete an Fernsehröhren, Relais, Gleichstrommotoren (bei denen die Permanentmagnete zur Felderregung dienen), Haftanordnungen und vielen anderen Anwendungen.

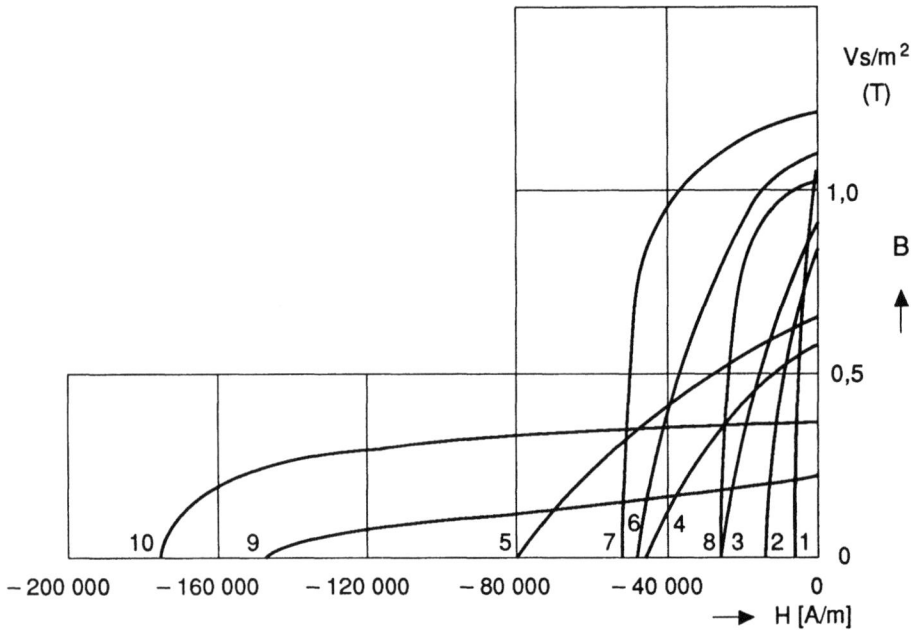

1. Cr 030
2. Co 060
3. AlNi 90
4. AlNi120
5. AlNiCo 250
6. AlNiCo 5, isotrop
7. AlNiCo 5, anisotrop
8. Kobaltstahl
9. Bariumferrit, isotrop
10. Bariumferrit, anisotrop

Bild 7.3.1-1: Entmagnetisierungskurven verschiedener Permanentmagnet-Werkstoffe (nach [28]).

## 7.3. Permanentmagnete

Zur Beurteilung der Eigenschaften eines Permanentmagneten betrachtet man den 2. Quadranten der Hysteresekurve, die **Entmagnetisierungskurve** (Bild 7.3.1–1). Das Produkt aus demagnetisierender (negativer) Feldstärke und Induktionsflußdichte ist ein Maß für die Volumendichte der Feldenergie, sie läßt sich aus der Entmagnetisierungskurve graphisch ermitteln (Bild 7.3.1–2). Ein wichtiger Leistungsparameter ist die größte remanente Energiedichte $(BH)_{max}$. Auch ohne äußeres Magnetfeld wirkt bei Auftreten von magnetischen Polen (die auftreten, wenn das permanentmagnetische Werkstück kein geschlossener Ring ist, z.B. ein Stabmagnet) ein demagnetisierendes Feld, das durch die Pole selbst erzeugt wird (s. Bild 7.1.2–1). Für das entmagnetisierende Feld $\vec{H}_{em}$ gilt für lange Stäbe oder Ringe mit kleinem Luftspalt die Beziehung

$$\vec{H}_{em} = -N_e \cdot \vec{M}$$

mit dem **Entmagnetisierungsfaktor** $N_e$.

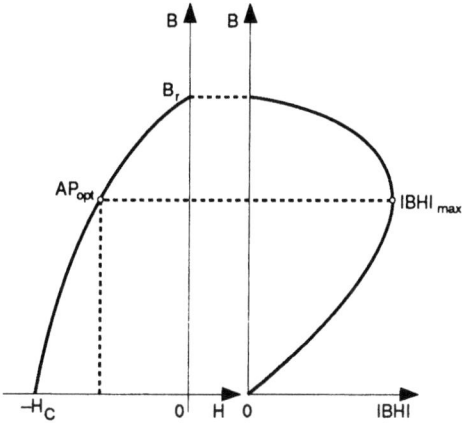

*Bild 7.3.1-2*: Graphische Ermittlung des Energieproduktes (BH) aus der Entmagnetisierungskurve

Zu den wichtigsten metallischen Permanentmagnet-Werkstoffen gehören die **Alnico**– oder **Ticonal**–Legierungen, die aus einer Legierung der Elemente Aluminium, Nickel und Kobalt und einer Beimengung von ca. 3% Kupfer zusammengesetzt sind. Bei hohen Temperaturen um ca. 1250°C sind diese Legierungen homogen mit einer kubisch raumzentrierten Struktur. Bei Abkühlung auf ca. 750° bis 850°C zerfällt diese Legierung spinodal (Abschnitt 2.8.2) in eine stark magnetische (vorwiegend Eisen und Kobalt) und eine weniger stark magnetische (vorwiegend Nickel und Aluminium) Phase. Erfolgt der Entmischungsprozeß unter Einfluß eines starken Magnetfeldes (z.B. 160 kA/m), dann bildet die eisen-und kobaltreiche Phase nadelförmige Ausscheidungen entlang der Richtung des Magnetfeldes (Bild 7.3.1-3).

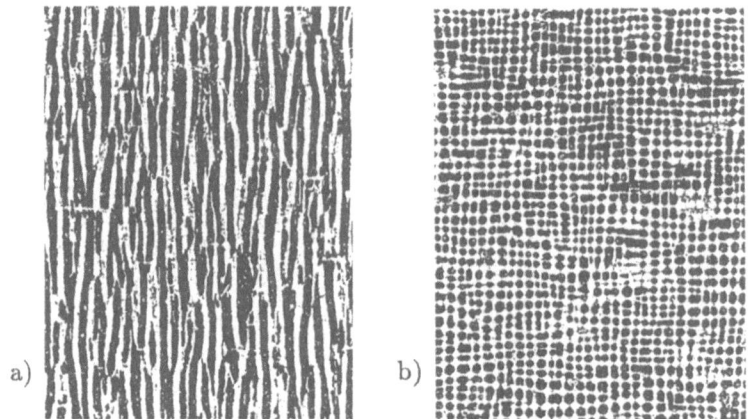

*Bild 7.3.1-3*: Nadelförmige Ausscheidung einer magnetischen Phase in Alnico-Legierungen unter Einwirkung eines Magnetfeldes: a) Ausscheidungsform parallel zur Feldrichtung, b) Ausscheidungsform senkrecht zur Feldrichtung (nach [66]).

Die permanentmagnetischen Eigenschaften der Alnico–Legierungen entstehen dadurch, daß sich die Magnetisierung in den nadelförmigen Ausscheidungen spontan in Richtung der Nadeln ausrichten. Die Ursache dafür ist die Minimierung der Feldenergie: Die Anzahl der entstehenden freien Pole wird bei dieser anisotropen Ausrichtung minimal (**Formanisotropie**). Alnico-Legierungen sind sehr spröde und lassen sich schlecht verarbeiten. Aus diesem Grund werden in Spezialanwendungen auch die weitaus plastischeren FeCoVCr-und CrFeCo-Legierungen eingesetzt.

Bild 7.3.1.-4 zeigt die historische Entwicklung der Permanentmagnet-Werkstoffe: Die Alnico-Legierungen sind den vorher verwendeten Stahlsorten weit überlegen, sie wurden jedoch in neuerer Zeit durch die keramischen Permanentmagnete deutlich überrundet. Deshalb hat ihre Bedeutung heute abgenommen, sie haben aber noch gewisse Vorteile in der Temperaturkonstanz und im Preis. In der Tab. 7.3.1–1 sind Leistungsdaten verschiedener metallischer Permanentmagnet-Werkstoffe zusammengestellt.

Sehr günstige Leistungsdaten weisen die Seltenerd–Kobalt–Permanentmagneten auf (Bild 7.3.1-4 und Tab. 7.3.1-1). Diese hexagonalen intermetallischen Verbindungen haben eine Zusammensetzung $RCo_5$, wobei R ein Seltenerd-

## 7.3. Permanentmagnete

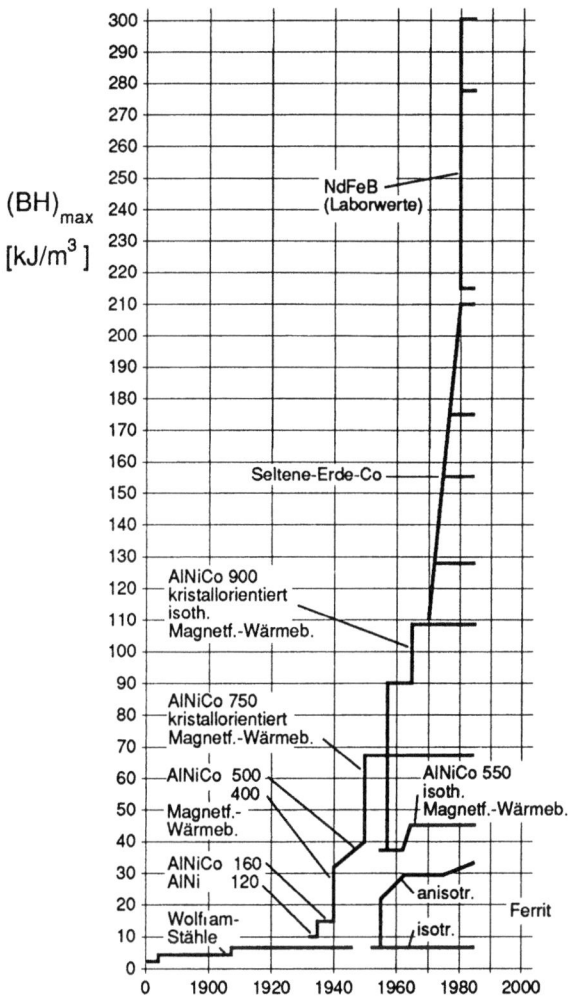

*Bild 7.3.1-4*: Historische Entwicklung von Permanentmagnet-Werkstoffen, gemessen an der maximalen remanenten Energiedichte (nach [57]).

metall, z.B. Samarium ist. Aufgrund der hexagonalen Struktur haben diese Legierungen eine extrem starke magnetische Anisotropie. Die Herstellung von Permanentmagneten in der gewünschten Form erfolgt über Sintertechniken unter Einfluß eines starken Magnetfeldes, bei dem die Körner ausgerichtet werden.

*Tab. 7.3.1-1*: Leistungsdaten metallischer Permanentmagnet-Werkstoffe (nach [64]).

| Werkstoff | Chemische Zusammensetzung | $B_r$ [T] | $H_c$ [kA/m] | $(BH)_{max}$ kJ/m$^3$ |
|---|---|---|---|---|
| 3.5% Cr-Stahl | 3.5Cr,1Cu,Rest Fe | 1.03 | 5 | 2.4 |
| 3% Co-Stahl | 3.25Co,4Cr,Rest Fe | 0.97 | 6 | 3.0 |
| 17% Co-Stahl | 18.5Co,3.75Cr,5W,0.75C,Rest Fe | 1.07 | 13 | 5.5 |
| 36% Co-Stahl | 38Co,3.8Cr,5W,0.75C,Rest Fe | 1.04 | 18 | 7.8 |
| Alnico 1 | 12Al,21Ni,5Co,3Cu,Rest Fe | 0.72 | 37 | 11.0 |
| Alnico 2 | 10Al,19Ni,13Co,3Cu,Rest Fe | 0.75 | 45 | 13.5 |
| Alnico 3 | 12Al,25Ni,3Cu,Rest Fe | 0.70 | 38 | 10.7 |
| Alnico 4 | 12Al,27Ni,5Co,Rest Fe | 0.56 | 57 | 10.7 |
| Alnico 5 | 8Al,14Ni,24Co,3Cu,Rest Fe | 1.28 | 51 | 44.0 |
| Alnico 5 DG | 8Al,14Ni,24Co,3Cu,Rest Fe | 1.33 | 53 | 52.0 |
| Alnico 5 Col. | 8Al,14Ni,24Co,3Cu,Rest Fe | 1.35 | 59 | 60.0 |
| Alnico 6 | 8Al,16Ni,24Co,3Cu,1Ti,Rest Fe | 1.05 | 62 | 31.0 |
| Alnico 8 | 7Al,15Ni,35Co,4Cu,5Ti,Rest Fe | 0.82 | 130 | 42.0 |
| Alnico 8 HC | 8Al,14Ni,38Co,3Cu,8Ti,Rest Fe | 0.72 | 150 | 40.0 |
| Alnico 9 | 7Al,15Ni,35Co,4Cu,5Ti,Rest Fe | 1.05 | 120 | 72.0 |
| Col. Alnico HC | 7Al,14Ni,40Co,3Cu,7.5Ti,Rest Fe | 0.97 | 150/155 | 91.5 |
| Col. Alnico HC | 7Al,14Ni,39Co,3Cu,8Ti,Rest Fe | 0.88 | 170/180 | 77.0 |
| gesintertes Alnico 2 | 10Al,19Ni,13Co,3Cu,Rest Fe | 0.71 | 44 | 12.0 |
| gesintertes Alnico 5 | 8Al,14Ni,24Co,3Cu,Rest Fe | 1.09 | 49 | 31.0 |
| gesintertes Alnico 6 | 8Al,16Ni,24Co,3Cu,1Ti,Rest Fe | 0.94 | 63 | 23.0 |
| gesintertes Alnico 8 | 7Al,15Ni,35Co,4Cu,5Ti,Rest Fe | 0.74 | 120 | 32. |
| gesintertes Alnico 8 HC | 7Al,14Ni,38Co,3Cu,8Ti,Rest Fe | 0.67 | 140 | 36.0 |
| ESD 31 | 20.7Fe,11.6Co,67.7Pb | 0.50 | 80 | 18.0 |
| ESD 32 | 18.3Fe,10.3Co,72.4Pb | 0.68 | 76 | 24.0 |
| ESD 41 | 20.7Fe,11.6Co,67.7Pb | 0.36 | 77 | 8.8 |
| ESD 42 | 18.3Fe,10.3Co,72.4Pb | 0.48 | 66 | 10.0 |
| Cunife 1 | 60Cu,20Ni,20Fe | 0.55 | 42 | 11.0 |
| Vicalloy 1 | 10V,52Co,Rest Fe | 0.75 | 20 | 6.4 |
| Remalloy | 12Co,15Mo,Rest Fe | 0.97 | 20 | 8.0 |
| R-Co 12 | "R" steht für eine | 0.72 | 520/800 | 96.0 |
| R-Co 15 | oder mehrere Metalle | 0.80 | 560/1120 | 119.0 |
| R-Co 16z | aus der Gruppe der | 0.83 | 600/1440 | 127.0 |
| R-Co 18 | seltenen Erden. | 0.87 | 640/160 | 143.0 |
| Seltene-Erde-Kobalt | 35Sm,65Co | 0.90 | 675/1200 | 160.0 |
| Seltene-Erde-Kobalt | 25.5Sm,8Cu,1.5Zr,50Co | 1.10 | 510/520 | 240.0 |
| Cr-Co-Fe | 10Co,30Cr,1Si,Rest Fe | 1.17 | 46 | 34.0 |
| Cr-Co-Fe | 23Co,31Cr,1Si,Rest Fe | 1.25 | 52 | 40.0 |
| Cr-Co-Fe | 15Co,28Cr,0.25Zr,1Al,Rest Fe | 0.95 | 37 | 15.0 |
| Cr-Co-Fe | 11.5Co,33Cr,Rest Fe | 1.20 | 60 | 42.0 |
| Cr-Co-Fe | 5Co,30Cr,Rest Fe | 1.34 | 42 | 42.0 |
| Mn-Al-C | 70Mn,29.5Al,0.5C | 0.56 | 180 | 44.0 |

*7.3. Permanentmagnete* 361

Anschließend wird das Material zur besseren Weiterverarbeitung wieder entmagnetisiert. Erst im Endstadium der Verarbeitung erfolgt eine Magnetisierung in einem extrem starken (z.B. 2000 kA/m) Magnetfeld, bei dem die einzelnen Körner nur noch einen Weißschen Bezirk erhalten. Die ursprünglich vorhandenen Blochwände werden dann so stark an den Korngrenzen gebunden, daß extrem hohe Koerzitivfeldstärken auftreten.

Eine neue Entwicklung stellen die Neodym-Eisen-Bor-Legierungen dar, deren Leistungsdaten noch weit günstiger sind (Bild 7.3.1-4).

## 7.3.2 Keramische Permanentmagnete

Wie bereits im Abschnitt 7.2.3 vermerkt, gibt es neben den isotropen kubischen Spinellen auch anisotrope hexagonale Spinelle (Hartferrite mit Magnetoplumbitstruktur). Dieser große Unterschied im Verhalten der Spinelle kommt durch die unterschiedliche Stapelung des dichtgepackten Sauerstoffgitters zustande (s. auch Abschnitt 1.3.4). Sie führt zu einer sehr großen magnetokristallinen Anisotropie.

Die Hartferrite haben eine Zusammensetzung $M.O.6Fe_2O_3$ mit Barium oder Strontium als Metall M. Tab. 7.3.2 zeigt die Leistungsdaten dieser Permanentmagnet-Werkstoffe. Die Herstellung erfolgt zunächst durch eine Mischung von Eisenoxid mit $BaCO_3$ oder $SrCO_3$, anschließend ein Kalzinieren bei 1100° bis 1200°C zur Bildung des Spinells. Danach wird das Material in ca. $1\mu m$ kleine Körner zermahlen und in der gewünschten Form gesintert.

*Tab. 7.3.2*: Leistungsdaten keramischer Permanentmagnet-Werkstoffe (nach [64]).

| Werkstoff | Chemische Zusammensetzung | | $B_r$ [T] | $H_c$ [kA/m] | $(BH)_{max}$ [kJ/m³] |
|---|---|---|---|---|---|
| Keramik 1 | $MO.6Fe_2O_3$ | | 0.23 | 150/260 | 8.4 |
| Keramik 2 | $MO.6Fe_2O_3$ | "M" steht für ein | 0.29 | 190/240 | 14.0 |
| Keramik 3 | $MO.6Fe_2O_3$ | oder mehrere Metalle | 0.33 | 180/190 | 21.0 |
| Keramik 4 | $MO.6Fe_2O_3$ | aus den Gruppen: | 0.25 | 180/300 | 12.0 |
| Keramik 5 | $MO.6Fe_2O_3$ | Barium | 0.38 | 190 | 27.0 |
| Keramik 6 | $MO.6Fe_2O_3$ | Strontium | 0.32 | 220/260 | 20.0 |
| Keramik 7 | $MO.6Fe_2O_3$ | Blei | 0.34 | 260/320 | 22.0 |
| Keramik 8 | $MO.6Fe_2O_3$ | | 0.38 | 235/240 | 28.0 |
| gebundene Keramik | Ferrit in Plastik | | 0.16 | 110/240 | 4.4 |
| gebundene Keramik | anis. Ferrit in flex. Polymer | | 0.24 | 170/215 | 11.0 |

Eine wichtige neue Herstellungsform ist die Mischung von Hartferritpulver mit Kunststoffträgern. Die Verarbeitung erfolgt dann z.B. über Spritzguß-und ähnliche Verfahren (Abschnitt 3.2.2). Obwohl die magnetischen Eigenschaften häufig weniger günstig sind (Tab. 7.3.2), wird dieses sehr kostengünstige Verfahren zunehmend angewendet. Als Kunststoffträger können auch hochflexible Materialien (Elastomere) eingesetzt werden.

### 7.3.3 Magnetische Datenspeicherung

Der Bedarf an kostengünstiger Datenspeicherung (Musik- und Videokassetten, Datenverarbeitung) nimmt immer weiter zu. Eine sehr günstige Ausgangsposition als Basistechnologie haben dafür die magnetischen Werkstoffe (Bild 7.3.3-1). Das Verfahren ist einfach (Bild 7.3.3-2): kleine hartmagnetische Partikel werden durch ein starkes Magnetfeld im Spalt eines Magnetkerns in der gewünschten Weise magnetisiert, wobei die Koerzitivkraft der magnetisierbaren Bereiche entscheidend ist für die zur Speicherung erforderli-

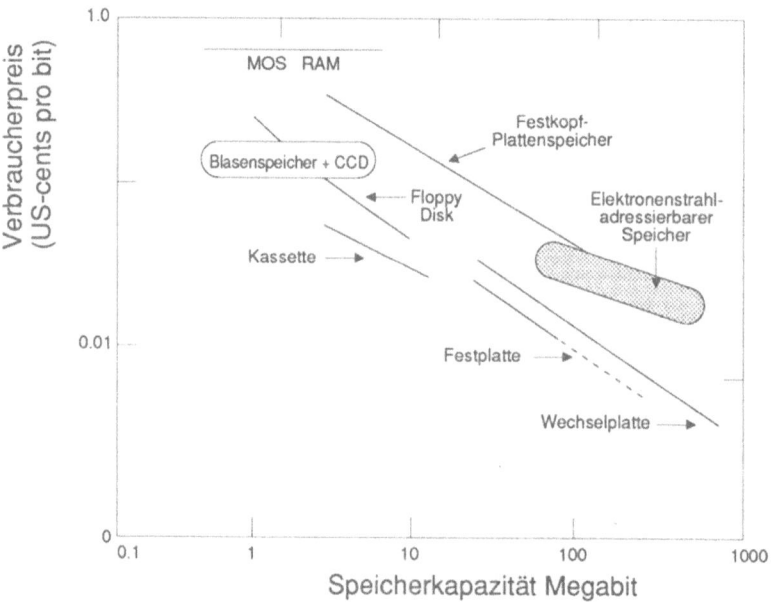

*Bild 7.3.3-1*: Verbraucherpreis pro bit in Abhängigkeit von der Speicherkapazität (nach [67]).

## 7.3. Permanentmagnete

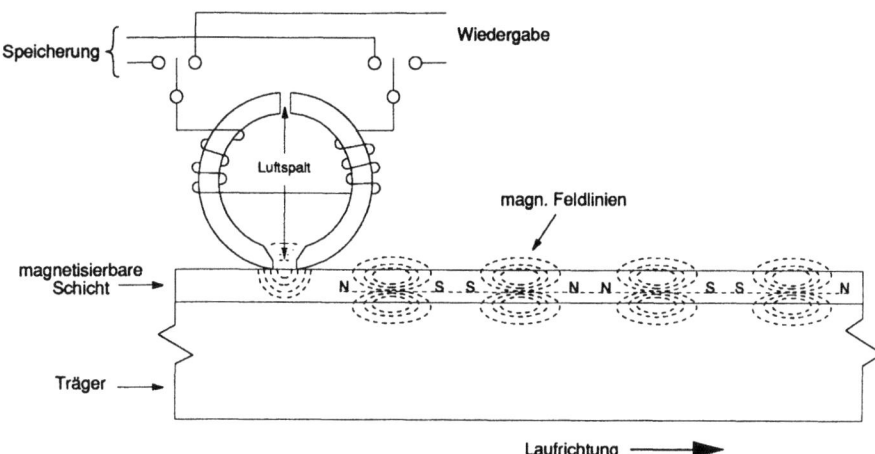

*Bild 7.3.3-2*: Prinzip der magnetischen Datenspeicherung (nach [67])

che Magnetfeldstärke. Eine hohe Koerzitivkraft erfordert entsprechend hohe Magnetfelder, sie liefert andererseits eine gute Datensicherheit gegenüber einer unbeabsichtigten Ummagnetisierung durch Umwelteinflüsse. Bei einem Aufbau wie in Bild (7.3.3-2) kann der Aufnahme- gleichzeitig als Wiedergabekopf verwendet werden.

Die magnetisierbaren Teilchen in Bild 7.3.3-2 sind üblicherweise in einer dünnen Schicht auf einem nichtmagnetischen Kunststoffträger (Band, Scheibe (disk), Platte) aufgebracht. Die Teilchen bestehen überwiegend aus einem ferrimagnetischen Material, häufig in Form von kleinen Nadeln (z.B. Durchmesser 20 bis 100 nm, Verhältnis von Länge zu Durchmesser bis 20) mit nur einer magnetischen Domäne. Allein aufgrund der Formanisotropie (Abschnitt 7.3.1) haben diese Teilchen bereits eine beachtliche Koerzitivkraft (Bild 7.3.3-3), auch wenn das Material selbst weichmagnetisch ist.

Für die magnetisierbaren Teilchen werden am häufigsten folgende Materialien angewendet: Modifikationen von $Fe_2O_3$ (Maghemit), andere dotierte Eisenoxide, $CrO_2$ und Metallteilchen aus Eisen, Kobalt und Nickel. Die weiteste Verbreitung hat immer noch das erstgenannte Material, die Koerzitivkräfte konnten im Laufe der Entwicklung von 12–16 kA/m auf 21–28 kA/m verbessert werden. Chromdioxid-Teilchen haben sogar Koerzitivkräfte von 40–48 kA/m. Eine Zusammenstellung der Koerzitivkräfte und der Remanenzwerte ist in Bild 7.3.3-3 wiedergegeben.

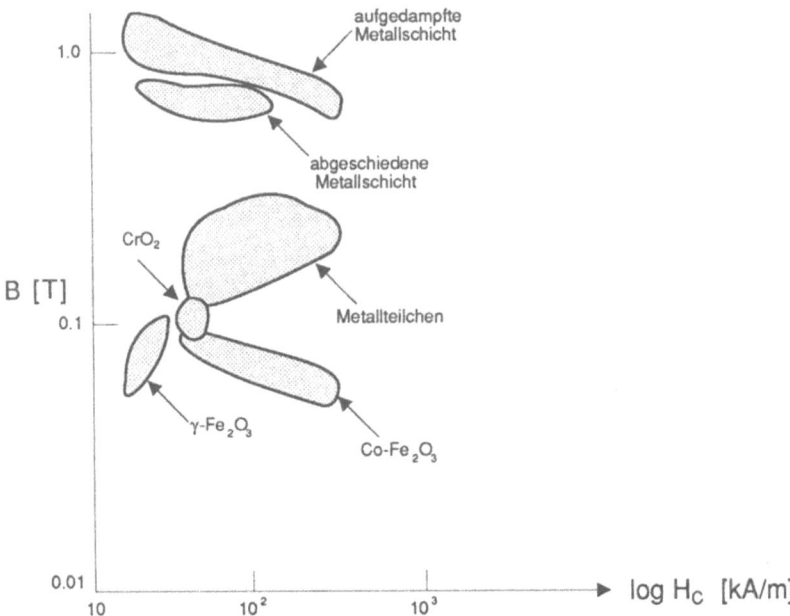

*Bild 7.3.3-3*: Remanenz und Koerzitivkraft verschiedener Materialien für den Einsatz in magnetischen Speicherschichten (nach [67]).

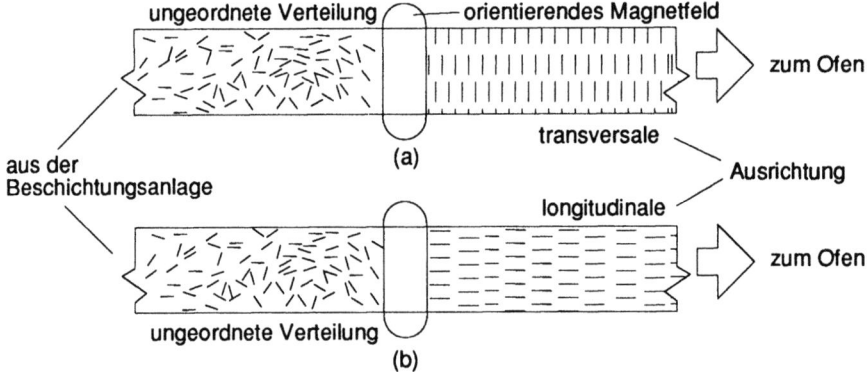

*Bild 7.3.3-4*: Ausrichtung der magnetisierbaren Teilchen in einer magnetischen Speicherschicht: a) Transversale Ausrichtung. b) Longitudinale Ausrichtung. (nach [64]).

*7.3. Permanentmagnete* 365

Für die Erzeugung der Teilchen kommen chemische Verfahren (Wachstum von vorgegebenen Keimen), zunehmend aber auch Dünnschichtverfahren (Elektronenstrahlbedampfung, Sputterverfahren) zum Einsatz. Bevor die Teilchen mit einem Kunststoffbinder fixiert werden, erfolgt eine Ausrichtung in einem Magnetfeld (Bild 7.3.3-4).

Die Wahl der Materialien und Ausführungsformen magnetischer Speicher hängt stark von den Anforderungen der Anwender ab, sie reichen von kostengünstigen Produkten für Verbraucheranwendungen bis hin zu Spitzenprodukten für professionelle Anwendungen.

### 7.3.4 Magneto–optische Dielektrika

Viele ferrimagnetische Werkstoffe sind in einkristalliner Form optisch transparent und lassen eine Wechselwirkung zwischen optischer Strahlung und der Magnetisierung zu. Ein typisches Beispiel hierfür ist der nichtreziproke (der Effekt hängt nicht von der Einfallsrichtung des Strahls ab) **Faraday-Effekt**: Die Polarisationsebene von polarisiertem Licht wird nach Durchlaufen einer Länge $L$ des optisch aktiven Materials unter Einfluß einer Induktionsflußdichte $B$ um den Winkel $\theta$ gedreht

$$\theta = V \cdot B \cdot L$$

($V$ wird **Verdetsche Konstante** genannt). Der Effekt kommt dadurch zustande, daß man sich polarisiertes Licht als aus zwei in entgegengesetzter Richtung laufenden zirkular polarisierten Wellen vorstellen kann. Diese haben beim Faraday–Effekt unterschiedliche Brechungsindizes (d.h. unterschiedliche Wellenlängen im Medium), sie entstehen durch elektrische Dipolübergänge im Material, sowie durch ferrimagnetische Resonanz und möglicherweise andere Effekte. Eine vollständige theoretische Klärung ist bisher noch nicht erreicht worden. Eine Zusammenstellung von Daten über den Faraday-Effekt ist in Tab. 7.3.4–1 erfolgt.

Bild 7.3.4–1 zeigt einen optischen Isolator auf des Basis des Faradayeffekts. Eine optische Modulation ist aber -im Gegensatz zum Pockelseffekt nur für relativ niedrige Frequenzen (z.B. 100 kHz) möglich.

*Tab. 7.3.4-1*: Faraday-Effekt in Metallen und magnetischen Dielektrika (nach [64]). Die Faraday-Drehung in Gadolinium-Eisen-Granat läßt sich durch Wismut-Dotierung noch weiter steigern [65].

| Material | $\lambda^a$, µm | $T, K$ | Faraday Effekt | | |
|---|---|---|---|---|---|
| | | | $F^b$, Grad/cm | $\alpha^c$, cm$^{-1}$ | $F/\alpha$, Grad$^d$ |
| Fe | 1.0 | 300 | $5.1 \cdot 10^5$ | $1.6 \cdot 10^5$ | 3.2 |
| Permalloy | 0.5 | 300 | $1.2 \cdot 10^5$ | $3.0 \cdot 10^5$ | 0.4 |
| Co | 0.546 | 300 | $3.6 \cdot 10^5$ | $8.5 \cdot 10^5$ | 0.42 |
| Ni | 0.40 | 300 | $7.2 \cdot 10^5$ | $2.1 \cdot 10^5$ | 3.4 |
| MnBi | 0.63 | 300 | $5.3 \cdot 10^5$ | $3.8 \cdot 10^5$ | 1.4 |
| MnAlGe | 0.55 | 300 | $1.0 \cdot 10^5$ | $1.0 \cdot 10^6$ | 0.1 |
| CrBr$_3$ | 0.49 | 1.5 | $2 \cdot 10^5$ | $2 \cdot 10^3$ | $10^2$ |
| EuSe | 0.75 | 4.2 | $1.4 \cdot 10^5$ | 45 | $3.1 \cdot 10^3$ |
| RbNiF$_3$ | 0.5 | 77 | 400 | 20 | $2 \cdot 10^1$ |
| EuO | 1.2 | 60 | $2.0 \cdot 10^5$ | 100 | $2 \cdot 10^3$ |
| EuO | 0.55 | 12 | | | |
| EuO | 0.68 | 8 | $5 \cdot 10^5$ | $1 \cdot 10^5$ | 5 |
| GdIG$^e$ | 0.52 | 300 | $4 \cdot 10^3$ | $3 \cdot 10^3$ | 1.3 |

$^a \lambda$ = Wellenlänge des Lasers
$^b F$ = Faraday-Drehung
$^c \alpha$ = optischer Absorptionskoeffizient
$^d F/\alpha$ = Leistungsparameter (figure of merit)
$^e$ Gadolinium-Eisen Granat

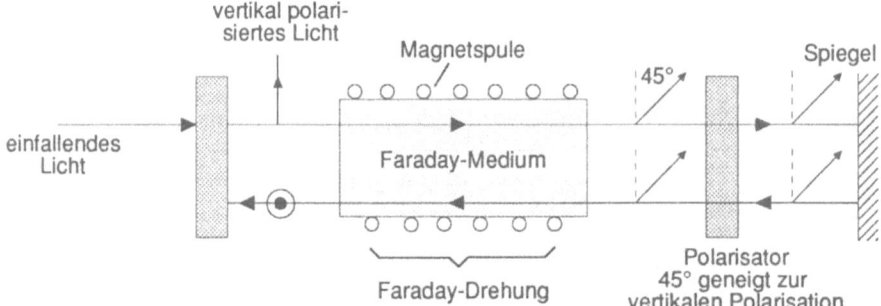

*Bild 7.3.4-1*: Optischer Isolator auf der Basis des Faradayeffekts: Von links kommendes Licht wird vertikal polarisiert. Erfolgt durch den Faradayeffekt eine Rotation der Polarisationsebene um 45°, dann ist das reflektierte Licht (wegen zweimaligen Durchlaufens der Faradayzelle) beim Austritt aus der Faradayzelle horizontal polarisiert und kann nicht den vertikalen Polarisator durchlaufen. Das einfallende Licht wird also -in Abhängigkeit vom Magnetfeld, das die Faradayzelle steuert -mehr oder weniger reflektiert (nach [61]).

## 7.3. Permanentmagnete

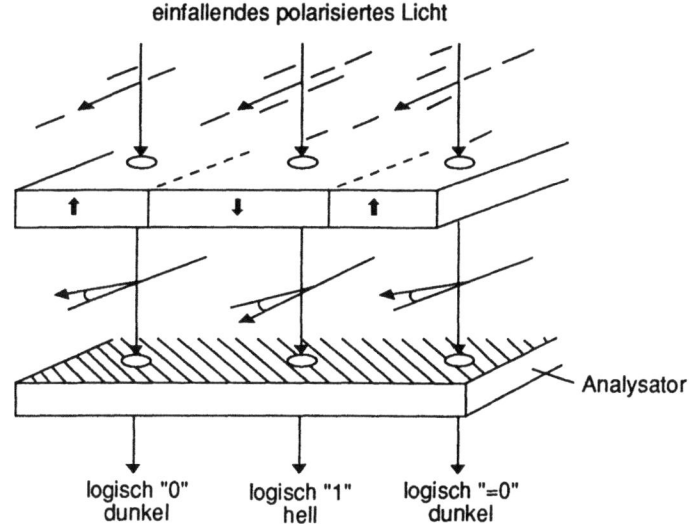

*Bild 7.3.4-2*: Magneto-optische Datenspeicherung über die Magnetisierungsrichtung in dünnen Gadolinium-Eisen-Granatschichten (die Richtungen leichter Magnetisierung stehen senkrecht zur Schicht): Die Information (Magnetisierung nach oben oder unten gerichtet) kann durch polarisiertes Licht ausgelesen werden (nach [65]).

Schließlich ist eine Bilderzeugung oder optische Speicherung über den Faraday-Effekt möglich [65]. Dazu wird eine dünne Schicht von Wismut-dotiertem Gadolinium-Eisen-Granat verwendet, die nur zwei stabile Orientierungen der Magnetisierung senkrecht zur Schicht besitzt. Je nach Orientierung der Magnetisierung wird polarisiertes Licht nach Durchlaufen eines Analysators (senkrecht zur Polarisationsebene des einfallenden Lichts ausgerichtet) durchgelassen oder nicht (Bild 7.3.4-2). Alternativ dazu kann die Information über die Kerr-Drehung (Drehung der Polarisationsebene des einfallenden Lichts nach der Reflexion an einer magnetisierten Schicht wie in Bild 7.3.4-2) ausgelesen werden. Das Speichern der Daten — d.h. die datenabhängige Magnetisierung der Schichten — kann thermomagnetisch erfolgen durch lokales Erhitzen der Schicht über die Curie-Temperatur (Curie-Punkt-Schreiben) oder auf einen Wert, bei dem die Koerzitivkraft abnimmt. In beiden Fällen erfolgt die Abkühlung unter Einfluß eines äußeren Magnetfeldes, dessen Vorzeichen die gespeicherte Information beinhaltet. Danach ist die Information permanent gespeichert. Über die Kerr-Drehung kann auch ein Auslesen aus optisch nichttransparenten dünnen Schichten (optische Speicherplatten z.B. aus amorphen Legierungen von Übergangsmetallen der Seltenen Erden, deren Magnetisierung ebenfalls senkrecht zu der Dünnschicht verläuft) erfolgen [80].

# A FORMELZEICHEN UND DIMENSIONEN

Als Dimensionen werden die vom International System of Units (SI) zugelassenen verwendet:

| | |
|---|---|
| Länge | m (Meter) |
| Masse | kg (Kilogramm) |
| Zeit | s oder sec (Sekunde) |
| elektrischer Strom | A (Ampere) |
| thermodynamische Temperatur | K (Kelvin) |
| Materialmenge | Mol |
| Lichtintensität | cd (Candela) |

Für die Energie gilt die zusammengesetzte Einheit

$$1 \text{ J (Joule)} = 1 \text{ N} \cdot \text{m} = 1 \text{ kg} \cdot \text{m}^2/\text{s}^2 = 1 \text{ W} \cdot \text{s}$$

mit der zusammengesetzten Einheit für die Kraft:

$$1 \text{ N (Newton)} = 1 \text{ kg} \cdot \text{m}/\text{s}^2$$

Wegen der Bedeutung in der Physik und Elektrotechnik ist weiterhin als Dimension für die Energie zugelassen:

eV (Elektronenvolt), wobei gilt:
$1 \text{ J} = 6{,}2421 \cdot 10^{18} \text{ eV}$, $1 \text{ eV} = 1{,}602 \cdot 10^{-19} \text{ J}$

Die Temperaturangabe kann in °C (Grad Celsius) erfolgen, wobei gilt:

$$1 \text{ °C} = 1 \text{ K} + 273{,}2$$

Anhang A. FORMELZEICHEN UND DIMENSIONEN

Weiterhin werden die folgenden zusammengesetzten Größen verwendet:

| | |
|---|---|
| Leistung: | 1 W (Watt) = 1 J/s = 1 V·A |
| elektrische Spannung: | 1 V (Volt) = 1 W/A |
| elektrische Ladung: | 1 C (Coulomb) = 1 A·s |
| Kapazität: | 1 F (Farad) = 1 C/V |
| mechanische Spannung: | 1 Pa = 1 N/m² |
| magnetischer Fluß: | 1 Wb (Weber) = 1 V·s |
| magn. Induktion(sflußdichte): | 1 T (Tesla) = 1 V·s/m² |

Zur vereinfachten Kennzeichnung der Größenordnung werden Präfixe verwendet gemäß folgender Tabelle:

| Multiplikationsfaktor | Präfix | Symbol |
|---|---|---|
| $10^{18}$ | exa | E |
| $10^{15}$ | peta | P |
| $10^{12}$ | tera | T |
| $10^{9}$ | giga | G |
| $10^{6}$ | mega | M |
| $10^{3}$ | kilo | k |
| $10^{2}$ | hecto | h |
| 10 | deka | da |
| $10^{-1}$ | deci | d |
| $10^{-2}$ | centi | c |
| $10^{-3}$ | milli | m |
| $10^{-6}$ | mikro | $\mu$ |
| $10^{-9}$ | nano | n |
| $10^{-12}$ | pico | p |
| $10^{-15}$ | femto | f |
| $10^{-18}$ | atto | a |

*Beispiel:*
$$1 \text{ MPa} = 10^6 \frac{\text{N}}{\text{m}^2} = 1 \frac{\text{N}}{\text{mm}^2}$$

Mit der Erdbeschleunigung $g = 9.81 \frac{\text{m}}{\text{s}^2}$ gilt

$$9.81 \text{ MPa} = 1 \frac{\text{kg} \cdot g}{\text{mm}^2} = \frac{1 \text{kp}}{\text{mm}^2} = 100 \text{ at}$$

(kp ist die früher verwendete Dimension Kilopond, at die technische Atmosphäre)

1000 psi (pound per square inch) = 6.89 MPa

| Formelzeichen | Dimension | Bedeutung |
|---|---|---|
| $a$ | m | Gitterparameter |
| $a_i$ | m | Basisvektoren des Gitters |
| $A$ | 1 (eins) | Anisotropieverhältnis |
| $a_w$ | 1 | Weißsche Wechselwirkungsk. |
| $B$ | m²/eV·s | Teilchenbeweglichkeit |
| $B$ | T | magn. Induktionsflußdichte |
| $B_r$ | T | Remanenz |
| $c$ | m | Gitterpar. im hex. Gitter |
| $c$ | 1 | Legierungskonzentration |
| $c_v$ | 1 | Leerstellenkonzentration |
| $c_{th}$ | J/K | Wärmekapazität |
| $C$ | Pa | elastische Konstante |
| $C$ | F | Kapazität |
| $C$ | K | Curie-Konstante |
| $C_F$ | F/m² | Flächenkapazität |
| $d$ | m | kürzester Atomabstand Ebenenabstand |
| $d$ | C·m | Dipolmoment |
| $D$ | N/m | Federkonstante |
| $D$ | m²/s | Diffusionskoeffizient |
| $D_0$ | m²/s | präexp. Faktor zum Diff.koeff. |
| $E$ | V/m | elektrische Feldstärke |
| $E$ | Pa | Elastizitätsmodul |
| $f$ | J,eV | freie Energie pro Atom |
| $F$ | N | Kraft |
| $F$ | J,eV | freie Energie |
| $F_{chem}$ | J,eV | chemische Kraft |
| $g$ | m⁻¹ | reziproker Gittervektor |
| $G$ | Pa | Schubmodul |
| $G_{th}$ | W/K | Wärmeableitungskoeffizient |
| $H$ | A/m | magnetische Feldstärke |
| $H_c$ | A/m | Koerzitivkraft |
| $I$ | A | elektrischer Strom |
| $j$ | | imaginäre Einheit |
| $j^q$ | A/m² | elektrische Stromdichte |
| $j^T$ | 1/m²s | Teilchenstromdichte |
| $k$ | m⁻¹ | reziproker Gittervektor |
| $k$ | | Boltzmannkonst. s. Anhang B |
| $l$ | 1 | Drehimpulsquantenzahl |
| $l_z$ | 1 | Bahnprojektionsquantenzahl |

# Anhang A. FORMELZEICHEN UND DIMENSIONEN

| Formelzeichen | Dimension | Bedeutung |
|---|---|---|
| $m$ | kg | Masse |
| $M$ | N·m | Drehmoment |
| $M$ | A/m | Magnetisierung |
| $n$ | 1 | Anzahl der Fremdatome |
| $n$ | 1 | Hauptquantenzahl |
| $n$ | 1 | Brechungsindex |
| $N$ | 1 | Gesamtzahl der Atome |
| $N_e$ | 1 | Entmagnetisierungsfaktor |
| $N_{ik}$ | 1 | Anzahl der Nachbarn i und k |
| $P$ | C/m$^2$ | elektrische Polarisation |
| $q$ | C | elektrische Ladung |
| $Q$ | J,eV | Wärme |
| $Q_n$ | J,eV | differentielle Wärme $\partial Q/\partial n$ |
| $R$ | m | Atomradius |
| $R$ | eV·s/m$^2$ | Reibungskoeffizient |
| $R$ | Ohm | elektr. Widerstand |
| $R_{th}$ | K/W | Wärmewiderstand |
| $s$ | 1 | Spinquantenzahl |
| $S$ | J/K; eV/K | Entropie |
| $S^{at}$ | J/K; eV/K | Konfigurationsentropie |
| $S^M$ | J/K; eV/K | Mischentropie |
| $S_n$ | J/K; eV/K | differentielle Entropie $\partial S/\partial n$ |
| $t$ | s | Zeit |
| $U$ | V | elektrische Spannung |
| $v$ | m/s | Geschwindigkeit |
| $v_{th}$ | m/s | thermische Geschwindigkeit |
| $w$ | 1 | Anzahl der Anordnungsmöglichk. |
| $w^{at}$ | 1 | Anzahl der atomaren Konfig. |
| $W$ | eV,J | Energie |
| $W_{ik}$ | eV,J | Wechselwirkungsen. zw. i und k |
| $W_{kin}$ | eV,J | kinetische Energie |
| $W_n$ | eV,J | differentielle Energie $\partial W/\partial n$ |
| $W_{pot}$ | eV,J | potentielle Energie |
| $W_i$ | eV,J | quantentheoret. Energiespektrum |
| $W_{th}$ | eV,J | thermische Energie |
| $z$ | 1 | Koordinationszahl |
| $x,y,z,r$ | m | Länge |

| Formelzeichen | Dimension | Bedeutung |
|---|---|---|
| $\alpha$ | 1/K | Temperaturkoeffizient |
| $\chi$ | 1 | dielektrische Suszeptibilität |
| $\delta$ | 1 | Verlustwinkel |
| $\varepsilon$ | 1 | mechanische Verzerrung |
| $\varepsilon_r$ | 1 | relative Dielektrizitätskonst. |
| $\varepsilon_0$ | | s. Anhang B |
| $\eta$ | Pa·s | Viskosität |
| $\gamma$ | 1 | Aktivitätskoeffizient |
| $\kappa$ | 1 | Dämpfungskonstante |
| | 1 | magnet. Suszeptibilität |
| $\lambda$ | m | Wellenlänge |
| $<\Lambda>$ | | mittlere freie Weglänge |
| $\lambda$ | Pa | Lamé-Konstante |
| $\lambda$ | W/m·K | Wärmeleitfähigkeit |
| $\mu$ | A·m$^2$ | magnetisches Moment |
| $\mu^n$ | J, eV | chemisches Potential |
| $\mu_n$ | m$^2$/V·s | Elektronenbeweglichkeit |
| $\mu_0$ | | s. Anhang B |
| $\nu$ | 1/s | Frequenz |
| $\nu$ | 1 | Poissonsche Zahl |
| $\omega$ | 1/s | Kreisfrequenz |
| $\varphi$ | V | elektrisches Potential |
| $\psi$ | m$^{-1/2}$, m$^{-3/2}$ | quantentheoret. Wellenfunktion |
| $\sigma$ | Pa | mechanische Spannung |
| $\sigma$ | C/m$^2$ | Flächen-Ladungsdichte |
| $\sigma_{sp}$ | 1/Ohm·m | spez. Leitfähigkeit |
| $\varrho$ | m$^{-3}$ | Teilchendichte |
| $\varrho$ | kg/m$^3$ | Massendichte |
| $\varrho_q$ | C/m$^3$ | Volumenladungsdichte |
| $\varrho_{sp}$ | Ohm·m | spezifischer Widerstand |
| $<\tau>$ | s | mittlere Stoßzeit |
| $\theta$ | | Winkel |

Nabla-Operator $\quad \nabla a = \begin{pmatrix} \dfrac{\partial a}{\partial x} \\ \dfrac{\partial a}{\partial y} \\ \dfrac{\partial a}{\partial z} \end{pmatrix}$

Laplace-Operator $\Delta a = \nabla^2 a = \left( \dfrac{\partial^2 a}{\partial x^2} + \dfrac{\partial^2 a}{\partial y^2} + \dfrac{\partial^2 a}{\partial z^2} \right)$

Andere Verwendung von $\Delta$: Inkrement z.B. ist $\Delta Q$ die Zunahme der Wärme.

Doppelpunkt: $a := b$ oder $b =: a$ bedeutet, daß $a$ durch die Größe $b$ definiert wird.

In der älteren Literatur werden teilweise die folgenden Dimensionen verwendet:

| | |
|---|---|
| Länge: | 1 A (Angström) = $10^{-10}$m |
| | 1 Lichtjahr = $9{,}461 \cdot 10^{15}$m |
| | 1 mil (Tausendstel Inch) = $2{,}54 \cdot 10^{-5}$m |
| Kraft: | 1kp = 1 kg$\cdot$9,81 m/s$^2$ = 9,81 N |
| | 1 dyn = $10^{-5}$ N |
| Druck: | 1 atm (Atmosphäre) = 760 mm Hg = 760 Torr |
| | = 1,033 kp/cm$^2$ = 0,1013 MPa |
| | 1 Torr = $1{,}333 \cdot 10^2$Pa |
| | 1 kp/mm$^2$ = 9,81 N/mm$^2$ = 9,81 MPa |
| | 1 bar = 0,1 MPa |
| | 1 mbar = 1 hPa (Hektopascal) |
| | 1 psi (pound per square inch) = $6{,}895 \cdot 10^3$ Pa |
| Energie: | 1 Btu (international) = $1{,}055 \cdot 10^3$ J |
| | 1 cal (Kalorie) = 4,185 J |
| | 1 eV/Atom $\approx$ 96 kJ/mol $\approx$ 23 kcal/mol |
| | 1 kWh (Kilowattstunde) = 3,6 MJ |
| Leistung: | 1 PS (Pferdestärke) = 0,745 kW |
| Viskosität: | 1 Poise = 0,1 Pa$\cdot$s |
| Magn. Feldstärke: | 1 Oe (Oersted) = 79,58 A/m |
| Magnet. Induktion: | 1 G (Gauß) = $10^{-4}$ T |

# B  Naturkonstanten

| | | | |
|---|---|---|---|
| Avogadro-Kostante (Loschmidt-Zahl) | $N_A^*$ | = | $6.022 \cdot 10^{23}\,\text{mol}^{-1}$ |
| Bohrsches Magneton | $\mu_B$ | = | $9.273 \cdot 10^{-24}\,\text{Am}^2$ |
| Boltzmann-Konstante | $k$ | = | $1.381 \cdot 10^{-23}\,\text{Ws}\,\text{K}^{-1}$ |
| Elementarladung | $|q|$ | = | $1.602 \cdot 10^{-19}\,\text{As}$ |
| Gaskonstante | $R$ | = | $8.314\,\text{Ws}\,\text{K}^{-1}\,\text{mol}^{-1}$ |
| Induktionskonstante | $\mu_0$ | = | $4\pi \cdot 10^{-7}\,\text{Vs}\,\text{A}^{-1}\,\text{m}^{-1}$ |
| Influenzkonstante | $\varepsilon_0$ | = | $8.854 \cdot 10^{-12}\,\text{As}\,\text{V}^{-1}\,\text{m}^{-1}$ |
| Lichtgeschwindigkeit | $c$ | = | $2.998 \cdot 10^{8}\,\text{ms}^{-1}$ |
| Masse des Elektrons | $m_e$ | = | $9.110 \cdot 10^{-31}\,\text{kg}$ |
| Masse des Neutrons | $m_n$ | = | $1.675 \cdot 10^{-27}\,\text{kg}$ |
| Masse des Protons | $m_p$ | = | $1.673 \cdot 10^{-27}\,\text{kg}$ |
| Plancksches Wirkungsquantum | $h$ | = | $6.626 \cdot 10^{-34}\,\text{Ws}^2$ |
| | $\hbar$ | = | $h/2\pi = 1.054 \cdot 10^{-34}\,\text{Ws}^2$ |

# C Teilchenbewegung und Teilchenstrom

## C1 Ballistische Bewegung

Wir betrachten die Bewegung einzelner Teilchen (Elektronen) in einem Plattenkondensator mit dem Plattenabstand $d$, wobei das Dielektrikum zwischen den Platten aus dem Vakuum oder einem (schwach) leitfähigen Werkstoff mit so großer Ladungsträgerbeweglichkeit besteht, daß die mittlere freie Weglänge $\Lambda$ der Teilchen zwischen zwei Stößen größer ist als der Plattenabstand. Bild C1 zeigt die Ortsabhängigkeit der elektrischen und mechanischen Kenngrößen für diesen Fall.

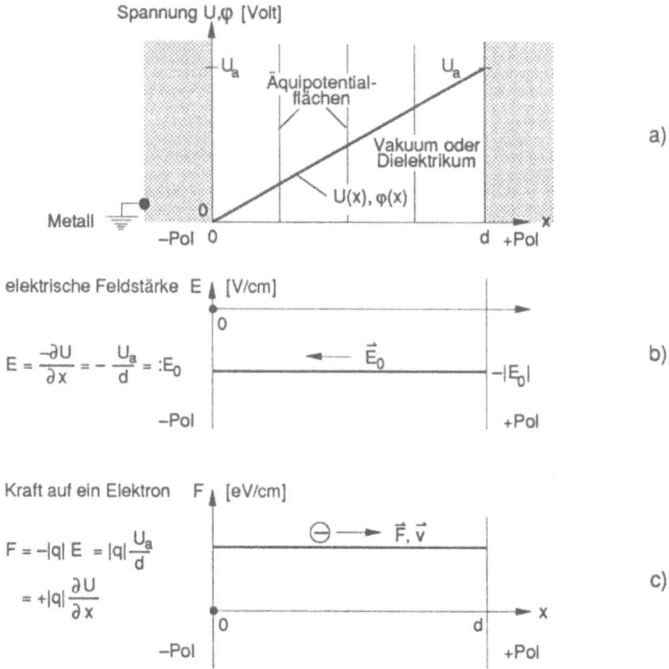

Anhang C  Teilchenbewegung und Teilchenstrom     377

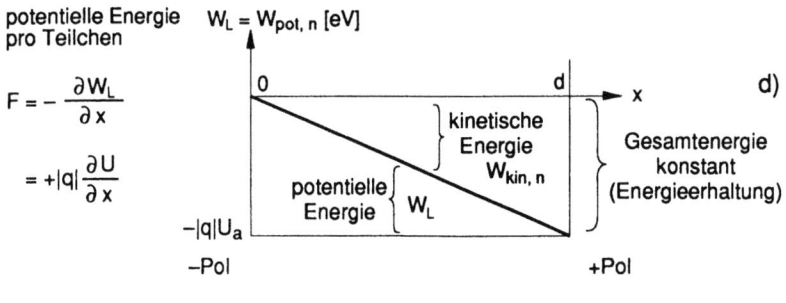

$$\Rightarrow W_L = -|q|U(x) = -|q| \cdot U_a \cdot \frac{x}{d}$$

$$W_{kin,n} = \frac{m}{2}v^2 = +|q|U(x) = +|q| \cdot U_a \cdot \frac{x}{d}$$

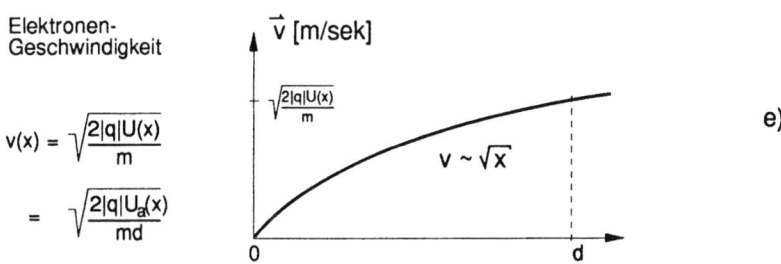

*Bild C1:* Ballistische Bewegung von Elektronen in einem Plattenkondensator. Dargestellt ist die Ortsabhängigkeit folgender Größen:
  a) elektrische Spannung $U$ (= Differenz der elektrischen Potentiale $\varphi$ zwischen den Kondensatorplatten)
  b) elektrische Feldstärke
  c) Feldkraft auf die Elektronen
  d) kinetische und potentielle Energie pro Elektron
  e) Elektronengeschwindigkeit

Die Zeitabhängigkeit der Elektronengeschwindigkeit ergibt sich durch

$$F = m\dot{v} = m\frac{\partial v}{\partial t} \tag{C1-1}$$

$$\Rightarrow \dot{v}(t) = \frac{1}{m}F \tag{C1-2}$$

$$v(t) \underset{v(t=0)\,=\,0}{=} \frac{\partial x}{\partial t} = \frac{1}{m}F \cdot t \tag{C1-3}$$

$$\Rightarrow x(t) \underset{v(t=0)\,=\,0}{=} \frac{1}{2m}F \cdot t^2 \tag{C1-4}$$

$$\underset{(C1\text{-}3,4)}{\Rightarrow} v(t) = \sqrt{\frac{2F \cdot x}{m}} \tag{C1-5}$$

## C2   Teilchenstromdichte

Teilchen mit der Volumendichte $\rho$ durchströmen mit der konstanten Geschwindigkeit $v$ senkrecht eine Fläche $A$ (Bild C2). In der Zeit $t$ durchlaufen alle Teilchen, die sich in dem Quader mit dem Volumen $(v \cdot t) \cdot A$ befinden, die Fläche $A$, das sind

$$N = \rho \cdot (v \cdot t) \cdot A \tag{C2-1}$$

Teilchen. Die **Teilchenstromdichte** $j^T$ ist die Anzahl der Teilchen, welche die Fläche $A$ in der Zeit $t$ durchströmen, also

$$j^T = \frac{N}{t \cdot A} = \rho \cdot v \tag{C2-2}$$

dreidimensional:  $\vec{j}^T = \rho \cdot \vec{v}$ (C2-3)

*Anhang C   Teilchenbewegung und Teilchenstrom*

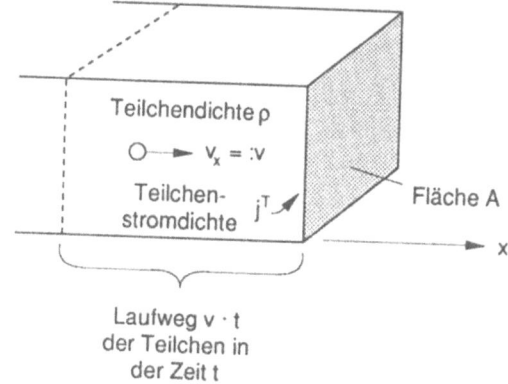

*Bild C2*:    Modell zur Berechnung der Teilchenstromdichte

## C3  Kontinuitätsgleichung

Die Teilchenstromdichten, welche die Stirnflächen $A$ in dem Modell in Bild C2 durchströmen, sind in Bild C3 gesondert dargestellt. Dabei wird zwischen den Stromdichten für hinein- und herausströmende Teilchen unterschieden. In der Zeitspanne $\Delta t$ ist die Differenz $\Delta N$ zwischen den Anzahlen herein($N(x)$)- und heraus($N(x+\Delta x)$)strömender Teilchen:

$$\Delta N = N(x) - N(x+\Delta x) \tag{C3-1}$$

$$\underset{(C2-2)}{=} \left( j^T(x) - j^T(x+\Delta x) \right) \cdot A \cdot \Delta t \tag{C3-2}$$

$$\underset{\text{Taylor-Entw.}}{=} \left( j^T(x) - \left[ j^T(x) + \Delta x \frac{\partial j^T(x)}{\partial x} \right] \right) \cdot A \cdot \Delta t \tag{C3-3}$$

$$= -\frac{\partial j^T(x)}{\partial x} \Delta x \cdot A \cdot \Delta t \tag{C3-4}$$

Die Teilchenzahländerung bewirkt eine Änderung der Teilchen*dichte* im betrachteten Volumen:

$$\Delta\rho = \frac{\Delta N}{A \cdot \Delta x} \qquad (C3-5)$$

Damit ergibt sich als Teilchenzahländerung $\Delta N$ pro Volumen $\Delta x \cdot A$ und Zeit $\Delta t$ (Änderung der Teilchendichte mit der Zeit):

$$\frac{\Delta N}{\Delta x \cdot A \cdot \Delta t} \underset{(C3-4,5)}{=} \frac{\Delta \rho}{\Delta t} = \dot\rho = -\frac{\partial j^T}{\partial x} \qquad (C3-6)$$

$$\text{dreidimensional:} \quad \dot\rho = -\nabla \vec j^T \qquad (C3-7)$$

Diese Gleichungen werden als **Kontinuitätsgleichungen** bezeichnet und sind typisch für Systeme, bei denen eine Größe (in diesem Fall die Teilchenzahl) erhalten bleibt.

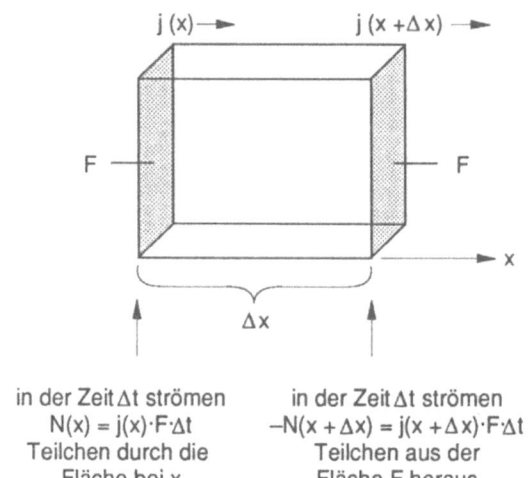

in der Zeit $\Delta t$ strömen
$N(x) = j(x) \cdot F \cdot \Delta t$
Teilchen durch die
Fläche bei x

in der Zeit $\Delta t$ strömen
$-N(x+\Delta x) = j(x+\Delta x) \cdot F \cdot \Delta t$
Teilchen aus der
Fläche F heraus

*Bild C3*: Modell zur Berechnung der Kontinuitätsgleichung

## C4 raumladungsbegrenzter Strom

Durch den Stromfluß geladener Teilchen (Elektronen) in einem System wie in Bild C1 wird eine Ladung in das Vakuum bzw. Dielektrikum zwischen die Platten des Kondensators eingebracht. Wir wollen annehmen, daß diese Ladung *nicht* durch das Auftreten entgegengesetzt geladener Teilchen (Löcher oder positiv geladene Ionen) elektrisch neutralisiert werden kann. Diese Voraussetzung ist z.B. erfüllt in einer Vakuumröhre, in der Elektronen aus einer Kathode emittiert werden und durch das positive elektrische Potential einer Anode angezogen werden. Bei Halbleitern tritt derselbe Fall auf z.B. beim Elektronenfluß über der Barriere, wenn die Elektronen hinter der Barriere nicht durch dort ebenfalls einfließende Löcher (verbunden mit dem Auftreten von Quasifermienergien) neutralisiert werden (starke Elektroneninjektion). Die Wirkung der eingeflossenen Ladung ist, daß aufgrund der Poissongleichung (5.1-6) ein Beitrag zur elektrischen Feldstärke entsteht.

Wir betrachten den Stromfluß im "eingeschwungenen" Zustand, d.h. nach dem Einschalten des Stromflusses wird zunächst die Elektronenkonzentration $\rho_n$ ansteigen, bis sie einen zeitlich konstanten Wert angenommen hat, bei dem nach (C3-6) im eindimensionalen Fall gilt:

$$\dot{\rho}_n = -\frac{\partial j_n^T}{\partial x} = 0 \Rightarrow j_n^T = \text{const} \tag{C4-1}$$

Wir nehmen an, daß der Stromfluß allein durch einen Feldstrom getragen wird, d.h. Diffusionsströme aufgrund der Ortsabhängigkeit von $\rho_n$ mögen dagegen vernachlässigt werden können. Dann folgt:

$$j_n^T \underset{(4.3.2-14a)}{=} -\rho_n(x)\mu_n E(x) \Rightarrow \rho_n(x) = -\frac{j_n^T}{\mu_n E(x)} \tag{C4-2}$$

Die hierdurch entstehende Ladung $-|q|\rho_n(x)$ geht in die Poissongleichung ein:

$$\frac{\partial(\varepsilon_r \varepsilon_o E(x))}{\partial x} = -|q|\rho_n(x) \underset{(C4-2)}{=} + \frac{|q|j_n^T}{\mu_n E(x)} \underset{(4.3.2-15a)}{=} -\frac{|q|j_n}{\mu_n E(x)} \tag{C4-3}$$

mit der nach (C4-1) konstanten *elektrischen* Stromdichte $j_n$. Die Integration zwischen $x=0$ und $x=d$ liefert:

$$\int_0^{E(x)} E'(x)dE' = \frac{|q|j_n^T}{\mu_n \varepsilon_r \varepsilon_o} \int_0^x dx'$$

$$\frac{1}{2}E(x)^2 - \frac{1}{2}E(0)^2 = \frac{|q|j_n^T x}{\mu_n \varepsilon_r \varepsilon_o} \qquad (C4\text{-}4)$$

Bei den Randbedingungen in Bild C4b folgt daraus als sinnvolle Lösung

$$E(x)\underset{E(0)=0}{=} -\sqrt{\frac{2|q|j_n^T x}{\mu_n \varepsilon_r \varepsilon_o}} \qquad (C4\text{-}5)$$

Dieser Feldstärkeverlauf ist in Bild C4b eingetragen. Die nochmalige Integration ergibt den Verlauf der Spannung (des elektrischen Potentials):

$$E(x) = -\frac{\partial U}{\partial x} \Rightarrow U(x) - U(0) \underset{\text{Bild C4c}}{=} U(x) = \frac{2}{3}\sqrt{\frac{2|q|j_n^T}{\mu_n \varepsilon_r \varepsilon_o}} x^{\frac{3}{2}} \qquad (C4\text{-}6)$$

Bei $x=d$ gilt mit Bild C4c:

$$U(d) = U_a = \frac{2}{3}\sqrt{\frac{2|q|j_n^T}{\mu_n \varepsilon_r \varepsilon_o}} d^{\frac{3}{2}}$$

$$\Rightarrow j_n^T = \frac{9}{8} \frac{\mu_n \varepsilon_r \varepsilon_o}{|q|d^3} U_a^2 \Rightarrow j_n = -\frac{9}{8} \frac{\mu_n \varepsilon_r \varepsilon_o}{d^3} U_a^2 \qquad (C4\text{-}7)$$

Diese nichtlineare Strom-Spannungsbeziehung für den raumladungsbegrenzten Strom wird als **Mott-Gurney-Gesetz** bezeichnet. Die Ortsabhängigkeit der Elektronenkonzentration ergibt sich aus (C4-2 und 5) direkt zu (dargestellt in Bild C4d):

$$\rho_n(x) = \sqrt{\frac{j_n^T \varepsilon_r \varepsilon_o}{2|q|\mu_n x}} \qquad (C4\text{-}8)$$

d.h. es stellt sich eine starke Überhöhung der Elektronenkonzentration bei $x=0$ ein. Die Driftgeschwindigkeit (4.3.3-1a) bei raumladungsbegrenzten Strömen hat die Ortsabhängigkeit (Bild C4e):

$$v_n(x) = -\mu_n E(x) \underset{(C4\text{-}5)}{=} -\sqrt{\frac{2|q|j_n^T \mu_n x}{\varepsilon_r \varepsilon_o}} \qquad (C4\text{-}9)$$

Erwartungsgemäß ergibt das Produkt von (C4-8 und 9) wieder die Teilchenstromdichte.

Anhang C  Teilchenbewegung und Teilchenstrom

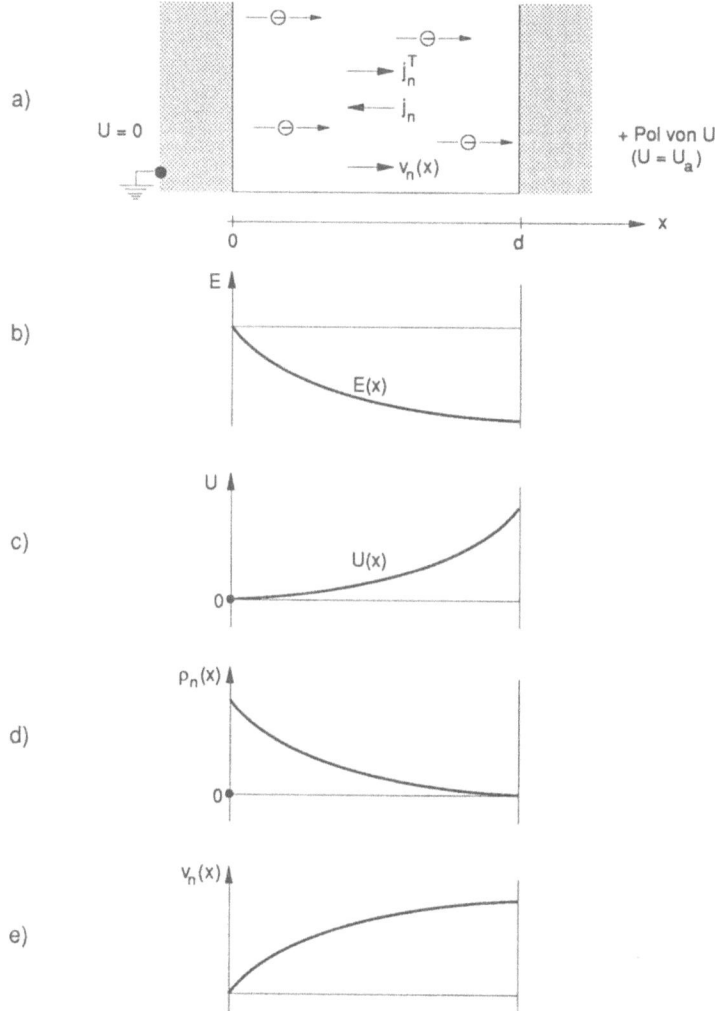

Bild C4: Ladungsbegrenzte Ströme in einem Plattenkondensator (im Vakuum oder mit einem (schwach) leitfähigen Dielektrikum).
a) Aufbau des Systems, Richtungen von Teilchenstromdichte $j_n^T$ und elektrischer Stromdichte $j_n$
b) Ortsabhängigkeit der elektrischen Feldstärke $E$
c) Ortsabhängigkeit der elektrischen Spannung $U$
d) Ortsabhängigkeit der Elektronendichte $\rho_n$
e) Ortsabhängigkeit der Elektronen-Driftgeschwindigkeit

# Literatur

[1] C.E. Mortimer, "Chemie", Georg-Thieme-Verlag, Stuttgart (1976)

[2] R. E. Davis et al., "Principles of Chemistry", CBS College Publishing, 299 (1984)

[3] P.M. Miller, "Chemistry: Structures and Dynamics", McGraw-Hill, 185 (1984)

[4] C.J. Smithells (ed.), "Metals Reference Book", 5th ed., Butterworth (1976)

[5] H.K. Bowen, "Ceramics as Electrical Materials", in M. Grayson (ed.), "Encyclopedia of Semiconductor Technology", J. Wiley & Sons (1984)

[6] Engler, E.M. zur Veröff. in Chemtech 17, Sept. 1987

[7] J.M. Rowell, "Opt. Schalter", Spektrum der Wiss. 12, 116 (1986)

[8] A. Broese, van Graenov et al., Mat. Sci.Eng. 3, 317 (1968/69)

[9] S. Geller et al., Acta Cryst. 10, 239 (1957)

[10] H.G. Danielmeyer, Festkörperprobleme XV, (1975)

[11] L.H. van Vlack, "Elements of Material Science", 4th ed., Addison-Wesley (1980)

[12] J.H. Phillips, Phys.Rev.Let. 22, 705 (1969) Phys. Today, 23 (1970)

[13] S.M. Sze, "Physics of Semiconductor Devices", 2nd ed., J. Wiley & Sons, New York (1981)

[14] C. Kittel, "Einführung in die Festkörperphysik", 6. Aufl., Oldenbourg-Verlag München (1983)

[15] W. v. Münch, "Werkstoffe der Elektrotechnik", 6. Aufl., B.G. Teubner, Stuttgart (1989)

[16] W.G. Moffat et al. "The Structure and Properties of Materials", vol. I: "Structure", Wiley, 47 (1964)

[17] P. Haasen, "Physikalische Metallkunde", 2. Aufl., Springer-Verlag (1984)

[18] A. Cottrell, "An Introduction to Metallurgy", 2nd ed. Edward Arnold (1975)

[19] C. Kittel und H. Krömer, "Physik der Wärme", 2. Aufl., Oldenbourg-Verlag München (1984)

[20] Landolt-Börnstein, "Zahlenwerte und Funktionen aus Naturwissenschaft und Technik" 17, Springer-Verlag Berlin (1984)

[21] E. Hornbogen, "Werkstoffe", 3. Aufl., Springer-Verlag Berlin (1983)

[22] van Hook (Zitat aus [65])

[23] A. Seeger und K.P. Chik, phys. stat. sol 29, 455 (1968)

[24] G. Holtzäpfel und H. Rickert, Festkörperprobleme XV (1975)

[25] J.P. Hirth und J. Lothe, "Theory of Dislocations", McGraw-Hill (1968)

[26] J. Marin, "Mechanical Behaviour of Engineering Materials", Prentice-Hall (1962)

[27] H. Fischer, "Werkstoffe in der Elektrotechnik", Hanser, München, Wien (1987)

[28] P. Guillery, R. Hezel und B. Reppich, "Werkstoffkunde für Elektroingenieure", Vieweg, Braunschweig, Wiesbaden (1983)

[29] Metals Handbook, vol. 8, 8th ed., Am. Soc. for Metals (1973)

[30] Dubbel, "Taschenbuch für den Maschinenbau", 14. Aufl. Springer-Verlag Berlin Heidelberg New York (1981)

[31] W. Giegerich und W. Treier, "Glass machines...", Springer-Verlag Berlin Heidelberg New York (1969)

[32] W.F. Smith, "Principles of Materials Science and Engineering", McGraw Hill International Editions (1986)

[33] M. Eisenstadt, "Introduction to Mechanical Properties of Materials", Macmillan (1971)

[34] T. Alfrey, "Mechanical Behaviour of Polymers", Wiley (1967)

[35] H.E. Barker und E. Javitz, "Plastic Moulding...", Electr. Manuf., May 1960

[36] S.S. Reed and R.B. Runk, "Ceramic Fabrication Processes", vol 9, "Treatise in Materials Science and Technology", Academic (1976)

[37] H. Scholze und H. Salmang "Keramik", Band 1 und 2, Springer-Verlag BErlin Heidelberg New York (1982)

[38] G. Dieter, "Mechanical Metallurgy", 2nd ed. McGraw-Hill (1976)

[39] A. Heuberger (Hrsg.), "Mikromechanik", Springer-Verlag Berlin Heidelberg New York (1989)

[40] H.W. Hayden et al. "The Structure and Properties of Materials", vol III, Wiley (1965)

[41] E.J. Verwey, P.W. Haagman und F.C. Romejn, J.Chem.Phys. 15,18 (1947)

[42] W. Heywang, "Amorphe und polykristalline Halbleiter", Springer-Verlag Berlin Heidelberg New York (1984)

[43] S.M. Sze, "Semiconductor Devices - Physics and Technology", John Wiley and Sons New York (1985)

[44] Zwikker, "Physical Properties of Solid Materials", Pergamon (1954)

[45] F. Pawlek und K.Reichel, Z. Metallkd. 47, 347 (1956)

[46] H. Reichl, "Hybridintegration", Hüthig-Verlag Heidelberg (1986)

[47] H.K. Onnes, Leiden Communication 124c (1911)

[48] W. v. Münch, "Elektrische und magnetische Eigenschaften der Materie", B.G. Teubner Stuttgart (1987)

[49] F.P. Missel und B.B. Schwartz, in "Encyclopedia of Semiconductor Technology", s. [5]

[50] H. Reichl in "Technologietrends in der Sensorik", VDI/VDE Technologiezentrum Informationstechnik GmbH

[51] M. Antler in "Encyclopedia of Semiconductor Technology", s. [5]

[52] VALVO Technische Information "Kaltleiter als strom- und temperaturempfindliche Schalter" (1978)

[53] J.M. Ziman, "Principles of the Theory of Solids", Cambridge University Press (1965)

[54] Heraeus-Produktbeschreibung "AlN-Substratkeramik"

[55] Tanaka et. al., Mitteilung vom 13. März 1987

[56] J.D. Jackson, "Classical Electrodynamics", John Wiley & Sons New York (1967)

[57] VALVO Lexikon der Elektronik, VDI-Verlag, in Vorbereitung

[58] L.E. Cross und K.H. Härtl in "Encyclopedia of Semiconductor Technology", s. [5]

[59] K.H. Härtl. in "Philips: Unsere Forschung in Deutschland", Band III (1980)

[60] H.G. Unger, "Optische Nachrichtentechnik", Hüthig Verlag Heidelberg (1985)

[61] J. Wilson und J.F.B. Hawkes, "Optoelectronics - an Introduction", Prentice-Hall International (1983)

[62] R. Jelitto und A. Ziegler, Phys. Bl. 39, 95 (1983)

[63] K.J. Pascoe "Properties of Materials for Electrical Engineers", John Wiley & Sons New York (1973)

[64] G.Y. Chin und J.H. Wernick in "Encyclopedia of Semiconductor Technology", s. [5]

[65] G. Winkler, "Magnetic Garnets", Vieweg Verlag (1981)

[66] J. Koch und K. Ruschmeyer, "Permanentmagnete", VALVO UB der Philips GmbH, Verlag Boysen und Maasch Hamburg (1983)

[67] R.H. Perry und A.A. Nishimura in "Encyclopedia of Semiconductor Technology", s. [5]

[68] E. Baer, "Hochentwickelte Polymere", Spektrum der Wissenschaft, Dez. 1986

[69] G. Sauthoff, "Intermetallische Phasen", Neue Werkstoffe 1,15 (1989)

[70] H. Mecking, N. Claussen, H.J. Petermann, "Strength of Metals and Alloys", Proc. 8th Int. Conf. on the Strength of Metals and Alloys, Tampere (1988)

[71] R.W. Cahn und P. Haasen (ed.), "Physical Metallurgy", Part I and II, North Holland Publishing (1983)

[72] K. Nitzsche und H.J. Ullrich, Funktionswerkstoffe", Dr. Alfred Hüthig Verlag, Heidelberg (1986)

[73] M.F. Ashby und D.R.H. Jones, "Ingenieur-Werkstoffe", Springer-Verlag Berlin Heidelberg New York Tokyo (1986)

[74] H. Gleiter, "Microstructural Aspects of Strengthening and Toughening of Metals, Crystalline Metallic Alloys and Semicrystalline Polymers", Vortrag Melbourne 1988

[75] G. Lütjering, "Gleitverteilung und mechanische Eigenschaften metallischer Werkstoffe, DFVLR-Bericht 74–70 (1974)

[76] H.E. Exner, "Sintering", 11. Deutsch-Französische Tagung RWTH Aachen (1987)

[77] T.S. Chou, R. L. McCullough, B. Pipes, "Verbundwerkstoffe", Spektrum der Wissenschaft, Dez. 1986

[78] K. Friedrich, "Werkstoffkundliche Aspekte zur Entwicklung von Bauteilen aus Faserverbundwerkstoffen", Werkstoffe und Konstruktion Vol. 2 Nr. 4 (1988), Seite 358

[79] R.W. Lang et. al.: Polymere Hochleistungs-Faserverbundwerkstoffe, Die Angewandte Makromolekulare Chemie 145/146 (1986) 267

[80] P. Hansen, Journal of Magnetism and Magnetic Materials, 83 (1990)

# Index

3d-Übergangsmetalle .......... 325

## A

Abgleitung .............. 160, 162
Abgleitungsgeschwindigkeit ... 160
Abschirmung eines
        Magnetfeldes .......... 346
AFK ...................... 205
Aggregatzustand ............... 16
Aktivierungsenergie .......... 118
Aktivierungsentropie .......... 118
Aktuatoren .................... 23
akusto-optischen Effekt ..... 24, 61
Akzeptoren .................. 140
Alkaligruppe .................... 8
Alkalihalogenide .............. 11
allgemeine Gaskonstante ....... 271
allotrope Umwandlung ........ 44
Alnico ...................... 357
Aluminium-Elektrolyt-
        Kondensator .......... 303
Aluminium-Silizium ............ 93
amorph ....................... 35
amorphe Metallegierungen ..... 346
amorphe Schmelze ............. 95
Analyse von Kristallen ......... 62
Anionen .................. 11, 18
Anisotropiefaktor ............. 150
Anisotropieverhältnis ......... 150
anodische Oxidation .......... 302
Anordnungsmöglichkeiten ....... 66
Antiferromagnetismus ..... 323, 326
Antifluoritgitter ................ 20
Aramidfaser ................. 205

aramidfaserverstärkter
        Kunststoff (AFK) ..... 205
Asbest ....................... 33
Atombindung .................. 14
Atome ........................ 1
Atomgrößen .................. 19
Atomradien ................... 9
AuCr-Legierungen ............ 263
Ausscheidung ........... 132, 136
Ausscheidungshärtung ......... 170
Austauschwechselwirkung . 27, 326

## B

Bahndrehimpuls ................ 4
Bahnprojektions-Quantenzahl ... 5
Ball-Bondverfahren ........... 253
Bandabstand .................. 32
Bändermodell .............. 227 f
Bariumtitanat ................. 21
Basisvektoren ................. 50
Basquin-Beziehung ............ 211
Bergaufdiffusion .............. 133
Besetzungswahrscheinlichkeit ......
    225, 269
Bethe-Slater-Kurve ........... 326
Beton ....................... 208
Beweglichkeit B .............. 113
Beweglichkeit ..... 115, 216, 229
Biegeumformen ............... 179
Bildungsenergie der Leerstelle . 109
binäre ....................... 19
Bindungsenergie ........... 14, 28
Bipolar-Elektrolyt-
        Kondensatoren ........ 302
Blasverfahren ................ 185

Blochwände ................... 332
Blochwandverschiebung ....... 333
Bohrsches Magneton .......... 316
Boltzmannfaktor .............. 118
Boltzmanngleichung .......... 115
Boltzmannkonstanten .......... 66
Bondverfahren ................ 251
Bragg'sche Reflexionsbedingung. 58
Bragg'sches Gesetz ............ 59
Bragg-Reflexion ............... 57
Braunstein .................... 302
Bravais-Zellen ................. 47
Brechungsindex .............. 306
Brechungsindikatrix .......... 307
Brechungsindizes ............. 308
Brinell-Härte ................. 214
Bruch ........................ 198
Bruchdehnung ................ 165
Bruchlastspielzahl ............ 211
Bruchzähigkeit ............... 202
Burgersvektor ................ 156

## C
Cäsiumchloridstruktur ......... 19
Cermets ...................... 208
Cermetwiderstände ........... 265
CFK ........................ 204 f
charge transfer ............... 222
chemische Kraft .............. 216
chemische Wechselwirkung ..... 5
chemisches Potential .......... 324
chemisches Potential ........ 72 ff
Chip-on-board-Technik ........ 250
Chromdioxid ................. 363
Cooper-Paare ................. 245
Coulombkraft ................... 1
CuMn-Legierungen ............ 263
Curie-Gesetze ................ 323
Curie-Konstante .............. 323
Curie-Temperatur ............. 330
Curie-Weißsche Gesetz ....... 331

## D
Datenspeicherung .............. 97
Debye-Scherrer-Verfahren ...... 63
Debye-Temperatur ............ 269
Defektelektronen ............. 221
Dehngrenze .................. 165
Dehnung ..................... 162
Diamagnetismus .............. 317
Diamantgitter ........... 28 ff, 47
Dichtefunktion ............... 321
dichteste Packung ............. 40
Dickschicht-Leiterbahnen ..... 243
Dickschicht-Widerstandspasten. 264
Dickschichtverfahren .......... 239
Dielektrikum ................. 286
dielektrische Polarisation ..... 286
dielektrische Suszeptibilität ........
    291, 323
dielektrische Verschiebungs-
    dichte ................... 291
Dielektrizitätskonstante ........ 21
Dielektrizitätszahl $\varepsilon_r$ .......... 138
Diffusion ............... 104, 111
Diffusionsgeschwindigkeit ..... 125
Diffusionsgleichung ........... 130
Diffusionskoeffizient ........ 120 ff
Diffusionskraft ........ 70, 74, 124
Diffusionskriechen .......... 176 ff
Diffusionsschweißen .......... 206
Diffusionsstromdichte ......... 118
Dilatation .................... 151
Dipolmoment ............ 21, 287
Dipolschicht ................. 138
Dispersionshärtung ........... 170
Dissoziation .................. 14
Domänen .................... 332
Donatoren ................... 140
Dopen ....................... 193
Doppelbrechung .............. 309
Dotierung ............... 107, 194
Drahtbonden ................. 251

INDEX

Drahtwiderstand............... 257
Drehimpuls-Entartung........... 4
Drehimpulsquantenzahl......... 4
Drehkondensatoren............ 296
Drehkristallmethode............ 63
Drehprozeß................... 333
Driftgeschwindigkeit........... 125
Drucksensoren................. 23
Drucksintern..................192
Druckversuch................. 164
duktiler Werkstoff.............. 198
Dünnschichtverfahren......... 244
Duralumin....................173
Durchflutungsgesetz........... 312
Durchschlagsfeldstärke........ 281
Durchziehen.................. 179
Duroplaste....................182

E
Ebenenabstand................. 53
Edelgase...................... 7 f
effektive Masse................227
Eigenwertgleichung.............. 4
Eimermodell................... 69
Einfachleerstellen............. 111
Einschnürungen............... 199
Einstein-Beziehung....... 120, 216
Eis-Salzlauge.................. 95
Eisen-Kohlenstoff............. 173
Eisen-Nickel-Legierungen.......345
Eisengranate................... 25
elastische Konstanten......... 148
elastische Verzerrungen....... 148
Elastizität....................143
Elastizitätsmodul........ 153, 164
Elastomere ................... 182
elektrische Stromdichte... 125, 217
elektrischer Strom............. 258
elektrischer Widerstand....... 218
Elektrolytkondensatoren....... 295
Elektronegativität..............11
Elektronen.....................1
Elektronenbeweglichkeit....... 217

Elektronengas................. 222
Elektronenhülle................. 9
Elektronenkonfiguration......... 7
Elektronenmikroskopie......... 63
Elektronenspin............. 4, 315
Elektronenstruktur..............8
Elektronenvolt................... 4
Elektronenwind ............... 125
elektronische Polarisation..... 289
elektrooptische Koeffizienten...310
elektrooptische Materialien.....309
elektrooptischer Modulator.....310
Elektrotransport..............125
elementare Ringströme........316
Energie.......................14
Energiebänder ............... 222 f
Energieeigenwerte ............. 4
Energieelastizit .............. 145
Energieerhaltung.............. 73
Energiefreisetzungsrate........201
Energieniveau ................ 223
Energieniveaus................ 4 ff
Energiespektrum................4
Entfestigung................... 167
Entmagnetisierungsfaktor ..... 357
Entmagnetisierungskurve..... 356 f
Entmischung............. 104, 132
Entropie...................... 66
Entropieelastizität.........145, 187
Entropiekraft.................. 70
Entropieveränderung........... 69
Epoxidharz ................... 205
Erholung..................... 167
Ermüdungsriß................. 213
Erstarrung....................136
eutektische Gefüge ............ 95
eutektische Konzentration.......93
eutektische Temperatur........ 92
eutektisches Zustandsdiagramm. 92
extrudieren .................. 185
Extrudierverfahren............183

## F

Faraday-Effekt … 365
$F(c)$-Kurve … 81
Federkonstante … 116
Federkontakte … 256
Feldkraft … 74
Fensterglas … 35
Fermi-Dirac-Funktion … 226
Fermi-Dirac-Statistik … 225
Fermi-Energie … 217, 225
Fermienergie … 140, 324
ferrimagnetische Resonanz … 351
Ferrimagnetismus … 323, 327
Ferrite … 18, 24, 349
ferroelektrisch … 21
Ferromagnetismus … 323, 326
feste Elektrolyten … 302
Festkörperwerkstoffe … 16
Festphasensintern … 191
Feststoffelektrolyte … 125
Feststofflaser … 25
Fick'sches Gesetz … 125
Flächenkapazität … 291
Fließgrenze … 164 f
Flüssigphasensintern … 192
Folienkondensatoren … 295 f
Formanisotropie … 358
Formgebung … 143
Frank-Read-Quelle … 161
freie Energie … 74, 224
freie Energie pro Atom … 83
freie Energie von Legierungen … 80
Fremdatomaktivität … 80
Fremdatomkonzentration … 68
Fremdatomzusätze … 234

## G

Gadolinium-Eisen-Granat … 366
Gallium-Arsenid … 99 f
Gaußsche Fehlerfunktion … 130
gebundenes Elektron … 3
gemeinsame-Tangenten-Regel … 85, 105
geordnete Legierungen … 50, 168
geordnete Phase … 235
geordneter Zustand … 273
Germanium-Tellur … 96
Germanium … 31
geschwindigkeitsproportionale Reibung … 114
GFK … 204 f
Gibbs'sche Thermodynamik … 65
Gitterkonstante … 17
Gitterleerstellen … 109
Gitterschwingungen … 72
Gitterverzerrungen … 64
Gläser … 178
Glasfaserverstärkte Kunststoffe . 204
glasfaserverstärkter Kunststoff (GFK) … 205
Glassorten … 180
Glastemperatur … 38
Gleichgewichtsabstand a … 14
Gleichgewichtsverteilung … 225
Gleitebene … 156
Glimmer … 298
Goodman-Regel … 211
Goss-Textur … 339
Granate … 18, 25, 349 ff
Granatphase … 100
Graphitfasern … 206
Grenzflächenergie … 135
Größe der Atome … 9
Größen einiger Atome … 12
Gruppengeschwindigkeit … 120
Gummisorten … 185
Gußeisen … 173

## H

Halbleiter … 219, 223
harmonische Schwingung … 117
harmonischer Oszillator … 116
harte Kugeln … 14
Härte … 154, 213

# INDEX

Härteeindruck .................. 214
Hartferrite ..................... 361
Hartlote ....................... 249
Hartmetalle ................... 208
Hauptquantenzahlen ............. 3
Hebelgesetz .................... 87
Heißleiter ............... 100, 222
Heißpressen ................... 192
Heißpreßdiagramm .......... 192 f
Heizleiter ..................... 266
Heizleitermaterial ............. 266
heterogene Ausscheidung ...... 137
hexagonal dichteste
    Kugelpackung ........... 43
Hochtemperaturlegierungen ... 175
Hochtemperatursupraleiter .... 22 f
Holz .......................... 204
homogene Ausscheidung ...... 137
Hooke'sches Gesetz ........... 164
Hybridisierung ................. 27
Hybridorbitale ................ 28 f
Hybridschaltung .............. 254
hydrostatischen Kompression ...152
Hysteresekurven .............. 334

## I

idealer Kondensator .......... 293
Induktion ..................... 312
Induktionsgesetz .............. 314
Induktivität .................. 337
induzierte Spannung .......... 314
intermediäre Verbindung ....... 86
intermetallische Phasen ....... 173
Ion ............................ 10
Ionenimplantation ............ 167
Ionenkristall .................. 18
ionenleitend ................... 19
Ionenleiter .................... 125
Ionenleitfähigkeit ............. 127
Ionenradien ................. 11 ff
Ionische Bindung .............. 17
ionische Polarisation ......... 289

ionischer Charakter der
    Bindung ................ 30
Isolatoren .......... 219, 223, 281
isotrop ....................... 149

## J

Josephson-Bauelemente ....... 246
joulesche Wärme ............. 348

## K

Kaltleiterverhalten ............ 267
Kapazität ............... 140, 293
Kapazitätsdioden ............. 296
Kationen .............. 10, 18, 138
Keil-Bondverfahren ........... 253
Keimbildung und Wachstum ... 134
Keimwachstum ............... 136
Keramiken .................... 178
keramische Kondensatoren .........
    295, 298
keramische Legierungen ....... 100
keramische Mikrofone .......... 23
keramische Permanentmagnete .361
keramische Supraleiter ........ 246
keramische Weichmagnete ..... 349
Kernspin ..................... 316
Kerr-Drehung ................. 367
klassischer Grenzfall .......... 320
Knoop-Härte ................. 214
Kochsalz ...................... 18
Koerzitivkraft ........... 334, 356
kohlenstoffaserverstärkter
    Kunststoff (CFK) ..... 204 f
Kohlenwasserstoffe ........... 35 f
Kohlewiderstände ............. 265
Kompressionsmodul ........... 152
Kondensatoren ........... 281, 294
Konfigurationsentropie ..... 71, 106
konkave Krümmung ........... 85
Kontaktmaterial .............. 255
Kontaktpotential ............. 142
Kontaktwerkstoffe ............ 256
Kontinuitätsgleichung ........ 128

konvexe Krümmung............85
Koordinationszahl..............43
Koordinationszahl..............77
Korngrenzen............167, 176
Korrosionsfestigkeit...........235
Korundstruktur................20
kovalente Bindung.............26
Kraft-Dehnungs-Kurve........162
Kriechrate....................174
Kriechversuch................174
Kristallebene..................52
Kristallenergie........77, 124, 217
Kristallgitter..................46
Kristallrichtungen..............49
kubisch flächenzentriert.........43
kubisch raumzentrierte Struktur.43
kubische Struktur..............43
Kugelwelle....................57
Kunststoffe..................182
Kunststoffolien-Kondensator...297
Kupfer-Zink...................97
Kupferlegierungen............238

## L

labiles thermisches
      Gleichgewicht...........77
Lamé-Konstante...............150
Langevin-Funktion............322
Lasertrimmen.................259
Lastspielzahl..................211
Laue-Verfahren.................63
Leerstelle.....................17
Leerstellendichte..............104
Leerstellendiffusion............111
Leerstellenkonzentration.......109
Legierungen...................19
Leiterbahnen.................239
Leiterplatten.................239 f
Leiterplattentechnik...........250
Leiterwerkstoffe...............232
Leitungsband.................222
linearer elektrooptischer Effekt.309
Liquidus-Linie.................89

Lithiumniobat................23
Löcher.......................221
Löslichkeit...................104 ff
Löslichkeiten..................105

## M

Magnete.....................312
magnetische Blasen.........25, 336
magnetische Datenaufzeichnung.25
magnetische Dipoldichte.......316
magnetische Domänen.........332
magnetische Felder............312
magnetische Momente.........312
magnetische Speicherschicht...364
magnetische Suszeptibilität.....317
magnetisches Moment..........25
Magnetisierung...............316
Magnetit............323, 329, 350
Magneto-optische Dielektrika...365
Magnetoplumbitstruktur.......361
Magnetostriktion..............347
Manganoxid..................327
Manson und Coffin............211
Martensit....................173
Materialermüdung............211
Matthiessensche Regel.........233
Maximalzahl von Spins.......325
Maxwellsche Gleichungen.138, 304
mechanische Kraft............143
mechanische Spannung.......145
Messing......................97
Metallglasur-Widerstände.....265
metallische Bindung............39
Metallkontakt................255
Metalloxid-Schichtwiderstände.262
Mikroelektronik..............281
Mikromechanik..............194
Mikrostruktur................202
Miller-Bravais-Notation.......50 f
Millersche Indizes.........52, 55 f
Millersche Notation..........50 f
Mischentropie.................67
Mischkristallbereiche...........86

Mischkristallhärtung...........168
Mischungslücken.......86, 89, 132
Mittelwert des magnetischen
    Moments................320
mittlere Driftgeschwindigkeit...229
mittlere freie Weglänge.........230
Molekül........................6
Molwärme....................271
Mörtel.......................208
multiplizieren.................161
Mumetall....................345

## N
Nachbarn......................16
NaCl-Gitter.................18, 47
Nailhead-Bondverfahren.......253
Natriumchloridstruktur.........19
Naturkautschuk...............187
Neel-Temperatur...............331
Neodym-Eisen-Bor-
    Legierungen...........361
Neukurve....................334
nichtlineare Widerstände.......265
Nickelferrit..................351
NiCr-Legierungen.............263
Nordpol.....................315
Normalspannungen...........145
NTC.........................261

## O
Oberflächen-Schallwellen........24
Oberflächenmontage.........249 f
Ohm.........................218
Ohmsches Gesetz.............216
optische Werkstoffe............304
optischen Modulatoren.........23
optischer Isolator.............365
Optoelektronik.............18, 23
Ordnungszustand...........66, 237
Orientierungspolarisation.....289
Orowan-Beziehung............160
Orthoferrite.................349
Oxidationszahlen..............10

## P
Papierkondensatoren..........296
paramagnetische
    Suszeptibilität.........323
Paramagnetismus.............318
Pauli-Prinzip................4, 40
Peltier-Effekt..................258
Peltier-Element...............258
Periodensystem.................5
peritektisch....................97
Permalloy-Bereich............344
permanente magnetische
    Momente...............319
Permanentmagnete...25, 315, 356
Permeabilität............25, 334
Permeabilität des Vakuums...315
Perovskitstruktur..............20 f
Phasen........................84
Phasenmischung................78
Phasentrennung..........78, 104
Phasenumwandlung...........272
Photolithographie.............194
Piezoelektrizität...............23
piezoresistiver Effekt.....223, 261
Plasmaätzen..................194
plastische Verformung.....160, 235
Plastizität....................154
Pockels-Effekt.............23, 309
Pockelszelle...................311
Poissongleichung.........138, 290
Poissonsche Zahl..............150
Polarisationsrichtung...........307
Polarisierung.................219
Polyesterkondensator.........297
Polyimidharze................205
Polykarbonatkondensator.....297
Polykristall...............136, 177
polykristalline Metallen........167
polykristalline Werkstoffe.....154
Polymerisation................35
Polypropylenkondensator.......297

Polystyrolkondensator ......... 297
potentiellen Energie ............. 1
Potentiometer ................. 265
Präzisionswiderstände ......... 261
Pressverfahren ................ 185
primäres Kriechen ............. 174
primitive Strukturen ........... 47
Protonen ....................... 1
PTC .......................... 261
Pulvertechniken ............... 189
Punktfehler .............. 104, 109

## Q
Quantenphysik ................... 3
Quarz ........................ 281
Quarzglas ................ 34, 308
quaternäre-Legierungen ....... 102
Quergleiten ................... 167

## R
Raumgitter .................... 46
Raumladungsverteilung ....... 139
Raumrichtungsvektoren ......... 48
Reaktionssintern .............. 191
realer Kondensator ............ 293
Reflexionsgesetz .......... 57, 307
Reflexionswinkel ............... 60
Reflow-Lötverfahren ........ 249 f
Reibungskoeffizient ........... 114
relativen Dielektrizitäts-
    konstante ................. 291
relativer Verlustfaktor ......... 351
Relaxationszeitnäherung ....... 115
Remanenz ............... 334, 356
resistive Sensoren ............. 265
Restmagnetisierung ........... 333
reziproke Gitter ................ 46
reziproker Gitterraum .......... 54
Rißausbreitung .......... 174, 202
Rißbildung ................... 198
Rockwell-Härte ............... 214
Röntgenstrahlen .......... 62, 194
Röntgentopographie ............ 63

Rutilgitter .................... 20

## S
Sattelpunkt ................... 118
Sättigungsmagnetisierung ..... 334
Satz von Stokes ............... 312
SAW .......................... 24
Schallgeneratoren .............. 23
Schallgeschwindigkeit ......... 120
Scherspannungen ............. 145
Schichtwiderstand ............. 218
Schlagfestigkeit ............... 215
Schlickerguß .................. 189
Schmelze ...................... 88
Schmelztemperatur ............. 38
Schmelzwärme ................ 272
Schmieden ................... 179
Schraubenversetzung .......... 158
Schrödingergleichung ............ 3
Schrumpfung ................. 192
Schubmodul .................. 150
Schubspannungs-Abgleitungs-
    Kurve .................... 162
Schweißen ................... 251
Schwingbreite ................ 211
Schwingquarze ................ 23
Schwingungsentropie .......... 107
sekundäres Kriechen .......... 174
selektive Ätzprozesse .......... 194
Seltenerd-Kobalt-Permanentmag-
    neten .................... 358
Siebdrucktechnik .............. 239
Siebdruckverfahren ........... 242
Silikate ....................... 33
Silizide ...................... 244
Silizium ....................... 31
Siliziumnitrid ................. 281
Sintern ...................... 191
Snelliussches Brechungsgesetz . 307
Solidus-Linie .................. 89
Spaltebenen .................. 199
spanende Umformverfahren ... 203
Spannbeton .................. 209

*INDEX* 397

Spannungs-Dehnungs-Diagramme............198
Spannungs-Dehnungs-Kurve...209
Spannungskonzentrationen.....199
Spannungsrelaxationsversuch...176
Spannungstensor.........146, 158
Sperrholz....................209
Sperrschichtkondensatoren...299 f
spezifische elektrische Leitfähigkeit............126
spezifische Leitfähigkeit.......217
spezifische Wärme............271
spezifischen Widerstand.......217
Spinelle..........24, 222, 349, 361
Spinellphasen.................100
Spinellstruktur.................24
spinodal......................357
Spinodale ............106, 109
spinodale Entmischung........133
Spritzguß....................185
Spritzgußverfahren............183
Sprödbruch...................202
spröder Werkstoff.............198
Sprungtemperatur............246
stabiles thermisches Gleichgewicht..........77
Stabilität ................76, 143
Stabilitätskriterium.............85
Stahl........................173
Stahlbeton...................208
Stapelfolgen .................42
Stapelung....................31
stationäres Kriechen...........174
Stirling'sche Formel............67
Stöchiometrie.................50
Stoßwechselwirkung...........227
Streckgrenze...............164 f
Streuung.....................57
Stromleiter...................40
Strukturfaktor.................62
Stufenversetzung.............156
Südpol.......................315

Superlegierung................169
Superversetzungen............169
Supraleitung..................245

**T**
Tangentenkonstruktion.....80, 84
Tantal-Elektrolytkondensator . 303
technische Spannungs-Dehnungs-kurve............162, 165
Teilchenstrahlen ..............62
Teilchenstromdichte...........125
Temperaturkoeffizient.........232
Temperaturleitzahl............276
Termschema....................5
ternär ........................19
Ternäre Legierungen...........102
tertiäres Kriechen.............174
Textur.......................339
thermische Aktivierung.......118
thermische Energie ...........70
thermische Stöße.............230
Thermodynamik................4
Thermokräfte.................260
Thermoplaste.................182
Ticonal......................357
Tiefziehen...................179
Tränkwerkstoffe...............208
Trockenpressen ..............189

**U**
Übergangskriechen............174
Überstrukturreflexe............62
Umformprozeß................178
Umformtechnik...............179
Umhüllende....................57
Umordnungswärme ..... 272
uniaxiale Kompression.........151
Urform ......................178

**V**
Valenzaustausch..............222
Valenzband..................222
Valenzschale.................223
van der Waals-Bindung........45

Varaktoren .................... 296
Varistor ....................... 266
verallgemeinertes Hooke'sches
    Gesetz ................. 148
Verbindungen ................ 232
Verbindungstechnik ........... 249
Verbundwerkstoffe ............. 204
Verdetsche Konstante ......... 365
verdünnte Lösung ............. 66 ff
Verfestigung ................... 167
Verformungskarte ............. 176 f
Verlustfaktor .................. 337
Verlustwinkel .................. 293
Verlustwinkel .................. 349
Vernetzung .................... 183
Verschiebungsstromdichte ..... 312
Versetzung ..................... 156
Versetzungskriechen ........... 176
Versetzungsmultiplikation ..... 161
Verzerrung .................... 145
Verzerrungstensor .............. 148
Vickers-Härte ................. 214
Vielschichtkondensatoren ....... 299
Viskosität ..................... 181
vollständig mischbare Systeme ... 91
Vulkanisieren ................ 185 ff

# W
Wahrscheinlichkeit ............... 3
Wärme ......................... 73
Wärmeabführung .............. 257
Wärmeableitungskoeffizient ... 259
Wärmeausbreitung ............. 278
Wärmedichte .................. 275
Wärmekapazität ....... 259, 269 ff
Wärmeleiter ................... 40
Wärmeleitfähigkeit ............. 274
Wärmeschwingungen ........... 117
Wärmeübergangszahl ......... 259
Wärmewiderstand ............. 259
Wasserstoffbrücken ............. 45
Wechselfeldabmagnetisierung ... 335
Wechselstromwiderstand ....... 293

Wedge-Bondverfahren ......... 253
Weichlote ..................... 249
Weichmagnete ............. 25, 337
Weißsche Bezirke ............. 332
Weißsche Wechselwirkungskonstanten .................... 329
Weißsches Feld ................ 329
Wellenfunktion .................. 3
Wellenzahlvektor .............. 53
Wendepunkte ................. 2, 9
Werkstoffprüfung .............. 209
Whisker ....................... 205
Widerstände ................... 257
Widerstandstrimmen ........... 259
Widerstandswerkstoffe ... 260, 346
Wiedemann-Franz-Lorenz-
    Gesetz ................. 274
Wirbelströme .................. 348
Würfeltextur .................. 339
Wurtzitstruktur ................ 31

# XY
YAG .......................... 25
YIG .......................... 25 f
Yttrium-Aluminium-Granat ..... 25
Yttrium-Eisen-Granat . 25, 101, 336
Yttriumoxyd .................. 100

# Z
Zement ....................... 208
zerspanende Verfahren ......... 202
Zinkblende-Struktur ......... 19, 31
Zinkblendegitter ............... 47
Zugfestigkeit .................. 165
Zugversuch ................... 164
Zustandsdiagramme ........... 88 f
Zustandsdichte .......... 232, 325
Zwischengitterdiffusion ........ 111
Zwischengitterplätze ........... 24

| | | | |
|---|---|---|---|
| $Z$ | **82** | 3+(1)+{4} | $\zeta$ |
| $\varrho_n$ | 11340 | S 7,19 | S, F |
| AZ | fest | | |
| $T_s$ | **600,5** | | |
| $T_b$ | 2023 | **Pb** | |
| | | Blei | |
| $A_r$ | **207,2** | | |
| $A$ | (204); 206; 207; *208*; {210; 211; 212; 214} | | $A$ |

$Z$ Ordnungszahl = Kernladungszahl = Protonenzahl.

$\varrho_n$ = Dichte in kgm$^{-3}$ unter den Normbedingungen $p_n$ = 1013,25 hPa, $T_n$ = 273,15 K.

AZ Aggregatzustand unter Normbedingungen.

α, β, γ: Phasen.

$T_s$ Schmelztemperatur in K, $T_b$ Siedetemperatur in K, beide beim Normdruck $p_n$ = 1013,25 hPa; Fettdruck: Thermometrische Fixpunkte der Internationalen Praktischen Temperaturskala.

$A_r$ Relative Atommasse des natürlichen Isotopengemisches, $^{12}$C-Skala, Werte 1975 der Internationalen Atomgewichtskommission, Unsicherheit ±1, bei gesternten Werten ±3 Einheiten der letzten Ziffer; Werte 1985 liegen innerhalb dieser Grenzen. [ ] $A_r$ des wichtigsten Nuklids, i.a. desjenigen mit größter Halbwertszeit. Bei Elementen, die im terrestrischen Material erhebliche Abweichungen im Isotopenmischungsverhältnis aufweisen, sind im Zahlenwert von $A_r$ entsprechend weniger Stellen angegeben (s. z. B. Schwefel).

$A$ Nukleonenzahl.

$\zeta$ Anzahl isotoper Nuklide, bei den künstlich hergestellten nur die Anzahl der wichtigsten; bei den Transactinoiden 104 bis 109 alle 1988 nachgewiesenen.

zu $A$ und $\zeta$: ohne Klammer = stabile Nuklide; ( ) = langlebige natürliche Nuklide; [ ] = die wichtigeren (meist diejenigen mit der größten Halbwertszeit) künstlich hergestellten Nuklide; Angaben nur dann, wenn keine natürlichen Nuklide vorhanden. Daher Tritium und Carbon 14 nicht enthalten. { } = Glieder der natürlichen radioaktiven Reihen (für Z > 80); {()} = Muttersubstanzen der natürlichen radioaktiven Reihen.

Kursive Ziffern: Häufigstes Isotop

S Supraleiter mit Übergangstemperatur in K.

F Ferromagnetisch mit Curietemperatur in K.

Symbole der Elemente, die nicht in der Natur vorkommen – weder stabil noch radioaktiv – sind im Magerdruck gegeben. Elementnamen: International empfohlen: Hydrogen, Carbon, Nitrogen, Oxygen, Sulfur, Bismut, Lanthanoide, Actinoide. Bei Ku/Rf und Ha/Ns noch keine internationale Einigung (1981).

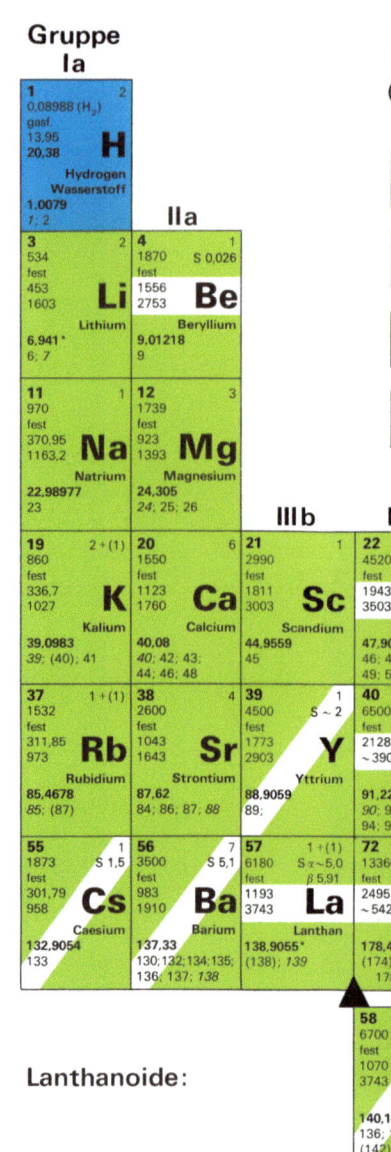

Lanthanoide:

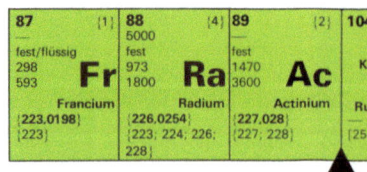

Actinoide:

© 1985 B. G. Teubner Stuttgart

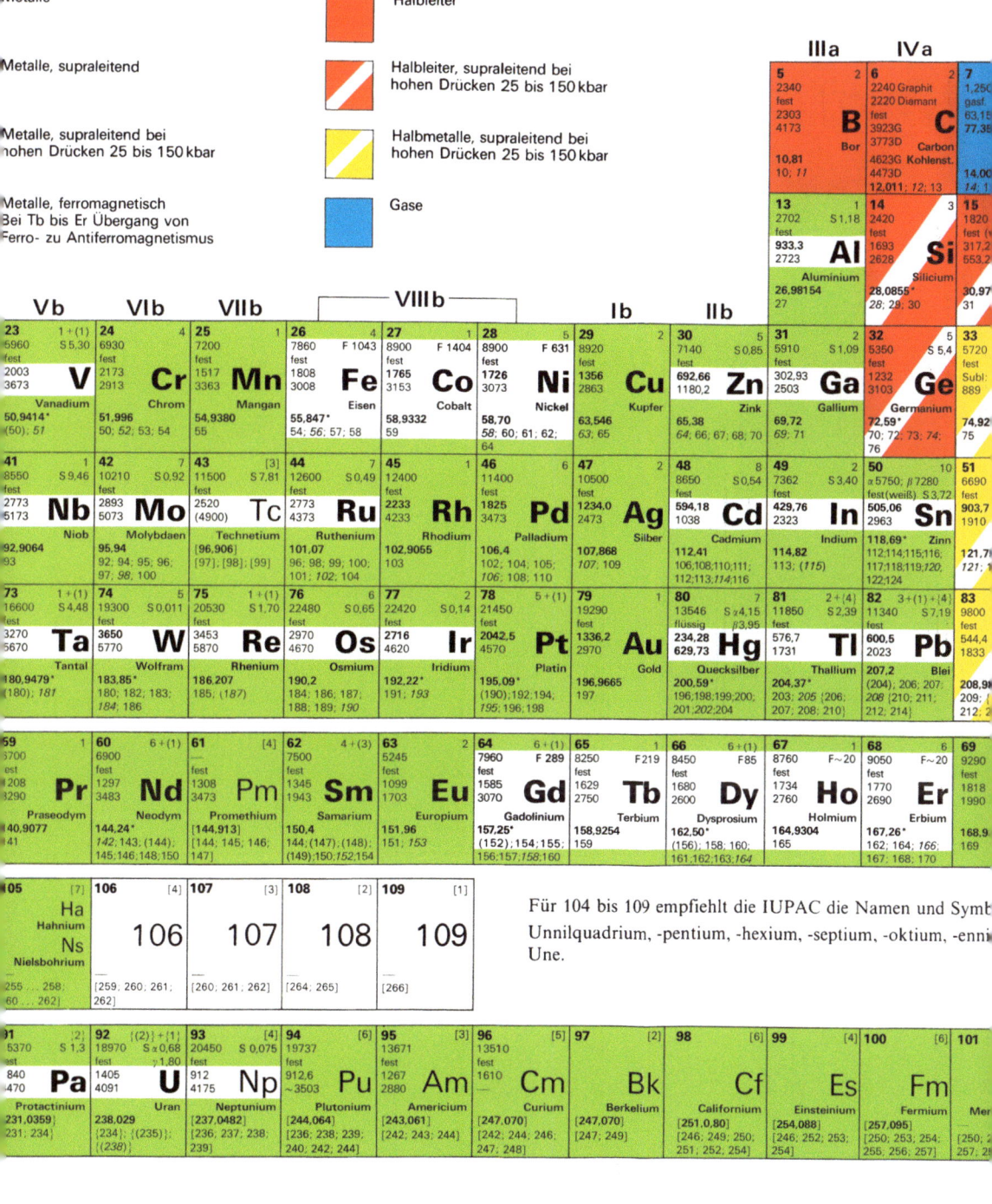

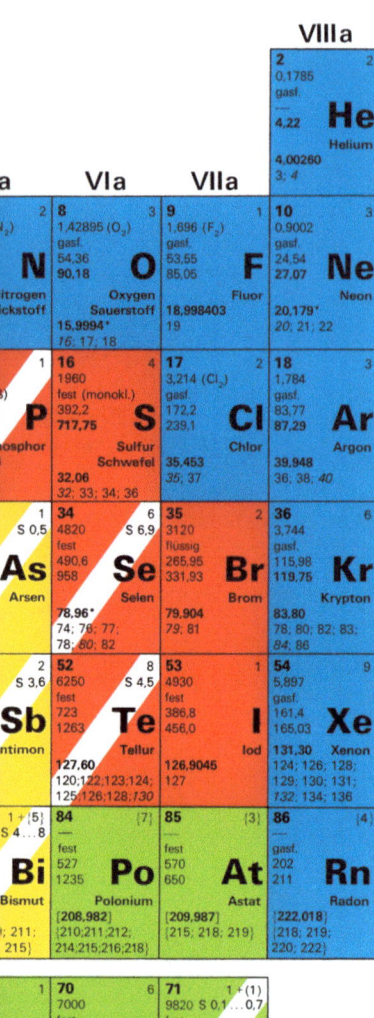

Periodensystem der Elemente (Fortsetzung)

# Elektronenkonfiguration

| | | | | | |
|---|---|---|---|---|---|
| 1 | H | | $1s^1$ | | |
| 2 | He | | $1s^2$ | | |
| 3 | Li | [He] | $2s^1$ | | |
| 4 | Be | [He] | $2s^2$ | | |
| 5 | B | [He] | $2s^2$ | $2p^1$ | |
| 6 | C | [He] | $2s^2$ | $2p^2$ | |
| 7 | N | [He] | $2s^2$ | $2p^3$ | |
| 8 | O | [He] | $2s^2$ | $2p^4$ | |
| 9 | F | [He] | $2s^2$ | $2p^5$ | |
| 10 | Ne | [He] | $2s^2$ | $2p^6$ | |
| 11 | Na | [Ne] | $3s^1$ | | |
| 12 | Mg | [Ne] | $3s^2$ | | |
| 13 | Al | [Ne] | $3s^2$ | $3p^1$ | |
| 14 | Si | [Ne] | $3s^2$ | $3p^2$ | |
| 15 | P | [Ne] | $3s^2$ | $3p^3$ | |
| 16 | S | [Ne] | $3s^2$ | $3p^4$ | |
| 17 | Cl | [Ne] | $3s^2$ | $3p^5$ | |
| 18 | Ar | [Ne] | $3s^2$ | $3p^6$ | |
| 19 | K | [Ar] | $4s^1$ | | |
| 20 | Ca | [Ar] | $4s^2$ | | |
| 21 | Sc | [Ar] | $3d^1$ | $4s^2$ | |
| 22 | Ti | [Ar] | $3d^2$ | $4s^2$ | |
| 23 | V | [Ar] | $3d^3$ | $4s^2$ | |
| 24 | Cr | [Ar] | $3d^5$ | $4s^1$ | |
| 25 | Mn | [Ar] | $3d^5$ | $4s^2$ | |
| 26 | Fe | [Ar] | $3d^6$ | $4s^2$ | |
| 27 | Co | [Ar] | $3d^7$ | $4s^2$ | |
| 28 | Ni | [Ar] | $3d^8$ | $4s^2$ | |
| 29 | Cu | [Ar] | $3d^{10}$ | $4s^1$ | |
| 30 | Zn | [Ar] | $3d^{10}$ | $4s^2$ | |
| 31 | Ga | [Ar] | $3d^{10}$ | $4s^2$ | $4p^1$ |
| 32 | Ge | [Ar] | $3d^{10}$ | $4s^2$ | $4p^2$ |
| 33 | As | [Ar] | $3d^{10}$ | $4s^2$ | $4p^3$ |
| 34 | Se | [Ar] | $3d^{10}$ | $4s^2$ | $4p^4$ |
| 35 | Br | [Ar] | $3d^{10}$ | $4s^2$ | $4p^5$ |
| 36 | Kr | [Ar] | $3d^{10}$ | $4s^2$ | $4p^6$ |
| 37 | Rb | [Kr] | $5s^1$ | | |
| 38 | Sr | [Kr] | $5s^2$ | | |
| 39 | Y | [Kr] | $4d^1$ | $5s^2$ | |
| 40 | Zr | [Kr] | $4d^2$ | $5s^2$ | |
| 41 | Nb | [Kr] | $4d^4$ | $5s^1$ | |

| | | | | | |
|---|---|---|---|---|---|
| 42 | Mo | [Kr] | $4d^5$ | $5s^1$ | |
| 43 | Tc | [Kr] | $4d^6$ | $5s^1$ | |
| 44 | Ru | [Kr] | $4d^7$ | $5s^1$ | |
| 45 | Rh | [Kr] | $4d^8$ | $5s^1$ | |
| 46 | Pd | [Kr] | $4d^{10}$ | | |
| 47 | Ag | [Kr] | $4d^{10}$ | $5s^1$ | |
| 48 | Cd | [Kr] | $4d^{10}$ | $5s^2$ | |
| 49 | In | [Kr] | $4d^{10}$ | $5s^2$ | $5p^1$ |
| 50 | Sn | [Kr] | $4d^{10}$ | $5s^2$ | $5p^2$ |
| 51 | Sb | [Kr] | $4d^{10}$ | $5s^2$ | $5p^3$ |
| 52 | Te | [Kr] | $4d^{10}$ | $5s^2$ | $5p^4$ |
| 53 | I | [Kr] | $4d^{10}$ | $5s^2$ | $5p^5$ |
| 54 | Xe | [Kr] | $4d^{10}$ | $5s^2$ | $5p^6$ |
| 55 | Cs | [Xe] | $6s^1$ | | |
| 56 | Ba | [Xe] | $6s^2$ | | |
| 57 | La | [Xe] | $5d^1$ | $6s^2$ | |
| 58 | Ce | [Xe] | $4f^1$ | $5d^1$ | $6s^2$ |
| 59 | Pr | [Xe] | $4f^3$ | $6s^2$ | |
| 60 | Nd | [Xe] | $4f^4$ | $6s^2$ | |
| 61 | Pm | [Xe] | $4f^5$ | $6s^2$ | |
| 62 | Sm | [Xe] | $4f^6$ | $6s^2$ | |
| 63 | Eu | [Xe] | $4f^7$ | $6s^2$ | |
| 64 | Gd | [Xe] | $4f^7$ | $5d^1$ | $6s^2$ |
| 65 | Tb | [Xe] | $4f^9$ | $6s^2$ | |
| 66 | Dy | [Xe] | $4f^{10}$ | $6s^2$ | |
| 67 | Ho | [Xe] | $4f^{11}$ | $6s^2$ | |
| 68 | Er | [Xe] | $4f^{12}$ | $6s^2$ | |
| 69 | Tm | [Xe] | $4f^{13}$ | $6s^2$ | |
| 70 | Yb | [Xe] | $4f^{14}$ | $6s^2$ | |
| 71 | Lu | [Xe] | $4f^{14}$ | $5d^1$ | $6s^2$ |
| 72 | Hf | [Xe] | $4f^{14}$ | $5d^2$ | $6s^2$ |
| 73 | Ta | [Xe] | $4f^{14}$ | $5d^3$ | $6s^2$ |
| 74 | W | [Xe] | $4f^{14}$ | $5d^4$ | $6s^2$ |
| 75 | Re | [Xe] | $4f^{14}$ | $5d^5$ | $6s^2$ |
| 76 | Os | [Xe] | $4f^{14}$ | $5d^6$ | $6s^2$ |
| 77 | Ir | [Xe] | $4f^{14}$ | $5d^7$ | $6s^2$ |
| 78 | Pt | [Xe] | $4f^{14}$ | $5d^9$ | $6s^1$ |
| 79 | Au | [Xe] | $4f^{14}$ | $5d^{10}$ | $6s^1$ |
| 80 | Hg | [Xe] | $4f^{14}$ | $5d^{10}$ | $6s^2$ |
| 81 | Tl | [Xe] | $4f^{14}$ | $5d^{10}$ | $6s^2$ | $6p^1$ |
| 82 | Pb | [Xe] | $4f^{14}$ | $5d^{10}$ | $6s^2$ | $6p^2$ |

| | | | | | |
|---|---|---|---|---|---|
| 83 | **Bi** | [Xe] | $4f^{14}$ | $5d^{10}$ | |
| 84 | **Po** | [Xe] | $4f^{14}$ | $5d^{10}$ | |
| 85 | **At** | [Xe] | $4f^{14}$ | $5d^{10}$ | |
| 86 | **Rn** | [Xe] | $4f^{14}$ | $5d^{10}$ | |
| 87 | **Fr** | [Rn] | $7s^1$ | | |
| 88 | **Ra** | [Rn] | $7s^2$ | | |
| 89 | **Ac** | [Rn] | $6d^1$ | $7s^2$ | |
| 90 | **Th** | [Rn] | $6d^2$ | $7s^2$ | |
| 91 | **Pa** | [Rn] | $6d^3$ | $7s^2$ | |
| | | | oder | | |
| | | | $(5f^2$ | $6d^1$ | |
| 92 | **U** | [Rn] | $6d^4$ | $7s^2$ | |
| | | | oder | | |
| | | | $(5f^3$ | $6d^1$ | |
| 93 | **Np** | [Rn] | $5f^4$ | $6d^1$ | |
| 94 | **Pu** | [Rn] | $5f^6$ | $7s^2$ | |
| | | | oder | | |
| | | | $(5f^5$ | $6d^1$ | |
| 95 | **Am** | [Rn] | $5f^7$ | $7s^2$ | |
| 96 | **Cm** | [Rn] | $5f^7$ | $6d^1$ | |
| 97 | **Bk** | [Rn] | $5f^9$ | $7s^2$ | |
| | | | oder | | |
| | | | $(5f^8$ | $6d^1$ | |
| 98 | **Cf** | [Rn] | $5f^{10}$ | $7s^2$ | |
| | | | oder | | |
| | | | $(5f^9$ | $6d^1$ | |
| 99 | **Es** | [Rn] | $5f^{11}$ | $7s^2$ | |
| | | | oder | | |
| | | | $(5f^{10}$ | $6d^1$ | |
| 100 | **Fm** | [Rn] | $5f^{12}$ | $7s^2$ | |
| | | | oder | | |
| | | | $(5f^{11}$ | $6d^1$ | |
| 101 | **Md** | [Rn] | $5f^{13}$ | $7s^2$ | |
| | | | oder | | |
| | | | $(5f^{12}$ | $6d^1$ | |
| 102 | **No** | [Rn] | $5f^{14}$ | $7s^2$ | |
| 103 | **Lr** | [Rn] | $5f^{14}$ | $6d^1$ | |
| 104 | **Ku** | [Rn] | $5f^{14}$ | $6d^2$ | |
| 105 | **Ha** | [Rn] | $5f^{14}$ | $6d^3$ | |

If you have any concerns about our products,
you can contact us on
**ProductSafety@springernature.com**

In case Publisher is established outside the EU,
the EU authorized representative is:
**Springer Nature Customer Service Center GmbH
Europaplatz 3, 69115 Heidelberg, Germany**

Printed by Libri Plureos GmbH
in Hamburg, Germany